Lehrbuch der Metallkunde

Lehrbuch der Metallkunde

des Eisens und der Nichteisenmetalle

von

Dr. phil. Franz Sauerwald

a. o. Professor an der Technischen Hochschule
Breslau

Mit 399 Textabbildungen

Berlin
Verlag von Julius Springer
1929

ISBN-13:978-3-642-90342-7   e-ISBN-13:978-3-642-92199-5
DOI: 10.1007/978-3-642-92199-5

Herrn Prof. Dr. phil. Dr.-Ing. e. h. G. Tammann

in Dankbarkeit und Verehrung

gewidmet

Vorwort.

„Die Metallkunde ist die Lehre von den Eigenschaften und dem Verhalten der Metalle und Legierungen, insbesondere, soweit sie bei der Weiterverarbeitung und Verwendung derselben eine Rolle spielen*." Die Metallkunde geht also einerseits weit auf die reine Physik, Chemie, physikalische Chemie der Metalle zurück, sie behandelt dann besonders eingehend die Eigenschaften, welche technisch von Wichtigkeit sind, und sie schreitet schließlich fort bis zur Technologie der Weiterverarbeitung der Metalle, soweit dieselbe durch die Eigenschaften des Materials bestimmt wird. Sie behandelt endlich die Gesichtspunkte, nach denen das Material bei der Verwendung zu beurteilen ist.

Das vorliegende Buch ist in erster Linie aus dem Bedürfnis des akademischen Unterrichts entstanden, für das in der eben gegebenen Definition gekennzeichnete Gesamtgebiet der Metallkunde, wie es auch z. B. an der Technischen Hochschule Breslau gelehrt wird, den Studierenden einen Leitfaden an die Hand zu geben. Es war bisher notwendig, dem Studierenden für jedes Teilgebiet der Metallkunde, etwa Festigkeitslehre, Materialprüfung, Theorie der heterogenen Gleichgewichte, Metallographie, Technologie, eines der bekannten Werke zu empfehlen. Dies bedeutete eine große, kaum tragbare Belastung der Stoffmenge, und besonders auch der Methodik nach. Der tatsächlich bestehende innere Zusammenhang aller dieser Gebiete wurde häufig nicht erkannt, und damit mußte eines der Hauptmittel zur Beherrschung des ganzen Stoffgebietes aus der Hand gegeben werden. Die Hauptaufgabe des Buches ist also zunächst die gedankliche Synthese des Gesamtgebietes der Metallkunde, die bisher noch kaum vorgenommen ist. Der Versuch dieser Synthese, insbesondere für Lehrzwecke, führt zur Notwendigkeit einer knappen Darstellung. Schon daraus geht hervor, daß das vorliegende Buch natürlich in keiner Weise die vorzüglichen Darstellungen der Teilgebiete der Metallkunde ersetzen oder entbehrlich machen will. Um den Leser auch auf die Notwendigkeit des weiteren Studiums der Lehr- und Handbuchliteratur eindringlich hinzuweisen, ist diese — hauptsächlich die deutsche — unter den Titeln der Hauptabschnitte, sonst auch unter Literatur, zahlreich aufgeführt.

---

* Metall Erz Bd. 23, S. 443. 1926.

Bei dem gesteckten Ziel mußten die der Reihe nach auftretenden
Fragestellungen logisch und psychologisch entwickelt werden, ebenso
wie im Unterricht eine der Hauptaufgaben die Erziehung zur selbstän-
digen Fragestellung ist. Diese Art der Behandlung ist in der Metallkunde besonders wichtig und häufig die einzig mögliche, da die Beantwortung sehr vieler Fragen noch gar nicht möglich ist und der Wert
wissenschaftlicher Betrachtung in der richtigen Problemstellung steckt.
Es wurde versucht, diese Behandlung auch im speziellen Teil bei der
Betrachtung der Technologie der einzelnen Metalle und Legierungen
durchzuführen, wodurch eine erwünschte Sichtung in der Fülle von
Einzeltatsachen eintrat.

Um trotz der Knappheit bei dieser Art der Darstellung die schon
angedeutete Tatsache des starken Flusses vieler Probleme in der Ge-
samtstimmung des Buches deutlich hervortreten zu lassen, mußte
auf die Zeitschriftenliteratur mit Nachdruck eingegangen werden
und auf das Studium derselben hingewiesen werden. Die Lösung dieser
Aufgabe ist für ein knapp gehaltenes Lehrbuch mit Schwierigkeiten
verbunden. Es muß natürlich ein im wesentlichen vollständiges Bild
des Standes der einzelnen Probleme gegeben werden, es ist jedoch un-
möglich, die Literatur vollkommen in Zitaten anzuführen. In vorliegen-
dem Falle wurde so verfahren, daß die prinzipiell wichtigsten Arbeiten
angeführt wurden und daß weiterhin die Veröffentlichungen bevorzugt
wurden, die ihrerseits die vorhandene Literatur möglichst eingehend
berücksichtigen und die gleichzeitig die betreffende Frage dem augen-
blicklichen Stande entsprechend am meisten gefördert haben. Es ist
zu hoffen, daß auf diese Weise dem Benutzer des Buches beim Eindringen in ein Gebiet am besten geholfen ist, und der Beachtung von Priori-
tätsansprüchen, soweit überhaupt möglich, Rechnung getragen ist.

Wenn das Buch zunächst aus den Bedürfnissen des akademischen
Unterrichts in der Metallkunde heraus entstanden ist, so steht zu hoffen,
daß es doch auch gerade deshalb für außerhalb der Hochschule stehende
Kreise, insbesondere der Industrie, nicht ohne Interesse ist, also für
die Metallurgen der verschiedenen Fachgebiete einschließlich der Gie-
ßereiingenieure, die Werkstoffingenieure des Maschinenbaues, technische
Physiker, physikalische Chemiker. Eine der vornehmsten Aufgaben,
die den Hochschulen, im Gegensatz zum Tätigkeitsbereich der Industrie
oder von Forschungsinstituten, immer vorzüglich verbleiben wird, ist
die, das Gesamtgebiet der Wissenschaften in der fortdauernden Entwicklung gedanklich so zu bearbeiten, daß trotz der dauernden Zunahme
des Stoffes doch seine Beherrschung möglich bleibt. Dies hat nicht etwa
in Form einer fortdauernden schematischen Unterteilung der sich neu
entwickelnden Zweige, insbesondere der der angewandten Wissenschaften, zu geschehen — eine solche falsche Spezialisierung würde in der Tat

die Weiterentwicklung sehr stark in Frage stellen — sondern es muß sich bei der organischen Zusammenfassung sich entwickelnder Wissenschaftsgebiete vor allem um die Herstellung des Zusammenhanges der speziellen Entwicklung mit den allgemeinsten Grundlagen handeln. Auch der in der Industrie Tätige, der gerade häufig nicht in der Lage ist, sich diese Zusammenhänge durch Literaturstudium oder Experiment selbst zu erarbeiten, hat ein Interesse daran, diese Arbeit der Hochschulen zu verfolgen und sich ihre Ergebnisse zunutze zu machen. Dadurch werden am ehesten die infolge von Mißverständnissen häufig als gegensätzlich aufgefaßten Beziehungen zwischen reiner und angewandter Wissenschaft sich verbessern. Es muß so Allgemeingut werden, daß es in allen Zweigen wissenschaftlich technischen Fortschritts im Grunde überall auf Anwendung derselben Funktionen der menschlichen Geistestätigkeit ankommt.

Für ein Lehrbuch ist eine gewisse persönliche Note nicht von Nachteil. Diesem Umstand wird in dem vorliegenden Buche auch dadurch Rechnung getragen, daß es auch noch einem dritten Hauptzweck dienen soll, nämlich die Ergebnisse eigener Arbeiten des Verfassers und seiner Mitarbeiter in den einschlägigen Teilgebieten in größerem Zusammenhang darzustellen.

Zum Schluß habe ich noch die angenehme Aufgabe, allen denen, die zum Zustandekommen des Buches beigetragen haben, meinen herzlichsten Dank zu sagen. Namentlich danke ich Herrn Dipl.-Ing. A. Rademacher und Herrn Dr. phil. B. Schmidt für ihre kritische Durchsicht des Textes und meiner lieben Frau für ihre Mithilfe beim Lesen der Korrekturen vielmals.

Breslau, im Juni 1929.

F. Sauerwald.

Zur Beachtung für den Leser.

Mit ° sind die Kapitel bezeichnet, welche vom Leser zunächst ohne Gefahr für das weitere Verständnis überschlagen werden können.

Die gedankliche Urheberschaft ist bei den Abbildungen durch das Wort „nach" gekennzeichnet, während die Entnahme einer weniger originalen Abbildung aus einem Buch gewöhnlich durch Nennung des Autors bezeichnet ist. — Die genauen Titel der Quellen sind aus den Literaturübersichten am Schluß der einzelnen Abschnitte zu entnehmen.

Inhaltsverzeichnis.

Inhaltsverzeichnis. XI

Zweiter Teil.

Spezielle Metallkunde.

Gegenstand und Methodik der Metallkunde.

In einem Buch, welches den Metallen gewidmet ist, empfiehlt sich zweifellos, an den Anfang die Frage zu stellen, in welcher Beziehung sich denn die Metalle wesentlich von anderen Stoffen unterscheiden[1]. Die Beantwortung dieser Frage, die sowohl in rein wissenschaftlicher Beziehung, als auch hinsichtlich der technischen Verwertung der Metalle von grundlegender Bedeutung ist, soll im einzelnen natürlich gerade erst im Laufe aller folgenden Erörterungen soweit möglich erfolgen, doch mögen einige Haupttatsachen hier bereits hervorgehoben werden; es kann dies auch deshalb geschehen, weil die dazu notwendigen Erfahrungen aus dem täglichen Leben nur in die Erinnerung gebracht zu werden brauchen.

Bezüglich des festen Zustandes der Metalle ist jedem geläufig ihre besonders hohe Festigkeit bei einer gleichzeitig meist hohen Zähigkeit, die sie ja gerade als Konstruktionsmaterial so in den Vordergrund treten lassen. Die Metalle haben ferner im festen Zustand ein außerordentlich lebhaftes Kristallisationsbestreben, das auf jeden Fall zu Kristallbildungen unter Ausschluß amorpher Gestaltung führt. Dies ist für das Zustandekommen der genannten mechanischen Eigenschaften wichtig. Mit den mechanischen Eigenschaften des festen Zustandes in Zusammenhang steht wahrscheinlich die Erscheinung, daß im flüssigen Zustand die Metalle eine sehr erhebliche Oberflächenspannung aufweisen. Für beide Zustandsformen der Metalle ist in gleichem Maße charakteristisch ihre hohe elektrische Leitfähigkeit. Für diejenigen Temperaturen, bei denen kein Selbstleuchten der Metalle eintritt, ist ferner außerordentlich bezeichnend ihr lebhafter metallischer Glanz. Was das Verhalten der Metalle untereinander anlangt, so ist wesentlich die verhältnismäßig häufig anzutreffende Löslichkeit untereinander sowohl in flüssigem als auch in festem Zustande, wodurch die Möglichkeit der mannigfaltigsten Legierungen gewährleistet wird. Darin besteht ein weiterer sehr erheblicher technischer Vorteil hinsichtlich der Variation erwünschter Eigenschaften.

Es ist nicht unwahrscheinlich, und wird im folgenden zu erweisen sein, daß diese hervorragenden Eigenschaften auf eine oder wenige gemeinsame Ursachen zurückzuführen sind. Als eine solche ist in erster Linie anzusehen das Vorkommen von freien Elektronen in den Metallen und der wahrscheinlich damit zusammenhängende relativ einfache

Aufbau der Metallkristalle. Ohne weiteres verständlich ist daraufhin die hervorragende elektrische Leitfähigkeit, im Zusammenhang damit steht der hohe Metallglanz, da optische und elektrische Eigenschaften nach grundlegenden physikalischen Erkenntnissen eng miteinander verwandt sind. Auch die günstigen Festigkeitseigenschaften, insbesondere die hohe Plastizität reiner Metalle dürfte mit dem Vorkommen freier Elektronen zusammenhängen, da der allgemeine Elektronenverband eine starke Verformbarkeit bei gleichzeitig genügend hoher Festigkeit verbürgen dürfte. Die relativ einfache räumliche Konstitution der Metalle dürfte ihr gutes Kristallisationsvermögen und ihr gutes gegenseitiges Lösungsvermögen wenigstens zum Teil begründen.

Die Methoden der Metallkunde[2], mit Hilfe derer die genannten Eigenschaften untersucht werden, sind natürlich allgemein dieselben, wie sie sonst in Physik, Chemie und Technologie angewendet werden. Wenn über die Methodik der Metallkunde etwas gesagt werden soll, so kann es sich also nur um einige, für gewisse Gebiete und Hauptprobleme dieses so mannigfachen Wissensgebietes besonders charakteristische Verfahren handeln. Als das Hauptproblem der Metallkunde kann die Frage formuliert werden, wie hängen die Eigenschaften der Metalle von den äußeren Zustandsbedingungen, beispielsweise der Temperatur, ab und wie beeinflussen sich die Metalle gegenseitig bei Legierungsbildung, oder technisch formuliert, wie kann ich die Eigenschaften der Metalle durch Änderung der äußeren Zustandsbedingungen und durch Legierungsbildung für technische Verwendung am besten ausnutzen.

Zuerst hat das Legierungsproblem eine systematische Bearbeitung mit einer sehr allgemeinen Methode erfahren, nämlich mit Hilfe der Theorie der heterogenen Gleichgewichte, welche ein Teilgebiet der Thermodynamik bildet. Für die Thermodynamik und damit die Theorie der heterogenen Gleichgewichte ist charakteristisch, daß sie auf Grund der Hauptsätze allgemeine Aussagen über die Abhängigkeit der Zustände der Körper, soweit sie dieselben definiert, insbesondere der Aggregatzustände von Temperatur, Zusammensetzung und Druck machen kann. Diese allgemeinen Aussagen beziehen sich jedoch nur auf sogenannte Gleichgewichtszustände, d. h. absolut stabile Zustände, die von selbst keine Tendenz zur Änderung mehr haben. Über Nichtgleichgewichtszustände läßt sich höchstens die Richtung der Abweichungen der Zustände von Gleichgewichten angeben. Sind die Aussagen der Thermodynamik auch nur allgemein, so haben sie unter den genannten Bedingungen absolute Gültigkeit, jedenfalls ist ihr Nichtzutreffen noch niemals konstatiert worden.

Zur Beschreibung der Zustände von Stoffen reicht nun aber die Thermodynamik schon aus dem Grunde nicht aus, weil instabile Zustände gerade auch bei Metallen eine viel zu häufige Erscheinung sind, als daß sie vernachlässigt werden könnten. Ferner sind die Begriffe des Zustandes eines Körpers in der Thermodynamik viel zu allgemein, als daß ihre Verwendung für Zwecke der Metallkunde ausreichte. Gerade die oben genannten mechanischen Eigenschaften verlangen das Eingehen auf den inneren Aufbau der einzelnen Phasen der Metalle, deshalb muß neben die Thermodynamik als zweites wichtigstes Hauptwerkzeug der metallkundlichen Methode die Lehre von dem strukturellen Aufbau der Körper aus ihren kleinsten Teilchen treten. Das wichtigste Hilfsmittel dazu ist heute die Röntgenographie. In weitester Konsequenz wird nicht nur die Anordnung, sondern auch die Bewegung der Teile betrachtet, und so kommen wir zur kinetischen Strukturtheorie der Metalle, die die allgemeinen Zusammenhänge zwischen Aufbau, äußeren Zustandsgrößen und Eigenschaften aufzuzeigen hat. Die Strukturtheorie der Metalle beruht nicht auf so allgemeinen Prinzipien wie die Thermodynamik, infolgedessen haben ihre Aussagen nicht die Sicherheit der Thermodynamik, sie dringen aber in den Mechanismus der Vorgänge ein und sind deshalb besonders geeignet, auch die Veränderung der Zustände, nicht nur die Gleichgewichtszustände zu beschreiben.

Es ist von wesentlichster Bedeutung, sich über die Verschiedenartigkeit der Tragweite thermodynamischer und strukturtheoretischer Aussagen klar zu sein, im folgenden wird deshalb auch besonderer Wert darauf gelegt, die Behandlung nach den Grundsätzen der thermodynamischen Gleichgewichtslehre und nach denen der Strukturtheorie als solche zu kennzeichnen und möglichst auch getrennt darzustellen.

Das Mittel, um im Rahmen der allgemeinen Methoden zu neuen Ergebnissen zu kommen, ist in der Metallkunde ganz vornehmlich das Experiment. Beim Experiment kommt es darauf an, die Änderung einer Eigenschaft mit der Änderung anderer Größen in einen eindeutigen Zusammenhang zu bringen. Da die absoluten Mengen der Stoffe bei den Problemen der Metallkunde glücklicherweise häufig keine ausschlaggebende Rolle spielen, so kann vom Laboratoriumsexperiment, bei dem der obige Zweck am ehesten zu erreichen ist, weitgehender Gebrauch gemacht werden. Daneben tritt das Experiment in betriebstechnischen Ausmaßen. Um jedoch auch die Erfahrungen der Metallbetriebe, bei denen im Einzelvorgang die eindeutige Verknüpfung zweier Größen nicht möglich ist, auszunutzen, werden dieselben unter Zuhilfenahme der Statistik ausgewertet.

Literatur.

[1] Tammann, G.: Lehrbuch der Metallographie, 3. Aufl. Leipzig 1923. — Schenck, R.: Physikal. Chemie der Metalle. Halle 1909. — Eucken, A.: Was ist ein Metall? Z. Metallkunde Bd. 18, S. 182. 1926.

[2] Sauerwald, F.: Z. Metallkunde 1923, S. 184.

1*

Allgemeine Metallkunde.

A. Der metallische Zustand, unabhängig von der Legierungsbildung.

I. Das allgemeine Zustandsdiagramm für Einstoffsysteme. Polymorphismus.

Die Größen, von denen der Aggregatzustand eines Stoffes in erster
Linie abhängt, sind Druck und Temperatur. Die Abhängigkeit der Zustände von diesen Größen wird allgemein in einem Zustandsdiagramm
gegeben. Ein solches allgemeines Zustandsdiagramm hat für einen

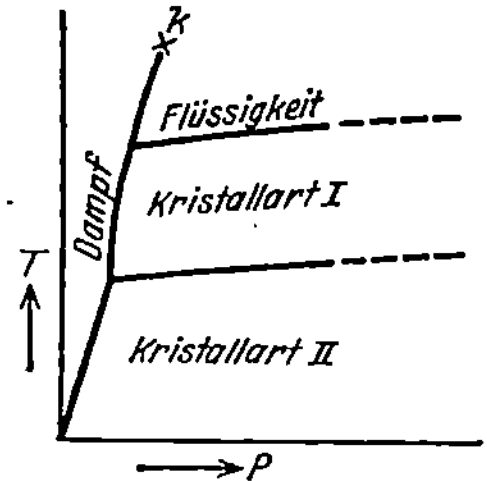

Abb. 1. Zustandsdiagramm
eines Einstoffsystems.

reinen Stoff die Form wie in Abb. 1 gekennzeichnet. Man sieht zunächst, daß der feste kristalline
Aggregatzustand, flüssiger und Dampfzustand
voneinander durch Kurvenzüge getrennt sind. Es
ist in das Diagramm außerdem noch der Fall aufgenommen, daß der untersuchte Stoff in festem
Zustand polymorph ist, d. h. in verschiedenen
kristallinen Zuständen vorkommt; diese sind wie
Aggregatzustände zu behandeln. Bei entsprechender Änderung von Druck und Temperatur wird im
allgemeinen bei bestimmten Werten dieser Parameter eine sprungweise Änderung von dem einen in den anderen Aggregatzustand
eintreten, wir haben dann die Siede-, Schmelz- oder Umwandlungspunkte vor uns. Für den Übergang von dem flüssigen in den
dampfförmigen Zustand ist außerdem immer ein stetiger Übergang
möglich, da die Grenzkurve zwischen diesen beiden Zuständen an dem
sogenannten kritischen Punkte k innerhalb der Zustandsfläche
endet. Für die Grenzkurven zwischen den Gebieten des festen und flüssigen Zustandes und denen zweier polymorpher Kristallarten ist ein
solcher Punkt noch nicht ermittelt worden. Da, wie wir noch sehen
werden, der feste kristalline Zustand von dem fluiden Aggregatzustande
infolge der regelmäßigen Anordnung der Atome prinzipiell verschieden
ist, dürfte, wie vor allem Tammann[1] ausführt, keine andere Möglichkeit der Darstellung des gesamten kristallisierten Zustandsfeldes bestehen, als die eines völligen Abschlusses gegenüber dem Felde der

fluiden Zustände. Von anderen Autoren[2] wird jedoch die Möglichkeit einer anderen Auffassung zugelassen. Die bisherigen Messungen, insbesondere von Tammann und Bridgman dürften zur allgemeinen Entscheidung der Frage nicht völlig ausreichen.

Quantitativ wird das Zustandsdiagramm der Einstoffsysteme durch die Gleichung von Clausius-Clapeyron beherrscht, welche lautet

$$\frac{dT}{dp} = \frac{T \cdot \varDelta v}{Q}$$

worin Q die Wärmetönung bei der Phasenumwandlnug, $\varDelta v$ die beim Übergang der Aggregatzustände ineinander eintretende Volumenänderung, T ihre absolute Temperatur und p den Druck bedeutet.

Literatur.

[1] Tammann, G.: Die Aggregatzustände. Leipzig 1922.

[2] Zuletzt z. B. Kamerlingh Onnes und Keesom: Encyklop. Mathem. Wiss. Art. V 10, S. 615. Leipzig: Teubner 1912. — Eucken, Müller-Pouillet: Lehrb. d. Physik, 11. Aufl., Bd. 3, S. 494. Braunschweig: Vieweg 1926.

° II. Fluide Aggregatzustände.

a) Die Metalle im gasförmigen Zustand und beim Übergang in den flüssigen Zustand.

Von allgemeiner Bedeutung aus der Physik der gasförmigen Metalle ist die Feststellung, daß die Gasmoleküle der Metalle, soweit festgestellt, im ganz überwiegenden Maße einatomig sind.

Die Dampfdruckkurven vieler flüssiger Metalle sind gut bekannt, Literatur darüber und die Siedepunkte sind in der Tabelle 1 zusammengestellt.

Von Verdampfungsgeschwindigkeiten der flüssigen Metalle ist nur die des Quecksilbers eingehender untersucht worden. Die Kondensations- und Verdampfungsgeschwindigkeit als · in der Zeiteinheit kondensierte oder verdampfte Stoffmenge hängt mit dem Dampfdruck durch folgende Formel nach Langmuir[1] zusammen: Ist der Gasdruck p über der sich kondensierenden Substanz nur klein, so wird die Kondensationsgeschwindigkeit K'

$$K' = \alpha \sqrt{\frac{M}{2\,\pi\,RT}} \cdot p,$$

worin M das Molekulargewicht, R die Gaskonstante, T die Temperatur und α eine Konstante ist, die als Verdampfungskoeffizient bezeichnet wird.

Auf die Einheit einer mit Dampf in Berührung befindlichen Oberfläche prallen in der Zeiteinheit, wenn ϱ die Dichte und $\overline{w}$ die durchschnittliche Geschwindigkeit der Moleküle ist, $\tfrac{1}{2}\varrho \cdot \tfrac{1}{2}\overline{w}$ Moleküle auf. In dem Raume über der Einheitsfläche bewegen sich ja $1/_2 \varrho$ Gas auf dieselbe zu und die mittlere Komponente der Geschwindigkeit nach einer Richtung ist $1/_2 \overline{w}$. Nach der kinetischen Gastheorie ist

$$\overline{w} = 2 \sqrt{\frac{2\,RT}{\pi\,M}},$$

und da

$$\varrho = \frac{p\,M}{RT},$$

ergibt sich die Kondensationsgeschwindigkeit K zu

$$\sqrt{\frac{M}{2\,\pi\,RT}} \cdot p$$

für den Fall, daß alle auftreffenden Moleküle kondensiert werden. Für den allgemeineren Fall, daß nur ein Bruchteil an der Oberfläche haften bleibt, ergibt sich $K' = \alpha\,K$ wie oben.

Für den Gleichgewichtsfall gibt obige Gleichung auch die Verdampfungsgeschwindigkeiten, da Kondensations- und Verdampfungsgeschwindigkeit hier gleich werden. Kondensiert sich ein übersättigter Dampf mit dem Dampfdruck p_d, während der Dampfdruck der kondensierten Phase p_f ist, so wird

$$K' = \alpha \sqrt{\frac{M}{2\,\pi\,RT}}\,(p_d - p_f)\,.$$

Der Verdampfungskoffizient α hat bei flüssigem Quecksilber immer den Wert 1[2]

Literatur.

[1] Phys. Z. Bd. 14, S. 1273. 1913; weiteres Müller-Pouillet: Lehrb. d. Physik. 11. Aufl. Bd. 3, S. 586.

[2] Vgl. zuletzt Volmer und Estermann: Z. Phys. Bd. 7, S. 1. 1921.

b) Die Metalle im flüssigen Zustande.

Von besonderer Bedeutung im flüssigen Zustande sind die Dichte, die innere Reibung und besonders die hohe Oberflächenspannung, weiterhin die elektrische Leitfähigkeit und die spez. Wärme.

Die Dichte der Metalle im flüssigen Zustand[1]. Die Methoden zur Messung der Dichte flüssiger Metalle können nach zwei Hauptgruppen unterschieden werden, nämlich erstens nach denjenigen, bei denen man direkt das Volumen eines bestimmten Metallgewichtes auf dilatometrischem Wege bestimmt, zweitens nach solchen, bei denen man sich der Messung des Auftriebes bedient.

In umfangreicherem Maße ist besonders eine der letzteren, von Bornemann und Sauerwald ausgebildete Methode angewandt worden, mit der auch das Volumen im festen Aggregatzustand bei hohen Temperaturen festgestellt werden kann. Die dazugehörige Apparatur ist in der Abb. 2 abgebildet. Es wird der Auftrieb des in dem Kübel t befindlichen geschmolzenen oder auch festen Metalles in der Salzschmelze f, deren Dichte vorher mit Quarzsenkkörpern bestimmt wird, gemessen. o ist der zur Heizung dienende Ofen. Die Apparatur ist zur Evakuierung eingerichtet, um am Metall hängende Luftblasen zu entfernen.

Als Resultat aller dieser Messungen haben sich die in der Tabelle 1 zusammengefaßten Werte ergeben, die Abhängigkeit des Volumens von der Temperatur ist im allgemeinen linear.

Die Oberflächenspannung[2] **flüssiger Me**talle kann am einfachsten mit der sogenannten, von Sauerwald und Drath weitergebildeten Blasendruckmethode gemessen werden. Es wird hierbei bestimmt, welcher Druck maximal dazu nötig ist, um eine Gasblase an einem Rand einer Kapillare, welche in das flüssige Metall eintaucht, entstehen zu lassen (Abb. 3). Mit diesem Druck p, dem Durchmesser $2r$ der Kapillare, hängt die Oberflächenspannung α nach folgender Formel, die noch durch Korrektionsglieder zu ergänzen ist, zusammen:

$$\alpha = \frac{r}{2}\,p\,.$$

Es hat sich herausgestellt, daß bei Metallen als Radius r der halbe äußere Durchmesser der Kapillare heranzuziehen ist.

Nach diesen und anderen Methoden gemessene Werte finden sich in der Tabelle 1. Die Temperaturabhängigkeit der Oberflächenspannung ist besonders bei weiter vom Schmelzpunkt entfernt liegenden Temperaturen linear; am Schmelzpunkt selbst kann ein Maximum liegen. Besonders bemerkenswert ist der hohe Wert der Oberflächenspannung bei Kupfer, bei dem sich außerdem der positive Temperaturkoeffizient der Ober-

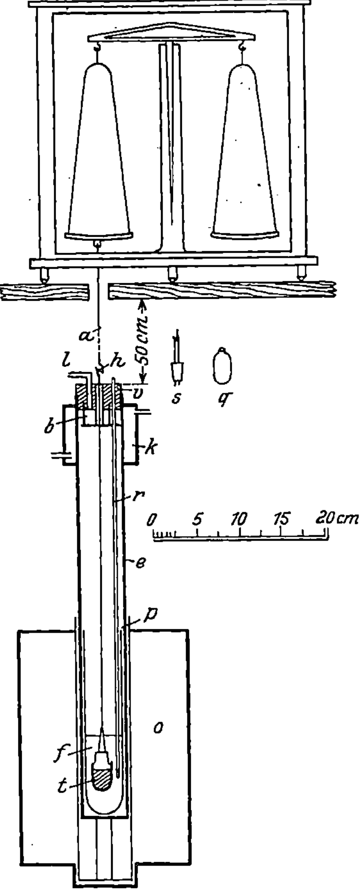

Abb. 2. Dichtemessung bei hohen Temperaturen nach Sauerwald und Bornemann[1].

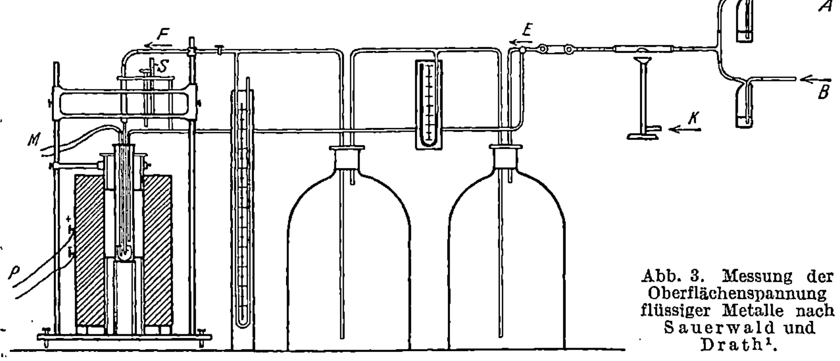

Abb. 3. Messung der Oberflächenspannung flüssiger Metalle nach Sauerwald und Drath[1].

Zahlentafel 1. Eigenschaften der flüssigen Metalle.

Metall	Siedepunkte °C	Spez. Volumen V_s	$\frac{dV_s}{dt}$	Volumänder. b. Schmelz. $\frac{\Delta V}{V_s}\cdot 100$ %	Oberflächenspannung $\gamma\,\frac{\mathrm{dyn}}{\mathrm{cm}}$	$\frac{d\gamma}{dt}$	Innere Reibung $\frac{\mathrm{g}}{\mathrm{cm\cdot sec}}\,\eta$	$d\frac{1}{\eta}/dt$	Spez. el. Widerstand $\sigma\cdot 10^4$	$\frac{d\sigma}{dt}\cdot 10^7$ im Mittel	Spez. Wärme cal.
1	2	3	4	4a	5	6	7	8	9	10	11
Na	878[2]	$1,07_{\mathrm{Smpkt.}}$[12]		2,53[13]					$0,136_{200°}$	0,39	98° 0,347[15]
K	758[2]	$1,21_{\mathrm{Smpkt.}}$[12]		2,81[13]					$0,218_{200°}$	0,65	70° 0,193[16]
Cu	2360[2]	$0,1255_{1100°}$	$0,17\cdot10^{-4}$	4,2	$1115_{1150°}$	$0,74_{1200°}$	$0,0341_{1145°}$		$0,215_{1100°}$	0,09	
Ag	1940[2]	$0,1078_{1000°}$		3,9	$916_{1050°}$	— 0,13			$0,192_{1000°}$	0,13	907—1100° 0,075[17]
Au	2670[2]	$0,0581_{1100°}$			$1125_{1150°}$	— 0,10					
Mg	1120[1]										
Zn	906[3]	$0,1581_{700°}$	$0,25\cdot10^{-4}$	6,5[14]	$550_{778°}$				$0,357_{700°}$	0,01	419° 0,121[15]
Cd	767[3]	$0,1326_{720°}$	$0,19\cdot10^{-4}$	4,7[13]					$0,341_{500°}$	0,07	
Hg	357	$0,07359$[11]	$0,135\cdot10^{-4}$[11]	3,75[13]	$473_{19°}$				$0,958_{18°}$	0,138	20° 0,0332[18]
Al	1800[1]	$0,4248_{800°}$	$0,52\cdot10^{-4}$	6,26[13]					$0,278_{700°}$	0,15	
Sn	2275[1]	$0,1512_{800°}$	$0,14\cdot10^{-4}$	2,8[13]	$506_{900°}$	— 0,089	$0,0126_{450°}$	0,105	$0,494_{300°}$	0,03	232° 0,0615[15]
Pb	1555[2]	$0,0985_{720°}$		3,4[13]	$423_{750°}$	— 0,096	$0,0135_{703°}$	0,098	$1,12_{700°}$	0,04	327° 0,0340[15]
Sb	$1325_{745\,\mathrm{mm}}$[2]	$0,1566_{800°}$	$0,16\cdot10^{-4}$	— 0,95[13]	$368_{750°}$	— 0,063	$0,0111_{800°}$	0,110	$1,29_{700°}$	0,02	
Bi	$1490_{658\,\mathrm{mm}}$[2]	$0,1013_{400°}$	$0,12\cdot10^{-4}$	— 3,3[13]	$343_{770°}$	— 0,060	$0,0100_{600°}$	0,133	$1,35_{400°}$	0,15	291° 0,0356[15]
Fe	$2450_{36\,\mathrm{mm}}$[2]								$1,33_{1550°}$	0,05	

flächenspannung bis zu ziemlich hohen Temperaturen erstreckt.

Die innere Reibung[3] der Metalle kann am exaktesten bestimmt werden nach dem Verfahren des Durchflusses durch eine Kapillare, wofür das Poiseuillesche Gesetz den Zusammenhang zwischen den Apparatdimensionen und der inneren Reibung feststellt.

$$\eta = \frac{p\cdot 981\cdot q^2 z}{8\pi vl} - K\frac{\sigma v}{8\pi lz}.$$

Hier bedeuten p den Druck, unter dem der Durchfluß erfolgt, q den Querschnitt der Kapillare, z die Durchflußzeit, v das Durchflußvolumen, l die Kapillarlänge, σ die Metalldichte. K ist eine Konstante, deren Wert zwischen 1,00 und 1,12 schwankend angenommen wird.

In Abb. 4 ist in der Apparatur nach Sauerwald V das Gefäß, in welches das im Tiegel befindliche Metall durch die nach unten führende Kapillare eingesaugt wird. Die Zeit des Durchflusses wird mit den Kontakten O und U festgestellt.

Nach den Untersuchungen von Sauer-

wald und Mitarbeitern sind bei der Messung eine ganze Reihe Vorsichtsmaßregeln zu beachten.

Das zweite Glied der Formel stellt die Hagenbachsche Korrektur dar,
welche im allgemeinen bei Metallen nicht zu vernachlässigen ist. Von prinzipieller Wichtigkeit ist für die Anwendung der
Formel die Frage, ob eine Gleitung von erheblichem Ausmaß an den Wänden der Kapillare
stattfindet. Es ist dies nach den neuesten
Ergebnissen nicht der Fall.

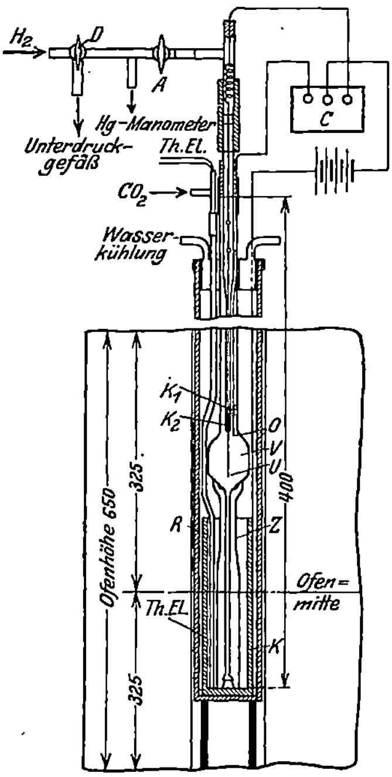

Die bis jetzt festgestellten Werte der
reinen Metalle finden sich in der Tabelle 1. Wieder fällt hier der hohe Wert
der inneren Reibung des Kupfers auf.
Die Temperaturabhängigkeit der inneren
Reibung ist derart, daß ihr reziproker
Wert, die sogenannte Fluidität, in erster
Näherung linear mit der Temperatur
zunimmt.

Abb. 4. Messung der inneren Reibung
flüssiger Metalle nach Sauerwald.

Literatur (zu Zahlentafel 1).

Spalte 2. Nach Landolt-Börnstein:
Phys.-chem. Tab.

[1] Greenwood: Proc. Roy. Soc. A. Bd. 82,
S. 396. 1909; Bd. 83, S. 483. 1910; Z. Elchem.
Bd. 18, S. 319. 1912.

[2] Ruff zuletzt m. Bergdahl: Z. anorg.
u. allg. Chem. Bd. 106, S. 76. 1919. — u.
Hartmann: Ebda. Bd. 133, S. 29. 1924. — u.
Konschak: Diss. Breslau 1926.

[3] Braune: Z. anorg. u. allg. Chem. Bd.
111, S. 109. 1920;
ferner v. Wartenberg: Z. Elchem. Bd. 19, S. 482ff. 1913. — van Liempt:
Z. anorg. u. allg. Chem. Bd. 114, S. 105. 1920. — Millar: Ind. and Eng. Chemistry
Bd. 17, S. 34. 1925; vgl. ferner Jones, Langmuir u. Mackay über W, Mo,
Pt, Ni, Fe, Cu, Ag, Phys. Rev. (2) Bd. 30, S. 201.
Ba 1146°. — Ca 1175°.

Spalte 3 bis 8. Nach Sauerwald mit Töpler, Bienias, Drath, Krause,
Widawski: Zit. S. 10; ferner

[11] Thiesen, Scheel u. Sell: Phys.-Techn. Reichsanst. Bd. 2, S. 184. 1895.

[12] Hagen: Wied. Ann. Bd. 19, S. 442. 1883.

[13] Endo Sc. Rep. Toh. I. Univ. S. I. Bd. 13, Nr. 2, S. 193, 219. — Matuyama:
Ebda. Bd. 17, Nr. 1.

[14] Toepler: Ann. d. Phys. Bd. 53, S. 344. 1894.

Spalte 9 u. 10. Nach Bornemann, Müller, v. Rauschenplat u. Wagenmann: Zit. S. 10.

Spalte 11. Nach Landolt-Börnstein: Phys.-chem. Tab.

[15] Jitaka: Sc. Rep. Toh. Univ. Bd. 8, S. 99. 1919.

[16] Rengade: Comptes Rendus Bd. 156, S. 1897. 1913.

[17] Pionchon: Ann. chim. phys. (6) Bd. 11, S. 33. 1887.

[18] Brönstedt: Z. Elchem. Bd. 18, S. 714. 1912.

Die Zahlen über das elektrische Leitvermögen[4] und die spez. Wärmen finden sich in Zahlentafel 1.

Über den Molekularzustand der geschmolzenen Metalle ist wenig bekannt. Es liegt dort, wo besondere Werte der physikalischen Eigenschaften vorliegen, nahe, wie z. B. bei Kupfer, besondere Assoziationen anzunehmen. Bemerkenswert ist, daß bei keinem Metall die Eötvössche Regel über die Temperaturabhängigkeit der molekularen Oberflächenspannung zutrifft $\left(\dfrac{d\gamma\, v^{\frac{2}{3}}}{dT} = \sim 2\, ,\; \text{wo } v \text{ das Molekularvolumen}\right)$. Einzelne Metalle sind im flüssigen Zustand mittels Röntgenstrahlen untersucht worden und der Partikelabstand ist festgestellt worden[5].

Literatur.

[1] Vgl. Sauerwald u. Mitarbeiter: Z. Metallkunde Bd. 14, S. 145, 254, 329, 457. 1922; Z. anorg. u. allg. Chem. Bd. 135, S. 327. 1924; Bd. 149, S. 273. 1925; Bd. 153, S. 319. 1926; Bd. 155, S. 1. 1926. Direkte Auftriebsmethode S. u. Widawski 1929.

[2] Ebenda: Bd. 154, S. 79. 1926; Bd. 162, S. 301. 1927. Diss. Krause 1929.

[3] Ebenda: Bd. 135, S. 255. 1924; Bd. 157, S. 117. 1926; Bd. 161, S. 51. 1927; weitere Literatur siehe im vorstehenden.

[4] Bornemann u. Mitarbeiter: Metallurgie Bd. 7, S. 396. 1910; Bd. 9, S. 473. 1912; Ferrum Bd. 11, S. 276. 1913. — Matuyama: Sc. Rep. Toh. Imp. Univ., Ser. I, Bd. 16, Nr. 4. 1927.

[5] Keesom: Chem. Zentralblatt Bd. 1, S. 1923. 1927. Über Thermoelektrizität bei flüss. Metallen. Vgl. Siegel: Ann. Physik Bd. 38, S. 588.

III. Kristallisierte Aggregatzustände.

a) Die Entstehung kristallisierter Metallkörper.

1. Der Übergang der Metalle vom flüssigen in den kristallisierten Zustand.

α) Die Entstehung von Kristallhaufwerken aus der Schmelze. Die Erstarrungs- bzw. Schmelzpunkte der reinen Metalle sind in Zahlentafel 6a aufgeführt. Entsprechend dem allgemeinen Zustandsdiagramm und der Clausius-Clapeyronschen Gleichung (siehe S. 5) sind die Schmelzpunkte vom Druck abhängig. Die Abb. 5 gibt eine Übersicht über die Größe der Veränderung der Schmelzpunkte durch den Druck[1].

Der feste Zustand der Metalle ist dadurch charakterisiert, daß nur kristalline Phasen aufgefunden werden. Der kristalline Aufbau der Metalle kommt deutlich, z. B. in der Abb. 6, zum Ausdruck, in der die bei Entfernung des Restes einer erstarrenden Schmelze bereits erstarrten Anteile ihren Habitus gut erkennen lassen. Der amorphe feste Zustand, der nach Tammann gewissermaßen nur als eine unterkühlte Flüssigkeit mit sehr hoher innerer Reibung aufzufassen ist, der infolgedessen auch nicht als besonderer Aggregatzustand in ein Zustandsdiagramm wie Abb. 1 einzutragen ist, und zu dem man deshalb aus dem flüssigen Zustand mit niedriger innerer Reibung auf stetigem Wege gelangen kann, ist bei Metallen noch nie eindeutig aufgefunden worden.

Die prinzipiellen Kennzeichen des kristallinen Zustandes sind Anisotropie und Symmetrie, diese bestehen darin, daß die Eigenschaften der Kristalle nach verschiedenen Richtungen verschieden sind und diese Richtungen bestimmten Symmetriegesetzen gehorchen. Wenn man nun bei einem beliebigen Metallstück bestrebt ist, den vektoriellen Charakter der Eigenschaften festzustellen, so hat man damit im allgemeinen keinen Erfolg. Es rührt dies

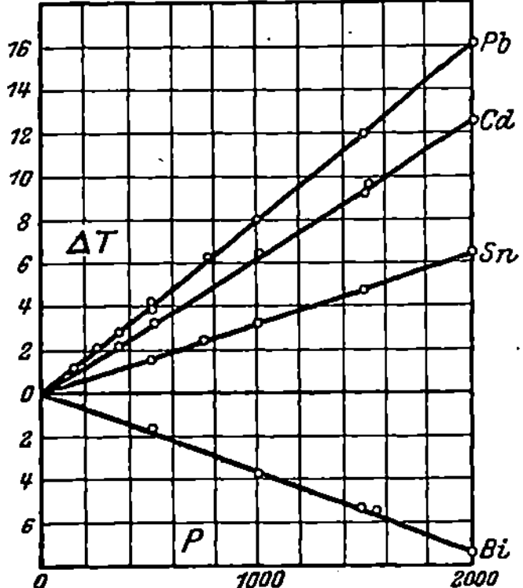

Abb. 5. Abhängigkeit des Schmelzpunktes vom Druck nach Johnston und Adams.

daher, daß die Metallkörper unseres täglichen Gebrauchs keineswegs einen einheitlichen Kristall darstellen, sondern daß sie aus einem Haufwerk von sehr vielen einzelnen Kristalliten bestehen, die in regelloser Weise, durcheinander gelagert sind. Da man an einem kompakten Metallstück nur die Summe der Eigenschaften aller dieser regellos orientierten Kristalliten feststellt, so muß naturgemäß der Körper sich annähernd isotrop oder quasiisotrop, wie man sagt, verhalten.

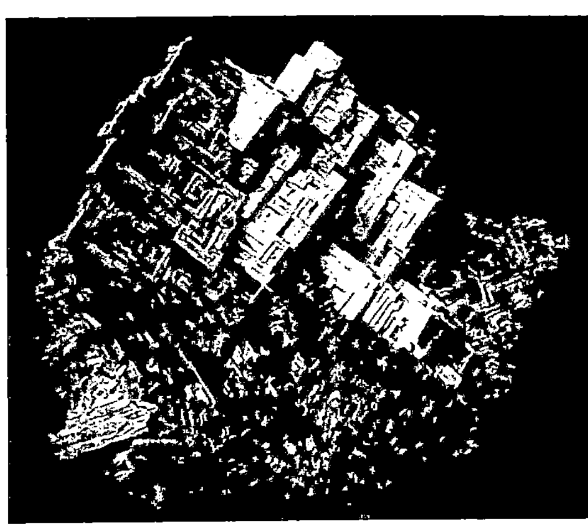

Abb. 6. Kristalle von Wismut nach unterbrochener Kristallisation (Czochralski). ×1.

Das Entstehen des kristallinen Haufwerkes aus der flüssigen Phase wird durch folgende Überlegungen verständlich:

Die Phasenänderung vom flüssigen in den festen Zustand geht, wie alle Phasenänderungen, von einzelnen Punkten aus. Dabei treten folgende wichtige Größen hervor. Man bezeichnet die Zahl der Partikelchen, die sich bei einer Phasenumwandlung in der Zeiteinheit bilden, als **Kernzahl (KZ)**. Diese Kerne wachsen nach verschiedenen Richtungen mit einer bestimmten Geschwindigkeit, die man **Kristallisationsgeschwindigkeit** nennt (**KG**).

Von den verschiedenen Kristallisationsgeschwindigkeiten interessieren uns im folgenden besonders die **maximalen** Werte, die wir kurz mit **MKG** bezeichnen. (Über die anderen Werte vgl. S. 16.) Es können, nachdem eine Anzahl Keime gebildet sind und während dieselben weiter wachsen, noch neue Keime sich ausscheiden.

Der Kristallisationsvorgang wird dadurch beendet, daß die Kristallindividuen bis zur gegenseitigen Berührung aufeinander zuwachsen und die den Oberflächen derselben innewohnenden Adhäsionskräfte den Zusammenhang des ganzen Konglomerates herstellen. Die Begrenzung der einzelnen Kristallbereiche hängt von der zufälligen Konstellation des Zusammentreffens ab, sie ist infolgedessen unregelmäßig und entspricht nicht dem Habitus des betreffenden Kristalls. Deshalb werden die Kristallindividuen des Haufwerkes als **Kristallite** besonders bezeichnet.

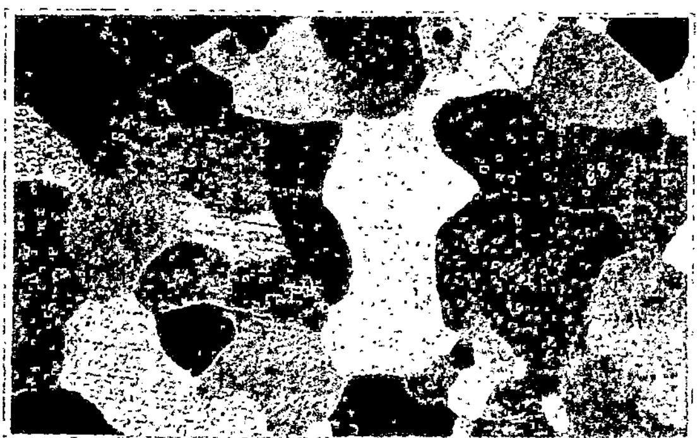

Abb. 7. Kornflächenätzung an Zinn × 5 (nach Czochralski, Metallkunde).

Man kann dieselben sichtbar machen, indem man an einem Metallstück eine ebene Fläche, einen **Schliff**, herstellt, und denselben chemisch anätzt (vgl. S. 212). Es treten dann entweder die Kornbegrenzungen oder die Kornflächen mit verschiedenen Helligkeiten hervor, weil die Ätzung entweder die Kornbegrenzungen oder die verschiedenen Flächen verschieden stark angreift (Abb. 7).

Von den beiden Größen KZ und MKG hängt die Struktur ab. Diese Größen sind nicht konstant, sondern hängen besonders mit der Geschwindigkeit der Phasenänderung, die dem Vorgang von außen aufgezwungen wird, zusammen. Es zeigt sich nämlich, daß die Phasenänderungen nicht genau bei den Temperaturen zu verlaufen brauchen, welche den genauen Gleichgewichtstemperaturen der Schmelzpunkte entsprechen, sondern es kann z. B. bei der Erstarrung eine mehr oder weniger große **Unterkühlung** unter diese Gleichgewichtstemperatur stattfinden, und von dem Maße dieser Unterkühlung hängt KZ und KG in sehr wesentlicher Weise ab. Die allgemeine Abhängigkeit von MKG und KZ nach Tammann[2] ist in der Abb. 8 gekennzeichnet. Es ist wichtig zu bemerken, daß bei Metallen die abfallenden gestrichelten Äste der Kurven nicht realisiert werden, was übrigens damit gleichbedeutend ist, daß der amorphe Zustand hier nicht herstellbar ist. Für Metalle kann man also behaupten, daß Kristallisationsgeschwindigkeiten und Kernzahl mit steigender Unterkühlung, d. h. steigender Abkühlungsgeschwindigkeit immer zunehmen. Dabei wirken das Steigen der KG und der KZ hinsichtlich der schließlichen Korngröße einander entgegen: große MKG bewirkt grobes Korn, große KZ feines Korn. Als Resultat dieser im entgegengesetzten Sinne wirkenden Faktoren kann man bei Metallen (abgesehen von Antimon)[3] hervorheben, daß mit steigender Abkühlungsgeschwindigkeit immer eine größere Anzahl von Kristalliten in der Raumeinheit sich findet als bei langsamer Abkühlung. Bei den praktischen Gießverfahren wird die Abkühlungsgeschwindigkeit in erster Linie durch das Material der Form bedingt. Sand-

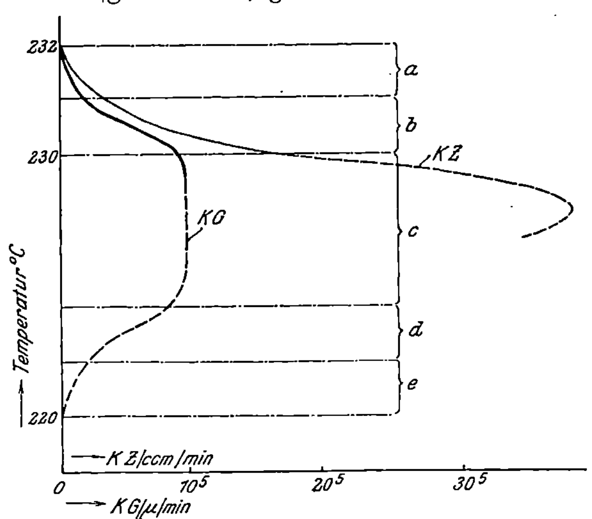

Abb. 8. Abhängigkeit der Kristallisationsgeschwindigkeit und Kernzahl von der Unterkühlung, nach Tammann (Czochralski).

formen haben ein geringeres Wärmeleitungsvermögen als Metallkokillen, deshalb ist Kokillenguß immer feinkörniger als Sandguß.

Außer den soeben genannten Faktoren, welche zunächst die Entstehungsgeschichte eines Kristallitenhaufwerkes beschreiben, und die für sich die Quasi-Isotropie desselben bedingen, sind für die Struktur eines Kristallitenkonglomerates, welches aus dem Schmelzfluß entsteht, auch noch andere Umstände maßgebend, die gerade auch zu einer Abweichung von der Quasi-Isotropie führen können. Es kann nämlich auch der Fall eintreten, daß die Keime, und damit natürlich auch die sich endgültig vorfindenden Kristallite, nicht in vollkommener Regellosigkeit angeordnet sind, sondern daß diese eine gewisse Gleichrichtung erfahren. Diese Gleichrichtung kann durch äußere Umstände hervorgerufen werden, z. B. dadurch, daß der Wärmeabfluß aus der Schmelze in einer ganz bestimmten Weise nach einer Seite befördert wird. Es scheiden sich dann die Kristallite mit gleicher kristallographischer Achse in gleichen Richtungen ab. Diese Erscheinung nennt man Transkristallisation oder besser Orthotropie[4]; sie äußert sich im Schliffbild, wie z. B. in der Abb. 9 gekennzeichnet, wo alle Kristallite senkrecht zur Oberfläche des Metallkörpers orientiert sind. Infolge der Gleichrichtung der Kristallite kann hier der vektorielle Charakter des kristallinen Zustandes naturgemäß auch hervortreten, und zwar tut er dies meist in einer für die technische Verwendung des Materials ungünstigen Weise. So führt die Orthotropie z. B. bei der Bearbei-

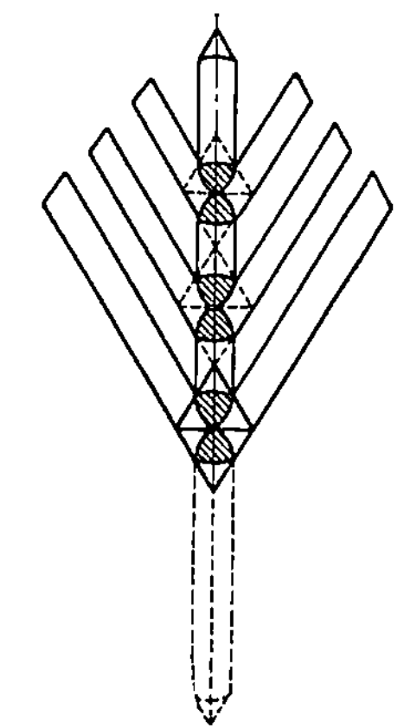

Abb. 10. Dendritisches Wachstum (nach Vogel).

tung von Blöcken häufig zu Kantenrissen.

Abb. 9. Orthotropie bei Aluminiumbronze, 1:10 (nach Czochralski).

Eine weitere wichtige Form der Kristallisation ist die Bildung von Dendriten[5]. Es ist dann das Kristallwachstum bzgl. seiner Geschwindigkeit nicht nur nach einer Richtung, sondern nach zwei oder mehreren Richtungen ausgezeichnet, und es kommen Bildungen zustande, wie die in der Abb. 10 schematisch gekennzeichnete. Es erstreckt sich ein einheitliches Kristallgitter durch das ganze Gebilde hindurch. Die verschiedenen Äste nähern sich in ihren Querschnitten natürlich schließlich bis zur völligen Berührung. Jedoch tritt beim Zusammentreffen der verschiedenen Äste keineswegs ein völliges Ineinanderübergehen der Kristallgitter ein, so daß bei der Ätzung eines Schliffes die Querschnitte durch die Dendritenäste sich als solche abheben und zunächst den Eindruck selbständiger Kristallite machen können. Das Dendritenwachstum wird als solches leicht nur beim Vorliegen gleichzeitiger Kristallseigerung erkannt (siehe Abb. 158).

Die Tatsache, daß es keinen vollkommen reinen Stoff gibt, bedingt es, daß alle Stoffe bis zu einem geringen Grade bei Phasenänderungen, also auch beim Erstarren, sich wie Mehrstoffsysteme verhalten. Aus den für diese geltenden Zustandsdiagrammen (vgl. besonders S. 164ff.) folgt, daß z. B. im flüssigen Zustand gelöste, im festen Zustand unlösliche Beimengungen am Ende des Erstarrungsprozesses erstarren. Es ist deshalb nach Tammann[6] wahrscheinlich, daß die Kristallite regulinischer Körper von ganz feinen Fremdkörperhäuten umschlossen sind, solche sind experimentell auch nachgewiesen (über daraus sich ergebende Konsequenzen vgl. S. 22, 291).

Literatur.

[1] Nach Johnston u. Adams: Z. anorg. u. allg. Chem. Bd. 72, S. 11. 1911. — Bridgman: Phys. Rev. S. 2, Bd. 27. 1926, S. 68; er hat Drucke bis 12000 kg/cm² untersucht.

[2] Tammann, G.: Aggregatzustände. Leipzig 1922. — Bez. Metalle vgl. besonders H. Lange: Diss. Greifsw. 1927.

[3] Z. anorg. u. allg. Chem. Bd. 78, S. 178. 1912.

[4] Rinne: Math.-Phys. Klass. Sächs. Akad. Wiss. 1926.

[5] Z. anorg. u. allg. Chem. Bd. 116, S. 21. 1911.

[6] Z. anorg. u. allg. Chem. Bd. 121, S. 275. 1922.

β) **Die Entstehung von Einzelkristallen aus der Schmelze.** Unter Umständen kann die KG und KZ so reguliert werden, daß eine Schmelze zu einem einheitlichen Kristall erstarrt. Dies wird um so leichter der Fall sein, je größer die KG und je geringer die KZ ist. Zuerst hat Tammann[1] Einzelkristalle dadurch hergestellt, daß er eine metallische Schmelze in einem Röhrchen erstarren ließ, in dem ein geringer Temperaturgradient vorhanden war. Es bildete sich dann ein Kristall an der Stelle tiefster Temperatur, der in das Röhrchen hineinwuchs. Dieses Verfahren ist von Groß und Möller[2] weiterhin untersucht worden, von Bridgman[3], Seng und Sachs[4] wurde es weitergebildet. Bei diesem Verfahren ist offenbar das Wesentliche der Temperaturgradient und die Aussonderung beim Wachstum konkurrierender Keime durch die Unterbringung in einem Rohr. Auf einem ähnlichen Wege wird die Herstellung von drahtförmigen Einzelkristallen sehr elegant durch das Verfahren Czochralskis[5] erreicht. Es befindet sich eine Schmelze in einem Tiegel, die möglichst genau bei der Schmelztemperatur gehalten wird. Es wird dann ein kleiner Kristall in einer geeigneten Vorrichtung auf die Oberfläche der Schmelze gesetzt, der als Keim für eine Kristallisation dienen kann. An diesen Keim kristallisiert etwas Material an, und in demselben Maße, wie dies erfolgt, wird der entstehende Kristall in die Höhe gezogen. Das ankristallisierende Material bildet einen Einzelkristall. Es ist ersichtlich, daß mit diesem Verfahren auch auf sehr einfache Weise die KG in einer bestimmten Richtung gemessen werden kann, da die Ziehgeschwindigkeit gleich der KG sein muß.

Es ist in neuester Zeit insbesondere Hausser[6] gelungen, auch Einzelkristalle von gleicher Erstreckung nach verschiedenen Richtungen aus der Schmelze zu erzeugen. Wenn man eine Schmelze sehr vorsichtig nur ganz wenig unterkühlt, und Einrichtungen dazu hat, um diese geringe Unterkühlung mit großer Genauigkeit längere Zeit innezuhalten, dann gelingt es, die KZ so niedrig zu halten, daß sehr große kompakte Kristalle aus einer Schmelze entstehen.

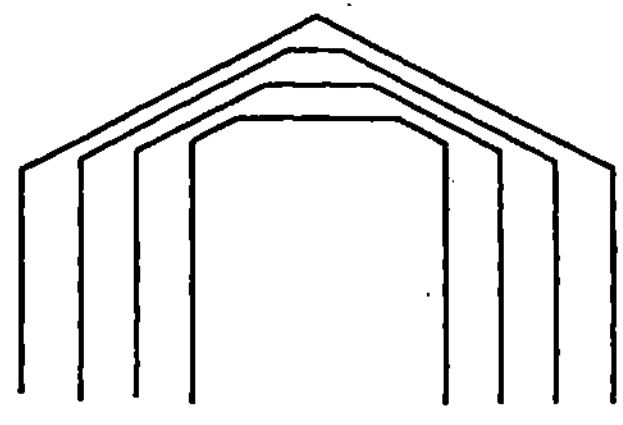

Abb. 11. Wettbewerb verschieden schnell wachsender Kristallflächen (Müller-Pouillet).

Wie schon angedeutet, macht sich bei der Entstehung von Einzelkristallen aus der Schmelze der vektorielle Charakter der Kristallisationsgeschwindigkeit mehr bemerkbar als bei der Entstehung eines Haufwerkes. Dabei geht die Entstehung regelmäßiger Polyeder, die also nach allen Richtungen frei wachsen, so vor sich, daß unter den beim Wachstum konkurrierenden Flächen diejenigen mit geringer KG an Größe zunehmen, während diejenigen mit großer KG abnehmen (Abb. 11).

Literatur.

[1] Tammann: Aggregatzustände.

[2] Z. Phys. Bd. 19, S. 375. 1923.

[3] Proc. Am. Acad. Arts. scienc. Bd. 60, S. 305. 1925. Hier auch Angaben über Wachstumsrichtungen.

[4] Mitt. Matprfgsamt. 1927, H. 5.

[5] Czochralski: Mod. Metallkunde. Berlin: Julius Springer 1924.

[6] Wiss. Veröff. Siemenskonzern Bd. 5, H. 3, S. 144. 1926/27. Über anderweitige Erzeugung von Einkristallen. Vgl. S. 18 u. 127.

2. Die Änderung der Eigenschaften beim Übergang vom flüssigen in den festen Aggregatzustand.

Von besonderer Wichtigkeit sind die Volumenänderungen, welche bei Kristallen beim Übergang vom flüssigen in den festen Aggregatzustand und umgekehrt eintreten. Dieselben sind festzustellen auf die auf S. 6 beschriebene Weise. Die Volumenänderungen für die reinen Metalle sind aufgeführt in der Tabelle 1. Die Volumenänderung bei Cu ist in Abb. 12 dargestellt. Von der gewöhnlichen Volumenverkleinerung bei der Erstarrung machen nur das Wismut und Antimon eine Ausnahme, welche sich ausdehnen.

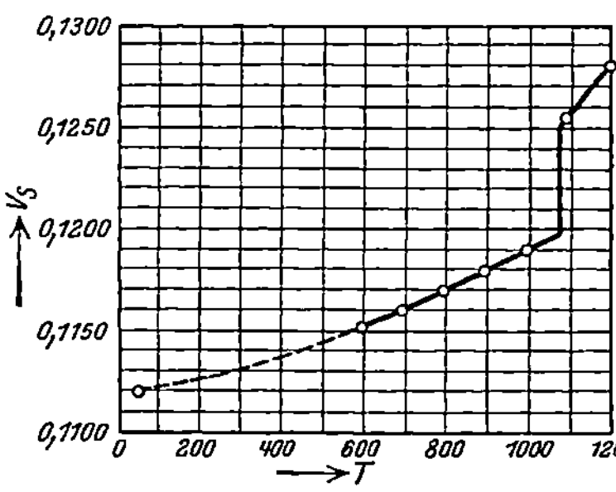

Abb. 12. Das spez. Volumen von Cu in Abhängigkeit von der Temperatur (nach Sauerwald).

Die elektrische Leitfähigkeit nimmt beim Übergang in den festen Zustand erheblich zu. Dieser Effekt ist in Verbindung gebracht worden mit dem geringeren Volumen des Materials im festen Zustand sowie auch mit den anderen kinetischen Bedingungen des festen Zustandes, welche einen Elektronentransport erleichtern[1]. Die optischen Eigenschaften, insbesondere das Emissionsvermögen sind im festen und flüssigen Zustand um einen bestimmten Betrag verschieden[2].

Die Größen, welche Ausdrucksformen thermodynamischer Potentialfunktionen sind und die den Gleichgewichtszustand der flüssigen und festen Phasen charakterisieren, sollten beim Schmelzpunkt für beide Phasen identisch sein. Es gilt dies z. B. für den Dampfdruck, das elektrochemische Potential; die Untersuchungen betreffs der Thermokraft sind noch zu keinem ganz eindeutigen Ergebnis gekommen[3].

Literatur.

[1] Wagner, E.: Ann. Physik (4) Bd. 33, S. 1484. — Tsutsumi: Science Rep. Toh. Univ. (1) Bd. 7, S. 93. — Simon: Z. Phys. Bd. 27, S. 157. 1924. — Perlitz: Chem. Zentralblatt 1927, Bd. 1, S. 403. Hier Berücksichtigung der Kristallstruktur.

Über Änderung der Wärmeleitfähigkeit Konno: Science Rep. Toh. Univ. Bd. 8, S. 169.

[2] Stubbs: Proc. Roy. Soc. A. Bd. 88, S. 195. — Hyde u. Forsythe: Journ. Frankl. Inst. Bd. 189, S. 664.

[3] Cermak: Ann. d. Phys. Bd. 26, S. 521. 1908. — Siebel: Ebenda Bd. 60, S. 260. — Harrison u. Foote: Phys. Rev. Bd. 21, S. 196. 1923. — Darling u. Rinaldi: Proc. Phys. Soc. Bd. 36, S. 281. 1924.

3. Weitere Möglichkeiten der Entstehung fester Metallkörper.

°α) **Kondensation von Gasen.** Die Entstehung fester Metallkörper aus der gasförmigen Phase hat zunächst ein Interesse für die Aufklärung des kristallinen Zustandes. Insbesondere interessiert hier die Frage, wie es mit der Kondensationsgeschwindigkeit an festen Kristalloberflächen steht. Es gilt für die Kondensation und Verdampfung an festen Oberflächen dieselbe Formel, wie wir sie früher (S. 5) entwickelt haben. Über den Verdampfungskoeffizienten an einem metallischen Einzelkristall muß von vornherein gefolgert werden, daß er nicht konstant etwa den Wert 1 haben kann, da infolge der vektoriellen Eigenschaften des Kristalles an den verschiedenen Ebenen eine verschiedene Geschwindigkeit von Kondensation und Verdampfung vorliegen muß. In der Tat ist bei festem Quecksilber der Verdampfungskoeffizient auch nicht etwa identisch gleich eins, sondern kleiner gefunden worden. Von Volmer und Estermann[1] sind außerdem Beobachtungen gemacht worden, die einen sehr großen Unterschied des Verdampfungskoeffizienten an verschiedenen Ebenen des Kristalles vermuten lassen. Sie beobachteten nämlich, daß Quecksilber die Tendenz hat, Kristallflitter bei der Kondensation aus der Dampfphase zu bilden, deren Dicke höchstens den 10^4ten Teil des Durchmessers in einer dazu senkrechten Richtung beträgt. Zur Deutung dieses Verhaltens beim Kondensationsvorgang nehmen sie einen besonders interessanten Mechanismus an, da sie Unterschiede von dieser Größenordnung der Kondensationsgeschwindigkeit an sich nicht für wahrscheinlich halten. Es wird angenommen, daß die Kondensation nicht sofort zu einer Einordnung der auf den festen Kristall auftreffenden Atome führt, sondern, daß sich auf der Oberfläche des Kristalles eine Schicht von Atomen hoher Beweglichkeit befindet, in der dauernd Atome diffundieren, und zwar sollen die Atome in verstärktem Maße nach den Flächen hoher Kondensationsgeschwindigkeiten hin diffundieren.

Ein technisches Interesse hat die Kondensation aus der Gasphase für sehr hoch schmelzende Metalle, und zwar wird hier die bei den betreffenden Metallen gerade auch wichtige Einkristall-Herstellung auf diesem Wege gleichzeitig ermöglicht. Das Aufwachsen des Materials erfolgt nach Koref[2] in bestimmten Orientierungen zu dem als Keim wirkenden Kristall, natürlich ist auch das Aufwachsen in polykristalliner Form möglich.

Diesem und dem im folgenden geschilderten Verfahren ist die Herstellung von Metallkörpern durch **Kathodenzerstäubung** im Effekt verwandt. Es werden so nach **Lauch** und **Ruppert**[3] durch Niederschlagen auf Steinsalz und Weglösen desselben sehr dünne, durchsichtige **Metallfolien** erzeugt.

Literatur.

[1] Z. Phys. Bd. 7. S. 1, 13. 1921. — Eine Kritik dieser Anschauungen gibt Spangenberg: Neues Jb. f. Mineralogie, Beilagenbd. 57, S. 1197.

[2] Z. techn. Phys. 1925, S. 296.

[3] Phys. Z. Bd. 27, S. 452. 1926.

β) **Synthetische Metallkörper.** Festes Metall kann weiterhin erhalten werden durch **Reduktion von festen Metalloxyden**, am einfachsten unter Zuhilfenahme gasförmiger Reduktionsmittel. Je nach der Temperatur, bei der die Reduktion vorgenommen wird, können die einzelnen Kristallite lose bleiben oder auch einen erheblichen Zusammenhang aufweisen. Werden niedrige Reduktionstemperaturen angewendet, kann das entstehende Metallpulver so fein sein, daß unter geeigneten Verhältnissen infolge der großen Oberfläche Pyrophorität auftritt (S. 241). Zu Körpern erheblicher Festigkeit gelangt man am besten dann, wenn man erst die Reduktion zu losem Metallpulver vornimmt, dann eine Pressung des Metallkörpers ausführt und das zusammengepreßte Haufwerk auf höhere Temperatur bringt. Von noch erheblich größerer Wirkung auf die Festigkeit des entstehenden Haufwerkes ist es, wenn man die Pressung der losen Kristallite bei höherer Temperatur vornimmt. Man bezeichnet zweckmäßig die auf einem dieser Wege hergestellten

Körper als „synthetische" Körper. Ein Beispiel für die Struktur eines synthetischen Metallkörpers gibt Abb. 13, in der der Schliff durch einen bei 2000° gefritteten Wolframkörper wiedergegeben ist. Wie wir noch sehen werden, zeigen solche Körper gegenüber den aus dem Schmelzfluß erstarrten Körpern einige Besonderheiten.

Über ihr Zustandekommen sind folgende Vorstellungen ausgebildet: An einer Kristallitenoberfläche sind die Gitterkräfte, die wir noch genauer analysieren werden, gegenüber dem Zustand im Innern des Materials unabgesättigt, es besteht an der Oberfläche ein Kraftfeld, und es können Adsorptionswirkungen von diesem ausgehen. Diese Adsorptionswirkungen können sich auf fluide Körper erstrecken und führen

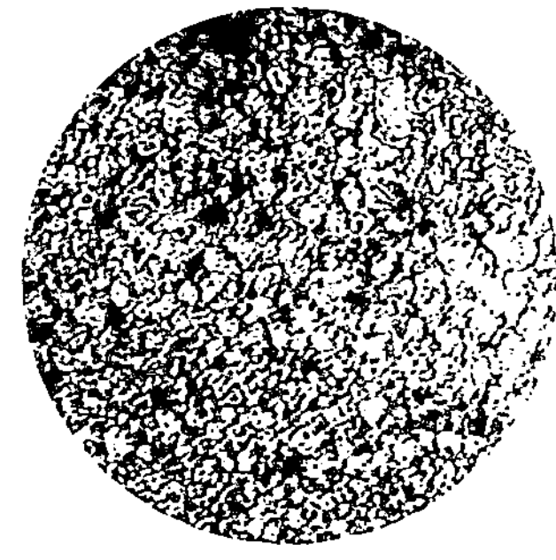

Abb. 13. Synthetischer Körper aus Wolfram. 20 Min. bei 2000° (nach Sauerwald). ×200.

hier zu den eigentlichen Adsorptionserscheinungen. Ein analoger Vorgang ist natürlich auch bezüglich der Einwirkung zweier sich nahe genug gegenüberstehender Kristalloberflächen denkbar, und ein Zustandekommen synthetischer Körper ist offenbar am einfachsten zunächst auf diese Adsorptions- oder Adhäsionswirkungen der in dem zunächst losen Haufwerk sich einander gegenüberliegenden Kristalloberflächen zurückzuführen. Die schließlich eingetretene Adhäsion ist zweifellos von derselben Natur wie diejenige zwischen den Kristalliten regulinischer Körper. Wie wir noch sehen werden, sind die Eigenschaften synthetischer Körper noch weiterhin abhängig von den Veränderungen an den adhärierenden Oberflächen, welche durch den Austausch von Atomen vom einen zum anderen Gitter bedingt sind (S. 22).

Literatur.

Sauerwald u. Mitarbeiter: Z. anorg. u. allg. Chem. Bd. 122, S. 277. 1922; Z. Elchem. Bd. 29, S. 79. 1923; Bd. 30, S. 175. 1924; Bd. 31, S. 18, 15. 1925; Z. Metallkunde Bd. 16, S. 41. 1924. Z. Metallkunde 1929. S. 22.

γ) Die Herstellung fester Körper durch Elektrolyse. Durch Elektrolyse aus wäßrigen oder schmelzflüssigen Lösungen können ebenfalls feste Körper hergestellt werden. Näher untersucht sind bis jetzt im allgemeinen nur die Körper, welche durch Elektrolyse bei tiefer Temperatur zu erzielen sind, wobei sich eine große Mannigfaltigkeit der die Struktur bedingenden Faktoren ergeben hat. Es ist im allgemeinen nur möglich gewesen, polykristalline Körper herzustellen[1]. Es ist offenbar auch hier eine Kernzahl und Wachstumsgeschwindigkeit zu definieren, nur sind diese Faktoren außer von der Temperatur von sehr vielen anderen Größen, insbesondere von der Natur des Elektrolyten und den Stromverhältnissen abhängig. Sehr häufig treten Orientierungs-

2*

effekte ein, selten sind die Kristallite regellos geordnet. Im allgemeinen ist bei Beginn der Elektrolyse der sich unmittelbar an der Kathode ansetzende Niederschlag ziemlich feinkörnig. Die Niederschläge sind beim Verlauf der Elektrolyse verhältnismäßig grobkörnig, wenn der Elektrolyt ein einfaches anorganisches Salz enthält. Lösungen von Komplexsalzen geben im allgemeinen feinkristalline Niederschläge. Mit steigender Stromdichte nimmt die Korngröße ab. Bei abnorm hohen Stromdichten entstehen in sehr verdünnten Lösungen die sogenannten schwarzen Metalle, die aber nicht etwa amorph sind, sondern nur sehr voluminöses feinkristallines Material enthalten.

Mit der Röntgenanalyse sind Orientierungen festgestellt (Methode vgl. S. 43) worden, über die eine Übersicht in Zahlentafel 2 gegeben ist. Die ausgezeichnete Richtung steht senkrecht auf der Ebene des Kathodenbleches. Im allgemeinen ist dieselbe eine Richtung großer Wachstumsgeschwindigkeit. Man kann Fälle nachweisen, in denen die Orientierungen des Niederschlages von der kristallographischen Orientierung der Kathode abhängen, ebenso gibt es Fälle, wo zunächst ungeordnetes, feinkörniges Wachstum stattfindet und die gesonderte Orientierung durch Ausleseerscheinungen des wachsenden Materials zustande kommt.

Zahlentafel 2.
F a s e r s t r u k t u r e n in elektrolytischen Niederschlägen (nach Glocker).

Element	Elektrolyt	Stromdichte Amp./cm²	Zu der Stromlinie parallel	Beobachter
Ag	$^1/_{10}$-n-AgNO$_3$	0,01	[111] u. [001]	Glocker u. Kaupp[1]
Cu	$^1/_1$-n-CuSO$_4$	0,03	[011]	do.
Ni	Nickelammonsulfat	0,005	[001]	Bozorth[2]
	0,1-n-NiCl$_2$ + 0,9-n-NiSO$_4$	0,005	[001]	do.
Ni	0,9-n-NiCl$_2$ + 0,1-n-NiSO$_4$	0,005	[211]	do.
Ni	—	—	[011]	Clark u. Frölich[3]
Pb	$^1/_1$-n-Bleiperchlorat	—	[211]	Clark, Frölich u. Arbor[4]
Cr	nach Grube	—	[111]	Glocker u. Kaupp
Fe	10% Ferroammoniumsulfat	0,001	[111]	do.
Fe	50% Ferrochlorid	0,001	[111]	do.
Fe	50% Ferrochlorid auf 100⁰ + CaCl$_2$	0,1	[112]	do.

Ag aus Zyankalilösung, bei höheren Stromdichten, ebenso Fe bei höheren Stromdichten, ferner Zn, Cd geben regellose Orientierungen.

[1] Z. Phys. Bd. 24, S. 121. 1924.
[2] Phys. Rev. Bd. 26, S. 390. 1925.
[3] Z. Elchem. Bd. 31, S. 665. 1925.
[4] Ebenda Bd. 32, S. 295. 1926.

Von besonderer Wichtigkeit sind die Strukturen, welche beim Zusatz von Kolloiden zum Elektrolyten entstehen und die sich durch eine besondere Feinkörnigkeit des Niederschlages von submikroskopischer Größenordnung auszeichnen. Die notwendigen Mengen des

Zusatzes von Kolloiden sind sehr gering. Bereits Zusätze von 0,01 bis 0,05% erweisen sich als wirksam. Häufig tritt eine Schichtenbildung in dem niedergeschlagenen Material auf, wie in Abb. 14 zu sehen ist. Über das Zustandekommen die-ser Schichtenbildung sind die Mei-nungen geteilt. Man muß beim Vorhandensein von Kolloiden außer mit der elektrolytischen Ausscheidung von Metallen mit einem kataphoretischen Nieder-schlag von Kolloidsubstanz rech-nen. Diese Vorgänge können nun entweder nacheinander eintreten, dann ist die Schichtenbildung ohne weiteres gedeutet, oder sie können gleichzeitig erfolgen und es tritt dann in dem gebildeten hochdispersen System eine Ko-agulation ein, die zur Bildung der Schichten führt. Die Nieder-

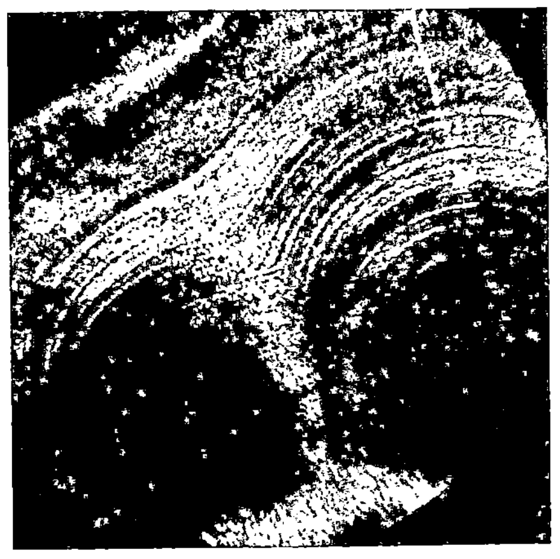

Abb. 14. Schichtenbildung in Elektrolytkupfer nach Grube und Reuss. ×350.

schläge aus kolloidhaltigen Lösungen sind deshalb von erheblicher tech-nischer Bedeutung, weil sie eine hohe Dichte und einen besonderen Me-tallglanz aufzuweisen pflegen.

Das elektrolytische Verfahren findet eine besondere Ausgestaltung bei Herstellung sehr dünner Metallamellen nach Müller[2]. Es werden dünne Metallschichten auf ein anderes Metall niedergeschlagen und das Grundmetall wird dann weggeätzt.

Literatur.

Vgl. R. Foerster: Elektrochemie wäßriger Lösungen, 3. Aufl. Leipzig 1922. — Sauerwald, F.: Kolloidchemische Technologie, herausg. R. E. Liese-gang, S. 684. Dresden 1927. — Zuletzt vgl. I. Chiout: Diss. Greifswald 1927.

[1] Einkristalle sind auf elektrolytischem Wege hergestellt von van Liempt, Am. Inst. Min. & Met. Eng. Techn. Publ. 1927, Nr. 15. Phys. Ber. 1928, S. 1616.

[2] Naturwissensch. 1926, S. 43.

4. Änderung der Unterteilung in polykristallinen Metallkörpern.

Im vorigen Abschnitt haben wir gesehen, in welcher Weise bei der Entstehung metallischer Körper die Kornzahl pro Volumeneinheit geändert werden kann. Es fragt sich, ob im festen Zustand noch Beeinflussungen einer einmal vorhandenen Struktur möglich sind. Solche Möglichkeiten liegen bei den verschiedenen Arten der festen metallischen Körper tatsächlich vor, diese hängen aber in verschiedener Weise vom Zustand der Körper ab.

α) Zunächst sind zu unterscheiden solche Metalle, welche **Umwand-lungen** erleiden gegenüber denjenigen, wo das nicht der Fall ist. **Metalle mit Phasenänderungen im festen Zustand zeigen eine Be-einflußbarkeit der bei der Phasenänderung erscheinenden Kristallarten** hinsichtlich ihrer Größe in ähnlicher Weise wie dies bei den Erstarrungsvorgängen der Fall ist. Genauere Untersuchungen darüber liegen jedoch noch nicht vor; es ist von vornherein damit zu rechnen, daß auch noch andere Faktoren als die oben genannten die Umkristallisation im festen Zustande beeinflussen, da es sich ja um Kristallisationen in einem anisotropen Medium handelt. Es ist also mit besonderer Bevorzugung von Kristallisationsgeschwindigkeiten in ge-wissen Richtungen zu rechnen. Eine Konsequenz hiervon ist es, wenn unter geeigneten Bedingungen die schließlich erzielte Struktur von der Korngröße der vorherigen Struktur abhängt, wie dies aus einer Zahl von Beobachtungen (siehe S. 343) hervorgeht. Offenbar sind dann Korngrenzen der sich umwandelnden Kristalle oder besser die anders-artige Kristallorientierung jenseits einer Korngrenze Hindernisse für die Kristallisation der neu entstehenden Phase über die Grenze hinaus.

β) Die Möglichkeit, die Zahl der Kristallite pro Volumeneinheit in einem Material, **welches keine Phasenänderungen** erleidet, zu be-einflussen, **ist bei den verschiedenen Arten der festen Metall-körper, welche wir kennengelernt haben, ganz verschieden.** In den regulinischen Körpern ist eine Beeinflussung einer vorhandenen Struktur ohne einen tieferen Eingriff nicht möglich, insbesondere führt ein Erwärmen auf höhere Temperatur zu keiner Änderung[1], vorausgesetzt, daß nicht etwa Gußspannungen in dem betreffenden Körper vorhanden sind. Es wird diese Tatsache nach Tammann[2] darauf zurückgeführt, daß die in keinem natürlichen regulinischen Körper fehlenden dünnen Häutchen der Beimengungen einen Materieaustausch zwi-schen den Kristalliten verhindern (vgl. S. 15). Synthetische[3] und elektro-lytische Körper ergeben jedoch bei einer geeigneten Behandlung bei höheren Tempe-raturen spontan eine Kristallvergrößerung, Abb. 15 läßt dies im Vergleich zu Abb. 13 erkennen. Die Temperaturen, welche bei synthetischen Körpern zum Eintreten von Kristallisationen führen, liegen bei etwa $\frac{2}{3}$ der absoluten Schmelztemperatur, soweit bis jetzt bekannt, unabhängig vom Preß-

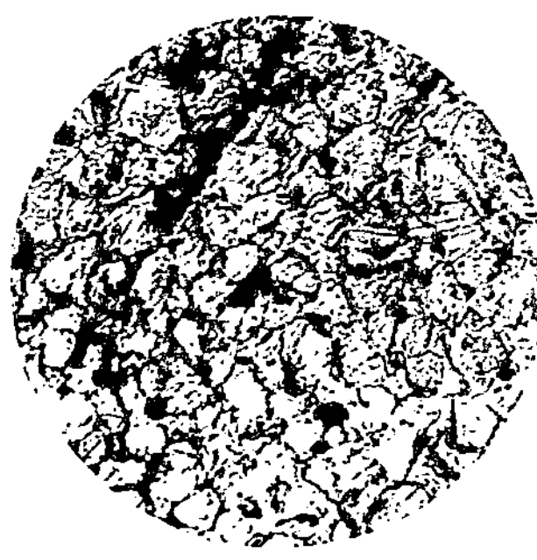

Abb. 15. Synthetischer Wolfram-körper. 12 Min. bei 2800°
(nach Sauerwald). ×200.

druck[4]. Die Kristallisation in diesen Körpern ist mit Sicherheit eine reine Temperaturwirkung. Die Kristallisation in elektrolytischen Körpern ist nicht so genau untersucht und hängt unter Umständen mit den in elektrolytischen Niederschlägen immer vorhandenen Spannungen zusammen.

Bei regulinischen Körpern ohne Umwandlung ist eine Beeinflussung des Kornverbandes durch plastische Deformation möglich, die uns im weiteren Verlauf noch eingehend beschäftigt. Diese Möglichkeit besteht naturgemäß ebenso für elektrolytische und synthetische Körper. Schon die plastische Deformation selbst führt infolge der Veränderung der Kornform und des Auftretens von Gleitflächen zu einer Änderung der Unterteilung des Materials (vgl. S. 65), wenn sie bei niedrigeren Temperaturen erfolgt. Nach einer solchen Behandlung treten beim Anlassen auf geeignete Temperaturen die unten (S. 124) näher behandelten sog. Rekristallisationen auf, die zu sehr verschiedenartiger Ausbildung der Struktur führen können. Verlaufen die Deformationen bei genügend hoher Temperatur, so treten unmittelbar während derselben Kristallisationen auf, die ebenfalls in den verschiedenen Fällen zu sehr verschiedenen Größenordnungen der Kristallite führen können. Werden bei hohen Temperaturen verformte Metallkörper nach der Abkühlung wieder angelassen, so können sich auch in ihnen noch Kristallisationen bei genügend hohen Temperaturen zeigen (vgl. auch S. 136).

Eine Wirkung von Oberflächenspannungen auf Kristallisationen im festen Zustand ist bei regulinischen Körpern bisher nur in Mehrstoffsystemen bekannt (vgl. S. 58, 180, 267, 349, 440ff.

Literatur.

[1] Fraenkel: Z. anorg. u. allg. Chem. Bd. 122, S. 295. 1922.

[2] Z. anorg. u. allg. Chem. Bd. 113, S. 163. 1920.

[3] Siehe Lit. Sauerwald S. 19.

[4] Vgl. auch Alterthum: Z. phys. Chem. Bd. 110, S. 1. 1924.

b) Der Kristallbau der Metalle, Röntgenographie*.

1. Kristallbau und Raumgitter.

Schon als man nur makroskopisch die Symmetrieeigenschaften der Kristalle und ihre Anisotropie kannte, fragte man sich, wie denn diese Eigenschaften aus dem atomaren Aufbau zu erklären sein könnten. Diese mathematischen Überlegungen haben schon früh einen hohen Grad von Vollkommenheit erreicht,

---

* Niggli: Lehrbuch d. Mineralogie. Berlin: Borntraeger 1920. — Ewald: Kristalle u. Röntgenstrahlen. Berlin: Julius Springer 1923. — Becker u. Ebert: Metallröntgenröhren. Braunschweig: Vieweg 1925. — Mark: Verwendung der Röntgenstrahlen. Leipzig: A. Barth 1926. — Glocker: Materialprüfung mit Röntgenstrahlen. Berlin: Julius Springer 1927. — Röntgenfachheft d. Z. Metallkunde 1928. H. 10.

konnte doch gezeigt werden, daß durch Annahme regelmäßig in sogenannten Raumgittern gelagerter Atome (Abb. 16) Ordnungssysteme sich ausbilden lassen, die in ihren Symmetrieeigenschaften denen der

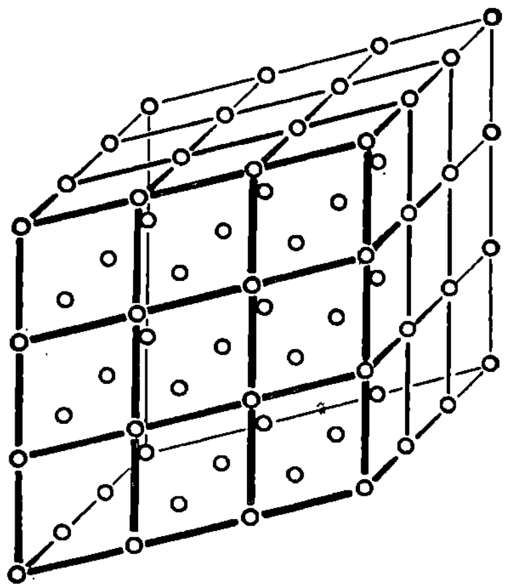

Abb. 16. Raumgitterlagerung der Atomschwerpunkte (Ewald).

Kristalle analog sind. Damit war ohne weiteres ein Schluß gegeben, daß solche Anordnungen in der Tat im inneren Aufbau der Kristalle vorhanden sind. Der direkte experimentelle Beweis für diese Auffassung ist dann durch Entdeckung der Röntgenstrahleninterferenzen* an den Raumgittern der Kristalle von v. Laue, Friedrich und Knipping gebracht worden.

Die Benutzung der an makroskopischen Kristallen möglichen Symmetrieoperationen, also des Symmetriezentrums, der Drehung und Spiegelung (z. B. Abb. 17) führt zur Einteilung der Kristalle in die 32 Kristallklassen und 7 Kristallsysteme. Ein für diese Betrachtungsweise bezeichnendes Merkmal liegt in dem Umstand, daß Translationen, also Parallelverschiebungen bei dieser makroskopischen Betrachtung keine Rolle spielen und auch nicht mit den oben genannten Operationen der Drehung und Spiegelung kombiniert werden können.

Bei der atomistischen Raumgitterbetrachtung im Diskontinuum jedoch sind als Deckoperationen Kombinationen von Translationen mit Drehungen und Spiegelungen möglich, die nun natürlich zur weiteren Unterteilung der 32 Kristallklassen, nämlich entsprechend den 230 Raumgruppen führen, bei denen gegenüber dem Kontinuum als neue Symmetrieelemente die sogenannten Schraubenachsen und Gleitspiegelebenen funktionieren.

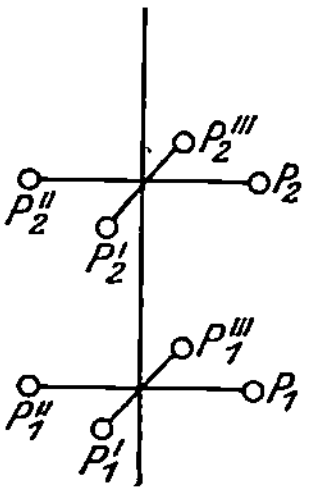

Ein Beispiel möge diese Unterteilungsprinzipien etwas verdeutlichen. Es handelt sich z. B. bezüglich der Symmetrieachsen darum, daß im

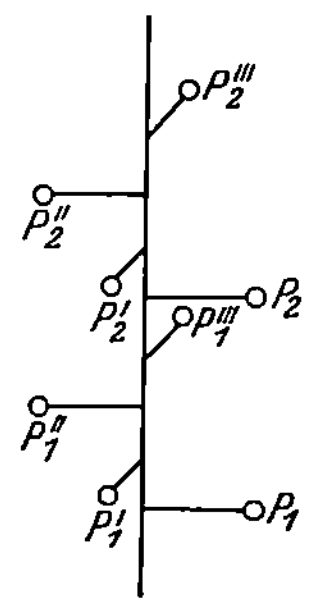

Abb. 17.
Drehachse
(Glocker).

Abb. 18. Rechtsschraubsenachse
(Glocker).

* Prinzipiell verschieden von der Ausnutzung der Röntgenstrahlinterferenzen für Strukturbestimmungen der Kristallgitter ist die Anwendung der Röntgenstrahlen zur Durchleuchtung von Metallkörpern zwecks Feststellung von Unganzheiten, wie sie der medizinischen Diagnostik entspricht; hierüber vgl. S. 27, 265, 274.

Kontinuum überhaupt nur Drehachsen mit einer bestimmten Zähligkeit sich angeben lassen daß dagegen im Diskontinuum die Drehachsen sich unterteilen lassen
in gewöhnliche Dreh-
achsen (Abb. 17), und
Schraubenachsen
(Abb. 18).

Die Röntge-
nographie der
Metallkunde
hat nun, beson-
ders, was die rei-
nen Metalle und
die einfacher le-
gierten Kristallite
anlangt, nur mit
den einfachsten
Atomanordnun-
gen zu tun. Wir
wollen deshalb von
einer systemati-
schen Untersu-
chung der Raum-
gruppen absehen
und ein anderes,
einfacheres Unter-
teilungssystem an-
wenden.

Man unter-
scheidet die Kri-
stalle und Punkt-
systeme demnach
zunächst nach den
Koordinaten-
systemen, die den
Kristallsystemen
entsprechen, und
fragt dann zu-
nächst danach,
welche Anordnun-
gen entstehen,
wenn zum Auf-

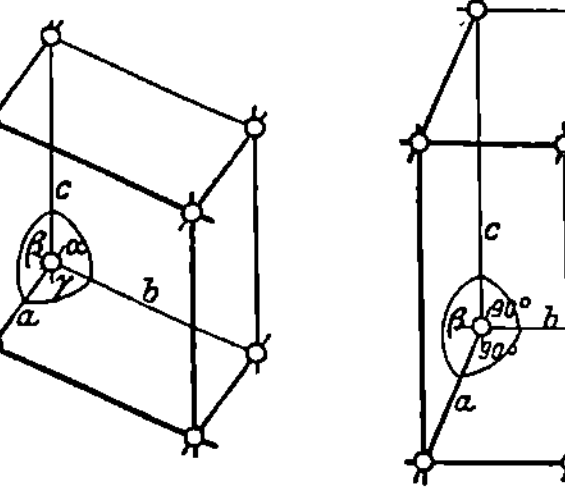
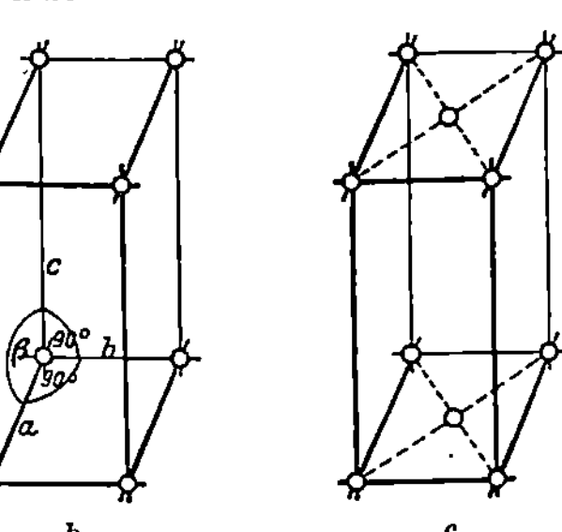

a   b   c

Trikline und monokline Translationsgitter.

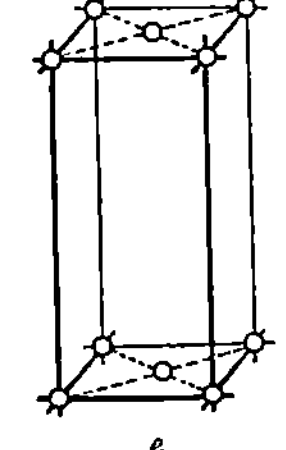
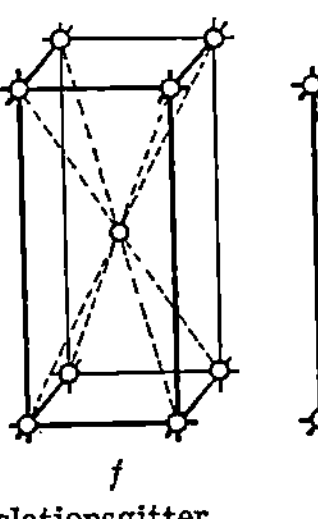
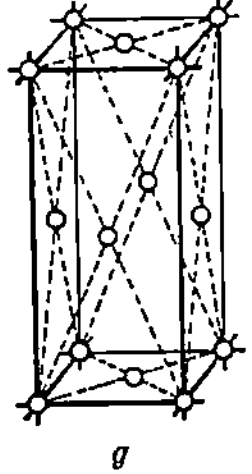

d   e   f   g

Rhombische Translationsgitter.

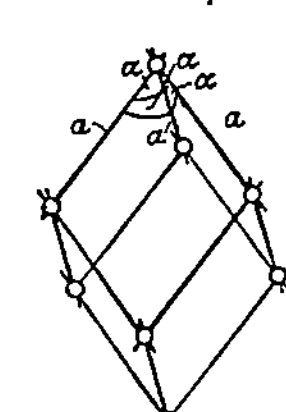
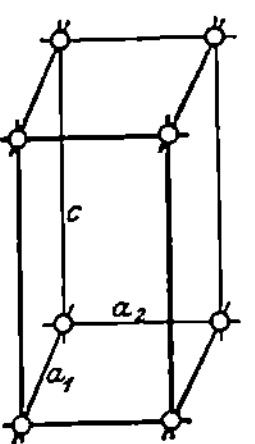
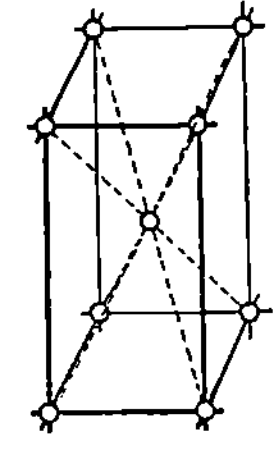

n   o   h   i

Hexagonales, Rhomboedrisches und tetragonale Translationsgitter.

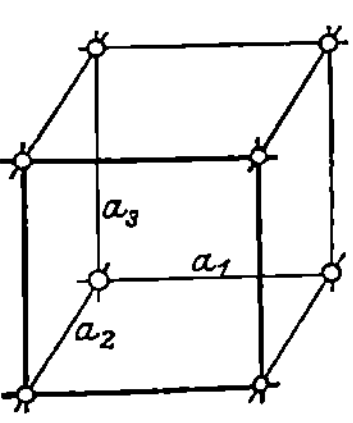
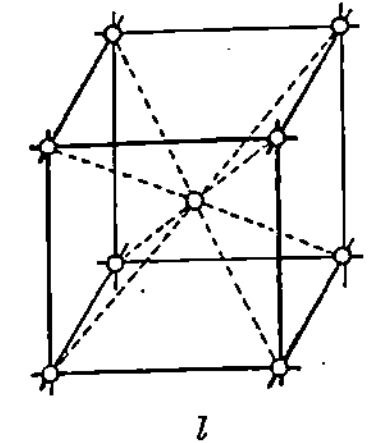
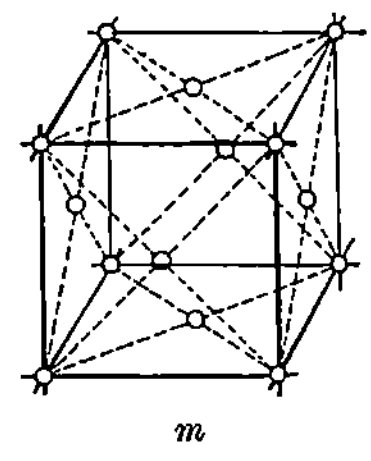

k   l   m

Reguläre Translationsgitter.

Abb. 19. Die Bravaisschen Raumgitter (Niggli).

bau eines Raumgitters lediglich eine einfache Translation eines sogenannten Aufpunktes, also eine Verschiebung eines Punktes um jeweils denselben Betrag in jeweils einer Richtung der Koordinaten-

achsen benötigt wird und die Anordnung also mit der Operation dieser Translation allein gedeutet werden kann. Man erhält so die einfachen Translationsgitter *a b d n o h k* (Abb. 19). Man kann ferner in diese Gitter ein zweites oder mehr Gitter hineingestellt denken; wenn man dabei die Bedingung macht, daß jedes Atom jedem anderen Atom gleichwertig bleiben soll, so werden aus der großen Zahl der möglichen Ineinanderstellungen sehr viel ausgesondert, und es bleiben nur die in der Abb. 19 außer den oben genannten noch aufgeführten Gitter übrig. Für das Gitter *l* ist die gesamte Operation der Ineinanderstellung bei der Abb. 20 besonders verdeutlicht. Hier ist aus der Operation der Ineinanderstellung leicht einzusehen, daß, während das einfache kubische Translationsgitter ein Atom im Volumen eines Elementarbereiches aufweist (jedes Atom kann man sich durch einen Würfel mit der Kantenlänge des Gitterparameters umschrieben denken), das raumzentrierte kubische Raumgitter 2 Atome, das flächenzentrierte 4 Atome im Elementarbereich aufweist.

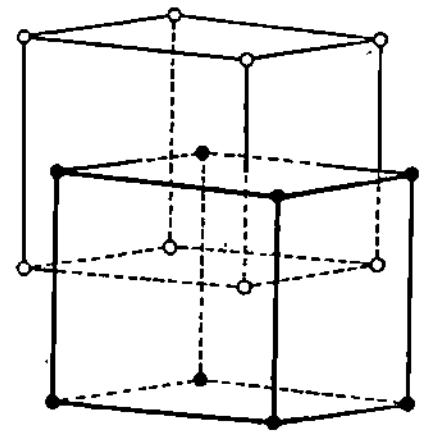

Abb. 20. Ineinanderstellung zweier einfacher kubischer Gitter zu einem körperzentrierten Gitter.

Alle durch Ineinanderstellung herstellbaren Gitter heißen Gitter mit Basis. Alle in der Abb. 19 dargestellten Gitter heißen Bravaissche Translationsgitter. Es ist einleuchtend, daß diese Gebilde die einfachsten Raumgruppen darstellen und deshalb für die uns interessierenden einfach kristallisierten Stoffe von besonderer Wichtigkeit sind.

2. Röntgenstrahlen und ihre Erzeugung.

Die Röntgenstrahlen sind kurzwelliges Licht. Sie entstehen dann, wenn Elektronen auf einen Körper aufprallen. Die Erzeugung der Elektronenströme kann auf verschiedene Weise geschehen.

Wenn man in ein verdünntes (10^{-3} mm Hg) Gas zwei entgegengesetzt geladene Elektroden einführt, so wird ein Strom von Gasionen zwischen den Elektroden sich in Bewegung setzen. Die auf die Kathode aufprallenden Ionen lösen Elektronen aus, welche sich auf die entgegengesetzt geladene Elektrode oder eine besondere Antikathode hinbewegen und an dieser Röntgenstrahlen hervorrufen.

Die zweite Möglichkeit, einen Elektronenstrom zu erzeugen, besteht darin, daß man in einem praktisch gasfreien Raume (10^{-7} mm Hg) zwei Elektroden anordnet und die Kathode zum Glühen bringt. Es treten dann bei Anlegen einer Spannung aus der Glühelektrode Elektronen aus, die auf die entgegengesetzt geladene Antikathode aufprallen und hier ebenfalls Röntgenstrahlen erzeugen.

Die erzeugten Röntgenstrahlen können entweder ein ganzes Spektrum verschiedener Wellenlänge darstellen, indem eine große Anzahl der letzteren nach einer stetigen Funktion verteilt sind, oder sie können zweitens besondere Wellenlängen in hoher Intensität enthalten, wenn nämlich die Eigenstrahlung des Antikathodenmaterials angeregt worden ist. Die Wellenlängen hängen in letzterem Falle vom Antikathodenmaterial ab.

Die gashaltigen Röhren und die Glühkathodenröhren können aus Glas oder

Metall gefertigt bezogen werden. Eine Metallglühkathodenröhre ist in Abb. 21 abgebildet. Man bemerkt bei G die elektrische Heizvorrichtung der Glühkathode.

Der Betrieb dieser Röntgenröhren kann durch verschiedene Energiequellen erfolgen. Am häufigsten und bequemsten wird heute die Herstellung der erforderlichen hohen Spannungen aus unserer gewöhnlichen, zur Verfügung stehenden elektrischen Energie auf dem Wege erfolgen, daß man einen Wechselstrom durch einen Hochspannungstransformator auf hohe Spannung bringt,

Abb. 21. Philipps Glühkathodenröhre (Glocker).

dann diesen Wechselstrom entweder durch Ausschaltung der einen Phase oder Gleichrichtung für den Betrieb der Röntgenröhren geeignet macht. Die Unterdrückung der einen Phase des Wechselstroms kann mit Glühventilröhren erfolgen. Diese Glühröhren sind weitgehend ausgepumpte, mit 2 Elektroden versehene Röhren, in denen die eine Elektrode geheizt wird. Sie wirken infolge der auch bei Glühkathoden-Röntgenröhren bemerkbaren Erscheinung, daß von Glühkathoden nur Ströme in einer Richtung durchgelassen werden, während der Elektrizitätstransport in der anderen Richtung unterbleibt. Wenn man mehrere Glühröhren zur Verfügung hat, kann man bei geeigneter Schaltung auch beide Phasen des Wechselstromes ausnutzen. Eine solche Schaltung mit Kondensatoren ist in der Abb. 22

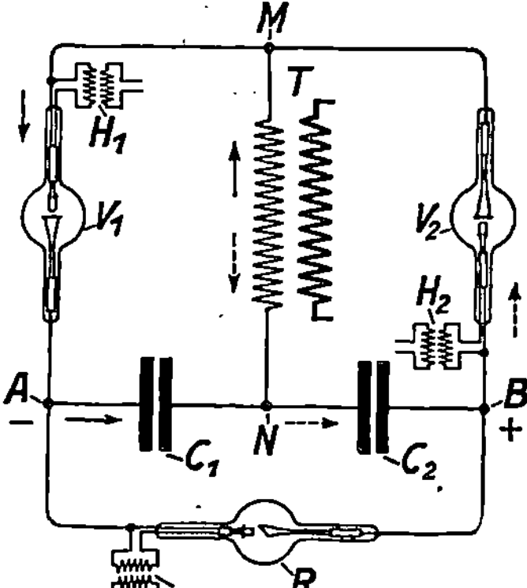

Abb. 22. Stabilivoltapparat mit Ventilröhren (Glocker).

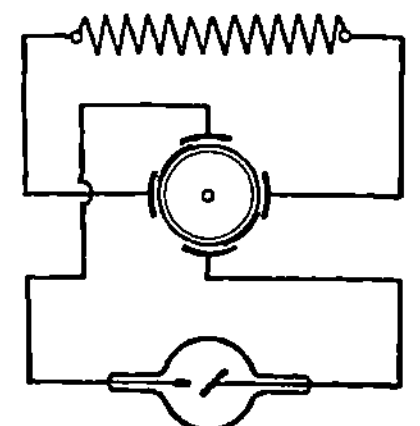

Abb. 23. Transvertorapparat mit rotierendem Gleichrichter (Glocker).

zu sehen. Der Transformator T lädt hier dauernd die beiden Kondensatoren C_1 und C_2 auf, aus denen die Röntgenröhre R gespeist wird. Die Ventilröhren V_1 und V_2 sorgen für die wechselseitige Aufladung der Kondensatoren; H sind die Heiztransformatoren für die Glühkathoden. Eine mechanische Gleichrichteranlage zeigt Abb. 23. Der rotierende Gleichrichter rotiert im Rhythmus der Phasen des Wechselstroms.

Die eben genannten Röntgeneinrichtungen können zur Raumgitteranalyse und auch zur Durchleuchtung von Metallkörpern (vgl. Anmerkung, S. 24, 265, 274) benutzt werden, im letzteren Falle werden zweckmäßigerweise möglichst harte Strahlen bei über 100000 Volt Spannung angewendet.

3. Die Interferenz der Röntgenstrahlen.

Die Interferenzbedingungen für Röntgenstrahlen sind naturgemäß durchaus analog den Interferenzbedingungen für Licht an optischen Beugungsgittern. Sie führen lediglich zu anderen Konsequenzen, weil bei der Beugung der Röntgenstrahlen für unsere Zwecke Raumgitter verwendet werden. Aus der Abb. 24, in der ein einfallender und ein an einer linearen Punktreihe abgebeugter Wellenzug gezeichnet sind, ergibt sich die Interferenzbedingung sofort daraus, daß die Weglängenunterschiede 0'1 und 01' ganze Vielfache h der Wellenlänge λ sein müssen, also:

$$a(\alpha - \alpha_0) = h \cdot \lambda,$$

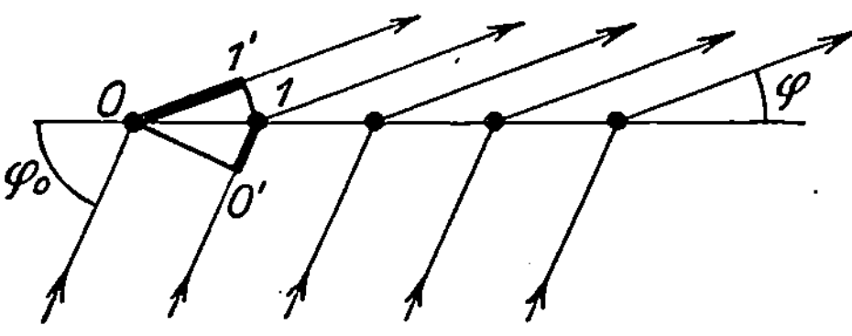

Abb. 24. Interferenzbedingung am linearen Gitter (Ewald).

wenn α und α_0 die betreffenden Richtungskosinus und a den Gitterparameter bezeichnen. Die zu den verschiedenen h gehörigen Interferenzen werden in der Reihenfolge von h als Interferenzen 1., 2., 3. usw. Ordnung bezeichnet. Im Raume bilden diese Interferenzstrahlen Kegel (Abb. 25), die auf

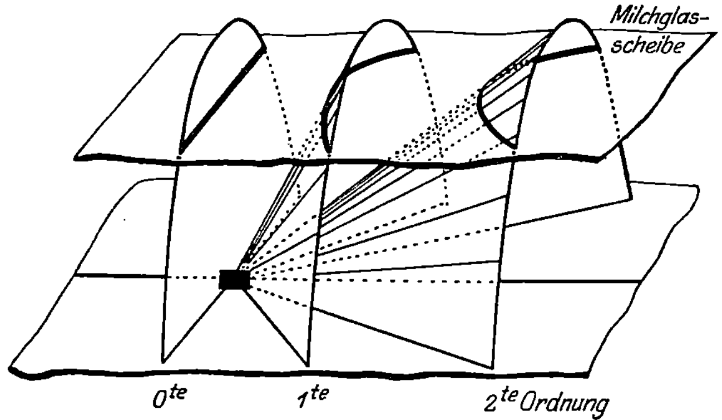

Abb. 25. Interferenzkegel des linearen Gitters (Ewald).

einer Ebene Kegelschnitte ergeben. — Wenn wir ein Kreuzgitter vor uns haben, können wir offenbar zwei Bedingungsgleichungen für die Hauptrichtungen der Gitteranordnung aufschreiben:

$$a_1 (\alpha - \alpha_0) = h_1 \cdot \lambda,$$
$$a_2 (\beta - \beta_0) = h_2 \cdot \lambda,$$

welche beide zum Zustandekommen von Interferenzen gleichzeitig erfüllt werden müssen. Geometrisch gesprochen bedeutet diese Bedingung, daß nur die Schnittpunkte der Interferenzkegel Orte summierter Intensitäten darstellen. Auf einer Scheibe würden sich die Schnittpunkte dieser Interferenzkegel wie in der Abb. 26 dargestellt wiederfinden.

Bei einem Raumgitter haben wir entsprechend mit 3 Bedingungsgleichungen zu rechnen:

$$a_1 (\alpha - \alpha_0) = h_1 \cdot \lambda$$
$$a_2 (\beta - \beta_0) = h_2 \cdot \lambda$$
$$a_3 (\gamma - \gamma_0) = h_3 \cdot \lambda.$$

Das geometrische Bild für diesen Interferenzvorgang können wir uns
gegeben denken durch das Bestehen von 3 Scharen von Kegeln, deren
Schnittpunkte die realen Interferenzen kennzeichnen. Ein Schnitt
durch die dreifache Kegelschar eines regulären Raumgitters ist in der
Abb. 27 dargestellt. Man sieht ohne
weiteres ein, daß bei einem bestimm-

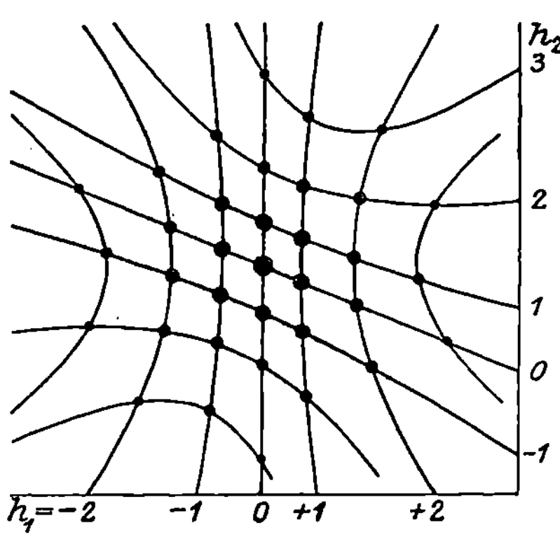

Abb. 26. Kreuzgitterspektrum
(Ewald).

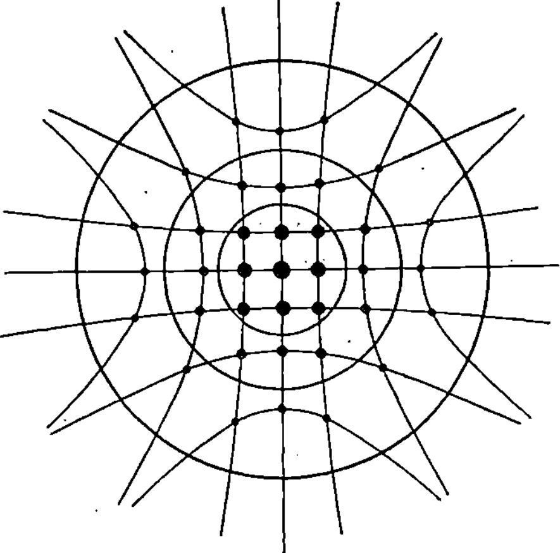

Abb. 27. Interferenzbedingung des Raumgitters
(Ewald).

ten λ die drei Kegelscharen sich im allgemeinen nicht an einem Punkte
schneiden werden, d. h. die neue Tatsache, mit der bei der
Interferenz durch Raumgitter zu rechnen ist, ist die, daß
bei Verwendung einer bestimmten Wellenlänge im allgemeinen gar nicht immer Interferenzen zustande kommen
werden, sondern daß diese an eine gewisse Abstimmung von λ auf die
Einfalls- und Austrittswinkel bei gegebenem Gitterparameter gebunden
sind.

Ich werde am einfachsten mit Sicherheit dann bei einem bestimmten Raumgitter auf Interferenzen rechnen können, wenn ich zur Durchstrahlung nicht eine bestimmte Wellenlänge verwende, sondern ein
ganzes Röntgenspektrum oder weißes Röntgenlicht. Eine andere
prinzipielle Möglichkeit besteht offenbar darin, daß ich bei Verwendung
monochromatischen Lichtes geeignete Winkel zur Erzeugung von
Interferenzen einhalte. Nach diesen prinzipiellen Möglichkeiten sind
nun die verschiedenen Untersuchungsverfahren tatsächlich zu gliedern.
Bevor wir zur Betrachtung der einzelnen Strukturuntersuchungsver-
fahren übergehen, möge unsere allgemeine Interferenzbedingung
noch in einer etwas anderen Form gegeben werden. Diese letztere
Form hat sich im Laufe der Zeit als die gebräuchlichere erwiesen. Es
ist nämlich möglich, den Interferenzvorgang auch als eine Reflexion an bestimmten Gitterebenen aufzufassen. Es ergibt sich diese

Möglichkeit ohne weiteres aus der Abb. 28. Man sieht den einfallenden Strahl und den durch Interferenz entstehenden und gewahrt ferner einen Winkel ϑ, welcher die Abbeugung des durch Interferenz entstandenen Strahles gegenüber der Einfallsrichtung kennzeichnet. Symmetrisch zu diesen beiden Strahlen ist eine Ebene gezeichnet, welche als reflektierende Ebene zu betrachten ist. Solche Ebenen E haben einen

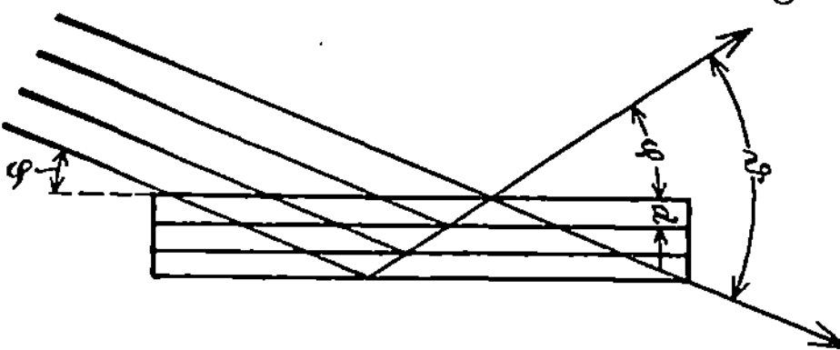

Abb. 28. Interferenzbedingung als Reflexion (Wever, K. W. I. Eisenforschg.).

Abstand d, sie stellen natürlich auch Netzebenen des Gitters dar. Aus den in der Abbildung angegebenen Beziehungen zwischen den Winkeln, dem Gitterparameter und dem Netzebenenabstand ergibt sich analog zu S. 28 als Interferenzbedingung mit den neu definierten Größen:

$$2\,d\cdot\sin\frac{\vartheta}{2} = n\cdot\lambda.$$

Aus unseren Interferenzbedingungen ergibt sich, daß man mit einem bekannten λ d bzw. a ausrechnen kann oder umgekehrt, wenn ϑ gemessen ist.

4. Die Methoden der röntgenographischen Raumgitterbestimmung.

α) Experimentelle Möglichkeiten und Anordnungen. 1. Die Methode nach v. Laue. Bei der Methode von Laue wird Röntgenlicht verschiedener Wellenlänge zur Interferenz an einem Einkristall gebracht. Schematisch ist die Anordnung in Abb. 29 wiedergegeben. Das Röntgenlicht wird durch eine Blende gleichgerichtet, fällt auf den Kristall, der in bestimmter Weise orientiert werden kann, die Interferenzen werden auf der photographischen Platte aufgenommen. Aus dem

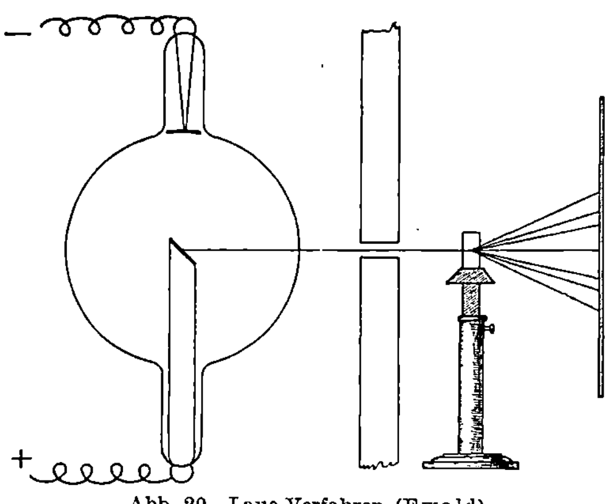

Abb. 29. Laue-Verfahren (Ewald).

Abstand der Platte vom Kristall sind die notwendigen Winkel zu berechnen. Eine Vorstellung von dem zu erwartenden Bilde gab bereits unsere Abb. 27. In der Abb. 30 ist eine Aufnahme wiedergegeben.

Man sieht, daß die Symmetrie des Kristalles je nach der Zähligkeit der Achsen, in deren Richtung derselbe durchstrahlt wurde, im Röntgenbilde wiederkehrt.

Die verschiedenen Interferenzen sind nun bedingt durch Reflexionen an verschiedenen Netzebenen eines in bestimmter Weise orientierten Kristalles. Im weiteren Verlauf entsteht die Aufgabe, die Interferenzen den verschiedenen Translationsgruppen zuzuordnen. Dieses Problem, welches mit der Berücksichtigung der Intensität der einzelnen Interferenzflecken zusammenhängt, möge bei dieser Methode nicht näher erörtert werden, sondern es möge

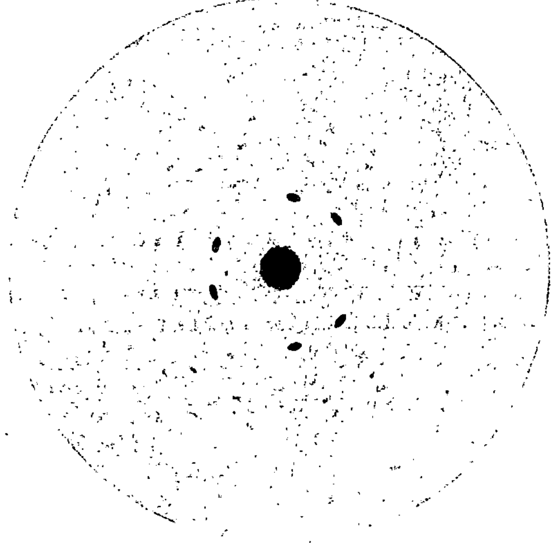

Abb. 30. Laue-Diagramm für Zinkblende, dreizählig (Ewald).

auf spätere Überlegungen (S. 35) und auf Spezialwerke verwiesen werden.

2. Die Drehkristallmethode. Von Bragg wurde zuerst eine Methode zur Verwendung von monochromatischem Röntgenlicht bei Durchstrahlung von Einkristallen angegeben, die den Interferenzbedingungen dadurch gerecht wurde, daß der Kristall um eine bestimmte Achse gedreht wurde. Während der Drehung erfolgten dann bei den Winkeln, die die Interferenzbedingung vorschreibt, die Ab-

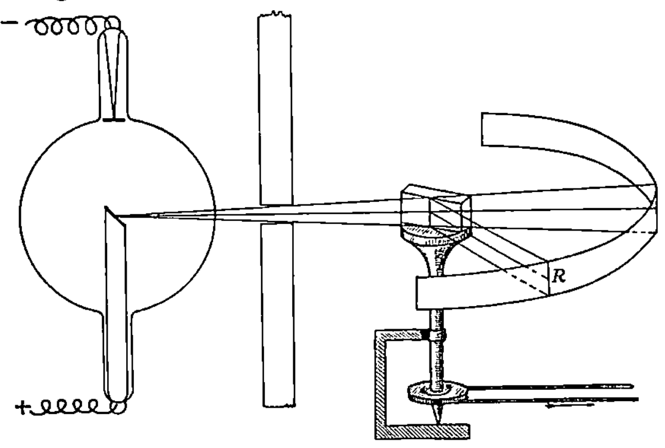

Abb. 31. Bragg-Verfahren (Ewald).

beugungen des einfallenden Röntgenlichtes. Diese Methode ist dann nach verschiedenen Richtungen ausgebaut worden. Ein Schema derselben ist in Abb. 31 entworfen. Man sieht den drehbaren Kristall und einen um denselben angeordneten Filmstreifen, der die Interferenzen aufnimmt. Von Bragg wurde die Aufnahme der Interferenzen noch auf eine andere Weise durchgeführt, nämlich mit einer Ionisationskammer. Die Röntgenstrahlen fallen hierbei in einen Raum, in dem sich ein verdünntes Gas zwischen 2 Elektroden befindet, die unter Spannung stehen. Fällt ein Röntgenstrahl in die Kammer, wird das Gas ionisiert, und ein Strom durchfließt dieselbe.

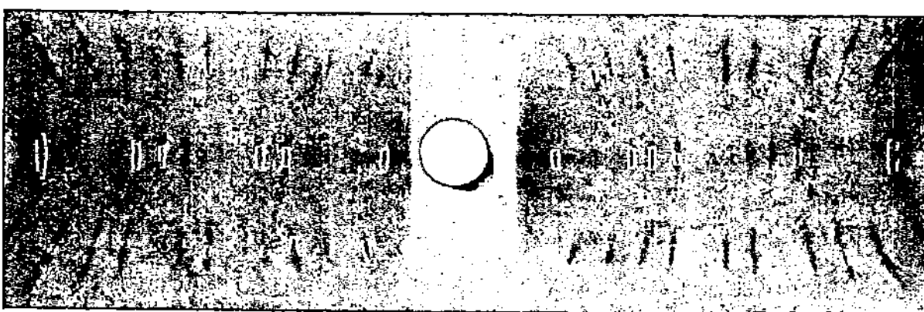

Abb. 32. Schichtliniendiagramm am Sn nach Mark und Polanyi.

Die Durchbildung des Drehkristallverfahrens (Seemann, Polanyi, Schiebold, Weißenberg u. a.) mit photographischer Aufnahme hat zur Entwickelung der sogenannten „Schichtliniendiagramme" beigetragen, welche eine Bestimmungsgröße mehr als z. B. die obengenannten Winkelablesungen enthalten und die gerade die Auswertung vereinfachen. Ein Schichtliniendiagramm ist in Abb. 32 wiedergegeben. Die Entstehung desselben ist auf Grund unserer allgemeinen Überlegungen über die Interferenzbedingungen leicht verständlich. Wenn ein Kristall bei Durchstrahlung mit monochromatischem Röntgenlicht nacheinander in alle für eine Interferenz günstigen Lagen gebracht würde, so würden sich auf einer, die Interferenz auffangenden Platte Kegelschnitte, im einfachsten Falle Kreise abbilden müssen. Wenn wir hingegen eine Auswahl unter allen Orientierungen treffen, indem wir nur um eine Achse des Kristalles drehen, so müssen eine große Anzahl Punkte dieser Kegelschnitte wegfallen. Man sieht auf dem mitgeteilten Schichtliniendiagramm eben

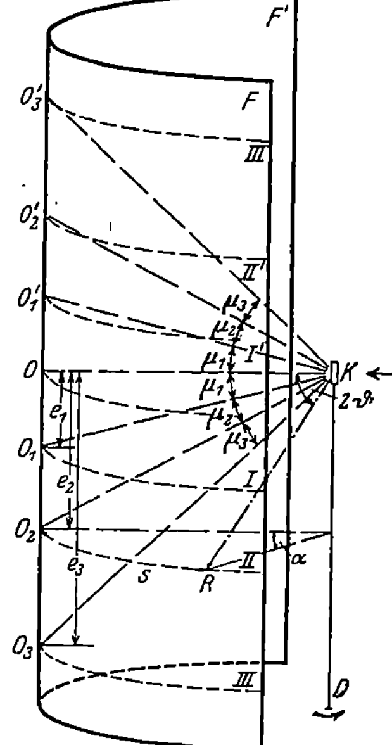

Abb. 33. Entstehung der Schichtlinien (Glocker).

diesen Rest der noch übriggebliebenen Interferenzen. Der senkrechte Abstand der Schichtlinien übereinander steht in einem einfachen Verhältnis zu dem Identitätsabstand des Raumgitters in Richtung der Drehachse, welcher mit J bezeichnet sei. Es ist nämlich

$$J = \frac{n \cdot \lambda}{\sin \mu_n},$$

wobei μ_n als Winkelabstand der Schichtlinien definiert ist. Dieser Zusammenhang folgt aus der Abb. 33 und unserer 1. Interferenzbedingung ohne weiteres, wenn man den Einfallswinkel $= 90^0$ setzt, und n die Ordnung der Interferenz bedeudet. Im weiteren Verlauf sind naturgemäß auch beim Schichtliniendiagramm die einzelnen Interferenzen zu beziffern.

3. Das Debye-Scherrer-Verfahren. Dieses Verfahren wird der Interferenzbedingung für Raumgitter dadurch gerecht, daß eine Vielheit von Kristallen oder Kristalliten in regelloser Anordnung dem monochromatischen Röntgenstrahl in den

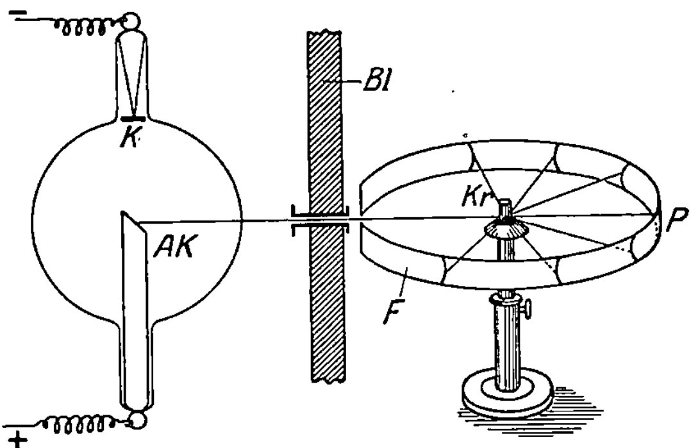

Abb. 34. Debye-Scherrer-Verfahren (Ewald).

Weg gestellt wird. In dem regellos verteilten Haufwerk sucht sich dann der Röntgenstrahl die günstig für die Interferenz liegenden Raumgitter automatisch heraus. Die Anordnung ist schematisch in Abb. 34 gekennzeichnet. Eine Röntgenkamera für das Debye-Scherrer-Verfahren gibt die Abb. 35 wieder. Wir sehen eine Blende, die das Röntgenlicht parallel macht, das Licht trifft auf die zentrisch zu befestigende Probe. An der Wand der Kamera ist der Film befestigt, der die Interferenzen aufzeichnet. Die Interferenzen sind Schnitte

Abb. 35. Debye-Scherrer-Kamera (Glocker).

von Kegeln mit dem zylindrisch aufgerollten Film. Die Abb. 38 gibt ein Diagramm von Kupfer wieder.

Die einfachste Ermittelung, die bei der Auswertung von Diagrammen sofort vorgenommen werden kann, ist natürlich die der Abbeugungswinkel. Ganz besonders bei der Debye-Aufnahme tritt ohne weiteres als notwendig zu lösen die Aufgabe hervor, die einzelnen Interferenzen als hervorgerufen durch bestimmte Gitterebenen aufzufassen, denn bei der Vielheit verschieden orientierter Kristallite erscheint eine Auswertung sonst überhaupt nicht denkbar. Es mögen insbesondere unter Bezugnahme auf die Debye-Diagramme, die für die Metallkunde ge-

rade besonders wichtig sind, diese Aufgaben etwas näher erläutert
werden.

*β) Auswertung aus geometrischen und Intensitätsverhältnissen. Die
quadratische Form der Raumgitter und ihre Verwertung bei
der Raumgitteranalyse.* — Eine bestimmte Ebene in einem Kristall
wird bekanntlich durch das Verhältnis der Abschnitte beschrieben, welche
dieselbe auf den Achsen eines räumlichen Koordinatensystems abschneidet. Das direkte Verhältnis der Achsenabschnitte gibt die **Ableitungs-
koeffizienten.** Die **Millerschen Indizes,** gewöhnlich mit h, k, l
bezeichnet, sind die rezi-
proken Werte der Achsen-
abschnitte. Die Abb. 36
stellen die Indizierung einiger wichtiger Ebenen des
regulären Systems dar. Die
Beziehungen zwischen dem
Netzebenenabstand und
den Indizes bestimmter
Netzebenen sowie dem Git-

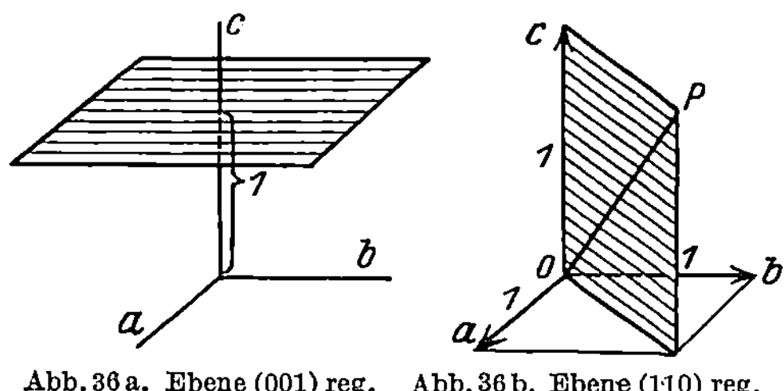

Abb. 36 a. Ebene (001) reg.   Abb. 36 b. Ebene (110) reg.
(Glocker.)

terparameter des Elementarkörpers werden für die einfachen Translationsgitter durch die sogenannte **quadratische Form** gegeben.
Es ist dies eine einfache geometrische Gesetzmäßigkeit. Die verschiedenen quadratischen Formen mögen in Spezialwerken nachgeschlagen
werden. Die einfachste Form gilt naturgemäß für das kubische Gitter
und lautet hier für den Gitterebenenabstand d, den Parameter a und
die Indizes h, k, l

$$\frac{1}{d^2} = \frac{h^2 + k^2 + l^2}{a^2} \; .$$

Diese Beziehung kann nun in der Interferenzbedingung (S. 30) eingesetzt werden, und es kann dabei die Vereinfachung gemacht werden,
daß die Zahl n weggelassen wird. Es ist dies deshalb möglich, weil die
Reflexionen verschiedener Ordnung identisch sind mit den Reflexionen
verschieden indizierter Netzebenen und weil, wenn die h, k, l variiert
werden, automatisch auch die Reflexionen höherer Ordnung erhalten
werden. Es ergibt sich dann als Interferenzbedingung im einfachen
kubischen Gitter für eine bestimmte Netzebene die Gleichung

$$\sin^2 \frac{\vartheta}{2} = \frac{\lambda^2}{4} \cdot \frac{h^2 + k^2 + l^2}{a^2} \; ,$$

damit sind bestimmten Netzebenen bestimmte $\sin \frac{\vartheta}{2}$ zugeordnet, und
die gegebenen $\sin \frac{\vartheta}{2}$ müssen bestimmten h, k, l so zugeteilt werden,
daß ihre Reihenfolge der Reihenfolge der rechten Seiten aller obigen
Gleichungen für steigende h, k, l entspricht. Die Übereinstimmung

muß beim Vorliegen einfacher Translationsgitter vollkommen gewahrt sein, und es darf keine Ausnahme vorkommen. Ist diese Bedingung erfüllt, kann der Gitterparameter ermittelt werden.

Die Analyse der Reihen der $\sin \frac{\vartheta}{2}$ beim Vorliegen allgemeiner Raumgruppen ist diesem einfachsten Fall gegenüber, wie wir sogleich sehen werden, nur unter Berücksichtigung der Intensitäten der einzelnen Reflexionen durchführbar.

Ohne Diskussion der Intensitäten kann eine Kontrolle über die Richtigkeit einer Analyse und eine Aufklärung über die Basisgruppe beim Versagen der einfachen Reihenbildung der $\sin \frac{\vartheta}{2}$-Werte weiterhin die Zuhilfenahme des Dichtewertes des betreffenden Materials ermöglichen; es kann vor allem noch die Frage entschieden werden, wie groß die Zahl der Atome im Elementarwürfel ist, dessen Kantenlänge wir ja soeben schon feststellen konnten. Die Zahl der Atome im Elementarkörper multipliziert mit ihrem Gewicht, dividiert durch das Volumen des Elementarkörpers, muß gleich der Dichte des Stoffes sein. Das Gewicht der Atome wird als Quotient aus Molgewicht und Loschmidtscher Zahl erhalten. Es ergibt sich z. B. leicht für Kupfer, dessen Raumgitterparameter zu $3{,}61 \cdot 10^{-8}$ cm bestimmt wurde, die Zahl der Atome im Elementarwürfel x zu:

$$\frac{x \cdot 63{,}57}{(3{,}61 \cdot 10^{-8})^3 \cdot 6{,}07 \cdot 10^{23}} = 8{,}96 \, ,$$

wobei 8,96 die Dichte, 63,57 das Atomgewicht ist, und $6{,}07 \cdot 10^{23}$ die Loschmidtsche Zahl ist. x wird hiernach $= 4$, d. h. wir haben ein flächenzentriertes kubisches Gitter vor uns (vgl. S. 25).

Berücksichtigung der Intensitätsverhältnisse der Interferenzen. — Alle einfachen Translationsgitter unterscheiden sich von den Gittern mit Basis eines bestimmten Systems dadurch, daß bei ersteren die Höchstzahl von Interferenzen mit größtmöglichster Intensität auftritt und daß bei allen Ineinanderstellungen von Gittern einzelne Interferenzen entweder ganz ausgelöscht oder in ihrer Intensität geschwächt werden können. Diese Änderung des Interferenzbildes gibt die Möglichkeit, die Art von Ineinanderstellungen bei Gittern mit Basis zu erkennen.

Die Intensität eines Schwingungsvorganges ist gegeben durch die Amplitude desselben. Die Amplitude zweier sich überlagernder Wellen ist bedingt durch eine evtl. vorhandene Phasenverschiebung. Wir haben also bei Basisgittern die Aufgabe, die Beeinflussung von Wellenzügen zu untersuchen, die von verschiedenen Netzebenen des Gitters ausgehen.

3*

Dieser Einfluß der Ineinanderstellung ist aus der Abb. 37 zu ersehen. *A* und *B* sind Netzebenen, die jeweils zu zwei ineinandergestellten Gittern gehören. Zunächst sind nun 4 Ordnungen von Interferenzen angegeben, die von einem Punkt der Netzebene *A* ausgehen. Dieselben Schwingungen gehen von der Netzebene *B* aus, da die Gesamtintensität der auffallenden Strahlung sich auf die beiden gleichartigen Netzebenen verteilt. Um die Möglichkeiten der gegenseitigen Interferenz der von *A* und *B* ausgehenden Strahlen aufzuzeigen, sind die Richtungen der Strahlen gleicher Ordnung zur Deckung gebracht. Die von *A* und *B* ausgehenden Strahlen sind in 1. bis 3. Ordnung einfach ausgezogen gezeichnet, in 4. Ordnung fallen beide Schwingungen völlig zusammen, was durch eine stark ausgezogene Wellenlinie gekennzeichnet ist. Es treten nun die Phasenverschiebungen der von den Ebenen *A* und *B* ausgehenden Strahlen deutlich hervor, die infolge der Phasenverschiebung auftretenden resultierenden Strahlen sind gestrichelt gezeichnet. Es ergibt sich, daß völlige Auslöschung (2. Ordnung) eintreten kann, daß maximal dieselbe Intensität, wie sie der einfallende Strahl aufweist, auftreten kann (4. Ordnung). Die anderen Ordnungen sind in komplizierterer Weise infolge der Phasenverschiebung gegenüber der anfänglichen Gesamtintensität geschwächt.

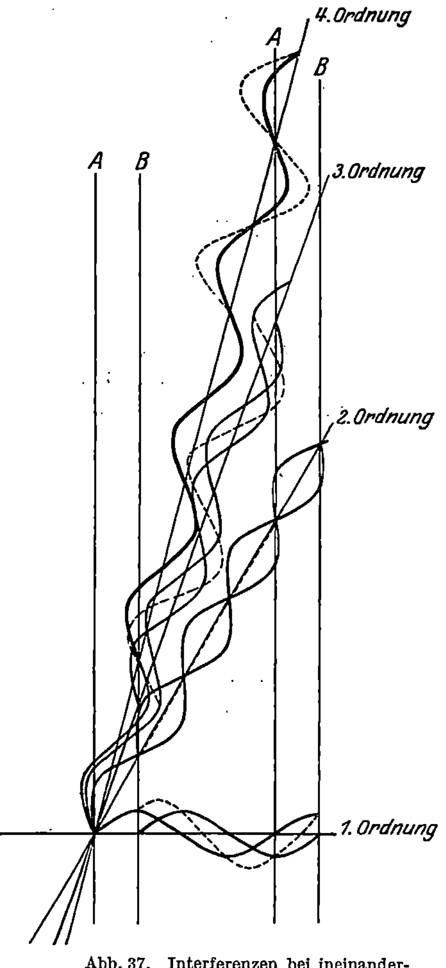

Abb. 37. Interferenzen bei ineinandergestellten Gittern.

Dieser, in der Einwirkung von Netzebenen, die in ein einfaches Translationsgitter eingezogen werden, bestehende Einfluß auf die Intensität von Interferenzen wird explizite durch den sogenannten Strukturfaktor allgemein angegeben. In diesen Strukturfaktor wird zweckmäßig außerdem noch aufgenommen die Einwirkung auf die Intensitäten, welche dann zu verzeichnen ist, wenn die verschiedenen Netzebenen nicht mit Atomen derselben Art besetzt sind. Die Atome wirken bei der Reflexion entsprechend ihrem Atomgewichte oder besser: entsprechend ihrer Atomnummer, und zwar ist diese Einwirkung im wesentlichen zunächst direkt proportional der Atomnummer. Der Strukturfaktor ergibt sich in folgender Formel:.

$$\sum = A\,e^{2\pi i\,(mh\,+\,nk\,+\,pl)} + B\,e^{2\pi i\,(m'h\,+\,n'k\,+\,p'l)}\,.$$

Darin würde A und B die Atomnummer, $i\,\sqrt{-1}$, und m, n, p, m', n', p' die Koordinaten der Aufpunkte der ineinandergestellten Gitter, h, k, l die Indizes bedeuten. Man kann die Richtigkeit dieses Strukturfaktors an Interferenzen wie die obige bei einfacheren Strukturen sofort nachprüfen. Der Strukturfaktor eines körperzentrierten Gitters $(m\ n\ p = 0\ 0\ 0,\ m'\ n'\ p' = {}^1/_2\ {}^1/_2\ {}^1/_2)$ ergibt sich z. B.:

$$\sum = A + B\,e^{\pi i\,(h\,+\,k\,+\,l)}\,.$$

Wenn nun z. B. $h + k + l$ eine gerade Zahl ist und A und B als identisch angenommen werden, ist $\sum = 2A$, da $e^{\pi i} = -1$. Im Falle $h + k + l$ ungerade ist, wird $\sum = 0$. Dies bedeutet allgemein, daß in einem körperzentrierten Gitter sämtliche Reflexionen von Netzebenen, deren Indizessumme eine ungerade Zahl ist, fehlen.

Außer dem Strukturfaktor kommen als mitbedingend für die Intensität von Interferenzen folgende Größen in Frage: Besonders bei der Debye-Aufnahme ist leicht ersichtlich, daß die verschiedenen Netzebenen mit einer ganz verschiedenen Häufigkeit von den Röntgenstrahlen getroffen werden, und die Interferenzen in verschiedenen Ebenen infolgedessen schon eine ganz verschiedene Intensität aufweisen müssen. Man hat also einen Häufigkeitsfaktor für die einzelnen Interferenzen anzusetzen, der im folgenden als H bezeichnet ist, und der aus Spezialwerken entnommen werden kann. Weiterhin wirkt der Umstand, daß die Atome keineswegs unbeweglich im Raumgitter sitzen, sondern Schwingungen vollführen, auf die Intensität der Strahlungen ein. Der entsprechende Faktor ist der Debyesche Wärmefaktor W, der jedoch im einzelnen noch verhältnismäßig wenig geklärt ist. Ferner bedingt der Umstand, daß Netzebenen auch dann Interferenzen liefern, wenn eine kleine Abweichung von der mathematischen Interferenzbedingung vorliegt, eine Änderung der Intensitäten, da ein solches Ansprechungsvermögen bei den einzelnen Netzebenen verschieden ist. Man setzt dieses Ansprechungsvermögen proportional

$$\sin^2\frac{\vartheta}{2}\cdot\cos\frac{\vartheta}{2}, \text{ wo } \vartheta \text{ der Ablenkungswinkel.}$$

Ferner ist die Intensität eines von einem Atom abgebeugten Röntgenstrahles nicht nach allen Richtungen gleich groß, es besteht eine ge-

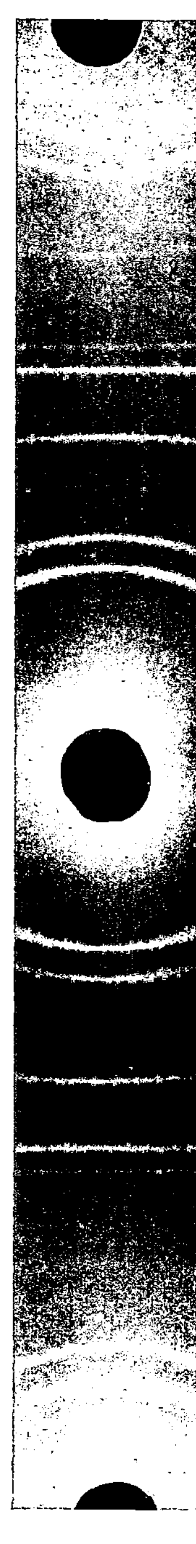

Abb. 38. Debye-Scherrer-Film an Cu.

wisse Polarisation, die proportional dem Ausdruck

$$1 + \cos^2 2\frac{\vartheta}{2}$$

einzusetzen ist.

Unter Berücksichtigung aller dieser Faktoren ergibt sich die Intensität proportional
dem Ausdruck

$$H \cdot W \frac{1 + \cos^2 2\frac{\vartheta}{2}}{\sin^2 \frac{\vartheta}{2} \cdot \cos \frac{\vartheta}{2}} \cdot \left| \varSigma \right|^2.$$

Für die Zwecke der Metallkunde und für die
Auswertung einfacherer Strukturen bleibt jedoch
in erster Linie wichtig der Strukturfaktor und H,
welche die stärkeren Änderungen der Intensität darstellen, die eine einfache Auswertung ermöglichen.

Im folgenden werden unsere Überlegungen über
die Auswertung der Röntgendiagramme durch
quantitative Auswertung eines Debye-Diagrammes
zusammengefaßt.

Über die graphischen Hilfsmittel bei Auswertungen
vgl. besonders die Zusammenfassung von E. Schiebold:
Mittlg. K. W. I. f. Metallforschung II 1926, S. 201.

γ) **Beispiel für die Auswertung der Debye-Aufnahme eines regulären Raumgitters.** Es sei die Debye-
Aufnahme von Kupfer* auszuwerten, von dem nur
als bekannt vorausgesetzt sei, daß es dem regulären
Kristallsystem angehört. Die Aufnahme ist in natürlicher Größe in Abb. 38 wiedergegeben. Sie ist
aufgenommen mit Kupferstrahlung, von der nur die
k_α-Strahlung auftritt ($\lambda = 1{,}539$ Å), eine einzige
β-Interferenz findet sich schwach angedeutet innerhalb des ersten Reflexionskreises). Der Kameraradius beträgt 28,6 mm.

---

* Dieselbe wurde, da unser eigenes Röntgenlaborato-
rium noch nicht betriebsfähig war, im Laboratorium des
anorganisch-chemischen Instituts unter Leitung von Herrn
Dr. Ebert von Herrn Dr. Neuendorff aufgenommen,
wofür ich hier meinen verbindlichsten Dank ausspreche.
Die in der Abb. 38 abzugreifenden Ringdurchmesser weisen
infolge der Reproduktion geringe Abweichungen von den
direkt am Film abgelesenen, in Spalte 1, Zahlentafel 3
angegebenen Werten auf.

Zahlentafel 3. Auswertung einer Debye-Aufnahme von Kupfer (Bronze) Kahlbaum.

Kupferstrahlung K_α; $\lambda = 1{,}539$ Å. Kameraradius $r = 28{,}6$ mm.

Ringdurchmesser $2r$ gemessen	Korrektur	Ringdurchmesser korrigiert	$\vartheta/2$	$\sin \vartheta/2$	$\sin^2 \vartheta/2$	Reflektierende Netzebene hkl	$h^2 + k^2 + l^2$	k
1	2	3	4	5	6	7	8	9
44,1	− 0,57	43,53	21,76	0,3708	0,1375	111	3	0,0458
51,3	− 0,50	50,80	25,40	4289	1839	002	4	459
74,9	− 0,21	74,69	37,39	6074	3689	022	8	461
90,4	—	90,4	45,20	7096	5035	113	11	457
95,8	+ 0,08	95,88	47,94	7423	5510	222	12	458
117,5	+ 0,37	117,87	58,93	8566	7337	004	16	458
137,0	+ 0,58	137,58	68,79	9323	8692	133	19	457
145,0	+ 0,65	145,65	72,82	9554	9128	024	20	456
								0,0458

Zur Auswertung: a Gitterparameter, n Zahl der Atome im Elementarkörper.

$$k = \frac{\lambda^2}{4\,a^2}\cdot \qquad a = \frac{\lambda}{2\cdot\sqrt{k}} = 3{,}60 \text{ Å}$$

$$n = \frac{3{,}60^3 \cdot 8{,}93 \cdot 6{,}06 \cdot 10^{23}}{63{,}6} = 3{,}97 \text{ (als Bestätigung aus der Dichte).}$$

Die unmittelbar gemessenen Ringdurchmesser finden sich in der Spalte 1 der Zahlentafel 3. Es sind dies also die Bogen der doppelten Ablenkungswinkel. Zur Gewinnung dieser Winkel können nicht die Bogen unmittelbar verwertet werden. Dies hat seinen Grund in den in der Abb. 39 skizzierten Besonderheiten der Reflexion. Diese Abbildung stellt einen wagerechten Schnitt durch den Strahlengang dar. Gerade bei Metallen mit ihrem großen Absorptionsvermögen findet die Reflexion hauptsächlich an den äußeren Schichten des Präparates statt, dessen Dicke mit d bezeichnet wird. Dies bedingt, daß die auftretenden Interferenzen gegenüber der gestrichelt gezeichneten Lage bei Interferenz an einem unendlich dünnen Präparat in der Mitte der Kamera um einen gewissen Betrag ver-

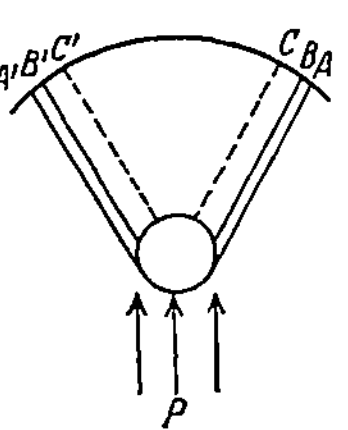

Abb. 39. Korrektur der Ablenkungswinkel wegen Präparatdicke.

schoben werden. Diese ideale Lage, die der Auswertung zugrunde gelegt werden muß, wird durch Korrektur erhalten, und zwar ergibt sich die Größe der Korrektur mit einer der üblichen Annäherungen zu $2d\cdot\cos\vartheta$. Die Korrekturen in unserem Falle finden sich in der Spalte 2, die korrigierten Ringdurchmesser in Spalte 3, in den folgenden Spalten die Werte für

$$\frac{\vartheta}{2},\ \sin\frac{\vartheta}{2},\ \sin^2\frac{\vartheta}{2}.$$

Es sei unbekannt, welcher der drei Bravaisschen Raumgittertypen des regulären Systems sich in unserem Material vorfindet. Wir wissen, daß das flächenzentrierte und raumzentrierte Raumgitter sich von dem nicht zentrierten Gitter durch einen verschiedenen Strukturfaktor unterscheidet (vgl. S. 37). Das nicht zentrierte Gitter weist das Maximum an Reflexionen auf, das körperzentrierte Gitter schließt einige Reflexionen aus, noch mehr das flächenzentrierte Gitter. Die Intensitäten, welche nach dem Strukturfaktor in den 3 Typen von Gittern zu erwarten sind, sind in Tab. 4 aufgeführt. Die Feststellung, welches der Gitter vorliegt, erfolgt einfach nach dem Kriterium, wie sich die $\sin^2\frac{\vartheta}{2}$-Werte an den verschiedenen Netzebenen bzw. die $h^2 + k^2 + l^2$ zueinander verhalten. Man sieht unschwer, daß diese Werte in den Verhältnissen $3:4:8:11:12:16$ usw. aufeinander folgen. Daraus ergibt sich entsprechend Zahlentafel 4, daß es sich nur um ein flächenzentriertes Gitter handeln kann. Aus dem Vergleich der $h^2 + k^2 + l^2$-Summen mit den Größen der Spalte 3 der Zahlentafel 4 folgt ohne weiteres die Zuordnung der verschiedenen $\sin^2\frac{\vartheta}{2}$-Werte zu den Netzebenen, durch welche sie hervorgerufen werden. Der gemeinsame Faktor der $\sin^2\frac{\vartheta}{2}$-Werte stellt nach der Reflexionsbedingung

$$\sin^2\frac{\vartheta}{2} = \frac{\lambda^2}{4\,a^2}\,(h^2 + k^2 + l^2)$$

Zahlentafel 4. Interferenzen der kubischen Gitter.

$$\frac{1}{d^2} = \frac{h^2 + k^2 + l^2}{a^2}; \qquad \lambda = 2\,d\cdot\sin\frac{\vartheta}{2}; \qquad \sin^2\frac{\vartheta}{2} = \frac{\lambda^2}{4\,a^2}\,(h^2 + k^2 + l^2)$$

Einfaches Gitter		Körperzentriertes Gitter, $h\,k\,l$ und $h^2 + k^2 + l^2$		Flächenzentriertes Gitter $h\,k\,l$ und $h^2 + k^2 + l^2$		H
$h\,k\,l$	$h^2 + k^2 + l^2$					
001	1					
011	2	011	2			
111	3			111	3	8
002	4	002	4	002	4	6
012	5					
112	6	112	6			
022	8	022	8	022	8	12
122	9					
003	9					
013	10	013	10			
113	11			113	11	24
222	12	222	12	222	12	8
023	13					
213	14	213	14			
004	16	004	16	004	16	6
014 223	17					
033 114	18	033 114	18			
313	19			313	19	24
024	20	024	20	024	20	24

(S. 34) eine Funktion des Gitterparameters dar. Aus dem Wert für 0,0458 und der Reflexionsbedingung ergibt sich ohne weiteres der Raumgitterparameter für Cu zu 3,60 Å.

In der letzten Spalte der Zahlentafel 4 sind die relativen Häufigkeiten der interferierenden Netzebenen (vgl. S. 37) angegeben; ein Vergleich mit dem Film zeigt, daß, abgesehen von der ungleichmäßigen Interferenz 111, die Intensitäten sich wie die Häufigkeiten verhalten.

5. Die Ergebnisse der Raumgitterbestimmung bei reinen Metallen.

Die Raumgitter sämtlicher reiner Metalle liegen bereits im wesentlichen fest. Die Ergebnisse sind in der Zahlentafel 5 enthalten, in der auch die Parameter und in komplizierteren Fällen die Indizes der eingelagerten Gitter aufgeführt sind[1]. Anzumerken ist, daß die einfachen Translationsgitter nicht gefunden werden. Die meisten

Zahlentafel 5. Kristallstrukturen reiner Metalle.

Raumgitter	Metall	Gitterkonstanten 10^{-8} cm	Bemerkungen
Flächenzentrierter Würfel	Ni	3,52	
	Co — β	3,55	Soll nach Hull: Phys. Rev. Bd. 17, S. 576. 1921, bei Raumtemperatur stabil sein. Vgl. Masumoto Zahlentafel 6a
	Cu	3,60	
	Fe — γ	3,63	1100°
	Rh	3,82	
	Ir	3,823	
	Pd	3,86	
	Pt	3,91	
	Al	4,04	
	Au	4,07	
	Ag	4,08	
	Pb	4,92	
	Th	5,04	
	Ce — β	5,12	Elektrolyt. hergestellt
	Ca	5,56	Ähnlich jedenfalls Sr, Ba
Raumzentrierter Würfel	Fe — α (β, δ)	2,87	
	Cr	2,89	Eine zweite Form ist wenig verbürgt
	V	3,04	
	Mo	3,14	
	W	3,16	
	Ta	3,27	
	Li	3,50	
	Na	4,30	
	K	5,20	Bei — 150°

Zahlentafel 5 (Fortsetzung).

Raumgitter	Metall	Gitterkonstanten 10^{-8} cm	Bemerkungen
2 flächenzentrierte kubische Gitter, in der Würfeldiagonale um ¼ gegeneinander verschoben	C Diamant Si Sn grau Mn α u. β	3,56 5,43 6,46 kubisch?	Unterhalb 18° (Vgl. Zahlentafel 6 a)
Tetragonal körperzentriert	Sn weiß	$a = 5,82$ $c = 3,16$	
Tetragonal flächenzentriert	Mn γ	$a = 3,77$ $c = 3,53$	Elektrolyse. Westgren u. Phragmen: Phys. Z. Bd. 33, S. 777. 925. (Vgl. Zahlentafel 6a)
	In Tl	4,58 4,86 4,75 5,40	Auch hexagonal angegeben
Rhomboedrisch	As Sb Bi	$a = 5,60$ $\alpha = 84°\,36'$ 6,20 86° 58' 6,56 87° 34'	
2 hexagonale Gitter mit den Anfangspunkten (000) u. ⅓, ⅔, ½ ineinandergestellt	Be Co $-\alpha$ Zn Ru Os Cd Ti Mg Zr Ce $-\alpha$	$a = 2,28$ $c = 3,61$ 2,51 4,11 2,67 4,95 2,69 4,27 2,71 4,32 2,96 5,63 2,97 4,72 3,22 5,23 3,23 5,14 3,65 5,96	

Metalle finden sich im flächenzentrierten und raumzentrierten kubischen Gitter sowie im zentrierten hexagonalen Gitter. In der Zahlentafel 5 sind auch die Fälle des kristallographischen Polymorphismus, bei dem also ein Stoff im kristallisierten Zustand in verschiedenen Raumgittertypen auftritt (vgl. S. 4), enthalten.

Aus der Betrachtung der Intensitäten der reflektierten Röntgenstrahlen läßt sich noch ein allgemeiner Schluß über den Raumgitteraufbau ziehen, der als Ergänzung zu dem mitgeteilten Zahlenmaterial hier angeführt sei. Es hat sich nämlich gezeigt, daß wenigstens bei einer großen Reihe von Materialien, auch wenn sie als Einkristalle vorliegen, die Einkristalle nicht völlig ideal gebaut sind, sondern daß Bezirke von einer größeren Anzahl von Elementarbereichen gegeneinander ein wenig verdreht oder verschoben zu sein scheinen. Man bezeichnet diese Kristalle als Mosaikkristalle[2]. Insbesondere bei der Betrachtung der Kohäsion der Kristalle (S. 98) werden wir auf Erscheinungen stoßen, die ebenfalls auf Abweichungen im Bau realer Kristalle vom idealen Raumgitter schließen lassen.

Literatur.

[1] Vgl. hier noch die Zusammenstellung von Wyckoff: Papers from the Geophysical Laboratory 1926 Nr. 603 und Landolt-Börnstein: Kristallstrukturen, 5. Aufl., Ewald u. Herrmann.

[2] Darwin: Phil. Mag. Bd. 27, S. 315. 1914. — Ewald: Kristalle und Röntgenstrahlen. — Mark: Naturwissenschaften 1925, S. 1043.

6. Die Bestimmung der Orientierung von Kristallen.

α) Röntgenmethoden. 1. Einkristalle[1]. Es ist ohne weiteres klar, daß diejenigen röntgenographischen Methoden, welche Einkristalle untersuchen, Angaben über die Orientierung derselben zu einem bestimmten Koordinatensystem liefern können, d. h. Aussagen darüber machen können, wie z. B. das Raumgitter in einem Stück beliebiger äußerer Form orientiert ist. Diejenigen Methoden, welche für die Orientierungsbestimmung von Einkristallen in Frage kommen, sind also die Drehkristallmethode und das Laue-Verfahren. Die Anwendung dieser Methoden ist in einzelnen Fällen etwas verschieden, je nachdem schon einzelne Angaben über den betreffenden Kristall vorliegen oder nicht.

Handelt es sich z. B. darum, eine bestimmte Richtung im Kristall zu identifizieren, so kann man diese Richtung zur Drehachse einer Drehaufnahme machen. Man erhält dann aus dem Identitätsabstand, der sich, wie wir gesehen haben, bei der Drehaufnahme sogleich ergibt, schon die Möglichkeit einer Lösung dieser Aufgabe, natürlich vorausgesetzt, daß das Raumgitter schon völlig bekannt ist. Die Durchführung dieser Bestimmungen wird durch geeignete Röntgengoniometer erleichtert[1].

Die Auswertung von Laue-Aufnahmen zur Bestimmung von Orientierungen kann auf zwei Weisen erfolgen. Wir haben gesehen, daß das Laue-Bild die Zähligkeit der Achse wiedergibt, in der die Durchstrahlung stattfindet. Man kann nun nach Groß[2] in der Weise verfahren, daß man zunächst eine Aufnahme in einer beliebigen Richtung macht und dann in einer Serie weiterer Aufnahmen unter Änderung der Orientierung des Kristalles eine höhere Symmetrie der Aufnahmen schrittweise herstellt. Aus einer hochsymmetrischen Aufnahme ergibt sich dann die Kristallachse, welche in der Richtung des Primärstrahles liegt. Der zweite Weg der Auswertung der Laue-Methoden zur Orientierungsbestimmung ist der, daß man eine einzige Aufnahme macht, und die ermittelten Interferenzflächen mittels stereographischer Projektion aufträgt*[3]. Die zu einer Zone gehörigen Interferenzflecke werden durch Großkreise miteinander verbunden und ihre Lage mit der Lage von

---

* In Abb. 40 ist das Prinzip der stereographischen Projektion erläutert. Einem Kristall wird eine Kugel umschrieben. Die durch den Mittelpunkt gehende Normale auf einer zu beschreibenden Kristallfläche durchsticht die Kugelober-

Punkten verglichen, welche für bestimmte Orientierungen vorher berechnet wurden. Im allgemeinen wird eine gewisse Drehung der Großkreise auf der Polkugel notwendig sein, um die Deckung der gefundenen Interferenzpunkte mit denjenigen der Schablone hervorzurufen, diese Winkel stellen dann die Richtungsdifferenz der einfach indizierten Richtungen des zu orientierenden Kristalls gegenüber der angenommenen Lage des Kristalls dar, wie sie für die Berechnung der Schablone zugrunde gelegt wurde.

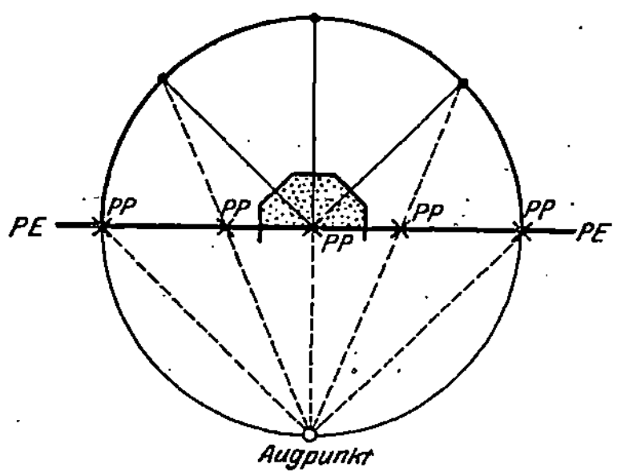

Abb. 40. Die stereographische Projektion (Niggli).

2. Ausgezeichnete Orientierung in Kristallhaufwerken, Faserstruktur. In Kristallhaufwerken braucht die Lagerung der Kristallite nicht regellos zu sein, sondern es können eine Überzahl von Kristalliten nach einer oder mehreren Richtungen gleichgerichtet sein. Für die Ermittelung dieser Orientierung, die von großem technischen Interesse ist, kommt das Debyeverfahren im Verein mit Drehverfahren in Betracht.

Daß die regelmäßige Anordnung einer überwiegenden Anzahl von Kristalliten in einem Haufwerk von Einfluß auf ein Debyediagramm sein muß, ist leicht einzusehen. Wir hatten gesehen, daß die Möglichkeit der Interferenz bei einem Haufwerk von Kristalliten unter Verwendung von monochromatischem Licht dadurch gegeben ist, daß eine sehr große Mannigfaltigkeit von Orientierungen im Haufwerk vorzuliegen pflegt. Wenn nun durch Gleichrichtung einer großen Anzahl von Kristalliten die Mannigfaltigkeit

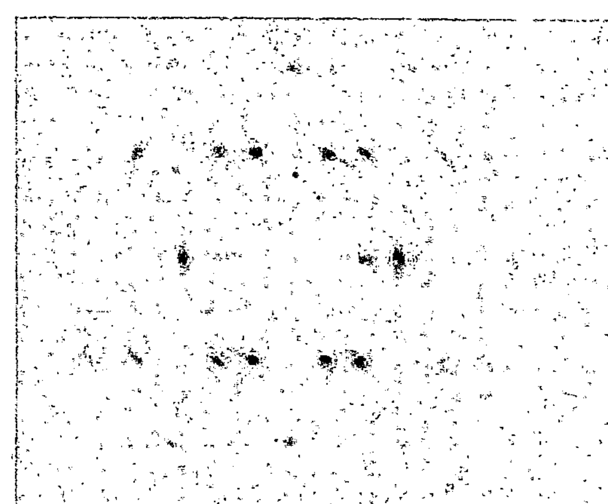

Abb. 41. Faserdiagramm eines Al-Drahtes (nach Glocker).

der Orientierung eingeschränkt wird, so müssen damit die Interferenzmöglichkeiten ebenfalls eingeschränkt werden und die Interferenzen in

fläche in einem Punkt. Die Verbindungslinie zwischen diesem und dem Augpunkt durchsticht die Projektionsebene *PE* in dem Punkt *PP*, der dann die entsprechende Fläche repräsentiert.

gewissen Richtungen ausfallen. Die Debye-Scherrer-Kreise, welche auf
einer Platte entstehen, müssen dementsprechend Lücken aufweisen, die
in gewisser Weise regelmäßig angeordnet sind. Denken wir uns den Fall,
daß alle Kristallite mit einer Kristallachse in eine bestimmte Richtung
gebracht sind, so sehen wir leicht ein, welche Form die Interferenzen
annehmen werden. Man kann dann alle in dem Haufwerk vorhandenen
Orientierungen sich dadurch hergestellt denken, daß man einen Kristalliten um die entsprechende Achse gedreht denkt. Die Interferenzen,
die dann zustandekommen, entsprechen offenbar weitgehend denjenigen,
welche man mit dem Drehkristallverfahren bei einem Einkristall erhält.
In Abb. 41 ist ein sogenanntes Faserdiagramm wiedergegeben, in welchem
diese Analogie recht gut zum Ausdruck kommt. Die Realfaserdiagramme,
welche bei Haufwerken mit gerichteten Kristallorientierungen erhalten
werden, zeigen insofern Abweichungen von dem Bilde des Schichtlinien-
diagrammes, als die Orientierung tatsächlich nicht die vorausgesetzte

völlig ideale Gleich-
richtung ist, eventuell
auch mehr als eine be-
vorzugte Orientierung
vorhanden ist.

Die Beziehung zwi-
schen den auf einer
photographischen
Platte festzustellenden
Interferenzflecken und
der Kristallorientie-
rung wollen wir für den
Fall, daß eine Gleich-
richtung, d. h. eine Fa-
serachse senkrecht zu
dem Röntgenstrahl
orientiert ist, nach Po-
lanyi[4] ableiten. In der
Abb. 42 ist die Faser-
achse und die Strahl-

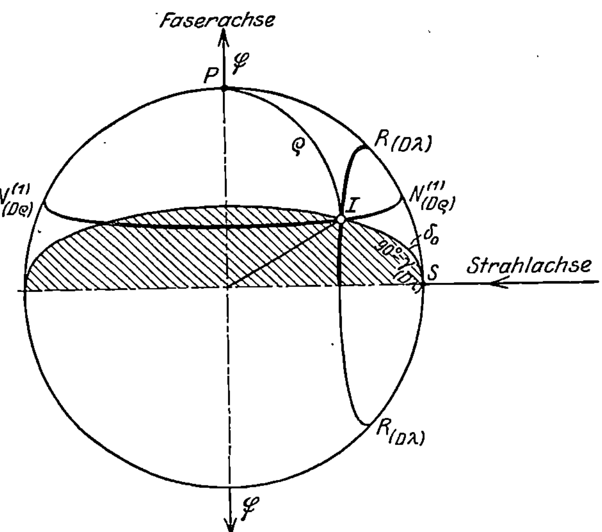

Abb. 42. Lagenkugel mit Angabe der Faserachse und der
beugenden Ebenen (nach Polanyi).

achse eingezeichnet. Wir denken uns nunmehr eine Kugelfläche (die
Lagenkugel) in das beugende Objekt hineinversetzt. Jede Netzebene ist
durch einen Punkt auf dieser Lagenkugel gekennzeichnet. Wir wissen
nun, daß die Netzebenen, welche reflektieren, durch die Braggsche Reflexionsbedingung vorgezeichnet sind. Wir beschränken uns bei der
Festlegung dieser Netzebenen der Einfachheit halber auf die Reflexion
erster Ordnung, es ist dann

$$\gamma_{(D\,\lambda)} = \arc\sin \frac{\lambda}{2\,D}\,,$$

wenn D den Netzebenenabstand und γ den halben Ablenkungswinkel bedeutet. Die Netzebenen, welche dieser Bedingung genügen, findet man auf zwei gleichen Kreisen auf der Lagenkugel um die Strahlachse in einer Entfernung von $90°-\gamma_{(D\lambda)}$ von dieser Strahlachse. Der eine dieser Kreise ist als $R_{(D\lambda)}$ gezeichnet. Dieser Kreis ist einem Debye-Scherrer-Kreis zugeordnet. Für den Fall, daß eine regellose Orientierung im Haufwerk vorliegt, tritt der zugehörige Debye-Scherrer-Ring auf einer Platte vollständig auf. Eine solche soll aber nun nicht vorhanden sein, sondern wir haben eine Idealfaserung vorausgesetzt und wollen annehmen, daß die Netzebenen mit dem Netzebenenabstand D nur in einem Winkel ϱ zur Faserachse vorkommen. Die Punkte, welche die Netzebenen D_ϱ charakterisieren, liegen auf einem Kreise um die Faserachse, im Winkelabstande ϱ von derselben. Es können nun nur an solchen Ebenen Interferenzen entstehen, welche durch die Schnittpunkte der Kreise $R_{(D\lambda)}$ und $N_{(D\varrho)}$ dargestellt werden. Wenn die Kreise $N_{(D\varrho)}$ den Reflexionskreis schneiden, so ergeben sich im allgemeinen 4 Interferenzflecke auf einer photographischen Platte. Wenn der Lagenkreis ein Äquator ist, so entstehen nur zwei Interferenzflecke*, berührt der Lagenkreis den Reflexionskreis an seinem obersten und untersten Punkte, so entstehen nur dort zwei Interferenzflecke. In der Abb. 43 ist die Lage der interferierenden Fläche auf einer Platte noch einmal angegeben. Um auf die Orientierung der an der Hervorrufung der Interferenz beteiligten Netzebene schließen zu können, muß man den Zusammenhang der Orientierung derselben mit den Lagen der Interferenzen aufgeklärt

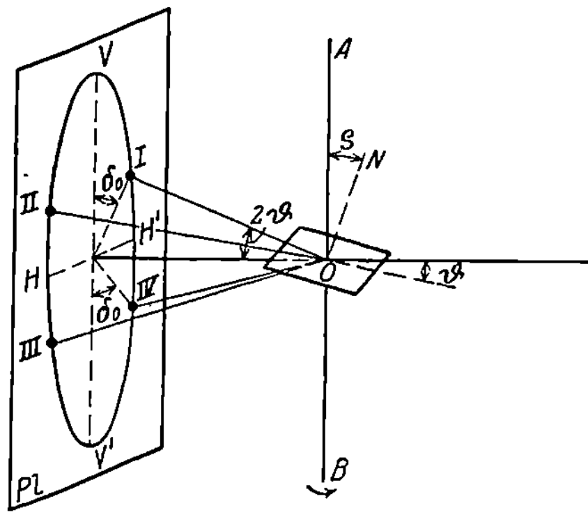

Abb. 43. Entstehung eines Faserdiagramms (Glocker).

haben. Die Lage der Interferenzen auf der Platte beschreibt man am besten durch Angabe der Größe des Radius des Debyekreises und des Winkels δ_0 (Abb. 43). Der Radius des Debyekreises ist ohne weiteres gegeben durch die Beziehung

$$\operatorname{tg} 2\vartheta = \frac{A}{r},$$

wenn A Plattenabstand, r Ringradius und 2ϑ der Ablenkungswinkel (Abb. 42 2γ) ist. Die Größe des Winkels δ_0 ermittelt sich nach Abb. 42 aus dem sphärischen Dreieck auf der Lagenkugel zu

$$\cos \delta_0 = \frac{\cos \varrho}{\cos \gamma_{(D\lambda)}}.$$

____

* In diesem Falle ist die Faserung natürlich ohne weiteres gegeben[5].

Durch die Meßresultate und die Gleichungen sind alle Größen bestimmt.

Es braucht nun nicht nur eine Orientierung der Kristallite nach einer Richtung vorzuliegen, sondern es können nach mehreren Richtungen die Orientierungen ausgewählt sein. Man spricht dann von einer mehrfachen Faserstruktur. Diese mehrfachen Faserstrukturen, bei denen immer alle Drehungsmöglichkeiten um die Faserachsen ausgenützt sind, können in einfache Faserstrukturen ohne weiteres aufgelöst werden, und es kann jede Faserung bei der Auswertung für sich behandelt werden.

Anders wirkt eine Orientierung von Kristalliten auf Interferenzen, wenn die Faserung weitergehenden Vorschriften unterworfen ist. Es ist dann z. B. eine Faserachse vorhanden, aber es sind nun nicht mehr alle Drehungen für die Beschreibung der Lage der Kristallite um diese Faserachse zugelassen, sondern es sind noch gewisse Richtungen in dieser Drehung bevorzugt. Es entsteht dann die von Glocker mit dem Namen „beschränkte Faserstruktur" bezeichnete Anordnung. Die Interferenzdiagramme der beschränkten Faserstrukturen müssen gegenüber denjenigen der einfachen Faserstrukturen noch eine Verringerung der Interferenzen erfahren. Es läßt sich dies an dem Diagramm Abb. 42 ohne weiteres einsehen. Die Lagen der Netzebenen $N_{(D\varrho)}$ sind dann gegenüber der einfachen Faserstruktur noch beschränkt, d. h. auf dem Lagenkreis fallen Teile aus, was zur Folge hat, daß eine Anzahl Schnittpunkte mit dem Reflexionskreis wegfallen. Es ergibt sich daraus für die Untersuchung der beschränkten Faserstrukturen unter Umständen noch die Notwendigkeit, mehrere Durchstrahlungen des Objektes in verschiedenen Richtungen vorzunehmen, damit überhaupt genügend Interferenzen für die Identifizierung der wichtigsten Netzebenen auftreten.

Gleichrichtung von Kristalliten in Haufwerken können durch die verschiedensten Umstände bedingt werden. Wir haben gesehen, daß dieselben auftreten bei Erstarrung von Schmelzen und bei der Entstehung elektrolytischer Metallniederschläge. Besonders die letzteren sind mit Hilfe der Röntgenmethoden schon eingehend untersucht worden und die diesbezüglichen Resultate sind in Zahlentafel 2 enthalten (S. 20). Gleichrichtung von Kristalliten tritt ferner ein bei mechanischer Beanspruchung von Kristallhaufwerken und bei der Rekristallisation von beanspruchten Metallen. Die Summe dieser Untersuchungsergebnisse wird in den späteren diesbezüglichen (S. 116; 129 und 272) Kapiteln mitgeteilt werden. Wir wollen in folgendem hier noch auf einige durch die mechanische Beanspruchung von Metallen entstehenden Faserstrukturen eingehen, weil dieselben am besten geeignet sind, als Beispiel für unsere obigen Überlegungen zu dienen.

In der Abb. 44 ist nach Schmid und Wassermann[6] ein Schema der bei regulär flächenzentrierten Metallen zu erwartenden Interferenzen mitgeteilt, wenn in den Haufwerken eine doppelte Faserstruktur nach [111] und nach [100] vorliegt. Die den verschiedenen

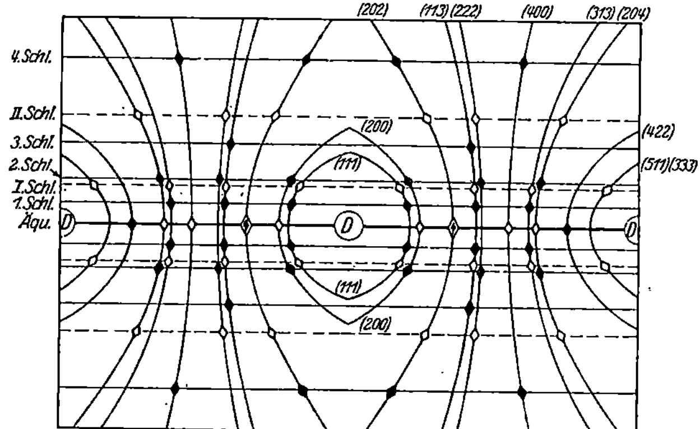

Abb. 44. Theoretisches Schichtliniendiagramm flächenzentrierter Metalle mit doppelter Faserung nach (111) und (100) (nach Schmid und Wassermann).

Faserstrukturen zugehörigen Interferenzen sind durch schwarze und weiße Markierungen voneinander unterschieden. Diese Interferenzen sind auf Grund von Gleichungen, wie sie oben angegeben sind, für die

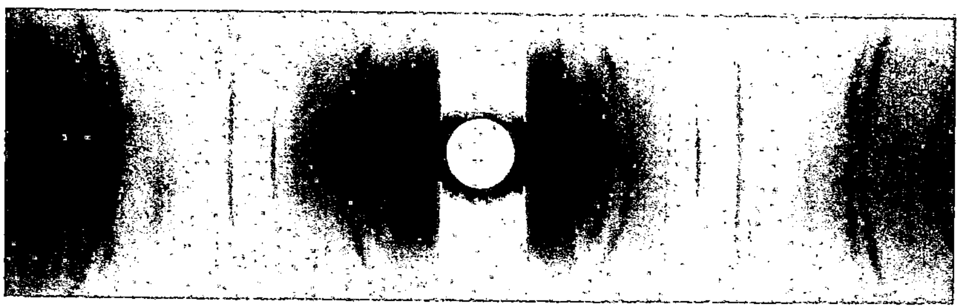

Abb. 45. Doppelte Faserstruktur in hartgezogenem Draht aus 75% Au, 16% Ag, 9% Cu (nach Schmid und Wassermann).

vorausgesetzten Lagen vorher berechnet. In der Abb. 45 ist ein Realdiagramm mitgeteilt, aus der Übereinstimmung desselben mit dem Schema geht hervor, daß in dem Kristallhaufwerk die in dem Schema vorausgesetzte Lagerung vorhanden sein muß.

Im Falle des Vorliegens einer beschränkten Faserstruktur, wie sie z. B. durch Walzvorgänge erzielt wird, geht man nach Wever[7] am besten folgendermaßen zur Beschreibung der auftretenden Lagen vor. Man benutzt eine stereographische Projektion, wie wir sie bereits oben kennen lernten, und kennzeichnet auf dieser zunächst die Walzrichtung, die Querrichtung dazu wie die Normale auf beiden. Man kann nun auf verschiedenen solcher Projektionen die Durchstoßpunkte der verschiedenen Netzebenen anzeichnen, wenn man in den verschiedenen Fällen verschiedene kristallographische Richtungen als in die Walzrichtung und in die Querrichtung fallend voraussetzt. Dann trägt man in sämtliche gezeichneten stereographischen Projektionen die interferierenden Ebenen in den nach den eingangs auseinandergesetzten Beziehungen erhaltenen Lagen ein. Diese Lagen werden in den Projektionen mit den dort gezeichneten idealen Durchstoßpunkten sich decken, wenn die in denselben vorausgesetzten Lagerungen mit der re-

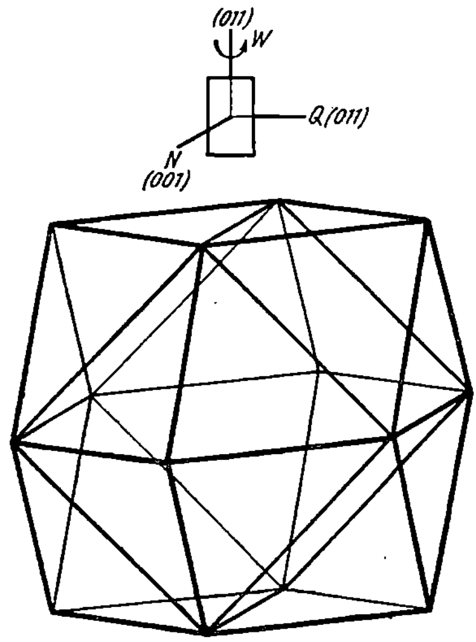

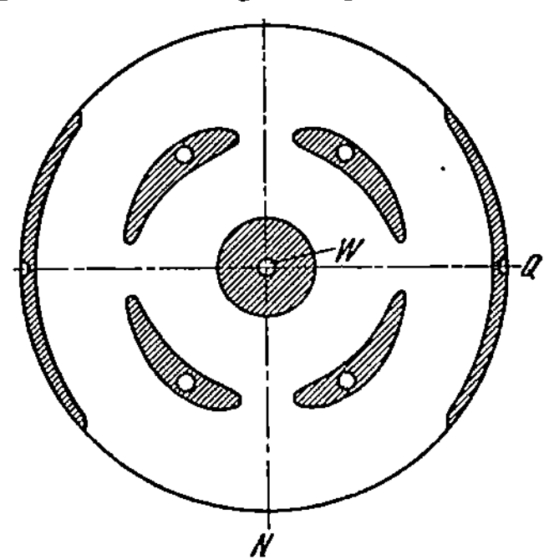

Abb. 46. Flächenpolfigur für das Rhombendodekaeder (nach Wever).

alen Faserstruktur übereinstimmen. In der Abb. 46 ist diese ausgezeichnete Projektion für α-Eisen herausgegriffen. Es zeigt sich, daß idealisiert

Abb. 47. Lage des Rhombendodekaeders in Abb. 46 (nach Wever).

in die Walzrichtung eine 011-Richtung fällt und daß die Walzebene eine 001-Ebene ist, d. h. also das Raumgitter hat die in der Abb. 47 durch Angabe der Würfel und Rhombendodekaeder gekennzeichnete Lage.

Literatur.

[1] Vgl. Zusammenstellung E. Schiebold und G. Sachs: Mitt. Metallforsch. Sonderh. 3, S. 142. 1927.

[2] Zentralbl. Mineralogie 1920, S. 52.

[3] Schiebold u. Sachs: l. c.

[4] Z. Phys. Bd. 7, S. 149. 1921.

[5] Wever u. Siebel: Z. techn. Phys. 1927, S. 401, 404.

[6] Z. Phys. Bd. 42, S. 779. 1927.

[7] Z. Phys. Bd. 28, S. 89. 1924.

Weiteres S. 20, 114, 129, 272, 278.

β) **Weitere Methoden zur Bestimmung der Orientierung von Kristalliten.** Außer der röntgenographischen Methode sind zur Bestimmung von Kristallorientierungen noch einige andere Methoden ausgebildet, die, mit der nötigen Vorsicht angewendet, schnell einen Überblick über vorhandene Orientierungen zu erhalten gestatten.

1. Die Reflexion an geätzten Kristallflächen: Von Tammann[1] ist festgestellt worden, daß nach einer Ätzung eine Würfelfläche viermal, eine Oktaederfläche dreimal, eine Dodekaederfläche zweimal aufleuchtet, wenn man die Oberfläche des Körpers um die Normale dreht. Diese bevorzugten Reflexionen entstehen an den Wänden der kleinen Ätzgrübchen oder Ätzhügel, welche durch die Ätzung hervorgerufen sind, und wenn diese Ätzgrübchen einfache Orientierungen zum Kristall aufweisen, müssen auch die Reflexionen in gesetzmäßiger Beziehung zum Raumgitteraufbau stehen. Von Bridgman[2] ist diese Methode in einer zur Auswertung sehr bequemen Form ausgebildet worden. Es wird eine Holzkugel angebohrt, in welche der Kristall, dessen Orientierung zu bestimmen ist, eingesetzt wird. Der Kristall — es handle sich um Aluminium — wird mit 20proz. Flußsäure und konz. Salzsäure angeätzt, wobei auf der zylindrischen Kristalloberfläche kleine Würfelflächen entstehen. Nun wird ein auf der Rückseite mit Kreide bestrichener Spiegel so an die Kugel angelegt, daß er in derselben Weise reflektiert, wie der Kristall. Es wird dadurch auf der Holzkugel ein Punkt bezeichnet, der ein Pol einer der 6 Würfelflächen ist. Man erkennt, daß die Voraussetzung für diese Methode darin liegt, daß die Ätzgrübchen wirklich eine einfache Orientierung im Raumgitter aufweisen, worüber man sich zweckmäßigerweise in jedem Einzelfall erst zu orientieren hat.

2. Weiterhin kann die Anlaufgeschwindigkeit bei etwas erhöhter Temperatur nach den Erfahrungen von Tammann ebenfalls für die Unterscheidung der wichtigsten Netzebenen herangezogen werden (vgl. S. 240). Die Anlaufgeschwindigkeit auf den Würfelflächen ist beim Eisen und Kupfer viel kleiner als auf den Oktaeder- und Dodekaederebenen.

3. Es kann die Anisotropie im mechanischen Verhalten der Kristalle hauptsächlich nach den Feststellungen von Tammann ebenfalls zur Orientierungsbestimmung verwertet werden. Die Gleitebenensysteme sind ja (vgl. Zahlentafel 9) bekannt, und die Gleitlinien stellen auf Oberflächen die Spuren der entsprechenden Gleitflächen dar. Ferner kann die Symmetrie der Druckfiguren, die mit einer Grammophonnadel in einem Kristall erzeugt werden, zur Bestimmung der Natur dieser Ebenen benutzt werden. Bei großen Kristallen können auch Kugeldruckfiguren ausgewertet werden.

Man ersieht ohne weiteres, daß nur die Orientierung niedrig indizierter Ebenen mit diesen Methoden einigermaßen genau möglich ist. Im allgemeinen werden sich auch die Ebenen, welche nur wenig von den einfach indizierten Ebenen abweichen, ähnlich wie diese verhalten, doch ist die Genauigkeit der Bestimmung hier schwer abzuschätzen.

Literatur.

Vgl. d. Zusammenfassung von G. Tammann: Z. techn. Phys. Bd. 7, S. 531. 1926.

[1] Vgl. Tammann u. A. Müller: Z. Metallkunde Bd. 18, S. 69. 1926. — Meyer, H. H.: ebenda S. 176, 339. — Krings: Z. f. anorg. u. allg. Chem. Bd. 146, S. 420. 1926. Ein einmaliges Aufleuchten von Flächen wurde gelegentlich vom Verf. u. von Haußer u. Scholz: Veröff. Siemenskonzern Bd. 5, 1926/27, H. 3, S. 152, beobachtet.

[2] Proc. Am. Acad. Bd. 60, S. 306. 1925. Vgl. ferner Shimizu: Science Reports of the Tohoku Imp. Univ. I Bd. 16, Nr. 5. 1927.

7. Bestimmung der Korngröße in Kristallitenhaufwerken.

α) Mittels Röntgenstrahlen. Die Erscheinung der Interferenz von Röntgenstrahlen in einem Kristallitenhaufwerk hängt von der Kristallitengröße ab und es ist möglich, diese Beziehung zur Bestimmung von Kristallitengrößen zu verwenden.

1. Es hat sich gezeigt, daß in Debye-Aufnahmen die Interferenzringe scharf begrenzt erscheinen, wenn die Größe der Kristallite zwischen 10^{-3} und 10^{-6} cm liegt. Bei kleineren Kristalliten werden die Debye-Linien diffus, und aus der Größe der Verbreiterung kann man nach Debye und Scherrer auf die Größe derselben schließen. Bei der Auswertung von unscharfen Debye-Linien darf jedoch nicht vergessen werden, daß auch andere Umstände, innere Spannungen bei Verformung, eine Verbreiterung herbeiführen können.

2. Bei einem Kristallitenhaufwerk mit Kristallgrößen von über 2 μ können beim Debye-Verfahren schon die einzelnen Reflexionen an einzelnen Kristallen hervortreten. Die Größe der Interferenzen ist abhängig von der Divergenz der Primärstrahlen, der Größe des Brennfleckes und der Ausdehnung des Kristalles. Der Interferenzfleck wird, wenn man sich einen Kristall in seinen Dimensionen wachsend denkt, so lange an Größe zunehmen, als der Querschnitt des Kristalles kleiner ist als der Querschnitt des auffallenden Strahlenbündels. Ist die Brennfleckgröße festgelegt und die Strahlungsdivergenz ebenfalls, so kann man unter Zugrundelegung einer ermittelten Kennkurve über den Zusammenhang zwischen Breite der Interferenzflecke und Korngröße aus der Breite der Interferenzflecken auf die Korngröße schließen[1].

β) Korngrößenmessungen mit dem Mikroskop[2]. Natürlich können die Größen von Kristalliten unter dem Mikroskop an Metallschliffen ausgemessen werden. Damit man richtige Durchschnittswerte erhält, sind einige Gesichtspunkte zu beachten.

1. Beim Flächenmeßverfahren wird die in einer bestimmten Schliffläche sich findende Zahl von Kristalliten gezählt. Der unter Berücksichtigung der Vergrößerung aus dieser Zahl gefundene Wert für einen mittleren Querschnitt, mit dem ein Korn im Schliff erscheint, ist nun nicht etwa die mittlere größte Querschnittfläche eines Kornes.

Es werden ja die meisten Körner durch einen Schliff nicht in ihrem größten Umfang geschnitten. Deshalb ist die wirkliche mittlere Querschnittsfläche F größer als die direkt gefundene F'. Es ist

$$F' = 0,66\,F.$$

2. Beim Durchmesserverfahren wird auf das Schliffbild ein System von am besten im gleichen Abstand verlaufenden, rechtwinklig aufeinander stehenden Parallelen projiziert und die durchschnittliche Länge der Abschnitte bestimmt, die die Korngrenzen auf diesem System abschneiden. Um den wahren mittleren Korndurchmesser zu finden, ist zu beachten, daß sowohl die sichtbaren Kornflächen nicht im Durchmesser als auch die Körner durch den Schliff nicht im größten Querschnitt geschnitten werden. Es ergibt sich der wahre Durchmesser D aus dem gemessenen mittleren Abschnitt a: $a = 0,64\,D$.

Literatur.

[1] Über Bestimmung von Teilchengrößen bei Ungleichmäßigkeit derselben vgl. Patterson Z. f. Krist. Bd. 66, S. 637. 1928.

[2] Oertel, W.: Werkstoffausschußber. V. D. E. Nr. 1. — Agte, Schönborn u. Schroeter: Z. techn. Phys. 1925. 296. — Tafel u. Scholz: Diss. Breslau 1929.

c) Die physikalischen Eigenschaften des metallischen Festkörpers und Weiteres zu seiner Konstitution.

Es war die erste Aufgabe der Erforschung des Kristallzustandes, im geometrischen Aufbau desselben einen allgemeinen Grund für den vektoriellen Habitus der Kristalle zu finden.

Zahlentafel 6a. Physikalische Eigenschaften der Metalle.

Metall	Umwandlungspunkte ^{0} C	Schmelzpunkte ^{0} C	Schmelzwärme cal/g	Elastizitätsmodul kg/cm²·10⁶	Gleitmodul kg/cm²·10⁶
	1	2	3	4	5
Li		180	32,8		
Na		97,6	26,0		
K		63,5	14,6		
Cu		1083	41,6	1,17	0,42
Ag		960,5	24,7	0,80 gezog.	0,27
Au		1063	15,9	0,81	0,29
Be		1278			
Mg		650	46,5		0,19
Ca	400[11]	803			
Sr		$\sim$ 800			
Ba		850			
Zn	s. S. 412	419,4	28		0,33
Cd		321	11	0,51	0,22
Hg		—38,9	2,8		
B		2200—2300			
Al		659	93	0,76	0,27
Tl	227[1], 232[2], 235[3]	303,5	7,2		

Zahlentafel 6a (Fortsetzung).

Metall	Umwandlungspunkte °C	Schmelz-punkte °C	Schmelz-wärme cal/g	Elastizitäts-modul kg/cm²·10⁶	Gleit-modul kg/cm²·10⁶
	1	2	3	4	5
C	graph.	3500			
Si		1413			
Ti		1800			
Zr		1927			
Th		> 1700			
Sn *Tetr.*	{weiß ⇄ grau 18⁴} {tetrag. ⇄ rhomb.} 161⁵, 203⁶	231,8	14,6	0,55	0,18
Pb		327	6,2	0,17	0,08
V		~ 1720			
Ta		~ 2800		1,92	
As	rhomboedrisch u.regulär	817 35,8 Atm.			
Sb	101 nach Cohen	630,5	24,3	0,79	0,20
Bi	75	271	13,0	0,32	(0,12)
Cr		1565 s. Abb. 337			
Mo		~ 2600			
W		~ 3370		3,62	1,34
U		1300—1400			
Mn	682, 742, 1024⁹, 1191	1243	36,7		
Fe	Magn. 770, 900, 1411	1533	49,4	2,16	0,83
Co	{477 bzw. 403¹⁰,} {Magn. U 985⁷,} 1150⁸	1490	58,2		
Ni	Magn. U 355⁵, 340⁸	1452	60—70	2,01	0,73
Pd	Uwdlg. ?	1557	36,3	1,15	0,52
Pt		1764		1,71	0,72

Literatur (zu Zahlentafel 6a).

Die Angaben sind den phys.-chem. Tabellen von Landolt-Börnstein, 5. Aufl. entnommen.

Zu Spalte 1: [1] Ältere Angaben. — [2] Asahara: Sc. Paper Inst phys. Chem. res. Bd. 2, S. 125 u. 253. 1924. — [3] Richards, Smyth: J. Am. Chem. Soc. Bd. 44, S. 524. 1921. — [4] Cohen: Z. phys. Chem. Bd. 63, S. 625. 1908. — [5] Werner: Z. anorg. u. allg. Chem. Bd. 83, S. 275. 1913. — [6] Smits, de Leeuw: Versl. Amst. Akad. Bd. 21, S. 661. 1912. — [7] Shukow: Chem. Zentralbl. Bd. 1, S. 985. 1909. — [8] Guertler u. Tammann: Z. anorg. u. allg. Chem. Bd. 42, S. 353. 1904. — [9] Gayler: J. Iron Steel Inst. Bd. 1, S. 393. 1927. — [10] Masumoto: Rev. de met. Extr. 1927, S. 303. — [11] Eastman, Williams, Young: J. Am. Chem. Soc. Bd. 46, S. 1178. 1924.

Zu Spalte 1 u. 2 vgl. ferner noch besonders die Wärmetabellen. Phys. techn. Reichsanstalt. Braunschweig 1919.

Zu Spalte 3 vgl. besonders: Wüst, Meuthen u. Durrer: Forscharb. V. d. I. 1918, Nr. 204. — Jitaka: Sc. Rep. Toh. Univ. Bd. 8, S. 99. 1919. — Umino: Ebda. S. I Bd. 15, Nr. 5, S. 597. — Awbery u. Griffiths: Proc. Phys. Soc. Bd. 38, S. 378. 1926.

Zu Spalte 4 u. 5 vgl. bes. Koch, Dannecker u. Dieterle: Ann. Physik (4) Bd. 47, S. 197. 1915; Bd. 68, S. 441. 1922. — Jokibe u. Sakai: Sc. Rep. Toh. Univ. Bd. 10, S. 1. 1921. — Kikuta: Ebda. Bd. 10, S. 139. 1921. — Grüneisen: Ann. Physik Bd. 25, S. 825. 1908.

Zahlentafel 6b. Physikalische

Metall	Dichte 18^0	Ausdehnungskoeffizient α oder α und β für $l = l_0 (1 + \alpha t)$ oder $l = l_0 (1 + \alpha t + \beta t^2)$	Kompressibilität bei 0—30° 10^{-6} cm²/kg
	1	2	3
Li	0,534	$0,0_4600$ Thum[1] bis 180°	8,8 Richards
Na	0,97	$0,0_472$ Hagen[2] 0 bis 50°	15,3 Richards
K	0,86	$0,0_483$ Hagen 0 bis 50°	31,1 Richards
Cu	8,93	$0,0_416070$ $0,0_8403$ Dittenberger[3] 0—625°	0,73 Bridgman
Ag	10,50	$0,0_418270$ $0,0_84793$ Holborn u. Day[4] 0—875°	0,99 Bridgman
Au	19,3	$0,0_41416$ $0,0_8215$ A. Müller[5] 0—520°	0,58 Bridgman
Be	1,84	—	—
Mg	1,74	$0,0_42507$ $0,0_8936$ Scheel[6] 20—500°	2,96 Bridgman
Ca	1,55	—	5,94 Bridgman
Sr	2,60	—	8,19 Bridgman
Ba	3,6	—	—
Zn	7,14	$0,0_4354$ $0,0_710$ Schulze[7] 0—400°	1,7 Richards
Cd	8,64	$0,0_42693$ $0,0_7466$ Matthießen[8] 8—95°	1,95 Bridgman
Hg	13,595	$0,0_31826$ vgl. Zahlentafel 1	3,90 Bridgman
B	1,73	—	0,3 Richards
Al	2,70	$0,0_4229$ $0,0_89$ Scheel − 78—500°	1,33, 50—200 kg/cm² Madelung, Fuchs
Tl	11,85	$0,0_4313$ Fizeau[9] 50°	2,3 Richards
C *Graphit*	2,2	$0,0_4244$ Dewar[10] − 190—17°	< 3,0 Richards
Si	2,34	$0,0_40355$ Becker[11] 18—950°	0,31 Richards
Ti	4,5	—	—
Zr	6,4	—	—
Th	11,0	—	—
Sn *Tetr.*	7,28	$0,0_42033$ $0,0_7263$ Matthießen 8—95°	1,9 Richards
Pb	11,34	$0,0_42726$ $0,0_874$ Matthießen 14—94°	2,37 Bridgman
V	5,6	—	—
Ta	16,6	$0,0_5646$ $0,0_990$ Disch[12] 20—400°	0,479 Bridgman
As	5,72	$0,0_5602$ Fizeau 50°	4,4 Richards
Sb	6,67	$0,0_5923$ $0,0_7132$ Matthießen 11—98°	1,47 Bridgman 2,4 Richards
Bi	9,80	$0,0_41367$ $0,0_752$ Voigt[13] 16—35°	2,9—3,5 Rich. u. Br.
Cr	7,0	$0,0_5811$ $0,0_8323$ Disch 20—500°	0,8 Richards
Mo	10,2	$0,0_5501$ $0,0_8138$ Shad u. Hidnert[14]	0,347 Bridgman
W	19,1	$0,0_5444$ $0,0_{10}45$ Worthing[15] 27 bis 2427°	0,293 Bridgman
U	18,7	—	0,966 Bridgman
Mn	7,3	$0,0_42161$ $0,0_7121$ Disch 20—300°	0,82 Richards
Fe	7,86	$0,0_411575$ $0,0_8530$ Dittenberger 0—750° Flußeis.	0,59 Richards u. Bridgman
Co	8,8	$0,0_41208$ $0,0_864$ Tutton[16] 6—121°	0,539 Bridgman
Ni	8,8	$0,0_41236$ $0,0_8660$ Disch 20—300°	0,529 Bridgman
Pd	11,5	$0,0_411670$ $0,0_82187$ Holborn u. Day 0—1000°	0,519 Bridgman
Pt	21,4	$0,0_58868$ $0,0_81324$ Holborn u. Day 0—1000°	0,365 Bridgman u. Richards

Eigenschaften der Metalle.

Spezifische Wärme cal	Elektrische Leitfähigkeit $10^{-4}\cdot\varkappa$	Temperaturkoeff. des el. Widerstand bei 0—100° $\alpha\cdot10^5$
4	5	
0,785 Kleiner u. Thum[1] 0°	11,8 0° Meißner[1]	435
0,293 Thum[2] 0°	23,4 0° Hackspill[2]	558 Hornbeck[13]
0,173 Rengade[3] 0°	16,4 0° Hackspill	573 Hornbeck
0,0911 Nernst u. Lindemann[4] 17°	64,1 0° Meißner	433 Holborn
0,0556 Nernst[5] 0°	68,1 0° Dewar u. Fleming[3]	410 Holborn
0,0312 Jaeger u. Dießelhorst[6] 18°	68,5 0° Meißner	400
0,424 Nilson u. Pettersson[7] 0—100°	—	—
0,242 Ewald[8] 28°	23,0 0° Dewar u. Fleming	381
0,168 Eastman u. Rodebush[9] 20°	21,8 20° Swisher	333 Bridgman
—	3,3 0° Bridgman[4]	383
0,068 Nordmeyer u. Bernoulli[10] −185—20°	—	—
0,0903 Nernst 1°	17,4 0° Dewar u. Fleming	406
0,0550 Jaeger u. Dießelhorst 18°	13,2 18° Jaeger u. Dießelhorst[5]	425
0,0332 Brönstedt[11] 0 bis 20°	1,06 0°	99 Jaeger u. v. St.[14]
0,252 Mixter u. Dana[12] 0—100°	—	—
0,215 Griffiths[13] 28°	39,5 0° Holborn[6]	443
0,0311 Ewald 28°	5,7 Dewar u. Fleming	517 Bridgman
0,125 Koref[14] −76—0°	—	—
0,171 Russell[15] 24°	—	—
0,112 Nilson[16] 0—100°	—	—
0,066 Mixter 0—100°	—	—
0,0276 Nilson 0—100°	—	—
0,0536 Griffiths 0°	8,82 18° Jaeger u. Dießelh.	465
0,0307 Eucken u. Schwers[17] 20°	5,18 0° Bergmann[7]	428 Jaeger u. Dießelh.
0,1153 Mache[18] 0—100°	—	—
0,033 Siemens[19] 14—100°	6,8 Pirani[8]	350
0,0772 Ewald 28°	2,85 0° Matthießen u. v. Bose[9]	389
0,0477 Ewald 28°	2,56 0° Eucken u. Gehlhoff[10]	511 de Haas[15]
0,0295 Ewald 28°	0,88 19° Dewar u. Fleming	454 Jaeger u. Dießelh.
0,1208 Mache 0—100°	38,5 0° Shukow	—
0,0647 Stücker[20] 20—100°	22,8 0° Blom	434 Bridgman
0,0368 Magnus u. Danz[21] 0°	20,0 0° Langmuir	510
0,0280 Blümke[22] 0—98°	—	—
0,1211 Stücker 20—100°	—	—
0,1062 Ewald 28°	10,0 20° Gumlich[11]	621 Bridgman
0,1042 Schübel[23]-Göbl[24] 0—100°	10,3 0° Reichardt[12]	658 Holborn
0,1068 Schübel-Göbl 0 bis 100°	15,2 0° Holborn	675
0,0586 Jaeger u. Dießelhorst 18°	9,3 18° Jaeger u. Dießelhorst	368
0,0320 Jaeger u. Dießelhorst 18°	10,2 0° Meißner	384 Jaeger u. Dießelhorst

Natürlich ist mit der Feststellung der reinen Gittergeometrie der Fragenkomplex der Strukturtheorie nicht abgeschlossen. Als unmittelbare Konsequenz ergibt sich die Frage, wie denn der Gitteraufbau vom einzelnen Atom abhängt. In zweiter Linie führt die Frage nach dem Zusammenhang zwischen Konstitution und Eigenschaften (vgl. Zahlentafel 6a und b) zu weiteren Problemstellungen.

Eine verschleierte Gesetzmäßigkeit zwischen Atom und Kristallbau kommt zunächst in der bekannten Abhängigkeit des Atomvolumens

---

Literatur (zu Zahlentafel 6b).

Die Zahlentafel ist zusammengestellt nach Landolt-Börnstein: Phys.-chem. Tabellen, 5. Aufl. 1923.

In Spalte 1 sind Mittelwerte aufgenommen.

Spalte 2: [1] Diss. Zürich 1906. — [2] Wied. Ann. Bd. 19, S. 436. 1883. — [3] Z. V. d. I. Bd. 46, S. 1532. 1902. — [4] Ann. Physik (4) Bd. 6, S. 242. 1901. — [5] Phys. Z. Bd. 17, S. 29. 1916. — [6] Wärmetab. Phys.-techn. Reichsanstalt. Braunschweig 1919. — [7] Phys. Z. Bd. 22, S. 403. 1921. — [8] Pogg. Ann. Bd. 128. S. 512. 1866; Bd. 130, S. 50. 1867. — [9] Ebda. Bd. 138, S. 26. 1869. — [10] Proc. Roy. Soc. Bd. 70, S. 237. 1902. — [11] Z. Phys. Bd. 40, S. 37. 1926. — [12] Z. Phys. Bd. 5, S. 173. 1921. — [13] Wied. Ann. Bd. 49, S. 697. 1893. — [14] Phys Rev. (2) Bd. 13, S. 148. 1919. — [15] Phys. Rev. (2) Bd. 10, S. 638. 1917. — [16] Phil. Mag. (6) Bd. 3, S. 631. 1902.

Spalte 3: Letzte Veröff. Richards: J. Am. Chem. Soc. Bd. 46, S. 934 bis 952. 1924. — Bridgman: Sill. Journ. Bd. 10, S. 359. 1925. Richards wendet Drucke bis 500 kg/cm², Bridgman solche bis 12000 kg/cm² an.

Spalte 4: [1] Arch. sc. phys. (4) Bd. 22, S. 275. 1916. — [2] Diss. Zürich 1906. [3] Comptes Rendus Bd. 156, S. 1897. 1913. — [4] Berl. Sitzber. 1911. S. 494. — [5] Ann. Physik (4) Bd. 36, S. 395. 1911. — [6] Phys.-Techn. Reichsanst. Bd. 3, S. 269. 1900. — [7] Ber. Chem. Ges. Bd. 13, S. 1451. 1880. — [8] Ann. Physik (4) Bd. 44, S. 1213. 1914. — [9] J. Am. Chem. Soc. Bd. 40, S. 496. 1918. — [10] Verh. d. phys. Ges. Bd. 9, S. 175. 1907. — [11] Z. Elchem. Bd. 18, S. 714. 1912. — [12] Lieb. Ann. Bd. 169, S. 388. 1873. — [13] Proc. Roy. Soc. A. Bd. 88, S. 549. 1913. — [14] Ann. Physik (4) Bd. 36, S. 49. 1911. — [15] Phys. Z. Bd. 13, S. 59. 1912. — [16] Z. phys. Chem. 1, S. 27. 1887. — [17] Verh. d. phys. Ges. Bd. 15, S. 578. 1913. — [18] Wien. Ber. Bd. 106 (2a), S. 590. 1897. — [19] Proc. Roy. Ind. Bd. 19, S. 593. 1909. — [20] Wien. Ber. Bd. 114 (2a), S. 657. 1905. — [21] Ann. Physik (4) Bd. 81, S. 407. 1926. — [22] Wied. Ann. Bd. 24, S. 263. 1885. — [23] Z. anorg. u. allg. Chem. Bd. 87, S. 81. 1914. — [24] Diss. Zürich 1911.

Spalte 5: Im allgemeinen wurden die höchsten der gemessenen Werte in die Tabelle aufgenommen.

[1] Jahrb. Rad. Bd. 17, S. 229. 1921. — [2] Comptes Rendus Bd. 151, S. 305. 1910. — [3] Zuletzt Proc. Roy. Soc. Bd. 66, S. 76. 1900. — [4] Proc. Am. Acad. Bd. 56, S. 61. 1921. — [5] Phys. techn. Reichsanst. Bd. 3, S. 269. 1900. — [6] Z. Phys. Bd. 8, S. 58. 1921. — [7] Wied. Beibl. Bd. 16, S. 441. 1892. — [8] Verh. d. Phys. Ges. Bd. 12, S. 301. 1910. — [9] Pogg. Ann. Bd. 115, S. 353. 1862. — [10] Verh. d. Phys. Ges. Bd. 14, S. 169. 1912. — [11] Phys.-techn. Reichsanst. Bd. 4, S. 271. 1918. — [12] Ann. Physik (4) Bd. 6, S. 832. 1901. — [13] Phys. Rev. Bd. 2, S. 217. 1913. — [14] Ann. d. Phys. Bd. 43, S. 1165 u. 45, S. 1089; 1914. — [15] Versl. Amsterdam Bd. 22, S. 1110. 1914.

von der Stellung des Metalls im periodischen System zum Ausdruck. Diese Zusammenhänge treten jedoch erst klarer hervor, wenn, insbesondere nach Goldschmidt[1], die Einzelheiten der Kristallstruktur besser berücksichtigt werden. Die Möglichkeit hierzu gibt die sogenannte Koordinationszahl, die die Zahl der unmittelbar an ein Atom angrenzenden Nachbaratome angibt. Es zeigt sich, daß mit abnehmender Koordinationszahl die Atomabstände fallen. (Über weitere Erkenntnisse in dieser Richtung bei Legierungen vgl. S. 216.)

Auch wenn wir die primitive Vorstellung über das Atom, etwa als Kugel, beibehalten, so ergibt die Tatsache der Bewegung der Atome im Raumgitter und die Kompressibilität derselben die Notwendigkeit eines allgemeinen Kraftgesetzes, nach dem die gesamte, zwischen den Atomen wirkende Kraft in eine anziehende und eine abstoßende Komponente zerfällt; es ist sonst die Anordnung der Atome im Raumgitter in diskreten Abständen nicht verständlich. Natürlich müssen die beiden Komponenten der zwischen zwei Atomen wirkenden Gesamtkraft in verschiedener Weise von der Entfernung der Atomzentren abhängen, und zwar kann man die Gesamtkraft sich etwa in folgender Weise aus den Komponenten zusammengesetzt denken, wenn r die Entfernung von einem Atomzentrum bedeutet und a, b zwei Konstanten sind

$$K = \frac{a}{r^m} - \frac{b}{r^n} \,.$$

Die Abb. 48 läßt die beiden Komponenten (gestrichelte Kurven, oben Abstoßung, unten Anziehung) und ihre Zusammensetzung (ausgezogene Kurve) erkennen. Der Gleichgewichtsort für ein zweites Atom A ist dadurch gegeben, daß an demselben die Summe von Anziehung und Abstoßung Null wird. Man sieht, daß, wenn ich zwei Atomzentren einander nähern will, eine Abstoßung eintritt, im entgegengesetzten Falle macht sich eine Anziehung bemerkbar.

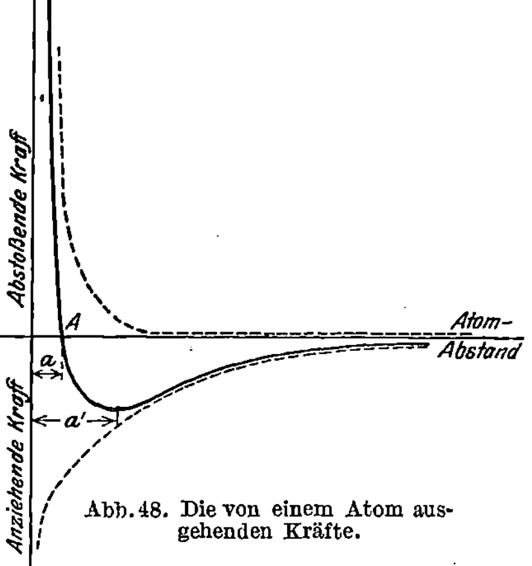

Abb. 48. Die von einem Atom ausgehenden Kräfte.

Es besteht nun die Frage, wie die Exponenten in dem Kraftgesetz beschaffen sind. Zunächst wurde sie gelöst für solche Raumgitter, in denen die Raumgitterpunkte von Ionen besetzt sind, also z. B. im Natriumchlorid. Die geladenen Natrium- und Chloratome stehen sich hier gleichberechtigt gegenüber, was die Verfolgung der Rechnung erleichterte; es war von vornherein sehr wahrscheinlich, daß die anziehende Kraft als Coulombsche Kraft aufzufassen ist und der Exponent m im 1. Glied also 2 lauten muß. Der Exponent im 2. Glied ergab sich zu $n = 10$ bis 11. n bestimmt die Abstoßungskraft, und es gelang Born[2], denselben aus der Kompressibilität zu berechnen. Der allgemeine Ansatz, der oben gemacht wurde, sollte natürlich auch für die Metalle zutreffen, doch ist hier eine Berechnung nicht so einfach durchzuführen, da wir es nicht mit reinen Ionengittern im obigen Sinne zu tun haben, sondern die Schwierigkeiten der Elektronentheorie der Metalle mit in die Frage hineinspielen, von der wir gleich zu handeln haben. Wenn man annimmt, es ständen in den Metallen sich Ionen und Elektronen in ähnlichen Konfigurationen wie die Ionen im Ionengitter gegenüber, so können hierauf die obigen Rechnungen übertragen werden. Es schwanken jedoch die für n berechneten Werte bei den verschiedenen Metallen[3, 4] sehr stark von 4 bis 11. Aus der Kenntnis des Kraftgesetzes zwischen den Atomen können solche Eigenschaften berechnet werden, welche von denselben abhängen müssen. Wenn das Kraftgesetz zwischen den Ionen bekannt ist, kann man z. B. die Bildungsenergie U eines Gitters aus einzelnen Gasionen resp. Elektronen berechnen. Ist nun die Ionisierungsarbeit J bekannt, so ist die Verdampfungswärme

$$D = U - J$$

berechenbar und der Vergleich der berechneten mit der gemessenen Verdampfungswärme kann zum Beweis des Kraftgesetzes dienen.

Von vornherein ist wahrscheinlich, daß an der Oberfläche der Kristallgitter, wo die Kraftwirkung unsymmetrisch wird, sich dies in der Raumgittergestaltung auswirkt. Es werden dort Abweichungen von den Gitterdimensionen, wie sie im Innern des Gitters vorliegen, auftreten können[5]. Die Oberflächenenergie wird dann eine Rolle spielen, wenn die Oberfläche im Vergleich zum Volumen des Körpers groß wird. Leider sind die Dimensionen, bei denen dies sich praktisch auswirkt, gerade bei Metallen schlecht bekannt. Aus Versuchen von Schottky[6] und anderen Analogien[7] kann man entnehmen, daß etwa Körperchen mit Durchmessern von 1 bis 0,1 μ eine so erheblich gesteigerte freie Energie haben, daß sich dies in den damit zusammenhängenden Eigenschaften praktisch äußert (Dampfdruck, Kristallisationsvorgänge vgl. S. 23, 180, 267, 449, 340ff.).

Bei diesen Formulierungen bleibt schließlich immer die Aufgabe bestehen, dem vektoriellen Charakter der Kristalle gerecht zu werden, in den oben mitgeteilten Arbeiten sind auch dazu bereits Ansätze vorhanden. Die experimentellen Ermittelungen über die Abhängigkeit der physikalischen Eigenschaften von der Richtung im Einzelkristall sind bereits weitgehend gefördert worden[8]. Beispiele für die Größenordnung der Unterschiede der Eigenschaften in verschiedenen Richtungen gibt Zahlentafel 7.

Zahlentafel 7. Eigenschaften von nichtregulären
Metallkristallen bei 20 ° (Mittelwerte).

Metall	Lin. Ausdehnungs-koeffizient $\cdot 10^{-3}$	Spez. el. Widerstand $\cdot 10^{-6}$
Zn ‖ sing. Achse	60,0	6,23
⊥ ,,	13,4	5,89
Sn ‖ ,,	30,50	14,3
⊥ ,,	15,45	9,9

Wir hatten zum Eingang unserer Überlegungen als charakteristisch
für die Metalle ihre hohe elektrische Leitfähigkeit erkannt
und darauf hingewiesen, daß diese hohe elektrische Leitfähigkeit nur
mit der Annahme des Vorkommens freier Elektronen in den Metallen deutbar ist. Wie wir eben sahen, ist diese Frage natürlich von
wesentlicher Bedeutung, da das Kraftgesetz, welches das Raumgitter
zusammenhält, davon wesentlich beeinflußt wird. Leider ist jedoch eine
völlige Klärung über die Elektronentheorie der Metalle noch keineswegs
eingetreten.

Die zunächst vertretene Auffassung war die von Drude[9] entwickelte, daß nämlich die freien Elektronen im Raumgitter sich nach
der Art eines Gases bewegten, und auch den Gasgesetzen gehorchten.
Diese Theorie hat erhebliche Erfolge in der Deutung wichtiger physikalischer Eigenschaften zu verzeichnen gehabt. So steigt der elektrische
Widerstand bei Metallen von nicht zu niedrigen Temperaturen linear
mit steigender Temperatur an, sein Temperaturkoeffizient ist gleich
dem Ausdehnungskoeffizienten idealer Gase. Der genannten Auffassung
ist weiterhin wesentlich, daß angenommen wird, auch die Wärmeleitfähigkeit der Metalle werde wenigstens zu einem Teile durch die
Elektronen besorgt. Es wurde abgeleitet, daß nun die Wärmeleitfähig-
keit λ zur elektrischen Leitfähigkeit $\varkappa$ in einem bestimmten, vom Material
unabhängigen Verhältnis stehen müßte, ein Zusammenhang, der em-
pirisch in der Form des Wiedemann-Franzschen Gesetzes schon
lange bekannt ist, welches besagt, daß $\dfrac{\lambda}{\varkappa T}$ konstant ist und im Mittel
den Wert $2,35 \cdot 10^8$ (abs. Einheiten) hat.

Dieser Zusammenhang ergibt sich nach Drude folgendermaßen:

Wirkt auf ein Elektron e in dem Felde $\mathfrak{E}$ während der Dauer t seiner durch
keinen Zusammenstoß gestörten Fortbewegung eine elektrische Kraft $\mathfrak{K} = \mathfrak{E}e$, ist
m seine Masse und ξ die Koordinate in der Richtung $\mathfrak{K}$, so gilt

$$m\,\frac{d^2\xi}{dt^2} = \mathfrak{K}.$$

Das Elektron erfährt also in der Richtung von $\mathfrak{K}$ einen Geschwindigkeitszuwachs

$$u = \frac{1}{2}\,\frac{\mathfrak{K}}{m}\,t.$$

Da nun zwischen der Geschwindigkeit der ungerichteten normalen Bewegung des Elektrons v, der freien Weglänge l und t die Beziehung besteht:

$$v \cdot t = l,$$

kann auch gesetzt werden

$$u = \frac{1}{2} \frac{\Re}{m} \cdot \frac{l}{v}.$$

Diese Aussage ist gleichbedeutend damit, daß in der Kraftrichtung ein Strom i fließt, der gleich $n e \cdot \dfrac{\Re}{m} \dfrac{1}{2} q \cdot \dfrac{l}{v}$ ist, wenn n die Anzahl der Elektronen in der Raumeinheit und q der Querschnitt des Leiters ist. D. h. es gilt

$$i = \frac{n e^2}{2 m} q \cdot \frac{l}{v} \cdot \mathfrak{E}.$$

Dies kann für $q = 1$ als Ausdruck des Ohmschen Gesetzes aufgefaßt werden, indem $\dfrac{n \cdot e^2 l}{2 m v}$ die spez. Leitfähigkeit bedeutet. Da für das Elektronengas gilt $\dfrac{1}{2} m v^2 = \dfrac{3}{2} K T$, ergibt sich weiter für die Leitfähigkeit

$$\varkappa = \frac{n e^2 v l}{6 K T}.$$

Die Wärmeleitfähigkeit ist folgendermaßen zu ermitteln, wenn die Elektronenzahl von der Temperatur als unabhängig angenommen wird. Herrscht ein Temperaturgefälle in dem Leiter, so herrscht im Elektronengase ein Energiegefälle

$$\frac{d U}{d x} = \frac{3}{2} K \frac{d T}{d x}.$$

Die Zahl der Elektronen, die in der Zeiteinheit die Querschnittseinheit passiert, ist $\dfrac{1}{3} n v$, die Elektronen haben einen Energiezuwachs von

$$\pm \frac{d U}{d x} \cdot l.$$

Der Energietransport in der Zeiteinheit durch den Einheitsquerschnitt ist daher

$$\frac{1}{3} n v \cdot l \frac{d U}{d x} = \frac{1}{2} n v l K \cdot \frac{d T}{d x}.$$

Nach der Definition der Wärmeleitfähigkeit λ, die den Energietransport für das Temperaturgefälle 1 bedeutet, ist $\lambda = \dfrac{1}{2} n v l K$.

Das Verhältnis $\dfrac{\lambda}{\varkappa T}$ ergibt sich aus obigen Ausdrücken zu $3 \dfrac{K^2}{e^2} = 2{,}24 \cdot 10^8$ abs. Einh., was mit dem oben mitgeteilten empirischen Befund überraschend übereinstimmt. Es kann nicht verschwiegen werden, daß bei genauerer Durchführung der Rechnung die Übereinstimmung schlechter wird.

Insbesondere bei tieferen Temperaturen und bei schlechten Leitern treten Abweichungen vom Wiedemann-Franzschen Gesetz auf. Man führt dieselben darauf zurück, daß die Wärmeleitfähigkeit in diesen Fällen merklich auch durch die Atome erfolge; den entsprechenden Teil der Wärmeleitfähigkeit nennt man Isolator- oder Kristalleitfähigkeit. In einem Kristallaggregat kann diese von der Unterteilung, also der Korngröße abhängen[10].

Auch andere physikalische Eigenschaften lassen sich nach dieser Elektronentheorie einigermaßen befriedigend voraussagen. Da jedem Metall eine bestimmte Elektronenkonzentration zukommt, ist zu erwarten, daß, wenn zwei verschiedene Metalle miteinander in Berührung gebracht werden, die Elektronenkonzentrationen beider sich auszugleichen suchen werden; wenn eine geringe Anzahl von Elektronen von einem in das andere Metall übergetreten ist, muß sich jedoch die elektrische Anziehung der Atome bemerkbar machen und eine elektrische Spannung zwischen demjenigen Metall, aus dem die Elektronen verschwunden sind, und demjenigen, in welches eine geringe Anzahl übergegangen ist, muß auftreten. Es ist dies die Grundanschauung, welche die thermoelektrischen Erscheinungen wiedergibt. Von besonderer Bedeutung ist es, daß es gelingt, auch die optischen Erscheinungen, das hohe Reflexionsvermögen der Metalle in Verbindung mit der Elektronentheorie zu bringen. Wenn die elektrische Leitfähigkeit groß ist, können keine elektromagnetischen Wellen in das Innere der Metalle sich fortpflanzen, es ist vielmehr mit einer Zurückstrahlung derselben von der Oberfläche des Metalles zu rechnen. Infolge der Vernichtung der Schwingungen des Feldes im Innern des Metalls müssen an der Oberfläche Schwingungsknoten entstehen, und dies ist gleichbedeutend mit dem Eintreten der Reflexion. Die sich hieraus ergebende Erwartung, daß das Reflexionsvermögen eines Metalles um so größer ist, je höher seine Leitfähigkeit und seine Elektronenkonzentration ist, zeigt sich durchaus bestätigt; bei langwelligem Licht besteht sogar eine einfache theoretisch ableitbare Beziehung zwischen beiden, und zwar ist eine solche auch hier am ehesten zu erwarten, denn die Beziehung wird um so einfacher sein, je kleiner die Frequenz des einfallenden Lichtes ist (Rubens u. Hagen).

Die Vorstellung des Elektronengases hat insofern zu Schwierigkeiten geführt, als das Vorhandensein des Elektronengases sich in der spezifischen Wärme der Metalle bemerkbar machen sollte. Ein solcher Einfluß ist nicht festzustellen. Sommerfeld[11] hat neuerdings diesen Einwand gegen die Elektronengastheorie mit dem Hinweis entkräftet, daß das Elektronengas nicht mit einem Gas in gewöhnlichem Zustand verglichen werden könne, sondern als entartetes Gas (für diese gilt nicht mehr das gewöhnliche Gasgesetz) aufgefaßt werden müßte, wodurch die Konsequenz für die spezifische Wärme entfällt. Immerhin ist man jedoch hauptsächlich auf Grund des eben genannten Einwandes auch zu einem anderen Vorschlag bezüglich des Vorkommens der Elektronen im metallischen Raumgitter geschritten. Lindemann[12] hat die Anschauung ausgebildet, daß die freien Elektronen die Gitterpunkte eines zwischen den Metallatomen gelagerten Raumgitters besetzten. Dieses Raumgitter habe eine sehr erhebliche

Verschiebbarkeit. Auch gegen diese Auffassung läßt sich ein wesentlicher Einwand erheben. Nach ihm könnte bei kleinen Spannungen das Ohmsche Gesetz nicht gültig sein, sondern es müßte eine Anfangsspannung zur Inbewegungsetzung des Elektronengitters bestehen, die erst überschritten werden müßte, ehe ein elektrischer Strom in einem Metall auftreten könnte.

Weitere Möglichkeiten für eine Elektronentheorie der Metalle sind dann gegeben, wenn man das einzelne Elektron nur für eine relativ kurze Zeit als „frei" ansieht, aber einen sehr lebhaften Austausch der Elektronen von Atom zu Atom vorsieht, wozu dann Vorstellungen über den Einfluß der Kinetik im Gitter notwendig werden (z. B. Bridgman s. u.).

Alle diese Fragen dürften wesentlich gefördert werden, wenn die Erscheinungen der Supraleitfähigkeit der Metalle noch näher geklärt sind. Diese besteht darin, daß bei ganz tiefen Temperaturen der Widerstand einer Anzahl von Metallen 0 wird, und ein in einem Stromkreis durch eine Spannung erzeugter Strom ohne merkbare Schwächung weiterfließt.

Unser Bild über die Struktur des metallischen Festkörpers wäre unvollkommen, wenn wir nicht noch die Bewegungszustände im Raumgitter kurz charakterisieren wollten. Die Atome schwingen um die Gleichgewichtspunkte. Die Schwingungszahlen, welche in dem Raumgitter eines Stoffes vorkommen, überdecken ein ganzes Spektrum nach einem Wahrscheinlichkeitsgesetz so, daß innerhalb einer Anzahl von Schwingungszahlen ein immerhin ziemlich engbegrenzter Bereich besonders große Bedeutung für ein Raumgitter besitzt. Gilt das Gesetz der Gleichverteilung der Energie auf die schwingenden Atome, so ist die Atomwärme c_v zu 5,96 cal zu berechnen (Dulong-Petit). Es zeigt sich, daß bei tiefen Temperaturen dieser Wert nicht erreicht wird. Einen Ausweg aus dieser Schwierigkeit bietet die Annahme von Planck, die Atome könnten nicht beliebige Mengen von Energie aufnehmen, sondern nur bestimmte Quanten. Die Energie verteilt sich dann nach einem Verteilungsgesetz unstetig auf die einzelnen Atome*. Billigt man dem festen Körper keine Nullpunktenergie zu, so verharren bei der Temperatur des absoluten Nullpunktes alle Atome in Ruhe. Bei höheren Temperaturen geht die quantenhafte Energieverteilung in die Gleichverteilung über, beim idealen und angenähert idealen (einfachen) festen Körper sind diese Temperaturen in einfacher Weise durch die „charakteristischen Temperaturen" definiert. Je höher die

---

* Entsprechend wie die Atomwärme bei genügend tiefen Temperaturen gegen Null konvergiert, werden die anderen Eigenschaften des Festkörpers von der Temperatur unabhängig. In diesem Grenzzustand bezeichnet man ihn als „idealen festen Körper".

Temperatur steigt, um so größer werden die Amplituden der Schwingungen, der Schmelzpunkt kann nach Lindemann aufgefaßt werden als diejenige Temperatur, bei der das Raumgitter infolge des häufigen Aneinanderstoßens der Atome schließlich auseinanderbricht.

Die kinetische Theorie wird für manche in der Metallkunde wichtigen Vorgänge, z. B. für Kristallisation und Diffusion, wichtig werden, welche später noch eingehender zu behandeln sind. Von besonderer Bedeutung scheinen für diese Vorgänge die Abweichungen, die sich im normalen Gitteraufbau finden (vgl. S. 42, 100), zu sein. Der Platzwechsel soll durch diese erleichtert bzw. ermöglicht werden[13]. Wir weisen hier noch auf folgende Zusammenhänge hin: Dampfdruck und Verdampfungsgeschwindigkeit hängen natürlich mit dem Bewegungszustand im Raumgitter zusammen. Von wesentlicher Bedeutung erweist sich die Tatsache, daß die Schwingungen der Atome um die Schwingungsmittelpunkte keine reinen Sinusschwingungen sind. Es folgt dies schon daraus, daß, wie die Abb. 48 erkennen läßt, das Kraftgesetz für die Anziehung und Abstoßung eines Atomes nicht genau symmetrisch ist. Durch diese Erscheinung wird die thermische Ausdehnung des Raumgitters bedingt. Wenn nämlich bei Erhöhung der Temperatur die Schwingungsamplitude wächst, dann wird die Unsymmetrie der Schwingungsamplituden gegenüber dem Zustand vor der Temperaturerhöhung größer werden, d. h. der Schwingungsmittelpunkt wird in eine größere Entfernung vom Nachbaratom verlegt. Diese erhöhte Unsymmetrie hat übrigens auch ein Anwachsen der Atomwärme c_v bei höheren als den charakteristischen Temperaturen über den theoretischen sonst hier zu erwartenden Grenzwert von 5,96 cal zur Folge[14].

Alle im vorstehenden genannten Fragen werden wesentlich weitergeführt, wenn allgemein die Abhängigkeit der Eigenschaften vom äußeren Druck festgestellt wird. Insbesondere die Arbeiten von Bridgman[15] haben ein umfangreiches Material beigebracht. Die elektrische Leitfähigkeit kann durch Steigerung des äußeren Druckes sowohl erhöht als auch erniedrigt werden. Besonders bemerkenswert in der damit zusammenhängenden Theorie der elektrischen Leitfähigkeit Bridgmans ist die Vorstellung, daß die letztere, d. h. also der Elektronentransport, von den Atomschwingungen abhängt.

Literatur.

[1] Z. phys. Chem. Bd. 133, S. 397. 1928. — Bez. d. Systematik vgl. ferner hier zuletzt besonders Weißenberg: Z. Elchem. 1925, S. 530.

[2] Aufbau der Materie, 2. Aufl. Berlin: Julius Springer 1922.

[3] Verh. Phys. Ges. Bd. 13, S. 1128. 1911.

[4] Hume-Rothery: Phil. Mag. (7) Bd. 4, S. 1017 1927.

[5] Zuletzt Braunbeck: Naturwissensch. 1928, S. 546.

[6] Nachr. d. Gesellschaft. d. Wissenschaften zu Göttingen 1912, S. 480.

Über Bestimmung der Oberflächenspannung an festen Metallen Antonoff: Nature Bd. 121, S. 93. —

[7] Rie: Ann. Physik Bd. 63, S. 759. 1920. — Meißner: Z. anorg. u. allg. Chem. Bd. 110, S. 169. 1920. — Bigelow u. Trimble: Journ. phys. chem. Bd. 31, S. 1798. 1927.

[8] Vgl. hier insbes. die Arbeiten von Grüneisen, Goens: Zuletzt Z. Phys. Bd. 44, S. 615. 1927; Bd. 46, S. 151. 1927 u. Bridgman: Proc. Nat. Acad. Amer. Bd. 10, S. 411. 1924. Phys. Rev. (2) Bd. 31, S. 1126. 1928.

[9] Ann. Physik Bd. 1, S. 566ff. 1900.

[10] Eucken u. Mitarbeiter: Zuletzt Z. phys. Chem. Bd. 134, S. 220. 1928; vgl. [8].

[11] Naturwissensch. 1927, S. 825, 1928, S. 374.

[12] Phil. Mag. Bd. 29, S. 126. 1915; ferner insbes. Haber: Berl. Akad. Ber. 1919, S. 506.

[13] v. Hevesy: Zuletzt Ann. Physik Bd. 84, S. 674. 1927. — Smekal: Phys. Z. Bd. 26, S. 707. 1925. — Becker: Z. techn. Phys. Bd. 7, S. 547. 1926.

[14] Born u. Brody: Z. f. Phys. Bd. 6, S. 132. 1921.

[15] Übs. Phys. Ber. Bd. 2, S. 2242. 1927; Phys. Rev. Bd. 17, S. 161. 1921; Bd. 27, S. 68. 1926.

d) Die mechanischen Eigenschaften der Metalle*.

Die Erkenntnisse über die kristalline Struktur der Metalle werden nun von besonderer Wichtigkeit bei der Betrachtung des Verhaltens derselben unter mechanischen Beanspruchungen.

1. Allgemeine Übersicht**.

Die erste und allgemeinste hier auftretende Frage ist offenbar die nach dem Zusammenhang zwischen der Kohäsion der Kristallgitter und ihrem Aufbau. Man sollte hier zu einer Einsicht darüber gelangen, wie das Gesetz der Kräfte, welche von den einzelnen Atomen ausgehen, auch die Kohäsion des gesamten Gitters beherrscht. Aus dem Kraftgesetz sollte sich auch der Zusammenhang zwischen der wirkenden Kraft und der eventuellen räumlichen Veränderung des Raumgitters bei mechanischer Beanspruchung ergeben. Leider ist man heute durchaus noch nicht in der Lage, diese Zusammenhänge im einzelnen angeben zu können (vgl. S. 57). Weiterhin wird durch eine besondere Erscheinung der Zusammenhang zwischen äußerer Beanspruchung und dem Verhalten des Materials kompliziert, und zwar ist dies die Plastizität der Kristalle. Diese Plastizität führt bei genügender Stärke der wirkenden Kräfte zu bedeutend größeren Deformationen der Kristalle, als nach dem früher beschriebenen, geltenden Kraftgesetz zu erwarten ist, ohne daß etwa ein völliges Versagen der Kohäsion eintritt.

Charakteristisch für die plastische Deformation ist der Umstand, daß sie, wenn die von außen wirkende Kraft entfernt wird, nicht zurück-

---

* Sachs, G.: Mechan. Technologie der Metalle. Leipzig 1925.
** Einzelheiten siehe in den folgenden Kapiteln.

geht, während im Gebiet geringer Deformationen diese nach Aufhören der Kraftwirkung bis auf geringe Reste verschwinden. Man bezeichnet letztere Deformation als elastische.

Die elastischen Beanspruchungen der Metallkristalle. Leider ist die Kenntnis des allgemeinen Kraftgesetzes auch im elastischen Bereich für Metalle nicht derart genau, daß man aus ihm das Verhalten des metallischen Materials ablesen könnte. Immerhin liegen die Dinge so, daß zwischen demselben und den makroskopischen empirischen Gesetzmäßigkeiten kein Widerspruch besteht. Rein empirisch ist der Zusammenhang zwischen Belastung und Deformation in diesen Bereichen durch das Hookesche Gesetz gegeben, wonach zwischen Deformation und Belastung Pro-portionalität besteht. Aus dieser Tatsache erkennt man, daß dort, wo in dem Diagramm Abb. 48 ein Abweichen der Kurve der resultierenden Kräfte von dem annähernd linearen Verlauf eintritt, das in dieser Abbildung zum Ausdruck kommende Kraftgesetz keine reale Bedeutung für das Verhalten der Kristalle mehr hat.

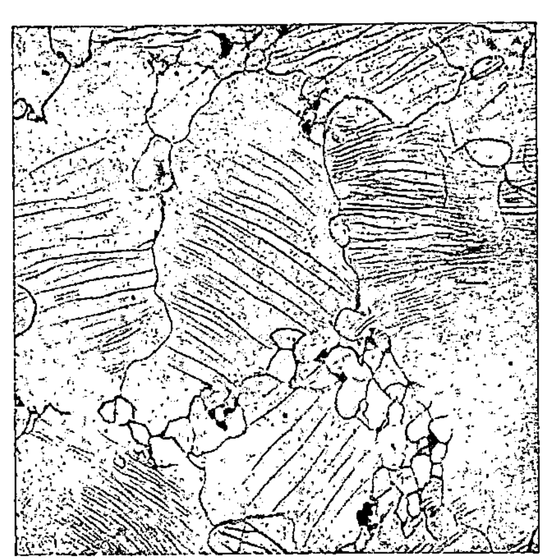

Abb. 49. Gleitlinien in Eisen (Bach-Baumann).

Wichtig ist, schon hier darauf hinzuweisen, daß, je genauer die Untersuchungen über elasti-sche Verformungen durchgeführt werden, um so mehr das Gebiet derselben eingeschränkt wird. Um so mehr zeigen sich nämlich auch bei sehr kleinen Beanspruchungen schon plastische Deformationen.

Die Plastizität der Metalle. Die Möglichkeit einer erheblichen Deformation von Kristallen unter Vermeidung des Bruches wird durch die Erscheinung der Gleitebenen gegeben. An polykristallinem Material sind dieselben seit langer Zeit bekannt und in der Abb. 49 wiedergegeben. Man bemerkt bei den einzelnen plastisch deformierten Kristallen des Haufwerkes, zu deren Beobachtung man zweckmäßig einen polierten, nicht geätzten Schliff hergestellt hat, Scharen von annähernd parallelen und wenig gebogenen Kurven. Diese stellen die Schnitt-linien von im Kristall verlaufenden Flächen mit der Schlifffläche dar. Die Deformation erfolgt, wie sich aus diesem Bilde beinahe handgreif-lich ergibt, in der Weise, daß Gitterebenen der Kristalle übereinander hinweggleiten, ohne daß der Materialzusammenhang verlorengeht. Diese Erscheinung ist einer systematischen Untersuchung zugänglich gemacht, seitdem man gelernt hat, auf verschiedenem Wege metallische Einzelkristalle zu erzeugen und seitdem man die Gleitebenen in ihrer Abhängigkeit von der vektoriellen Struktur der einzelnen Kristalle beobachten konnte.

Neben der einfachen Gleitung spielt beim Zustandekommen der Plastizität auch die Zwillingsbildung eine Rolle. Dieselbe besteht darin, daß die Teile eines Raumgitters in die sogenannte Zwillingsstellung umklappen, wie dies die Abb. 50 schematisch angibt. Im Schliff treten Zwillinge, wie Abb. 51 zeigt, hervor.

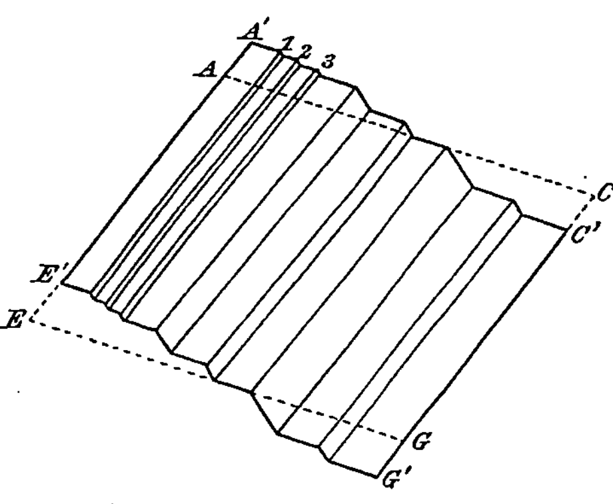

Abb. 50. Zwillingsbildung, schematisch (nach Martens-Heyn).

Wenn man den Vorgang bei der plastischen Deformation eines Einkristalls näher analysiert, so sieht man, daß der Gleitvorgang keineswegs nur in einem einfachen Übereinandergleiten von Gitterebenen bestehen kann. In der Abb. 52 ist das Schema des Vorgangs für einen Kristall mit einer Hauptachse und einer Gleitfläche senkrecht dazu (z. B. Zn.) angegeben. Wenn nur eine Parallelverschiebung auf Ebenen möglich wäre, könnte ein stäbchenförmiger Einkristall sich nur zu Formen, wie in der Abb. 52b angegeben, deformieren lassen. Man findet demgegenüber aber, daß die Enden des Kristalls sich in der Zugrichtung übereinanderschieben. Dies ist nur möglich, wenn die Gleitungen verbunden sind mit einer gewissen Biegung der als Gleitebenen funktionierenden Flächen. Auch in der Abb. 49 findet sich dafür übrigens eine Andeutung. Nach unseren jetzigen Kenntnissen muß man annehmen, daß diese Verkrümmung, die zu

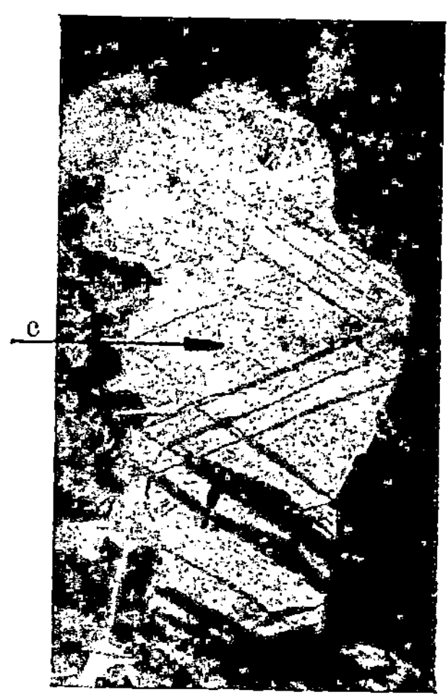

Abb. 51. Deformationszwillinge in Sn (nach Czochralski, Metallkunde).

einer „Biegegleitung" führt, nur ein solches Maß annimmt, daß sie die elastische Größenordnung nicht übersteigt. Es erscheint dies auch durchaus hinreichend, wenn man überlegt, welche Möglichkeiten der Bewegung bereits eine geringe Krümmung einer Gleitebene bietet.

Eine zweite für die Verformung wichtige Erscheinung, die mit dem eben geschilderten Vorgang unmittelbar zusammenhängt, ist die Tatsache, daß die Kristalle bei der Biegegleitung infolge der bestimmt vor-

geschriebenen Gleitfläche und -richtung sich zu den Kraftrichtungen
in bestimmter Weise einstellen. Aus der Abb. 52 ist ohne weiteres zu
ersehen, daß der Kristall mit einer
Hauptachse sich mit der Gleitfläche
in die Zugrichtung einzustellen strebt.

Eine dritte prinzipiell für den Verformungsvorgang wichtige Tatsache
ist durch den Umstand bedingt, daß
unsere Materialien keine strukturell
gleichmäßigen Medien sind, sondern
mehr oder weniger Inhomogenitäten aufweisen und daß auch die
Übertragung mechanischer Kräfte
meist nur ungleichmäßig möglich ist,
so daß die verschiedenen Teile eines
Körpers meist unter etwas ungleichen
Spannungen fließen. Dies hat zur
Folge, daß der ganze Fluß auch bei
einfachen Beanspruchungen nicht
gleichmäßig erfolgt und daß nach

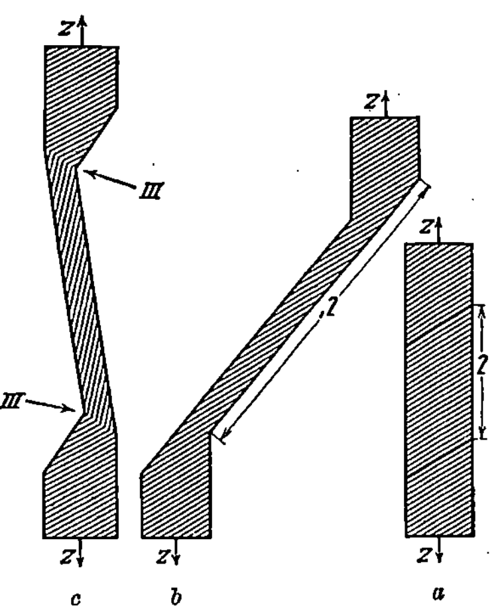

Abb. 52. Deformation eines Einkristalles mit
einer Hauptachse (nach Polanyi
und Schmid).

Aufhören des Wirkens der äußeren Spannungen infolgedessen innere
Spannungen verschiedener Art in den Körpern zurückbleiben.

Wir definieren nunmehr folgende, für die plastische Verformung
maßgebenden Größen:

Die Kraft, welche aufgewendet werden muß, um Formänderungen
zu erzielen, ist offenbar gleich dem Formänderungswiderstand
des Materials. Dieser Formänderungswiderstand kann von verschiedenen
Faktoren abhängen, vor allem wird er auch in den Richtungen im
Kristall verschieden sein. Der Formänderungswiderstand kann prinzipiell während des Verformungsvorganges konstant bleiben, man
muß aber auch damit rechnen, daß er von dem Verformungsvorgang
selbst abhängig ist und sich während desselben ändert, z. B. steigt.
Man findet tatsächlich beide Fälle realisiert. In dem Fall, daß der
Formänderungswiderstand während der Verformung zunimmt, spricht
man davon, daß das Material sich verfestige, und schreibt demselben
eine bestimmte Verfestigungsfähigkeit zu. Diese Verfestigung
hängt, wie wir später (vgl. S. 116) noch eingehend zu untersuchen haben,
mit den oben genannten charakteristischen Begleitumständen der Gleitebenenbildung, nämlich ihrer Verkrümmung und den Orientierungs-
effekten zusammen. Beim Vorliegen eines bestimmten Formänderungswiderstandes kann offenbar die Formänderung selbst ein sehr verschiedenes Maß haben. Wir definieren durch letzteres die Formänderungsfähigkeit eines Materials. Ihre obere Grenze ist dadurch ge-

geben, daß schließlich auch bei weitgehend plastischem Material bei Steigerung der Spannung eine Materialtrennung erfolgt. Bei derselben muß schließlich in mehr oder weniger großem Maße die Überwindung der eigentlichen Gitterkohäsion eine Rolle spielen.

Die wichtigsten Faktoren, welche den Formänderungswiderstand, abgesehen von dem Richtungsfaktor, beeinflussen, sind die Geschwindigkeit des Deformationsvorganges und die Temperatur. Bei polykristallinem Material wird die Größe der in sich homogenen Raumgitterbereiche von Einfluß sein.

Der Geschwindigkeitseinfluß wirkt nach den bisherigen Feststellungen immer in der Weise, daß bei größeren Deformationsgeschwindigkeiten der Formänderungswiderstand eines Materials erhöht erscheint. Es ist dies leicht verständlich, wenn man an das Vorhandensein der Biegegleitung denkt. Wenn das Material bei der Deformation Zeit hat, werden diese Biegungen offenbar leichter verlaufen, als wenn dies nicht der Fall ist. Der Formänderungswiderstand nimmt mit der Temperatur im allgemeinen ab (es gibt jedoch auch wichtige Ausnahmen von dieser Regel). Die Verfestigungsfähigkeit ist im allgemeinen charakteristisch für Deformationen bei relativ niedrigen Temperaturen; sie pflegt bei hohen Temperaturen zu verschwinden. Diese Unterschiede in der Verfestigungsmöglichkeit geben uns in erster Linie die Möglichkeit, zwei Hauptgruppen der plastischen Verformung zu unterscheiden, nämlich die der Warmverformung und Kaltverformung.

Rationelle und konventionelle Diskussion der mechanischen Eigenschaften. Die im vorhergehenden entwickelten Begriffe sind die einfachsten sich natürlich ergebenden rationellen Definitionen in der Lehre von den mechanischen Eigenschaften. Aus mehreren Gründen ist man, wenigstens vorläufig, noch nicht in der Lage, dieselben allgemein in eingehenderer Weise zu diskutieren. Wir haben gesehen, daß Formänderungswiderstand und Formänderungsvermögen ein und desselben Materials stark von der Art der Beanspruchung, der Geschwindigkeit der Beanspruchung u. a. m. abhängen. Es ist deshalb gar nicht möglich, den Formänderungswiderstand, insbesondere von polykristallinem Material, allgemein anzugeben, sondern man kann nur ermitteln, wie er sich in verschiedener Weise unter verschiedenen Beanspruchungen äußert. Dieses sachliche Moment führt also bereits dazu, zunächst nur Spezialfälle verschiedener mechanischer Beanspruchung zu untersuchen und ihr Resultat festzustellen.

In etwa demselben Sinne hat schon früh das äußerliche Bedürfnis gewirkt, zum Zwecke der praktischen Charakterisierung eines Materials, z. B. bei der Abnahme, für bestimmte Beanspruchungen kennzeichnende Zahlen zu erhalten. Dieses Bedürfnis bestand schon zu einer Zeit, als die natürlichen Materialprüfungsbegriffe noch viel weniger entwickelt waren als jetzt. Es konnte deshalb bei der Festsetzung der entsprechenden Normen nicht immer auf den tatsächlich bei Beanspruchung vorliegenden physikalischen Zustand zurückgegriffen werden, und es mußten diese Festsetzungen rein konventionell getroffen werden. Es mögen deshalb im folgenden diese Begriffsfestsetzungen als die der **konventionellen Materialprüfung** zunächst gekennzeichnet werden. Es muß sicherlich das Bestreben sein, diese Begriffe zunächst mit den entsprechenden, im einzelnen definierten Begriffen der **rationellen Materialprüfung** und schließlich mit den allgemein schon betrachteten Festigkeitsbegriffen in Einklang zu bringen und auch die Prüfverfahren entsprechend auszugestalten.

2. Die Begriffsfestsetzungen der konventionellen mechanischen Materialprüfung*.

Wir unterscheiden zunächst nach der Geschwindigkeit der Beanspruchung **statische und dynamische Beanspruchung.**

α) **Die statischen Beanspruchungen.** 1. Der Zugversuch. Die einfachste Beanspruchung eines Materials ist wohl die unter einem Kräftepaar, welches einen Zug ausübt.

Beim Zugversuch wird vor allen Dingen auch das **elastische Verhalten** eines Materials untersucht. Diejenige Belastung, bezogen auf den Anfangsquerschnitt z. B. eines stabförmigen Körpers, bis zu der sich das Material elastisch verhält, heißt die **Elastizitätsgrenze.** Aus unserer schon früher mitgeteilten Beobachtung, daß gewöhnlich auch bei kleinen Beanspruchungen eine geringe bleibende Deformation festzustellen ist, folgt bereits für die Definition dieser Elastizitätsgrenze die Notwendigkeit einer Konvention. Das Maß an bleibender Dehnung, welches man der Elastizitätsgrenze zubilligen will, ist leider recht verschieden. In den internationalen Vorschriften ist diese Grenze zu 0,001%, von dem Materialprüfungsamt Dahlem zu 0,003%, von der Firma Krupp zu 0,03% festgesetzt worden.

Das Hookesche Gesetz lautet für Zugbeanspruchungen, wenn ε die verhältnismäßige Dehnung und σ die Spannung $\left(\dfrac{\text{Last}}{\text{Querschnitt}}\right)$ ist,

$$\varepsilon = \alpha \cdot \sigma.$$

---

* **Martens, A.:** Materialkunde I. Berlin: Julius Springer 1898. — **Wawrziniok:** Materialprüfungswesen. 2. Aufl. Berlin: Julius Springer 1923. — **Schulze-Vollhardt:** Werkstoffprüfung. Berlin: Julius Springer 1923. Insbesondere hier auch eine Zusammenstellung einzelner Abnahmevorschriften. — **Bach:** Elastizität u. Festigkeit. Berlin: Julius Springer 1911. — **Hinrichsen-Memmler:** Das Materialprüfungswesen. Stuttgart: F. Enke. — Werkstoffnormen, Deutsches Normblatt DIN 1605, s. a. Werkstoffhandbücher. — **Bach-Baumann:** Festigkeitseigenschaften usw. von Konstruktionsmaterialien. Berlin: Julius Springer.

Der Proportionalitätsfaktor α heißt Dehnungskoeffizient, sein reziproker Wert $\frac{1}{\alpha}$ Elastizitätsmodul. Gleichzeitig mit einer elastischen Dehnung eines Stabes in seiner Längsrichtung durch eine Zugbeanspruchung erfolgt in der Querrichtung eine elastische Querschnittsverminderung. Diese wirkt sich nicht etwa im Sinne einer Erhaltung der Volumenkonstanz bei der Dehnung aus, sondern bleibt unter dem entsprechenden Werte. Das Verhältnis der elastischen Querkontraktion zur Dehnung heißt Poissonsche Zahl.

Die im weiteren Verlauf des Zugversuches auftretenden plastischen Formänderungen werden am besten an einem Lastdehnungsdiagramm beschrieben, welches also gestattet, die unter dem Einfluß der Last

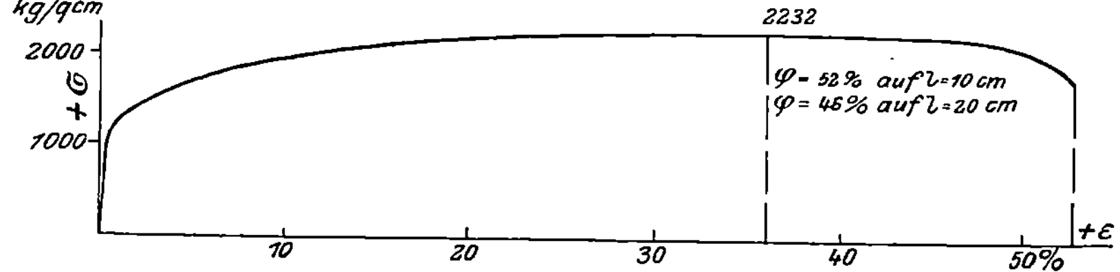

Abb. 53. Spannungsdehnungsdiagramm (bezogen auf den anfänglichen Querschnitt) von geglühtem Kupfer (nach Bach-Baumann, Abb. 545).

eintretenden Verlängerungen, d. h. Dehnungen in Abhängigkeit von der anzugebenden Belastung zu ermitteln. Bezieht man die Lasten auf den Anfangsquerschnitt des Zerreißstabes, erhält man ein Diagramm,

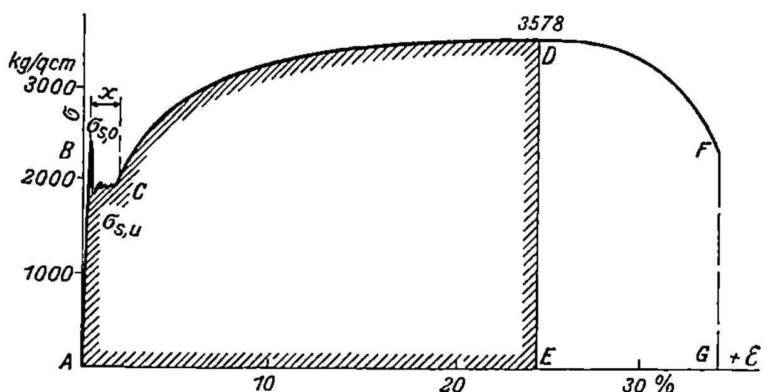

Abb. 54. Spannungsdehnungsdiagramm (bezogen auf den anfänglichen Querschnitt) für weichen Stahl beim Zugversuch (nach Bach-Baumann).

in dem konventionelle Festigkeitsgrößen, von der Proportionalitätsgrenze bis zur Zerreißfestigkeit, direkt auftreten. Wir müssen zwei Hauptgruppen der Form solcher Diagramme unterscheiden, wie sie etwa durch die Abb. 53 und 54 dargestellt werden. Wir betrachten zunächst das kompliziertere Diagramm Abb. 54, welches hauptsächlich für Stahl Bedeutung hat. In diesem Diagramm ist die Elastizitätsgrenze als solche nicht zu erkennen. Man findet, daß die plastische Verformung im weiteren Verlaufe auch noch linear mit der Belastung anzusteigen pflegt. Der Punkt, wo diese Beziehung aufhört, ist mit Proportionalitäts- grenze bezeichnet. Bald nach dem Überschreiten der Proportionalitäts- grenze findet man bei Stahl die Erscheinung, daß das Material plötzlich, ohne daß die Last an der Zerreißmaschine gesteigert zu werden braucht, sehr erhebliche Dehnungen erfährt, ja, daß die Belastung sogar unter Umständen absinkt, das Material also schneller fließt, als mit der be- treffenden Vorrichtung die Last gesteigert werden kann. Diese Be- lastung, dividiert durch den anfänglichen Querschnitt des Probekörpers, ergibt die natürliche Fließ- oder Streckgrenze. Wenn das Material sich so verhält, wie das Diagramm Abb. 54 zeigt, unterscheidet man — je nach der Berechnung der Streckgrenze aus den Lastwerten $\sigma_{s,o}$ oder $\sigma_{s,u}$ — noch die obere und untere Streckgrenze. Im weiteren Verlaufe steigt die Last bis zu einem Höchstpunkte an, um dann noch etwas abzusinken, bis schließlich der Bruch eintritt. Die Höchstlast, dividiert durch den Anfangsquerschnitt des Probekörpers, ist die Zerreißfestigkeit D. Die Unstetigkeit, wie sie sich bei der natürlichen Fließgrenze (vgl. S. 331 ff.) in diesem Diagramm kennzeichnet, kann bei anderen Materialien auch fehlen, wie dies z.B. aus dem Diagramm für Kupfer (Abb.53) zu ersehen ist. Um auch hier eine Größe zu definieren, die den Eintritt einer größeren plastischen Deformation charakterisiert, wird die Fließgrenze solcher Materialien rein konventionell für eine bleibende Dehnung von 0,2 bis 0,5% festgesetzt (0,2 bzw. 0,5% Dehngrenze).

Während der Beanspruchung, z.B. eines stabförmigen Probekörpers, sind die plastischen Formänderungen meist verschiedenartig. Es tritt zunächst während der gleichmäßigen Dehnung eine sich über die ganze Stablänge erstreckende Querschnittsabnahme ein, bis im allgemeinen eine Einschnürung an einer Stelle des Stabes vor sich geht (Abb. 57 bei 0). Wenn diese Kontraktion eintritt, wird gewöhnlich der Höhepunkt der Belastung durchschritten. Es ist natürlich von da ab auch die Deh- nung auf die Bereiche der örtlichen Einschnürung stark beschränkt. Dehnung und Kontraktion werden als prozentische Verände- rungen der Länge bzw. des Querschnittes des Probekörpers gegen- über den anfänglichen Größen desselben angegeben. Die Art der Bruch- bildung, die Gestaltung der sogenannten Fließkegel bei den ein- schnürenden Stoffen ist sehr mannigfaltig[1].

Besonders zur Gewinnung dieser so definierten Größe, insbesondere der Dehnung und Kontraktion in vergleichbarer Form, ist es nun noch durchaus notwendig, die Form für die Probekörper in einer be- stimmten Weise vorzuschreiben. In den Abb. 55 und 56 sind die Normal- formen der langen deutschen Probestäbe abgebildet. Es gibt einen Rund- und Flachstab, deren Dimensionen aus der Zeichnung zu ersehen sind. Da im allgemeinen angenommen werden kann, daß die Deformation in ähnlicher Weise vor sich geht, wenn geometrisch ähnliche Probekörper verwendet werden, so sind auch die den gezeichneten Stabformen proportionalen Größen als Probeformen zugelassen. Bei den Flachstäben ist noch die Bedingung anzumerken, daß das Verhältnis von $a : b = 1 : 4$ nicht übersteigen soll. Außer den Langstäben sind noch Kurzstäbe eingeführt, deren Meßlänge nur das 5fache des Durchmessers beträgt.

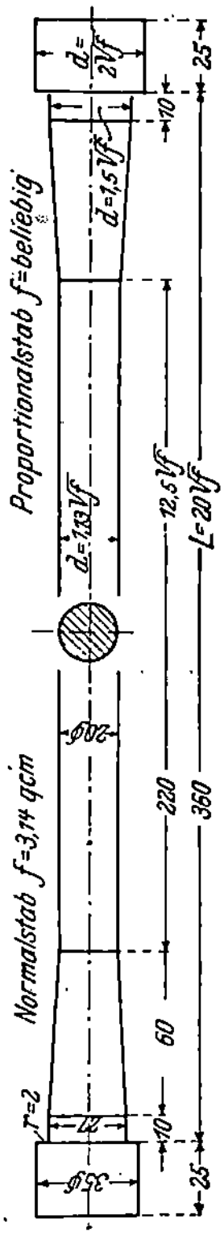

Für die Ermittlung der Formänderungen genügt selbst die Angabe dieser Probeform nicht, um vergleichbare Resultate zu erzielen, da insbesondere bei einschnürenden Stoffen die Dehnung auch bei gleichen Proben verschieden ausfällt, je nachdem der Bruch in der Mitte des Stabes oder mehr an den Köpfen erfolgt. Auch die Kontraktion ist davon nicht unabhängig. Der Grund für diese Erscheinung ist ein doppelter. Die Stabköpfe erschweren die plastische Verformung, da sie kompakter sind. Wenn der Bruch in ihrer Nähe eintritt, wird deshalb Dehnung und Kontraktion einen kleineren Wert annehmen. Ferner muß die Dehnung, wenn der Bruch am Ende des Stabes erfolgt, aus folgendem Grunde geringer erscheinen, als wenn der Bruch in der Mitte eintritt. Der dem Bruch entgegengesetzt liegende Stabteil wird nur wenig gedehnt, bei einer

Abb. 55. Rundstab für Zugversuch (Wawrziniok).

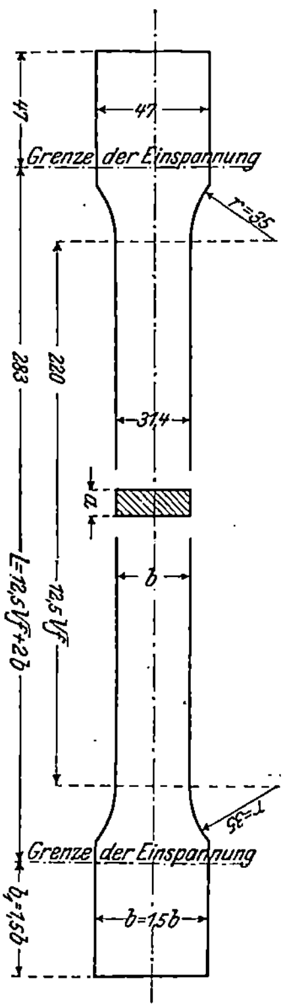

Abb. 56. Flachstab für Zugversuch (Wawrziniok).

einfachen prozentischen Ermittlung der Gesamtlängung der Meßlänge kommt dies jedoch nicht zur besonderen Berücksichtigung. Während der Einfluß der Stabköpfe als solcher sich überhaupt nicht ausschalten läßt, ist es möglich, den letzten Fehler der Dehnungsbestimmung nach folgendem Verfahren zu vermeiden. Der Stab wird auf der Länge l, die als Vergleichsmaß für die Längenänderung dient und und die man als Meßlänge bezeichnet, in 20 gleiche Teile geteilt und dann die Dehnung in folgender Weise aufgeschrieben, falls der Bruch, wie in Abb. 57 gekennzeichnet, erfolgt und z. B. $\overline{7\,7'}$ die Entfernung nach erfolgter Streckung zwischen den Marken 7 und $7'$ bezeichnen soll.

$$\frac{\Delta l}{l} = \frac{\overline{7\,7'} + 2 \cdot \overline{7'10'} - l}{l} .$$

Das Verfahren wirkt also in der Weise, daß gewissermaßen der Bruch rechnerisch in die Stabmitte verlegt wird.

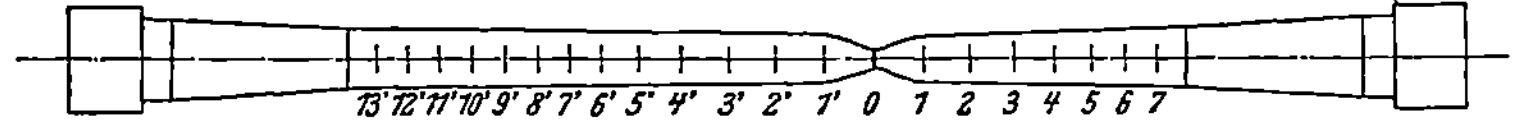

Abb. 57. Korrektur für Messung der Bruchdehnung (Wawrziniok).

Bei Verwendung verschieden langer Stäbe wird die Dehnung ceteris paribus durch die verschiedene Länge in verschiedener Weise beeinflußt, je nachdem Einschnürung stattfindet oder nicht. Im ersten Falle wird die Dehnung mit abnehmender Länge größer, im zweiten Falle wegen des Einflusses der Stabköpfe kleiner. Bei Flachstäben sind Kontraktion und Dehnung von der Form des Querschnitts ziemlich stark abhängig. Je breiter die Proben verhältnismäßig sind, um so geringer fallen die genannten Werte aus.

An allgemeinen Prüfungsbestimmungen über die Herstellung der Proben ist noch zu erwähnen, daß das Material, insbesondere Bleche, mit der Walzhaut untersucht werden soll, daß Abtrennung von Material im allgemeinen auf kaltem Wege ohne Deformation der Proben vorgenommen werden muß.

Bei genauen Versuchen ist die Beachtung der Geschwindigkeit des Zugversuches empfehlenswert. Bei den hier hauptsächlich in Frage kommenden formänderungsfähigen Stoffen erhöht die Steigerung der Versuchsgeschwindigkeit die Werte für Streckgrenze und Festigkeit[2].

Die bei der Zugbeanspruchung eines Materials aufgewendete Arbeit ergibt sich aus dem Lastdehnungsdiagramm als $\int P\,dl$, d. h. als die unter der Lastdehnungskurve liegende Fläche; die Arbeit bis zur Erreichung der Höchstlast ist also z. B. in Abb. 54 (hier für einen Stab mit dem Querschnitt 1!) durch die schraffiert hervorgehobene Fläche dargestellt. Das Verhältnis der zum Zerreißen erforderlichen Arbeit zu dem Produkt Höchstlast·Gesamtdehnung wird als Völligkeitsgrad bezeichnet und gelegentlich zur Charakterisierung des Materials verwendet.

Literatur.

Sachs, G., u. G. Fiek: Der Zugversuch. Leipzig 1926. — Kuntze u. Sachs: Stahleisen 1927, S. 219.

[1] Vgl. v. Moellendorff: Mitt. Materialpr.-Amt Bd. 41, S. 60. 1923.

[2] Vgl. zuletzt Schulz u. Buchholz: Mitt. d. Versuchsanstalt der Dortmunder Union Bd. 2, 1. Lfg. 1926.

2. Der Stauchversuch. Der Stauchversuch unterscheidet sich vom Zugversuch durch die Umkehrung der Kraftrichtung. Dieselben Größen wie beim Zugversuch spielen auch hier eine Rolle. Sein Verlauf ist in der Abb. 58 gekennzeichnet. Er unterscheidet sich von dem des Zugversuches dadurch, daß die Lasten im Verfolg des Versuches

zuletzt stark ansteigen. Der schließliche Bruch kann in der Weise einer Aufspaltung des Probekörpers, wie etwa Abb. 59 sie darstellt, erfolgen. Die Probeform des Stauchversuches muß gedrungen ge-

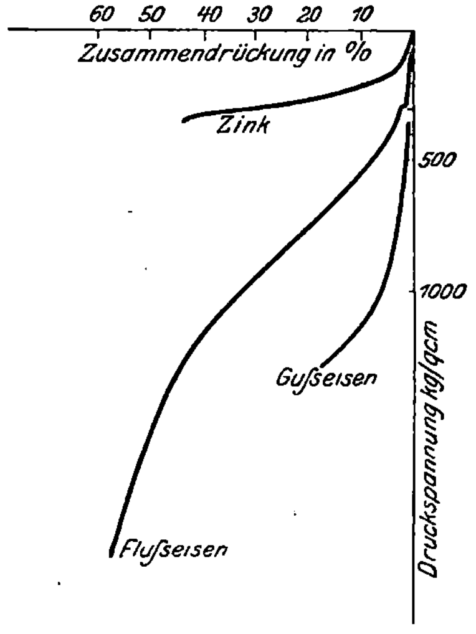

Abb. 58. Stauchdiagramm. Spannungen, bezogen auf den anfänglichen Querschnitt (nach Schulze-Vollhardt).

Abb. 59. Bruch bei Druckbelastung (Wawrziniok).

wählt werden, damit eine Knickung ausgeschlossen ist. Man wählt im allgemeinen zylindrische Körper, deren Durchmesser gleich der Höhe ist. Die tonnenförmige Gestalt des deformierten Körpers rührt daher, daß die Reibung an den Grenzflächen die Deformation stark erschwert. Es ist darauf zu achten, daß je nach der Größe dieser Reibung die Deformation auch verschieden ausfällt. Als Druckfestigkeit wird die höchste ertragene Last in bezug auf den Anfangsquerschnitt definiert. Die analog dem Zugversuch definierte Fließgrenze wird auch als Quetschgrenze bezeichnet. Die prozentische Stauchung ist die prozentische Höhenabnahme bis zum Bruch.

3. Der Biegeversuch. Beim Biegeversuch wird eine Beanspruchung, etwa wie in der Abb. 60 gekennzeichnet, angewandt. Der quantitative Biegeversuch spielt hauptsächlich bei wenig

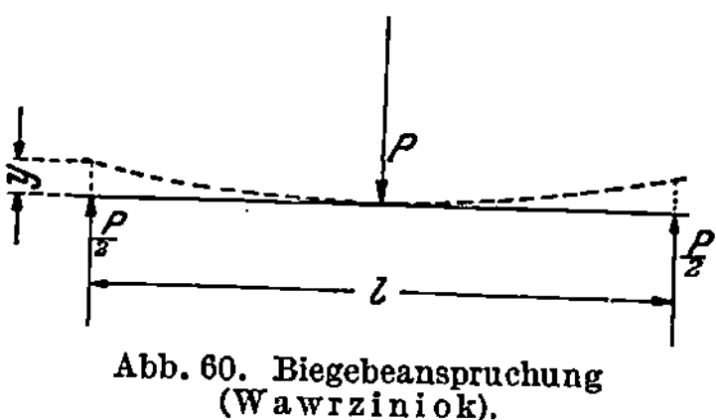

Abb. 60. Biegebeanspruchung (Wawrziniok).

formänderungsfähigem Material eine Rolle, und zwar deshalb, weil eine besondere Einspannung in die Probemaschine hier nicht notwendig ist. Es ist dies ein Vorteil bei der Untersuchung wenig formänderungs- fähigen Materials gegenüber dem Zerreißversuch, da bei demselben nicht genau ausgerichtete Einspannvorrichtungen zu Biegebeanspruchungen außer der Zugbeanspruchung führen, die eine unkontrollierbare Entstellung der Zerreißfestigkeit herbeiführen. Beim Biegeversuch kann **Elastizitätsgrenze**, **Proportionalitätsgrenze**, **Fließgrenze** festgestellt werden. Die Biegefestigkeit wird angegeben als

$$\sigma_b = \frac{Pl}{4}\frac{h}{2\,\Theta},$$

wo Θ das Trägheitsmoment des Probekörpers ist und h die Höhe in Richtung der Kraft bedeutet. Für rechteckige Stäbe ist $\Theta = \frac{b \cdot h^3}{12}$ ($b =$ Breite), für runde Stäbe $= \pi \cdot \frac{d^4}{64}$ (d Durchmesser).

Die Formel für die Biegefestigkeit kommt so zustande, daß unter der Voraussetzung, die auftretenden Formänderungen seien proportional der Spannung, die Spannung der äußeren Faser berechnet wird. Es ist ohne weiteres zu ersehen, daß diese Formulierung rein konventionell ist, denn wir haben beim Bruch des Materials wohl ausnahmslos auch mit einer stärkeren Verformung zu rechnen. Nur deshalb ist dieser Ansatz mit einer gewissen Näherung zu gebrauchen, weil eben beim Biegeversuch häufig nur sehr wenig formänderungsfähige Materialien untersucht werden. In der Tat muß die tatsächlich in der äußeren Faser herrschende Spannung infolge des Ausgleiches der Spannung durch plastische Verformung immer kleiner sein als berechnet, d. h. die konventionellen Biegefestigkeiten müssen größer sein als die Zerreißfestigkeiten eines Materials, was auch immer zutrifft.

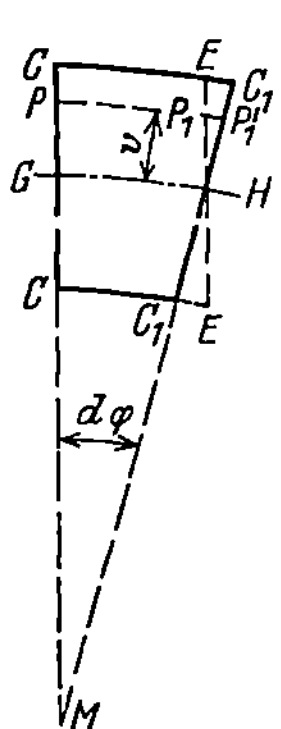

Abb. 61. Entwicklung der Formel für Biegefestigkeit (Bach).

Im einzelnen folgen obige Ausdrücke für die Biegefestigkeit in nachstehender Weise. In Abb. 61 ist ein Abschnitt eines gebogenen Stabes gezeichnet. Zwei im unbeanspruchten Zustand parallele, im Abstande d_x voneinander befindliche Querschnitte CC und C_1C_1 sind um den Winkel $d\varphi$ gegeneinander gedreht. Die ins Verhältnis zur Gesamtlänge PP_1 gesetzte Dehnung ε ist in der Faser PP_1', die um v von der „neutralen" Faser entfernt ist,

$$\varepsilon = \frac{P_1 P_1'}{P_1 P} = \frac{v \cdot d\varphi}{dx}. \tag{1}$$

Die Spannung in der betreffenden Faser ergibt sich aus dem Dehnungskoeffizienten α

$$\sigma = \frac{\varepsilon}{\alpha}, \tag{2}$$

in dessen Einführung also die oben genannte Vereinfachung besteht.

Im Gleichgewichtsfalle muß die Summe aller Spannungen gleich Null sein und ihr Moment muß gleich und entgegengesetzt dem Moment der äußeren Kraft sein. Die erste Bedingung liefert

$$\int \sigma \cdot df = 0, \tag{3}$$

wenn df der Flächeninhalt eines Querschnittsflächenelementes ist. In einem solchen Element ist $\dfrac{d\varphi}{dx}$ konstant, es wird also aus (1) bis (3)

$$\int \frac{v}{\alpha} \cdot df = 0 , \qquad (4)$$

und da α konstant anzunehmen ist,

$$\int v \cdot df = 0 .$$

Die zweite Bedingung liefert

$$\int \sigma \cdot df \cdot v = M . \qquad (5)$$

Daraus wird

$$M = \frac{1}{\alpha} \cdot \frac{d\varphi}{dx} \int v^2 \cdot df .$$

Da

$$\int v^2 \cdot df = \Theta ,$$

dem Trägheitsmoment des Querschnittes bezogen auf die Achse GH, ist, folgt

$$\sigma = \frac{M}{\Theta} \cdot v . \qquad (6)$$

Als Biegefestigkeit wird nun die größte Spannung, die z. B. an der Kante eines gebogenen Stabes auftritt, bezeichnet, worauf sich aus (6) unmittelbar die oben mitgeteilten Formeln ergeben. Von Bach sind die vereinfachten Annahmen über die Ableitung dieser Formel eingehend diskutiert worden, insbesondere wurde die Frage untersucht, inwieweit durch eine allgemeine Annahme $\varepsilon = \alpha \cdot \sigma^m$ die Versuchsergebnisse besser dargestellt werden können oder auch, wie die Verschiedenheit von α bei Zug- und Druckversuchen und die dadurch bedingte Verschiebung der neutralen Faser die Ergebnisse verbessert.

Als Maß für die Formänderung wird beim Biegeversuch die Durchbiegung bis zum Bruch angegeben. Die Form des Probestabes, z. B. für die Gußeisenuntersuchung, ist gewöhnlich: 30 mm Durchmesser und 60 cm Auflageentfernung (vgl. S. 317).

Der qualitative Biegeversuch in der Form des Faltversuchs in der Kälte und Wärme dient zur Prüfung des Formänderungsvermögens. seine Ausführung ist durch DIN 1605 vorgeschrieben.

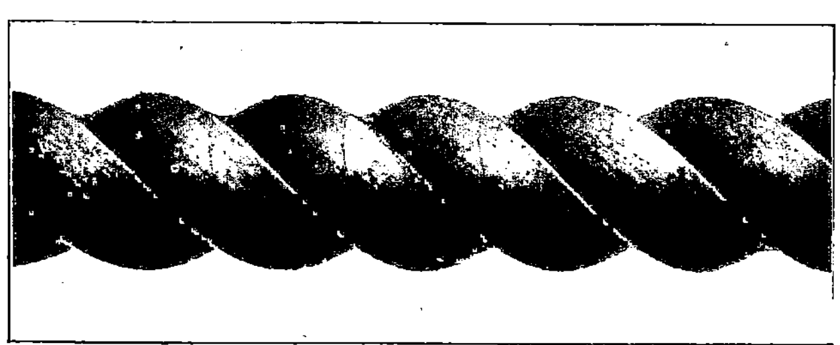

Abb. 62. Torsionsversuch (Wawrziniok).

4. Der Torsionsversuch. Der Torsionsversuch arbeitet mit einer Drehbeanspruchung des Materials, die im Extrem großer Plastizität zu solchen Verwindungen führt, wie sie in der Abb. 62 gekenn-

zeichnet sind. Es können sinngemäß die dem Zugversuch entsprechenden Größen festgestellt werden.

Eine größere selbständige Bedeutung hat im Bereich der elastischen Verformung der Gleit-, Torsions- oder Schubmodul, welcher bei dem Torsionsversuch rein in die Erscheinung treten kann. Er gibt den Widerstand an, den das Material der Verdrehung entgegensetzt. Diese Verdrehung sucht aus einem kubischen Volumenelement durch tangentiale Anspannungen ein Volumenelement mit rhombischem Querschnitt herzustellen. Werte für den Schubmodul sind in Zahlentafel 6a mit angegeben.

Das Hookesche Gesetz hat für den Schubvorgang den Ausdruck

$$\gamma = p\tau, \tag{1}$$

worin γ die Schiebung, τ die Schubspannung und p den reziproken Schubmodul, den Schubkoeffizienten darstellen.

Unter Verwendung des Hookschen Gesetzes ergeben sich folgende Formeln für die Auswertung des Torsionsversuches. Zunächst ist ohne weiteres ersichtlich, daß die Schiebungen in einem runden Stab in den Entfernungen von der Achse sich wie folgt verhalten: vgl. Abb. 63.

$$\gamma : \gamma' = \varrho : r. \tag{2}$$

Aus (1) und (2) folgt:

$$\tau = \frac{\gamma'}{p} \cdot \frac{\varrho}{r}. \tag{3}$$

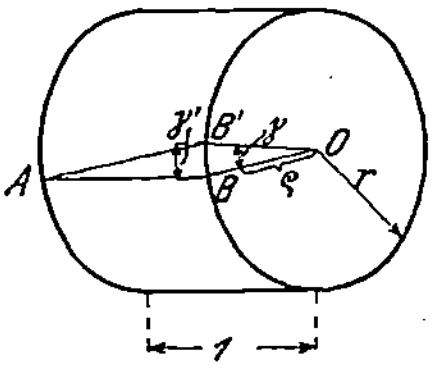

Abb. 63. Ableitung der Formel für die Verdrehungsfestigkeit (Wawrziniok).

Die größte Spannung am Rande bezeichnen wir mit τ'.

Im Gleichgewicht muß nun das Moment der inneren Kräfte gleich dem Moment der äußeren Kräfte M_T sein. Repräsentiert df ein Flächenelement im Abstande ϱ von der Achse, in dem die Schubspannung τ wirkt, so gilt also

$$M_T = \int \tau \cdot df \cdot \varrho$$

und mit (3)

$$M_T = \frac{\gamma'}{rp} \int \varrho^2 \cdot df$$

und, da das polare Trägheitsmoment

$$\int \varrho^2 \cdot df = \frac{\pi}{2} r^4,$$

wird die Spannung τ' am Rande

$$\tau' = \frac{2 M_T}{\pi \cdot r^3}.$$

Falls also die Proportionalität zwischen Spannung und Schiebung besteht, gibt diese Formel die größte Spannung, die auftreten kann, also die Bruchspannung und das dazugehörige Moment. Der auf die Längeneinheit bezogene Verdrehungswinkel ϑ ergibt sich leicht, da $\vartheta = \dfrac{\gamma'}{r}$

$$\vartheta = \frac{2 M_T}{r^4 \cdot \pi} \cdot p.$$

Genau wie beim Biegeversuch sind Spannungen bei plastischen Körpern oberhalb der Proportionalitätsgrenze naturgemäß kleiner bzw. die Verdrehung größer als die Formel angibt. Eine einfache Ausführung des Torsionsversuches verzichtet auf die Ermittlungen der Spannungen, stellt im plastischen Bereiche die Anzahl der bis zum Bruch möglichen Verdrehungen fest und sieht darin ein Maß für die Formänderungsfähigkeit.

5. Die Härteprüfung. Die Härte ist in sehr verschiedener Weise, je nach der Art der vorkommenden Beanspruchung, definiert. Die Messung der Ritzhärte[1], auch in ihrer nach der quantitativen Seite von Martens ausgebildeten Form, leidet unter einigen Mängeln. Es wird dabei die Probe unter einem Diamanten, der mit konstanter Belastung auf die Oberfläche derselben drückt, fortgezogen und die Breite des entstehenden Risses ausgemessen.

Bei der Eindringungshärte handelt es sich darum, einen Körper mit verschiedener Oberflächenform, der selbst einen sehr hohen Formänderungswiderstand aufweist, in das zu messende Material unter bestimmter Belastung einzudrücken und die hervorgerufene Formänderung im Verhältnis zur Belastung als Maß für die Härte zu benutzen. Vorgeschlagene Formen der Formänderung sind sehr mannigfaltig.

Durchgesetzt hat sich nur die Brinellmethode, bei der eine gehärtete Stahlkugel in eine gut ebene Fläche des Probematerials eingedrückt wird. Natürlich kann bei der Verwendung der gehärteten Stahlkugel mit einer erheblichen Genauigkeit nur gerechnet werden, wenn der zu untersuchende Körper eine nicht unerheblich geringere Härte als die Stahlkugel aufweist. Als Härtezahl nach Brinell[2] wird definiert der Quotient von Drucklast und Kalottenoberfläche des Kugeleindruckes. Die Versuchsbedingungen müssen auch hier noch in bestimmter Weise vorgeschrieben werden, da Werte dieses Quotienten bei beliebigem P und bei beliebigem Kugelradius, wie ja auch zu erwarten ist, nicht vergleichbar sind. (Weiteres s. S. 95.) Es werden im allgemeinen Kugeln von 10 mm und 5 mm Durchmesser verwendet. Die Drucke betragen im allgemeinen dafür 3000 und 750 kg, wodurch die Gesetzmäßigkeit zum Ausdruck kommt, daß die Härtezahlen praktisch gleich werden, wenn die Belastungen sich wie die Quadrate der Kugeldurchmesser verhalten. Für weichere Materialien werden Belastungen von 1000 und 250 kg zugelassen. Die Belastungszeit[3] ist so zu regeln, daß während 15 Sekunden stoßfrei die Belastung gleichmäßig gesteigert wird, und daß die Endlast 30 Sekunden auf ihrem Endwert zu belassen ist. Der Eindruckdurchmesser ist auf hundertstel Millimeter anzugeben, bei unrunden Eindrücken ist der Mittelwert aus zwei senkrecht aufeinander stehenden Durchmessern zu nehmen. Der Abstand des Eindruckes vom Rande des Probestückes ist so zu wählen, daß das

Vorhandensein des Randes die Größe des entstehenden Eindruckes nicht beeinträchtigt, also mindestens ebenso groß wie der Eindrucksdurchmesser. Um die gewählten Versuchsbedingungen zu kennzeichnen, wird die Härtezahl in folgender Weise geschrieben, z. B.:

$$h\ 5/750/30.$$

Dies bedeutet, daß der Kugeldurchmesser 5 mm, der Druck 750 kg und die Zeit 30 Sekunden waren. Statt der Brinellhärte findet man den Kugeleindrucksversuch auch in der Weise ausgewertet, daß der Quotient aus Last durch Kreisfläche des Eindrucks gebildet wird; es ist dies die **Härtezahl nach Meyer.**

Für sehr hartes Material hat sich neuerdings die Verwendung von Diamantkegeln als Eindruckskörper eingebürgert, und zwar spielt diese speziell bei dem **Rockwell-Härteprüfverfahren**[4] eine Rolle. Eine Diamantspitze mit 120° Kegelwinkel dringt in den zu untersuchenden Körper ein. Der Kegel wird zunächst unter einer Last von 10 kg aufgesetzt, dann die Last auf 150 kg gesteigert und die nach Wiederentfernung der Hauptlast feststellbare Tiefung direkt als Rockwellhärtezahl definiert.

Literatur.

[1] **Franke, E.:** Kruppsche Monatsh. 8, S. 179. 1927.

[2] **Döhmer:** Die Brinellsche Kugeldruckprobe. Berlin: Julius Springer 1927. — Vgl. ferner **Mailänder:** Kugeldruckhärte dünner Bleche. Kruppsche Monatshefte 1927, 131. — **Baumann:** KH. weicher Metalle. Z. V. d. I. Bd. 70, S. 403. 1926.

[3] **Mailänder:** Kruppsche Monatshefte 1924, S. 209.

[4] **Deutsch:** D. Maschinenbau Bd. 5, S. 1134. 1926; vgl. ferner **Vickers:** Z. V. d. I. 1927, S. 1136, 1377.

Über den **Pendelhärteprüfer** vgl. **Pomp u. Schweinitz:** Mitt. Kaiser-Wilhelm-Inst. Düsseld., Abhdlg. 63.

β) Die dynamischen Beanspruchungen. Bei den dynamischen Beanspruchungen werden aus meßtechnischen Gründen gewöhnlich die zu einer bestimmten Deformation notwendigen Arbeiten ermittelt.

1. **Der Schlagbiegeversuch** ist in dieser Gruppe das hauptsächlichste Prüfverfahren, und zwar wird derselbe in erster Linie mit eingekerbten Proben in Form der **Kerbschlagprobe** ausgeführt. Die Proben können in zwei hauptsächlichen Ausführungen verwandt werden. Die große deutsche Normalprobe zeigt Abb. 64. Bezüglich der Herstellung des Kerbs, der wenigstens in Deutschland hauptsächlich der sogenannte Rundkerb ist, ist die Vorschrift wichtig, daß erst das Loch des Kerbs gebohrt und dann die Probe aufgeschnitten wird. Die kleinen Proben[1] haben 100 mm Länge bei 8 bis 10 mm Dicke. Der Kerb wird hier auch in spitzer Form angewendet. Bei Blechen

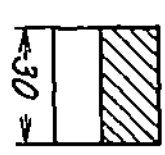

Abb. 64. Größe Kerbschlagprobe (Schulze-Vollhardt.)

wird die Probendicke in allen Fällen gleich der Blechdicke gewählt. Dabei ist zu beachten, daß die verbrauchte Arbeit in besonderer Weise von der Probendicke abhängt. (Vgl. S. 96.) Das Zerschlagen dieser Proben geschieht mit den sogenannten Kerbschlaghämmern, die in recht verschiedener Größe ausgebildet werden. Die Art der Beanspruchung geht aus der Probeform unmittelbar hervor. Meist, z. B. bei dem am häufigsten angewandten Verfahren nach Charpy, sind beide Probenenden frei gelagert. Bei der Versuchsausführung nach Izod wird ein Stabende fest eingespannt, das andere Ende geschlagen. Die sogenannte Kerbzähigkeit ist definiert als verbrauchte Schlagarbeit, dividiert durch den Querschnitt des Stabes am Kerb.

Welter hat die Elastizitätsgrenze bei dynamischer Beanspruchung untersucht und dasjenige Maß an Arbeit festzustellen versucht, welches ein Material bis zu einer konventionell festgesetzten Dehngrenze braucht.

So wichtig der Schlagbiegeversuch für vergleichende Materialuntersuchung ist, so hat man doch bisher von einer allgemein verbindlichen Einführung eines dieser Verfahren in die Abnahmeprüfung abgesehen.

2. Der Schlagzerreißversuch wird in der Weise ausgeführt, daß eine schlagartige Beanspruchung in der Längsrichtung eines Stabes vorgenommen wird. Als spezifische Schlagarbeit wird hier definiert die gesamte verbrauchte Arbeit dividiert durch das Probenvolumen, abzüglich des Volumens der Einspannköpfe[2].

3. Der dynamische Stauchversuch wird mit Proben, die gleich denen des statischen Stauchversuchs dimensioniert sind, vorgenommen, die Staucharbeit wird durch einfache Fallhämmer geleistet. Auch werden fertige Konstruktionsteile, z. B. Radreifen, dem dynamischen Stauchversuch unterworfen.

4. Die Schlaghärte wird mit entsprechend kleineren Fallhämmern, deren Fallgewichte an ihrem unteren Ende eine gehärtete Kugel tragen, bestimmt. Ihre Größe ist definiert als verbrauchte Fallarbeit, dividiert durch das Volumen des Kugeleindruckes[3]. Bei Einsatz der Fallhöhe ist der Rücksprung des Fallgewichtes zu berücksichtigen. Ein von dieser Bestimmung der dynamischen Härte sehr abweichendes Verfahren ist das Verfahren nach Shore, bei dem der Rücksprung eines kleinen Hammers von nur wenig Gramm Gewicht gemessen wird. Die Shore-Härte wird direkt proportional der Rücksprunghöhe gesetzt.

Literatur.

[1] Fischer: Kruppsche Monatshefte 1928, S. 53.

[2] Vgl. besonders Körber und Sack: Mitt. Kaiser-Wilhelm-Inst. Eisenforschung 4. Bd., S. 11.

[3] Wüst, F., u. P. Bardenheuer: Mitt. Kais.-Wilhelm-Inst. Eisenforschg. I (1920), S. 1. — Über Kugelschlaghärte vgl. Class: VdI 1927, 1680.

3. Die experimentellen Hilfsmittel für die mechanische Materialprüfung.

Wir wollen zunächst diejenigen Maschinen zur Materialprüfung betrachten, die auch als Universalmaschinen ausgebildet sind, und welche meist Zug-, Druck-, Biege- und Härteprüfungen nach der statischen Methode vorzunehmen gestatten. Wir werden gleich hier die wesentlichsten Maschinenelemente, die dann auch bei Spezialmaschinen, soweit dieselben nicht nach dem dynamischen Prinzip arbeiten, auftreten, besprechen können. Als die wesentlichsten Elemente von Materialprüfmaschinen müssen genannt werden:

1. Die Vorrichtungen zur Krafterzeugung (wozu auch die Vorrichtungen zur Einspannung der Proben zählen).

2. Die Vorrichtungen zur Messung der Kräfte.

3. Die Vorrichtungen zur Messung der Formänderungen.

Zur Krafterzeugung dienen:

1. Vorrichtungen zur direkten Gewichtsbelastung,

2. Vorrichtungen zum motorischen (Hand- bzw. Maschinen-) Antrieb mit Verwendung von Spindeln,

3. Hydraulische Krafterzeugung und Übertragung.

Die Kraftmessung kann auf hydraulischem Wege erfolgen und so z. B gleich an der hydraulischen Krafterzeugung angebracht werden. Es werden zweitens Meßdosen und Manometer verwendet. Ein Schnitt durch eine Meßdose ist in Abb. 65 abgebildet. Die Kraft, welche auf den Kolben 5 wirkt, wird von der schwarzgezeichneten Membran aufgenommen. Diese ist ausgespannt über den Raum 2, der mit einer Flüssigkeit angefüllt ist, deren Druck mit einem Manometer gemessen werden kann. Peinlich ist natürlich bei jeder hydraulischen Messung darauf zu achten, daß in dem ganzen hydraulischen System keinerlei Luftblasen vorhanden sind. Eine weitere Möglichkeit der Kraftmessung besteht in der Verwendung von Wagen unter Benutzung von Laufgewichten oder Hebeln.

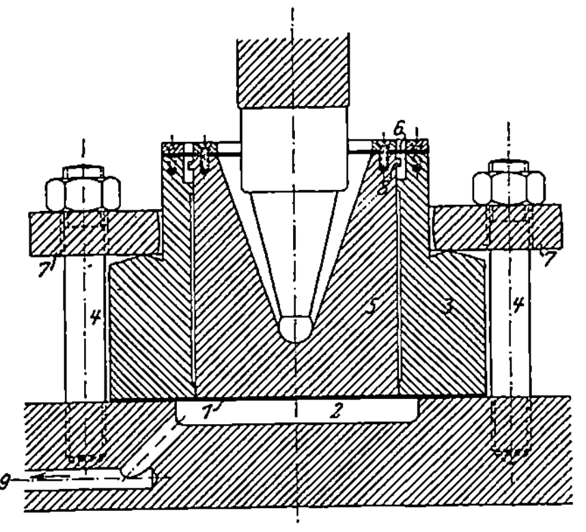

Abb. 65. Meßdose (Losenhausen) (Wawrziniok).

Diese Maschinenelemente werden nun in der mannigfachsten Weise miteinander kombiniert. Die einfachste Anordnung ist die, welche mit direkter Gewichtsbelastung arbeitet. Im Fundament der Maschine sind die Gewichte angebracht, welche mit einem Gestänge nacheinander an den Zerreißstab angehängt werden können. Natürlich ist hier eine besondere Kraftmessung nicht erforderlich.

In der Abb. 66 ist eine Maschine skizziert, welche mit hydraulischem Antrieb arbeitet, und bei der zur Kraftmessung eine Laufgewichts-wage oder Meßdose verwendet werden kann.

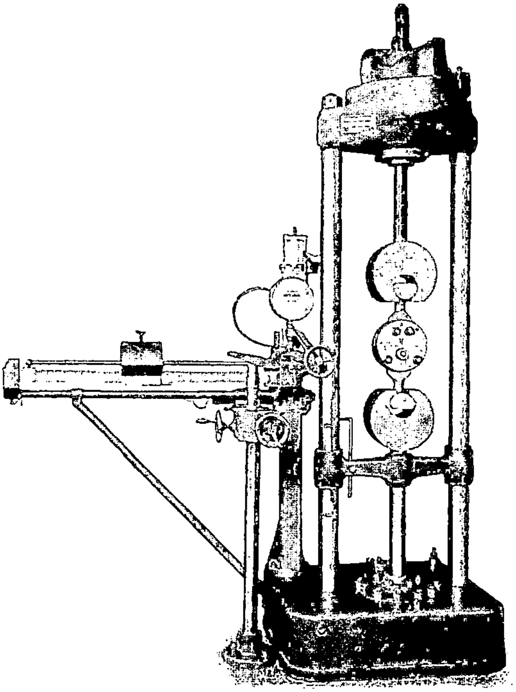

Die Abb. 67 zeigt eine Maschine mit motorischer Belastung, Meßdose und Mano-

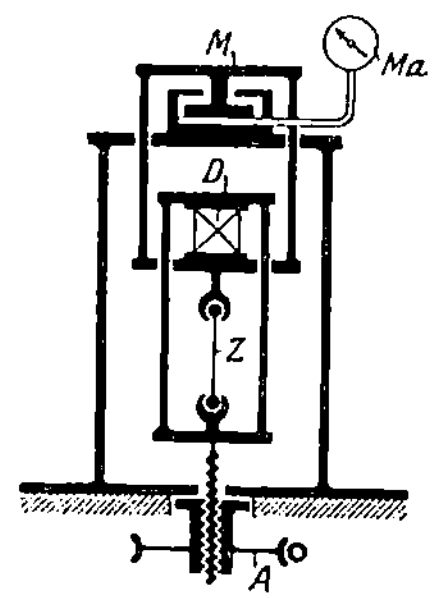

Abb. 67. Universalmaschine für Zug und Druck, mechanischer Antrieb, Meßdose (Losenhausen) (Sachs-Fick).

meterablesung. In der Abb. 68 ist eine Maschine in liegender Ausführung gezeichnet mit hydraulischem Antrieb und Winkelhebeln zur Lastmessung. Abb. 69 zeigt eine Maschine mit Handantrieb und Nei-

Abb. 66. Zerreißmaschine mit hydraulischem Antrieb, Laufgewichtswage und Meßdose. (Mohr und Federhaff).

gungswage insbesondere für kleinere Belastungen. — Zu den Spezial-maschinen gehören die Maschinen, welche nur für Biege- und Tor-

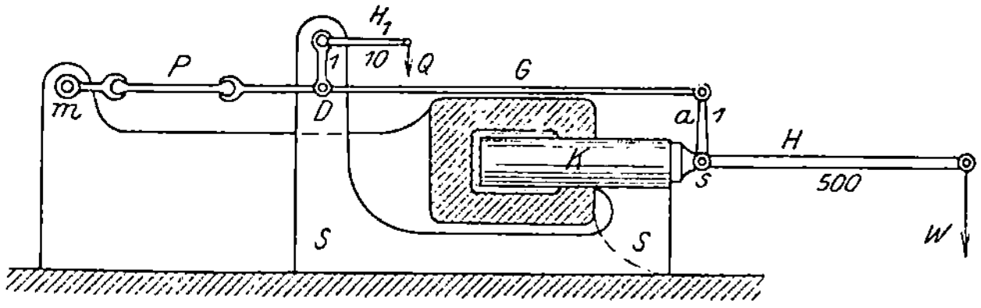

Abb. 68. Liegende Zerreißmaschine mit hydraulischem Antrieb, Winkelhebelwage (Werder) (nach Schulze-Vollhardt).

sionsbeanspruchungen eingerichtet sind. Insbesondere bei der Biegemaschine, wie sie z. B. für die Untersuchung von Gußeisen verwendet wird, treten keine neuen Elemente an der Maschine auf. Bei den Maschinen zur quantitativen Durchführung von Torsionsversuchen muß das Drehmoment gemessen werden.

Das Gebiet der Materialprüfung, welches sich nicht mit der Prüfung von Konstruktionsmaterial in Form besonderer Proben mit bestimmten Dimensionen befaßt, sondern welches Konstruktionsteile im ganzen prüft, weist natürlich eine noch größere Mannigfaltigkeit von Spezialmaschinen und Hilfs-

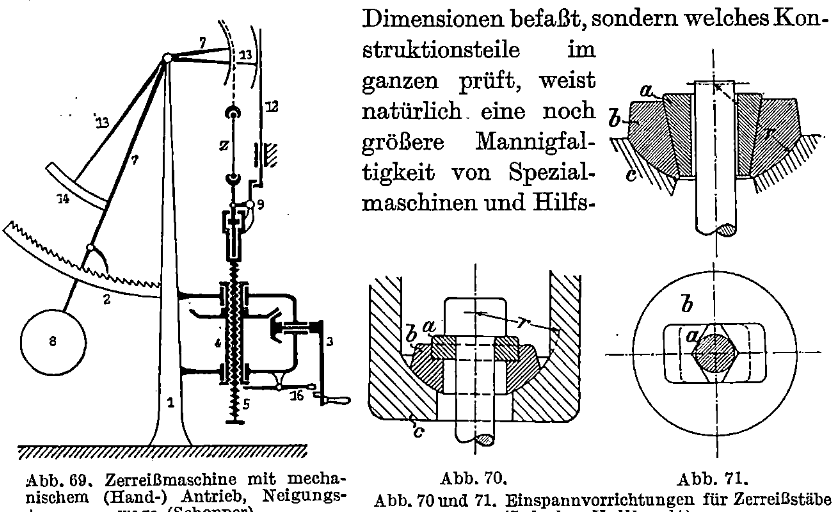

Abb. 69. Zerreißmaschine mit mechanischem (Hand-) Antrieb, Neigungswage (Schopper) (Schulze-Vollhardt).

Abb. 70.

Abb. 71.

Abb. 70 und 71. Einspannvorrichtungen für Zerreißstäbe (Schulze-Vollhardt).

mitteln auf. Die obengenannten Maschinenelemente treten als solche natürlich aber auch hier in die Erscheinung. Zur Prüfung von Ketten oder Seilen dienen z. B. Anordnungen, wie sie im Schema in der oben (Abbild. 68) skizzierten Maschine vorliegen.

Einspannvorrichtungen zum Einspannen, insbesondere von Zerreißstäben, sind in den Abb. 70 und 71 wiedergegeben. Die Einspannung kann auch mittels Gewinde erfolgen. Für schnellen Betrieb insbesondere in Abnahmeanstalten hat man Schnellspann-

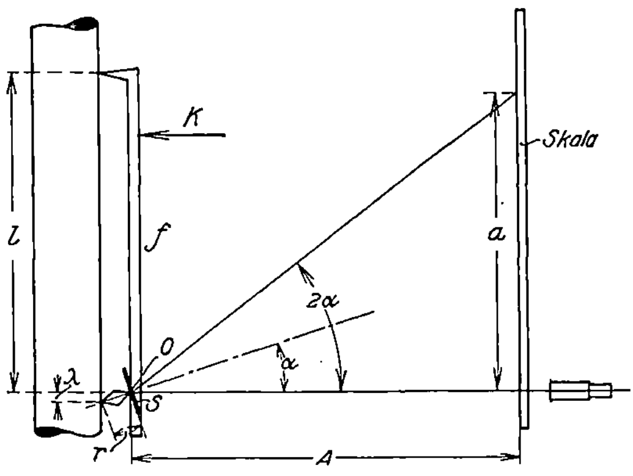

Abb. 72. Martensscher Spiegelapparat (Schulze-Vollhardt).

köpfe, welche mit einem Griff einen Stabkopf zu befestigen gestatten.

Die Vorrichtungen zur Formänderungsmessung an Maschinen, wie sie bis jetzt gekennzeichnet wurden, sind teils mit denselben verbunden, teils unabhängig davon. Besonders gut ausgebildet müssen

die Vorrichtungen sein, welche die kleinen elastischen Längenänderungen zu messen gestatten. Hier ist zunächst die Vorrichtung
von Martens zu erwähnen, welcher Spiegelablesung benutzt, deren
eine Hälfte schematisch in der Abb. 72 gezeichnet ist. Man sieht den
zu untersuchenden Stab, l ist gleich der Meßlänge. Es wird ein kleines
Prisma, dessen eine Querschnittsdiagonale r ist und auf dessen Achse
ein Spiegel S sitzt, angelegt und mit Hilfe des Stahljoches f und
einer in Richtung k wirkenden Feder gegen den Stab gedrückt. Wenn
der Stab eine Verlänge-
rung λ erfährt, wird der
Spiegel um einen Win-
kel α gedreht, der mit der
Längenänderung in dem
einfachen Zusammenhang

$$\frac{\lambda}{a} = \frac{r \cdot \sin \alpha}{A \cdot \mathrm{tg}\, 2\,\alpha}$$

steht. Für kleine Winkel
wird $\lambda = \dfrac{a\,r}{2\,A}$. Dieser Apparat erfordert eine .ge-
wisse Übung beim An-
setzen. Eine einfache Ausführung ohne Spiegel-
ablesung mit 2 Zeigern
ist von Kennedy ange-
geben worden. Diese ist
noch verbessert durch
einen Vorschlag von sei-
ten der Fa. Krupp, wo-
nach der ganze Apparat
in einem Stück gearbei-

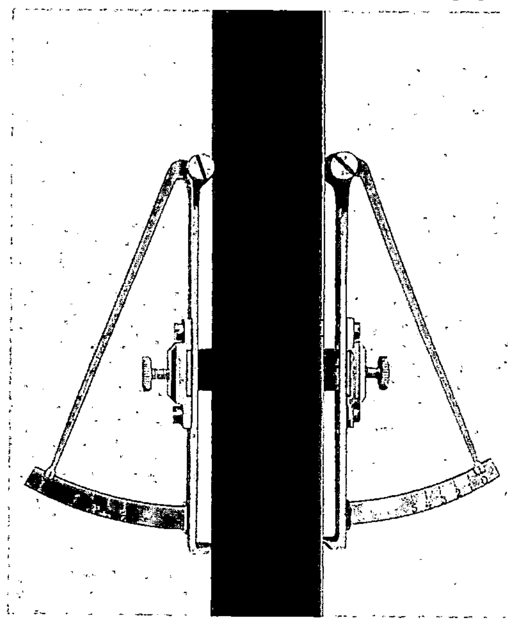

Abb. 73. Kennedy-Krupp-Dehnungsmesser
(nach Moser).

tet wird und auf einmal angesetzt werden kann (Abb. 73).

Die plastischen Dehnungen werden in der Weise festgestellt,
daß an dem einen Ende der Meßlänge eine praktisch nicht dehnbare
Schnur befestigt, an dem anderen Ende der Meßlänge über eine Rolle
geführt wird, wodurch dann die Längenänderung des Stabes durch das
Abrollen der Schnur über die obere Rolle festgestellt werden kann.
Wenn das freie Ende der Schnur mit einer Trommel verbunden wird,
so daß die Schnur die Trommel dreht, und der Lastanzeiger der Maschine in Richtung der Achse der Trommel die Lasten aufzeichnet, ergibt sich so die gewöhnliche Anordnung der Registriervorrichtungen
des Lastdehnungsdiagrammes.

Eine besondere Ausgestaltung haben die Maschinen erfahren, welche für die Härtebestimmung allein bestimmt sind. Es handelt sich bei den Untersuchungen der Eindringungshärten natürlich immer um eine Vorrichtung zum Ausüben eines bestimmten Druckes, wobei sowohl direkte Gewichtsbelastung mit Hebelübertragung als auch hydraulische Druckerzeugung angewendet wird. Besonders wertvoll sind die Maschinen, welche es erlauben, auch kompliziert gebaute Körper auf ihre Härte untersuchen zu können, was durch eine geeignete Ausbildung des freien Raumes zwischen den den Druck ausübenden Flächen erreicht wird.

Abb. 74 zeigt eine Original-Brinell-Maschine, die mit Hilfe einer oben sichtbaren kleinen hydraulischen Presse wirkt und deren Lastanzeiger durch Gewichte jederzeit kontrolliert werden kann. Der Eindruckdurchmesser, wie er bei der Brinell-Probe erzeugt wird, wird mit einem Meßmikroskop festgestellt. Bei dem Rockwell-Härteprüfer wird die Formänderung direkt in Gestalt der hervorgerufenen Tiefung gemessen. Das Schema gibt die Abb. 75 wieder. Die Eindringtiefe wird mit der Meßuhr abgelesen.

Die Vorrichtung zur Prüfung von Materialien unter dynamischer Belastung sind in ziemlich mannigfaltiger Weise ausgebildet. Die Kerbschlag-Biegeprobe wird gewöhnlich mit Pendelhämmern festgestellt. Die Pendelhämmer, in deren Weg die zu zerschlagende Probe gestellt wird

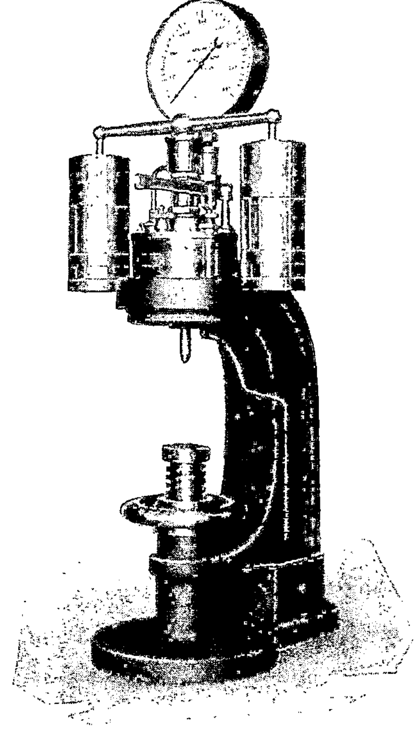

Abb. 74. Kugeldruckpresse, Alpha, Stockholm (Döhmer).

(s. Abb. 76), erlauben es, die verbrauchte Arbeit aus der Höhendifferenz der Ausschlagswinkel vor und nach Durchschlagen der Probe direkt festzustellen. Die Leistungen der Pendelhämmer werden entsprechend den verwendeten Proben verschieden ausgebildet, die Charpy-Hämmer weisen z. B. Leistungen von 75 mkg bis 10 mkg auf.

Der Schlagzerreißversuch wird am besten ebenfalls mit den erwähnten Pendelschlagwerken ausgeführt. Man hat dann einen Probestab in den Hammer so einzubauen, wie die Abb. 77 zeigt. Der Hammer muß im umgekehrten Sinne wie beim Kerbschlagversuch in das Fallwerk eingehängt werden. Das nicht in den Hammer eingespannte Stab-

ende trägt ein Querhaupt, welches auf das Widerlager des Schlagham-
mers auffällt, so daß in diesem Momente ein Zug auf den Probestab
ausgeübt wird. Die bis zum Zerreißen verbrauchte Arbeit folgt ebenfalls aus den Höhendifferenzen der Ausschläge des Hammers. Nicht
so praktisch ist die Ausführung des Schlagzerreißversuches mit senkrecht stehenden Fallwerken, wo man bei einer Einstellung der Höhe
des Fallhammers die dem Material zugeführte Arbeit festgesetzt
hat und nun den Grenzwert nur durch eine Reihe von Versuchen
bestimmen kann.

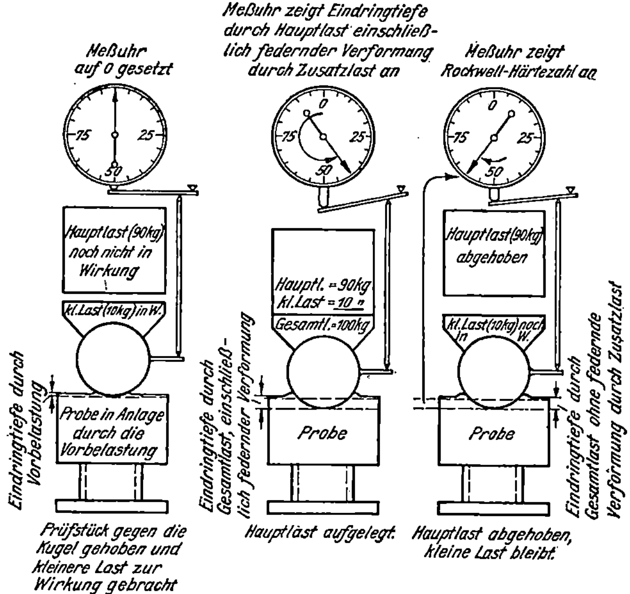

Abb. 75. Schema des Rockwell-Härteprüfers (Deutsch).

Mit einem stehenden Fallwerk wie dem eben gekennzeichneten
lassen sich natürlich sehr leicht dynamische Stauchversuche aus-
führen. Auch hierbei ist daran zu denken, daß das Widerlager genügend
groß sei, damit nicht ein zu großes Maß der aufgewendeten Arbeit verloren geht.

Ein entsprechend ausgebildetes kleineres Fallwerk ermöglicht die
Ausführung von Fall-Härteversuchen. Das fallende Gewicht trägt
unten eine Kugel. Von Wüst und Bardenheuer ist eine derartige
Anordnung angegeben worden. Auf jeden Fall muß eine Vorrichtung
vorhanden sein, um den Rücksprung des Fallhammers zu messen, da
mit dem Rücksprung ein gewisser Arbeitsbetrag verbunden ist, der
nicht zur Erzielung des Härteeindruckes verbraucht worden ist und

der daher von der gesamten Arbeit, die in die Härtezahl eingeht, abzuziehen ist.

Ein wichtiges Kapitel in der praktischen Materialprüfung ist die
Eichung und Kontrolle der verwendeten Maschinen. Bei
den zuletzt beschriebenen Apparaten zur dynamischen Untersuchung
wird sich diese Kontrolle vor allen Dingen auf die Nachprüfung der
verwendeten Fallgewichte, auf die Feststellung von Reibungsarbeiten
und die geeignete Form der Gegenlager beziehen.

Schwieriger, aber um so wichtiger, ist die Eichung der statischen
Materialprüfmaschinen, insbesondere der Lastanzeigevorrichtungen.

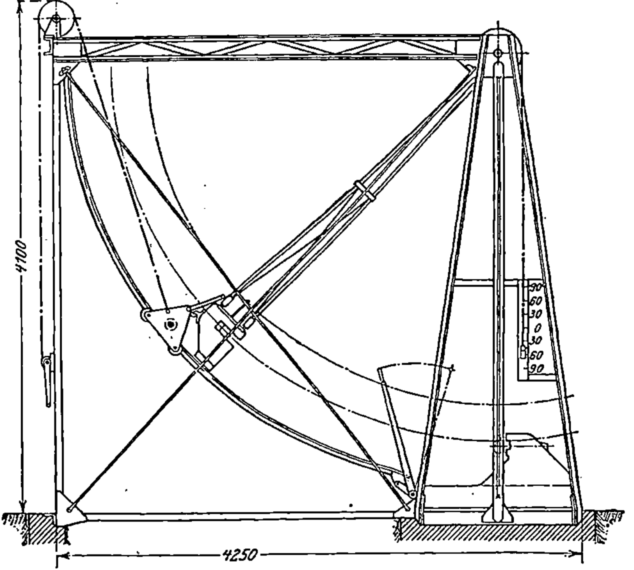

Abb. 76. Charpy-Pendelhammer für 75 mkg (Wawrziniok).

Nur bei Maschinen mit direkter Gewichtsbelastung ist die Frage auch
relativ einfach durch Kontrolle der Gewichte zu lösen. Im Falle, daß
Hebelbelastungen durch Gewichte oder hydraulische Belastung erfolgen, müssen die Lastanzeigen auf Gewichtsbelastungen zurückgeführt
werden. Direkt geschieht dies, wenn an den Teil der Einspannvorrich-
tung, welcher die ausgeübte Kraft auf den Lastanzeiger der Maschine
überträgt, in geeigneter Weise Gewichte angehängt werden und die
Summe derselben mit dem Lastanzeiger verglichen wird. Zu diesem
Zwecke sind geeignete Aufhängevorrichtungen, große Platten, auf
welche Gewichte aufgestellt werden können, für die einzelnen Maschinen-
typen ausgebildet. Bei etwas stärkeren Maschinen ist jedoch diese
Prüfung durch direkte Gewichtsbelastung nicht durchführbar infolge

der großen Anzahl an anzubringenden Gewichten. Man verfährt dann in folgender Weise unter Vermittlung von elastischen Feinmessungen.

Man kann geeignete starke Stahlstäbe in einer mit Gewichtsbelastung arbeitenden Maschine im elastischen Bereich untersuchen und die elastischen Dehnungen bei gegebenen Belastungen feststellen. Man spannt dann denselben Stab in die zu eichende Maschine, stellt hier zu einer Reihe von elastischen Dehnungen die zugehörigen Manometerablesungen fest und vergleicht diese Manometerablesungen mit den Lasten, welche der erste Versuch bei den entsprechenden Dehnungen ergeben hatte. Die Differenz stellt den Fehler der Lastanzeige der zu eichenden Maschine dar. Dieses Prinzip der Eichung von Lastanzeigern unter Vermittlung elastischer Messungen ist noch in etwas anderer Weise ausgebildet worden. Wazau füllt einen elastisch zu beanspruchen-

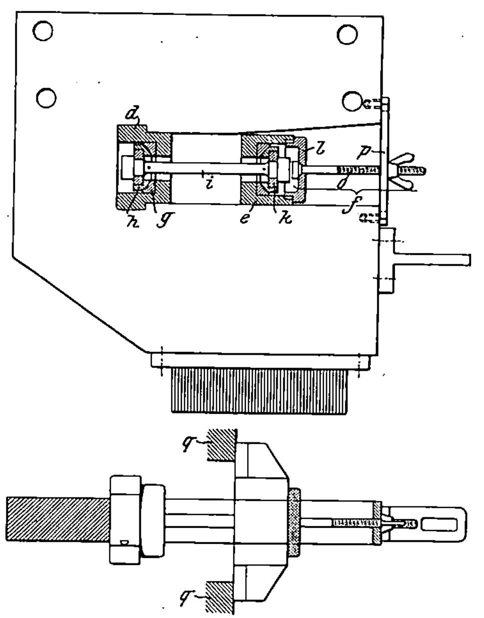

Abb. 77. Einrichtung eines Pendelhammers für Schlag-
zerreißversuche (nach Körber).

den Stahlkörper mit Quecksilber vollkommen an. Aus dem mit Quecksilber gefüllten Hohlkörper führt nur ein Rohr heraus, in welchem Quecksilber steht. Wird das Volumen des Hohlkörpers durch elastische Formänderung verändert, ändert sich der Meniskus des Quecksilbers in dem seitlich angebrachten Rohr und die Veränderung des Quecksilberspiegels kann als Maß für die elastische Formänderung benutzt werden. Der Apparat wird zunächst mit direkter Gewichtsbelastung geeicht und kann dann zur Eichung von Maschinen verwendet werden. Es ist ersichtlich, daß dieser Wazausche Kraftprüfer[1] in der Richtigkeit seiner Angaben davon abhängig ist, daß der Hohlraum vollkommen mit Quecksilber gefüllt ist und keine Luft enthält. Ferner ist sehr darauf zu achten, daß die Temperatur bei der Eichungsbelastung des Kraftprüfers und der eigentlichen Eichung der Maschine konstant gehalten wird, da der Kraftprüfer natürlich gleichzeitig ein ziemlich empfindliches Thermometer darstellt.

Man billigt den Anzeigevorrichtungen der Materialprüfmaschinen im allgemeinen eine Genauigkeit von 1% zu. Man hat also die bei der Eichung der Maschinen sich ergebenden Korrekturen im allgemeinen zu vernachlässigen, solange dieser Betrag nicht überschritten wird, andernfalls ist bei jeder Materialuntersuchung die gefundene Korrektur zu berücksichtigen.

Versuche bei höherer Temperatur erfordern, insbesondere wenn es sich um statische Versuche handelt, den Einbau des Probekörpers in einen Ofen, während er gleichzeitig in die Materialprüfmaschine eingespannt ist. Bei Verwendung von elektrischen Öfen mit Drahtwicklung (s. S. 205) evtl. mit Heizbädern macht dies keine Schwierigkeiten.

Literatur.

Moser, M.: Anforderungen der Praxis an Prüfmaschinen. Stahleisen 1928, S. 1363. — Deutsch und Fiek: Z. V. d. I. Bd. 72, S. 1541. 1928. — [1] Stahleisen 1926, S. 1397.

4. Rationelle Festsetzung und Diskussion der Festigkeitsbegriffe der Materialprüfung.

a) **Zusammenhang der konventionellen und natürlichen Festigkeitsbegriffe.** Zur rationellen Diskussion der Festigkeitsbegriffe gehören zunächst die Überlegungen, die nach der Bedeutung der konventionellen Begriffe und ihrem Zusammenhang fragen. Teilweise ist die Bedeutung der ersteren schon von vornherein ziemlich deutlich. So ergeben sich ohne weiteres die Fließgrenze, die Stauchgrenze als Formänderungswiderstände. Größen wie die Dehnung und Kontraktion ergeben sich leicht als zugehörig zur Gruppe der Formänderungsgrößen. Ludwik[1] zieht als Maß für das Formänderungsvermögen die Einschnürung der Dehnung vor. Die Zerreißfestigkeit ist nicht etwa identisch mit der Kohäsion; es folgt dies schon daraus, daß sie festgestellt wird als Quotient von Höchstlast und Anfangsquerschnitt, also als Größe, welche noch während des Verformungsvorganges gemessen wird. Sie ist infolgedessen ebenfalls aufzufassen als eine Art des Formänderungswiderstandes.

Aus diesen Überlegungen ergibt sich, daß z. B. Fließgrenze und Zerreißfestigkeit verwandte Begriffe darstellen und auch in einer gewissen quantitativen Beziehung zueinander stehen müssen. Man findet tatsächlich auch z. B., daß bei unvergüteten Kohlenstoffstählen die Streckgrenze bei etwa 55 bis 60% der Zugfestigkeit liegt. Aus der Überlegung, daß die Streckgrenze diejenige Formänderungswiderstandsgröße ist, welche die Belastung eines Materials beim Beginn stärkeren Fließens kennzeichnet, und daß gerade diese Größe den Konstrukteur in erster Linie interessiert, leiten sich lebhafte Bestrebungen, die Fließgrenze in erster Linie statt der Zerreißfestigkeit in stärkerem

Maße in die Abnahmeprüfung einzuführen[2]. Da die natürliche, insbesondere die obere Fließgrenze jedoch von der Vorbehandlung des Materials erheblich abhängen kann, werden auch starke Bedenken gegen die Einführung der Streckgrenze geltend gemacht (vgl. S. 142 und 331).

Weiterhin ist die Härte, insbesondere die Brinellhärte, als eine Art Formänderungswiderstand definiert, und es ergibt sich, daß diese ebenfalls zur Zerreißfestigkeit in einem einfachen Verhältnis stehen wird. Die Konstanz dieses Verhältnisses bei einer Art von Material ist sogar überraschend groß. In der Zahlentafel 8 sind eine Reihe von Proportionalitätsfaktoren angeführt, die bei einzelnen Materialien festgestellt wurden.

Zahlentafel 8. Faktoren für Umrechnung von Härte H in Festigkeit F kg/mm^2 ($F = c \cdot H$) nach Sachs.

Metall	Faktor c	Metall	Faktor c
Flußeisen	0,36	Kupferlegierungen . {	gegl. 0,55 / kaltverf. 0,40
Chromnickelstahl .	0,34		
Aluminium. . . .	0,33	Duralumin	0,37
		Gußeisen.	$F = \frac{1}{6}(H - 40)$

Die Faktoren gelten für die auf S. 78 vorgeschriebenen Belastungen.

Die Beziehungen zwischen Rockwell- und Brinellhärte werden nach Petrenko[3] für die mit Diamant bestimmte Härte gegeben durch

$$H_{\text{Brinell}} = \frac{1420 \cdot 10^3}{(100 - H_{\text{Rockwell}})^2},$$

wenn mit 150 kg Druck belastet wird. Bei nicht zu harten Materialien erhält man die Brinellhärte aus den Fallhärten durch Multiplikation mit 0,55[4]. Andere Beziehungen s. Franke[5] (Ritzhärte), Hugh O'Neil[6] (Skleroskophärte).

Die Skleroskophärte[7] stellt übrigens ein Maß für die einem Material maximal zuzuführende elastische Formänderungsenergie dar, die von der Elastizitätsgrenze und dem Elastizitätsmodul abhängt.

Literatur.

[1] Ludwik: Z. Metallkunde Bd. 16, S. 207. 1924.
[2] Kühnel: Z. V. d. I. Bd. 72, S. 1226. 1928.
[3] Bur. Standards Nr. 334 (1926).
[4] Wüst u. Bardenheuer: S. 80.
[5] Kruppsche Monatsh. 1927, S. 179.
[6] Nature Bd. 111, S. 430.
[7] Sauerwald u. Rakoski: T. H. Breslau 1929.

β) **Einführung der wahren Spannung zur Analyse des Zug- und Stauchversuches.** Die Analyse des Zug- und Stauchversuches geht vor allen Dingen auf Untersuchungen von Ludwik[1] zurück. Dieser stellte in erster Linie fest, wie sich die Zug- und Stauchdiagramme gestalten, wenn in dieselben statt der konventionellen Festigkeitsbegriffe die wahren Spannungen eingetragen werden. Unter wahrer Spannung ist zu verstehen die in einem beliebigen Augenblick des Versuches ausgeübte Belastung, dividiert durch den in demselben Moment vorhandenen Querschnitt. Da während des Zugversuchs eine Verringerung des Querschnitts, während des Stauchversuchs eine Vergrößerung desselben eintritt, müssen die wahren Spannungen beim Zugversuch gegenüber den Größen $\frac{P}{f_0}$ vergrößert, beim Stauchversuch verkleinert erscheinen. Das Diagramm Abb. 78 läßt die schließlich entstehende Kurve, welche von Ludwik als Fließkurve bezeichnet wird,

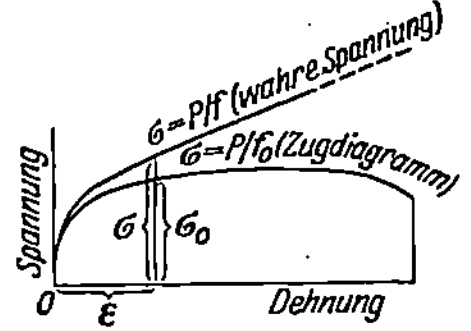

Abb. 78. Effektive Fließkurve für Cu nach Ludwik (Nadai).

erkennen. Das bemerkenswerteste Ergebnis ist, daß die Fließkurve aus Zug- und Stauchversuch bei ein und demselben Material sehr weitgehend zusammenfällt, vor allem dann, wenn beim Stauchversuch die Preßflächenreibung (s. u.) ausgeschaltet wird. Nur bei Stahl zeigen sich beträchtliche Abweichungen[1]. Die wahren Spannungen in Abhängigkeit von der Dehnung nehmen während des ganzen Versuches zu, also tritt im allgemeinen dauernd eine Verfestigung ein. Der Höchstwert beim Eintreten des Bruches hat annähernd die Bedeutung der Kohäsion des Materials, worüber jedoch weiterhin (S. 93) noch einige Bemerkungen zu machen sind.

Eine andersartige Darstellung des Zugversuchs ist diejenige, wo die Änderung der Spannung in Abhängigkeit von der Kontraktion aufgetragen wird. Entsprechende Diagramme geben Abb. 79 und 80 wieder. In dem Kurvenverlauf ist besonders die Stelle gekennzeichnet, wo die Höchstlast erreicht ist und wo bei nicht zu stark vorgereckten Stoffen fast gleichzeitig die örtliche Einschnürung einsetzt (e). Es zeigt sich, daß von diesem Punkte (gelegentlich noch von einem etwas tiefer liegenden Punkte der Kurve aus) mit weitgehender Annäherung ein linearer Anstieg der Spannung mit der Formänderung stattfindet. Der Neigungswinkel gegen die Nullachse stellt in erster Näherung die Verfestigungsfähigkeit des Materials dar. — Mit der linearen Abhängigkeit der Spannung σ' von der Formänderung nach Eintreten der örtlichen Einschnürung ist eine

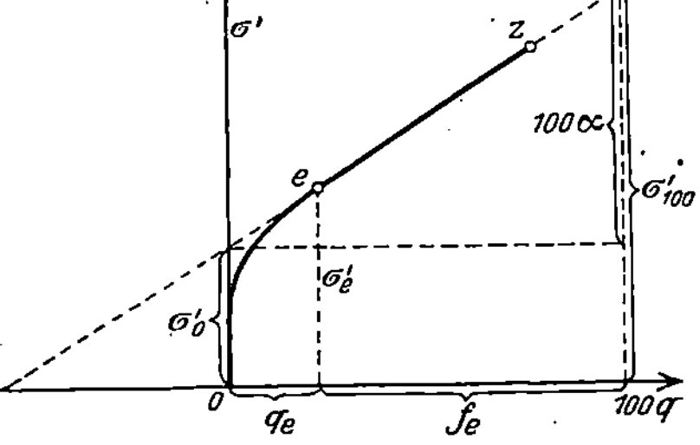

Abb. 79. Quantitative Behandlung des Effektivdiagramms (nach Körber).

Gesetzmäßigkeit gegeben, die von v. Moellendorf und Czochralski[2] aufgefunden wurde und nach Körber[3] aus dem Diagramm Abb. 79 abgeleitet werden kann.

Es gilt

$$\sigma' = \sigma'_0 + \alpha\, q\,.\tag{1}$$

Wir drücken die Last P als Funktion der Querschnittsabnahme q aus. Es ist, wenn f der Querschnitt ist,

$$P = \sigma' \cdot f\,,\tag{2}$$

$$f = \frac{100 - q}{100}\,,\tag{3}$$

$$P = (\sigma'_0 + \alpha\, q)\left(\frac{100 - q}{100}\right) = \sigma'_0 + \left(\alpha - \frac{\sigma'_0}{100}\right)\cdot q - \frac{\alpha\, q^2}{100}\,.\tag{4}$$

Bei Beginn der Einschnürung, welcher Zeitpunkt in erster Näherung mit dem Höchstlastpunkt identifiziert werden kann, muß nach (4) und als Bedingung für das Maximum gelten

$$\frac{dP}{dq} = \alpha - \frac{\sigma'_0}{100} - \frac{2\,\alpha}{100}\, q_e = 0\,.\tag{5}$$

Wenn man den Wert für q_e in (1) einsetzt, ergibt sich

$$\sigma'_e = \frac{100\,\alpha + \sigma'_0}{2}\,.$$

Die Spannung bei Beginn der Einschnürung ist also halb so groß als die Spannung, die beim idealisierten Verlauf des Zugversuchs bei 100% Einschnürung herrschen würde. Bei stark vorgereckten Materialien findet sich diese Beziehung nicht mehr erfüllt, weil hier die Voraussetzung, daß der Höchstlastpunkt mit dem Zeitpunkt der örtlichen Einschnürung zusammentrifft, auch nicht näherungsweise mehr erfüllt ist. Man erkennt dies aus dem Diagramm Abb. 80 (obere Kurve), aus dem ferner zu entnehmen ist, daß die Bruchspannung durch Vorreckung sich anders als die Spannungen zu Beginn des Fließens kaum verändert hat. (Vgl. S. 120.)

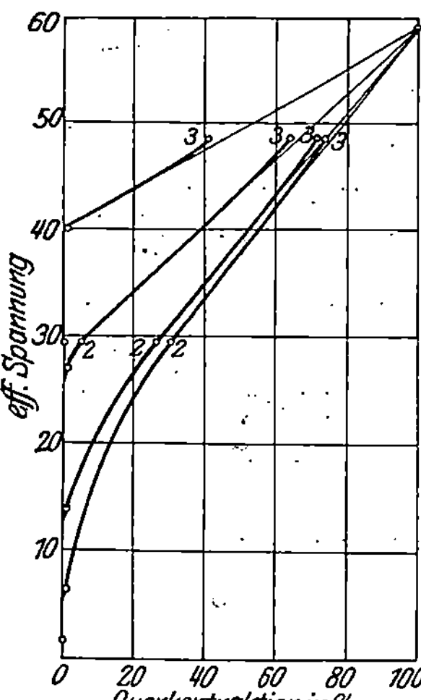

Abb. 80. Effektives Zugdiagramm für verschieden verzogenes Kupfer (nach Czochralski).

Bei Beginn der örtlichen Einschnürung ist naturgemäß der Spannungszustand nicht mehr nur einachsig. In den danach sich zeigenden Spannungen, die schematisch als $\dfrac{\text{Last}}{\text{jew. Querschnitt}}$ errechnet werden, stecken Komponenten der Verfestigung, welche bedingt sind durch die eingeschnürte Form des Körpers. Man spricht davon, daß eine gewisse Gestaltsverfestigung vorliegt. Man ist in der Lage, den Anteil der materiellen Verfestigung an der Gesamtverfestigung auf folgende Weise zu ermitteln: Man stellt Zerreißstäbe her, welchen vor Beanspruchung die Form der bei dem betreffenden Material eintretenden Einschnürung gegeben wird[4]. Man vergleicht die bei diesen Stäben eintretenden Spannungen mit den Stäben, welche durch Deformation ihre Einschnürung erhalten haben. Die Differenz gibt die gesuchte Größe. Es zeigt sich, daß die Gestaltsverfestigung, wie zu erwarten, einen relativ größeren Anteil beim Material mit geringem Formänderungswiderstand ausmacht. In der Abb. 81 werden diese nach der Gestaltsverfestigung korrigierten Kurven strichpunktiert wiedergegeben.

Bei der rationellen Ausführung des Stauchversuches macht die größte Schwierigkeit die Überwindung der Preßflächenreibung und die Herstellung eines annäherungsweisen

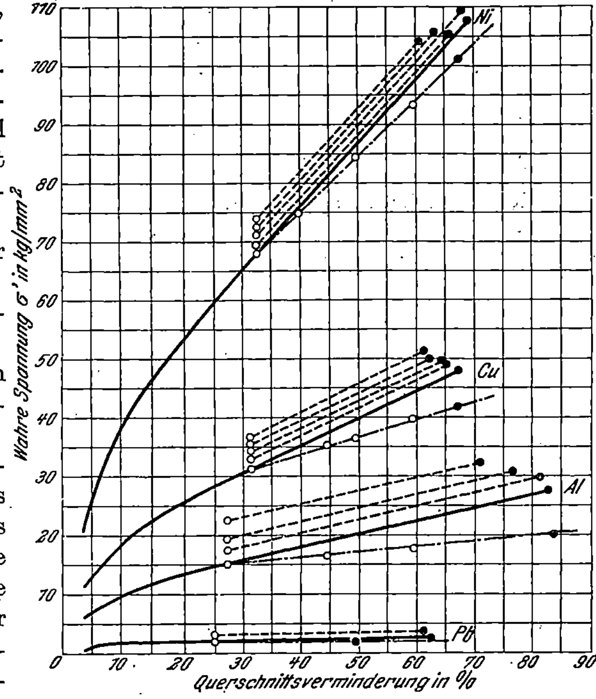

Abb. 81. Formverfestigung und Deformationsverfestigung im Effektivdiagramm (nach Körber).

einachsigen Spannungszustandes. Man kann die Preßflächenreibung dadurch herabsetzen, daß man die Preßflächen schmiert. Ein sehr elegantes Verfahren ist dasjenige, wobei die Eindruckstempel und Proben mit einer konusartigen Preßfläche versehen werden. Es wird dadurch die dauernde Ähnlichkeit des deformierten Körpers gewährleistet[5].

Sämtliche in dem Effektivdiagramm auftretenden Spannungen, mit Ausnahme der Bruchspannungen, stellen Formänderungswiderstände dar. Die Bruchspannung bezeichnet Ludwik im Gegensatz zur Zerreißfestigkeit mit Reißfestigkeit. Diese Reißfestigkeit hat bis zu einem gewissen Grade die physikalische Bedeutung, daß durch sie die Kohäsion dargestellt wird. Jedoch kann diese Größe nur mit Vorbehalt identisch gesetzt werden mit der empirischen Kohäsion. Die Kohäsion soll ja die Normalkraft zwischen bestimmten Gitterebenen des Kristallhaufwerks darstellen. Es ist nicht ohne weiteres zu sagen, daß die Materialtrennung beim Bruche metallischen Materials, wie er beim Zerreißversuch zu konstatieren ist, tatsächlich normal zur Kraftrich- tung erfolgt, sondern es können offenbar auch hier noch Abschnürungen stattfinden. Diese Frage muß als noch nicht geklärt bezeichnet werden.

Die empirische Kohäsion wird nun wesentlich niedriger ermittelt, als nach den Kraftgesetzen für die Raumgitter zu erwarten ist. Es muß hier auf S. 98 ff. verwiesen werden.

Literatur.

[1] Elemente der technolog. Mechanik. Berlin: Julius Springer 1909.

[2] Z. V. d. I. 1913, S. 931, 1014.

[3] Mitt. Eisenforsch. Düsseldorf Bd. 3, H. 2, S. 1. 1922.

[4] Körber u. Müller: Mitt. Eisenforsch. Abhdlg. 71; ferner Siebel: Houdre- mont u. Kallen, Werkstoffausschußbericht VdE, Nr. 71. — Kuntze, W.: Mitt. Materialpr.-Amt 1924, S. 1.

[5] Siebel u. Pomp: Mitt. Eisenforsch., Abhdlg. 80.

γ) Analyse der Härte. Die Versuche, den Begriff der Härte rationell zu erfassen, gehen weit zurück. Hertz (1881) definierte die Härte eines Stoffes durch die Normalspannung, die im Mittelpunkt einer Druckfläche zweier aufeinandergedrückter Kugeln gleichen Materials dann herrscht, wenn die plastische Verformung beginnt. Es hat sich jedoch gezeigt, daß diese Definition nicht genügt, da die so erhaltene Härtezahl nicht unabhängig von Nebenumständen ist.

Die Einsichten über die Eindruckhärte nach Brinell sind durch umfangreiche Untersuchungen über den Zusammenhang der verschie- denen dabei auftretenden Größen gefördert worden.

1. Ist P die Belastung, d der Eindruckdurchmesser, a und n Kon- stanten, so gilt nach Meyer[1]

$$P = a \cdot d^n$$

oder

$$\log P = \log a + n \cdot \log d .$$

Die Größe n wird als Maß für die Verfestigungsfähigkeit[2] angesehen, doch scheint es mehr als zweifelhaft, daß diese Beziehung eindeutig ist, da die wahren Spannungen in obige Gleichung ja nicht eingehen und die Mitwirkung der Konstanten a nicht unwahrscheinlich ist. Interes- sant ist immerhin, daß n mit steigender Kaltverformung z. B. bei Kupfer von 2,52 bis 2,01 abnimmt in etwa derselben Weise wie die Steigungen der Kurve der Effektivspannungen.

2. Die Brinellhärtezahlen (im Gegensatz zu denen nach Meyer) haben in Abhängigkeit von der Belastung einen Höchstwert[1]. Es ist vorgeschlagen worden, statt der konventionellen Härtezahl mit einer unveränderlichen Belastung für jedes Material diese Größthärtezahl als charakteristisch zu bezeichnen. Da jedoch für die Berechnung der- selben eine ganze Reihe von Bestimmungen[3] notwendig sind, hat sie sich nicht einführen lassen.

3. Wird ein und derselbe. Stoff mit Kugeln verschiedenen Durchmessers bis zum Entstehen ähnlicher Eindrücke beansprucht, so gilt

$$\frac{P_1}{d_1^2} = \frac{P_2}{d_2^2}.$$

Die Konstante a (vgl. 1) ändert sich mit d, nicht jedoch n.

Der Vorschlag von Ludwik[4] zur rationellen Ausgestaltung der Eindruckprüfung geht dahin, aus dem Grunde Kegel zu verwenden, damit der Eindruck sich immer ähnlich bleibe.

Von prinzipieller Bedeutung für das Problem der Eindringungshärte sind die Versuche, den Spannungszustand am Eindruck nach den Grundsätzen der Plastizitätstheorie zu erfassen[5].

Die Fallhärten kaltverformter Materialien geben nach Sauerwald und Rakoski (T. H. Breslau 1929) ihre Verfestigungen recht genau wieder, da sie merklich proportional den Effektivspannungen sind.

Literatur.

Döhmer: Die Kugeldruckprobe.

[1] Zul. Forschungsarbeiten VdI Nr. 65, 66. Berlin: Julius Springer 1909.

[2] Ebda.

[3] ebda. Nr. 238. 1921.

[4] Die Kegelprobe. Berlin 1908.

[5] Vgl. Prandtl: Naturwiss. 1927, S. 265; —

— ferner Hankins: Einfluß der Adhäsion. Stahleisen 1925, S. 2028. — Franke, E.: Werkstoffausschuß VDE 1927, Nr. 102.

d) **Die Analyse des Kerbschlagversuchs.** Besondere Früchte hat die rationelle Analyse im weiteren Verfolg noch beim Kerbschlagversuch gezeitigt. Auch hier sind sofort wesentliche Vorteile in der Diskussion eingetreten, sobald man die Vorgänge nach physikalisch vernünftigen Begriffsbildungen zu analysieren versuchte. Die konventionelle Definition der Kerbzähigkeit als Quotient von Arbeit und Bruchfläche Q hat etwas absolut Unbefriedigendes an sich. Da es sich beim Kerbschlagversuch, abgesehen von der Feststellung der Formänderung selbst, auch um die Spannung bei dieser Formänderung handelt, liegt es von vornherein nahe, eine **Funktion** $\frac{A}{V}$ zu definieren und zu messen, wo V die Dimension eines Volumens aufweist, so daß $\frac{A}{V}$ die Dimension einer Spannung besitzt. Die ersten Versuche, die Kerbschlagprobe in dieser Weise auszuwerten, sind von Schüle gemacht und später von Moser[1] mit großem Erfolg fortgesetzt worden. An einer zerschlagenen Kerbschlagprobe gewahrt man einen Raumanteil, welcher deformiert erscheint, während der größere Teil der Probe undeformiert aus dem Versuch hervorgeht. Man kann diese Beobachtung besonders leicht an polierten Proben machen. Die Abb. 82 gibt eine Vorstellung davon. Die deformierten Stellen in der Nähe des Kerbes zeichnen sich durch

ihre matte Oberfläche aus (im Bild hell). Der Quotient aus der .ver-
brauchten Schlagarbeit und diesem verformten Volumen ist von Moser
eingehend untersucht worden, und es hat sich bei Verwendung desselben zur Auswertung der Kerbschlagprobe sogleich der bemerkens-
werte Vorteil ergeben, daß die so definierte spezifische Schlagarbeit K_v unabhängig von der Breite der Probe wird, während die gesamte

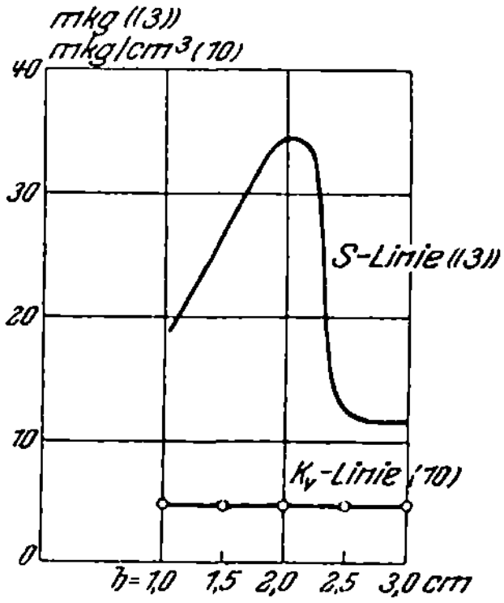

Abb. 83. Abhängigkeit der Gesamtschlagarbeit S und der auf
den Fließraum bezogenen Schlagarbeit K_v, von der Probenbreite
(nach Moser).

Schlagarbeit S und damit auch die Kerbzähigkeit $\frac{S}{Q}$ abhängig von der Probenbreite ist
(S. 79). Diese Zusammenhänge sind dargestellt
in Abb. 83.

Abb. 82. Kerbschlagprobe mit
Fließraum (nach Moser).

Über diese Gesetzmäßigkeit hat sich Moser
folgende Vorstellung gemacht, die besonders auf
der Beobachtung beruht, daß die Ausbildung
des deformierten Volumens abhängig gefunden wird von der Geschwindigkeit des Schlages. Jedes Material soll die Eigentümlichkeit haben,
die Deformation mit einer bestimmten Geschwindigkeit aufzunehmen
(Arbeitsschnelligkeit), außerdem soll für jede Probenform, besonders auch für jede Kerbform, ein bestimmter maximaler Raum vorhanden sein, auf den sich die Deformation ausdehnen kann. Die zähen
Materialien zeichnen sich dadurch aus, daß sie unter allen Umständen
in dem ganzen maximalen Raum beansprucht werden, und zwar sowohl
bei allen Geschwindigkeiten der Deformation als auch dann, wenn die
Deformation durch eine kompaktere, breitere Probe erschwert ist. Die
weniger zähen Materialien bilden den Größtfließraum nur
bei geringen Schlaggeschwindigkeiten aus und auch nur
dann, wenn wenig breite Proben vorliegen, bei denen Defor-

mationen leichter erfolgen können als bei breiten Proben. Aus diesen Zusammenhängen ergibt sich weiterhin, daß, solange bei verschieden breiten Proben Größtfließräume ausgebildet werden, nicht nur die Größen $\frac{A}{V}$, sondern auch die Größen $\frac{A}{Q}$ unabhängig von der Probenbreite werden, da dann Q proportional V ist. Wenn jedoch die Größtfließräume nur bei den kleinen Querschnitten ausgebildet werden, kann zwar die Größe $\frac{A}{V}$, aber nicht die Größe $\frac{A}{Q}$ konstant sein, womit die Deutung der schon früher erwähnten Unregelmäßigkeit der Kerbzähigkeit $\frac{A}{Q}$ gegeben ist (vgl. auch Abb. 244).

Moser hat den Begriff der Arbeitsschnelligkeit quantitativ zu erfassen gesucht, indem er die verformten Volumina ins Verhältnis setzt zum maximalen Fließraum und dieses Verhältnis direkt zur Definition der Arbeitsschnelligkeit benutzt. Nach neuen Feststellungen[2] kann dieses Vorgehen innerhalb einer Gruppe eng miteinander verwandter Materialien gerechtfertigt werden. Da sich jedoch gezeigt hat, daß im allgemeinen bei verschiedenen Materialien der Größtfließraum bei einer Probenform nicht konstant ist, sondern vom Material abhängt, kann eine allgemeine Ordnung sehr verschiedener Materialien nach der Arbeitsschnelligkeit nicht erfolgen. Diese Abhängigkeit des maximalen Fließraums vom Material ist durchaus von vornherein zu erwarten. Außerdem muß darauf hingewiesen werden, daß die Größe $\frac{A}{V}$ von den wirklichen Spannungen in der Kerbschlagprobe natürlich nur in ziemlich willkürlicher Weise einen Mittelwert darstellt, da die Deformationsgrade besonders bei einer eingekerbten Probe in dem gesamten verformten Volumen natürlich sehr weitgehend variieren. Die Analyse sämtlicher Schlagversuche wird durch Aufnahme des Kraftverlaufs gefördert werden[3].

Literatur.

[1] Kruppsche Monatsh. Bd. 2, S. 225. 1921; Bd. 5, S. 48ff. 1924.
[2] Sauerwald u. Wieland: Z. Metallkunde Bd. 17, S. 358, 392. 1925.
[3] Körber u. v. Storp: Mitt. Eisenforsch. 1925, Abhdlg. 56 u. 67. — Fettweis: Arch. Eisenhüttenw. Bd. 2, S. 625. 1919.

5. Allgemeine physikalische Analyse der mechanischen Eigenschaften.

Nachdem die allgemeinen Begriffsfestsetzungen der mechanischen Eigenschaften getroffen worden sind, müssen zunächst noch im Verfolg der auf S. 64 kurz gekennzeichneten Fragestellungen einige ganz prinzipielle Probleme der Festigkeitslehre erörtert werden. Wir teilen die Stoffe bezüglich des mechanischen Verhaltens in zwei große Gruppen. In die erste Gruppe nehmen wir diejenigen Stoffe auf, welche nach einer, wenn auch nur annähernd elastischen Verformung ohne größere plastische Verformung bei einer gewissen Beanspruchung zu Bruche gehen, in die zweite Gruppe setzen wir die Stoffe, welche nach der Überschreitung der Elastizitätsgrenze plastisch werden und bei denen erst nach einer gewissen plastischen Verformung ein Bruch eintritt. Bezüglich jeder Gruppe dieser Vorgänge entsteht die Frage, wie dieselben mit dem atomistischen Kraftgesetz zusammenhängen und wie sie bei komplizierteren Spannungszuständen von den einzelnen Komponenten der Spannungen abhängen. Wir gehen nur auf die bereits in Angriff genommenen und zum Teil gelösten Probleme ein. Dazu gehört die Frage, wie bei der ersten Gruppe von Stoffen der Eintritt des Bruches, also die Bruchspannung, mit der Molekularkohäsion zusammenhängt, im zweiten Falle haben wir die Frage zu erörtern, wie der Eintritt des Fließens*, d. h. die idealisierte Elastizitätsgrenze, bedingt ist. Falls bei der zweiten Gruppe von Stoffen ein Fließen ohne Verfestigung stattfindet und die Verformung so erfolgt, daß eine Verjüngung des beanspruchten Querschnittes eintritt, ist auch diese Frage identisch mit derjenigen nach der Bedingtheit der Bruchgefahr, da bei gleichbleibender Last die Verjüngung des Querschnittes auf jeden Fall zu einem Wachsen der Spannung und zur schließlichen Materialtrennung, wenn auch unter Umständen nur auf Grund von reinen Schiebungen, führen muß. Wenn die Verformung unter Verfestigung verläuft, ist dagegen beim plastischen Körper die Plastizitätsbedingung auch nicht mittelbar gleichzeitig Bedingung für den schließlich eintretenden Bruch.

°α) **Kohäsion und Bruchgefahr beim nichtplastischen Körper.** Man kann auf mehreren Wegen aus der Kristallgitterstruktur und aus der molekularen Kohäsion auf die Reißfestigkeit eines nichtplastischen Körpers schließen. Der allgemeinste Weg ist offenbar derjenige, bei dem man der Rechnung das im Gitter wirkende Kraftgesetz zugrunde legt, wie wir es auf S. 57 kennengelernt haben. Eine einfache Überschlagsrechnung für die Kohäsion von Zink auf dem Wege über die Oberflächenenergie hat Polanyi durchgeführt[1], und zwar bedient er sich dabei folgender Überlegung, die einer bereits früher von Griffiths[2] durchgeführten ähnlich ist: Beim Reißvorgang werden zwei neue Oberflächen q geschaffen. Die entstehende Oberflächenenergie $2\sigma q$ kann nach dem 2. Hauptsatz nicht größer sein als die zum Reißen des Kristalls aufgewendete Arbeit. Diese Arbeit ist, wenn der Querschnitt 1 ist, gleich dem halben Produkt von Reißspannung Z und der bis zum Bruch nötigen Verlängerung ΔL. Es gilt somit die Ungleichung:

$$Z\Delta L > 4\sigma.$$

____

* Auf einen Ansatz, die Plastizitätsbedingung mit dem kinetischen Zustand des Raumgitters in Zusammenhang zu bringen, gehen wir bei Behandlung der Temperaturabhängigkeit der mechanischen Eigenschaften, S. 139, ein.

Man findet aus dieser Ungleichung einen Grenzwert für die Reißspannung, d. h. die Kohäsion, wenn man berücksichtigt, daß der elastischen Dehnung des Raumgitters Grenzen gesetzt sind, und, wenn
man für die Oberflächenspannung, die ja für den festen Zustand nur
schlecht angebbar ist, wenigstens den Wert für den flüssigen Zustand
annimmt. Es ergeben sich sowohl für Ionengitter als auch
wie im näher gekennzeichneten Falle des Zinks theoretische Reißspannungen, welche die empirisch tatsächlich
gefundenen Reißfestigkeiten außerordentlich stark übertreffen, d. h. also der Bruch tritt schon bei Spannungen ein, die den
molekularen Anziehungskräften durchaus nicht entsprechen.

Zur Deutung dieser Diskrepanzen sind eine ganze Reihe verschiedener Ansichten geäußert worden. Von Polanyi[1] ist vermutet
worden, daß der Reißvorgang nicht in der Weise, wie angedeutet, einfach zu verfolgen ist, sondern daß es sich dabei um Quantensprünge
an der Reißfläche handelt. Eine Konsequenz dieser Anschauung ist es,
daß die Reißfestigkeit mit abnehmender Länge eines Körpers zunimmt,
bis der theoretische Wert bei etwa 1 $\mu\mu$ erreicht ist. Durchgeführt ist
dieser Gedanke nicht weiter. Dagegen sind zwei andere Auffassungen,
die bis zu einem gewissen Grade etwas Gemeinsames haben, eingehender diskutiert worden. Wenn, wie oben geschehen, eine bestimmte Reißspannung berechnet wird, so ist dabei angenommen, daß der betreffende
Körper vollkommen homogen sei, und die Spannung tatsächlich vom
ganzen Körper gleichmäßig zu tragen sei. Diese Voraussetzung muß
näher erörtert werden. Zunächst ist daran zu denken, daß die Atome
ja nicht alle in einem Moment gleichen Abstand voneinander haben,
sondern, da sie in Schwingungen begriffen sind, variieren die Abstände; infolgedessen können die Spannungen, in molekularer Größenordnung betrachtet, keineswegs überall identisch sein. Man kommt so
zu der Auffassung, daß die empirisch ermittelte Festigkeit also einen
zu großen tragenden Querschnitt annimmt. Die Kohäsion an den am
meisten angestrengten Stellen kann also durchaus der berechneten
molekularen Kohäsion entsprechen. Dieser Gedanke ist von Zwicky[3]
entwickelt worden, wird jedoch von Polanyi abgelehnt. Prinzipiell
dieselbe Vorstellung, daß der eigentliche tragende Querschnitt kleiner
sei, wie dies die summarische Berechnung der empirischen Reißspannung annimmt, vertritt eine andere Auffassung, welche wohl am verbreitetsten ist. Diese Auffassung geht auf die schon früher (S. 42) erwähnte Vorstellung zurück, daß wir niemals in einem realen Kristall-
körper den idealen Aufbau eines ganz gleichmäßigen homogenen Raumgitters voraussetzen dürfen, es sind Fehlstellen in den realen Kristallen
vorhanden, Risse u. dgl., die dann besonders gefährlich sein werden,
wenn sie auf die Oberfläche ausmünden. Schon sehr geringe Gesamt-

7*

belastungen führen dann an den tatsächlich schwächsten Stellen eines äußerlich mit konstantem Querschnitt versehenen Körpers zu sehr hohen effektiven Spannungen, welche sehr bald vorhandene Risse erweitern und den Bruch herbeiführen. Diese Anschauung ist von Griffiths, Smekal[4] und Born[5] vertreten worden, ohne daß für Metalle weitere Unterlagen dafür geschaffen wurden. Über die experimentellen Feststellungen an Steinsalz gehen die Ansichten noch auseinander. Von Joffe[6] und seinen Mitarbeitern wurde gefunden, daß, bei der Verformung von Steinsalz unter Wasser, eine Reißfestigkeit, wie sie der berechneten entspricht, auftritt, die er darauf zurückführt, daß durch die Lagerung im Wasser die Spalten und Risse an der Oberfläche, welche zu starken Kerbwirkungen Anlaß geben, in ihrer Auswirkung behindert werden. Ewald und Polanyi[7] führen dagegen die hohe Reißfestigkeit auf einen Verfestigungseffekt infolge der größeren plastischen Verformung des Steinsalzes unter Wasser zurück.

Die Spaltbarkeit der Kristalle ist auch bereits Gegenstand molekulartheoretischer Überlegungen gewesen, die sich jedoch meist nur auf Ionengitter beziehen[8].

Alle die genannten Überlegungen haben für die plastischen polykristallinen Körper erhöhte Bedeutung, wenn ein Korngrenzenbruch bei ihnen eintritt, wobei plastische Verformungen zurück- und Reißvorgänge in den Vordergrund treten. Vgl. S. 139.

Literatur.

[1] Z. Phys. Bd. 7, S. 323. 1921.

[2] Phil. Trans. Roy. Soc. Ld. A. Bd, 221, S. 163. 1920.

[3] Phys. Z. Bd. 24, S. 131. 1923; vgl. ferner Becker: Z. techn. Phys. Bd. 7, S. 547. 1926.

[4] Naturwissensch. Bd. 10, S. 799ff. 1922.

[5] Z. Elchem. Bd. 30, S. 382. 1924.

[6] Z. Phys. Bd. 22, S. 286; Bd. 31, S. 576. 1925; Bd. 35, S. 442ff. 1926.

[7] Ebenda Bd. 28, S. 29; Bd. 31, S. 746. 1925. — Naturwissensch. Bd. 16, S. 1043. 1928.

[8] Vgl. zuletzt Tertsch: Z. Kristallograph. Bd. 65, S. 712. 1927.

°β) Formänderungswiderstand und Kristallstruktur in quasiisotropen Körpern.

1. **Härte und Kristallstruktur.** Über den Zusammenhang zwischen Kristallstruktur und den Fließvorgängen bei Metallen hat man Überlegungen angestellt, die meist eine Beziehung zwischen Härte und Struktur zu erschließen suchen. Diese Überlegungen sind von sehr verschiedenen Seiten ausgeführt, und es muß darauf hingewiesen werden, daß häufig unter Härte ganz verschiedene Dinge verstanden wurden. Bei Metallen handelt es sich (selbst wenn vorwiegend die Ritzhärte diskutiert wird) um einen Formänderungswiderstand, und die folgenden Überlegungen können auch allgemein auf diesen bezogen werden. Streng muß natürlich unterschieden werden zwischen Härte

und Kompressibilität (vgl. diese S. 58). Bei Betrachtung dieser Eigenschaften sollte ferner in irgendeiner Form der Temperaturabhängigkeit derselben Rechnung getragen werden. Wir geben hier die interessanten Überlegungen von E. Friedrich[1] wieder.

Die Härte, wir sagen vielleicht genauer der Widerstand auf den Gleitebenen wird hiernach zunächst proportional gesetzt dem Quadrat der Anzahl der Bindungen zwischen den Atomen, und zwar wird diese Bindungszahl identifiziert mit der Wertigkeit. Diese wichtige Annahme einer Wertigkeit des metallischen Zustandes im Kristall finden wir auch an anderer Stelle (vgl. S. 217, 244) wieder. Die Einbeziehung der Valenzen hatte übrigens schon Tammann[2] Gelegenheit gegeben, die Plastizität im periodischen System zu diskutieren. Das Quadrat der Wertigkeit kommt durch die Annahme zustande, daß die Wertigkeit der Ladung der Atome entspricht und das Coulombsche Gesetz gilt. Der Widerstand auf den Gleitebenen wird ferner umgekehrt proportional zur Größe $A^{\frac{2}{3}}$ angenommen, wo A das Atomvolumen ist. Die Gültigkeit dieser Formel wurde zunächst untersucht an solchen Metallen, deren ausgesprochene Wertigkeit auch im Raumgitter sich unverändert auswirken dürfte. Es zeigte sich, daß der Ansatz um so besser stimmt, je mehr das betreffende Metall noch metalloide Eigenschaften aufweist.

Aus der Tatsache, daß bei den rein metallischen Stoffen die Härte geringer als berechnet ausfällt, wurde geschlossen, daß die Bindung hier nicht der betreffenden Wertigkeit nach dem periodischen System entspricht, sondern geringer ist. Es wird angenommen, daß die Verminderung der Valenzelektronen durch die Abspaltung von Elektronen bedingt ist, welche als freie Elektronen die elektrische Leitung besorgen. Bei dem engen Zusammenhang zwischen Formänderungswiderstand und elektrischem Widerstand ist dieser Ansatz bemerkenswert, er führt auch die Erhöhung beider Widerstände bei Bildung von Mischkristallen auf Abnahme freier Elektronen zurück. Das wichtigste an diesen Überlegungen ist, daß man schließen müßte, der Widerstand auf den Gleitebenen hänge in nicht zu komplizierter Weise von den Coulombschen Raumgitterkräften ab. Es fragt sich bezüglich der Schlüssigkeit all dieser Überlegungen nur, wie weit die Ergebnisse bei weitergehender Berücksichtigung der starken Temperaturabhängigkeit der Härte sich aufrechterhalten lassen.

Literatur.

[1] Friedrich, E.: Über die Härte anorganischer Verbindungen und der Elemente. Fortschr. d. Chem., Physik u. physikal. Chem. Bd. 18, H. 12. 1926; Bornträger: vgl. ferner A. Reiß und L. Zimmermann: Z. physik. Chem. Bd. 102, S. 298. 1922; Z. Kristallogr. Bd. 57, S. 449. 1923.

[2] Nachrichten der Gesellschaft der Wissenschaften zu Göttingen 1917, S. 247; vgl. ferner Korff, Science 67, 370. Ref. Chem. Zentralblatt 28 I, 2689.

2. Die Plastizitätsbedingung im homogenen Festkörper.
Wie wir gesehen haben, besteht das plastische Fließen in einer Verschiebung von Materialschichten gegeneinander. Bei einem einachsigen Spannungszustand ist die Plastizitätsbedingung recht einfach anzugeben. Man hat die wirkende Spannung, also z. B. die Zugspannung, in zwei Komponenten zu zerlegen, von denen die eine als
Schubspannung in der Ebene oder Fläche der Gleitung wirkt, während
die Restkomponente normal dazu zu nehmen ist. Wenn der Körper
homogen ist und in jedem Schnitt Flächen besitzt, welche als Gleitflächen funktionieren können, ist leicht einzusehen, daß die Gleitung in
einer Ebene beginnt, welche um 45^0 gegen die Zugrichtung geneigt ist.

P_0 sei die Kraft, F_0 die Fläche, auf die sie wirkt, $\frac{P_0}{F_0} = \sigma_x$ sei die Zugspannung,
τ die Schubspannung, letztere in bezug auf eine Schubfläche genommen, welche
um $(90-\varphi)^0$ gegen F_0 geneigt ist. Es ergibt sich

$$\tau = P_0 \cdot \sin \varphi \cdot \frac{\cos \varphi}{F_0} \; ;$$

$$\tau = \sigma_0 \cdot \sin \varphi \cdot \cos \varphi = \frac{1}{2} \sigma_0 \cdot \sin 2\varphi \, .$$

τ erhält seinen größten Wert, wenn $2\varphi = 90^0$.

Das Verhältnis von Zug- und Schubspannungen kann nach Mohr[1]
sehr übersichtlich folgendermaßen dargestellt werden (Abb. 84): In
einem Koordinatensystem werden die Werte von σ_φ und τ_φ eingetragen, die zu dem doppelten Winkel 2φ der
Schubflächen gegen die Stabachse gehören; die
größte Zugspannung wirkt dann, wenn der
Winkel $2\varphi = 180^0$ ist. Außerdem ist dann auch
die Schubspannung $= 0$. Diese Zugspannung
wird als Hauptspannung bezeichnet. Aus obigen
Beziehungen folgt, daß die Schubspannungen τ_φ,
die zu den Normalspannungen σ_φ gehören, gegeben werden durch die Ordinatenabschnitte,
welche ein Kreis mit dem Radius $\frac{1}{2}\sigma_x$ um den
Halbierungspunkt von σ_x ergibt. Insbesondere

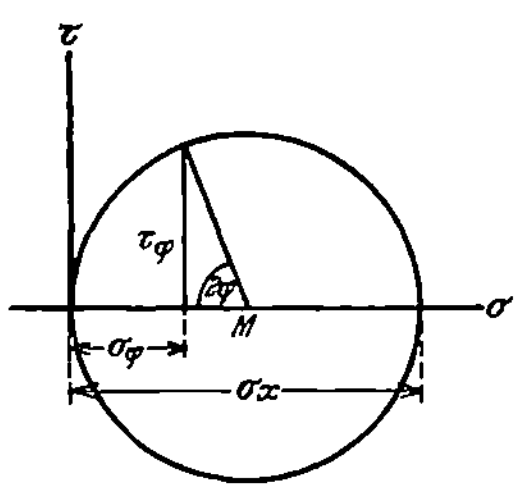

Abb. 84. Mohrscher Kreis für
den einachsigen Spannungszustand (Föppl).

ist ersichtlich, daß die größte Schubspannung τ_φ bei $2\varphi = 90^0$ vorliegt.
Aus der Abbildung folgt sofort, daß bei Zunahme von τ_φ um 2 Rechte τ_φ
nochmals denselben Wert erhält. Diese Schubspannungen, die in um
90^0 gegeneinander gedrehten Ebenen vorkommen, heißen zugeordnete
Schubspannungen; sie sind einander gleich.

Wenn kein einachsiger Spannungszustand vorliegt, erhebt
sich die Frage, wie denn dann der Eintritt des Fließens von dem vorhandenen Spannungsfeld abhängig ist. Man muß sagen, daß von der
Auffassung des molekularen Kraftfeldes her es von vornherein sehr
wahrscheinlich ist, daß ein Einfluß aller Elemente des Span-

nungszustandes auf den Eintritt des Fließens möglich ist. Durch die Gesamtheit des Spannungszustandes ist ja eine elastische Verformung des gesamten Raumgitters erfolgt, und die Schiebung auf irgendeiner als Gleitebene funktionierenden Fläche muß von der elastischen Anspannung an dieser Fläche abhängen. Von vornherein ist auch zu sagen, daß in erster Linie natürlich die Schubspannung auf dieser Ebene für das Eintreten der Gleitung maßgebend sein wird.

Die historische Entwicklung dieses Problems ist nun in der Tat so erfolgt, daß man, ausgehend von den einfachsten Annahmen, etwa der, daß auch bei einem mehrachsigen Zustand nur die größte Schubspannung auf den Gleitebenen (wie beim einachsigen Spannungszustand) für den Eintritt der Gleitung maßgebend sei, allmählich genötigt gewesen ist, eine schrittweise Erweiterung dieser Auffassung bis zu dem oben genannten allgemeinen Standpunkt vorzunehmen.

Der allgemeinste Spannungszustand ist dadurch gegeben, daß in allen Richtungen des Raumes im allgemeinen Zug- oder Druckspannungen sowie Schubspannungen wirken. Wir haben dann im allgemeinen in drei Richtungen der Koordinatenachsen bestimmte Komponenten der Spannungen. Immer lassen sich in Analogie zu dem Fall des einachsigen Spannungszustandes dann drei aufeinander senkrecht stehende Richtungen angeben, in denen die Schubspannungen 0 sind. Die Zug- oder Druckspannungen, die in den genannten Richtungen wirken, heißen auch hier wieder Hauptspannungen.

Im spezielleren ebenen Spannungszustand (Abb. 85) können die Verhältnisse noch besser übersehen werden. Wählen wir als Koordinatenachsen die Hauptspannungen σ_x und σ_y, so seien in der Fläche F, die um φ gegen die x-Achse geneigt ist, die Spannungen σ_φ und τ_φ übertragen, deren Zusammenhang mit σ_x und σ_y folgendermaßen abzuleiten ist: Es gilt

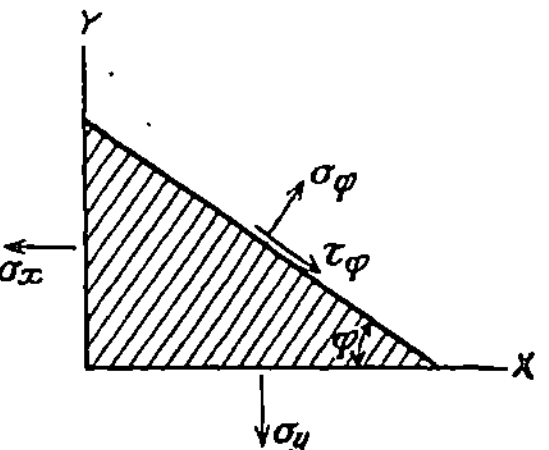

Abb. 85. Normal- und Schubspannung im ebenen Spannungszustand (Föppl).

$$\sigma_x \cdot F \cdot \sin \varphi = \sigma_\varphi \cdot F \cdot \sin \varphi + \tau_\varphi \cdot F \cos \varphi \,,$$

$$\sigma_y \cdot F \cdot \cos \varphi = -\tau_\varphi \cdot F \cdot \sin \varphi + \sigma_\varphi \cdot F \cdot \cos \varphi \,,$$

und es folgt daraus

$$\tau_\varphi = \frac{\sigma_x - \sigma_y}{2} \cdot \sin 2\varphi \,.$$

Nach Mohr ergibt sich daraus in Analogie zu dem auf S. 102 Gesagten die in Abb. 86 mitgeteilte Zeichnung des Spannungskreises. Auch hier sind überall die einander zugeordneten Schubspannungen gleich.

Im ebenen Spannungszustand kann der Fall der reinen Schubbeanspruchung eintreten, wenn nämlich die beiden Hauptspannungen gleich groß und von entgegengesetztem Vorzeichen sind. Es ist dies aus der Mohrschen Darstellung ohne weiteres ersichtlich, die Schubspannung ist dann gleich den beiden Hauptspannungen.

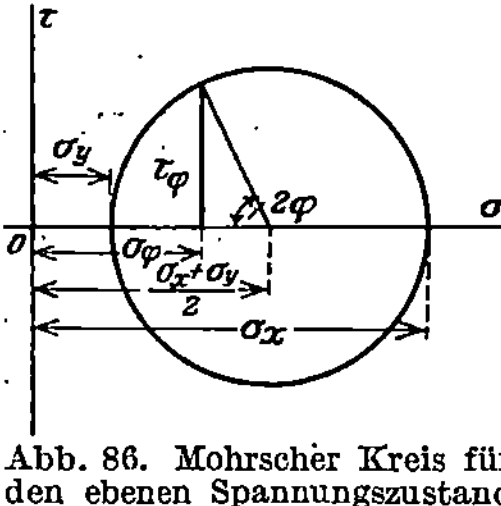

Abb. 86. Mohrscher Kreis für den ebenen Spannungszustand (Föppl).

Die Darstellung eines dreiachsigen Spannungszustandes gestaltet sich dann, wie Abb. 87 zeigt, σ_1, σ_2, σ_3 sind die drei Hauptspannungen, ihrer Größe nach geordnet. Die Analogie zu den Mohrschen Darstellungen des ein- und zweiachsigen Spannungszustandes ergibt sich ohne weiteres, wenn man eine oder zwei dieser Hauptspannungen 0 werden läßt. Von besonderem Interesse ist der Höchstwert der Schubspannungen, der in Analogie zu unserer

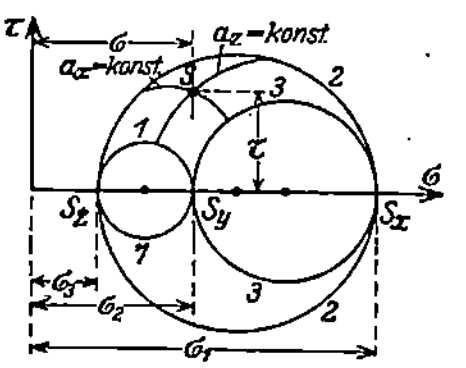

Abb. 87. Mohrscher Kreis für den dreiachsigen Spannungszustand (Nadai).

Ableitung beim zweiachsigen Zustand sich als halbe Differenz der größten und kleinsten Hauptspannung in der Ebene, die um 45° gegen beide geneigt ist, ergibt.

$$\tau_{\max} = \frac{\sigma_1 - \sigma_3}{2}.$$

Die Auffassung, daß die größte Schubspannung für den Eintritt des Fließens verantwortlich sei, wurde von Coulomb[2] zuerst ausgesprochen. Nach der eben angegebenen Beziehung ist diese Aussage gleichbedeutend damit, daß man die größte Differenz der Hauptspannungen als verantwortlich für den Eintritt des Fließens ansieht. Die Erfahrung zwang bald dazu, demgegenüber den Hauptspannungen selbst einen Einfluß einzuräumen. Mohr machte den Eintritt des Fließens von der Schubspannung und der Normalspannung auf der Fließebene abhängig. In dem von Mohr gebrauchten $\sigma\tau$-Koordinatensystem kann danach eine Kurve gezeichnet werden, die zu jedem σ ein bestimmtes τ zuordnet,

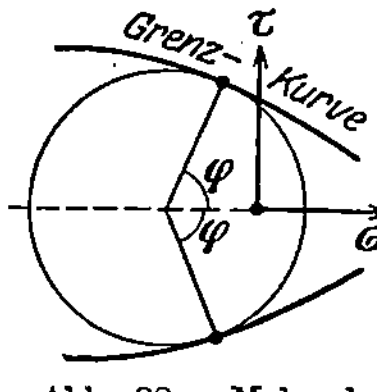

Abb. 88. Mohrsche Plastizitätsbedingung (Nadai).

welche Größen bei einem bestimmten Spannungszustand die Grenzwerte darstellen, bei deren Überschreiten das Fließen eintritt. Die zu den einzelnen Punkten der Kurve, die aus zwei symmetrisch zur σ-Achse gelagerten Ästen besteht, gehörigen Spannungszustände werden durch die Spannungskreise dargestellt, deren Umhüllende die genannte $\sigma\tau$-Kurve bildet (Abb. 88). Aus dem Diagramm geht hervor, daß z. B. die Fließgrenze eines Körpers durch gleichzeitig wirkenden allseitigen Druck erhöht werden sollte. v. Kármán[3] und Böcker[4] haben an Marmor diesen Einfluß nachgewiesen. Bei sehr plastischen Körpern, die also unter geringen Spannungen fließen, ist nach der Mohrschen Kurve ein Verschwinden des Einflusses der Normalspannungen zu erwarten, in diesem Sinne ist offenbar die Feststellung von Polanyi und Schmid (vgl. S. 108) zu werten, die bei Zinkeinzelkristallen keinen Einfluß eines hydraulischen Druckes auf die Fließgrenze feststellen konnten. Auch aus der atomistischen Vorstellung ergibt sich, daß bei kleinen Schubwiderständen die Wirkung von Normalspannungen klein werden muß.

Der Winkel φ zwischen der σ-Achse und den Radien dieser Kreise (Abb. 88) durch den Berührungspunkt mit der Umhüllenden gibt den Winkel, den die Schubflächen mit der Stabachse bilden. Es gehört mit zu den größten Erfolgen der Mohrschen Theorie, die tatsächlich vorhandene Variabilität zwischen den Winkeln der Schubflächen als Konsequenz zu entwickeln.

Einen Einfluß der mittleren der drei Hauptspannungen auf den Beginn des Fließens räumt die Mohrsche Auffassung nicht ein. Ein solcher hat sich aber nun feststellen lassen. Guest[5] und Lode[6] haben Zugversuche an Rohren ausgeführt, die gleichzeitig durch einen hydraulischen Druck beansprucht waren. Es können auf diese Weise die mittleren Hauptspannungen meßbar variiert werden.

Von den Hauptspannungen in einem so beanspruchten Rohre liegen in seiner Längsachse σ_1, in der Richtung des Radius σ_1 und tangential zu ihnen σ_2. σ_3 kombiniert sich aus dem angebrachten Zug g und dem hydraulischen Druck p, falls letzterer infolge der Anordnung der Kraft sich auf den Zugstab auswirken kann, folgendermaßen:

$$\sigma_1 = \frac{g + \pi R^2 p}{\pi (R + r)^2 - \pi R^2},$$

worin r die Wandstärke und R der innere Rohrradius sind. σ_r ist an der Wand direkt gleich dem Flüssigkeitsdruck p auf die innere Wand, außen 0, im Mittel $\dfrac{-p}{2}$. Für σ_2 gilt nach Abb. 89

$$2 \cdot p \cdot l \cdot R = \sigma_2 \cdot 2 \cdot l \cdot r .$$

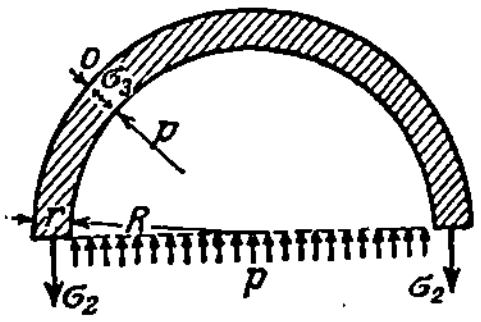

Abb. 89. Druckverteilung in einem Rohr (nach Sachs-Fiek).

Bei ein und demselben Rohr kann, wie man sieht, das Verhältnis der drei Hauptspannungen zueinander durch geeignete Wahl von g und p variiert werden. Die Variation der mittleren Hauptspannung geht von dem Werte der größten bis zu dem der kleinsten Hauptspannung. Diese Variation kann durch eine Zahl μ beschrieben werden, die definiert ist durch die Gleichung

$$\sigma_2 = \frac{\sigma_1 + \sigma_3}{2} + \mu \cdot \frac{\sigma_1 - \sigma_3}{2} .$$

Bei den Versuchen ist nun noch damit zu rechnen, daß die Verfestigung, die gemäß der Voraussetzung unserer Überlegungen ausgeschaltet werden sollte, doch tatsächlich eintritt, besonders wenn so verfahren wird, wie Guest und Lode dies taten, indem sie an denselben Eisenrohren mehrere Belastungsversuche nacheinander vornahmen. Man kann dann so vorgehen, daß man die größte Differenz der Hauptspannungen σ_1 und σ_3, die den Fließvorgang doch in erster Linie bestimmt, und deren Abhängigkeit von σ_2 man feststellen will, nicht bezüglich ihres Absolutwertes untersucht, sondern in ihrem Verhältnis zur Zugspannung σ_z. Dies Verhältnis sollte von der Verfestigung jedenfalls in erster Näherung unabhängig sein. Das Ergebnis der Versuche von Lode ist in Abb. 90 ($\cdot \times \bigcirc$) unter Berücksichtigung dieser Umstände dargestellt. Man sieht, daß

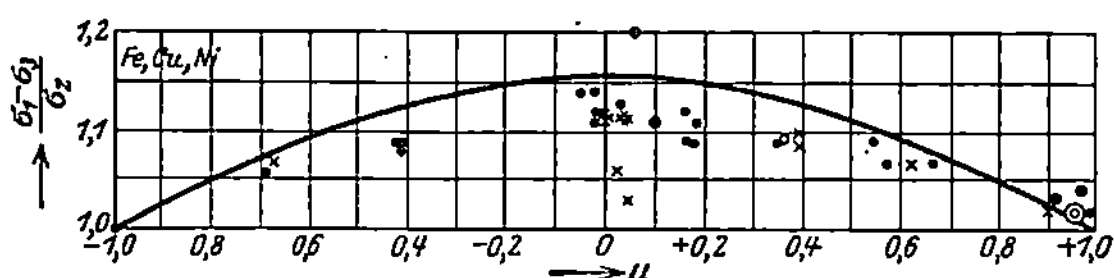

Abb. 90. Abhängigkeit des Fließbeginns von den Hauptspannungen nach Lode (Nadai).

$$\frac{\sigma_1 - \sigma_3}{\sigma_z}$$

tatsächlich von μ, d. h. von σ_2 abhängt.

Statt der Mohrschen Darstellung bietet bei komplizierteren Verhältnissen eine andere Darstellung Vorteile. Wir zeichnen ein räumliches Koordinatensystem, auf dessen Achsen die Hauptschubspannungen aufgetragen werden. Für die größten Schubspannungen gilt:

$$\tau_1 = \frac{\sigma_2 - \sigma_3}{2}, \qquad \tau_2 = \frac{\sigma_3 - \sigma_1}{2}, \qquad \tau_3 = \frac{\sigma_1 - \sigma_2}{2}. \quad \text{(Abb. 91.)}$$

Ihre Summe ist $= 0$. Diese Bedingung ist gleichbedeutend damit, daß ihre Werte durch eine schiefe Ebene vorgeschrieben sind, welche die in dem Koordinatensystem gezeichnete Lage hat. Nimmt man für die Plastizitätsbedingungen die Schubspannungstheorie in Anspruch, so heißt dies, daß die Schubspannungen in den Richtungen der Koordinatenachsen einen gleichen Maximalwert besitzen, der nicht überschritten werden kann, ohne daß das Material fließt. Der geometrische Ort für alle konstanten τ-Werte ist ein Würfel von der im Koordinatensystem gezeichneten Lage. Die Schnitte der schiefen Ebene mit dem Würfel liefern die tatsächlich nach der Schubspannungstheorie möglichen Schubspannungswerte für das Eintreten der Plastizität.

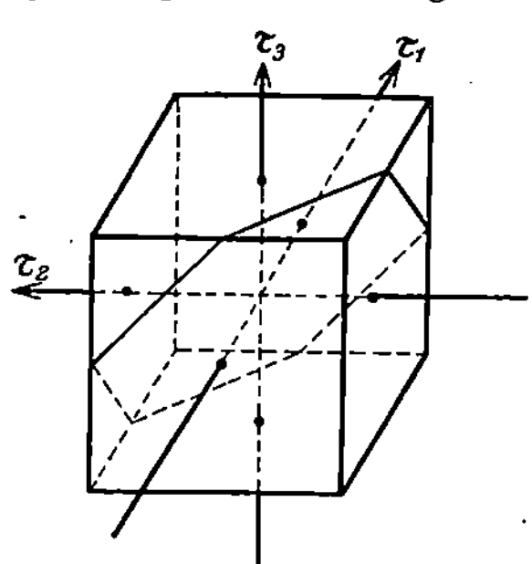

Abb. 91. Plastizitätsbedingung nach der Schubspannungstheorie (nach v. Mises).

Von Mises[7] hat nun statt der Bedingungen

$$\tau_{\max} = \text{konst.}$$

die folgende eingeführt:

$$\tau_1^2 + \tau_2^2 + \tau_3^2 = 2\,k^2,$$

wonach also die Schubspannungstheorie durch eine Annahme ersetzt ist, welche auch den anderen Spannungsgrößen einen Einfluß einräumt. Diese Gleichung stellt eine Kugel dar, die auf der Ebene

$$\tau_1 + \tau_2 + \tau_3 = 0$$

einen Kreis abschneidet, der nun alle möglichen Werte angibt, die den Eintritt der Plastizität bedingen. Dieselbe Plastizitätsbedingung kann auch in einem Koordinatensystem dargestellt werden, in dem die Koordinatenachsen die Hauptspannungen sind.

Diese Bedingung hat nun noch eine weitergehende physikalische Bedeutung. Sind ε_1, ε_2, ε_3 die Hauptdehnungen und ν die Poissonsche Konstante des betreffenden Materiales, so ist

$$\frac{\sigma_1 \cdot \varepsilon_1 + \sigma_2 \cdot \varepsilon_2 + \sigma_3 \cdot \varepsilon_3}{2}$$

die elastische Formänderungsarbeit bei Aufbringung der Hauptspannungen σ_1, σ_2, σ_3 (vgl. S. 73). Ist E der Elastizitätsmodul, so ergibt sich aus

$$E \cdot \varepsilon_1 = \sigma_1 - \nu (\sigma_2 + \sigma_3)$$
$$E \cdot \varepsilon_2 = \sigma_2 - \nu (\sigma_3 + \sigma_1)$$
$$E \cdot \varepsilon_3 = \sigma_3 - \nu (\sigma_1 + \sigma_2)$$

die Beziehung

$$\frac{1}{2\,E} [\sigma_1^2 + \sigma_2^2 + \sigma_3^2 - 2\,\nu\,(\sigma_1 \cdot \sigma_2 + \sigma_2 \cdot \sigma_3 + \sigma_3 \cdot \sigma_1)] \,.$$

Von dieser gesamten Formänderungsarbeit kann man noch die Arbeit

$$\frac{(\sigma_1 + \sigma_2 + \sigma_3)\,(\varepsilon_1 + \varepsilon_2 + \varepsilon_3)}{6} = \frac{(1 - 2\,\nu)\,(\sigma_1 + \sigma_2 + \sigma_3)^2}{6\,E}$$

in Abzug bringen, welche nur mit einer Veränderung des Rauminhaltes verbraucht wird. Für die Änderung der Gestalt bleibt dann der Arbeitsbetrag

$$\frac{1}{6\,G} [\sigma_1^2 + \sigma_2^2 + \sigma_3^2 - (\sigma_1 \cdot \sigma_2 + \sigma_2 \cdot \sigma_3 + \sigma_3 \cdot \sigma_1)]$$

übrig, worin G der Schubmodul

$$G = \frac{E}{2\,(1 + \nu)}$$

ist. Dieser Ausdruck geht in

$$\frac{1}{12\,G} [(\sigma_1 - \sigma_2)^2 + (\sigma_2 - \sigma_3)^2 + (\sigma_3 - \sigma_1)^2]$$

und schließlich in

$$\frac{1}{3\,G} (\tau_1^2 + \tau_2^2 + \tau_3^2)$$

über. Man sieht, daß in der von v. Mises eingeführten Plastizitätsbedingung dieser Ausdruck wiederkehrt, d. h. also, man kann die von Mises eingeführte Bedingung auch so ausdrücken, daß man sagt: Die Plastizität tritt ein, wenn ein ganz bestimmter Betrag an Formänderungsenergie durch einen Körper aufgenommen ist.

Wertet man nach diesem Ansatz, der also allen Hauptspannungen einen Einfluß einräumt, die Lodeschen Versuche aus, so ergibt sich eine Kurve, wie sie in der Abb. 90 gezeichnet ist. Man sieht, daß diese Kurve die Versuchsergebnisse tatsächlich gut wiedergibt.

Es hat den Anschein, als ob die Überlegungen über die Plastizitätsbedingungen ihre endgültige Lösung in energetischen Ansätzen, wie soeben ein solcher gekennzeichnet wurde, finden würden. Dabei darf aber nicht verkannt werden, daß dem Wesen nach diese Ansätze keineswegs rein energetisch sind. Darin dürfte aber gerade ihr Wert bestehen, denn es scheint notwendig, daß eine Plastizitätsbedingung einen Spannungszustand tatsächlich genauer im einzelnen beschreiben muß, als eine allgemein ausgesprochene energetische Bedingung dies tun kann. Im obigen Ansatz ist die reine Volumenänderungsenergie ausgeschaltet. Es erscheint dies durchaus nicht als die natürlichste Auffassung. Ein älterer Ansatz von Beltrami[8] berücksichtigt die Volumenänderungsenergie ganz, Huber macht diese Berücksichtigung von Besonderheiten der Verformung abhängig. Schleicher[9] gibt noch einen spezielleren Ansatz.

Literatur.

Föppl, A. u. O.: Grundzüge der Festigkeitslehre. Leipzig: B. G. Teubner 1923. — Nadai, A.: Der bildsame Zustand der Werkstoffe. Berlin: Julius Springer 1927.

[1] Abhandl. aus dem Gebiet der technischen Mechanik. 2. Aufl. Ernst & Sohn 1914.

[2] 1776. Mém. pres. par div. savants Paris.

[3] Forschungsarbeiten d. VdI 1912, H. 118.

[4] Ebenda 1915, H. 175/176.

[5] Phil. Mag. (5) Bd. 50, S. 69. 1900.

[6] Z. Phys. Bd. 36, S. 913. 1926.

[7] Nachr. d. Ges. d. Wiss. Göttingen, Math.-Phys. Kl. 1913, S. 582; vgl. Hencky: Z. ang. Math. Mech. Bd. 4, S. 323. 1924.

[8] Opere mathematiche Bd. 4. 1920. 1885.

[9] Z. ang. Math. Mech. Bd. 6, S. 199. 1926.

Weitere Literatur s. bei Lode u. Schleicher. Einen weiteren Vorschlag zur Plastizitätstheorie vgl. Körber u. Siebel, Naturwissensch. Bd. 16, S. 408. 1928.

γ) Die Verformung der Einzelkristalle. Im Kristall sind die Flächen und Richtungen, längs denen Gleitungen erfolgen, vorgeschrieben. Die Feststellungen darüber finden sich in Zahlentafel 9. Bei den meisten Materialien existiert ein bevorzugtes Gleitebenensystem und eine ebensolche Gleitrichtung, daneben meist ein zweites System. Wenigstens bezüglich der Gleitrichtungen ist festgestellt, daß die Reihenfolge in der Bevorzugung von der Temperatur abhängen kann[1]. Als allgemeinstes Gesetz hat sich ergeben, daß die dichtest besetzten Gitterebenen als bevorzugte Gleitflächen, die dichtest besetzten Geraden als bevorzugte Gleitrichtungen funktionieren.

Zahlentafel 9.
Gleitflächen und Gleitrichtungen von Metallkristallen.

Kristallsystem	Metall	Gleitflächen	Gleitrichtungen	Dichtest besetzte Fläche	Dichtest besetzte Richtung
Hexagonal	Zn[1]	1. (0001) 2. $(10\bar10)$	$[10\bar10]$	1. (0001) 2. $(10\bar10)$	$[10\bar10]$
Rhomboedrisch . . .	Te[7]	$(10\bar10)$ wahrsch.	$[10\bar10]$ wahrsch.	(0001)	$[1010]$
Tetragonal	Sn[2]	1. (100) 2. (100) 3. (110)	$[001]$ $[011]$ $[111]$	(100) (110)	$[001]$
Kubisch flächenzentr.	Al[4], Cu, Ag, Au	(111)	$[101]$	(111)	$[101]$
Kubisch raumzentriert	W[5] Fe[6] }	?	$[111]$	(111)	$[111]$
Rhomboedrisch (nahezu kubisch). .	Bi[7]	(111)	$[101]$	(111)	$[101]$

Literatur (zu Zahlentafel 9).
[1] Mark, Polanyi u. Schmid: Z. Phys. Bd. 12, S. 68. 1922.
[2] Mark u. Polanyi: Ebda. Bd. 18, S. 75. 1923.
[3] Polanyi u. Schmid: Ergebn. d. exakt. Naturwissensch. Bd. 2, S. 177. 1923.
[4] Taylor u. Elam: Proc. Roy. Soc. (Ld.) A. Bd. 102, S. 643. 1923.
[5] Goucher: Phil. mag. (6) Bd. 48, S. 229, 800. 1924.
[6] Pfeil u. Edwards: J. Iron Steel Inst. Bd. 109, S. 129. 1924. — Taylor u. Elam: Proc. Roy. Soc. A. Bd. 112, S. 289. 1926.
[7] Schmid u. Wassermann: Z. Phys. Bd. 46, S. 653. 1928.

Auf diesen Gleitflächen ist ein ganz bestimmter Widerstand zu überwinden, damit eine Abgleitung eintritt. Die bis jetzt festgestellten Schubspannungen finden sich in Zahlentafel 10. Diese Schubspannungen sind von den herrschenden Normalspannungen in ziemlich weitem Bereiche unabhängig (vgl. S. 105), so daß also die Schubspannungstheorie in diesen Bereichen erfüllt ist[2].

Zahlentafel 10. Schub- und Reißspannungen von Einkristallen auf ihren Hauptgleitflächen[1].

Metall	Temp. °C	Schubspannung $\frac{g}{mm^2}$	Reißspannung $\frac{g}{mm^2}$
Zn	− 185	126	180
	20	36	
Bi	− 80	> 625	324
	20	221	324
Al	200 bis F. P.	101	
	20	300	

Literatur (zu Zahlentafel 10).
[1] Vgl. hier die Zusammenstellung von E. Schmid: Z. Metallkunde Bd. 19, S. 154. 1927. — Proc. of Intern. Congr. Appl. Mech. 1924 Delft; 1926 Zürich.

Aus der Tatsache, daß in Kristallen die Gleitflächen und Richtungen vorgeschrieben sind und die Schubspannungen bestimmte Werte haben, folgt, daß die zur Einleitung von Verformungen anzulegenden Kräfte von den Orientierungen des Kristalles zur Kraftrichtung abhängen.

Wir hatten oben (S. 102) gesehen, daß in einem isotropen, als homogen angenommenen Körper bei Vorliegen eines einachsigen Spannungszustandes die Schubspannungen einen größten Wert in den um 45 Grad gegen die Zugrichtung geneigten Ebenen erreichen. Liegt nun z. B. die als Gleitebene funktionierende Fläche eines einachsigen Kristalls um 45 Grad geneigt gegen die Zugrichtung vor, und liegt auch die Gleitrichtung in der Zugrichtung, dann wird bei der verhältnismäßig geringsten Zugspannung eine Translation eintreten. In allen anderen Fällen ist eine größere Zugkraft zur Erzielung der notwendigen Schubkomponente nötig. Bei einzelnen Materialien ist schon genau festgestellt worden, in welcher Weise sich diese Spannungen mit der Orientierung ändern.. In Abb. 92 ist für regulär flächenzentrierte Metalle nach Schmid[3] ein Raumdiagramm mitgeteilt, welches die Formänderungswiderstände nach bestimmten Richtungen angibt.

Auch der weitere Verlauf einer Verformung und damit **Festigkeit und Dehnung** sind beim Einkristall vektoriell bedingt. Für Aluminium[4] zeigen dies die Diagramme Abb. 93 und 94, unter Anwendung der stereographischen Projektion (S. 43). Bei Eisenkristallen liegen die Festigkeiten meist bei 14,8 bis 16,8 kg/mm[2]. Einzelne Orientierungen zeigen Werte von 18 bis 24 kg/mm[2] [5].

Abb. 92. Fließgefahrkörper regulär flächenzentrierter Metallkristalle (nach Schmid).

Im einzelnen wird die Frage, inwiefern die vektorielle Bedingtheit des Formänderungsvorganges den Verlauf desselben beeinflußt, durch

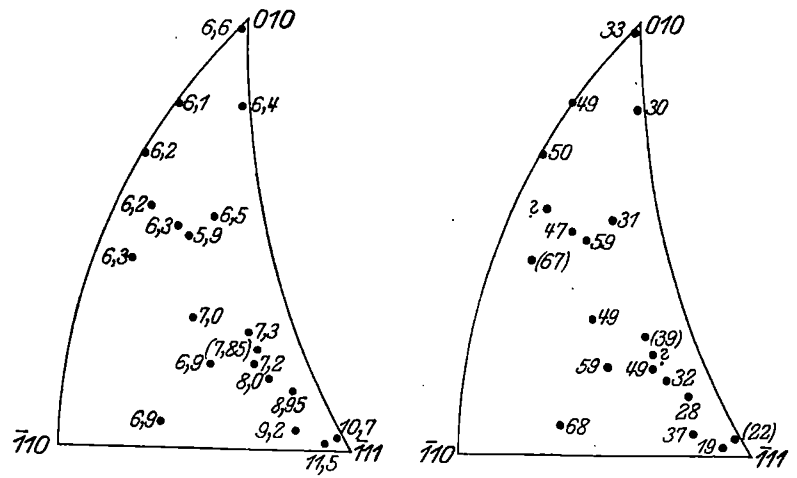

Abb. 93. Festigkeit von Al-Kristallen in kg/mm² (nach Karnop u. Sachs).

Abb. 94. Gleichmäßige Dehnung von Al-Kristallen in % (nach Karnop u. Sachs).

folgende Überlegungen geklärt. Wir setzen dabei zunächst voraus, die Schubspannung ändere sich im Verlauf der Gleitung nicht, und sehen dann nach, inwieweit die Beobachtung die daraus folgenden Konsequenzen bewahrheitet (E. Schmid[6]).

Im Anfang λ_0, später λ, sei der Winkel zwischen Drahtachse und Gleitrichtung, δ_0 im Anfang, später δ der Winkel zwischen Drahtachse und Gleitfläche. τ sei die Schubspannung in der Gleitrichtung. Die Komponente der Last Q in der Gleitrichtung ist $Q\cdot\cos\lambda_0$, die Größe der Gleitfläche ist, wenn der Querschnitt des Kristalls gleich 1 gesetzt ist, $\dfrac{1}{\sin\delta_0}$. Eine Schiebung erfolgt, wenn

$$\frac{\tau}{\sin\delta_0} = Q\cdot\cos\lambda_0 .$$

Während der Gleitung stellt sich nun der Kristall so, daß die Gleit-richtung in die Zugrichtung kommt und die Gleitebene sich der Zugrichtung nähert. (S. 67.) Wenn wir nun den ersteren, zunächst vorwiegenden Effekt betrachten, können wir $\dfrac{\tau}{\sin\delta}$ konstant setzen, zur Aufrechterhaltung der Schiebung kann also Q im Verhältnis, wie $\cos\lambda$ größer wird, verkleinert werden, auch die Effektivspannung sinkt im allgemeinen unter obiger Voraussetzung zunächst. Erst wenn sich die Gleitrichtung in Zugrichtung eingestellt hat, wirkt sich eine etwaige Veränderung des Winkels δ eindeutig so aus, daß eine Verkleinerung desselben eine Erhöhung des Formänderungswiderstandes bedeutet. Es ist also ein Effektivspannungs-Diagramm abgeleitet für die Deh-

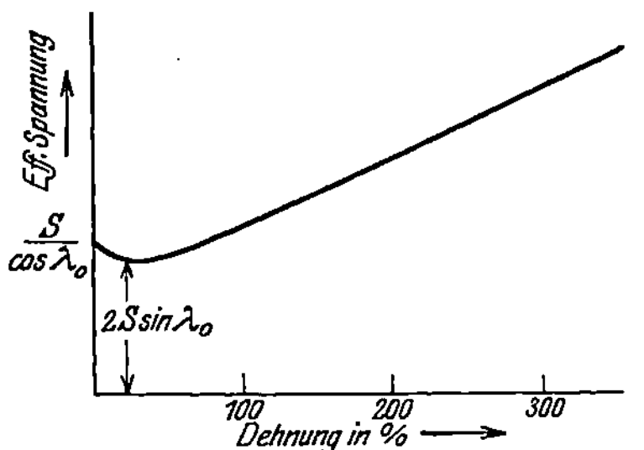

Abb. 95. Dehnungskurve eines Einkristalles, berechnet (Einfluß der Orientierung) (nach Schmid).

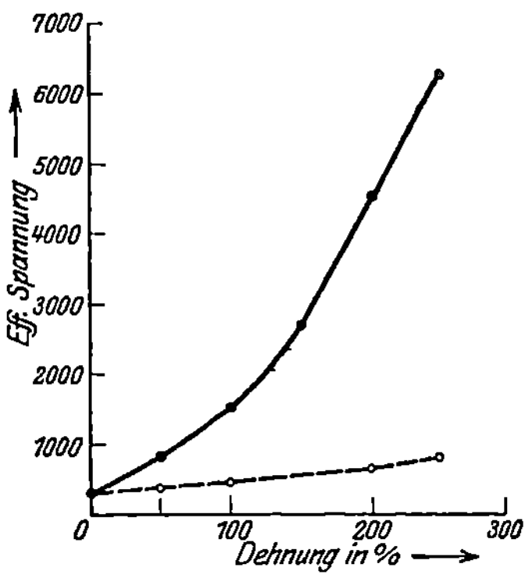

Abb. 96. Experimentell gefundene Dehnungs-kurve für einen Einkristall (ausgezogen). Die gestrichelte Kurve gibt für den Einfluß der Orientierung berechnete Werte (nach Schmid).

nung eines einachsigen Einkristalls, wie es Abb. 95 für $\lambda_0 = 60^{\,0}$ zeigt. Zu erwarten wäre das Auftreten eines Minimums, wodurch sich das Diagramm von dem eines isotropen oder quasiisotropen Körpers im allgemeinen prinzipiell unterscheiden würde.

In Wirklichkeit ist ein solches Diagramm nicht aufgefunden worden, sondern ein Diagramm für Zink, wie es Abb. 96 zeigt, weist eine ein-sinnige Steigerung der Fließspannung auf. Die für den Einfluß der Orientierung ähnlich wie oben berechneten Werte der Spannungen gibt die gestrichelte Kurve. Es folgt daraus, daß offenbar bei den bis jetzt untersuchten Fällen die obengenannten Voraussetzungen über das Vorliegen eines ideal plastischen Körpers nicht zutreffen. Die auftretenden Spannungen werden offenbar durch die Verfestigungen auf den Gleitflächen in den untersuchten Fällen so stark erhöht, daß die Orientierungseinflüsse in ihrer feineren Auswirkung dadurch sehr stark überlagert werden. Sicher ist bei ausgesprochener Kaltverformung im allgemeinen die Verfestigung infolge Gleitebenenverkrümmung viel stärker als die Orientierungsverfestigung.

Bei nicht einachsigen, insbesondere bei regulären Kristallen sind mehrere Gleitebenensysteme derselben Indizierung vorhanden. Dies führt dazu, daß sich die Gleitflächen nicht in die Zugrichtung einstellen können. Wenn nämlich ein Gleitebenensystem bei fortschreitender Gleitung allmählich in eine zur Kraftrichtung ungünstige Lage kommt, muß ein anderes gleichwertiges in günstigere Lage kommen und in Funktion treten. Der Endzustand der Lagenänderung ist erreicht, wenn alle Systeme symmetrisch zur Zugachse liegen. Infolgedessen findet man die in Zahlentafel 11 angegebenen Einstellungen zur Zugrichtung[7].

Für die Plastizität von Kristallen erscheint außer der Gleitebenenbildung noch die Zwillingsbildung von nicht unerheblicher Bedeutung. Dieselbe führt zwar nicht zu sehr großen Formänderungen, aber wenn die Gleitebenen zur Kraftrichtung sehr ungünstig liegen, so kann eine zunächst eintretende Zwillingsbildung infolge der damit verbundenen Umorientierung des Raumgitters für das Zustandekommen des Fließvorganges wichtig werden. Die umorientierten Raumgitterbereiche werden im allgemeinen zur Kraftrichtung günstiger liegen als die ursprüngliche Orientierung, und es kann dann der Fließvorgang leichter eintreten. Die Zwillingsbildung bringt eine Verfestigung der Translationssysteme mit sich[8].

In dem Fall, daß die Zugspannung normal zu den Gitterebenen angreift, welche als Gleitflächen funktionieren, und wenn keine Zwillingsbildung in ebengenanntem Sinne sich geltend macht, wird, von Ungleichmäßigkeiten des Materials abgesehen, eine Gleitung nicht eintreten. Dagegen wird, wenn die Spannung die Kohäsion überschreitet, ein Abreißen in normaler Richtung stattfinden. Man ersieht schon aus diesem Grenzfall, daß ein und dasselbe Material ganz besonders in einkristalliner Form, je nach der Richtung der angreifenden Kraft, sich sowohl formänderungsfähig zeigen kann, als auch ohne plastische Formänderungen zu Bruch gehen kann. Dies letztere Vorkommnis ereignet sich naturgemäß nicht nur dann, wenn die Zugrichtung genau senkrecht auf den Gleitflächen steht, sondern allgemein dann, wenn die Normalspannung die Kohäsion eher überwiegt, als die Schubspannung den Schubwiderstand. Die Abhängigkeit der Reißfestigkeit von der Orientierung ist für Zink in dem Diagramm Abb. 97 nach Schmid[9] wiedergegeben. Die Versuche zur Ermittlung dieses Diagrammes sind bei niedrigen

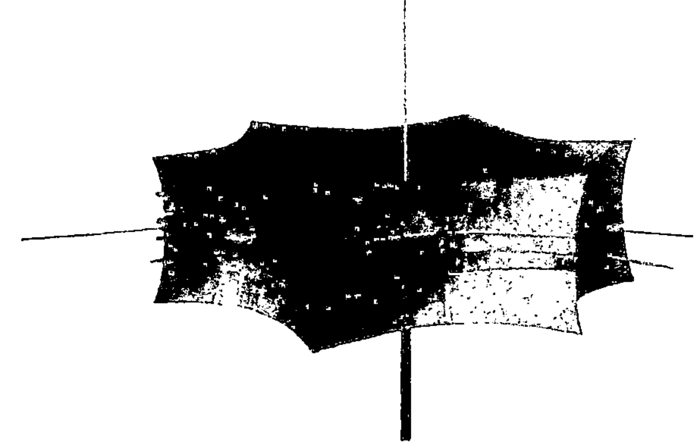

Abb. 97. Die Reißfestigkeit des Zn-Einkristalles bei −185° in Abhängigkeit von der Richtung (nach Schmid).

Temperaturen ausgeführt worden, da bei diesen Schiebungen weniger leicht eintreten und die Schubwiderstände auch bei größeren Abweichungen der Kraftrichtung von der Normalen so groß bleiben, daß eher eine Überwindung der Kohäsion eintritt.

Literatur.

[1] Mark u. Polanyi: Z. Phys. Bd. 18, S. 75.
[2] Polanyi u. E. Schmid: Z. Phys. Bd. 16, S. 336. 1923.
[3] Z. Metallkunde 1927, S. 155.
[4] Karnop u. Sachs: Mitt. Metallforsch. Bd. 3, Sonderh., S. 198. 1927; vgl. auch Elam: Phil. Mag. 6, Bd. 50, S. 517. 1925.
[5] Edwards u. Pfeil: J. Iron Steel Inst. Bd. 2. S. 79. 1925.
[6] Schmid, E.: Z. Phys. Bd. 22, S. 328. 1924.
[7] Körber, F.: Stahleisen Bd. 48, S. 1433. 1928.
[8] Zul. Schmid u. Wassermann: Z. Phys. Bd. 48, S. 370. 1928.
[9] Proc. Int. Congr. Applied Mechanics 1924.

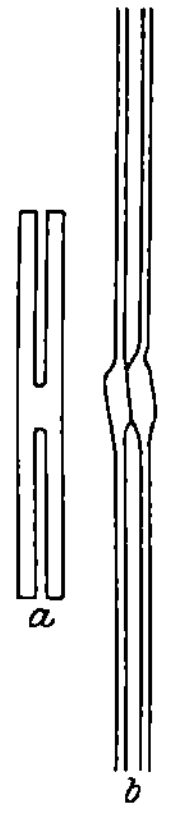

d) **Die Verformung polykristalliner Körper und der Einfluß der Korngrenzen[1]. Fließfiguren.** Wenn wir von der Verformung des Einzelkristalles zu derjenigen des Haufwerkes übergehen, so ergibt sich als erste Frage, wie denn der Einfluß der Unterteilung auf die Verformung wirkt. Man kann die grundlegende Erscheinung zunächst an Systemen aus wenigen, etwa 2 Kristallen, studieren. In der Abb. 98 ist schematisch der Ausfall eines Versuches[2] wiedergegeben, bei welchem 2 teilweise an den Seitenflächen miteinander verschweißte Kristalle in der Längsrichtung gezogen werden. Man sieht, daß an der Stelle der Verschweißung die Querkontraktion, also das Formänderungsvermögen, bedeutend herabgesetzt

Abb. 98. Verformung von verschweißten Einkristallen (nach Polanyi).

worden ist. Die Spannungen müssen an diesen Stellen eine Erhöhung erfahren, wenn doch eine Verformung eintreten soll, also ist der **Formänderungswiderstand durch die Korngrenze gesteigert.**

Dieser Fundamentalversuch zeigt uns, in welcher Richtung wir den Einfluß eines Korngrenzenverbandes im Kristallitenhaufwerk zu erwarten haben. Bei einer regellosen Orientierung werden zunächst die Kristallite zur Verformung neigen, deren Gleitflächen um 45 Grad gegen die Zugrichtung geneigt sind. Gegenüber dem freien Fließen werden diese Kristallite in ihrer Formänderung jedoch zweifellos behindert sein. **Je mehr Kristallite in der Raumeinheit vorhanden sind, um so stärker wird sich eine solche Behinderung auswirken.** Entsprechende Einwirkungen der Kornzahl auf den Formänderungswiderstand sind tatsächlich festgestellt worden. Die quantitativen Einflüsse sind jedoch außerordentlich verschiedenartig, und es finden sich auch Angaben über sehr erhebliche Veränderungen der Kornzahlen, die unter den betreffenden Verhältnissen doch praktisch ohne Einfluß auf Formänderungswiderstand und Formänderungsvermögen waren[1]. Am ehesten scheint ein Einfluß bei dynamischer Beanspruchung aufzutreten. Berücksichtigt werden muß bei der Diskussion des Korngrößeneinflusses auf die Festigkeitseigenschaften, daß in vielen Untersuchungen außer den betreffenden Korngrößenänderungen auch noch Änderungen der Orientierung der Kristallite vorgelegen haben mögen, ohne daß dieses in Rechnung gestellt wurde.

Erfolgt die Formänderung bei Temperaturen, bei denen nicht etwa noch Kristallisationen auftreten, so tritt bei etwas stärkeren Deformationen im Schliffbild die Streckung der einzelnen Kristalle deutlich hervor (Abb. 99).

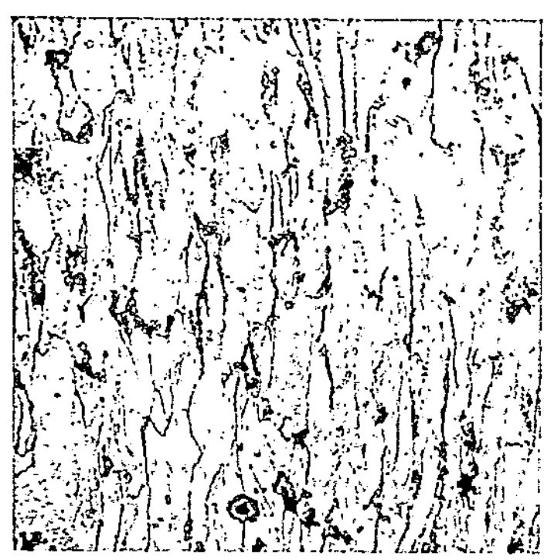

Abb. 99. Deformation der Kristallite im Haufwerk (Oberhoffer).

In der angelsächsischen Literatur ist der Korngrenzeneinfluß häufig in der Weise beschrieben worden, daß man sagte, **an den Korngrenzen sei die Struktur von der im Innern der Kristallite wesentlich abweichend,** man bezeichnete sie sogar als amorph. Indem man die bei amorphen Körpern gewöhnlich vorhandene geringe Formänderungsfähigkeit und ihren hohen Formänderungswiderstand auch dieser Korngrenzenmasse zuschrieb, gewann man eine andersartige Deutung des Einflusses der Korngrenzen. Diese Annahme, auf deren Konsequenzen wir noch bei Erörterung des Einflusses der Temperatur auf die Festigkeitseigenschaften kurz zurückzukommen haben (S. 139), er-

scheint nach unseren kristallographischen Vorstellungen, die auch inner-
und zwischenkristalline Kräfte als identisch ansehen, als zu weitgehend.
Für die Korngrenzenmasse angezogene Versuche über ihren höheren
Dampfdruck, der thermodynamisch wegen der Instabilität gegenüber dem
kristallinen Zustand zu folgern ist, haben sich als nicht eindeutig erwiesen[3]. Daß an den Korngrenzen gewisse Abweichungen von der
Struktur des Inneren der Kristallgitter zu erwarten sind, ist allerdings
plausibel. Es macht sich hier vielleicht auch der Umstand bemerkbar,
daß wir nie absolut reine Stoffe vor uns haben und
die Verunreinigungen wenigstens bei den regulinischen Körpern sich zum Teil an den Korngrenzen
absetzen (s. u. S. 15, 19).

Aus unseren bisherigen Überlegungen (S. 102) heraus darf man erwarten, daß ein umfangreicheres
Fließen eines polykristallinen Haufwerkes
an den Orten eintritt, wo zufällig eine größere Anzahl von Kristalliten gelagert sind,
deren Gleitflächen um 45 Grad gegen eine
Zugspannung geneigt sind, und die in der gegenseitigen Verlängerung dieser Gleitflächen liegen. Diese
Erwartung über den Einfluß des Fließvorganges findet
man durchaus bestätigt. Die Lüderschen oder
Neumannschen Linien, die schon seit langem
bekannt sind, bilden den Ausdruck dafür. In der
Abb. 100 sind diese Linien zu sehen, wie sie an einem
polierten Zerreißstab auftreten. Bei komplizierteren
Beanspruchungen ist der Verlauf der Linien entsprechend dem komplizierteren Spannungsverlauf
mannigfaltiger, ihr Zustandekommen ist aber immer
auf dieselbe Weise zu deuten. Die Orte, an denen
der Fließvorgang stärker einsetzt, können bei Eisen
auch im Innern von deformierten Körpern sichtbar
gemacht werden, und zwar mit Hilfe der Fryschen

Abb. 100.
Lüdersche Linien
(Bach-Baumann).

Ätzung[4]. Abb. 101 zeigt die Kraftwirkungsfigur unter einem Brinell-
eindruck.

Zur Ausführung dieses Ätzverfahrens, welches übrigens in einzelnen
Zügen variiert werden kann, ist die Herstellung eines Metallschliffes,
jedoch ohne Politur, notwendig. Als Ätzmittel dient eine kupferchlorid-
haltige Salzsäurelösung (etwa 120 cm³ konz. HCl, 100 cm³ H_2O, 90 g
krist. Kupferchlorid). Der Schliff wird während der Ätzung mit einem
Läppchen gerieben. Ein Anwärmen der Probe vor der Ätzung auf 200
bis 300° ist sehr zu empfehlen. Das Wesen dieser Ätzung ist in vieler
Hinsicht noch nicht geklärt, vgl. S. 121.

Literatur.

[1] Vgl. die kritische Untersuchung von F. Sauerwald: Kolloidz. Bd. 42, S. 242. 1927.

[2] Polanyi: Z. techn. Phys. Bd. 5, S. 509. 1924.

[3] Sauerwald, Patalong u. Rathke: Z. Phys. Bd. 41, S. 355. 1927.

[4] Fry, A.: Kruppsche Monatsh. Bd. 2, S. 117. 1921. — Ferner u. a.: Meyer u. Eichholz: Werkstoffausschußberichte VDE, Nr. 34. — Bauerfeld u. Hornig: Mitt. Dortm. Union Bd. 1, S. 71. 1922. — Takaba u. Okuda: Arch. Eisenhüttenw. Bd. 1, S. 511. 1928. — Köster, W.: Ebenda Bd. 2, S. 503. 1929.

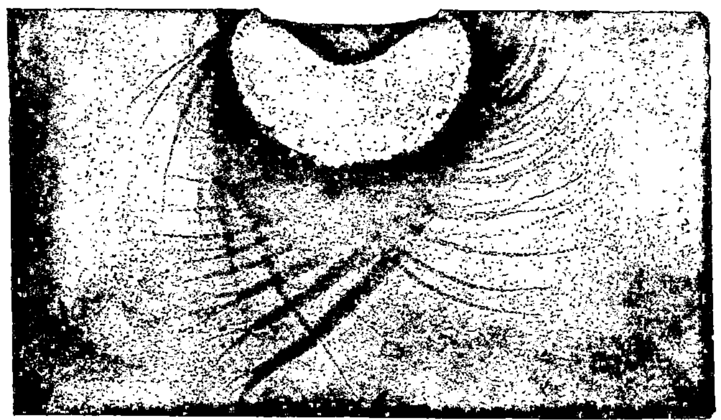

Abb. 101. Frysche Ätzung unter einem Kugeleindruck (Moser, Kesselbaustoffe).

ε) **Die Verfestigung. 1. Unmittelbare gittergeometrische Deutung.** Der Effekt der Verfestigung kann während der Verformung z. B. an den Effektivdiagrammen des Zugversuches verfolgt werden, oder er kann nach Verformungen durch erneute Messung des Formänderungswiderstandes festgestellt werden. Bei der spezielleren Behandlung der Metalle wird weiteres Material, insbesondere hinsichtlich der Wirkung der technischen Formgebungsprozesse mitgeteilt. Hier nur ein Beispiel für den Ziehprozeß bei Eisen (Abb. 102).

Wir haben uns noch darüber auseinanderzusetzen, in welchem Maße die verschiedenen, bei der Verformung eintretenden Vorgänge für den in mannigfacher Beziehung so außerordentlich wichtigen Verfestigungseffekt bestimmend sind.

Wir hatten in unserer Übersicht (S. 64) sogleich erwähnen müssen, daß die Gleitflächen keine Ebenen zu sein brauchen, sondern meist gekrümmte Flächen sind. Diese Verbiegung der Gleitebenen bedeutet eine Erhöhung des Schubwiderstandes. Ferner tritt bei der Deformation eine Richtungsänderung der Achsen der Einzelkristalle im Vergleich zur Kraftrichtung ein. Die für die einfachen Zug- und Druckbeanspruchungen sich ergebenden Faserstrukturen sind in Zahlentafel 11 aufgeführt. Es wurde bei einachsigen Einkristallen auch bereits diskutiert, wie weit dieses Einschwenken der Gleitflächen

Zahlentafel 11. Deformationsstrukturen von Metallen.

Art.d.Vfg.	Raumgitter-typ	Metall	Zur Kraftrichtung parallele Richtungen bzw. Ebenen		Häufigkeit beider Lagen
			I. Lage	II. Lage	
Zug	Kubisch flächen-zentriert	Ag	[111] ‖ ZR	[100] ‖ ZR	II überwiegend
		Al	[111] ‖ ZR	[100] ‖ ZR	I stark über-wiegend
		Au	[111] ‖ ZR	[100] ‖ ZR	I u. II gleich stark vertreten
		Cu	[111] ‖ ZR	[100] ‖ ZR	I überwiegend
		Pd	[111] ‖ ZR		
	Kubisch raumzentr.	α-Fe	[110] ‖ ZR		
		Mo	[110] ‖ ZR		
		W	[110] ‖ ZR		
	Hexagonal	Zn	[0001] 70° gegen ZR		I nur bevorzugt
Druck	Kub.flächen-zentriert	Cu	[011] ‖ DR		
		Al	[011] ‖ DR		
	Kubisch raumzentr.	Fe	[111] ‖ DR		
	Hexagonal	Mg	[0001] ‖ DR*		

* Tsuboi nach Chem. Zentralbl. 1928, II, S. 2322. Weit. Lit. s. S. 278.
ZR = Zugrichtung, DR = Druckrichtung.

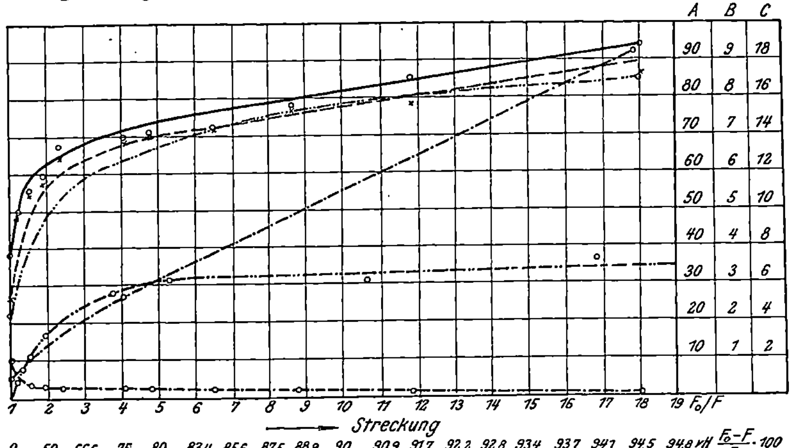

Abb. 102. Änderung der Festigkeits- und anderer Eigenschaften von Stahl mit 0,1 % C durch Kaltziehen (nach Altpeter).

———— Festigkeit kg/mm² A —··—··—·· Härte (Shore) A
——— Streckgrenze kg/mm² A ——··—·· Lösungsgeschwindigkeit B
—·—· Dehnung % A —·—·—·— Streckungsgrad der Kristallite C

in die Zugrichtung zu einer Erhöhung der Zugspannung führt. Es zeigte sich, daß in allen bisher festgestellten Fällen, die sich jedoch nur mit ausgesprochener Kaltverformung (S. 68) befassen, der Verbiegungseffekt der Gleitflächen den Orientierungseffekt ganz bedeutend übertrifft. Vollends bei regulären Kristallen ist mit einer noch geringeren Wirkung der Orientierung zu rechnen; hier sind immer mehrere Gleitebenensysteme derselben Indizierung vorhanden, die einander ersetzen, und das Maximum des Schubwiderstandes wird erreicht, wenn die konkurrierenden Gleitebenen sich symmetrisch zur Zugrichtung eingestellt haben. Bei diesen Vorstellungen ist leider die quantitative Abschätzung des Verbiegungs- und Verknüllungseffektes nicht möglich. Es ist nur nochmals darauf hinzuweisen, daß auch bei Haufwerken die höchsten Verfestigungseffekte die Unterschiede in den Festigkeitseigenschaften der betreffenden Einzelkristalle in verschiedenen Richtungen bedeutend übertrifft, so daß auch hier gesagt werden muß, daß der Verknüllungseffekt den reinen Orientierungseffekt bei Kaltverformung wesentlich übersteigt. Diese Faktoren stellen offenbar alle denkbaren Möglichkeiten der Verfestigung, soweit dieselbe vom einzelnen Kristall abhängt, dar.

Bei kristallinen Haufwerken mit ungeordneter Verteilung der Kristallite sind nun noch weitere Gründe für Verfestigungen aufzuzählen. Zunächst führt schon die Anordnung dazu, daß die Verformung nur unter steigenden Spannungen durchgeführt werden kann[1], da zunächst sich nur die günstig gelegenen Kristallite verformen und zur Verformung der ungünstig gelegenen eine Erhöhung der Zugspannung nötig wird. Die Orientierungseffekte haben außer der Verfestigung offenbar noch ein besonderes technisches Interesse, da die Anisotropie des kristallinen Materials dann zutage treten wird. (Zahlentafel 11 und 19.)

Schon um die Verfestigung zu klären, hat man zu untersuchen, ob denn nicht mit noch weiteren Einwirkungen der Verformung auf das Raumgitter zu rechnen ist, die vielleicht

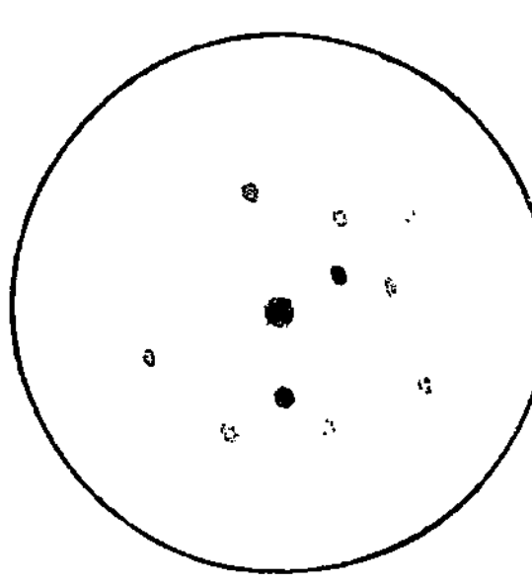

Abb. 103. Laue-Diagramm eines unbeanspruchten Al-Kristalls (nach Czochralski).

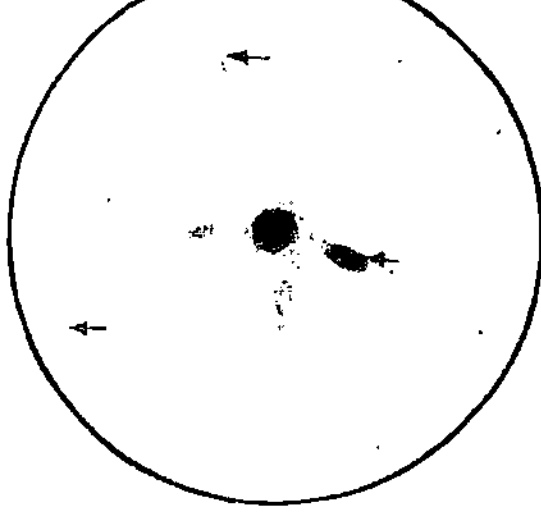

Abb. 104. Laue-Diagramm eines plastisch verformten Al-Kristalls (nach Czochralski).

von stärkstem Einfluß auf das gesamte Verhalten der Raumgitter sein könnten. Insbesondere fragt es sich, ob denn das Raumgitter in seinem Aufbau nicht weitergehend, abgesehen von der Biegegleitung, gestört wird. Die Röntgenographie ist besonders geeignet, diese Frage in Angriff zu nehmen.

In Abb. 103 und 104 ist ein Laue-Diagramm eines undeformierten Al-Kristalls dem eines deformierten Kristalls gegenübergestellt. Die mechanische Beanspruchung scheint gegenüber der normalen Form dieses Diagramms zu außerordentlich starken Veränderungen geführt zu haben, und in der Tat hat auch besonders Czochralski[2] auf Grund solcher Laue-Aufnahmen auf eine sehr starke Beeinflussung des Raumgitters geschlossen. Bei genauerer Analyse hat sich aber herausgestellt[3], daß gerade nur das Laue-Diagramm in dieser außerordentlichen Weise auf die mit dem Verformungs-

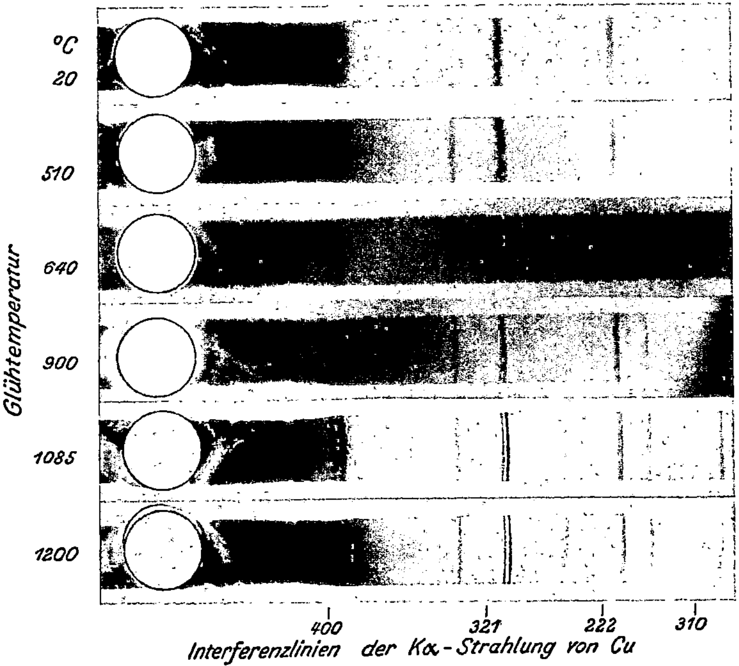

Abb. 105. Wolframdraht bei 20° verformt und auf verschiedene Temperaturen angelassen (nach v. Göler u. Sachs).

vorgang verbundenen Veränderungen des Raumgitters anspricht; die Erscheinung wird als Asterismus bezeichnet. Diese Eigentümlichkeit des Laue-Diagramms rührt daher, daß die Interferenzen mit einem polychromatischen Licht erzeugt werden und geringe Verbiegungen des Raumgitters die interferierenden Wellenlängen gleich sehr stark beeinflussen.

Das Debye-Diagramm[4] läßt, von der Veränderung der Intensitäten abgesehen, wie Abb. 105 zeigt, nur sehr geringe Verschiebung der Interferenzen und eine geringe Verbreiterung der Linien deformierter Materialien erkennen. Diese Veränderung kann einwandfrei mit Veränderungen der Parameter im elastischen Größenbereich

gedeutet werden. Der Raumgitteraufbau plastisch deformierter Materialien bleibt also in der Tat wesentlich erhalten.

Die Änderung der Intensitätsverhältnisse, z. B. auf den Debye-
Ringen deformierter Materialien, hängt eindeutig mit den in denselben
auftretenden Orientierungen zusammen. Der Einfluß derselben wurde
auf S. 43 gekennzeichnet, die Ergebnisse dieser Untersuchungen finden
sich in Zahlentafel 11 u.

Wenn also vom Standpunkt der Geometrie der Raumgitter die am
Eingang des Kapitels aufgezählten Faktoren als notwendig und hinreichend für das Verständnis der Verfestigung bezeichnet werden
können, so ist damit der ganze Vorgang durchaus noch nicht physikalisch geklärt. Weiter führt hier ebenso wie bei der allgemeinen
Theorie des kristallinen Festkörpers die Betrachtung weiterer physikalischer Eigenschaften und die Einbeziehung der Kinetik und Atomtheorie,
ferner vor allem die Verknüpfung mit der Theorie der Rekristallisation.

Recht umstritten ist noch die Frage, unter welchen Umständen eine
Verfestigung gegen Reißen auftreten kann. E. Schmid[5] stellte
fest, daß Zn beim Gleiten auf einer Basisfläche eine Erhöhung des Reiß-
widerstandes auf einer anderen, die Basisfläche schneidenden Fläche
zeigt, während der Reißwiderstand auf der Basisfläche nicht wesentlich
geändert schien (vgl. S. 92).

Literatur.

[1] Tammann: Lehrb. d. Metallogr. 3. Aufl., S. 80.

[2] Z. Metallkunde Bd. 15, S. 60. 1923.

[3] Vgl. hier die kritische Zusammenfassung von E. Schiebold: Z. Metallkunde
Bd. 16, S. 417, 462. 1924.

[4] Arkel, A. E. v.: Naturwissensch. Bd. 13, S. 662. 1925. — v. Göler u.
Sachs: Z. Metallkunde Bd. 19. 1927.

[5] Z. Phys. Bd. 32, S. 918. 1925.

**2. Mit der Verfestigung verbundene Änderungen der physikalischen
Eigenschaften verformter Metalle.** Es wurde soeben schon nachdrück-
lich darauf hingewiesen, daß zur vollständigen Erfassung des Vorganges der Verformung auch eine Einbeziehung des Einflusses derselben
auf die anderen Eigenschaften notwendig erscheint. Schon mit der
Tatsache, daß in einem plastisch verformten Körper elastische Spannungen verbleiben, ist die Aussage gleichbedeutend, daß der Energie-
inhalt des Körpers gegenüber dem Normalzustand erhöht ist. Hort[1]
gibt die Zunahme der Gesamtenergie während eines Zerreißversuches
zu 0,9 bis 5 cal pro Gr.-Atom an. Farren und Taylor[2] geben Werte
für die Aufnahme der Energie in % der gesamten Energie wie folgt an:
Stahl 13½%, Cu 8 bis 9½%, Al 7 bis 8%, Al-Einkrist. 4½ bis 5%.

Eine positive Aussage über eine Vergrößerung der spez. Wärme
durch Kaltbearbeitung liegt bis jetzt nur von Honda[3] vor. Die Zunahme der freien Energie findet ihren einfachsten quantitativen

Ausdruck darin, daß das elektrochemische Potential verfestigter Metalle gegenüber dem Normalzustand zu unedleren Werten verschoben ist. (Vgl. S. 238.) In Zahlentafel 12 finden sich eine Reihe von Werten. Tammann gibt für polierte Metalloberflächen noch höhere Zahlen an (0,009 V).

Zahlentafel 12. Veränderung der elektrochemischen Potentiale und freien Energien durch Kaltbearbeitung.

	Potentialverschiebung $\varDelta E$	Wertigkeit	Unterschied der freien Energie pro Grammatom $\varDelta F$	
			cal	erg.
Sn	$+ 0,00011$[1]	4	10	$4\cdot10^8$ [3]
Pb	$+ 0,00012$	4	6	$25\cdot10^8$
Cd	$+ 0,00020$	2	10	$4\cdot10^8$
Ag	$+ 0,00098$	1	25	10^9
Bi	$+ 0,0002{-}0,0005$[2]	3	40	$15\cdot10^8$

Literatur (zu Zahlentafel 12).

[1] Gemessen von Spring: Bulletin de l'Académie de Belgique 1903, S. 1074.
[2] Gemessen von Tammann.
[3] Nach Masing u. Polanyi: Ergebnisse d. exakten Naturwissensch. Bd. 2, S. 229. 1923. $\varDelta F = R\cdot n\cdot\varDelta E\cdot96500$, n Wertigkeit, R die Gaskonstante.

Wahrscheinlich in Zusammenhang mit der Verschiebung des elektrochemischen Potentials pflegt die Lösungsgeschwindigkeit von Metallen z. B. in Säuren zu wachsen, nur Cu scheint hier eine Ausnahme zu machen[4]. Diese Frage der Beeinflussung der Lösungsgeschwindigkeit (vgl. Anm. 4, S. 116) dürfte jedoch noch nicht geklärt sein.

Bei der Beeinflussung des Volumens durch mechanische Bearbeitung ist der Grund der eintretenden Veränderungen zum Teil in Nebenumständen zu suchen. Die Summe der inneren Spannungen ist gleich Null. Unter der Annahme der Gültigkeit des Hookeschen Gesetzes folgt daraus, daß die unter dem Einfluß innerer Spannungen auftretenden Volumenänderungen sich zu Null ergänzen. Trotzdem werden nicht unerhebliche Volumenänderungen bei der Verformung festgestellt, und zwar nimmt das Volumen mit fortschreitendem Verformungsgrade im allgemeinen zuerst ab und dann wieder zu. Jedoch können diese Effekte auch einsinnig auftreten. Diese Veränderungen sind jedenfalls so zu deuten, daß geringe Verformungen zunächst die in dem Metallkörper vorhandenen groben Lücken schließen, wodurch eine Verdichtung erzielt wird. Diese Verdichtung ist also nicht an unseren normalen Verfestigungseffekt gebunden. Beim weiteren Fortschreiten der Gleitungen treten dann Hohlkanäle in den Kristallen auf, die z. B. von Adcock bei Kupfer- und Nickellegierungen direkt nachgewiesen wurden. Besonders bei erschöpften Gleitebenen tritt offenbar eine gewisse Lockerung des Gefügezusammenhanges ein. Daneben ist bei sehr starken Verformungen auch an die Entstehung ganz grober Risse,

insbesondere an diesen erschöpften Gleitebenen und an Kristalliten-
grenzen zu denken[5]. Es ist beinahe ausgeschlossen, aus den vorliegenden Arbeiten die Bedingtheit insbesondere der stärkeren Dichte-
änderungen zu beurteilen. Der Ausdehnungskoeffizient ändert
sich bei Bearbeitung nur bei den nicht regulären Metallen Zn und
Cd[6]. Offenbar ist diese Änderung durch die auftretende Kristallorientierung bedingt und deshalb auf die genannten Metalle beschränkt, welche einen verschiedenen Ausdehnungskoeffizienten nach
verschiedenen Richtungen aufweisen.

Eine Erhöhung der Verdampfungsgeschwindigkeit ist an
Zn und Ag studiert worden[7], Diffusionsgeschwindigkeiten werden
erhöht[8].

Eine ziemlich erhebliche Änderung (maximal von mehreren Prozent)
erfährt der elektrische Widerstand mit zunehmender Verfestigung,
und zwar wird derselbe erhöht. Der Temperaturkoeffizient des Leitvermögens wird erniedrigt[9]. Die Größen der Veränderungen sind bei
den verschiedenen Metallen verschieden, sie hängen noch vom Zustand
des Materials, seinen Beimengungen usw. ab. Bemerkenswert ist die
starke Beeinflussung des Wolframs[10] und die geringere Beeinflußbarkeit reineren Aluminiums[11].

Schließlich sei noch erwähnt, daß die Farbe durch Kaltbearbeitung
geändert werden kann, insbesondere bei Legierungen, und daß auch die
thermoelektrische Kraft eine Beeinflussung erfährt. Angaben über
die Änderungen der magnetischen Eigenschaften finden sich auf S. 400.

Insbesondere die Beeinflußbarkeit der letztgenannten 6 Eigenschaften
läßt darauf schließen, daß die Kaltbearbeitung auch noch andere als
die im vorigen Abschnitt genannten geometrischen Veränderungen des
Raumgitters mit sich bringt. Weiteres in diesem Sinne vgl. S. 133.

Literatur.

Tammann: Lehrb. d. Metallogr., 3. Aufl. Leipzig: L. Voss 1923.
[1] Mitt. über Forschungsarbeiten d. VdI, 1907, H, 41.
[2] Proc. Roy. Soc. Ld. A. Bd. 107, S. 422.
[3] Science Rep. of the Tohoku Imp. Univ. I, Bd. 12, Nr. 4. 1924; vgl. das ne-
gative Ergebnis von Geiss u. van Liempt: Z. anorg. u. allg. Chem. Bd. 171, S. 317.
[4] Czochralski u. Schmid: Z. Metallkunde Bd. 20, S. 1. 1928.
[5] Kahlbaum u. Sturm: Z. anorg. u. allg. Chem. Bd. 46, S. 217. 1905. —
Hugh O'Neill: Ref. Stahleisen 1924, S. 1118. — Geiss u. van Liempt: Ann.
Physik Bd. 77, S. 105. 1925. — Ishikagi: Rep. of the Tohoku Imp. Univ. I.
Bd. 15, S. 6. 1926. — Houdremont u. Bürklin: Stahleisen 1927, S. 90.
[6] Jubitz: Z. techn. Phys. Bd. 7, S. 522. 1926.
[7] Sauerwald, Patalong u. Rathke: Z. Phys. Bd. 41, S. 355. 1927.
[8] v. Hevesy: Nature Bd. 115, S. 675. 1925.
[9] Vgl. Tammann l. c.; ferner Alkins: J. inst. of met. Bd. 26, S. 203. 1921. —
Wilson: Ebenda Bd. 31, S. 165. 1924.
[10] Geiss u. van Liempt: zuletzt Z. Metallkunde Bd. 18, S. 216. 1926.
[11] Guillet, L.: Rev. Mét. Bd. 21, S. 12. 1924.

ζ) **Die inneren Spannungen in Metallkörpern, insbesondere diejenigen nach Heyn.** Wir haben gesehen, daß bei plastischen Verformungen infolge der Biegegleitung elastische, bleibende Verkrümmungen des Raumgitters erfolgen, wir haben ferner gesehen, daß in Kristallhaufwerken die plastische Verformung nur ungleichmäßig erfolgen kann und werden die in Bereichen von Kristallitengrößen nach Verformungen verbleibenden Spannungen später noch weiter zu behandeln haben (S. 143). Diesen ähnliche Spannungen können auch entstehen bei der Abkühlung und Erwärmung von Kristallitenkonglomeraten aus nicht regulären Kristalliten, da solche nach verschiedenen Kristallrichtungen verschiedene Ausdehnungskoeffizienten haben. (Lit. S. 64, 8.) Innerhalb noch größerer Dimensionen wirken die Heynschen inneren Spannungen.

Vor allem deshalb, weil bei plastischen Verformungen von einigem Ausmaß der Einfluß der freien Oberflächen der zu verformenden Stücke sich geltend macht, die sich freier bewegen können, und weil schon dadurch der Kraftangriff ungleichmäßig wird, erfolgt der Materialfluß ungleichmäßig, und es entstehen innere Spannungen in räumlich ausgebreiteten Dimensionen. Gleiche Spannungen entstehen bei Erwärmung oder Abkühlung von Metallstücken aus dem Grunde, weil die Temperaturerhöhung bzw. Erniedrigung im allgemeinen nicht gleichmäßig erfolgen kann. Überschreiten diese Spannungen die Kohäsion, so führen sie zum Bruch des betreffenden Stückes, ist das Material plastisch, so kann, wenn die Schubspannungen überstiegen werden, ein langsamer Ausgleich erfolgen (vgl. S. 131).

Von Heyn ist ein Mittel angegeben worden, wie die sich in einem Stück das Gleichgewicht haltenden inneren Spannungen zu erkennen sind. Man muß den Querschnitt des betr.

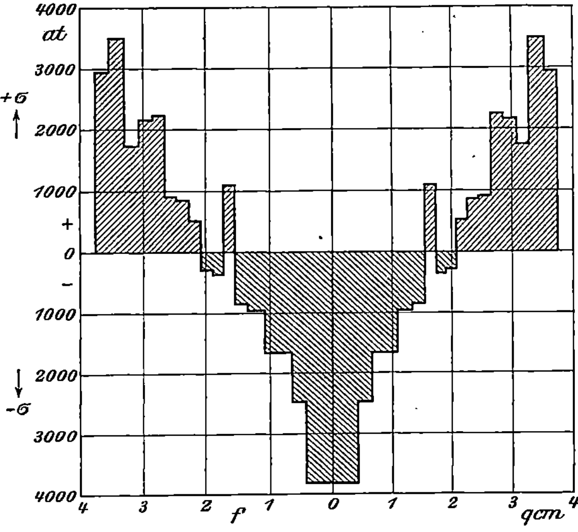

Abb. 106. Innere Spannungen im kaltgezogenen Nickelstahl (nach Martens-Heyn).

Stückes vermindern, es wird dann ein Teil der Spannungen entfernt, und der Rest der Spannungen wird sich in einer elastischen Veränderung oder in einem Materialfluß so lange äußern, bis wieder ein Gleichgewicht eingetreten ist. Die Verminderung des Querschnittes kann z. B. im Abdrehen bestehen oder sie kann durch chemische Wirkung erzielt werden (Abätzen mit 1- bis 5proz. $HgNO_3$-Lösung). Wenn man eine Stange mit inneren Spannungen mehr und mehr abdreht, die Längenänderungen mißt, kann man aus denselben und dem Elastizitätsmodul die Spannungen ausrechnen, vorausgesetzt, daß kein plastischer Materialfluß eingetreten ist. In Abb. 106 sind die so ermittelten Spannungen in ihrer Verteilung über den Querschnitt einer gezogenen Stange aufgetragen. Bei dem Ätzverfahren werden innere Spannungen dann als nachgewiesen betrachtet, wenn nach einer gewissen Zeitdauer des Angriffes ein Aufspalten des Stückes erfolgt.

η) **Die Vorgänge beim Anlassen verfestigter Metalle auf höhere Temperaturen (Rekristallisation, Kristallerholung).** Der Zustand der Verfestigung weicht von dem normalen metallischen Zustand ab. Derselbe ist kein Gleichgewichtszustand, sondern beim Erwärmen eines verfestigten Metallkörpers auf geeignete Temperaturen geht der Zustand der Verfestigung spontan zurück, und auch nach der Abkühlung zeigt das Material ein dem normalen Zustand weitgehend entsprechendes Verhalten. Wir hatten auseinandergesetzt, daß der Zustand verfestigter Metalle in mehr als einer Hinsicht von dem Normalzustand abweicht, und es ist nun von vornherein zu erwarten, daß die dabei maßgebenden Faktoren auch in etwas verschiedener Weise von der Temperatur abhängen[1]. Wir haben zunächst zu unterscheiden die mehr oder weniger gekrümmten Gleitflächen, Zwillingsbildungen, die Orientierung der Kristalle, alles Umstände, die zur Verfestigung beitragen, und die makroskopischen inneren Spannungen, welche von den in den gebogenen Gleitflächen auftretenden Spannungen wohl zu unterscheiden sind, und schließlich die Veränderungen der physikalischen Eigenschaften. Es zeigt sich, daß bei der Erwärmung auf höhere Temperaturen zunächst die makroskopischen inneren Spannungen in polykristallinen Körpern erheblicherer Dimension verschwinden, daß die Entspannung der Gleitebenen erst bei höheren Temperaturen vollständig zurückgeht.

Diese Vorgänge können verlaufen, ohne daß die Kristallitengröße und -anordnung eine Änderung erfährt. Man nennt den Vorgang dann „Kristallerholung"[2] oder „Kristallvergütung"[3].

Insbesondere die Entspannung der Gleitflächen in polykristallinem Material verläuft jedoch meistens unter gleichzeitiger Neukristallisation des Gefüges; man spricht dann von „Rekristallisation"[4] und insbesondere in dieser Form sind die Entspannungsvorgänge verfestigter Metalle auch von der größten technischen Bedeutung. Das Zurückgehen des Formänderungswiderstandes läßt sich einfach in der Weise systematisch untersuchen, daß man eine der entsprechenden speziellen

Festigkeitseigenschaften nach dem Anlassen des verfestigten Materials untersucht und dieselbe in Vergleich stellt mit dem Formänderungswiderstand vor dem Anlassen. Wie zu erwarten ist, nimmt das Formänderungsvermögen nach dem Anlassen auf geeignete Temperaturen zu. Die Rekristallisation ist sowohl mit dem Mikroskop als auch mit den Methoden der Röntgenkunde zu untersuchen.

I. Wir besprechen zunächst den Vorgang der Rekristallisation mit den damit verbundenen Änderungen der Festigkeitseigenschaften, da diese Gesetzmäßigkeiten am besten erforscht sind. Wesentlich ist zunächst die Beobachtung, daß die Rekristallisation, das Zurückgehen des Formänderungswiderstandes und die Steigerung des Formänderungsvermögens in einem ziemlich eng begrenzten Temperaturintervall verlaufen. In der Abb. 107 sind die Änderungen der Festigkeitseigenschaften von gezogenem Flußeisendraht mit

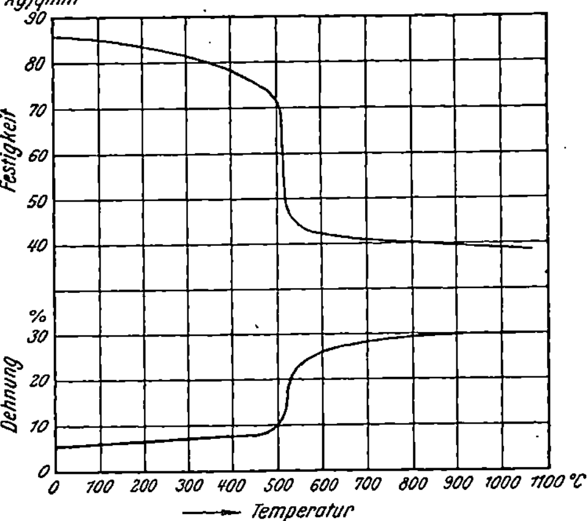

Abb. 107. Abhängigkeit der Festigkeit und Dehnung kalt gezogenen Flußeisendrahtes von der Glühtemperatur (nach Goerens).

steigender Anlaßtemperatur eingetragen und in der Mikrophotographie, Abb. 108, ist die Struktur beginnender Rekristallisation mitgeteilt. Man sieht, wie die gestreckten Körner (Abb. 99) verschwinden. Es ist meist möglich, die Rekristallisationstemperatur unter bestimmten Umständen in einem Temperaturintervall von 10—20 Grad einzuschließen. Wir sprechen geradezu von einem „Temperaturbereich beginnender Rekristallisation".

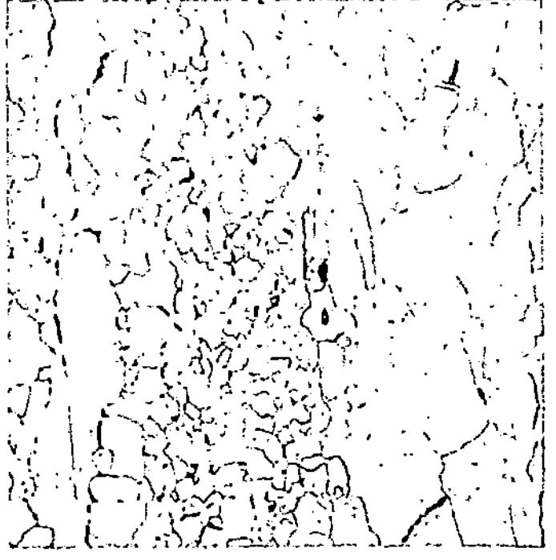

Abb. 108. Teilweise rekristallisiertes Elektrolyteisen (nach Oberhoffer).

Diese Temperatur beginnender Rekristallisation, bei der also gleichzeitig das Hauptmaß der Entfestigung erfolgt, hängt nun in ausgeprägter Weise von mehreren Umständen ab. Zunächst:

Die Temperatur beginnender Rekristallisation und Entfestigung liegt unter sonst vergleichbaren Umständen um so tiefer, je stärker die vorhergehende Verformung war. Als

Maß für die Stärke der Verformung kann man in erster Näherung z. B.
den Stauchgrad oder die Querschnittsabnahme ansetzen.

Bezüglich der durch Rekristallisation erzielbaren Korngrößen muß
angemerkt werden:

Die durch Rekristallisation erzielte Korngröße ist unter
sonst vergleichbaren Umständen um so kleiner, je stärker
die vorangegangene Deformation gewesen ist.

Diese Gesetzmäßigkeiten finden bezüglich der Struktur ihren Ausdruck in den sogenannten Rekristallisationsdiagrammen, von
denen eines für Kupfer in der Abb. 109 wiedergegeben ist[5]. Es ist dort

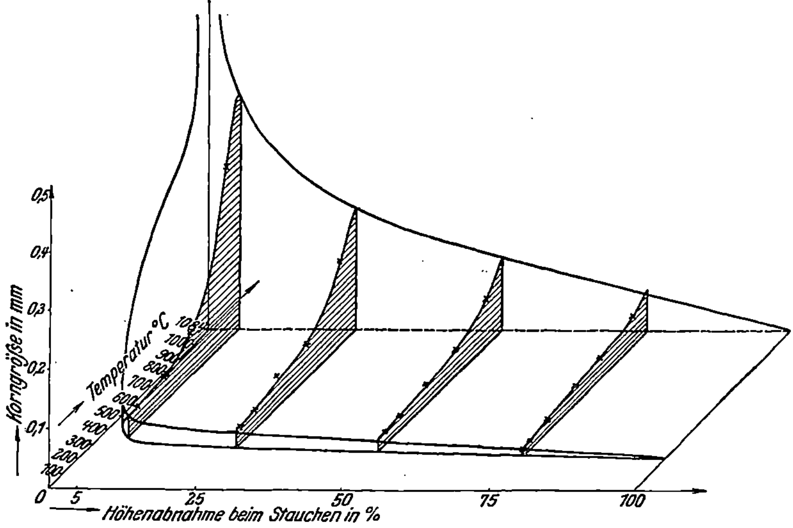

Abb. 109. Rekristallisationsdiagramm des Kupfers (nach Rassow u. Velde).

die Kornzahl pro Volumeneinheit in Abhängigkeit von dem Stauchgrad
und der Rekristallisationstemperatur angegeben. Alle bekannten Rekristallisationsdiagramme entsprechen der Abb. 109 im wesentlichen,
nur das technische Eisen zeigt insofern eine stärkere Abweichung,
als bei geringen Deformationsgraden ein Maximum der Korngröße
auftritt (Abb. 306). Da nur die erste obengenannte Gesetzmäßigkeit für
die Entfestigung von unmittelbarem Einfluß ist, lassen sich nur dafür
die entsprechenden Zusammenhänge in einem Diagramm auftragen, es
sei ihretwegen auf das Diagramm Abb. 380 verwiesen.

Die Rekristallisationsdiagramme lassen nicht etwa ein für allemal für
ein bestimmtes Material die durch Rekristallisation erzielbaren Korngrößen ablesen, sondern es sind ganz natürlich auch noch weitere Umstände für den Ausfall der Kristallisation maßgebend, als die in diesen

Diagrammen eingetragenen Größen. Die Art der Verformung ist von Einfluß, die Vorgeschichte[6], z. B. unter Umständen die Korngröße des Materials vor der Verformung, da ja durch die letztere der Verformungsvorgang selbst auch beeinflußt wird.

Ein Einfluß der Korngröße auf die Größe des durch Rekristallisation erzielten Kornes wurde beobachtet von Wetzel[7]. Van Arkel und van Bruggen[8] stellten fest, daß das rekristallisierte Korn dann nicht vom Ausgangskorn abhängt, wenn gleiche Verfestigungsgrade vorliegen. Ähnlich sind die von Czochralski[9] und Hanemann[22] formulierten Gesetzmäßigkeiten aufzufassen. Auf die Temperatur des Beginns der Deformation ist die Art der Verformung von Einfluß, vor allem da der äußerlich gemessene Deformationsgrad physikalisch nicht immer dieselbe Bedeutung hat.

Ferner ist von wesentlichem Einfluß die Zeit; für die Gewinnung der in der Literatur mitgeteilten Rekristallisationsdiagramme ist gewöhnlich eine Glühdauer von 30 Minuten zugrunde gelegt. Mit einer gewissen Annäherung ist nach dieser Zeit tatsächlich auch ein gewisser Beharrungszustand erreicht, doch sind auch nach Ablauf dieser Zeit Veränderungen durchaus nicht ausgeschlossen. Vor allem sind noch wichtig die Beimengungen (s. u.).

Das mitgeteilte Rekristallisationsdiagramm zeigt wie alle derartigen Diagramme den Abbruch der Kurven bei geringen Deformationen. In der Tat sind zu diesem Teil des Diagramms noch einige Anmerkungen zu machen. Wir haben früher gesehen, daß regulinische Körper ohne Deformation keine Veränderung des Gefüges durch eine reine Wärmebehandlung zulassen, falls Umwandlungen ausgeschlossen sind. Schon daraus ergibt sich, daß die Fläche des Rekristallisationsdiagrammes die Nullachse der Bearbeitung nicht schneiden darf. Es hat sich weiterhin gezeigt, daß auch geringe Beanspruchungen nicht zu merkbaren Rekristallisationen führen, es kann dabei eine Verfestigung eintreten, die dann aber nur von einer Kristallerholung gefolgt ist. Man kann diese Tatsache damit ausdrücken, daß man sagt, es bestehe eine bestimmte **Deformationsschwelle** hinsichtlich der Rekristallisation, dieselbe hängt vom Material und der Art der Deformation ab[8]. Unmittelbar nach der kleinsten wirksamen Deformation führt die Rekristallisation nach dem Anlassen zu besonders großen Kristallen.

Die Ausnutzung dieser Verhältnisse führt zu einem **Herstellungsverfahren für Einzelkristalle** (vgl. S. 16)[10]. Man kann Einkristalle aus Eisen, Aluminium und etwas schwieriger aus Kupfer erhalten, wenn man nach Reckungen von 5 bis höchstens 10% Stäbe dieser Materialien auf möglichst hohe Temperaturen anläßt und extrem lange Zeiten auf Temperatur hält. Dabei ist auch die Art der Temperaturerhöhung nicht ohne Einfluß. Eine langsame Temperatursteigerung scheint die Erzielung von Einkristallen zu begünstigen. Bei Eisen ist die obere Anlaßtemperatur durch die Umwandlungstemperatur gegeben.

Die Einleitung und der Vorgang der Kristallisation verläuft so, daß submikroskopisch kleine Raumgitterbereiche als Zentren für die Neukristallisation wirken. Die Frage, ob diese Kristallisation von kleinen Gruppen von Atomen vielleicht besonders stark beanspruchter Raumgitterbereiche ausgeht, die man also dann tatsächlich im Sinne unserer früheren Überlegungen als Keime bezeichnen kann, oder ob kleinere oder größere, bei der Deformation intakt gebliebene Raumgitterbereiche Atome aus den deformierten Materialschichten anlagern, so daß man nicht von einer eigentlichen Kernbildung sprechen kann[11], dürfte schwer zu entscheiden sein. Eine Wahrscheinlichkeit für das Vorliegen der ersten Möglichkeit wurde in einigen Fällen aufgezeigt[12]. Verläuft der Vorgang nur nach diesem Schema, so ist die denkbar stärkste Umgestaltung des Gefüges zu erwarten. Die Rekristallisation kann also, und das ist eine Tatsache, die früher nicht bekannt war, durchaus auch zu Korngrößen führen, welche unter derjenigen liegen, die das Material vor der Deformation besaß. (Es ist damit das Unzutreffende der früheren Anschauungen erwiesen, welche die Rekristallisation als eine Auswirkung der Oberflächenspannung der einzelnen Kristallite auffaßten.)

Leichtverständlich ist auf Grund dieser Vorstellungen die zweite unserer oben mitgeteilten Gesetzmäßigkeiten. Wenn die Deformationen gering sind, so kann die Kristallisation sich in den ursprünglichen, wenig veränderten Raumgitterbereichen ziemlich unter denselben Verhältnissen ausbreiten, während im starkdeformierten Material mit starker Faserstruktur die ursprünglichen Korngrenzen zu einer Behinderung des Wachstums führen werden. Ferner sind in den stärker deformierten Materialien mehr Stellen, welche als Anlaß zur Kristallisation dienen können, vorhanden, infolgedessen muß die Korngröße des Endzustandes gering ausfallen. Die erste Gesetzmäßigkeit der Rekristallisation ist dagegen nicht so leicht verständlich. Ihre Diskussion bleibe dem nächsten Abschnitt vorbehalten.

Bei Vorliegen von mehr als einer Kristallart, insbesondere auch von fremden Beimengungen, wird eine Kristallisation eingeschränkt oder verhindert[13].

Der Verlauf der Rekristallisation in verformten Metallen kann kein einfacher sein. Wir haben es mit der Kristallisation in einem anisotropen Medium zu tun und müssen deshalb von vornherein mit gerichtetem Kristallwachstum rechnen. In der Tat hat die Röntgenkunde[14] auch ein gerichtetes Kristallwachstum aufgefunden, nachdem bereits aus den mechanischen Eigenschaften rekristallisierter Materialien auf ein solches geschlossen worden war[15]. Wenn man die bei verschiedenen Temperaturen er-

haltenen Rekristallisationsstrukturen auf röntgenographischem Wege
untersucht, so zeigt sich häufig eine ausgeprägte Faserstruktur, die
von der Deformationsstruktur verschieden ist (vgl. Zahlentafel 13). Es
kann auch eine mit der Deformationsstruktur identische Faserung vorhanden sein, und schließlich kann bei beginnender Rekristallisation auch
gleich eine völlig ungeordnete Orientierung auftreten. Die genannten
Faserstrukturen können bis zum Schmelzpunkt erhalten bleiben oder
auch verschwinden. Welche dieser Mög-
lichkeiten eintreten, hängt von der Deformation, vom Material und seinen Verunreinigungen außerordentlich ab[16]. Am
Silber sind gleichzeitig mit der Orientierung auch die Festigkeitseigenschaften ermittelt worden. Die Strukturen für Silber
finden sich unter den anderen bis jetzt ermittelten in der Zahlentafel 13. Die Festigkeitseigenschaften nach dem Anlassen sind
in dem Diagramm Abb. 110 mitgeteilt[17].
Es wird auf Grund der Untersuchungen

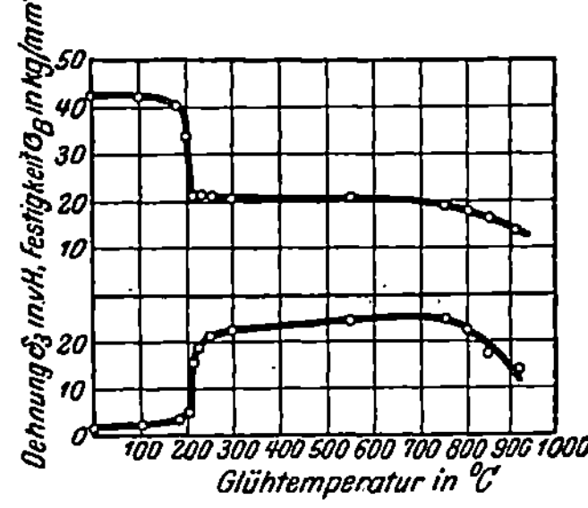

Abb. 110. Festigkeit und Dehnung kalt-
bearbeiteten und geglühten Silber-
bleches (nach Widmann).

über die Struktur auch die besondere Abhängigkeit der Festigkeitseigenschaften von der Anlaßtemperatur im Rekristallisationsgebiet verständlich, über die bisher nur Vermutungen bestanden. Bei sehr vielen

Zahlentafel 13. Faserstrukturen nach Rekristallisation, soweit dieselben
von den vorherigen Deformationsstrukturen abweichen.

Art der vorherigen Verformung	Raumgittertyp	Metall	Rekristalltemp. ⁰ C	Kristallorientierung	Bemerkung
Ziehen		Cu	>1000	[112] Drahtachse[1]	Al sehr rein
		Al	>300	[100] Drahtachse[2]	99,7% Ag
Walzen	Kubisch flächenzentriert	Ag	250—800	[112]‖WR (113) ‖ WE[3]	
		Cu	250—1050	[100]‖WR (001) ‖ WE[3]	Fehlt Rekristallisationslage
		Al	—	— —	
		α-Messing	300—700	[112]‖WR (113) ‖ WE[4]	

WR Walzrichtung, WE Walzebene.

Literatur (zu Zahlentafel 13).

[1] Schmid u. Wassermann: Z. Physik Bd. 40, S. 451. 1926.

[2] v. Göler u. Sachs: Z. Metallkunde Bd. 19, S. 90. 1927.

[3] Glocker u. Mitarb.: Zuletzt Z. Metallkunde Bd. 19, S. 41. 1927. — v. Göler
u. Sachs: Z. Physik Bd. 41, S. 889. 1927.

[4] Baß: Diss. Stuttgart 1927.

S. ferner Köster: Z. Metallkunde Bd. 18, S. 11. 1926. — Tammann u. Meyer:
Ebda S. 176.

Materialien zeigt sich nämlich, daß im Rekristallisationsgebiet sowohl
der Formänderungswiderstand als auch das Formänderungsvermögen
ein Maximum besitzt. Nun ist bei Silber festzustellen, daß der Abfall
von Formänderungswiderstand und Formänderungsvermögen bei etwa

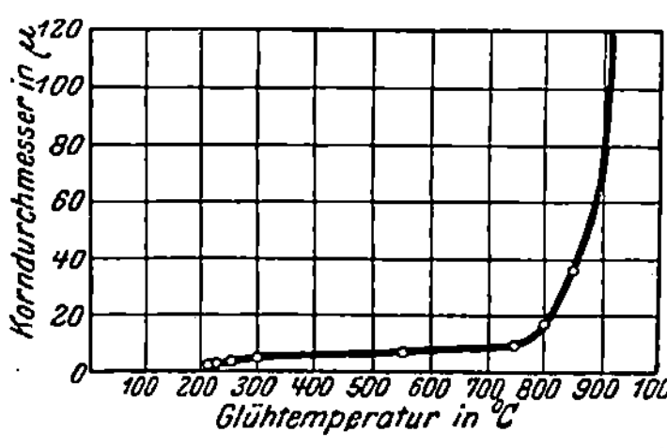

Abb. 111. Korngrößen zu Abb. 110.

800° erfolgt, einer Temperatur, wo
auch außer einem besonders starken
Kornwachstum (Abb. 111) die ungeordnete Verteilung der Kristallite
eintritt. Da bei steigender Anlaßtemperatur die Korngröße wächst,
wäre an sich nur damit zu rechnen,
daß gleichzeitig der Formänderungswiderstand abnimmt und das Formänderungsvermögen steigt. Die ver-
schiedenen Orientierungen in den verschiedenen Bereichen geben zunächst eine Möglichkeit, die andersartige Abhängigkeit der Festigkeitseigenschaften von der Anlaßtemperatur zu deuten. Ob diese Deutung
zutreffend und zureichend ist, steht noch dahin, da bei hohen Glühtemperaturen auch mit Einwirkung von Gasen, insbesondere oxydierenden Einflüssen, zu rechnen ist, die eventuell an den Korngrenzen
vordringen und das Formänderungsvermögen herabsetzen. Ferner
nimmt Tammann an, daß der Korngrenzenverband nach Glühungen
bei hohen Temperaturen verschlechtert wird (vgl. S. 132). Bei der
großen technischen Bedeutung der Frage wäre eine eindeutige Lösung
erwünscht. Beim technischen Glühprozeß werden nämlich die hohen
Glühtemperaturen infolge des Absinkens der Formänderungsfähigkeit
vermieden. Man bezeichnet solches Material, welches fehlerhaft bei zu
hohen Temperaturen geglüht wurde, als verbrannt.

Aus den Untersuchungen von Masing (l. c.) und solchen von
van Arkel und Mitarbeitern[18] kann geschlossen werden, daß vielleicht
der ganze Rekristallisationsvorgang in zwei Phasen zu zerlegen ist, von
denen nur der erstere mit der Verfestigung inniger zusammenhängt
und der zweite z. B. der Kornvergrößerung in synthetischen Körpern
stärker entspricht.

Bei besonders starkem Kristallwachstum in Körpern wie Drähten
oder Blechen, insbesondere bei der Herstellung von Einkristallen ist infolge von Auslesevorgängen wiederum mit gerichteter Kristallisation zu
rechnen[19].

Ein Versuch zur quantitativen Theorie der Rekristallisation
wurde unternommen von Alterthum[20]; dieser Versuch ist sowohl im
Ansatz als auch in der Konsequenz nicht ohne Bedenken[21]. Hanemann[22]
versucht die Beziehungen zwischen Korngröße und Glühzeit zu erfassen,
ohne daß die physikalischen Zusammenhänge erkennbar werden. Von

Bedeutung dürfte der Ansatz von Dean und Hudson[23] sein, welche die Rekristallisation als monomolekulare Reaktion auffassen, wenn auch dem Zeiteinfluß hier prinzipiell noch nicht genügend Rechnung getragen sein dürfte, weil der Einfluß des Abklingens der Instabilität des verfestigten Zustandes dabei nicht zum Ausdruck kommt. (Vgl. hier schon den nächsten Abschnitt.)

II. Die Kristallerholung kann insbesondere an nicht allzu stark verformten Einkristallen studiert werden. Daß gerade der Einkristall zur Kristallerholung ohne Umkristallisation neigt, folgt daraus, daß die Gleitung infolge des Fehlens der Behinderung an den Korngrenzen viel leichter als im Haufwerk erfolgen kann, so daß dadurch schon Bereiche mit besonders hoher Instabilität sich nicht ausbilden können. Ferner fehlen solche Stellen, an denen Raumgitter verschiedener Orientierung zusammenstoßen, an denen eine Kristallisation z. B. im polykristallinen Material besonders leicht eintreten wird. Die Kristallerholung ist also auch aufzufassen als eine Ausheilung der durch Biegegleitung verkrümmten Gitterebenen.

III. Das quantitative Zeitgesetz der Entfestigung, zu welcher Rekristallisation und Kristallerholung beitragen, zu erfassen, kann man nur hoffen, wenn der Vorgang der Verformung und Entfestigung bei konstanter Temperatur untersucht wird. Solche Versuche sind von Sauerwald und Mikliss an Cu und Al ausgeführt worden. Es zeigte sich, daß das Zeitgesetz der Entfestigung offenbar von der Höhe der Entfestigungstemperatur abhängt. Bei Temperaturen stärker oberhalb der unteren Rekristallisationstemperatur ist die Entfestigungsgeschwindigkeit etwa proportional dem Quadrat der Verfestigung, bei der unteren Rekristallisationstemperatur ist sie nur proportional der Verfestigung. Dazwischen dürften mittlere Funktionen gelten.

IV. Die Beseitigung der Heynschen makroskopischen inneren Spannungen eines verfestigten Materials drückt sich dadurch aus, daß dieselben nach dem Anlassen auf geeignete Temperaturen nach den früher (S. 123) mitgeteilten Methoden nicht mehr nachweisbar

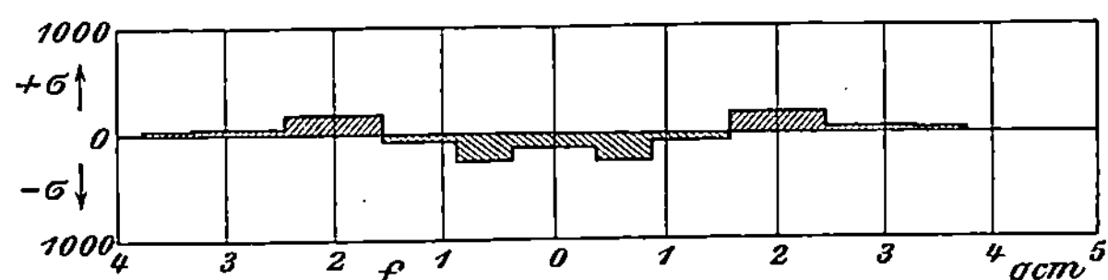

Abb. 112. Rest der Heynschen inneren Spannungen in kaltgezogenem und bei 850° 1 St. ausgeglühtem Ni-Stahl (nach Martens-Heyn).

sind (Abb. 112). Häufig findet die Auslösung der inneren Spannungen in einem Diagramm wie Abb. 380 einen Ausdruck, der nicht ganz leicht verständlich ist, aber vielleicht durch folgende Überlegung erklärt

9*

werden kann. Es zeigt sich nämlich, daß z. B. der Formänderungswiderstand in Abhängigkeit von der Anlaßtemperatur vor dem Erreichen der Rekristallisationstemperatur ein flaches Maximum hat.
Wenn die inneren Spannungen sich ausgleichen, so sind dazu offenbar
geringe Materialverschiebungen notwendig, die nur möglich sind, wenn
eine Anzahl Gleitebenen in Funktion treten. Man kann sich vorstellen,
daß bei diesem Ausgleich der inneren Spannungen die in Funktion
tretenden Gleitflächen noch etwas verfestigt werden, dadurch muß der
Formänderungswiderstand in der Weise bei etwas niedrigeren Anlaßtemperaturen erhöht erscheinen, wie dies das Diagramm Abb. 380 erkennen läßt.

V. Auch alle anderen mit der Verfestigung Hand in Hand gehenden Eigenschaftsänderungen gehen im allgemeinen beim Anlassen
der betreffenden Materialien auf geeignete Temperaturen wieder zurück,
und zwar erfolgen viele dieser Veränderungen schon im Temperaturbereich der Kristallerholung unterhalb der eigentlichen unteren Rekristallisationstemperatur.

Die bei der Rekristallisation freiwerdende Wärme, die der Zunahme der Gesamtenergie bei der Verfestigung (s. S. 120) entspricht,
ist wegen ihrer Geringfügigkeit weder direkt noch kalorimetrisch unter
Zuhilfenahme von Wärmetönungen bei chemischen Prozessen zu
messen[24].

Sehr bemerkenswert ist, daß der elektrische Widerstand beim
Anlassen erst, wie zu erwarten, sinkt und dann steigt. Das Steigen bei
hohen Anlaßtemperaturen bringt Tammann[25] in Zusammenhang mit
Auftreten von Lücken im Korngrenzenverband bei grober Rekristallisation.

Literatur.

[1] Dieser Gesichtspunkt scheint sehr beachtenswert. Vgl. z. B. die verschiedenen von Tammann angegebenen Temperaturen des Beginns der „Rekristallisation", die verschiedene Bedeutung haben. Z. Metallkunde Bd. 19, S. 187. 1927.
[2] Polanyi: Erg. exakt. Naturwiss. Bd. 2, S. 217. 1923.
[3] Groß: Z. Metallkunde Bd. 16, S. 344. 1924; Koref: ebenda Bd. 17, S. 213. 1925.
[4] Bezeichnung zuerst bei Sorby: Berg- u. Hüttenmännische Zg. 1885, S. 255.
Über die historische Entwicklung vgl. Czochralski: Z. Metallkunde Bd. 19, S. 316.
1927.
[5] Rassow u. Velde: Z. Metallkunde Bd. 12, S. 369. 1920. An Daten über Rekristallisation sei hier noch genannt Cook u. Evans (Pb, Sn, Cd): Chem. Zentralblatt Bd. 1, S. 329. 1925; sonst s. Spez. Teil.
[6] Vgl. hier Masing: Z. Metallkunde Bd. 12, S. 457. 1920; Bd. 13, S. 425, 1921.
[7] Wetzel: Mitt. Metallforsch. Bd. 1, S. 25. 1922.
[8] Z. Phys. Bd. 42, S. 795. 1927.
[9] Mod. Metallkunde S. 141.
[10] Carpenter: Proc. Roy. Soc. Ld. A. Bd. 100, S. 329 ff. 1921. — Edwards
u. Pfeil: J. Iron Steel Inst. Bd. 1, S. 129. 1924. — Sauerwald u. Elsner: Z.
Phys. Bd. 44, S. 36. 1927.

[11] Vgl. Masing: l. c.

[12] van Arkel: Z. Phys. Bd. 41, S. 701. 1927.

[13] Tammann u. Dahl: Z. anorg. u. allg. Chem. Bd. 126, S. 113. — Matthewson: Z. Metallogr. Bd. 9, S. 1. 1917.

[14] Glocker u. Kaupp: Ebenda Bd. 16, S. 378. 1924. — Vgl. hier auch Burgers u. Basart: Z. Phys. Bd. 51, S. 545. 1928.

[15] Schröder u. Tammann: Z. Metallkunde Bd. 16, S. 201. 1924.

[16] Schmid u. Wassermann: Z. techn. Phys. Bd. 9, S. 106. 1928.

[17] Widmann u. Glocker: l. c.

[18] Z. Phys. Bd. 51, S. 520 u. 534. 1928.

[19] Elam: Phil. Mag. (6) Bd. 50, S. 517. 1925. — Schiebold u. Sachs: Z. Kristallogr. Bd. 63, S. 34. 1926.

[20] Z. Elchem. Bd. 28, S. 347. 1922.

[21] Sauerwald, Müller-Pouillet: Lehrb. d. Phys., 11. Aufl., Bd. 3_1, S. 582. 1926.

[22] Ber. des Werkstoffausschusses deutsch. Eisenhüttenleute 1926, Nr. 84.

[23] Ref. Chem. Zentralblatt Bd. 2, S. 2314. 1924.

[24] Koref u. Wolff: Z. Elchem. Bd. 28, S. 477. 1922. — Geiss u. van Liempt: Z. anorg. u. allg. Chem. Bd. 143, S. 259. 1925.

[25] Zuletzt Tammann u. Straumanis: Z. anorg. u. allg. Chem. Bd. 169, S. 377. 1928.

°**9) Vollständige Theorie von Verfestigung und Rekristallisation.** Eine vollständige Theorie von Verfestigung und Rekristallisation ist nur dann möglich zu entwerfen, wenn man Verfestigung und Rekristallisation (auch Kristallerholung) gleichzeitig betrachtet und wenn man vor allen Dingen auch die Hand in Hand damit vor sich gehenden Änderungen der anderen physikalischen Eigenschaften in die Erwägung einbezieht. Vor allen Dingen gehören hierher die elektrische Leitfähigkeit und das elektrochemische Potential. Besonders wenn man ein vollständiges Bild der Rekristallisation entwerfen will, die ja doch einen Materietransport darstellt, kann man nicht umhin, die Vorstellungen über die Kinetik in festen Körpern zu Rate zu ziehen. Es empfiehlt sich dies auch im Hinblick auf die elektrische Leitfähigkeit, zu deren Diskussion weiterhin noch die Elektronentheorie gehört. Eine Andeutung über hier einsetzende Gedankengänge sei im folgenden gegeben.

Schon die Vorstellung über die elastischen Kompressionen und Dilatationen nötigt dazu, anzunehmen, daß der kinetische Zustand in einem plastisch verformten Raumgitter nicht dem Gleichgewichtszustand entspricht. Die Schwingungszahlen der Atomschwingungen und auch ihre Amplituden werden einem anderen Verteilungsgesetz als im Gleichgewichtszustand gehorchen. Dies kann sowohl von Einfluß auf die Festigkeitseigenschaften als auch auf die Möglichkeiten der Kristallisation sein. Ebenso kann die elektrische Leitfähigkeit dadurch beeinflußt sein. Ob dieser Einfluß wesentlich ins Gewicht fällt, kann bezüglich der Leitfähigkeit noch nicht entschieden werden, bezüglich der Kristallisation scheint er aus folgenden Überlegungen heraus wichtig.

Wir hatten noch keine Deutung für die erste Gesetzmäßigkeit der Rekristallisation (S. 125) gefunden. Daß eine Kristallisation in regulinischen Körpern ohne Umwandlung nur nach Kaltverformung möglich ist, hatten wir früher bereits bemerkt (S. 23). Man könnte denken, daß die stärkere Verformung in dem Sinne auf den Eintritt der Rekristallisation wirkt, daß eine größere Zahl von den nach Tammann an den Korngrenzen sitzenden Fremdkörperhäuten (S. 15) zerrissen werden als bei schwacher Verformung, und daß damit die Einleitung der Kristallisation erleichtert sei. Ein Temperatureinfluß, wie er in der ersten Gesetzmäßigkeit der Rekristallisation zutage tritt, ist allerdings damit noch nicht ohne weiteres gegeben. Daß er nicht als zureichender Grund außerdem für das Eintreten der Kristallisation bei niedrigen Temperaturen nach stärkerer Verformung angesehen werden kann, geht aus einer Untersuchung über synthetische Körper und ihre Rekristallisation hervor. Es zeigt sich nämlich, daß dieselbe Gesetzmäßigkeit über den Einfluß des Deformationsgrades auf den Beginn der Rekristallisation bei diesen wie bei den regulinischen Körpern besteht. Da eine Haut von Fremdkörpern an den Kornbegrenzungen hier nicht anzunehmen ist, folgt, daß noch weitere Umstände bei der Deformation die Kristallisation begünstigen.

Solche begünstigenden Faktoren können in der obengenannten Beeinflussung des Schwingungszustandes bei den elastischen Dehnungen der Raumgitterbereiche gesehen werden. Besonders die Zunahme der großen Schwingungsweiten muß den Kristallisationsbeginn zu tieferen Temperaturen verschieben. Zweitens kann auch die mit zunehmender Deformation zunehmende Gleichrichtung der Raumgitter in demselben Sinne wirken, wenn Flächen, auf denen maximale Schwingungsamplituden senkrecht stehen, einander zugekehrt werden. Eine Einsicht, in welcher Weise diese Faktoren wirken, ist noch nicht möglich, daß sie überhaupt wirken, geht daraus hervor, daß Größen, welche direkt mit dem kinetischen Zustand des Raumgitters zusammenhängen, durch die Kaltverformung sehr maßgeblich beeinflußt werden und bei Rekristallisation eine Änderung in Richtung auf den Normalzustand erfahren. So ist festgestellt worden, daß die Verdampfungsgeschwindigkeiten verfestigter Bleche unmittelbar nach der Verfestigung einen erhöhten Wert zeigen (Sauerwald und Mitarbeiter).

Die Beeinflussung des Schwingungszustandes kann maßgebend sein für Veränderungen der Leitfähigkeit und ebenso des elektrochemischen Potentials. Allerdings sind bezüglich der Veränderung dieser Größen auch Änderungen des Atomes, d. h. der Elektronenkonfiguration im Atom angenommen worden, alle diese Veränderungen müßten untereinander zusammenhängen[1]. Hierher gehören auch Erörterungen über die Beeinflussung von Schmelz- und Umwandlungspunkten[2].

Literatur.

Sauerwald, F.: Z. Elektrochem. Bd. 29, S. 79. 1923; ders. in Müller-Pouillet: Lehrb. d. Phys. 11. Aufl., Bd. 3_1, S. 581. 1926. — Sauerwald, F., H. Patalong u. H. Rathke: Z. Phys. Bd. 41, S. 355. 1927. S. u. Sperling 1929.

[1] Vgl. Anm. 10, S. 122, u. Tammann, ebenda. — Masima und Sachs: Z. Phys. Bd. 51, S. 321, 1918.

[2] Hierzu vgl. auß. ob. Lit. noch Tammann: Z. anorg. u. allg. Chem. Bd. 92, S. 37. 1915.

ι) **Die Abhängigkeit der mechanischen Eigenschaften und Verformungsvorgänge bei Metallen von der Temperatur.** Der Formänderungswiderstand der Metalle nimmt im allgemeinen mit der Temperatur ab, das Formänderungsvermögen zu. Die Abhängigkeit der Kohäsion von der Temperatur ist noch keineswegs geklärt. Wenn Metalle eine Umwandlung erleiden, ändern sich naturgemäß die Festigkeitseigenschaften bei der Phasenänderung unstetig, es kann dabei auch die bei höherer Temperatur beständige Modifikation z. B. einen höheren Formänderungswiderstand aufweisen als die bei niedriger Temperatur vorliegende Form $(\alpha - \gamma Fe)$. Beispiele für alle diese Abhängigkeiten finden sich im speziellen Teil.

Von den eben genannten Regeln gibt es sehr wichtige Ausnahmen insofern, als gerade bei technisch wichtigen Metallen und Legierungen Besonderheiten in der Temperaturabhängigkeit der mechanischen Eigenschaften auftreten. Es zeigen bei Temperaturen unter Raumtemperatur z. B. Fe und Zn, bei höheren Temperaturen Fe und Messing Sprödigkeitserscheinungen, die im Zusammenhang mit der speziellen Struktur der betreffenden Materialien betrachtet werden müssen. (Vgl. S. 332.)

Die Tatsache, daß Verfestigungen instabile Zustände sind, die nur bei niedrigen Temperaturen sich erhalten können, läßt darauf schließen, daß die Verformungsvorgänge bei höheren Temperaturen im allgemeinen anders verlaufen, als bei niedrigen Temperaturen, und zwar muß als maßgebend dabei die Verfestigung angesehen werden. Es ist zu erwarten, daß in geeigneten Temperaturbereichen die Verfestigungen nicht mehr auftreten und der Formänderungswiderstand bei Verformungen wenigstens in großen Bereichen konstant bleibt. Diese Temperaturbereiche werden wir als diejenigen der Warmverformung bezeichnen und sie denen der Kaltverformung gegenüberstellen. Wo diese Temperaturbereiche beginnen, ist von vornherein aus unseren bisherigen Überlegungen allgemein nicht zu erschließen. Keineswegs kann etwa die Rekristallisationstemperatur allgemein diesen Temperaturbereich nach unten begrenzen. Die Rekristallisationstemperatur ist ja festgestellt als diejenige Temperatur, bei der Verfestigungen wieder zurückgehen, welche bei tieferen Temperaturen erzielt worden sind, wobei jedoch dem Material, welches nicht weiter beeinflußt wird, genügend Zeit gelassen wird, sich zu entspannen. Die für eine annähernd vollkommene Entfestigung notwendige Zeit beträgt bei den tiefsten Temperaturen, bei denen sie überhaupt möglich ist, nun aber, wie wir wissen, der Größenordnung nach eine ganze Anzahl von Minuten bis zu etwa ½ Stunde. Die Entfestigungsgeschwindigkeit in diesem Bereich der beginnenden Entfestigung und Rekristallisation ist also noch verhältnismäßig recht klein. Demgegenüber sind die gewöhnlichen Geschwindigkeiten der Verformung, wie wir sie vor allem bei den Bearbeitungsprozessen und auch bei einem Teil der Beanspruchungen, wie sie beim Gebrauch der Materialien und auch bei ihrer Prüfung auftreten, sehr erheblich größer. Wenn die Verformungsgeschwindigkeit die Geschwindigkeit der Entfestigung übertrifft, müssen aber die Verformungsvorgänge unter Verfestigung verlaufen, und es wird im allgemeinen auch die Verfestigung sich in dem abgekühlten Material noch bemerkbar machen, so daß das Kriterium, welches als charakteristisch für den Vorgang der Kaltverformung zu postulieren ist, zweifellos in diesen Gebieten im allgemeinen sich durchaus noch vorfindet. Nur bei sehr langsamen Verformungen, wie wir sie bei der Dauerbeanspruchung noch zu besprechen haben, wird der Vorgang der Verfestigung schon dicht über der Rekristallisationstemperatur keine Rolle mehr spielen. Allgemein werden wir aber die Grenze zwischen der Kalt- und Warmverformung bei höheren Temperaturen, und zwar abhängig von der Geschwindigkeit, bei jedem Material gesondert zu bestimmen haben[1].

Als besonders charakteristisch für die Verformung bei niedrigen Temperaturen haben wir außer der Verfestigung noch die Bildung von Faserstrukturen mit deformierten Kristallen kennengelernt. Es liegt nun sehr nahe, außer dem Mangel an Verfestigung für die Warmverformung auch noch das Fehlen einer solchen Deformationsstruktur als bezeichnend anzusehen. In der Tat findet man bei Materialien, welche bei höherer Temperatur verformt worden sind, keine deformierten Kristalle mehr vor, wobei sich die Beobachtungen allerdings bis jetzt auf die mikroskopische Methode beschränkt haben. In Analogie zu dem oben über die Verfestigung Gesagten tritt dies Fehlen der Deformationsstruktur ebenfalls nicht von der Temperatur der Rekristallisation an auf, sondern erst bei bedeutend höheren Temperaturen. Die Frage, ob die spontane Kristallisation bei der Warmverformung, welche das Entstehen einer Faserstruktur verhindert, mit der Temperatur, bei der keine Verfestigungen mehr eintreten, übereinstimmt, ist noch nicht völlig geklärt, wenn auch ein sehr nahes Aneinanderliegen dieser beiden Temperaturen bei gleicher Deformationsgeschwindigkeit ermittelt werden konnte.

Als Beispiel für die Feststellung der Temperaturgrenzen zwischen Kalt- und Warmverformung seien Versuche bei Kupfer für verschiedene Geschwindigkeiten angeführt. Den Fall einer verhältnismäßig noch langsamen Verformung stellen Zerreißversuche mit normaler Zerreißgeschwindigkeit dar[2]; die Auswertung einer solchen Versuchsgruppe zu einem Effektivdiagramm zeigt die Abb. 113. Es ist aus diesem Diagramm mit einer gewissen Annäherung zu entnehmen, daß die Ver-

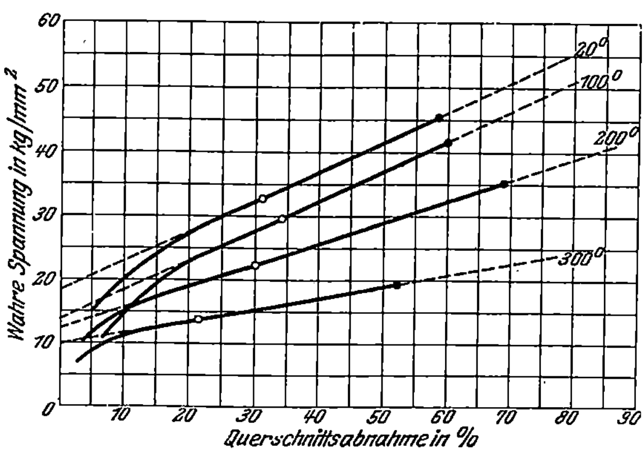

Abb. 113. Effektivzugdiagramme an Cu bei verschiedenen Temperaturen (nach Körber und Rohland).

festigungen (in der ersten Näherung dargestellt durch die Neigung der Spannungskurven) bei etwa 400° verschwinden, also auch hier bereits über der Rekristallisationstemperatur liegt. Der Fall schneller Deformation ist in den Diagrammen Abb. 114 und 115 erfaßt. Hier sind Stauchversuche an Kupferproben[1] ausgeführt und nach der Stauchung die Härten der Proben bestimmt worden. Die Härtezunahme nach der Stauchung gegenüber der Härtezahl im ungestauchten Zustand gibt ein Maß für die Verfestigung. Einmal wurden diese Proben unmittelbar nach der Deformation abgeschreckt, einmal konnten sie langsamer abkühlen. Im ersteren Falle wird das Maximum der Verfestigung erfaßt, und es zeigt sich bei einer Verformung bei 700° noch eine sehr erhebliche Verfestigung. Im zweiten Falle, wo der Entfestigung infolge der langsameren Abkühlung mehr Gelegenheit zur Auswirkung gegeben wurde, hat dieselbe zwar abgenommen, ist aber doch immer noch bis zu Temperaturen, die sehr erheblich über der Rekristallisationstemperatur liegen, festzustellen. Die Kristallisationen begannen in diesen Fällen bei 775°, kenntlich an einer Kristallvergrößerung. Wie andere Versuche an Einkristallen zeigten, tritt Kristallisation überhaupt, abgesehen von dem Wachstum über die Ausgangskorngröße hinaus, ebenfalls nicht bei wesentlich tieferen Temperaturen auf[3]. Angaben über die Grenzen der Warmverformung bei anderen Metallen, in Abhängigkeit von der Versuchsgeschwindigkeit finden sich im speziellen Teil bei der Diskussion der einzelnen Metalle und Legierungen.

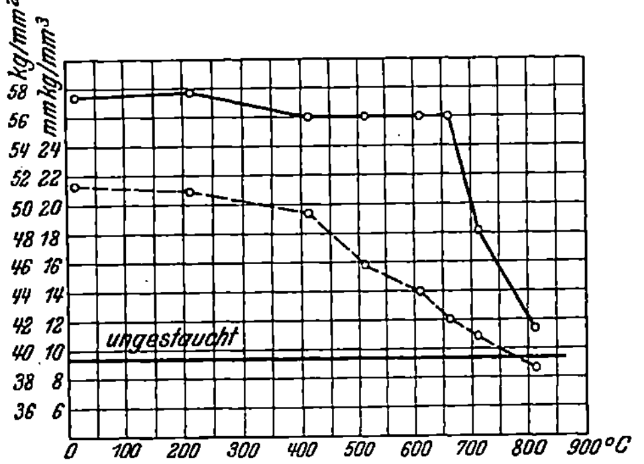

Abb. 114. Härte (—) von Cu nach Abschreckung von Temperaturen, bei denen es durch Schlag verformt war. (— —) spez. Verdrängungsarbeit (nach Sauerwald und Giersberg).

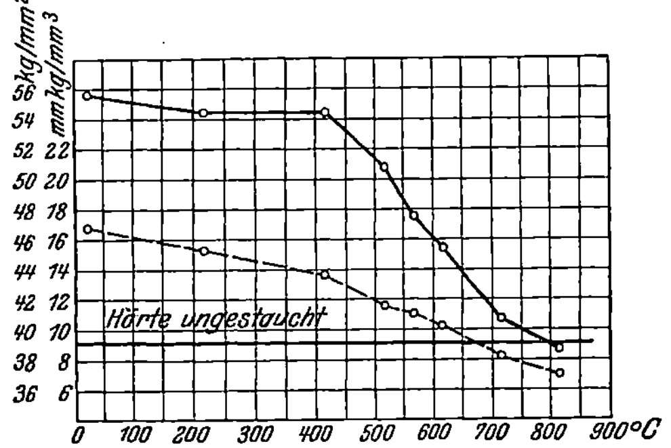

Abb. 115. Härte (—) von Cu nach Luftabkühlung von Temperaturen, bei denen es schlagartig beansprucht war. (— —) spez. Verdrängungsarbeit (nach Sauerwald und Giersberg).

Die Verfestigungsfähigkeit in Abhängigkeit von der Temperatur konvergiert allmählich mit steigender Temperatur gegen Null. Infolgedessen ist von vornherein zu erwarten, daß an der Grenze zwischen Warm- und Kaltverformung die summarischen Festigkeitseigenschaften, als deren einer Bestandteil die Verfestigungsfähigkeit auftritt, also der

Formänderungswiderstand, im einzelnen Fließgrenze, Festigkeit, und das Formänderungsvermögen, sich nicht etwa sprungweise ändern: Es ist dies aus allen Kurven, die im speziellen Teil über die Abhängigkeit der Festigkeitseigenschaften von der Temperatur mitgeteilt werden, zu ersehen. Natürlich weisen aber alle diese Eigenschaften, sofern sie über der Rekristallisationstemperatur festgestellt werden, eine sehr erhebliche Abhängigkeit von der Zeitdauer der Deformation und der Abkühlung auf, da, wie wir gesehen haben, die in diese Eigenschaften eingehende Verfestigungsfähigkeit sehr stark von der Zeit abhängt.

Schon rein phänomenologisch ist über die Funktion der Temperaturabhängigkeit der Festigkeitseigenschaften, ebenso über ihre innere Begründung wenig festgestellt. Unter gleichen Versuchsbedingungen zeigt sich, daß die spezifische Verdrängungsarbeit, wie sie bei Fallhärteversuchen ermittelt wird, linear mit der Temperatur bei einer Reihe von Metallen abfällt (Abb. 116)[4]. Natürlich stellt diese Abhängigkeit ein Grenzgesetz dar, das aber

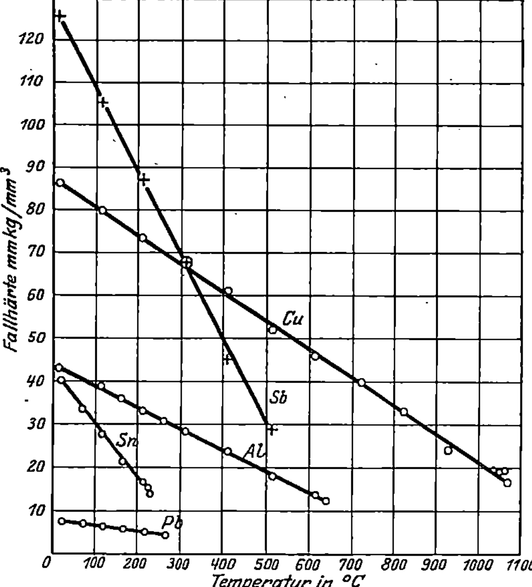

Abb. 116. Fallhärten in Abh. von der Temperatur (nach Sauerwald und Knehans).

immerhin vielleicht die Möglichkeit bietet, die Temperaturabhängigkeit weiter zu analysieren. Von Ludwik[5] rührt der bemerkenswerte Vorschlag her, die Metalle bei vergleichbaren, wie er sagt, homologen Temperaturen, bezüglich der Festigkeit zu vergleichen, um so einen Einblick in die gesuchte Temperaturfunktion zu bekommen. Als homologe Temperaturen werden gleiche Bruchteile der Schmelztemperaturen bezeichnet. Das Ergebnis der so erhaltenen Kurven der Festigkeiten bei homologen Temperaturen ist in Abb. 117 enthalten. Es zeigt sich, daß die Temperaturfunktion der Festigkeit verschiedener Metalle tatsächlich weitgehend ähnlich wird. Vielleicht ist auf eine vollkommene Übereinstimmung von vornherein gar nicht zu rechnen, da die untersuchten Metalle ja noch verschiedenen Raumgitteraufbau aufweisen.

Von Becker[6] rührt der Versuch her, zur Deutung der Plastizität der Metalle die kinetische Theorie heranzuziehen, nachdem Tammann[7] früher eine ähnliche Ansicht vertreten hatte. Er führt die Möglichkeit der Gleitebenenbildung auf die Tatsache zurück, daß im Raumgitter Schwingungen der Atome stattfinden. Diese Auffassung verlangt natürlich eine sehr starke Abhängigkeit der Plastizität von der Temperatur, da sich die Schwingungen der Atome und ihre Amplituden mit der Temperatur sehr stark ändern. Becker glaubt eine Temperaturabhängigkeit für die Verformungsgeschwindigkeit postulieren zu müssen, die derjenigen der chemischen Reaktionsgeschwindigkeit gleich ist, d. h. er fordert, daß sie sich bei Erhöhung der Temperatur um 10^0 etwa verdoppele. Er glaubt diesen Temperatureinfluß bei Wolframdrähten auch nachgewiesen zu haben, nachdem Tammann[8] und seine Mit-

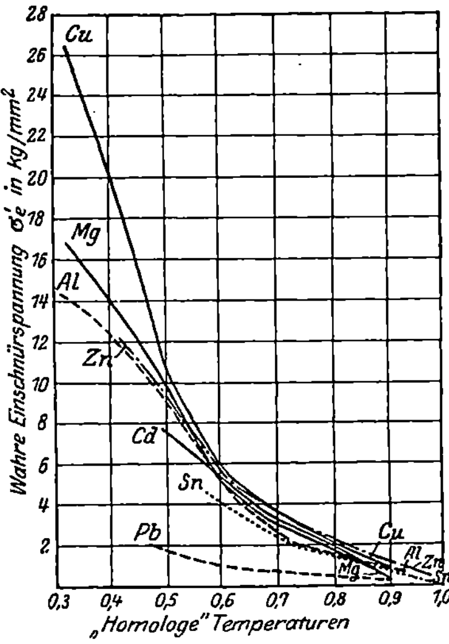

Abb. 117. Wahre Einschnürspannung bei homologen Temperaturen (nach Ludwik).

arbeiter einen ähnlichen Temperaturkoeffizienten für die Geschwindigkeit des plastischen Flusses aus Öffnungen schon gefunden hatten.

Die Temperaturabhängigkeit der Reißfestigkeit, d. h. der Kohäsion, ist bei Metallen, wie schon bemerkt, noch wenig untersucht worden. Bemerkenswert ist nur, daß infolge des Herabgehens des Formänderungsvermögens bei ganz tiefen Temperaturen die Reißfestigkeit für die Charakterisierung der Materialien an Bedeutung gewinnt. Falls man nicht die kinetischen Zustände im Raumgitter als von wesentlicher Bedeutung auch für die Kohäsion ansehen will, ist ein geringer Einfluß der Temperatur auf die Kohäsion zu erwarten. Bei Nichtmetallen, Steinsalz, ist eine derartige Unabhängigkeit der Kohäsion von der Temperatur tatsächlich ermittelt worden (vgl. S. 100, Anm. 6), vorausgesetzt, daß eine Reißverfestigung ausgeschlossen würde.

Noch eine Auffassung, welche aber als überholt bezeichnet werden muß, sei erwähnt, welche das ganze Temperaturgebiet den mechanischen Eigenschaften nach in verschiedene Teilgebiete trennen wollte, und zwar nach dem verschiedenen Einfluß der Korngrenzen. Wir haben S. 114 bereits die Anschauung kennengelernt, daß das an den Korngrenzen vorhandene Material amorphen Charakter haben soll; dieses amorphe Material sei als unterkühlte Schmelze aufzufassen. Wenn dem so wäre, so müßte damit gerechnet werden, daß unterhalb des Schmelzpunktes der Formänderungswiderstand an den Korngrenzen dem geringen Formänderungswiderstand des flüssigen Metalls noch entspräche, während das Kristallinnere bereits den hohen Formänderungswiderstand aufwiese, der dem kristallinen Material charakteristisch ist. Bei tieferen Temperaturen ist dann entsprechend dem Verhalten der Gläser mit einem sehr schnellen Wachsen des Formänderungswiderstandes mit sinkender Temperatur zu rechnen, während das Kristallinnere seinen Formänderungswiderstand mit sinkender Temperatur langsamer steigerte. Es ist dann ein Schnittpunkt der beiden Temperaturfunktionen zu erwarten, und es sollte unterhalb dieses Schnittpunktes ein mechanisch beanspruchtes Material im Korninnern, sei es durch einen Fließvorgang oder durch einen Reißvorgang, nachgeben, während bei Temperaturen über dem Schnittpunkt die Korngrenzenmasse zuerst versagen sollte. Es hat sich gezeigt[9], daß diese Erwartung nicht allgemein zutrifft. Das besondere Verhalten von Kupfer und Messing, bei welchem in gewissen Temperaturbereichen ausgeprägter Korngrenzenbruch auftritt, wird im speziellen Teil behandelt werden.

Literatur.

[1] Sauerwald u. Giersberg: Zentralbl. Hütten- u. Walzw. Bd. 30, S. 501. 1926; Metallwirtschaft Bd. 7, S. 1353. 1928.

[2] Körber u. Rohland: Mitt. Eisenforsch. Bd. 5, S. 55. 1924.

[3] Sauerwald u. Elsner: Z. Phys. 44, S. 36. 1927.

[4] Sauerwald u. Knehans: Z. anorg. u. allg. Chem. Bd. 140, S. 227. 1924.

[5] Z. V. d. I. Bd. 59, II, S. 657. 1915.

[6] Phys. Z. Bd. 26, S. 919. 1925.

[7] Lehrb. d. Metallogr., 1. Aufl. 1914.

[8] Werigin, Lewkojew u. Tammann: Ann. Physik Bd. 10, S. 647. 1903.

[9] Sauerwald u. Elsner s. [3], Sauerwald: Kolloidz. Bd. 42, S. 241. 1927. — Über Tempabh. elast. Eigenschaften vgl. z. B. Koch, Dieterle u. Dannecker: Ann. d. Physik Bd. 47, S. 197. 1915; Bd. 68, S. 441. 1922.

6. Komplexe Festigkeitseigenschaften.

Wir haben schon bei Betrachtung der einfachen Begriffe der Festigkeitslehre gesehen, daß die einfachen Festigkeitseigenschaften z. T. nicht ganz einfach zu definieren sind, und häufig nicht völlig unabhängig voneinander erscheinen. Wir fassen in diesem Kapitel einige Festigkeitseigenschaften zusammen, die man noch weiter gehend als komplexe Festigkeitseigenschaften definieren kann, da sie in ganz ausgesprochener Weise durch eine ganze Reihe von Komponenten bestimmt werden. Zu diesen Eigenschaften gehören vor allen Dingen die Dauerfestigkeit und die Eigenschaften, welche die Abnutzung unter dem Einfluß mechanischer Kräfte bestimmen. Auch viele der Eigenschaften, welche die Bearbeitbarkeit der metallischen Materialien kennzeichnen, gehören hierher, doch sollen die letzteren unter den Ergänzungen zu den Bearbeitungsvorgängen behandelt werden (S. 277 u. 280).

α) **Dauerfestigkeit**[*]. Die Notwendigkeit, eine Dauerfestigkeit von der bisher besprochenen Festigkeit zu unterscheiden, ergibt sich aus folgender Feststellung: Wenn Materialien lange Zeit mit Spannungen beansprucht werden, welche unter denjenigen liegen, die bei einem normalen Zerreißversuch zum Bruch führen, so gehen sie schon bei solchen niedrigen Spannungen u. U. zu Bruch. Die wichtigste Frage ist die, ob es überhaupt eine Spannung gibt, welche beliebig lange Zeit ertragen werden kann, oder nicht. Aus Zweckmäßigkeitsgründen unterscheiden wir 2 große Hauptgruppen von Beanspruchungsarten: 1. Diejenigen, die für normale Temperaturen die größte Bedeutung haben, das sind Beanspruchungen, deren Größe dauernd periodischen Schwankungen unterworfen ist, bei denen dieser Wechsel meist mit erheblicher Geschwindigkeit erfolgt, und 2. diejenigen, bei denen es sich um eine dauernde Belastung handelt und die von besonderer Bedeutung bei höheren Temperaturen werden. Um die erste Gruppe von Erscheinungen analysieren zu können, müssen wir zunächst auf einige Erscheinungen eingehen, welche bei langsamen Wechselbeanspruchungen festzustellen sind, wie sie auch an gewöhnlichen Zerreißmaschinen untersucht werden können.

°1. Die elastische Nachwirkung und Hysteresis. Vgl. hier auch S. 332. Belastet man ein polykristallines Material unterhalb der Elastizitätsgrenze, so erfolgen auch hier die Längenänderungen nicht momentan, sondern, nachdem die Last aufgebracht ist, dauert es eine gewisse Zeit, bis eine Längung erreicht ist, welche im wesentlichen sich nicht mehr ändert. Man bezeichnet diese Erscheinung als Nachdehnung. Befreit man den betreffenden Körper von seiner Last, so geht die elastische Längenänderung ebenfalls nicht sofort zurück, sondern die Kürzung klingt längere Zeit nach. Diese Erscheinung wird „elastische Nachwirkung" genannt. Von v. Wartenberg[1] wurde gezeigt, daß das Vorkommen der elastischen Nachwirkung auf polykristallines Material beschränkt ist, und daß Einkristalle keine elastischen Nachwirkungen zeigen. Es liegt sehr nahe, diese Beobachtung zur Deutung der elastischen Nachwirkung heranzuziehen und dieselbe im wesentlichen auf die Inhomogenitäten des Kraftfeldes in polykristallinen Haufwerken zurückzuführen, welche durch die verschiedene Orientierung der Kristallite und das Vorhandensein der Korngrenzen bedingt sind. Es gibt in einem polykristallinen Haufwerk immer einige Kristallite, welche auch in dem Falle, daß die Gesamtspannung sich in den Größenbereichen unterhalb

---

* Gough, H. I.: The fatigue of metals. London: E. Benn Limt., Bouverie House 1926. — Moore u. Commers: Fatigue of metals etc. New York u. London: Mc. Graw. Hill Book L. 1927. — Fachheft Dauerbruch. Z. Metallkunde 1928. — Mailänder, R.: Werkstoffausschußberichte VDE Nr. 38.

der Elastizitätsgrenze bewegen, plastisch verformt werden. Dadurch treten in den polykristallinen Körpern Inhomogenitäten der Spannungsverteilung auf, deren Auswirkung natürlich von der Zeit abhängig ist, da die betreffenden Fließvorgänge Zeit benötigen. Wird das Material entlastet, so besteht die Tendenz, daß die elastischen Rückverformungen auch die plastischen Verformungen rückgängig zu machen suchen, was ebenfalls eine gewisse Zeit erfordert.

Diese Vorgänge müssen eine besondere Rolle spielen, wenn man mehrere der eben geschilderten Be- und Entlastungen hintereinander vornimmt. Untersuchungen von Bauschinger[2] haben gezeigt, daß die Art der dabei auftretenden Effekte erheblich von der Höhe der Belastung abhängt. Diese Ergebnisse, welche vorzugsweise an Stahl gewonnen wurden, dürfen nur teilweise auf beliebige Materialien übertragen werden (andere Metalle s. a. Abb. 120) und sind folgende:

Wenn ein Körper mit Kräften auf Zug beansprucht wird, die von Null anwachsend Spannungen erzeugen, welche größer als die Proportionalitätsgrenze des Materials sind, so wird diese Grenze geändert, wie im folgenden beschrieben, wobei vorausgesetzt ist, daß das Material sich nicht bereits in einem künstlich veränderten Zustand befand. Wird das Material sofort nach der Entlastung wieder geprüft und die neue Proportionalitätsgrenze festgestellt, so findet man diese höher als die ursprüngliche Proportionalitätsgrenze. Bei einer weiteren Beanspruchung unter Erhöhung der Belastung kann die Proportionalitätsgrenze noch weiter erhöht werden.

Wird jedoch die Belastung über die Fließgrenze gesteigert, so nimmt die Proportionalitätsgrenze plötzlich ganz erheblich ab, ja, sie kann sogar bis auf Null herabgedrückt werden.

Überläßt man den Stab nach Entlastung sich selbst, so hebt sich mit der Zeit die Proportionalitätsgrenze wieder. Sie kann schließlich sogar bis über die ursprüngliche Fließgrenze ansteigen.

Durch Anspannung über die ursprüngliche Streckgrenze wird diese gehoben. Nach Aufhören der Anspannung kann die Veränderung noch weiter wachsen.

Durch Anspannung über die ursprüngliche Streckgrenze wird der Elastizitätsmodul erniedrigt, bei ruhiger Lagerung nach Entlastung hebt sich der Elastizitätsmodul wieder.

Durch eine Anspannung über die ursprüngliche Proportionalitätsgrenze durch einen Zug wird die Proportionalitätsgrenze für Druck erniedrigt und umgekehrt (Bauschinger-Effekt).

Die Beeinflussung der natürlichen Streckgrenze, z. B. des Stahles, ist offenbar an die im Falle der natürlichen Streckgrenze vorliegende besondere Struktur geknüpft und kann infolgedessen erst später (S. 333)

behandelt werden. Dagegen ist das Herabsinken der Proportionalitätsgrenze und die Veränderungen des Elastizitätsmoduls wahrscheinlich
allgemein zu deuten mit den inneren Spannungen, die wir bereits für die
elastische Nachwirkung verantwortlich machen mußten.

Nach Masing[3] unterscheidet man außer den Spannungen
auf den gebogenen Gleitflächen (diese in Bereichen sehr geringer Dimension) zwei Arten innerer
Spannungen. Die Spannungen erster
Art sind Kräftepaare, die über erhebliche
räumliche Bereiche verteilt sind, sie sind
identisch mit den von Heyn (vgl. S. 123)
aufgezeigten, sie sind hervorgerufen durch
ungleiche Verteilung der wirkenden Kräfte,
sie bewirken immer eine Herabsetzung des
Formänderungswiderstandes. Die inneren
Spannungen zweiter Art sind in kleineren Bereichen verteilte Kräftepaare und sind hervorgerufen durch die

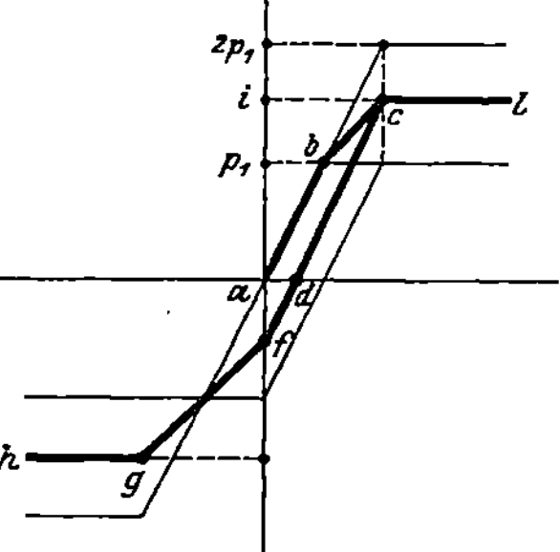

Abb. 118. Bauschingereffekt
(nach Masing.)

Inhomogenität eines z. B. polykristallinen Materials. Sie können verantwortlich gemacht werden für den Bauschingereffekt, wie man aus
folgender schematischen Überlegung einsieht.

Es seien zwei Kristallarten, die jede für sich die Elastizitätsgrenzen
p_1 und $p_2 = 2p_1$ (Abb. 118) haben, in einem Kristallitenkonglomerat

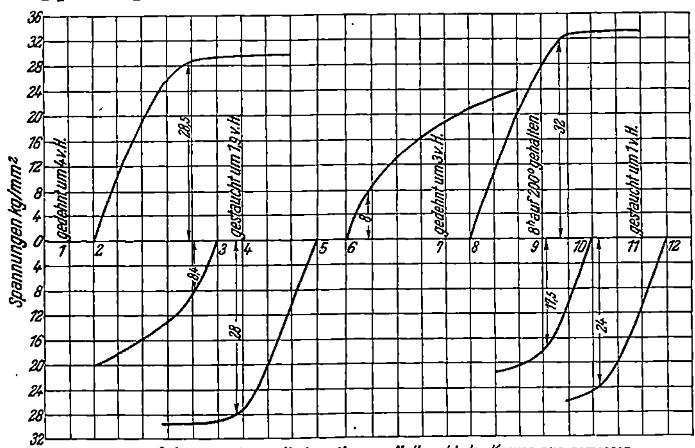

Abb. 119. Bauschingereffekt bei Messing (nach Masing und Mauksch).

vereinigt. Bei einer ersten Beanspruchung wird die plastische Dehnung
(ideale Elastizitätgrenzen vorausgesetzt) bei p_1 beginnen. Oberhalb p_1
nimmt nur die zweite Kristallart die Spannung elastisch auf und
sind gleiche Volumenprozente der beiden Kristallarten vorhanden, ist

dies der Fall bis $p_x = p_1 + \dfrac{p_1}{2} = \dfrac{3}{2} p_1$.* Darüber hinaus erfolgt nur plastische Verformung (Punkt c). Nach Fortnahme der Belastung bleibt eine Dehnung $a\,d$ zurück und die Kristallart I steht unter einer Druckspannung $\dfrac{p_1}{2}$, die Kristallart II unter einem ebensolchen Zug. Eine neue Belastung durch Zug muß dann beide Kristallarten bei einer Spannung $\dfrac{3}{2} p_1$ zum Fließen bringen, während eine Druckbeanspruchung bereits bei $\dfrac{p_1}{2}$ plastische Verformung herbeiführt. Das aber stellt den Bauschingereffekt dar; das Ergebnis tatsächlicher Messungen zeigt Abb. 119 bei Messing nach Masing.

Diese Überlegungen wurden neuerdings in Frage gestellt durch Ergebnisse von Sachs und Shoji, die den Bauschingereffekt auch an Messingeinkristallen feststellten[4].

Bei wiederholten Beanspruchungen und kontinuierlicher Aufzeichnung erhält man die sogenannten „Hysteresisschleifen". In diesen kommen z. B. die insbesondere für Stahl geltenden, oben genannten Gesetzmäßigkeiten von Bauschinger zum Ausdruck. In Abb. 120 ist eine Hysteresisschleife, wie sie an weichgeglühtem Cu oder Al erhalten wird, dargestellt. Hier tritt erst nach der Verformung 1, bei den Ent- und Belastungsvorgängen 2 und 3 annähernd proportionale Dehnung und eine Art Fließgrenze P auf. Die Fläche der Hysteresisschleife, z. B. zwischen 2 und 3, hat

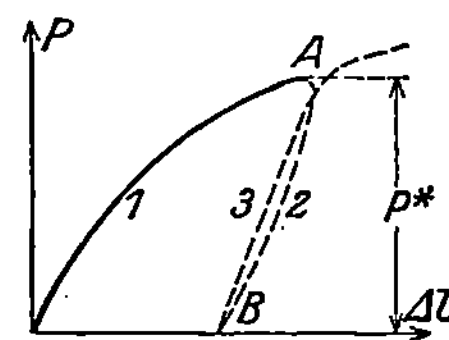

Abb. 120. Hysteresisschleife (nach Nadai).

(vgl. S. 73) die sehr einfache physikalische Bedeutung, daß durch sie die Arbeit dargestellt wird, welche bei einem einmaligen Zyklus verbraucht wird. Diese Arbeit steckt in der Verfestigung des Materials, den inneren Spannungen und in der freiwerdenden Wärme.

Literatur.

[1] Verh. Dtsch. phys. Gesellsch. Bd. 20, S. 113. 1918.

[2] Mitt. mechan. techn. Labor. T. H. München 1886, H. 13.

[3] Z. techn. Physik Bd. 6, S. 569. 1925. Vgl. a. Körber u. Rohland: Mitt. Eisenforsch. Bd. 5, S. 37. 1924.

[4] Z. Physik. Bd. 45, S. 776. 1927; Bd. 51, S. 728. 1928.

2. Dauerfestigkeit bei wechselnder Beanspruchung. Bei den eigentlichen Dauerversuchen mit wechselnder Beanspruchung werden nun die Beanspruchungswechsel gegenüber den eben mitgeteilten Versuchen sehr wesentlich an Zahl gesteigert. Dabei können die Beanspruchungsarten sehr verschieden sein, und der Beanspruchungswechsel kann verschieden ausgestaltet werden, insbesondere je nachdem die Beanspruchung immer in demselben Sinne erfolgt, oder auch, indem

---

* $\dfrac{q}{2} \cdot p_1 + \dfrac{q}{2} 2 p_1 = p_x \cdot q$, wo q der Gesamtquerschnitt.

die Beanspruchung das Vorzeichen wechselt. Das eingangs gekennzeichnete Hauptproblem der Dauerfestigkeitsuntersuchung, nämlich die Frage nach der Abhängigkeit der ertragenen Beanspruchung von der Zeitdauer der Beanspruchung, d. h. hier insbesondere von der Zahl der Wechselbelastungen findet durch Feststellungen seine Beantwortung, wie sie im Diagramm Abb. 121 niedergelegt werden. In diesem Diagramm ist linksseits die Belastung, bei der ein Bruch erfolgte, in Abhängigkeit von der Zahl der Belastungswechsel eingetragen. Man sieht,

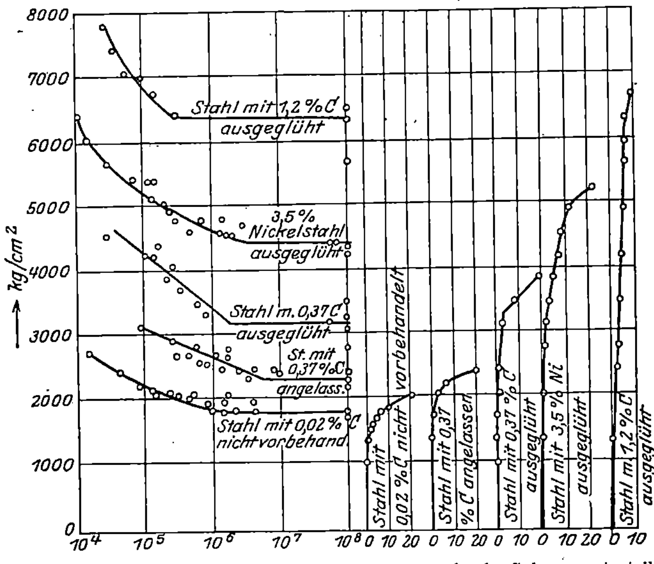

Abb. 121. Beziehung zwischen der wirkenden Spannung, der Anzahl der ertragenen Lastwechsel und dem Temperaturanstieg (Swain, Festigkeitslehre).

daß die ausgehaltene Belastung zunächst schnell mit der Anzahl der Belastungswechsel abnimmt, um sich dann nur noch sehr wenig zu ändern. Nach allem, was bisher festgestellt worden ist, muß man annehmen, daß bei normalem Material die Kurven bei immer höheren Lastwechselzahlen schließlich in Parallelen zur Abszisse übergehen. Die Werte kg/cm², die gerade unterhalb dieser Parallelen liegen, stellen dann die Dauerfestigkeit des Materials * dar. Wenn man so das Vorhandensein einer definierten Dauerfestigkeit formuliert, muß man sich allerdings klar sein, daß dieser Idealfall vielfach sowohl beim Versuch, als auch beim praktischen Verhalten der Materialien nicht zum Ausdruck gelangen wird, da mehr oder weniger große Inhomogenitäten des Materials häufig zu einem vorzeitigen Versagen desselben Anlaß geben werden.

---

* auch „Arbeitsfestigkeit“ und bei Schwingungen „Schwingungsfestigkeit“.

Von den Maschinen[1], welche Untersuchungen der Dauerfestigkeit ermöglichen, seien einige skizziert. Eine Maschine mit Zug-Druck-

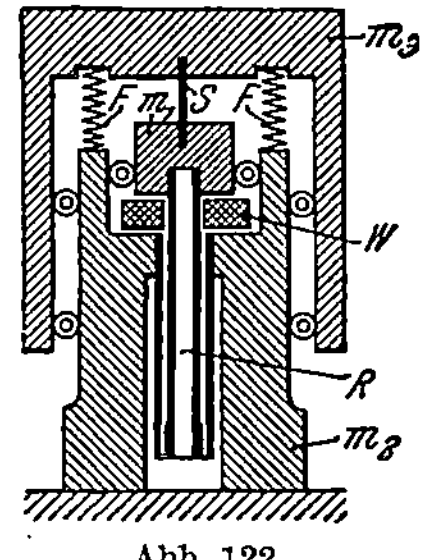

Abb. 122.
Dauerprüfmaschine
nach Schenk (Werk-
stoffhandbuch, Eisen).

beanspruchung und sehr hohen Frequenzen von C. Schenck stellt die Abb. 122 dar. Der Probestab ist in S angegeben, die Wechselbelastung erfolgt dadurch, daß der Körper m_1 auf elektrischem Wege mit Hilfe der Spule W, die von Wechselstrom durchflossen wird, in schnelle Schwingungen versetzt wird. Die schwere Masse m_3, in welche das andere Stabende eingespannt ist, bleibt bei den Schwingungen praktisch in Ruhe. Die Ausgestaltung einer Maschine für Dauerbiegeversuche zeigt die Abb. 123. Die Probe ist konisch in eine sich drehende Welle eingelagert, und die Einspannstellen bei B_1 und B_2 werden durch das Laufgewicht nach unten gezogen und so wird ein Biegungsmoment hervorgebracht. Das Prinzip einer Maschine

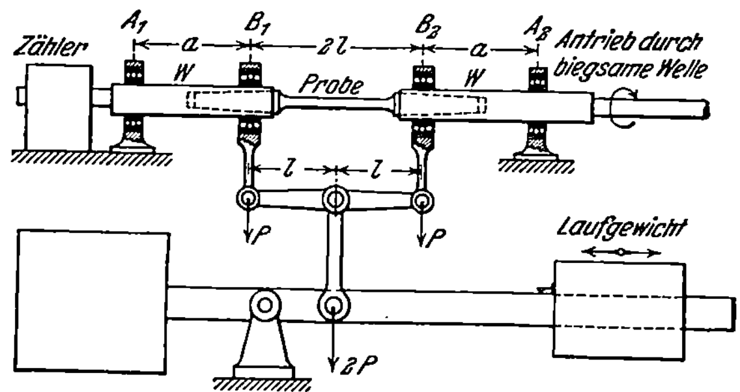

Abb. 123. Maschine für Dauerbiegeversuche (Werkstoffhandbuch, Eisen).

nach Föppl für Drehschwingungen zeigt Abb. 124. Die Probe ist mit C gekennzeichnet, die bei A fest eingespannt und bei B gelagert

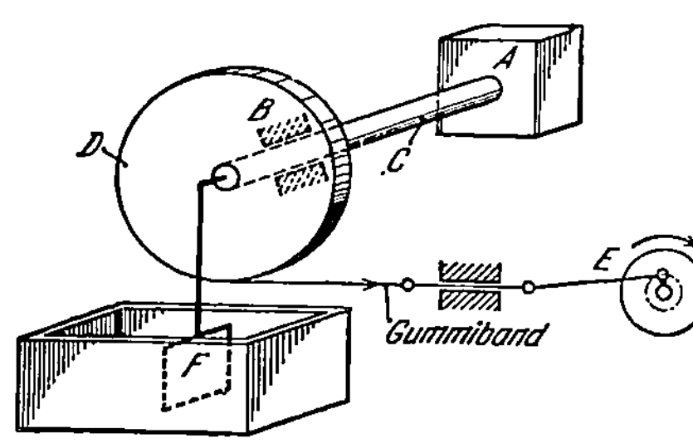

Abb. 124. Anordnung für Dauerdrehschwingungs-
versuche (Werkstoffhandbuch, Eisen).

ist. D ist eine Schwungscheibe, die Schwingungen werden mit dem Exzenter E erzeugt und können mit der Platte F, welche in Wasser eingetaucht ist, in geeigneter Weise begrenzt werden. Dauerschlagversuche können mit der Anordnung nach Krupp ausgeführt werden, deren Prinzip aus der Abb. 125 hervorgeht. Mittels eines Exzenters wird ein Gewicht auf die horizontal gelagerte, sich drehende Probe immer wiederholt fallen gelassen.

Wie aus der Abb. 121 hervorgeht, kann man auf eine genaue Ermittelung der wirklichen Dauerfestigkeit nur dann rechnen, wenn man die Dauerversuche mit einer großen Anzahl von Lastwechseln durchführt, da man unbedingt den Kurventeil erfassen muß, in welchem tatsächlich kein über die Fehlergrenze hinausgehendes Abweichen von der Horizontalen mehr vorliegt. Es hat z. B. keinen Wert, wenn man etwa zwei Materialien mit Belastungen beansprucht, die über der eigentlichen Dauerfestigkeit liegen, und wenn man die dann erhaltenen Lastwechselzahlen, die bis zum Bruch zu konstatieren sind, feststellt, und diese Zahlen miteinander vergleicht. Ein derartiger Vergleich sagt nichts aus über das Verhältnis der beiden Dauerfestigkeiten, da dasselbe natürlich ein anderes sein kann, weil der Kurvenverlauf bei höheren Belastungszahlen bei beiden Materialien verschieden sein kann. Eine ganz andere Frage ist natürlich, ob man nicht auf Grund physikalischer Analyse des Dauerversuches zu abgekürzten Verfahren kommen kann, welche auf anderem Wege als auf dem der bis zum Ende durchgeführten Dauerversuche zur Ermittelung der Dauerfestigkeit führen. Solche abgekürzte Verfahren zur Bestimmung der Dauerfestigkeit sind in der Tat schon ausgearbeitet worden. Die

Abb. 125. Kruppsches Dauerschlagwerk (Schulze-Vollhardt).

Verfahren, welche auf den unten näher entwickelten rationellen Vorstellungen über die Dauerbeanspruchung beruhen, sind folgende: Das Wesen der Dauerbrucherscheinungen beruht danach darauf, daß auch bei geringen Beanspruchungen immer plastische Formänderungen auftreten. Die Dauerfestigkeit charakterisiert nun offenbar eine Grenzbelastung, unterhalb der diese plastischen Verformungen nur ein geringes Maß annehmen, während bei Belastungen oberhalb der Dauerfestigkeit die plastischen Verformungen sehr bald ein erhebliches Maß annehmen und zu einer Erschöpfung des Materials führen. Sind die Vorgänge der plastischen Verformung oberhalb und unterhalb der Dauerfestigkeitsspannung derart verschieden, so müssen die Hysterese-Erscheinungen auch in beiden Fällen stark voneinander verschieden sein. Dies muß sich darin auswirken, daß die von den Proben aufgenommene Energiemenge und auch die bei der Beanspruchung auftretende Erwärmung derselben verschieden sein muß. Man hat also sowohl die **Temperatursteigerung** der Proben bei Dauerbelastung, als auch die **Messung der aufgenommenen Arbeit** zu Abkürzungsverfahren benutzt, und es hat sich gezeigt, daß die so bestimmten Dauerfestigkeiten in den weitaus meisten Fällen identisch mit den nach dem eigentlichen Dauerverfahren gefundenen Werten waren. Die rechte Seite der Abb. 121 gibt die Messung der Temperatur von Proben wieder, welche bei Versuchen mit steigender Belastung ausgeführt wurden[2]. Es zeigt sich, daß die Temperatur beim Überschreiten eines Grenzwertes der Belastung plötzlich sehr stark ansteigt, und der Grenzwert entspricht der Dauerfestigkeit. Nach **Föppl**[3] kann die gesamte aufgenommene Arbeit z. B. bei Biegeversuchen durch Messung der Leistung des Antriebsmotors erfolgen oder auch dadurch, daß man die Formänderungen der Probe mit einer empfindlichen Spiegelapparatur feststellt.

Die genannten Untersuchungen, welche zur Ausbildung der abgekürzten Verfahren führten, gewähren, besonders in Verbindung mit dem über die Hysterese-Erscheinungen Bekannten schon erhebliche Möglichkeiten der rationellen Analyse der Ermüdungserscheinungen bei Wechselbeanspruchung. Die weitere Entwickelung derselben ist zu erwarten von einer **Untersuchung der Veränderungen des Kristallgefüges**, insbesondere an Einkristallen, von der Beobachtung der Veränderung der Eigenschaften, welche mit der Wechselbeanspruchung Hand in Hand geht und von einer Aufklärung des Zusammenhanges derselben mit den einfachen mechanischen Eigenschaften.

Untersuchungen an **Einkristallen** sind ausgeführt worden von **Gough, Hanson** und **Wright**[4] und von **E. Schmid**[5]. Es hat sich dabei herausgestellt, daß dieselben Gleitebenensysteme bei Wechselbeanspruchungen in Funktion treten, wie dies bei einfachen Beanspruchungen geschieht. **Ludwik**[6] stellte das Verhalten der einzelnen Kristalle bei Beanspruchungen wechselnder Richtung fest und fand, daß die Kornform nach einem einmaligen Hin- und Hergang einer Beanspruchung wieder weitgehend der ursprünglichen ähnlich geworden war, und daß schließlich beim oftmaligen Hin- und Hergleiten auf einer Gleitfläche ein Versagen derselben unter einer Art **Spaltenbildung** auftritt. Es ist also damit zu rechnen, daß im Verlaufe der Wechselbeanspruchung Materialtrennungen an gewissen Stellen erfolgen, welche den Gesamtquerschnitt zunächst schwächen. Übersteigt dann die auf dem restlichen Querschnitt lastende Spannung die normale Festigkeit, so wird hier ein plötzlicher Bruch eintreten. Es ist dementsprechend zu erwarten, daß das **Bruchgefüge** eines nach dauernder Beanspruchung gebrochenen Stabes an verschiedenen Stellen ein verschiedenes Aussehen zeigen wird. Entsprechende Beobachtungen gehören tatsächlich zu den ersten auf diesem Gebiet gemachten. Die Abb. 126 zeigt z. B. den in der unteren Hälfte des Querschnittes erfolgten Restbruch, welcher von dem übrigen Bruchgefüge sich scharf unterscheidet, meistens zeigt der Restbruch ein verhältnismäßig grobes Aussehen. Das ist zu erwarten, wenn man bedenkt, daß die Anbruchflächen meist längere Zeit aufeinander reiben und so ein feinkörniges Aussehen gewinnen. Das unterschiedliche Bruchaussehen in den verschiedenen Zonen ist dagegen keinesfalls auf Kristallisations-

vorgänge zurückzuführen. Das Versagen einzelner Gleitflächen wird natürlich besonders gefördert werden, wenn in ihrer unmittelbaren Nähe Spannungsanhäufungen infolge von Einschlüssen oder ungünstiger Korngrenzenlagerung stattfinden, oder auch, wenn Kerbwirkungen von einer Oberfläche des betreffenden Körpers ausgehen.

Nach dem Gesagten ist zu erwarten, daß in dauerbeanspruchten Materialien, welche schließlich zum Bruch gelangen, alle die Erscheinungen kon-

Abb. 126. Ermüdungsbruch (nach Bach-Baumann).

statiert werden müssen, welche mit plastischen Verformungen bei niedrigen Temperaturen verknüpft sind. In der Tat sind sowohl an Einkristallen (siehe oben!) als auch an polykristallinem Material Verfestigungen mit Abnahme des Formänderungsvermögens (Czochralski und Henkel[7]) festgestellt worden.

Auch der natürliche Zusammenhang der Dauerfestigkeit mit den einfachen Festigkeitseigenschaften ist durch das vorher Gesagte schon soweit wie überhaupt möglich gegeben. Da der Dauerbruch an — wenn auch kleine — plastische Verformungen gebunden ist, so wird im allgemeinen die Dauerfestigkeit über der etwa vorhandenen natürlichen Elastizitätsgrenze liegen. Bedingung dafür wird sein, daß das betreffende Material nicht anormale Gefügeausbildungen (Einschlüsse u. dgl.) aufweist, welche infolge ganz besonderer Spannungsanhäufungen bei den ganz kleinen plastischen Verformungen unterhalb der Elastizitätsgrenze zu einem Versagen führen. Oberhalb der Elastizitätsgrenze läßt sich zweifellos über das Verhalten der Materialien nichts Bestimmtes voraussagen, sondern es läßt sich nur eine Alternative angeben. Die Dauerfestigkeit wird im allgemeinen zwischen der etwa vorhandenen natürlichen Elastizitätsgrenze und der Proportionalitätsgrenze liegen, falls es sich um die Arbeitsfestigkeit bei nicht stoßweiser Beanspruchung handelt. Diese Schwingungsfestigkeit σ wird z. B. für Stahl angegeben als

$$\sigma = 0{,}65 \cdot \sigma_s\,,$$

worin σ_s die Streckgrenze. Aus den Beziehungen zwischen Proportionalitätsgrenze, Streckgrenze und Zugfestigkeit lassen sich für diese entsprechende Faktoren berechnen. Mit diesen Größen wächst auch gewöhnlich die Arbeitsfestigkeit. Die Abweichungen von den Formeln sind sehr groß. Es dürfte eine einfache Abhängigkeit der Dauerwechselfestigkeit von diesen Größen auch effektiv nicht bestehen, da aus unseren Vorstellungen über das Zustandekommen des Dauerbruches bei Wechselbelastung hervorgeht, daß die Erholungsfähigkeit der Kristalle an den Gleitebenen sich geltend machen wird. Für die Dauerwechselbeanspruchung muß ein Ausheilen der Gleitebenen, welches die Spaltenbildung verhindern oder herauszögern dürfte, in gewisser Hinsicht günstig wirken. Dies bedeutet aber nicht, daß weiche, sehr formänderungsfähige Materialien mit geringerer Verfestigungsfähigkeit widerstandsfähiger gegen Dauerbelastung sind als härtere Materialien. Dies kommt wahrscheinlich daher, daß die Spaltenbildung auch mit der Kohäsion zusammenhängt, und diese auch bei härteren und stärker verfestigten Materialien größer ist[8]. Aus dieser Auffassung heraus ergibt sich jedenfalls auch die Notwendigkeit einer prinzipiellen Berücksichtigung der Geschwindigkeit der Verformung.

Bei höheren Temperaturen sind Dauerwechselbeanspruchungen verhältnismäßig wenig untersucht worden. Es hat sich im allgemeinen gezeigt, daß die Dauerfestigkeit auch hier mit den schon oben genannten Formänderungswiderstandsgrößen symbat geht.

Literatur.

[1] Sachs u. Fiek: Z. V. d. I. Bd. 72, S. 1760. 1928.

[2] Stromeyer: Eng. 1914, Bd. 2, S. 281.

[3] Werkstoffausschußber. VDE 1923, Nr. 36. Vgl. ferner Lohr: Z. Metallkunde Bd. 20, S. 78. 1928.

[4] Gough: l. c.

[5] Z. Metallkunde Bd. 20, S. 69. 1928.

[6] Ebenda Bd. 15, S. 68. 1923.

[7] Ebenda Bd. 20, S. 58. 1928.

[8] Laube u. Sachs: Z. V. d. I. Bd. 72, S 1188. 1928; Kuntze: Ebenda, S. 1488.

3. Dauerstandfestigkeit[1]. Die Dauerstandfestigkeit bei Raumtemperatur ist z. B. von Welter[2] untersucht worden. Es zeigte sich, daß die Dauerbruchgefahr ausgeschlossen erscheint, wenn die Belastung unterhalb der konventionellen Elastizitätsgrenze bleibt. Allerdings sind kleine Erschütterungen vielleicht hier von sehr großer Bedeutung.

Sehr wichtig wird die Untersuchung der Dauerstandfestigkeit im Gebiete höherer Temperaturen. Während bei niedrigen Temperaturen, auch wenn geringe plastische Verformungen erfolgen, die Verfestigung des Werkstoffes dem Weiterfließen ein Ziel zu setzen strebt, besteht dieser Sicherheitsfaktor im Temperaturgebiet der Warmverformung (siehe S. 134) nicht. Wenn dort schleichende plastische Verformungen eintreten, so ist immer die Gefahr vorhanden, falls Zug- oder Biegebeanspruchungen vorliegen und die Last konstant bleibt, daß Querschnittsverjüngungen zu einer immer weiter anwachsenden Spannung und infolgedessen zu einer Selbstbeschleunigung des Verformungsvorganges führen, welche schließlich den Bruch bedingt. Da die Temperaturgrenzen der Warmverformung von der Geschwindigkeit der Verformung abhängen, ist auch das Gebiet des ebenbeschriebenen Ablaufes einer statischen Dauerbelastung durch die Geschwindigkeit bedingt. Wenn man die Dauerstandfestigkeit bei höheren Temperaturen rationell untersuchen will, so muß man also die Deformationsgeschwindigkeiten bei bestimmten Temperaturen feststellen. Diese Deformationsgeschwindigkeiten müssen in Beziehung gesetzt werden zu den wahren Spannungen. Man kann infolge der Verjüngung der Probestäbe bei Zug- und Biegeversuchen nicht mit einer konstanten Last arbeiten, son-

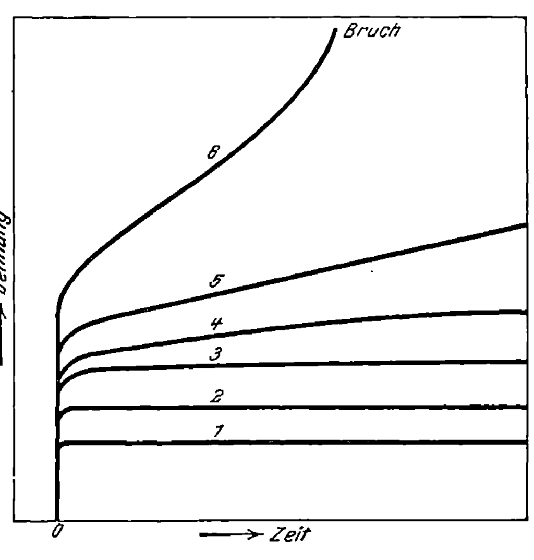

Abb. 127. Schema für Dauerstandfestigkeitsversuche (nach Pomp und Dahmen).

dern muß dieselbe entsprechend der Veränderung des Querschnittes variieren. Es kann dies z. B. nach der Einrichtung von Cournot und Sasagawa[3] erreicht werden, welche ein Verringern der Last durch Eintauchen des wirkenden Gewichtes in Wasser erreicht. Mit verschiedenen Belastungen werden die in Abb. 127 gekennzeichneten verschiedenartigen Kurven der Dehngeschwindigkeit erhalten. Die Kurven *1*, *2* und *3* zeigen den Fall des Nullwertes der Dehngeschwindigkeit nach dem Aufbringen der Last. Die Kurven *5* und *6* lassen das Zunehmen der Dehnung mit der Zeit erkennen. Bei der Kurve *4* nimmt die Dehnung erst zu und verlangsamt sich dann. Diejenige Belastung, mit der etwa die Kurve *3* gewonnen wurde, stellt die Dauerstandfestigkeit dar, die noch gerade beliebig lange ertragen werden dürfte. In dem Gebiet unterhalb der reinen Warmverformung, wo noch geringe Verfestigungen auftreten, können die Dehnungen nach einer anfänglichen Zunahme infolge der Verfestigung schließlich haltmachen, und hier noch eine Dauerfestigkeit gewährleisten (u. U. Kurve *4*). Man sieht ohne weiteres, daß für das Problem der Dauerstandfestigkeit die Verfestigung auf jeden Fall ein günstiges Moment bedeutet.

Literatur.

[1] Pomp u. Dahmen: Werkstoffausschußber. VDE 1926, Nr. 98.
[2] Z. Metallkunde Bd. 20, S. 51. 1928.
[3] Rev. de metallurgie Bd. 22, S. 753. 1925.

β) Der Widerstand der Metalle gegen die Abnutzung. Unter der Abnutzung versteht man den Verschleiß metallischer Oberflächen unter dem Einfluß von mechanischen Kräften, welche auf diese Oberflächen wirken. Meist handelt es sich um die Einwirkung von festen Körpern auf die betreffenden Oberflächen unter Vermittlung von Schmiermitteln oder auch ohne dieselben. Die Reibung[1] kann eine gleitende oder eine rollende sein. Schließlich kann es sich um die Einwirkung von pulverförmigen Schleifmitteln handeln. Die Schwierigkeit einer rationellen Erfassung dieser Vorgänge liegt darin, daß die einwirkenden Oberflächen sich im Verlauf der Abnutzung verändern. Einen quantitativen Ausdruck findet diese Veränderung in der Veränderung des Reibungskoeffizienten. Honda und Yamada[2] haben die Abhängigkeit des Abnutzungsvorganges vom Reibungskoeffizienten bei einer ganzen Reihe von Metallen untersucht, wobei sie während eines Versuches den Reibungskoeffizienten bei kurzer Versuchsdauer möglichst konstant zu halten versuchten. Es zeigte sich, daß der Abnutzungsverlust, der hier wie immer bei den meisten Versuchen durch Wägung bestimmt wurde, mit dem Reibungskoeffizienten zunimmt. Bleibt der Reibungskoeffizient konstant, so ist der Abnutzungsverlust proportional dem Druck. Der Einfluß der Geschwindigkeit war bei diesen Versuchen verhältnismäßig klein. Gegenüber dieser Untersuchung arbeiten die technischen Abnutzungsversuche, welche die Geeignetheit eines Materials für bestimmte Zwecke untersuchen sollen, in Anlehnung an die praktischen Erfordernisse, gewöhnlich mit sehr langen Versuchsdauern[3]. Es ergeben sich dabei von den obengenannten Feststellungen Abweichungen, was keineswegs verwunderlich ist. Bei der jetzigen Ungeklärtheit dieses Fragenkomplexes dürfte jedoch die Auflösung des Abnutzungsversuches in kurz dauernde Einzelversuche von erheblichem Vorteil sein. Die Maschinen, welche für die technischen Abnutzungsversuche gebaut worden sind, sind sehr mannigfaltig. Bei rollender Reibung werden z. B. zwei Rollen mit einem einstellbaren Schlupf mit oder ohne Schmierung mit einstellbarer Anpressung gegeneinander gedrückt, bei gleitender Reibung werden lagerähnliche Elemente ausgebildet, usw.

Die Veränderungen der Oberfläche bei einer Abnutzung bestehen zunächst in einer Kaltverformung. Abgesehen von den etwa willkürlich aufgebrachten Schmiermitteln hängt der Verlauf der Abnutzung ganz wesentlich von dem Verhalten der Abnutzungsprodukte ab, insofern dieselben auf die gleitenden Flächen als Schmirgelsubstanz wirken können. Die Beziehungen zwischen der Höhe der Abnutzung, dem Anpressungsdruck und der Geschwindigkeit der Bewegung werden unter verschiedenen Verhältnissen ganz verschieden gefunden. Z. B. findet Bondi[4] eine angenäherte Abhängigkeit zwischen Verschleiß und dem Quadrat der Drehzahl, Belastung bzw. Gleitgeschwindigkeit, während Stadeler z. B. nur konstatiert, daß die Abnutzung um so größer ist, je höher der Prüfdruck und je größer der Schlupfgrad ist. Besonders kompliziert wird der Zusammenhang zwischen den einfachen Festigkeitseigenschaften und der Abnutzung. Im allgemeinen wird formuliert, daß die Abnutzung um so geringer ist, je höher die Festigkeit, bzw. die Brinellhärte des Materials und je höher die Härte der Gegenscheibe ist. Doch gibt es auch sehr deutliche Ausnahmen von dieser Regel, wonach sich Materialien mit geringerer Festigkeit bei rollender Reibung und hohem Schlupf besser verhielten als ein Material hoher Festigkeit. Aus alledem geht hervor, daß die Übertragung von Versuchsergebnissen der Abnutzungsprüfung auf andere Materialien und andere Verhältnisse heute noch nicht möglich erscheint.

Literatur.

[1] Über Reibung vgl. G. Sachs: Z. ang. Math. Mech. Bd. 4, S. 1. 1924.
Science Reports of the Tok. Imp. University. Ser. I Bd. 14, Nr. 1. 1925.
[3] Stadeler, E. Mayer, E. H. Schulz u. Lange: Werkstoffausschußberichte VDE Nr. 59, 74, 90. — French, H. I.: Stahleisen 1927, S. 2085.
[4] Diss. Darmstadt. 1927.

B. Mehrstoffsysteme mit Metallen.

I. Zustandsdiagramme, Kristallbau und Eigenschaften von Mehrstoffsystemen, insbesondere von Legierungen [*].

a) Zustandsdiagramme und Kristallisationsvorgänge [**].

1. Vorbereitende Gesetzmäßigkeiten zur Gleichgewichtslehre. Phasengesetz.

Um die Zustandsdiagramme ableiten zu können, müssen wir zunächst einige Gesetzmäßigkeiten besprechen, die zur Grundlegung wichtig sind.

Als Zahl der Komponenten eines bestimmten Mehrstoffsystems bezeichnen wir die Mindestzahl der Stoffe, aus denen das System aufgebaut gedacht werden kann.

Wir bezeichnen das Vorkommen zweier Stoffe als in einer Phase vorliegend, wenn die beiden Stoffe mit mechanischen Hilfsmitteln nicht mehr voneinander zu trennen sind.

Liegen zwei derartige Phasen nebeneinander vor, welche eine gemeinsame Komponente enthalten, und haben sich beide Phasen ins Gleichgewicht miteinander gesetzt, so sind bei bestimmter Temperatur die Konzentrationen des gemeinsamen Bestandteiles durcheinander gegeben, sie stellen sich nach einem bestimmten Verteilungsverhältnis aufeinander ein. Diese Gesetzmäßigkeit ist der Inhalt des verallgemeinerten Nernstschen Verteilungssatzes.

Wenn mehrere Stoffe in verschiedenen Phasen vorkommen, so steht die Zahl der Komponenten, die der Phasen und der Zustandsvariabeln, als da sind Druck, Temperatur, Konzentrationen, in einem bestimmten Verhältnis, welches durch das Phasengesetz [1] geregelt wird. Dieses Phasengesetz kann auf elementare Weise folgendermaßen abgeleitet werden.

Wir bezeichnen die Zahl der vorliegenden Phasen mit P, die der Komponenten mit K. Für jede der vorhandenen Phasen besteht, auch ohne daß dieselbe sich mit den anderen Phasen ins Gleichgewicht gesetzt zu haben braucht, eine allgemeine Zustandsgleichung.

$$\varphi\,(c_1,\ c_2,\ c_3,\ \ldots,\ c_k\,p,\ t,) = 0\,.$$

---

[*] Martens-Heyn: Materialienkunde II A. Springer 1912. — R. Ruer: Metallographie, Leipzig: W. Voß. — G. Tammann, Lehrb. d. Metallographie, Leipzig: L. Voß. — P. Goereus: Metallographie, Halle: W. Knapp. — H. Hanemann, Metallographie, Berlin: Borntraeger. — W. Guertler, Metallographie, Berlin: Borntraeger.

[**] Roozeboom: Die heterogenen Gleichgewichte vom Standpunkte der Phasenlehre. Braunschweig: Fr. Vieweg & Sohn 1901 bis 1918. — Findlay: Phasenlehre. 2. Aufl. Leipzig: Barth. 1925. — Tammann: Die heterogenen Gleichgewichte. Braunschweig: Friedr. Vieweg & Sohn A. G. 1924. — Müller-Pouillet, Lehrb. d. Physik Bd. III, 11. Aufl. Vieweg & Sohn.

Darin bedeuten $c_1, c_2, \ldots, c_k$ die Konzentrationen der in der betreffenden Phase vorkommenden Komponenten. Lasse ich jetzt die vorhandenen Phasen sich miteinander ins Gleichgewicht setzen, so müssen sich zunächst die Temperaturen und Drucke überall auf einen Wert ausgleichen, und die Konzentrationen müssen sich gemäß dem Nernstschen Verteilungssatz aufeinander einstellen. Ich kann die Konzentrationswerte einer Phase zum Bezugspunkt wählen und sämtliche anderen Konzentrationen als Funktionen dieser Bezugskonzentration in den Zustandsgleichungen aufschreiben. Ich habe dann so viel Zustandsgleichungen, wie Phasen vorhanden sind, und habe für den Gleichgewichtsfall die Zahl der Variabeln auf $K + 2$, nämlich auf die Konzentrationen der Bezugsphase, p und t, beschränkt. Der Fall, daß das ganze System vollkommen bestimmt ist, liegt offenbar dann vor, wenn die Zahl der Phasen und damit die Zahl der Zustandsgleichungen $= K + 2$ ist, weil dann die Zahl der Gleichungen $=$ der Zahl der Variabeln ist. Liegt eine Phase weniger vor, ist das System in bezug auf eine Variable unbestimmt, liegt noch eine Phase weniger vor, ist es in bezug auf zwei Variabeln unbestimmt, usw. Die Zahl der freien Variablen wird als Zahl der Freiheiten F bezeichnet. Wir können also das Schema aufschreiben: wenn

$$P = K + 2, \qquad \text{ist } F = 0$$
$$P = K + 1 \qquad \qquad F = 1$$
$$P = K \qquad \qquad F = 2,$$

d. h. es kann allgemein geschrieben werden:

$$P + F = K + 2 \ \text{(Phasengesetz)}.$$

An dieser Ableitung ändert sich nichts, wenn etwa nicht alle Komponenten in allen Phasen vorkommen, da gleichzeitig eine Variable und eine Gleichung in Fortfall kommt.

Bei der Ableitung des Phasengesetzes tritt niemals eine Größe auf, welche von der Menge der vorhandenen Phasen abhängt oder dieselbe bezeichnet. Es folgt daraus, daß das Phasengesetz die Unabhängigkeit der Gleichgewichtszustände von der Menge der Phasen implizite enthält.

Schwierigkeiten, die gelegentlich bei der Anwendung des Phasengesetzes auftreten, haben sich meist als bedingt durch Unzulänglichkeiten der dabei verwendeten Begriffe erwiesen. Meistens haben Schwierigkeiten in dem Begriff der „Komponente" die Diskussion der Zusammenhänge herbeigeführt. Es kommen z. B. in Mehrstoffsystemen homogene Phasen aus zwei Komponenten vor, welche sich weitgehend wie ein völlig einheitlicher Stoff verhalten, und zwar ist das dann der Fall, wenn diese Systeme bei Aggregatzustandsänderungen ihre Zusammensetzung nicht ändern. Wenn wir gemäß unserer Definition jedoch daran festhalten, daß bei jedem gerade vorliegenden System die Zahl der Komponenten als Mindestzahl der vorliegenden Stoffe ermittelt werden müsse, so ist damit eben auch die Möglichkeit, singuläre Konzentrationen in Zweistoffsystemen als Einstoffsysteme aufzufassen, gegeben. Ferner ist daran zu erinnern, daß das Phasengesetz mit dem Stoffbegriff vom thermodynamischen Standpunkt aus rechnet und daher nur solche Stoffe als verschieden ansehen kann, die thermodynamisch als verschieden gekennzeichnet sind. Also nehmen z. B. die ferromagnetischen und unmagnetischen Modifikationen eines Stoffes, sofern sie sich nur durch die magnetischen Eigenschaften fundamental unterscheiden, eine besondere Stellung ein.

Literatur.

[1] Gibbs, W.: Transact. Connecticut Academy III (1874 bis 1878); deutsch v. W. Ostwald (1892).

2. Das Zustandekommen von Zustandsdiagrammen. Die einfachsten binären Diagramme mit und ohne Phasenänderungen der Komponenten.

Das Zustandekommen von Zustandsdiagrammen soll zunächst für Zweistoffsysteme besprochen werden. Die Möglichkeiten der Phasengestaltung in einem bestimmten Temperatur- und Druckbereich sind in einem Mehrstoffsystem offenbar folgende vier:

1. Die Komponenten bilden eine kontinuierliche Reihe einphasiger Mischungen, die als homogene Mischungen oder Lösungen bezeichnet werden.

2. Die Gebiete der sich bildenden Lösungen, d. h. Reihen einphasiger Mischungen sind nur begrenzt, in anderen Gebieten treten zwei oder mehr Phasen nebeneinander auf.

3. Die Komponenten vereinigen sich innerhalb einer Phase nur bei einem ganz bestimmten Mengenverhältnis.

4. Die Komponenten vereinigen sich überhaupt nicht innerhalb einer Phase, sondern sie bilden mechanische Gemenge, so daß eine mechanische Trennung der Komponenten ermöglicht wird.

Die Zustandsdiagramme geben nun die Abhängigkeit dieser Löslichkeitsverhältnisse von Konzentration*, Druck und Temperatur und vom Aggregatzustand, oder mit anderen Worten

---

* Die Angaben der Konzentration können in verschiedener Weise erfolgen. Bei Zustandsdiagrammen kommen in Frage Gewichtsprozente oder Atomprozente (sonst auch Volumenprozente). Im wesentlichen identisch mit den Atom- oder Molprozenten, bei denen die Zahl an Atomen oder Molekülen einer Komponente unter 100 vorhandenen Atomen bzw. Molekülen angegeben wird, ist die Bezeichnung nach Molenbrüchen, wo die Gehalte auf 1 Atom bezogen werden. Sind

sie geben an, innerhalb welcher Druck-, Temperatur- und Konzentrationsbereiche eine bestimmte Phase oder mehrere Phasen nebeneinander im Gleichgewicht bestehen, bzw. bei welchen Änderungen der Variablen Phasen verschwinden oder entstehen.

Wenn keine Aggregatzustandsänderungen verlaufen, so sind die Abhängigkeiten der Phasengestaltung von der Temperatur in Diagrammen wie Abb. 128 und 129 darzustellen. Abhängigkeiten vom Druck sind ganz analog aufzuzeichnen. Abb. 128 stellt den Fall dar, daß bei höheren Temperaturen eine vollkommene Mischbar-

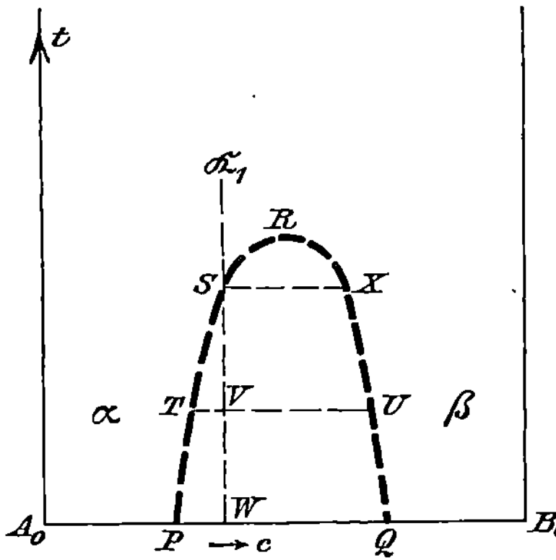

Abb. 128. Zustandsdiagramm für eine Löslichkeitsänderung ohne Phasenänderung der Komponenten (Martens-Heyn).

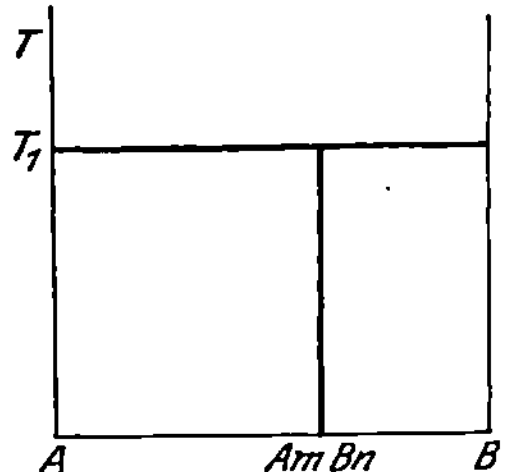

Abb. 129. Zustandsdiagramm für eine in die Komponenten zerfallende Verbindung (nach Müller-Pouillet).

keit zweier Komponenten, bei tiefen Temperaturen nur eine teilweise Mischbarkeit vorliegt. Es sind dann bei tieferen Temperaturen jeweils die auf PRQ liegenden Konzentrationen, z. B. S und X sowie T und U, nebeneinander beständig. Abb. 129 zeigt eine singuläre Phase $A_m B_n$, in der bis zu der Temperatur T_1 die Komponenten A und B zusammentreten können, während in diesem Temperaturbereich in anderen Konzentrationen heterogene Gemenge von A und $A_m B_n$ bzw. B und $A_m B_n$ vorhanden sind. Bei der Temperatur T_1 zerfällt diese homogene Phase, und es sind nur noch heterogene Gemenge zwischen A und B möglich.

Hängen die Löslichkeitsänderungen in verschiedenen Bereichen von p und T gleichzeitig mit Aggregatzustandsänderungen zusammen, so gestalten sich die Diagramme naturgemäß komplizierter. Wir sehen die verschiedenen Möglichkeiten auf

---

die Atom- (Molekular-) gewichte der beiden Komponenten a und b und ist der Gewichtsprozentsatz der Komponente A gleich g, so ergeben sich die Atom- (Mol)prozente x an A

$$x = \frac{100\,\dfrac{g}{a}}{\dfrac{g}{a} + \dfrac{100 - g}{b}}$$

folgendem Wege ein, wobei wir nur den Einfluß der Temperatur betrachten wollen.

Wir fragen danach, in welcher Weise Phasenumwandlungspunkte eines Einstoffsystems durch Hinzutreten einer zweiten Komponente geändert werden, wenn diese Komponente wenigstens in einer der schon vorhandenen Phasen sich aufzulösen vermag. Der Lösungsvorgang überhaupt ist offenbar dadurch allgemein zu deuten, daß zwischen den beiden fremden Atomarten, welche die Lösung eingehen, eine größere Anziehungskraft herrscht als zwischen den Atomarten jeder Komponente für sich. (Der Fall der Nichtlöslichkeit zweier fremder Atomarten ineinander ist demgegenüber offenbar dadurch gegeben, daß jede Atomart sich untereinander stärker anzieht, als die fremden Atome einander anziehen.) Phasenumwandlungspunkte, also z. B. Schmelzpunkte eines Stoffes, sind nun unter anderem dadurch charakterisiert, daß die Dampfdrucke der im Gleichgewicht befindlichen Phasen gleich sind. Jede Phase hat eine besondere Dampfdruckkurve $A_0 B_0$ bzw. CP, wie die Abb. 130 zeigt. Diese Dampfdruckkurven kommen bei einem Phasenumwandlungspunkt zum Schnitt, worin sich die Tatsache gleicher Dampfdrucke für einen Phasenumwandlungspunkt dokumentiert. Wenn nun eine der im Gleichgewicht befindlichen

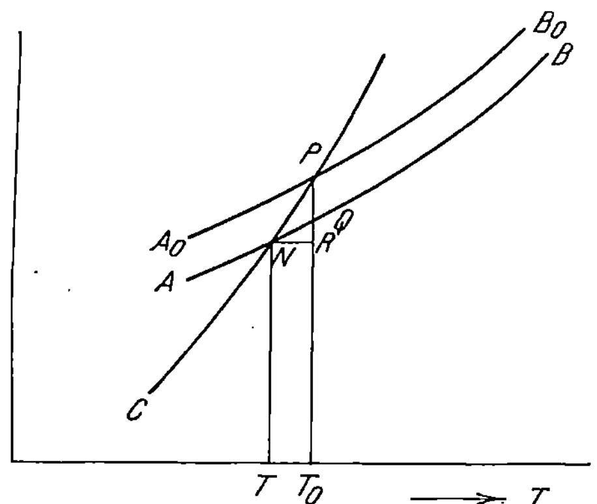

Abb. 130. Zusammenhang zwischen Dampfdruckerniedrigung und Gefrierpunkterniedrigung I (Müller-Pouillet).

Phasen eine fremde Atomart aufzulösen vermag, so wird dadurch auf die Atome, welche die Tendenz haben, in den Dampfraum überzugehen, eine größere Anziehungskraft ausgeübt, als durch die Atome des reinen Stoffes, und da der Dampfdruck auch im Gleichgewichtsfalle durch die Zahl der die Oberfläche in der Zeiteinheit verlassenden Atome gegeben ist, so wird durch die Auflösung der fremden Atomart der Dampfdruck der lösenden Phase herabgesetzt. Wir nehmen an, daß die bei höherer Temperatur beständige Phase diejenige ist, welche für eine andere Atomart ein Lösungsvermögen besitzt, und haben entsprechend der bei jeder Temperatur sich auswirkenden Herabsetzung des Dampfdruckes eine neue Dampfdruckkurve AB der lösenden Phase eingezeichnet. Es ergibt sich ohne weiteres, daß der Schnittpunkt mit der Dampfdruckkurve der bei tieferer Temperatur beständigen Phase, welche nicht beeinflußt wird, zu tieferen Temperaturen verschoben wird, d. h. unter den gegebenen Verhältnissen wird der betreffende Phasenumwandlungspunkt tiefer liegen als der der reinen Komponente. Es folgt ohne weiteres, daß die Verhältnisse komplizierter liegen, wenn etwa auch die bei tieferer Temperatur vorliegende Phase den zweiten Stoff aufzulösen vermag. Es wird dann auch hier eine Dampfdruckerniedrigung eintreten, und es hängt offenbar von dem Verhältnis der beiden Dampfdruckerniedrigungen ab, ob die Phasenumwandlung gegenüber der Lage beim reinen Stoff zu höheren oder zu tieferen Temperaturen verschoben wird (Abb. 131). Wichtig ist die Feststellung, daß die Beeinflussung der Aggregatzustandsänderungen durch Löslichkeit unabhängig von der Art

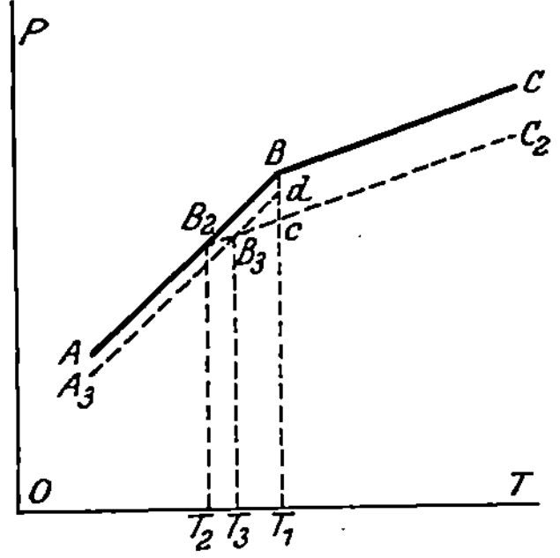

Abb. 131. Zusammenhang zwischen Dampfdruckerniedrigung und Gefrierpunkterniedrigung II (Sackur, Thermochemie).

des Aggregatzustandes ist, und daß z. B. Umwandlungen in der festen Phase in derselben Weise prinzipiell beeinflußt werden, wie Schmelztemperaturen, wenn nur die Löslichkeitsverhältnisse prinzipiell dieselben sind. Es ergeben sich daraus folgende zeichnerische Darstellungen:

a) Wir betrachten zunächst den Fall, der auch eben zuerst diskutiert wurde, daß nämlich die bei höherer Temperatur beständige Phase einen Fremdstoff aufzunehmen vermag, die bei tieferer Temperatur beständige Phase jedoch nicht. In dem Diagramm Abb. 132 ist zunächst eine Konzentrationsachse gezeichnet, auf der alle Mischungsverhältnisse eines Zwei-

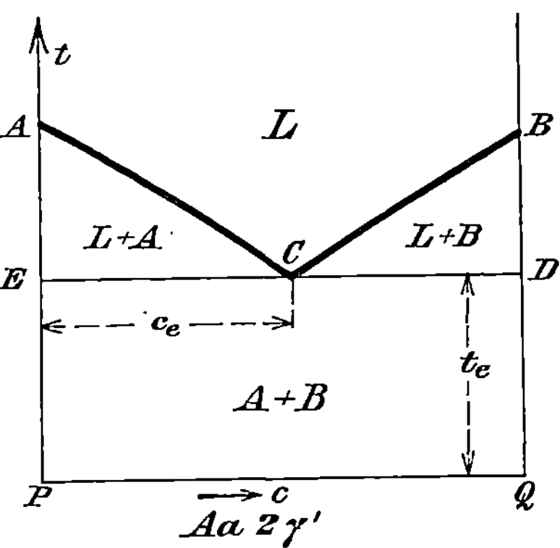

Abb. 132. Zustandsdiagramm bei völliger Löslichkeit oberhalb *ACB*, völliger Unlöslichkeit unterhalb *ED* (Martens-Heyn).

stoffsystems von *P* und *Q* aufgetragen sind. Nach oben ist die Temperaturachse gezeichnet, und es sind zwei Phasenumwandlungspunkte, also etwa Schmelzpunkte bei *A* und *B* angegeben. Wir wissen aus unseren soeben angestellten Erörterungen, daß in diesem Falle immer eine Verschiebung der Phasenumwandlungen zu tieferen Temperaturen eintreten muß. Die Begrenzung der Zustandsfläche der Lösungen muß also durch Kurven erfolgen, welche von den Punkten A und B nach unten verlaufen. Diese Kurven werden nun im allgemeinen einen Schnittpunkt haben. Damit ist die Ausgestaltung des Zustandsdiagrammes aber in keiner Weise abgeschlossen, was man sofort einsieht, wenn man das Phasengesetz zu Rate zieht. Die Kurve $A\,C$ gibt die Phasen an, die mit der Phase P im Gleichgewicht sind, die Kurve $B\,C$ gibt die Phasen an, die mit Q im Gleichgewicht sind. Die Zweiphasengleichgewichte sind nach dem Phasengesetz in einem Temperaturintervall möglich. Der Punkt C bezeichnet eine Phase, die sowohl mit P als auch mit Q im Gleichgewicht ist, da er auf beiden Kurven liegt. Dieses Dreiphasengleichgewicht ist nur bei einer Temperatur (p = const) möglich, deshalb beschränkt sich graphisch seine Darstellung auf die Horizontale $E\,C\,D$, durch die also gleichzeitig die notwendige, so allein mögliche Abgrenzung der Zustandsfelder $A\,C\,E$ und $B\,D\,C$ erfolgt. Unterhalb $E\,D$ sind die beiden Komponenten nebeneinander vorhanden.

β) Der zweite prinzipiell entgegengesetzte Fall ist derjenige, wo sowohl die bei höherer als auch die bei tieferer Temperatur beständigen Aggregatzustände der Stoffe die zweite Komponente aufzulösen vermögen. In dem Diagramm Abb. 133 haben die Koordinaten dieselbe Bedeutung wie in dem eben gezeichneten Diagramm, die Punkte A und B sind wieder Temperaturen von Aggregatzustandsänderungen (Phasenumwandlungspunkte). Wir haben zunächst die Kurve aufzuzeichnen, welche das Beständigkeitsgebiet der bei höherer Temperatur beständigen Lösungen nach unten zu abgrenzt. Diese Kurve kann wie ausgezogen gezeichnet in einsinniger Weise von A nach

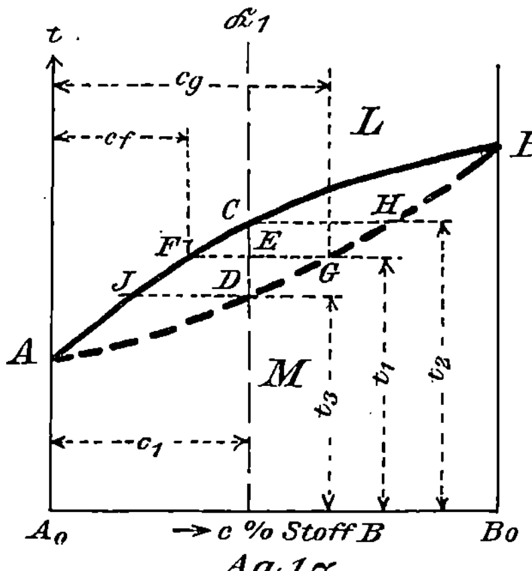

Abb. 133. Zustandsdiagramm für völlige Löslichkeit oberhalb $A\,C\,B$ und unterhalb $A\,D\,B$ (Martens-Heyn).

B verlaufen, und es kann so, wie wir wissen, in diesem Falle durchaus bei der einen Komponente eine Verschiebung der Phasenumwandlungen nach tieferen, bei der anderen nach höheren Temperaturen erfolgen. Zu dieser Kurve ist eine zweite gestrichelte Kurve gezeichnet, welche das Phasenumwandlungsgebiet der bei tieferen Temperaturen beständigen Phasen nach oben zu abgrenzt. Beide Kurven schließen dasjenige Zustandsfeld ein, welches die heterogenen Zustände der beiden ineinander umwandelbaren Phasen bezeichnet. Wieder ist das Phasengesetz erfüllt, da wir allgemein zwei Phasen im

Gleichgewicht bei der Phasenumwandlung haben und jeweils eine Freiheit. In den Gleichgewichten sind nebeneinander möglich z. B.:

$$\text{bei } t_1 \text{ Phasen } F \text{ und } G$$
$$\text{,, } t_2 \quad \text{,, } \quad C \text{ ,, } H$$
$$\text{,, } t_3 \quad \text{,, } \quad J \text{ ,, } D$$

An diesem Diagramm läßt sich besonders leicht das Hebelgesetz demonstrieren, welches hier wie in jedem heterogenen Zustandsfeld die Mengen der vorhandenen Phasen regelt. Die Mengen der bei t_1 vorhandenen Phasen F und G verhalten sich bei einer Zusammensetzung $\Re_1$:

$$\frac{F}{G} = \frac{EG}{EF}.$$

Dieselben Verhältnisse können noch durch andere Diagramme gekennzeichnet werden, und zwar müssen andere Diagramme dann bestehen, wenn beide **Phasenumwandlungspunkte** der reinen Komponenten durch den Eintritt der Lösungen entweder **zu tieferen** oder zu **höheren Temperaturen** verschoben werden. Die Diagramme

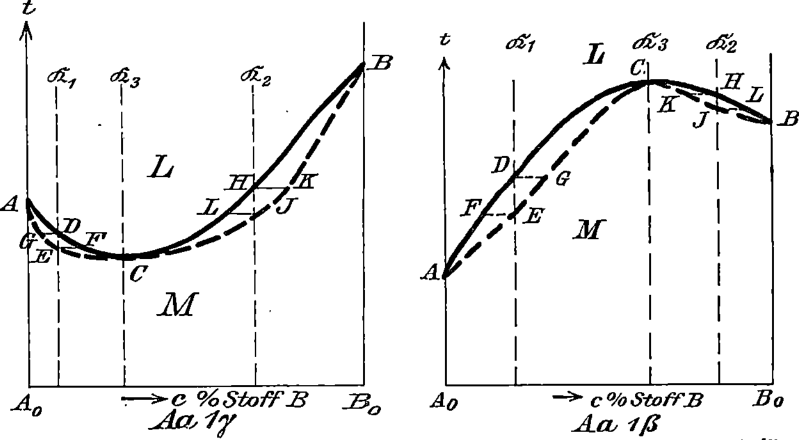

Abb. 134. Zustandsdiagramm für völlige Löslichkeit oberhalb $ACLB$ und unterhalb $ACJB$ (Martens und Heyn).

Abb. 135. Zustandsdiagramm für völlige Löslichkeit oberhalb $ACLB$ und unterhalb $ACJB$ (Martens und Heyn).

haben dann die Form wie in den Abb. 134 und 135 gezeichnet. Dabei müssen die Kurven jeweils einem gemeinsamen Maximum bzw. Minimum zugeführt werden, weil im anderen Falle Widersprüche mit dem Phasengesetz eintreten. Die Konzentrationen, bei denen diese ausgezeichneten Punkte vorhanden sind, verhalten sich wie reine Stoffe, da sie nur einen Phasenumwandlungspunkt besitzen. Bedingt ist dieses Verhalten dadurch, daß die bei höherer und bei tieferer Temperatur beständigen Phasen dieselbe Zusammensetzung haben, wodurch der Charakter als Einstoffsystem gegeben ist.

Sauerwald, Metallkunde. 11

γ) Weitere Zustandsdiagramme ergeben sich, wenn bei der Phasengestaltung in den verschiedenen Aggregatzuständen nicht nur die beiden Extreme der vollkommenen Löslichkeit und der vollkommenen Unlöslichkeit vorwalten, die wir bis jetzt besprochen haben, sondern wenn auch teilweise Löslichkeiten zugelassen werden. Der wahrscheinlichste Fall ist zunächst der, daß bei den Aggregatzuständen der höheren Temperaturen eine vollkommene Löslichkeit vorliegt, bei denen der tieferen Temperaturen eine teilweise Löslichkeit. Es sind dann offenbar die Abb. 128 und 133 bezw. 134 miteinander zu kombinieren. Das Phasengesetz übernimmt die Regelung der Schnittpunkte, wie sie in den

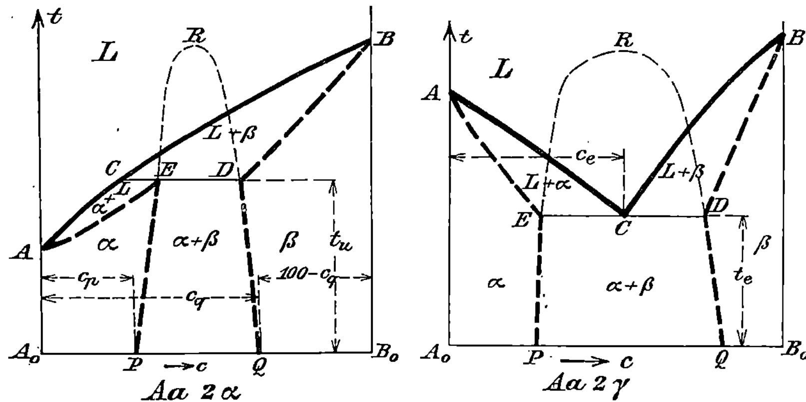

Abb. 136. Zustandsdiagramm für völlige Löslichkeit oberhalb ACB, teilweise Löslichkeit unterhalb ACB (Martens-Heyn).

Abb. 137. Zustandsdiagramm für völlige Löslichkeit oberhalb ACB. Teilweise Löslichkeit unterhalb ACB (Martens-Heyn).

Abb. 136 und 137 angedeutet sind. Wieder dürfen drei Phasen bei konstantem Druck nur bei einer Temperatur miteinander im Gleichgewicht sein, weshalb die Schnittpunkte der heterogenen Gebiete alle auf einer Horizontalen liegen müssen. In Abb. 136 und 137 sind bei t_u die Phasen C, E und D miteinander im Gleichgewicht.

Wenn bei den Aggregatzuständen, welche bei tieferer Temperatur beständig sind, sich die Bildung einer homogenen Phase innerhalb heterogener Gebiete auf eine singuläre Konzentration beschränkt, bei den Aggregatzuständen der höheren Temperaturen völlige Mischbarkeit vorliegt, entstehen Diagramme wie Abb. 138 und Abb. 139 zeigen. Im Falle der Abb. 138 ist die singuläre Kristallart A_mB_n bis zur Aggregatzustandsänderung, z. B. zum Schmelzpunkt beständig, sie ergibt bei der Phasenumwandlung eine Phase derselben Zusammensetzung. Sie verhält sich also wie ein Einstoffsystem und man ersieht aus dem Diagramm auch leicht, daß das gesamte System weitgehend als aus zwei Systemen $A - A_mB_n$ und $A_mB_n - B$ zusammengesetzt gedacht werden kann. Nur für den Kurvenverlauf beim Umwandlungspunkt von A_mB_n besteht eine besondere Bedingung, über die in anderem Zusammenhang (S. 173) Angaben gemacht werden.

Zersetzt sich die singuläre Kristallart innerhalb der Gebiete der Aggregatzustands-

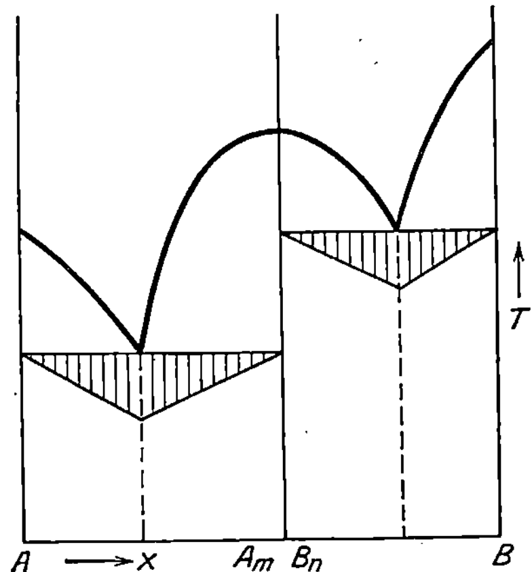

Abb. 138. Bildung einer singulären Phase (Geiger und Scheel, Handb. d. Physik).

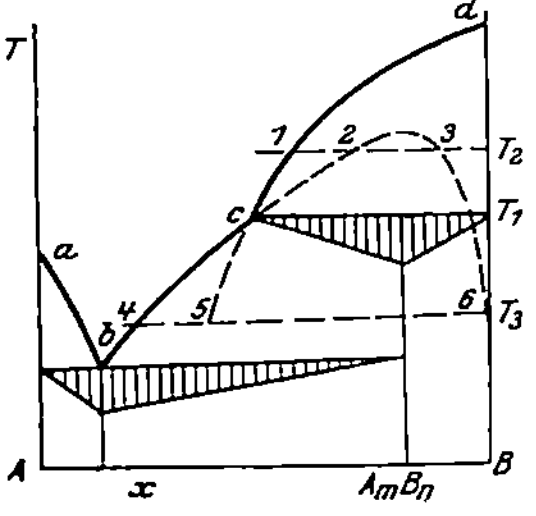

Abb. 139. Bildung einer singulären Phase A_mB_n, die nur bis T_1 beständig ist (Geiger und Scheel, Handb. d. Physik).

änderungen, so sind die Diagramme Abb. 129 und 132 miteinander zu kombinieren, wodurch das Diagramm der Abb. 139 entsteht. Die Zersetzungstemperatur ist T_1, A_mB_n ist bei T_1 mit B und der Phase c im nonvarianten Gleichgewicht. Die Konzentrationen der singulären Kristallarten pflegen bei einfachen Atomverhältnissen zu liegen.

Ein weiterer Fall mit teilweiser Löslichkeit ist derjenige, bei dem im

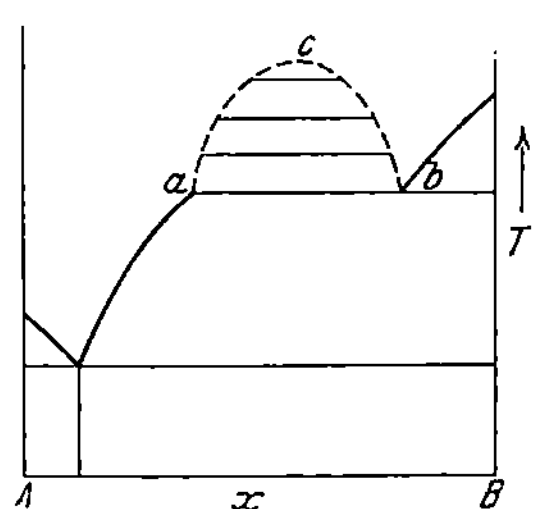

Abb. 140. Mischungslücke abc, bei tiefen Temperaturen Unlöslichkeit der Komponenten (Geiger und Scheel, Handb. d. Physik).

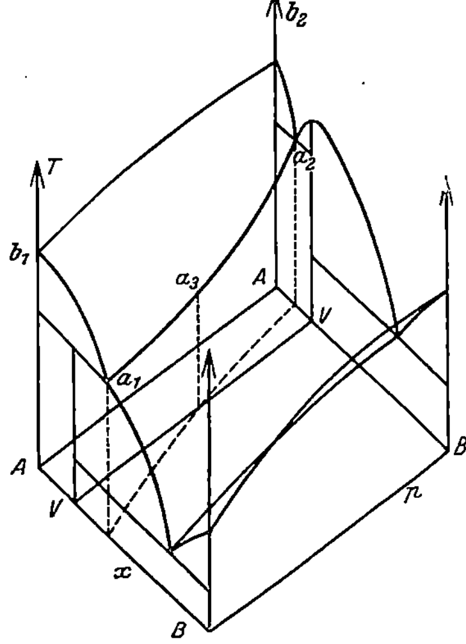

Abb. 141. Abhängigkeit des c, t-Diagrammes vom Druck (nach Tammann).

Aggregatzustand der höheren Temperatur teilweise Löslichkeit, bei der tieferen Temperatur vollkommene Unlöslichkeit vorhanden ist. Es sind dann miteinander die Diagramme Abb. 128 und 132 zu kombinieren, wobei wieder auf die Lage des nonvarianten Gleichgewichtes aufmerksam gemacht sei (Abb. 140). Handelt es sich bei höherer Temperatur z. B. um teilweise ineinander lösliche Schmelzen, bei tieferer Temperatur um Kristalle, so sind bei dem nonvarianten Gleichgewichte die Schmelzen a und b und die Kristallart B vorhanden.

δ) Alle Punkte, Kurven und Flächen in Gleichgewichtsdiagrammen sind prinzipiell durch den Druck veränderlich. Es können aber nicht nur die quantitativen Beziehungen eines Zustandsdiagrammes durch Variationen des Druckes verändert werden, sondern auch die prinzipiellen Aussagen desselben über das Verhalten zweier oder mehrerer Stoffe können sich dadurch ändern. Dies ist deutlich aus der Abb. 141 zu ersehen. In der Fläche A, B, b_1 ist ein binäres Zustandsdiagramm angegeben, die Verbindung V schmilzt hier unter Zersetzung und Bildung der flüssigen Phase a_1. Es ist angegeben, wie mit veränderlichem Druck p dieses Zustandsdiagramm sich in das Zustandsdiagramm A, B, b_2 umwandelt. Man sieht, daß unter verändertem Druck jetzt die Verbindung V bis zum Schmelzpunkt stabil bleibt. Es ist dies nur ein Beispiel der vielfachen Möglichkeiten der Veränderung von Zustandsdiagrammen durch den Druck.

3. Die Ableitung der Gleichgewichtsgefüge von Zweistoffsystemen des festen Zustandes aus den Zustandsdiagrammen.

Wir haben bis jetzt die Zustandsdiagramme als Gleichgewichtsdiagramme lediglich vom Standpunkt der Thermodynamik aus betrachtet. Insofern die Zustandsdiagramme Gleichgewichte charakterisieren, sind diese Aussagen gänzlich unabhängig von der Zeit und damit zusammenhängenden Faktoren. Es ist nun ferner insbesondere in bezug auf den festen Zustand möglich, weitere Aussagen über das Verhalten mehrerer Phasen aus den Zustandsdiagrammen abzuleiten. Diese Zustandsdiagramme lassen nämlich auch, falls die äußeren Parameter des Zustandes geändert werden, den Weg erkennen, den die Zustandsänderungen durchlaufen. Dieser Weg ist nun von Bedeutung für die Anordnung der im festen Zustand im Gleichgewicht vorhandenen Phasen oder, mit anderen Worten, für das Gefüge eines Mehrstoffsystemes im festen Zustande. Man darf naturgemäß zunächst nur erwarten, das Gefüge in einer bestimmten Weise durch das Zustandsdiagramm vorgeschrieben zu finden, wenn die Zustände, die sich mit der Änderung der äußeren Parameter einstellen, bei jeweiligen Werten derselben dem Gleichgewichtszustande weitgehend entsprechen. Um die mit dem endlichen Gleichgewichtszustand verträglichen Gefüge zu erhalten, müssen die Zustandsänderungen, die dahin führen, mit geringen Geschwindigkeiten vorgenommen werden. Diese so erzielten Gefüge nennen wir die Gleichgewichtsgefüge. Wir werden sehen, daß auch Nichtgleichgewichtsgefüge bei schnellen Zustandsänderungen auf Grund der Zustandsdiagramme bis zu einem gewissen Grade zu übersehen sind, doch hängt die Ausbildung dieser Gefüge sehr stark von der Geschwindigkeit der Zustandsänderungen ab, so daß wir dieselben in einem entsprechenden späteren Kapitel behandeln müssen.

α) Wir betrachten zunächst das Diagramm, in welchem die bei höherer Temperatur vorhandene Phase als flüssige Lösung gegeben sei, aus der sich die Komponenten im reinen Zustande ausscheiden, und benutzen als Beispiel die Sn-Zn-Legierungen (Abb. 142). Eine Legierung mit 25% Zn erleide eine Abkühlung. Ist die Temperatur 275°, so ist dieser Augenblick durch ein Gleichgewicht zwischen der Schmelze von 25% Zn und dem festen Zn charakterisiert. Wenn dem System Wärme entzogen wird, scheiden sich Kristalle aus. Die Schmelze wird dadurch reicher an Sn, wenn weiter Wärme entzogen wird, kann die Temperatur sinken, da

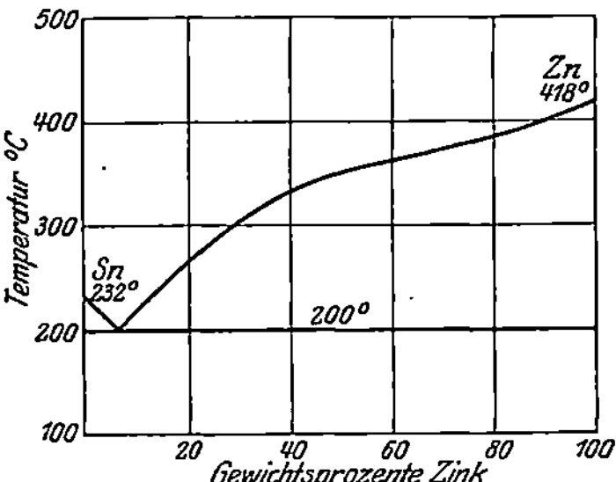

Abb. 142. Zustandsdiagramm der Sn-Zn-Legierungen nach Lorenz und Plumbridge (Landolt-Börnstein).

wir für $p =$ const. ein univariantes Gleichgewicht haben. Währenddessen scheidet sich eine weitere Menge von Zn-Kristallen aus. Dieses Spiel geht so lange weiter, bis wir zur Temperatur des nonvarianten Gleichgewichtes von 200° kommen. Wenn hier Wärme entzogen wird, scheidet sich auch Sn aus, die Temperatur kann dabei nicht sinken, solange bis die Erstarrung vollendet ist. Diese gleichzeitige Kristallisation zweier Kristallarten führt naturgemäß zu einem anderen Gefüge als die sogenannte primäre Kristallisation einer der reinen Komponenten. Während diese ziemlich ungehindert zu größeren Kristalliten anwachsen können, werden vom Zeitpunkt der gemeinsamen Kristallisation beider Kristallarten diese entweder alternierend oder unter gleichzeitiger Abscheidung kleiner Kristallite sich ausbilden. Diese Gefügegestaltung heißt Eutektikum[1]. Das Eutektikum wird sich im allgemeinen bei weiterem Absinken der Temperatur in seiner Gestalt nicht mehr ändern. Im Gefügebild Abb. 143 sind die primären Ausscheidungen von Zn (lange dunkle Nadeln) und daneben das Eutektikum aus feinen Zn-Nadeln und Sn zu sehen. Die Legierung mit 8% Zn ist dadurch ausgezeichnet, daß hier keine primäre Ausscheidung auftritt (Abb. 144). Die Legierungen mit geringeren Zn-Gehalten haben Sn als primäre Ausscheidung (Abb. 145).

Der Fall, daß die bei höherer Temperatur beständige homogene Phase ein Mischkristall ist, die Komponenten Umwandlungen erleiden und bei tieferer Temperatur sich dann nicht mehr lösen, führt zu prinzipiell derselben Gefügeausbildung, wie sie bei dem eben geschilderten System auftritt. Ein beliebiges System scheidet also im allgemeinen aus dem festen Mischkristall zunächst eine reine Kristallart aus, die Konzentration der Mischkristalle verschiebt sich nach der Seite der andern Komponente, schließlich erfolgt gleichzeitige Kristallisation der beiden Kristallarten. Dieses fein verteilte Gemenge zweier Kristallarten, die sich aus einem Mischkristall ausscheiden, heißt Eutektoid;

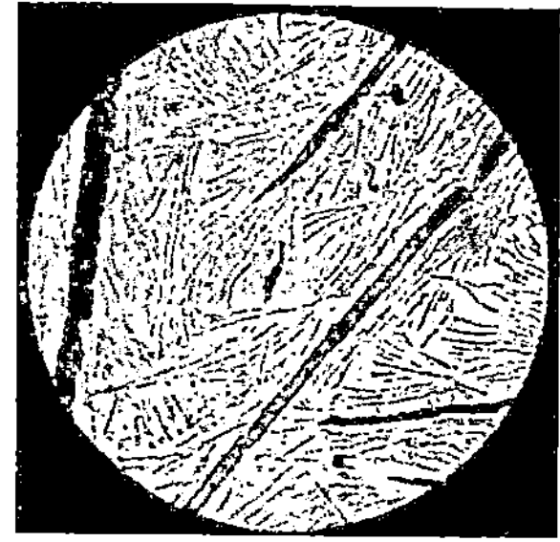

Abb. 143. Legierung mit 75,1% Sn und
24,9% Zink. × 50.
(Nach Lorenz und Plumbridge, Z. anorg. Chem. Bd. 83, Tafel VIIIa.)

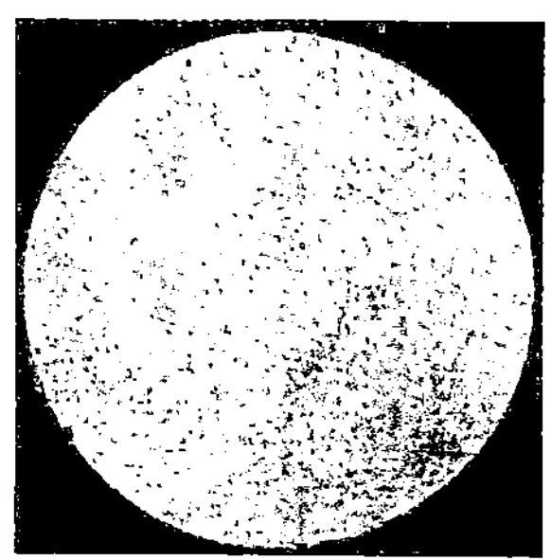

Abb. 144. Eutektikum Zink-Zinn.
× 50.

da die Kristallisation aus der festen Phase im allgemeinen mit geringerer Geschwindigkeit verlaufen wird als aus der flüssigen Phase, ist die Ge-

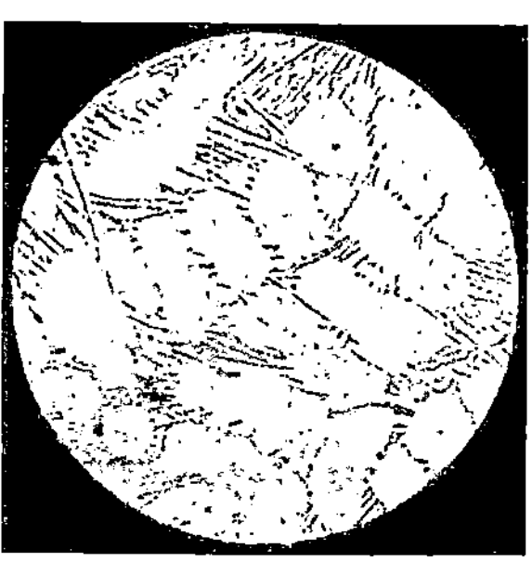

Abb. 145. Legierung mit 99% Sn und 1% Zn.
(Nach Lorenz und Plumbridge, Z. anorg.
Chem. Bd. 83, Tafel VIIIa.) × 50.

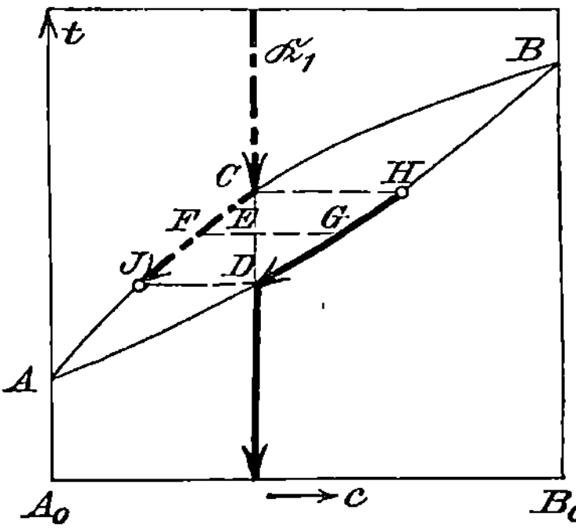

Abb. 146. Umwandlung einer homogenen Phase
in eine andere, z.B. Schmelze in Mischkristalle
(Martens-Heyn).

fügeausbildung hier im allgemeinen feiner als die des Eutektikums. Ein Beispiel für ein Eutektoid ist der „Perlit" im Stahl (vgl. S. 299).

β) **Die Phasenumwandlung im Falle vollkommener Löslichkeit der Komponenten in beiden Aggregatzuständen** gestaltet sich folgendermaßen:

Abb. 146. K_1 scheidet z. B. bei C bei Wärmeentziehung den Mischkristall H aus. Dadurch verarmt die flüssige Lösung an B, da ihr eine an B reichere Mischung entzogen wird. Bei Wärmeentziehung sinkt die Temperatur ab, der sich dann ausscheidende Mischkristall ist reicher an

A als der zunächst vorhandene. Da wir verlangt haben, daß alle Gleichgewichte bei den Phasenänderungen durchlaufen werden, die dem Zustandsdiagramm entsprechen, um zu den Gleichgewichtsgefügen zu kommen, so muß außer der flüssigen Lösung auch die feste Lösung ihre Konzentration entsprechend den Pfeilen ändern. Da die Gesamt-zusammensetzung des Systems unverändert bleibt, müssen sich natürlich die Mengenverhältnisse beider Phasen ändern. Während das Temperaturintervall *CD* durchlaufen wird, nimmt die Menge der Schmelze immer mehr ab, die der kristallinen Phase immer mehr zu (Hebelgesetz). Der mit der restlichen Schmelze *J* im Gleichgewicht befindliche Mischkristall muß seine Konzentration bis zum Werte *D* ausgeglichen

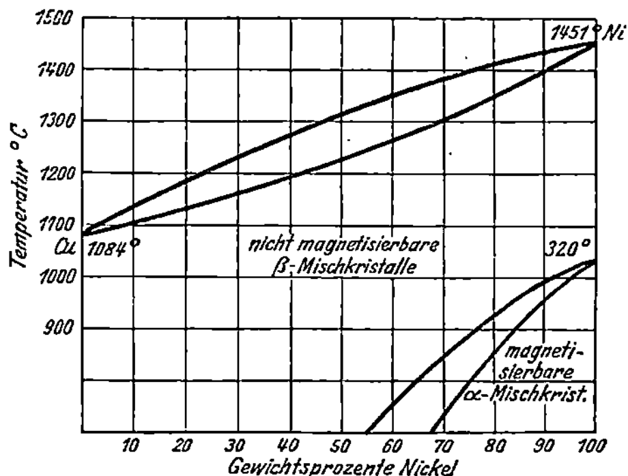

Abb. 147. Zustandsdiagramm der Cu-Ni-Legierungen nach Guertler und Tammann u. a. (Landolt-Börnstein).

haben. Wir stoßen also hier zum ersten Male auf die Notwendigkeit des Konzentrationsausgleiches durch Diffusionsvorgänge im festen Zustand. Es ist deutlich, daß zur Einstellung der Gleichgewichtszustände gerade in diesem Falle besonders viel Zeit gehören wird, da die fraglichen Diffusionsgeschwindigkeiten nach allgemeinen Erfahrungen verhältnismäßig gering sind. Nach Erstarrung des Restes *J* liegt nur noch der Mischkristall *D* vor, in dem nach dem vorliegenden Diagramm keine weiteren Änderungen beim Sinken der Temperatur mehr auftreten.

Als Beispiel einer Legierungsbildung, die im wesentlichen — abgesehen von bei tiefen Temperaturen in gewissen Bereichen verlaufenden magnetischen Umwandlungen — nach dem eben mit-

Abb. 148. Cu-Ni-Mischkristalle (nach Reinglaß, Chem. Technol. d. Legierungen).

geteilten Schema verläuft, sei das Diagramm der Cu-Ni-Legierungen (Abb. 147) mitgeteilt. Die Gleichgewichtsgefüge zeigen eine Kristallart (Abb. 148).

In prinzipiell derselben Weise erfolgt die Umwandlung eines Mischkristalls in einen anderen Mischkristall. Vgl. Abb. 369.

γ) Wenn eine bei höherer Temperatur flüssige Lösung vorliegt, bei tieferer Temperatur keine vollkommene Mischbarkeit der Komponenten, haben wir zwei Arten der Gefügeausbildungen zu unterscheiden. Betrachten wir zunächst eine Form des Zustandsdiagrammes, wie Abb. 149. Wenn Legierungen mit den Konzentrationen von A_0 bis P und von Q bis B_0 erstarren, so unterscheidet sich der Erstarrungsvorgang in nichts von dem vorangehend geschilderten, da wir nur eine, in allen Temperaturbereichen stabile Kristallart zu erwarten haben. In den Bereichen zwischen den Konzentrationen, die zu den Punkten E und P sowie D und Q gehören, verläuft der Erstarrungsvorgang auch noch derartig, wie oben geschildert, es treten aber bei tieferer Temperatur noch Entmischungen der zunächst allein stabilen Kristallarten auf, die erscheinenden Konzentrationen entsprechen den Zusammensetzungen wie sie die Kurven EP und DQ angeben. In dem restlichen Bereich zwischen Konzentrationen, die zu den Punkten E und D gehören, verläuft auch der Erstarrungsvorgang anders, wie oben geschildert. Es scheiden sich (wenn nicht gerade die Konzentration c_e vorliegt) z. B. bei einem System mit der Zusammensetzung H aus der Schmelze F zunächst Mischkristalle G aus, die ihre Zusammensetzung entsprechend der Soliduslinie ändern, während die Liquiduslinie die Zusammensetzungen (Pfeile) der nacheinander auftretenden Schmelzen angibt. Bei der Temperatur des nonvarianten Gleichgewichtes t_e tritt ein Eutektikum auf, welches nun aus den beiden gesättigten Mischkristallen E und D besteht, dessen Struktur ganz dem Eutektikum, welches wir oben schilderten, entspricht. Wenn bei hoher Temperatur ein Mischkristall vorgelegen hat, der sich bei tieferer Temperatur entmischt, sind die Vorgänge analog zu beschreiben, es tritt dann ein Eutektoid aus den beiden gesättigten Mischkristallen auf. In beiden Fällen ändern die Mischkristalle, sowohl die im Eutektikum als auch die im Eutektoid, ihre Konzentration, wenn die Grenzkurven EP und DQ, wie gezeichnet, eine Neigung gegenüber der Senkrechten aufweisen. Beispiele für diese Diagramme bieten Teile der Abb. 248, 271 und 381.

Ist der Fall der teilweisen Mischbarkeit bei den Zuständen der tieferen Temperaturen durch ein Diagramm der Form wie Abb. 136 beschreibbar, so verläuft die Kristallisation in dem Gebiet, in welchem zwei Kristallarten auftreten können, wie im sogleich zu kennzeichnenden

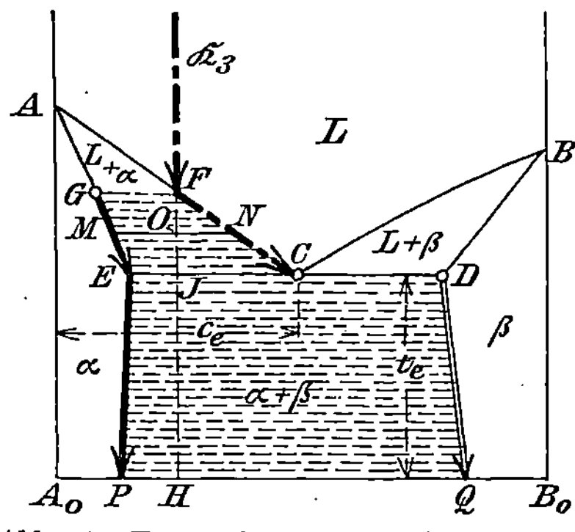

Abb. 149. Umwandlungsvorgang einer homogenen Phase in zwei homogene, binäre Phasen (z. B. Schmelze in zwei Mischkristalle) (Martens-Heyn).

Falle. Wir sehen das an einer Zustandsänderung der Legierung J ein (Abb. 150). Zunächst scheiden sich aus den Schmelzen F bis C die Misch-

kristalle G bis D aus. Kommen wir zur Temperatur des nonvarianten Gleichgewichtes t_u, reagieren die Mischkristalle D mit der Schmelze C unter Bildung der zweiten Kristallart E. Diese Reaktion verläuft an der Grenze der schon vorhandenen Kristalle D, und das Reaktionsprodukt lagert sich hier ab. Hierdurch wird meist der Ablauf der Reaktion stark behindert. Die entstehende Struktur heißt Peritektikum (vgl. Abb. 151). Falls beide Kristallarten ihre Löslichkeit nach tieferen Temperaturen noch ändern, wie dies im Diagramm Abb. 150

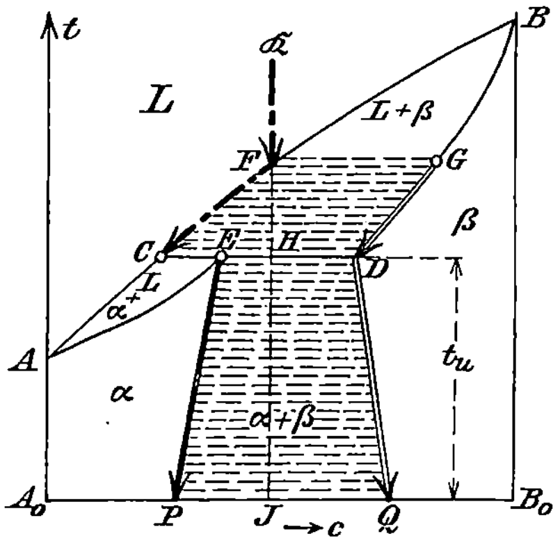

Abb. 150. Umwandlung einer homogenen Phase in zwei homogene, binäre Phasen (z. B. Schmelze in zwei Mischkristalle) (Martens-Heyn).

angenommen ist, erfolgen noch weitere Reaktionen zwischen den beiden im Peritektikum enthaltenen Kristallarten. Gilt der Diagrammtyp Abb. 150 für die Entmischung eines Mischkristalles, geht der Vorgang analog vor sich.

Falls eine singuläre Kristallart im festen Zustande vorliegt, im übrigen keine Mischbarkeit in demselben besteht, treten keine prinzipiell neuen Gefügeausbildungen auf; bilden sich zwei Eutektika aus (Abbild. 138), so haben dieselben durchaus individuellen Charakter.

Abb. 151. Ni-Bi-Legierung mit 75 At% Bi. Peritektikum nach Voss (Guertler). × 180.

Bildet sich die Verbindung erst bei einer bestimmten Temperatur, entsprechend Diagramm Abb. 139, aus Schmelze und einer reinen Komponente, so findet man nur in den Konzentrationsbereichen A bis A_mB_n ein Eutektikum, im restlichen Bereich ein Peritektikum. Es scheiden sich hier zunächst Kristalle B aus der Schmelze, deren Zusammensetzung sich längs dc ändert; bei T_1 setzt sich die Schmelze c

mit Kristallen B zur Kristallart A_mB_n um. Das Reaktionsprodukt A_mB_n umschließt in Legierungen des Bereichs $A_mB_n - B$ also die überschüssigen Kristalle B in Gestalt eines Peritektikums. Auch hier bildet sich das Gleichgewichtsgefüge nur sehr schwer und bei sehr langsamer Abkühlung aus. Ein Beispiel ist in Abb. 151 wiedergegeben.

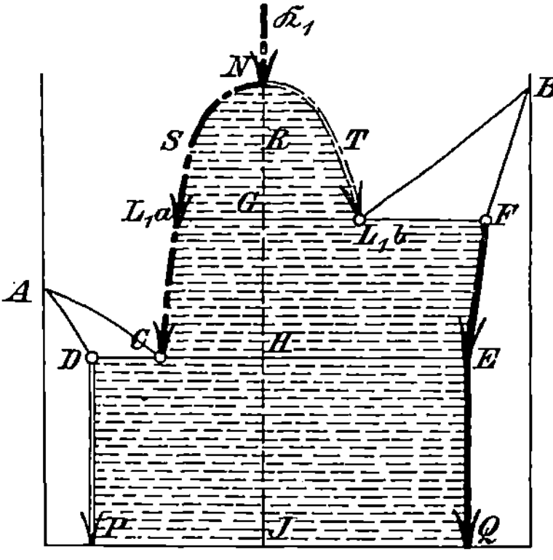

Abb. 152. Umwandlungsvorgang bei Vorhandensein einer Mischungslücke $L_1 a S N L_1 b$ (Martens-Heyn).

Das bei gewöhnlicher Abkühlung entstehende Gefüge vgl. S. 178.

Wir haben noch zu überlegen, in welcher Weise Heterogenität, z.B. im flüssigen Zustand, wie in Abb. 140 auf die Entstehung der Gleichgewichtsgefüge einwirkt. Dabei sei jedoch auch im festen Zustand anders als in Abb. 140 eine teilweise Löslichkeit vorausgesetzt. Wir betrachten als Beispiel ein System (Abb. 152) und daraus eine Legierung der Zusammensetzung J. Bei Temperaturen über der des Punktes N ist diese Legierung homogen, die Lösung N entmischt sich bei dieser Temperatur, und es wird im flüssigen Zustand, gerade wenn lange Zeiten für die Gleichgewichtseinstellung übrigbleiben, immer zu einer Trennung der beiden sich bildenden Phasen entsprechend dem spezifischen Gewicht kommen. Die gesättigten Lösungen verschieben beim Absinken der Temperatur ihre Konzentrationen entsprechend NSL_{1a} und NTL_{1b}. Bei der Temperatur der Horizontalen L_1F beginnen sich Mischkristalle F zu bilden, es liegt ein nonvariantes Gleichgewicht vor, und wenn Wärme entzogen wird, kristallisieren aus beiden Flüssigkeiten weiterhin diese Kristalle, während die Menge der flüssigen Phase L_{1b} immer mehr abnimmt. In dem Moment, wo diese Lösung verschwunden ist, sinkt die Temperatur unter weiterer Ausscheidung von Kristallen EF. Der Zustand entspricht jetzt völlig demjenigen, wie er bei der primären Kristallisation entsprechend dem Diagramm Abb. 149 gekennzeichnet wurde, und die weitere Kristallisation verläuft auch derartig, also unter Bildung eines Eutektikums aus D und E. Es folgt daraus, daß das Gleichgewichtsgefüge dieser Legierung sich in nichts von dem eben erwähnten unterscheidet, vorausgesetzt, daß keine anderen Faktoren hier wirksam werden als in jenem (vgl. S. 177).

Literatur.

[1] Über den Mechanismus der eutektischen Kristallisation vgl.: Vogel, R.: Z. anorg. u. allg. Chem. Bd. 76, S. 425. — Brady: Journ. inst. of met. Bd. 28, S. 369. 1922. — Johnsen: Berl. Ber. 1923, S. 208.

Kompliziertere Realdiagramme.

In ein und derselben Legierungsreihe zweier Komponenten können nun die verschiedenen Möglichkeiten der Phasengestaltung, die wir kennengelernt haben, abhängig von der Konzentration in mannigfaltiger Weise auftreten. Auch in Abhängigkeit von der Temperatur können mehrere der gekennzeichneten Diagrammtypen, wenn Umwandlungen im festen Zustande vorliegen, in den verschiedenen Temperaturbereichen auftreten. Markante Beispiele hierfür sind die Zustandsdiagramme der Kupfer-Zink- und Kupfer-Zinn-Legierungen (S. 414 u. 424).

°4. Quantitative Beziehungen in Zweistoffsystemen.

Wir haben bis jetzt die Beziehungen zwischen den Zustandsgrößen nur allgemein behandelt, müssen uns jedoch nun fragen, welche quantitativen Gesetze die Form der Diagramme beherrschen. Behandelt ist diese Frage fast ausschließlich bei den Zweistoffsystemen.

α) Bei **Entmischungen in homogenen Phasen** (Abb. 128) wird häufiger eine quantitative Beziehung (jedoch nur bei Einsetzung von Gewichtsprozenten, nicht Mol.-Prozenten) beobachtet, welche der Regel von Cailletet und Matthias in gewisser Weise entspricht. Wenn man nämlich das Mittel der miteinander im Gleichgewicht befindlichen gesättigten Lösungskonzentrationen in Abhängigkeit von der Temperatur aufträgt, liegen die Mittelwerte auf einer Geraden, die in dem oder den kritischen Punkten endet.

β) Die **Dampf-Flüssigkeits-Gleichgewichtskurven** in einem Druck-Konzentrationsdiagramm (Abb. 133) stellen häufig einfache Funktionen dar. Wenn die Partialdrucke proportional den Molenbrüchen der flüssigen Lösungen sind, so sind die Kurven der Gaszusammensetzungen, die am heterogenen Gleichgewicht beteiligt sind, Hyperbeln, vorausgesetzt, daß das Gasgemisch sich ideal verhält. Das Gesetz von Duhem-Margules sagt aus, daß, wenn der Partialdruck der einen Komponente linear von der Konzentration abhängt, dies auch für den andern zutrifft. In sehr vielen andern Fällen sind die genannten einfachen Beziehungen nicht erfüllt.

γ) **Die Kurven der Ausscheidung einer reinen Komponente aus einer Lösung.** Für verdünnte Lösungen braucht nur an die Gesetze der Gefrierpunktserniedrigung von Raoult und van 't Hoff erinnert zu werden, wonach die Gefrierpunkterniedrigung Δt der Beziehung gehorcht

$$\Delta t = \frac{c\,R\,T_0^2}{M\,\lambda},$$

worin M das Molekulargewicht des gelösten Stoffes, c die Konzentration des gelösten Stoffes, λ die Schmelzwärme des Lösungsmittels, T_0 seine Schmelztemperatur und R die Gaskonstante bedeuten. Auf die Folgerungen hieraus bezüglich des Molekulargewichtes eines in einem anderen Metall gelösten Metalles wird auf S. 224 hingewiesen.

Zu den Verhältnissen in konzentrierteren Lösungen ist folgendes zu bemerken. Für die Abhängigkeit der Löslichkeit c von der Temperatur gilt zunächst für verdünnte Lösungen nach van 't Hoff[1] die Gleichung:

$$\frac{d\ln c}{dT} = \frac{Q}{R\,T^2}. \tag{1}$$

In Gleichung (1) ist die Konzentration in Molenbrüchen auszudrücken und die Größe Q als differentielle Lösungswärme zu bestimmen, also als diejenige, die auftritt, wenn eine um dT erhitzte Lösung eine weitere Menge dc der reinen Komponente auflöst. Wenn man jedoch annimmt, daß die Komponenten in der

Lösung sich normal verhalten, so gilt die obige Gleichung auch für konzentrierte Lösungen. Ist weiterhin Q unabhängig von c und T, wird die Gleichung integrierbar. Zwecks Integration schreibt man am besten nach van Laar[2]

$$\ln c = \frac{Q}{RT_0}\left(\frac{T_0}{T} - 1\right).$$

Die Größe T_0 kommt in die Gleichung durch die Integrationskonstante, die man dadurch gewinnt, daß man in der integrierten Gleichung $c = 1$ setzt, dieselbe also für den reinen Stoff ausspricht. Daraus ergibt sich die Bedeutung von T_0 als Schmelztemperatur der reinen Komponente und Q als seiner Schmelzwärme (der die differentielle Lösungswärme nach der obigen einschränkenden Voraussetzung über Q gleich ist).

In der nach van Laar geschriebenen Gleichung stellt sich die Löslichkeitskurve dar als Funktion von $\frac{Q}{T_0}$ und T_0. Wir können demgemäß verschiedene Scharen von Kurven für entsprechende Werte dieser Größen gewinnen. In Abb. 153 sind zwei Größen dargestellt, und zwar ist T_0 einmal gleich 1200^0, einmal zu 600^0 angenommen und die Größe $\frac{Q}{T_0} = \varphi$ jeweils von 0,5 bis 6 variiert.

Man sieht, daß die Kurven sich asymptotisch der linken T-Achse des Diagrammes nähern, was unseren Voraussetzungen insofern entspricht, als wir hier implizite zwischen Lösungsmittel und zu lösendem Stoff entsprechend unserer Ableitung unterschieden haben und nicht erwarten konnten, das binäre Diagramm, wie es früher dargestellt wurde, zu erhalten. Die Kurve ist überhaupt nur von dem in fester Phase vorhandenen Stoff abhängig.

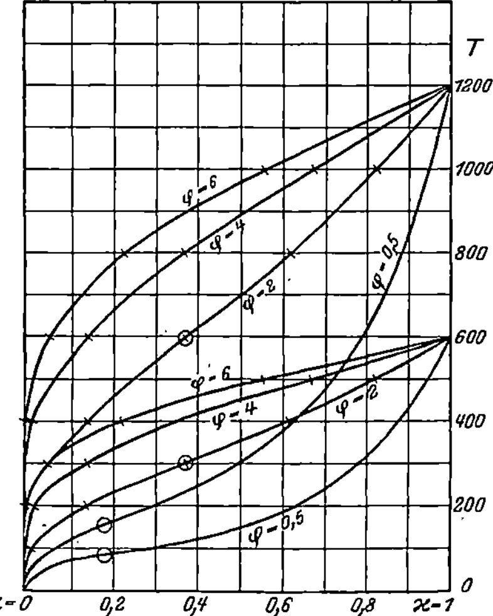

Abb. 153. Kurven der Ausscheidung einer reinen Komponente aus einer Lösung (nach Roozeboom). x = Molenbruch.

Trotz der vielen einschränkenden Bedingungen zeigt es sich nun, daß bei einer Reihe von Stoffen die tatsächlichen Lösungskurven mit den aus der Formel berechneten übereinstimmen. Beispiele dafür finden sich vereinzelt auch unter den binären Metallschmelzen.

Unter Benutzung des thermodynamischen Potentials und Anwendung einiger gemessener Punkte zur Konstantenbestimmung und unter ähnlichen Voraussetzungen über den Zustand der Lösungen, wie oben genannt, wurden von V Fischer[3] die Schmelzkurven von Cd-Bi- und Pb-Sb-Legierungen berechnet.

Die Temperaturdifferenz zwischen Schmelzpunkt der reinen Komponenten und eutektischer Schmelztemperatur, die sog. „eutektische Gefrierpunktserniedrigung" behandelt Kordes[4]. Die relativen eutektischen Gefrierpunktserniedrigungen verhalten sich nach ihm umgekehrt wie die Konzentrationen der Komponenten im Eutektikum.

Unter anderem können die Kurven der Ausscheidung eines reinen Stoffes gelegentlich rückläufig werden. Da in solchen Fällen die Größe $\frac{dc}{d}$ negativ wird, muß nach unseren obigen Beziehungen unter γ auch die zugeführte Lösungswärme negativ sein, d. h. die Auflösung in der gesättigten Lösung mit Wärmeentwicklung verknüpft sein. Dies ist im allgemeinen nur möglich, wenn die Mischung der flüssigen Stoffe unter bedeutender Wärmeentwicklung vor sich geht, was nur bei sich anormal verhaltenden Stoffen ausnahmsweise erwartet werden kann[5].

δ) Die Kurven der heterogenen Gleichgewichte bei Mischkristallbildung. Nach Planck ist für die Gefrierpunktserniedrigung bei Mischkristallausscheidung statt nur der Konzentration der Schmelze die Differenz der Konzentrationen in der Schmelze und der festen Lösung, die miteinander im Gleichgewicht sind, einzusetzen. Honda und Ishikagi[6] haben diese Beziehung bei Metallen bestätigt gefunden.

Für konzentriertere Lösungen gibt Fischer[3] Berechnungen an.

ε) Die Form des Maximums in binären Diagrammen mit Verbindungen. Es ist bereits auf S. 163 darauf hingewiesen worden, daß die Gleichgewichtskurven, welche das Gleichgewicht einer singulären Kristallart mit einer Schmelze charakterisieren, allgemein einen flachen stetigen Verlauf des Maximums aufweisen. Der Grund hierfür liegt darin, daß in der Schmelze neben den Molekülen der Verbindung, welche man ja meist in der singulären Kristallart annimmt, eine mehr oder weniger große Menge der die Verbindung bildenden reinen Komponenten im Dissoziationsgleichgewicht angenommen werden muß. In der Schmelze der Verbindung $A_m B_n$ besteht ein Gleichgewicht $A_m B_n \rightleftharpoons m A + n B$.

Wenn wir einer Schmelze von der Zusammensetzung der Verbindung freies A oder B zusetzen, so wird ein Teil der Zusätze lediglich im Sinne einer Verschiebung des Gleichgewichtes nach links wirken und die Anzahl der Moleküle, welche als Fremdbestandteile schmelzpunkterniedrigend wirken können, muß um einen entsprechenden Betrag geringer angenommen werden, als bei der ursprünglich zugefügten Menge. Dementsprechend fällt die Gefrierpunktserniedrigung bei Zusatz einer der Komponenten der Verbindung geringer aus, als nach dem Gesetz der Gefrierpunktserniedrigung zu erwarten ist, die Schmelzkurve muß vom Schmelzpunkt der Konzentration der reinen Verbindung verhältnismäßig langsam zu tieferen Werten sinken, und beide Äste müssen stetig ineinander übergehen (bei Zusatz fremder Atome findet dagegen eine normale Depression statt). Die mehr oder weniger flache Form des Maximums muß offenbar von der mehr oder weniger großen Dissoziation der Verbindung in der Schmelze abhängen, und es ist gelungen[7], diese Beziehung quantitativ auszuwerten.

Über die Beurteilung singulärer Konzentrationen vgl. Kurnakow[8].

ζ) Auf univariante Gleichgewichte von Zwei- und Mehrstoffsystemen ist die Formel von Clausius-Clapeyron anwendbar und dadurch der Einfluß des Druckes festgelegt.

Des weiteren vgl. S. 238.

Literatur.

[1] Z. phys. Chem. Bd. 1, S. 481. 1887.

[2] Roozeboom: l. c. Bd. 2, S. 275. — van Laar: Ref. Chem. Zentralbl. Bd. 2, S. 867. 1903.

[3] Z. techn. Phys. 1925, S. 103, 146, 475.

[4] Zuletzt Z. anorg. u. allg. Chem. Bd. 169, S. 246. 1928.

[5] Vgl. zuletzt A. Smits, Z. phys. Chem. Bd. 135, S. 63. 1928.

[6] Sc. reports of the Tohoku Imp. Univ. S. I. Bd. 14, Nr. 3. 1925.

[7] Kremann: Die Eigenschaften binärer Flüssigkeitsgemische. Stuttgart 1916.

[8] Z. anorg. u. allg. Chem. Bd. 146, S. 69. 1925.

5. Der Einfluß von Geschwindigkeitsfaktoren bei der Einstellung von Zuständen (Aussagen von Zustandsdiagrammen über Nichtgleichgewichtszustände).

Wir hatten bisher ausdrücklich für die Verwendung von Zustandsdiagrammen die Voraussetzung gemacht, daß alle Zustandsänderungen so langsam vorgenommen werden sollten, daß dieselben in den einzelnen Stadien weitgehend den Gleichgewichten entsprächen. Es hat sich nun gezeigt, daß für einen derartigen Verlauf bei sehr vielen Systemen sehr viel Zeit zur Verfügung stehen muß und daß schon bei einer etwas größeren Geschwindigkeit der Vorgänge erhebliche Abweichungen von den Gleichgewichtszuständen eintreten; diese müssen natürlich immer in der Richtung liegen, daß solche Zustände bei Werten von Temperatur bzw. Konzentration sich einstellen, die eigentlich schon durchlaufenen Temperatur- und Konzentrationswerten entsprechen. Wir besprechen zunächst solche Erscheinungen, bei denen ganze Phasen in Temperatur- und Konzentrationsbereichen erscheinen, die ihnen eigentlich nicht zugehören, dann solche, wo es sich nur um Konzentrationsunterschiede oder Besonderheiten der Gefügeausbildung handelt, zu deren Zustandekommen zum Teil auch noch andere Faktoren mitwirken. Falls instabile Phasen auftreten, so sind dieselben häufig von so großer relativer Stabilität, daß es sogar möglich ist, für dieselben ein vom Zustandsdiagramm des absoluten Gleichgewichts abweichendes „Pseudogleichgewichtsdiagramm" aufzustellen.

Bei allen diesen metastabilen Zuständen ist zu beachten, daß sie nicht mit derselben Konsequenz thermodynamisch zu behandeln sind wie die wahren Gleichgewichtszustände, so braucht naturgemäß z. B. das Phasengesetz für einen solchen Zustand nicht maßgebend zu sein. In dieser Hinsicht ist bei jeder Diskussion eine strenge Scheidung der thermodynamisch stabilen Zustände von den metastabilen dringend geboten.

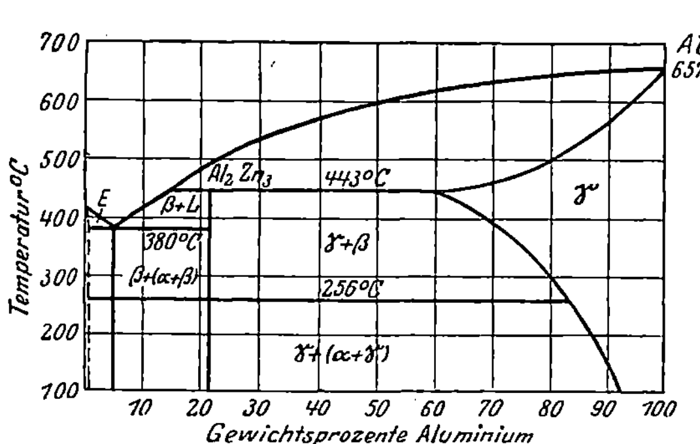

Abb. 154. Zustandsdiagramm Al-Zn nach [1] (Landolt Börnstein).

α) Metastabile Kristallarten. Al-Zn-Legierungen. Das nach Bauer und Vogel[1] vervollständigte Diagramm der Al-Zn-Legierungen gibt Abb. 154 wieder. Während der linke Teil des Diagramms in bezug auf die Gleichgewichte fest-flüssig ohne weiteres verständlich ist, sehen wir im rechten Teil eine kleine Variation der uns bekannten Typen. Bei der Temperatur von 443⁰ bildet sich nämlich aus den Mischkristallen mit etwa 60% Al und der Schmelze mit ca. 16% Al die singuläre Kristallart Al_2Zn_3 (β). Wie das Beständigkeitsgebiet dieser letzten Kristallart nach höheren Temperaturen hin durch dieses 3-Phasen-Gleichgewicht abgeschlossen ist, so ist auch ihr Existenzgebiet nach unten durch eine Horizontale begrenzt, welche einem 3-Phasen-Gleichgewicht entspricht, nämlich durch diejenige bei 256⁰. Hier zerfällt Al_2Zn_3 in α- und γ-Mischkristalle. Die Zerfallsgeschwindigkeit dieser Verbindung ist nun gering, so daß schon bei gewöhnlicher Abkühlungsgeschwindigkeit der Zerfall unterbleibt, so daß im Schliffbild z. B. der Konzentration Al_2Zn_3 auch bei Raumtemperatur dann nur eine homogene Kristallart zu sehen ist. Zwecks Darstellung dieser Möglichkeit ist in Diagramm 154 die Senkrechte durch Al_2Zn zu tiefen Temperaturen durchgezeichnet. Um das Gleichgewicht und damit bei Raumtemperatur ein heterogenes Gefüge zu erzielen, muß die Legierung längere Zeit dicht unterhalb 256⁰ angelassen werden.

Literatur.

[1] Z. Metallogr. Bd. 8, S. 101. 1916; vgl. auch Sander und Meißner: Z. Metallkunde Bd. 14, S. 385. 1922. — Hanson und Gayler: J. Inst. Metals Bd. 27, S. 267. 1922 und Is-i hara: Science reports of the Tohoku Imp. Univ. I, Bd. 15, Nr. 2, 1926 nehmen statt der singulären Kristallart eine etwas ausgedehntere Mischkristallreihe an, was für unsere Betrachtungen jedoch nicht von prinzipieller Bedeutung ist.

Zn-Sb-Legierungen. In der Abb. 155 ist das Zn-Sb-Zustandsdiagramm wiedergegeben, wie es Zemeczuzny[1] gezeichnet hat. Bei den Zuständen, welche diese Legierungen einnehmen können, spielen solche, welche keinen absolut stabilen Gleichgewichten entsprechen, eine noch größere Rolle als bei den Al-Zn-Legierungen. Dies geht so weit, daß die relative Stabilität gewisser Nichtgleichgewichtszustände genügt, um sie experimentell eingehend untersuchen zu können, und daß man hier ebenso ein Zustandsdiagramm entwerfen kann wie für die absolut beständigen Phasen (Abb. 155 rechts).

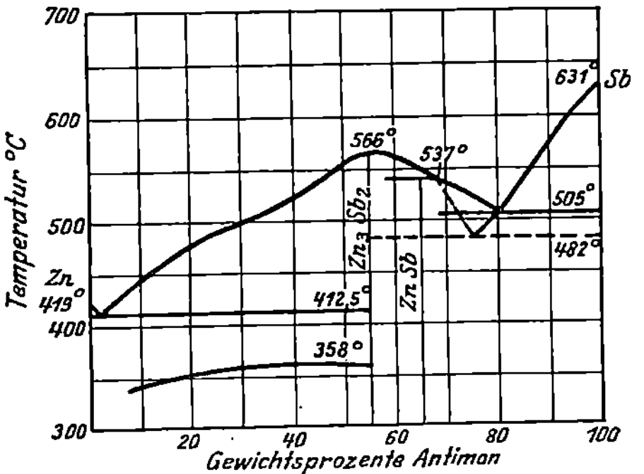

Abb. 155. Zustandsdiagramm Zn-Sb nach [1]. (Landolt-Börnstein.)

Das gezeichnete Diagramm hat den Sinn, daß die Verbindung Zn-Sb sich aus dem Schmelzfluß und der Kristallart Zn_3Sb_2 offenbar schwer bildet und die mittleren Konzentrationen sich besonders bei nicht zu langsamer Abkühlung so verhalten, als ob nur die Verbindung Zn_3Sb_2 als singuläre Kristallart auftritt, welche als Komponente fungiert. Bei genügend langsamer Abkühlung, die den wahren Gleichgewichtszuständen entspricht, bildet sich jedoch bei der Temperatur von 537⁰ aus Zn_3Sb_2 und der Schmelze von 68 % Sb in den betreffenden Konzentrationsbereichen die zweite singuläre Kristallart ZnSb. Wir sehen, daß die Linie des instabilen Diagrammteiles (gestrichelt) unter den Linien des stabilen liegt, wie das auch der Fall sein muß.

Zu bemerken ist noch, daß die Kristallart Zn_3Sb_2 bei 360⁰ eine polymorphe Umwandlung erleidet.

Besonders instruktiv sind die beiden Gefügebilder Abb. 156 und 157, beide für 76 % Sb. Abb. 156 zeigt eine Legierung mit 76 % Sb

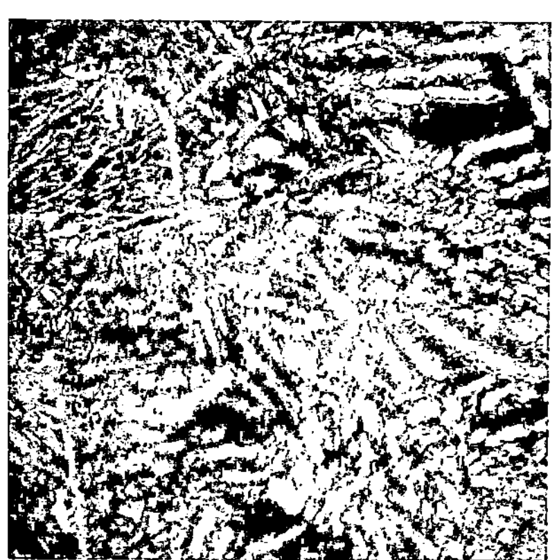

Abb. 156. Zn-Sb-Legierung 76 % Sb
metastabil (nach Zemeczuzny).

Abb. 157. Zn-Sb-Legierung 76 % Sb
stabil (nach Zemeczuzny).

im instabilen Zustande, wir sehen die etwas undeutliche Struktur eines Eutektikums, es ist das metastabile Eutektikum zwischen Zn_3Sb_2 und Sb. Ist bei der Abkühlung durch Impfen mit ZnSb-Kristallen die Bildung der ZnSb-Kristalle erleichtert, zeigt sich jedoch das Gefügebild, welches dem stabilen Diagramm entspricht (Abb. 157). Wie nach dem Diagramm zu erwarten, sehen wir erhebliche Mengen primärer Ausscheidung der Verbindung ZnSb und das Eutektikum ZnSb und Sb in einer so behandelten Legierung.

Literatur.

[1] Z. anorg. Chem. Bd. 49, S. 386. 1906. Andere Autoren, zuletzt Takei: Science Reports of the Tohoku Imp. Univ. I, Bd. 16, Nr. 8, 1927 geben das Diagramm etwas anders wieder, von Takei wurden jedoch auch, was hier wesentlich, Kurven instabiler Kristallisationen gefunden.

Al-Sb-Legierungen[1]. Eigentümliche Erscheinungen, von denen man sagen muß, daß sie noch keine restlose Erklärung gefunden haben, herrschen bei den Al-Sb-Legierungen.

Wenn man Al und Sb zusammenzuschmelzen versucht, gelingt es keineswegs leicht, homogene Flüssigkeiten zu erzielen. Man kann vielmehr bei niedrigen Temperaturen und nicht allzu langer Schmelzdauer konstatieren, daß die beiden flüssigen Metalle sich schwer miteinander mischen. Erst bei höheren Temperaturen tritt dies leicht ein, und aus der Analyse des Abkühlungsvorganges ergibt sich ein Zustandsdiagramm mit zunächst einem zweifellosen Maximum der Liquiduslinie. Die dem ausgeprägten Maximum entsprechende Kristallart AlSb kann in den Schliffbildern konstatiert werden, eine weitere Kristallart konnte im Gefügebild nicht festgestellt werden; trotzdem wurde ein zweites Maximum gefunden, während in einer anderen Arbeit in dem entsprechenden Konzentrationsbereich ein wenigstens horizontaler Verlauf der Kurve der primären Ausscheidung festgestellt wurde. Es kann sein, daß man zur Deutung dieser Erscheinung annehmen muß, es bestehe in einem größeren Konzentrationsbereich ein instabiles System mit einer teilweisen Mischbarkeit der flüssigen Komponenten. Unter Umständen handelt es sich aber auch um einen interessanten Fall einer Reaktionsbehinderung. Das Zusammentreten des flüssigen Al und Sb zu festem AlSb könnte durch eine dünne Schicht zunächst an der Grenze beider Schmelzen gebildeter AlSb-Kristalle verhindert werden.

Literatur.

[1] Vgl. Sauerwald: Z. Metallkunde 1922, S. 459; Tammann: Z. anorg. u. allg. Chem. Bd. 48, S. 53. 1906.

Das wichtigste Beispiel für das Auftreten metastabiler Zustände ist das Fe-C-Diagramm (S. 294 und 352 ff.).

β) **Metastabile Konzentrationseinstellungen.** Bei Besprechung der binären Systeme mit Mischungslücken im flüssigen Zustand (S. 170) haben wir gesehen, daß bei der Gleichgewichtseinstellung entsprechender Abkühlung sich im Gefüge des erstarrten Regulus keine Hinweise auf das Vorhandensein der Mischungslücken im flüssigen Zustand finden dürfen. Es ist ohne weiteres ersichtlich, daß bei zu schneller Abkühlung jede der vorhandenen flüssigen Schichten für sich kristallisieren kann und dann der erstarrte Regulus eine entsprechende Trennungslinie aufweist.

Aber auch bei den einfachen Erstarrungstypen mit vollkommener Mischbarkeit der flüssigen Komponenten und Unmischbarkeit und Mischbarkeit[1] im festen Zustande können erhebliche Seigerungen, wie man Konzentrationsunterschiede allgemein bezeichnet, auftreten, wobei noch gewisse Beziehungen zwischen Dichten, anderen physikalischen Eigenschaften der Phasen und ihrem Kristallisationsvermögen eine Rolle spielen.

Wenn wir zunächst an den Erstarrungsvorgang der Mischkristalle denken (Abb. 146), so wurde schon früher hervorgehoben, daß der Diffusionsvorgang besonders in der festen Phase eine große Rolle spielt, da ja der zuerst ausgeschiedene Mischkristall eine andere Zusammensetzung hat als der zuletzt ausgeschiedene und da bei einer dem Gleichgewicht entsprechenden Erstarrung ein Konzentrationsausgleich erfolgen muß. Wenn nun die Abkühlungsgeschwindigkeit ein gewisses Maß überschreitet, so wird die Diffusionsgeschwindigkeit zu einem entsprechenden Konzentrationsausgleich nicht mehr genügen, und die Kerne der ausgeschiedenen Mischkristalle werden reicher an der Komponente sein, zu deren Konzentrationsachse das heterogene Gebiet ansteigt, als die äußeren Schichten. Diese Seigerung kann als innerkristalline Seigerung bezeichnet werden, da die Konzentrationsungleichmäßigkeiten sich auf die Kristallindividuen beschränken, sie wird ein großes Maß erreichen, je weiter die

Abb. 158. Kristallseigerung im Rotguß × 50 (Czochralski).

Gleichgewichtskonzentrationen für Beginn und Ende der Kristallisation auseinander liegen. Ein Beispiel dafür bildet eine schnell abgekühlte Bronze mit 8% Cu (Abbild. 158), wo man die Ungleichmäßigkeit der Mischkristalle gegenüber dem analogen Bild für den Gleichgewichtsfall deutlich erkennen kann. Diese Art der Erstarrung von Mischkristallbildung wird übrigens auch als Schichtkristallbildung bezeichnet.

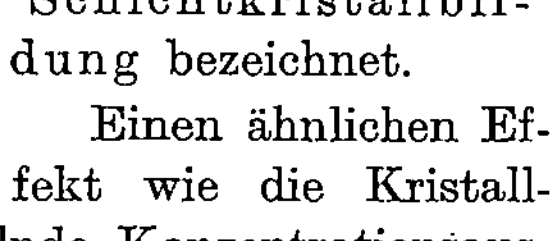

Abb. 159. Ni-Bi-Legierung mit 75 At.-% Bi. Nichtgleichgewichtsgefüge nach Voss × 180 (Guertler).

Einen ähnlichen Effekt wie die Kristallseigerung bewirkt beinahe immer der mangelnde Konzentrationsausgleich bei der Bildung eines Peritektikums (S. 169). Sei es, daß z. B. ein Mischkristall oder eine singuläre Kristallart aus einer anderen festen Phase und einer Schmelze sich bilden soll, so behindert beinahe immer das entstehende Reaktionsprodukt den Ablauf der Reaktion.

Es kann dabei nicht nur zur Bildung von Kristallarten mit nicht dem Gleichgewicht entsprechenden Gehalten, sondern sogar z. B. zum Auftreten von drei Kristallarten im Zweistoffsystem bei variabler Temperatur kommen, wenn die Schmelze gänzlich ohne Reaktionsmöglichkeit für sich erstarrt. Dies widerspricht dem Phasengesetz gänzlich. Ein Beispiel zeigt Abb. 159.

Prinzipiell andersartig ist die Seigerung, welche zu Konzentrationsunterschieden zwischen verschiedenen Zonen der erstarrten Schmelzen führt und die zweckmäßig als Blockseigerung gekennzeichnet wird. Sie kann bei Erstarrung von Mischkristallen eintreten, besonders wenn die Entfernung von der Liquidus- zur Soliduslinie groß ist, und sie findet sich im Zusammenhang damit besonders beim Vorhandensein von Mischungslücken und bildet schließlich das einzige Vorkommen von Seigerung bei im festen Zustand gar nicht löslichen Komponenten. Bei ihrem Zustandekommen spielen mehrere Faktoren mit, zunächst das spez. Gewicht der sich ausscheidenden festen Phasen. Sind dieselben wesentlich leichter oder schwerer als die Schmelze, so steigen die entstehenden Kristalle entweder an die Oberfläche oder sinken zu Boden. (Vgl. Abb. 388.) Es ist ohne weiteres ersichtlich, daß dies nur geschehen kann, wenn während der Erstarrung genügend Zeit zur Verfügung steht. Die Blockseigerung, die unter der Wirkung von Dichtenunterschieden zustande kommt, entsteht also im Gegensatz zur innerkristallinen Seigerung bei langsamer Abkühlung der oben gekennzeichneten Systeme. Von Bedeutung ist hier auch die innere Reibung der Metallschmelze, ferner können Gasausscheidungen einen Einfluß ausüben. Statt des spez. Gewichtes kann auch ein ungleichmäßiger Wärmefluß zum Auftreten von Blockseigerung führen,

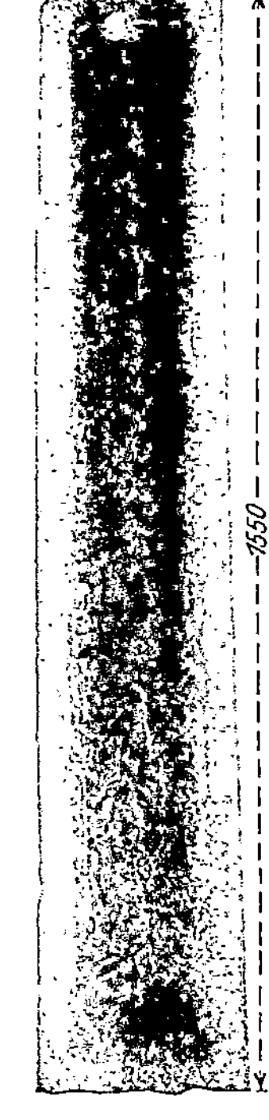

Abb. 160.
Seigerung im Längsschnitt eines Flußeisenblockes (nach Wüst und Felser (Metallurgie 1910, S. 363).

die primären Ausscheidungen setzen sich z. B. gern an den Wandungen gut wärmeleitender, also metallischer Kokillen ab, und die eutektische Ausscheidung erfolgt dann im Innern der erstarrenden Masse. Hierbei kann die Abkühlungsgeschwindigkeit auch groß sein. Besonders wichtig ist das Auftreten der Blockseigerung z. B. bei den Fe-C-Legierungen, wo die zuletzt erstarrenden phosphor- und schwefelhaltigen Bestandteile sich im Innern der Blöcke finden (Abb. 160). (S. 311, 312, 340.)

Im Gegensatz zu den eben gekennzeichneten Gesichtspunkten findet sich häufig eine Art der Blockseigerung, bei der die äußeren Schichten erstarrter Metallmassen reicher an den Bestandteilen sind, welche zu-

letzt erstarren. Diese Erscheinung wird als umgekehrte Blockseigerung[2] bezeichnet und ist noch nicht völlig aufgeklärt. Sie ist
wahrscheinlich in mannigfacher Weise bedingt. In erster Linie dürften
Gasausscheidungen aus der Schmelze zum Herauspressen von Restschmelze aus dem teilweise erstarrten Metall führen, in einzelnen Fällen
können auch besondere Verhältnisse der Volumengestaltung des
Metalls zu einem solchen Effekt führen. (Vgl. S. 262.) Die umgekehrte
Blockseigerung tritt insbesondere bei Cu-Sn-Legierungen auf.

Über die Gasblasenseigerung bei Eisen s. S. 341.

Literatur.

[1] Bauer u. Arndt: Z. Metallkunde 1921, S. 499 und 599.

[2] Vgl. zuletzt: Kühnel: Z. Metallkunde Bd. 18, S. 273. 1926; Bd. 19, S. 333.
1927; Genders: Journ. inst. of met. Bd. 21. 1927; Masing u. Haase: Ver-
öfftlg. Siemens-Konzern Bd. 6, H. 1, S. 211. 1927.

γ) **Metastabile Kristallitengrößen.** Zur instabilen Gefügeausbildung
an sich beständiger Phasen kommt es unter Umständen, wenn die sich
bildenden Kristallite besonders klein ausfallen, so daß die Instabilität
kleiner Körper infolge des Wirksamwerdens der Oberflächenspannung
auftritt. Es ist dies besonders dann der Fall, wenn Mischkristalle sich
z. B. zu Eutektoiden mit großer Geschwindigkeit entmischen. Ein
Beispiel dafür ist der streifige Perlit (S. 267, 349) oder auch die
Vorgänge in den durch Alterung vergütbaren Legierungen S. 440 ff.
(vgl. S. 23, 58).

°6. Die spezifischen Geschwindigkeitsgrößen bei
Phasenumwandlungen von Mehrstoffsystemen. Diffusion.

Wenn man versucht, die bereits in den vorherigen Kapiteln behandelten Geschwindigkeitseinflüsse quantitativ zu erfassen, so hat
man zunächst nötig, die uns schon vom Einstoffsystem bekannten,
die Geschwindigkeit von Phasenumwandlungen beschreibenden Größen
auf Mehrstoffsysteme zu übertragen und neue speziell für Mehrstoffsysteme notwendige Größen zu definieren.

Auch im Mehrstoffsystem hat natürlich jede Kristallart eine Kernzahl und maximale Kristallisationsgeschwindigkeit. Für
Metallsysteme sind solche noch nicht untersucht. Bei organischen Systemen hat sich gezeigt, daß die KG der primären Ausscheidung jeweils
von den reinen Komponenten bis zur Konzentration des Eutektikums
sinkt und daß auch die KG der das Eutektikum bildenden Kristallarten beim Eutektikum ein, allerdings nur flaches, Minimum hat[1]

Für die Entstehung binärer oder ternärer Phasen existiert im allgemeinen immer eine bestimmte Reaktionsgeschwindigkeit. Diese
selbst ist noch nicht untersucht, dagegen sind Zerfallsgeschwindig-
keiten bestehender Kristallarten von Fraenkel ermittelt worden.

Das klarste Bild hat sich beim Zerfall[2] der Verbindung Al_2Zn_3 (vgl. S. 174) ergeben, der nach dem Gesetz der monomolekularen Reaktion erfolgt (vgl. a. S. 305 und 356). In den meisten Fällen ist für die Entstehung einer aus mehreren Komponenten bestehenden Phase insbesondere im festen Zustand nicht die Reaktionsgeschwindigkeit maßgebend, sondern die Geschwindigkeit, mit der die fremdartigen Atomarten in das Innere der entstehenden Phasen nachgeliefert werden, d. h. die **Diffusionsgeschwindigkeit**[3] ist die Größe, die den zeitlichen Ablauf der Phasenneubildung beherrscht.

Der Vorgang einer reinen **Diffusion** wird nach Fick in folgender Weise beschrieben. Man setzt die Diffusionsgeschwindigkeit, d. h. die in der Zeiteinheit durch einen bestimmten Querschnitt hindurchdiffundierende Menge **proportional dem vorhandenen Konzentrationsgefälle**. Ist q der Querschnitt an der Stelle x und ist derselbe gleich dem einer um dx von x entfernten Stelle und ist c die Konzentration, die mit x und der Zeit t variiert, so ist die bei x während der Zeit dt passierende Menge

$$\sigma_x = - k \cdot q \cdot dt \frac{\partial c}{\partial x},$$

wobei k ein Proportionalitätsfaktor. Die bei $x + dx$ passierende Menge ist

$$\sigma_{x+dx} = - kq \cdot dt \left(\frac{\partial c}{\partial x} + \frac{\partial^2 c}{\partial x^2} dx \right).$$

In dem Volumen qdx ist also während dt eine Anreicherung um

$$kq \, dt \, \frac{\partial^2 c}{\partial x^2} \, dx$$

erfolgt, d. h. die Konzentrationsänderung in der Zeiteinheit ist

$$\frac{\partial c}{\partial t} = k \frac{\partial^2 c}{\partial x^2}.$$

Diese Gleichung läßt sich nur bei Angabe von Grenzbedingungen lösen. Dieselben sind im vorliegenden Falle gewöhnlich dadurch gegeben, daß am Ausgangspunkt des Diffusionsvorganges die Konzentration konstant gehalten wird, und daß im Anfang desselben der diffundierende Stoff noch nicht in das fragliche Medium eingedrungen ist. Beides bedeutet

$$c = c_0 \quad \text{für } x = 0 \text{ und alle } t,$$

$$c = 0 \quad \text{für } t = 0 \text{ und alle } x.$$

Der Ansatz, welcher zur Lösung dieser Differentialgleichung führt, ist[4]

$$c = e^{\alpha x + k \alpha^2 t}$$

Werden während der Integration folgende Substitutionen vorgenommen:

$$\sqrt{\pi} = \int_{-\infty}^{+\infty} e^{-w^2} \cdot dw$$

$$w = \omega - \alpha \sqrt{kt} \qquad dw = d\omega$$

$$\sqrt{\pi} = e^{-k \alpha^2 t} \int_{-\infty}^{+\infty} e^{-\omega^2 + 2\alpha\omega\sqrt{kt}} \, d\omega.$$

so ergibt sich schließlich unter den genannten Grenzbedingungen

$$c = \frac{2\,c_0}{\sqrt{\pi}} \int\limits_{\frac{x}{2\sqrt{kt}}}^{\infty} e^{-\omega^2}\,d\omega = c_0 - \frac{2\,c_0}{\sqrt{\pi}} \int\limits_{0}^{\frac{x}{2\sqrt{kt}}} e^{-\omega^2}\,d\omega\,.$$

Dieses Integral ist mit Hilfe der Funktionstafeln von Jahnke-Emde[5] auf den Diffusionskoeffizienten k auszuwerten. Bei nicht ebener Diffusion führt die Rechnung natürlich zu anderen Formeln, in vielen Fällen, z. B. bei nicht tiefgehender Diffusion in die Oberfläche eines Zylinders, sind die Unterschiede zu vernachlässigen.

Werte für Diffusionskoeffizienten finden sich in Tabelle 14. Der Diffusionskoeffizient hat die Bedeutung, daß er angibt, wieviel in der Zeiteinheit durch die Einheit des Querschnitts diffundiert, wenn der gerade vorliegende Konzentrationsunterschied gleich eins ist.

Zahlentafel 14. Diffusionskoeffizienten von Metallen.

Selbstdiffusion Blei	260⁰	$6 \cdot 10^{-7}$ cm²/Tag
	324⁰	$1{,}4 \cdot 10^{-4}$ cm²/Tag
Selbstdiffusion Thallium . .	285⁰	$2 \cdot 10^{-5}$ cm²/Tag[1]
Gold in Silber	870⁰	$3{,}8 \cdot 10^{-5}$ cm²/Tag[2]
Kohlenstoff in Eisen . . .	930⁰	$2 \cdot 10^{-7}$ cm²/Tag[3]
Chrom in Eisen.	1100⁰	$6{,}6$ bis $10{,}2 \cdot 10^{-5}$ cm²/Tag[4]
	1320⁰	$2{,}3$ bis $4{,}8 \cdot 10^{-3}$ cm²/Tag
Nickel in Chrom	1270⁰	$2{,}6$ bis $8{,}8 \cdot 10^{-5}$ cm²/Tag[4]
Platin in Blei	490⁰	$1{,}69$ cm²/Tag[5]
Gold in Blei	490⁰	$3{,}03$ cm²/Tag[5]
Silber in Zinn	500⁰	$4{,}14$ cm²/Tag[5]

Literatur (zu Zahlentafel 14).

[1] v. Hevesy u. Obrutscheva: Nat. Bd. 115, S. 674. 1925.

[2] Fraenkel u. Houben: Z. anorgan. Chem. Bd. 116, S. 1. 1921.

[3] Runge, J.: Z. anorg. u. allg. Chem. Bd. 115, S. 293.

[4] Grube: l. c.

[5] Roberts-Austen: Proc. Roy. Soc. Bd. 59, S. 281. 1896; Bd. 67, S. 101. 1900.

Von der Temperatur ist die Diffusionsgeschwindigkeit sehr stark abhängig. Tammann und Schönert, v. Hevesy sowie Weiß und Henry haben e-Funktionen zur Darstellung verwendet, H. Braune[6] hat eine solche Funktion rationell abgeleitet, indem er die Diffusion mit dem Platzwechselvorgang im Raumgitter in Verbindung brachte.

Des Zusammenhangs wegen möge diese Überlegung hier mitgeteilt werden. Es wird angenommen, daß zu einem Platzwechsel und zur Diffusion nur diejenigen Atome befähigt seien, deren Amplitude einen bestimmten Wert r_0 überschreite. Die Wahrscheinlichkeit dafür ist $e^{-\frac{E}{KT}}$, wenn E die Energie der Atome mit der Amplitude r_0, K die Boltzmannsche Konstante ist und T die absolute Temperatur bedeutet. Der Diffusionskoeffizient k wird dann proportional dieser Wahrscheinlichkeit

$$k = C \cdot e^{-\frac{E}{KT}}\,.$$

In erster Näherung kann $E = a^2 \cdot r_0^2$ gesetzt werden; a^2 berechnet sich aus der Schmelzpunktsamplitude r_s nach der Vorstellung von Lindemann

$$a^2 = \frac{3\,K\,T_s}{r_s^2}\,.$$

Es folgt dann

$$k = C \cdot e^{\frac{3\,T_s}{T} \cdot \frac{r_0^2}{r_s^2}}\,.$$

Die Diffusionsgeschwindigkeit muß zweifellos von der Richtung im Kristall abhängen. Schon daraus folgt, daß in einem Kristallhaufwerk der Diffusionsvorgang nicht rein nach dem Diffusionsgesetz verlaufen kann, indem ein homogenes Medium vorausgesetzt ist. Dazu kommt, daß vielleicht die Korngrenzen[7] für die Diffusion — nicht nur gasförmiger, auch fester Stoffe — Besonderheiten mit sich bringen und sie erleichtern (evtl. im Sinne der Auffassung von Volmer, vgl. S. 17). Bei Versuchen im festen Zustand spielt die Berührung der Oberflächen eine sehr große Rolle.

Die Diffusionskoeffizienten lassen sich deshalb wegen der Abweichungen vom Diffusionsgesetz häufig nur schwer auswerten.

Über die Gesetze der Auflösungsgeschwindigkeit, die beim Schmelzen von Legierungen eine Rolle spielt, vgl. S. 241, ein Beispiel: Auflösung von C in flüssiger Fe-C-Legierung s. S. 305.

Literatur.

[1] Tammann und Botschwar: Z. anorg. u. allg. Chem. Bd. 157, S. 27.

[2] Z. Metallkunde Bd. 17, S. 12. 1925.

[3] Über Diffusion von Metallen vgl. zuletzt Grube: Z. Metallkunde Bd. 19, S. 438. 1927.

[4] Vgl. Nernst-Schönfließ: Mathem. Behdlg. d. Naturwissensch., 6. Aufl. Oldenbourg 1910.

[5] Leipzig: B. G. Teubner 1904.

[6] Z. physik. Chem. Bd. 110, S. 147. 1924.

[7] Geiß und van Liempt: Z. Metallkunde 1924, S. 317; Zwikher: Phys. Ber. 1928, S. 133; vgl. auch Tubandt und Jost: Z. anorg. u. allg. Chem. Bd. 166, S. 27. 1927. — Tammann und Schönert: Z. anorg. u. allg. Chem. Bd. 122, S. 27. 1922. — Andrew und Higgins: Stahleisen 1923, S. 851.

Über Konzentrationseinstellung durch Diffusion bei nicht gleichmäßiger Temperaturverteilung (Ludwig Soretsches Phänomen) vgl. Balley: Comptes Rendus Bd. 183, S. 603. 1926.

7. Dreistoffsysteme.

α) **Graphische Darstellung der Zusammensetzung.** Die systematische Weiterentwicklung der graphischen Zustandsdiagramme führt bei Dreistoffsystemen zur Anwendung von Raumdiagrammen, da gegenüber den flächenhaften Zweistoffsystemen eine Variable mehr auftritt. Die Konzentrationen sind in einer Fläche aufzutragen, und zwar sind die Möglichkeiten folgende: Die allgemeinste Darstellung ist diejenige in einem gleichseitigen Dreieck. Auf den drei Seiten des Dreiecks liegen alle Konzentrationen der Zweistoffsysteme, die Fläche des Dreiecks stellt alle Konzentrationen der Dreistoffsysteme dar. Die Art der Darstellung ist ohne weiteres aus der Abb. 161 zu entnehmen,

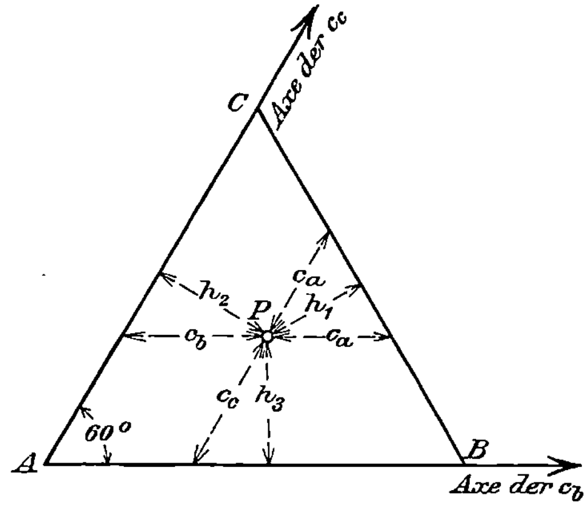

Abb. 161. Konzentrationsdreieck für Dreistoffsysteme
(Martens und Heyn).

man unterteilt die Seiten bzw. Parallelen dazu oder die Höhen in 100 Teile, die Schnittpunkte der in dem entsprechenden Abstand zu den Seiten gezogenen Geraden ergeben die Konzentrationen im Dreistoffsystem. Es liegen also alle Konzentrationenmitdemselben Gehalt an einer Komponente auf einer Parallelen zu einer Seite des Dreiecks. Außerdem sind die Geraden durch die Ecken dadurch ausgezeichnet, daß sie die Konzentrationen derjenigen Komponenten, welche auf den beiden anderen Ecken liegen, immer in demselben Verhältnis enthalten. Außer der Darstellung der Konzentration im gleichseitigen Dreieck gibt es auch noch Darstellungen im rechtwinkligen Dreieck, wofür wir weiter unten eine Darstellung im einzelnen besprechen wollen. Es gibt ferner Möglichkeiten der Zeichnung, wenn Mischungen dargestellt werden sollen, welche eine oder zwei Komponenten in besonders großer Menge enthalten. Es wird dann z. B. nur eine Ecke gezeichnet und die Gehalte an A und B in Vergrößerung gegenüber den Gehalten an C aufgetragen[1].

β) **Gleichgewichte bzw. Entmischungen homogener Phasen ohne Umwandlungen der Komponenten.** Analog wie in Zweistoffsystemen sind die einfachsten Zustandsdiagramme diejenigen, die Löslichkeitsänderungen angeben, ohne daß Aggregatzustandsänderungen erfolgen Diese Löslichkeitsänderungen können mit Löslichkeitsänderungen in Zweistoffsystemen zusammenhängen oder auch nicht. In Analogie zu Abb. 128 erscheinen in den ternären Zustandsdiagrammen, in denen Abhängigkeit der Löslichkeit von der Temperatur angegeben ist, kuppelartige Räume, die das heterogene Gebiet zwischen je zwei Lösungen begrenzen. Welche Lösungen bei den einzelnen Temperaturen und Konzentrationen des Systems miteinander im Gleichgewicht sind, ist aus diesem Diagramm nicht zu entnehmen. Es müßten zur Kenntlichmachung derselben auf den ellipsenförmigen Schnitten konstanter Temperatur die entsprechenden Lösungen noch durch gerade Linien miteinander verbunden sein (vgl. nächsten Abschnitt). Zu bemerken ist noch, daß in beiden Fällen das heterogene Gebiet im Dreistoffsystem mit einem solchen im Zweistoffsystem zusammenhängt, was naturgemäß nicht immer zuzutreffen braucht.

Literatur.

[1] Kritische Bemerkungen zu diesen Verfahren vgl. v. Vegesack: Stahleisen 1925, S. 458.

γ) Gleichgewichte bzw. Zustandsänderungen ternärer Systeme, welche mit Phasenumwandlungen der reinen Komponenten zusammenhängen. Die beiden extremen Fälle sind auch hier diejenigen, bei denen im Aggregatzustand, der bei höherer Temperatur vorliegt, vollkommene Löslichkeit der Komponenten ineinander besteht, bei tiefer Temperatur das eine Mal ebenfalls eine solche vorhanden ist, im zweiten Falle jedoch vollkommene Heterogenität vorliegt. Die beiden Diagramme zeigen Abb. 162 und 163.

Analog wie bei den Zweistoffsystemen ist die Form dieser Zustandsdiagramme nicht davon abhängig, ob die Punkte A, B und C Siedepunkte, Schmelzpunkte oder Umwandlungspunkte im festen Zustande sind, sondern nur von der eben genannten Löslichkeitsbedingung. Wir wollen jedoch der Einfachheit halber im folgenden voraussetzen, daß es sich bei A, B und C um Schmelzpunkte handele, und daran auch sogleich die Betrachtung von Erstarrungsvorgängen anknüpfen.

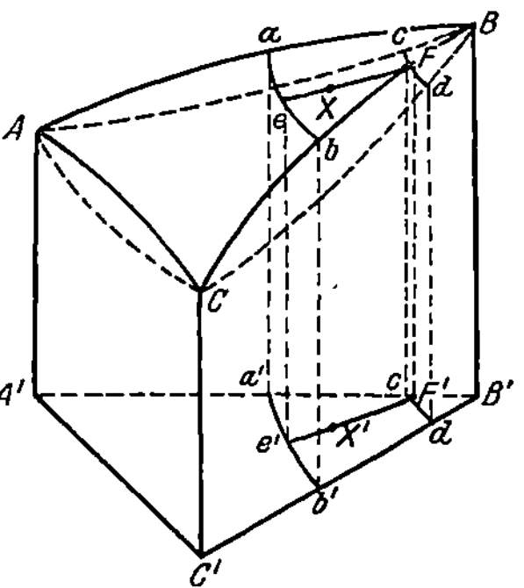

Abb. 162. Dreistoffsystem mit vollkommener Löslichkeit oberhalb und unterhalb ABC (Tammann).

Zu dem Diagramm Abb. 162 ist zunächst die Anmerkung zu machen, daß, analog wie bei Diagrammen unter β, die im heterogenen Gleichgewicht befindlichen Phasen durch gerade Linien, die man als Konoden bezeichnet, verbunden gedacht werden müssen. Die gewölbten Flächen, die durch A, B und C gehen, stellen ja die Phasen dar, welche beim Gleichgewicht des flüssigen und festen Zustandes nebeneinander bestehen. Bei konstanter Temperatur liegen ja sowohl auf der oberen als auch auf der unteren dieser beiden Flächen eine ganze Reihe von Lösungen, die an sich vorkommen können, denn die Ebene $T = $ Konst. schneidet auf diesen Flächen Kurven ab, wie dies z. B. durch die gezeichnete Kurve ab und cd für eine Temperatur angedeutet ist. Die Konoden haben nun die Lösungen anzugeben, welche bei einer bestimmten Gesamtkonzentration im Gleichgewicht miteinander sein können. Für die Gesamtkonzentration X tut dies die eingezeichnete Konode eF. In dem Diagramm Abb. 163 sind entsprechende Kurven nicht notwendig, da die bei tieferer Temperatur beständigen Phasen immer durch die reinen Komponenten a priori repräsentiert werden.

Der Erstarrungsvorgang im Falle des Diagrammes Abb. 162 verläuft nun folgendermaßen: Betrachten wir eine Lösung der Konzentration e'. Wenn die Temperatur genügend gesunken ist, scheidet sich aus der flüssigen Lösung der feste Mischkristall F aus. Die Konzentrationen der flüssigen und festen Lösungen verschieben sich dann in analoger Weise, wie wir das bei Zweistoffsystemen kennengelernt haben.

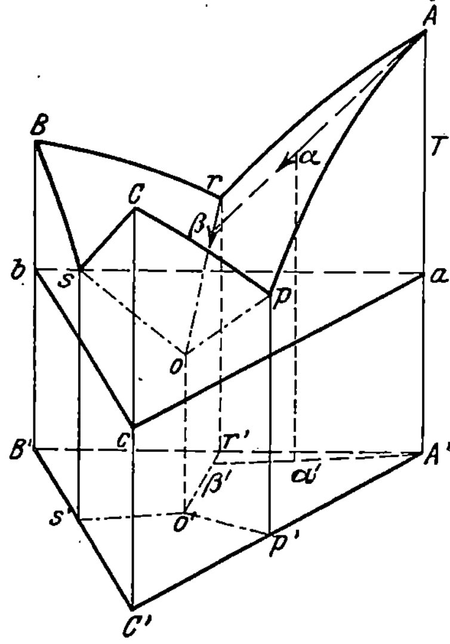

Abb. 163. Zustandsdiagramm mit vollständiger Entmischung der drei Komponenten einer Lösung (Tammann).

Im Falle des Diagrammes Abbild. 163 gestaltet sich ein Abkühlungsvorgang folgendermaßen. Wir betrachten die Konzentration α'. Ist die Temperatur bis α^0 gesunken, so scheidet sich aus der flüssigen Lösung die Komponente A' aus. Da sich nur die Komponente A' ausscheidet, wird das Verhältnis der beiden anderen Komponenten zueinander nicht geändert, d. h. die Konzentrationsänderung der Lösung muß nach unserer auf S. 184 mitgeteilten Gesetzmäßigkeit über die Konzentrationsdarstellung im Dreistoffsystem entsprechend der Geraden $A'\alpha'$ erfolgen, d. h. die Temperatur und die Konzentrationsänderung müssen dem bei α gezeichneten Pfeil nach erfolgen. Wir treffen mit unserem Zustandsweg der Lösung schließlich auf die Gleichgewichtskurve ro. Diese Kurve repräsentiert die Gleichgewichtszustände zwischen der homogenen Lösung und den Komponenten $A'B'$, d. h. bei Wärmeentziehung scheiden sich beide Komponenten nebeneinander aus. Gegenüber dem Zweistoffsystem kann im Dreistoffsystem diese gleichzeitige Ausscheidung zweier Phasen in einem Temperaturintervall erfolgen, da wir für die entsprechenden Gleichgewichte infolge der um 1 vermehrten Komponentenzahl auch eine Freiheit mehr zur Verfügung haben. Der Abkühlungsweg geht also weiter in Richtung des von β aus gezeichneten Pfeiles. Wir kommen schließlich zum Punkt o. Dieser Punkt bezeichnet diejenige ternäre Lösung, welche mit den drei Komponenten in einem nonvarianten Gleichgewicht stehen kann. Bei Wärmeentziehung müssen sich aus dieser Lösung alle drei Komponenten in Form eines ternären Eutektikums bei konstanter Temperatur ausscheiden, womit der Erstarrungsvorgang beendigt wird. Aus dem speziellen Beispiel ist schon ersichtlich, daß die drei Flächen $Arop$, $Bros$, $Cpos$ die Flächen der primären Ausscheidung der drei Komponenten sind, während die Kurven ro, so, po die Kurven der binären Eutektika darstellen.

Gewisse Konzentrationen zeigen Besonderheiten des Erstarrungsweges. Ternäre Lösungen der Konzentration o' erstarren bei konstanter Temperatur zu dem ternären Eutektikum. Bei allen Lösungen, die auf $s'o'$, $p'o'$, $r'o'$ liegen, fehlt die primäre Ausscheidung. Es erfolgen gleich die Ausscheidungen des binären Eutektikums und dann die des ternären Eutektikums. Alle Konzentrationen, welche auf den Verbindungen der Eckpunkte mit o' liegen, weisen nach der primären Ausscheidung nur noch das ternäre Eutektikum auf. In einer Schwarzweißreproduktion läßt sich im allgemeinen das ternäre Eutektikum als solches nicht besonders gut erkennen. In Abb. 164 ist das ternäre Eutektikum von dem binären gut zu unterscheiden, da letzteres sich bei der Kristallisation an die primäre Ausscheidung (der Verbindung Sb-Sn) in charakteristischer Weise angeschlossen hat (Sb, Sn, Pb).

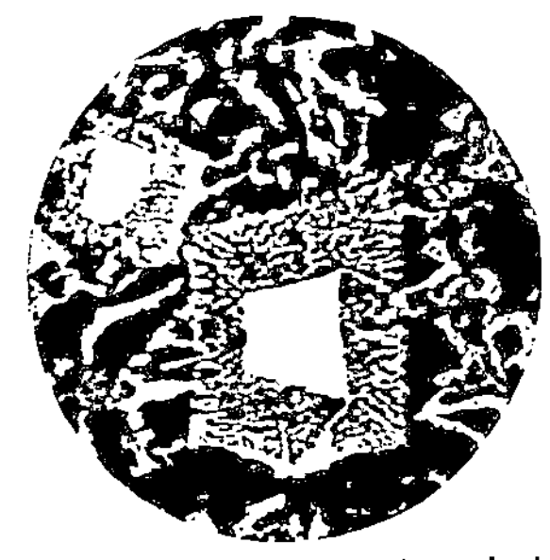

Abb. 164. Blei-Zinn-Antimonlegierung mit primärer Ausscheidung SbSn und binärem und ternärem Eutektikum × 150 (nach Guilett, Alliages metalliques).

Wenn es sich nun darum handelt, die Untersuchung eines Dreistoffsystems zwecks Aufstellung des ternären Diagrammes durchzuführen, d. h. also diejenigen Temperaturen zu ermitteln, bei denen die verschiedenen Lösungen ihre Umwandlungen erleiden, muß man in der Auswahl der zu untersuchenden Lösungen eine gewisse Systematik

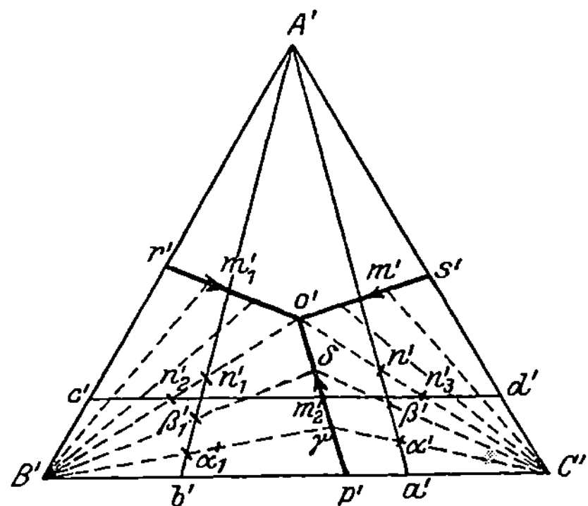

Abb. 165. Projektion von Schnitten im Dreistoffsystem (Tammann).

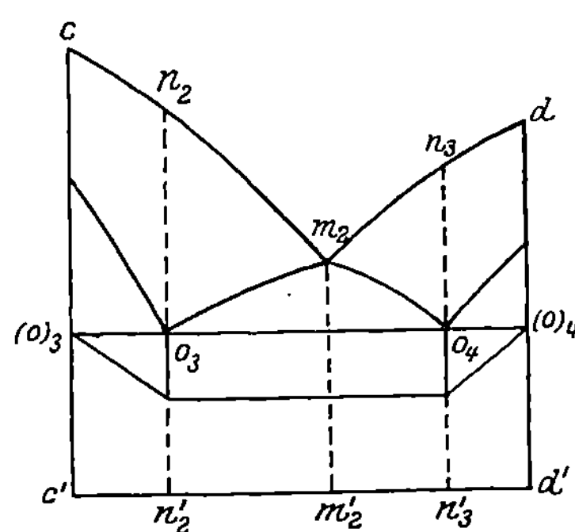

Abb. 166. Parallelschnitt im Dreistoffsystem (Tammann).

innehalten. Bei einem Diagramm, wie wir es eben betrachtet haben, kommt es vor allen Dingen darauf an, die binären und ternären Eutektika zu ermitteln. Man untersucht zu diesem Zwecke entweder eine Gruppe von Lösungen, die alle auf Parallelschnitten zu den Seitenkanten oder auf Schnitten durch die Eckpunkte liegen. Solche Schnitte sind für ein bestimmtes Diagramm in der Abb. 165 in $c'd'$ und $A'b'$ angegeben. Auf dem Parallelschnitt (Abb. 166) geben die Kurven $cm_2\,d$ die Temperaturen der beginnenden primären Ausscheidungen, der etwas tiefer liegende Kurvenzug $o_3m_2o_4$ die Temperaturen der beginnenden binären Ausscheidungen und die Horizontale o_3o_4 die Temperaturen des ternären Eutektikums an. Hat man aus der Untersuchung einiger auf $c'd'$ liegender Lösungen die zu o_3 und o_4 gehörigen Konzentrationen n_2' und n_3' ermittelt, so findet man, wenn man $B'\,n_2'$ und $C'\,n_3'$ in das Konzentrationsdreieck einzeichnet, im Schnittpunkt o' leicht die Konzentration des ternären Eutektikums. Analog geht diese Ermittlung vor sich, wenn man Schnitte $A'b'$ untersucht (Abb. 167). Diese beiden gezeich-

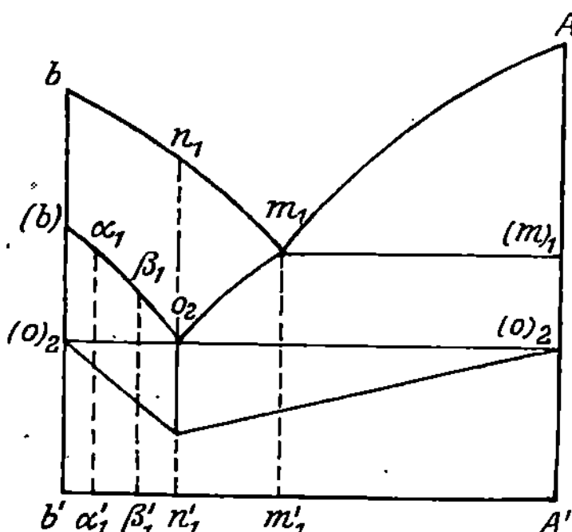

Abb. 167. Eckenschnitt im Dreistoffsystem (Tammann).

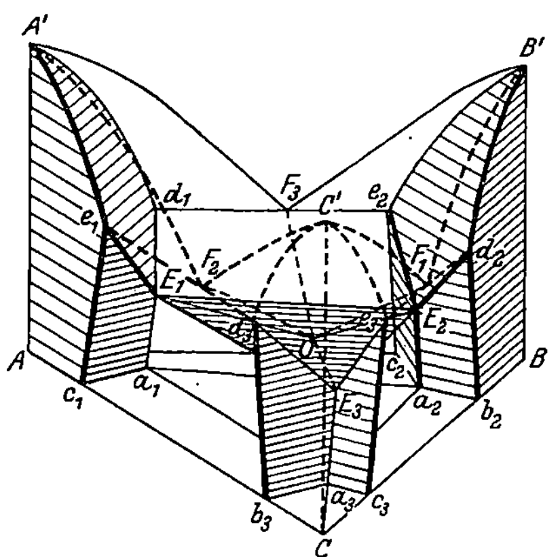

Abb. 168. Teilweise Mischbarkeit im Dreistoffsystem unterhalb $A'\,B'\,C'$ (Tammann).

neten Teilschnitte haben natürlich nicht etwa die Bedeutung von binären Zustandsdiagrammen.

Von den ternären Zustandsdiagrammen mit einer teilweisen Mischbarkeit seien folgende Typen kurz erwähnt.

Abb. 168 zeigt ein Zustandsdiagramm, in welchem in den Konzentrationsgebieten, die an den Ecken der reinen Komponenten liegen, eine teilweise Mischbarkeit vorhanden ist, während im Aggregatzustand bei höheren Temperaturen eine völlige Löslichkeit vorausgesetzt ist. Es existiert dann ein ternäres Eutektikum, auf dessen Entstehung die Betrachtungen des ternären Eutektikums aus den vorigen Absätzen sinngemäß zu übertragen sind.

Die Realdiagramme mit ternären, singulären Kristallarten, die man also gewöhnlich als ternäre Verbindungen auffassen kann, sind dadurch ausgezeichnet, daß sie immer auch binäre Verbindungen enthalten. Auch dann sind ternäre Kristallarten jedoch bei Metallen im allgemeinen selten, eher treten sie auf, wenn eine der vorhandenen Komponenten zum mindesten nicht rein metallischen Charakter hat, z. B. wenn es sich um Kristallarten mit Kohlenstoff handelt. Wir wollen im folgenden nur auf einige Möglichkeiten beim Vorliegen einiger binärer singulärer Kristallarten hinweisen. Wir können die verschiedenen Möglichkeiten an Hand der Projektionen des Dreistoffsystems auf die Konzentrationsebene betrachten.

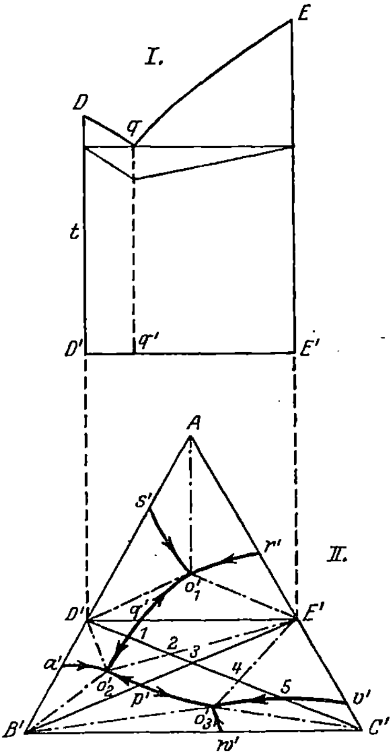

Es ergibt sich leicht, daß ein Dreistoffsystem, in dem eine binäre Verbindung vorliegt, in zwei Teildiagramme zerfällt, welche weitgehend als gewöhnliche Dreistoffsysteme für sich behandelt werden können. Nicht ganz so einfach liegen die Verhältnisse, wenn die Verbindung nicht alle Eigenschaften einer reinen Komponente hat, also z. B. unter Zersetzung schmilzt. Wenn zwei binäre Verbindungen vorhanden sind, D' und E', so liegen mehrere Möglichkeiten der Unterteilung des Dreistoffsystems in Teildreistoffsysteme vor (Abbild. 169). Ohne weiteres ist das System $A E' D'$ als solches zu behandeln. Bezüglich der Ausgestaltung des

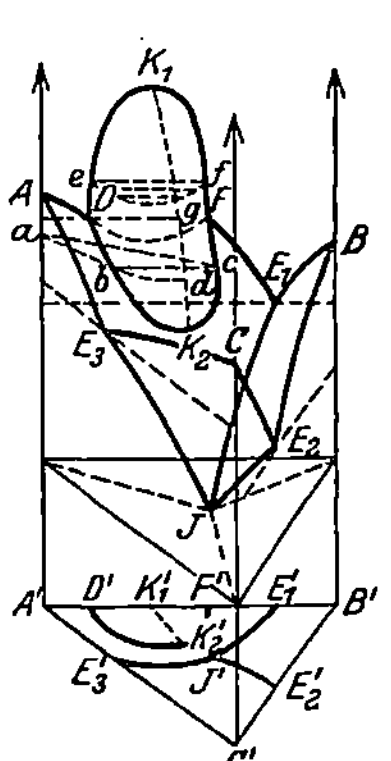

Abb. 170. Dreistoffsystem mit Mischungslücke im flüssigen Zustand (Tammann).

Abb. 169. Dreistoffsystem mit 2 binären Verbindungen (Tammann).

anderen Teils des Diagrammes kommt es auf die Affinitäten der Komponenten zueinander an. Ist die Affinität von A zu B' größer als zu C', so wird beim Überwiegen von $B' C'$ im freien Zustand überschüssig bleiben, und es muß infolgedessen in den A'-armen Schmelzen, D' als Komponente auftreten. Im anderen Falle verhält sich E' derartig. Dementsprechend liegen die beiden Möglichkeiten vor, daß $D'C'$ oder $E'B'$ sich wie binäre Schnitte verhalten. In dem Diagramm ist der Fall eingezeichnet, daß $B'E'$ ein binäres System darstellt. Es treten dann die ternären Eutektika o_2 und o_3 auf. Wenn man sich für die Affinität der Komponenten zueinander interessiert, ergibt sich daraus ohne weiteres, daß man die möglichen binären Schnitte daraufhin untersucht, ob sie sich wie Zweistoffsysteme verhalten oder nicht. Die Zweistoffsysteme enthalten immer diejenigen Komponenten, deren Affinität zueinander unter den vorhandenen Affinitäten am größten ist. (Vgl. S. 232.) Als Beispiel für eine teilweise Mischbarkeit im flüssigen Zustand sei das Diagramm Abb. 170 angegeben. K_1 ist der kritische Punkt des heterogenen Raumes im flüssigen Aggregatzustande, es treten dann im Zusammenhang mit dem Aggregatzustand Änderungen, im allgemeinen eine Reihe von drei Phasengleichgewichten auf, deren eines in seiner Lage bei a, b, c angegeben ist. Im Gleichgewichtsfalle wird das Gefüge im erstarrten Zustande keinen Hinweis auf die im flüssigen Zustande vorhandene Mischungslücke aufweisen.

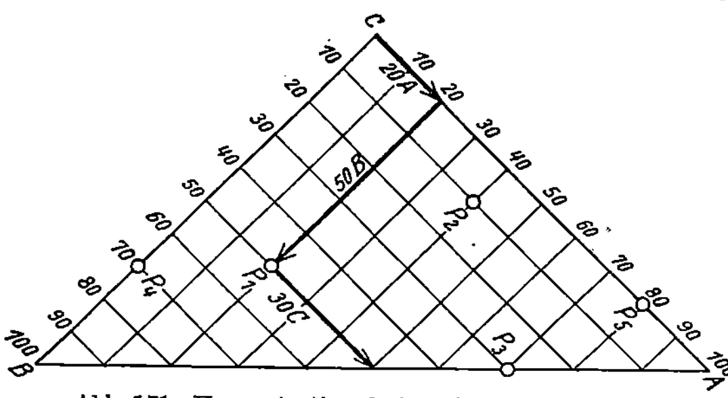

Abb. 171. Konzentrationsdreieck (nach Hommel).

°δ) **Graphische Darstellung von Dreistoffsystemen nach Hommel**[1] (Jaenicke). Räumliche Dreistoffdiagramme mit einer Zustandsvariablen, etwa t, haben den Nachteil, daß sie schwer so herzustellen sind, daß quantitative Ablesungen an ihnen

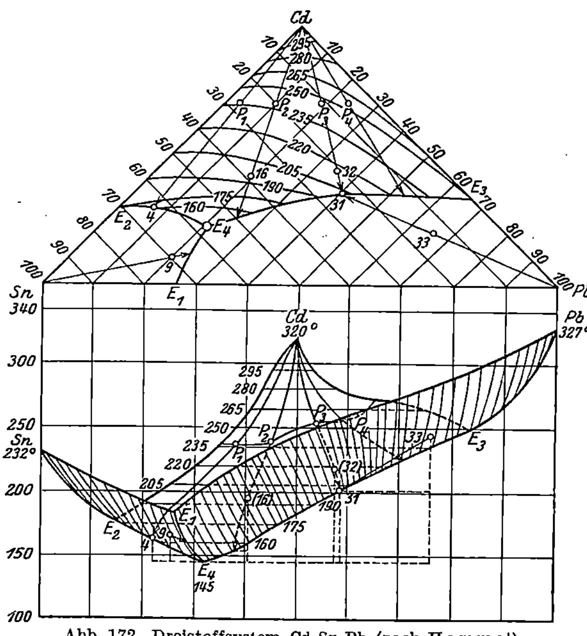

Abb. 172. Dreistoffsystem Cd-Sn-Pb (nach Hommel).

möglich sind. Ein kompliziertes System von Teilschnitten und Projektionen gibt erst die Möglichkeit quantitativer Auswertung, welche dem Raumdiagramm gegenüber vielfach die Anschaulichkeit vermissen lassen und den Gesamtüberblick erschweren. Demgegenüber besitzt die Anwendung eines rechtwinkligen Konzentrationsdreiecks mit den entsprechenden einfachen Projektionen einige Vorteile, da sich hier Anschaulichkeit mit der Möglichkeit quantitativer

Ablesung vereinigt. In Abb. 171 ist ein rechtwinkliges gleichschenkliges Konzentrationsdreieck für drei Komponenten dargestellt. Der Punkt P_1 entspricht einer Mischung aus 20% A, 50% B und 30% C. Das Raumdiagramm würde sich genau wie beim gleichseitigen Dreieck senkrecht über der Konzentrationsebene erheben, eine Projektion in Form der in Abb. 172 dargestellten kann jedoch dieses weitgehend ersetzen. Zu jeder Konzentration gehören ja eine oder· mehrere besonders charakteristische Temperaturen, sei es, daß bei einer solchen die betreffende Schmelze die ersten Kristalle ausscheidet oder eine eutektische Erstarrung einsetzt. Man sieht nun, wie in der Abb. 172 die den einzelnen Konzentrationen zugeordneten Punkte in einem rechtwinkligen Koordinatensystem aufgezeichnet werden, und zwar wird die Abszisse durch senkrechtes Herunterloten aus dem Konzentrationsdiagramm gewonnen.

Bei einem einfachen eutektischen Diagramm treten die Vorteile dieser graphischen Darstellung noch nicht hervor, da das Konzentrationsdreieck mit eingezeichneten Isothermen hier auch übersichtlich und anschaulich bleibt und die Temraturprojektion demgegenüber — wie auch sonst — keine neuen prinzipiellen Aussagen ermöglicht. In Abb. 172 ist das Diagramm der Cd-Sn-Pb-Legierungen in dieser Weise nach den Werten von Stoffel[2] von Hommel gezeichnet. Man sieht die drei Flächen der primären Kristallisation in einer Art Perspektive, wobei die Kristallisationsebene des Cd hinten liegend zu denken ist. $E_1E_2E_3$ sind die binären eutektischen Punkte, E_4 ist der ternäre eutektische Punkt. Man sieht, daß diese Punkte, wie die übrigen Punkte des Diagramms, mit dem oben stehenden Konzentrationsdreieck durch vertikale Projektion zusammenhängen. Natürlich ist es nicht möglich, etwa ohne Kenntnis der obenstehenden Isothermen für eine beliebige Konzentration durch Einzeichnen eines Lotes die Temperatur der betreffenden primären Kristallisation zu erhalten, da die Gestalt der Flächen der primären Kristallisation natürlich quantitativ nur aus den Isothermen zu ersehen ist.

Literatur.

[1] Z. Metallkunde 1921, S. 456; vgl. Jaenicke: Z. anorg. u. allg. Chem. Bd. 54, S. 319. 1907.

[2] Z. anorg. u. allg. Chem. Bd. 53, S. 159. 1907.

8. Vierstoffsysteme.

α) **Darstellung ausgezeichneter Konzentrationen im Tetraeder.** Die vollständige Darstellung von Vierstoffsystemen auch in dem Falle, daß z. B. der Druck konstant gesetzt wird, ist in dem Sinne, wie dies noch bei Dreistoffsystemen möglich war, nicht mehr auszuführen. Die vollständige Darstellung aller Konzentrationen in diesem Sinne erfordert bereits ein räumliches Gebilde, und man kann zunächst nur so vorgehen, daß man ausgezeichnete Konzentrationen eines Vierstoffsystems in diesem räumlichen Gebilde kennzeichnet und z. B. die Temperaturen, bei denen diese besonderen Gleichgewichte auftreten, tabellarisch aufführt. Wir behandeln zunächst diesen Weg. Die allgemeinste Darstellung der Konzentrationen benutzt ein gleichseitiges Tetraeder, dessen Seiten die vier möglichen Dreistoffsysteme wiedergeben. Man hat nun verschiedene Darstellungsmöglichkeiten zu unterscheiden, je nachdem man Gleichgewichte bei konstanter Temperatur beschreiben will oder besondere Konzentrationen in das Tetraeder einzeichnen will, welche bei verschiedenen Temperaturen Bedeutung haben.

Darstellungen für konstante Temperaturen. Existieren z. B. gesättigte Lösungen, welche bei einer bestimmten Temperatur miteinander im Gleichgewicht sind, so kann ihre Zusammensetzung durch je eine Fläche im Tetraeder angegeben werden. Die einzelnen Konzentrationen, welche miteinander im Gleichgewicht stehen, sind durch Konoden miteinander zu verbinden.

Ist eine der reinen Komponenten bei einer bestimmten Temperatur mit einer Lösung im Gleichgewicht, so ergibt sich dieser Fall ohne weiteres aus dem ersten, indem die eine Fläche auf einen Eckpunkt des Tetraeders zusammenschrumpft.

Darstellung mit wichtigen Konzentrationen, welche bei konstantem Druck, aber variabler Temperatur nacheinander auftreten. A, B, C, D sollen in dem in Abb. 173 bezeichneten Tetraeder vier in festem Zustand unmischbare Stoffe angeben, während die Komponenten in flüssigem Zustand völlig mischbar sein sollen. Wir wollen die verschiedenen eutektischen Konzentrationen zeichnen und die Änderung der Konzentration der flüssigen Lösung bei der Erstarrung verfolgen. Die binären Eutektika liegen auf den Seiten, die ternären Eutektika auf den Seitenflächen und die Konzentration, aus der sich das quaternäre

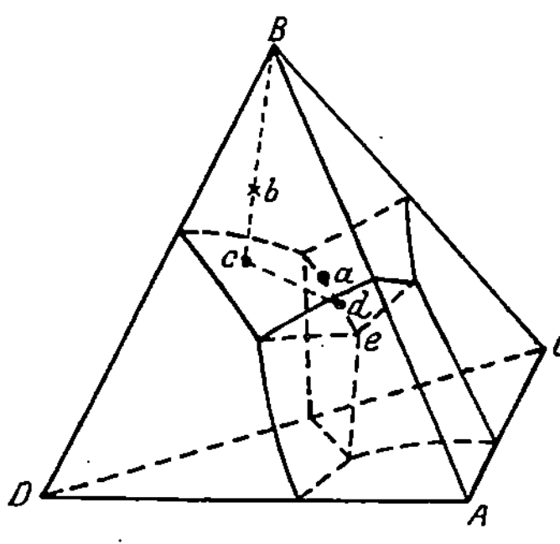

Abb. 173. Konzentrationstetraeder (Tammann).

Eutektikum ausscheidet, bei e im Raume des Tetraeders. Es sei die flüssige Schmelze b gegeben. Aus ihr scheidet sich die feste Kristallart B aus, die Konzentration der Schmelze muß sich auf der Verlängerung Bb ändern, da das Verhältnis $A : C : D$ in der Lösung unverändert bleibt. Ist die Konzentration der Schmelze bei c angelangt, so scheidet sich auch D aus, und die Konzentrationen ändern sich auf der Schnittkurve cd, die durch die Bedingung gegeben ist, daß das Verhältnis von $A : C$ unverändert bleiben muß. Während der Änderung der Konzentration der Schmelze von d nach e scheidet sich auch C aus, bis schließlich der Rest der Schmelze von der Zusammensetzung e zu dem quaternären Eutektikum erstarrt.

°β) **Darstellung von Vierstoffsystemen nach Hommel**[1]. Von den vielen Vorschlägen der Darstellung von Mehrstoffsystemen in der Ebene sei die Methode, die auf Vorschläge von Jaenicke zurückgeht und die von Hommel auf metallische Systeme angewendet worden ist, kurz beschrieben, wobei wir auf die frühere Mitteilung über Dreistoffsysteme verweisen. Es handele sich um ein System von 20% B, 30% C, 15% D und 35% A. In dem Dreieck ABC (Abb. 174) werden zunächst 20 % *B* und 30 % *C* genau so wie im Dreistoffsystem aufgetragen. Der Gehalt an den Komponenten *A* und *D* zusammengenommen ist dann gegeben durch den Abstand des Punktes P_1 von der Hypotenuse, parallel zu den Katheten gemessen. Dieser Gehalt kann in die einzelnen Konzentrationen aufgelöst werden, wenn wir den Abstand von P_1 in zwei Stücken einzeichnen, etwa 15 % *D* nach unten und 35 % *A* nach rechts. Die eindeutige Zusammensetzung des Vierstoffsystems ist also durch die Einzeichnung der beiden Punkte P_1 und Σ_1 in das ebene Dreieck gegeben.

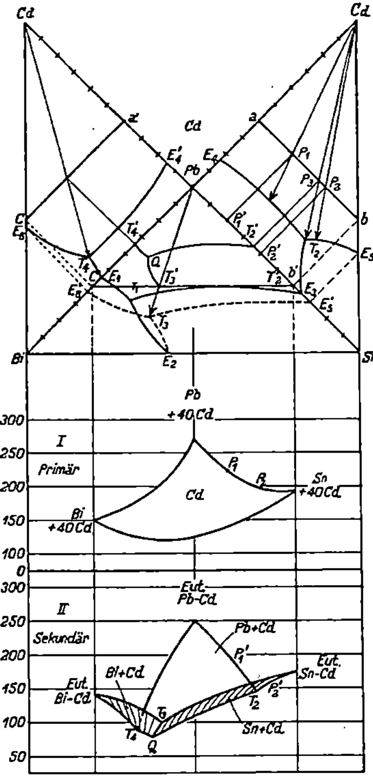

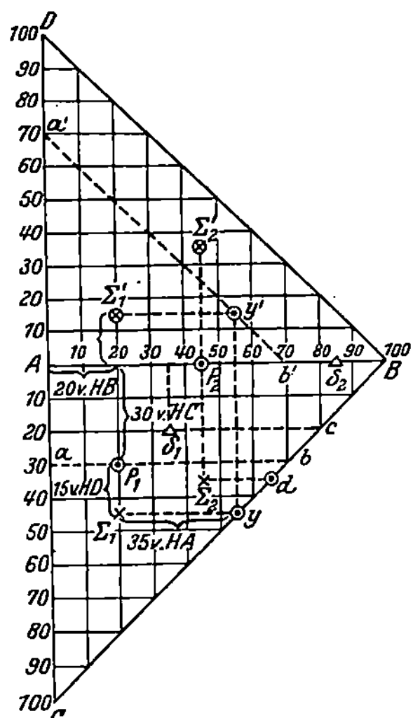

Abb. 174. Darstellung eines Vierstoffsystems (nach Hommel).

Abb. 175. Vierstoffsystem (nach Hommel).

Wenn wir nun eine Ebene zeichnen und genau so wie das Tetraeder im vorigen Abschnitt, zur Charakterisierung ausgezeichneter Konzentrationen verwenden wollen, so verfahren wir folgendermaßen (Abb. 175): Als Beispiel wählen wir einen Schnitt mit 40 % Cd im quaternären System Blei, Zinn, Wismut, Kadmium, welches von Parravano und Sirovich untersucht worden ist.

Das rechtwinklige Tetraeder legen wir auf die Pb-, Bi-, Sn-Seite, so daß die Cd-Spitze senkrecht über der rechtwinkligen Pb-Ecke angeordnet ist. Dann wird das Tetraeder an den Kanten aufgeschnitten und die Cd-, Pb-, Bi- und Cd-, Pb-, Sn-Seite nach unten geklappt und das Dreistoffsystem Bi, Sn, Cd auf die Grundfläche projiziert, wo das ternäre Eutektikum nach T_3 zu liegen kommt. Die Schnittlinien der Ebene, welche die Konzentrationen bis 40 % Cd enthält, mit den seitlichen Dreiecken sind gegeben durch Ca' und ab. Die Projektion dieser Ebene auf die Grundfläche ist Pb, $C'b'$.

Unter dem Konzentrationsdiagramm sind zwei Temperaturdiagramme angeordnet, deren erstes die Temperaturen der primären Ausscheidungen, deren zweites die Temperatur der sekundären Ausscheidungen angibt. Genau wie auf S. 190 für das Dreistoffsystem geschildert, sind jedem Punkt des Konzentrationsdiagrammes Punkte in den Temperaturdiagrammen zugeordnet, allerdings ist diese Zuordnung hier nur für wenige ausgezeichnete Punkte durchgeführt. Da die primären Ausscheidungen infolge der Lage des Schnittes der Konzentrationen mit 40% Cd in der Kadmiumecke nur aus Cd bestehen, zeigt die Fläche, welche die Temperatur der primären Ausscheidungen angibt, nur die Bezeichnung Cd. Aus dem Temperaturdiagramm Abb. I ist z. B. zu entnehmen, daß die primäre Ausscheidung des Kadmiums aus einer Legierung aus Pb+40 Cd bei 270° erfolgt, während das Diagramm Abb. II angibt, daß sich Pb+Cd bei 250° ausscheiden. Für die Ablesungen von Drei- und Vierstoffsystemen müßten die Zuordnungen des Konzentrationsdiagrammes zu den Temperaturdiagrammen ausgeführt sein. Die Punkte T_2, T_3, T_4 geben ohne weiteres die Temperaturen des Beginnes der ternären Ausscheidung, während der Punkt Q die Temperatur des quaternären Eutektikums darstellt.

Literatur.

Über Darstellung von Mehrstoffsystemen vgl. ferner noch: Parravano und Sirovich: Rendiconti Accad. dei Lincei 1911 u. ff. — Jaenicke: Z. anorg. u. allg. Chem. Bd. 51. S. 132. 1906ff. — Althammer: Kali Bd. 19, S. 197. 1925. — Lodotschnikow: Z. anorg. u. allg. Chem. Bd. 151, S. 185. 1926; ebda. Bd. 169, S. 177. 1928. — Spindel: Tonind.-Zg. Bd. 51, S. 1239. 1927. — v. Philippsborn: Z. Kristallographie Bd. 66, S. 447. 1928.

[1] Z. Metallkunde Bd. 13, S. 511. 1921.

b) Die experimentelle Gewinnung von Zustandsdiagrammen.

1. Allgemeine Methoden.

Wenn ein Stoff von dem Zustandsfeld einer Phase unter Veränderung der äußeren Parameter in ein anderes gelangt, so ändert sich eine Reihe von Eigenschaften sprungweise, bei anderen Eigenschaften ändert sich die Abhängigkeit von Temperatur und Konzentration sprungweise (vgl. z. B. S. 16). Wenn man also die Grenzen eines Zustandsfeldes bestimmen will, so hat man die Änderung der Eigenschaften in Abhängigkeit von den Parametern zu untersuchen, die Werte, bei denen sich die Eigenschaften sprungweise ändern, sind die Grenzwerte derselben für ein Zustandsfeld. Es liegen also eine ganze Reihe verschiedener Möglichkeiten zur experimentellen Gewinnung der Zustandsdiagramme vor, und es werden auch eine ganze Anzahl derselben ausgenutzt. Selten ist die direkte Beobachtung der Änderung des äußeren Habitus[1]. Vielfach wird angewendet Untersuchung der Volumenänderungen (S. 201), der elektrischen Leitfähigkeit oder auch der magnetischen Eigenschaften, neuerdings die der Kristallstruktur (S. 213). Die größte Rolle spielt die Untersuchung der Änderung des Wärmeinhalts, und zwar aus dem einfachen Grunde, weil die experimentelle Anordnung sich hier besonders einfach gestaltet. Wenn es sich z. B. darum handelt, wie dies in den meisten Fällen für uns zutrifft, ein Temperaturkonzentrationsdiagramm aufzunehmen, so ist bei allen erstgenannten Methoden zu-

nächst die Messung der betreffenden physikalischen Eigenschaften notwendig und außerdem noch eine Temperaturmessung. Die Messung
der Änderung des Wärmeinhaltes jedoch wird mit einem Temperaturmeßinstrument festgestellt und dasselbe Temperaturmeßinstrument
zeigt auch die Temperatur an, bei der diese Änderung des Wärmeinhalts erfolgt.

Die Änderung des Wärmeinhalts wird durch Aufnahme von
Abkühlungskurven festgestellt. Ein Körper, welcher keine Umwandlungen erleidet, kühlt sich dem Newtonschen Abkühlungsgesetz entsprechend ab. Demgegenüber erfährt die Abkühlung (analog die Erhitzung) eines Körpers, welcher Phasenumwandlungen durchmacht,
Verzögerungen, und zwar hängt die Art der Verzögerung mit der
Zahl der Freiheiten zusammen, die den durchlaufenen Gleichgewichten zuzurechnen sind. Ist das Gleichgewicht ein nonvariantes,
so bleibt während der Änderung des Wärmeinhalts die Temperatur
konstant und die Abkühlungskurve hat die Form wie in Abb. 176

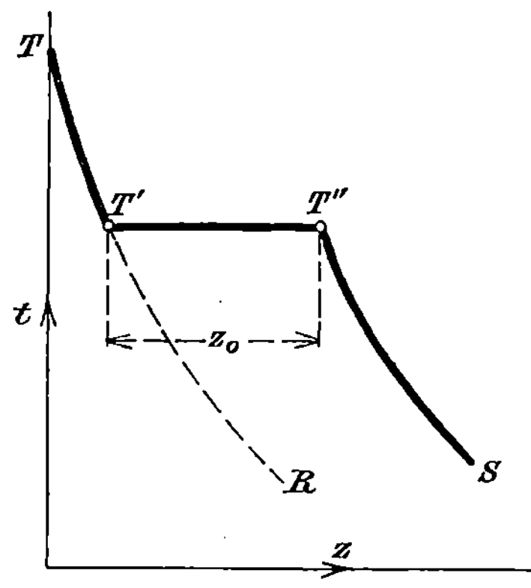

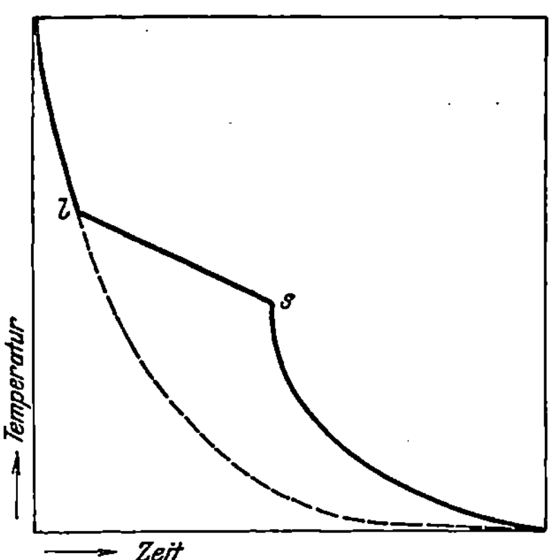

Abb. 176. Nonvariantes Gleichgewicht auf
einer Abkühlungskurve
(Martens-Heyn).

Abb. 177. Mehrvariantes Gleichgewicht
auf einer Abkühlungskurve
(Czochralski).

angegeben. Hat das Gleichgewicht mehrere Freiheiten, so hat die
Abkühlungskurve die Form, wie Abb. 177 anzeigt. Zwischen den Knick-
punkten liegt der Temperaturbereich des betreffenden heterogenen
Gleichgewichtes. Wir wissen, daß bei Abkühlungen von Mehrstoffsystemen verschiedene dieser Gleichgewichte einander folgen können.
Infolgedessen können die Abkühlungskurven solcher Systeme auch sehr
kompliziert ausfallen und es können je nach den Zustandsdiagrammen
horizontale Teile solchen, welche mehrvarianten Gleichgewichten zugehören, abwechselnd folgen.

Wenn sich die Zustände nicht den Gleichgewichten entsprechend
einstellen, so können noch Besonderheiten in den Abkühlungskurven

auftreten, welche die Auswertung derselben unter Umständen·recht erschweren können. Zunächst ist ja daran zu denken, daß in einer abkühlenden Schmelze die Temperaturen nicht überall ganz gleichmäßig sind und daß infolgedessen die ideale Abkühlungskurve eine Abänderung im Sinne einer **Abstumpfung der Knicke** aufweisen

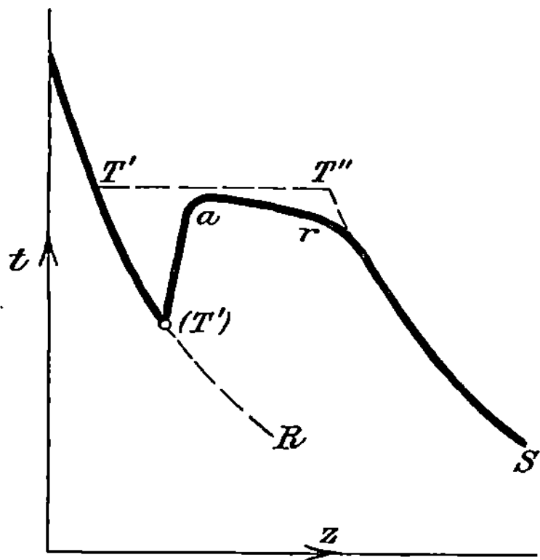

Abb. 178. Unterkühlung auf einer Abkühlungskurve (Martens-Heyn).

wird. Noch mehr können Abkühlungskurven durch **Unterkühlungen** entstellt werden, wie dies Abb. 178 zeigt. Die Temperatur sinkt dann unter die Gleichgewichtstemperatur; wenn die Umwandlung eingeleitet ist, führt die entwickelte Wärme zu einer Temperaturerhöhung. Es hängt vom Verhältnis der Unterkühlung zur frei werdenden Wärmemenge ab, ob die Temperatur des Gleichgewichts erreicht wird oder nicht.

Erhitzungskurven, die in ähnlicher Weise wie Abkühlungskurven angewendet werden können, haben gewöhnlich noch mehr Fehlerquellen, da die Schwankungen in den Ofentemperaturen zu den oben erwähnten Unsicherheiten hinzukommen, wenn nicht besondere Vorsichtsmaßregeln getroffen werden.

Zur Gewinnung eines Zustandsdiagrammes geht man nun in der Weise vor, daß verschiedene Konzentrationen des Systems der Untersuchung unterzogen werden. Man erhält die verschiedenen Temperaturen, bei denen die einzelnen Konzentrationen Phasenänderungen erleiden, und hat dann die Aufgabe, aus diesen Angaben das Zustandsdiagramm zusammenzusetzen. Im Fall eines Zweistoffsystemes habe man z. B. die mit Punkten bezeichneten Werte (Abb. 179) als einer als univariant vermuteten Phasenänderung und die Kreuze als Temperaturen eines nonvarianten Gleichgewichts festgestellt. Man zeichnet

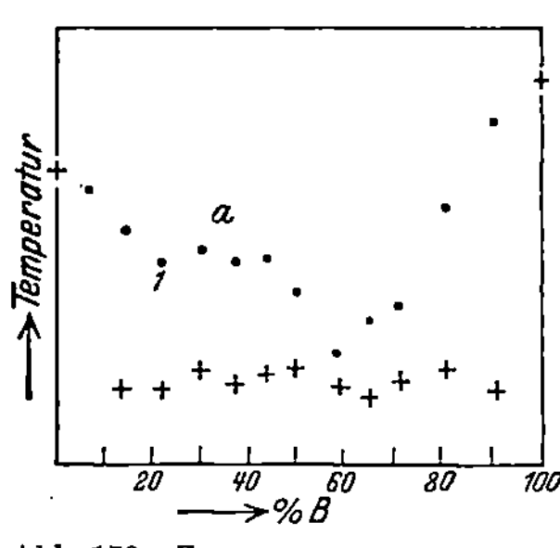

Abb. 179. Zusammensetzung eines Zustandsdiagrammes aus Daten von Abkühlungskurven.

Kurven, welche diese gefundenen Punkte verbinden, macht evtl. noch einige ergänzende Versuche, um besonders ausgezeichnete Konzentrationen, z. B. die eines zu vermutenden Eutektikums näher festzustellen. Dabei hat man nun vor allen Dingen die Aufgabe, die **Fehlergrenzen** der gefundenen Punkte zu diskutieren und sich über die Eindeutigkeit des gezeichneten Diagrammes schlüssig zu werden. Eine große Hilfe

hierbei wird die Untersuchung der bei Raumtemperatur zu beobach-
tenden Gefüge sein, die, wie wir früher gesehen haben, im Zusammen-
hange mit dem Zustandsdiagramm stehen. Diese Diskussion der
Fehlergrenze eines zu entwerfenden Zustandsdiagrammes
ist von größter Wichtigkeit. Bei dem eben entwickelten Beispiel,
in dem nun die Fehler etwas übertrieben angenommen sind, würde zunächst die Frage zu klären sein, ob die annähernd horizontale Anordnung der Punkte bei *a* nicht vielleicht noch ein nonvariantes Gleichgewicht kennzeichnet, oder ob vielleicht eine zufällige Unterkühlung
den Punkt *1* zu weit nach unten verschoben hat. Hier hilft nur eine
Wiederholung der Aufnahme der Abkühlungskurve. Weiterhin würde
keineswegs bei der dort mitgeteilten Anzahl von Versuchen völlige
Klarheit darüber bestehen, ob nicht die reinen Komponenten einander
sich bis zu einem geringfügigen Grade zu lösen vermögen. Ein deut-
licher Hinweis dagegen würde ja darin zu suchen sein, daß sich bis unmittelbar zu den Konzentrationen der reinen Komponenten eine eutektische Kristallisation vorfinden müßte. Nun nimmt die Menge des
Eutektikums jedoch auf jeden Fall nach der Seite der reinen Komponenten proportional der Konzentration ab und die Genauigkeit der
Feststellung der Wärmetönung wird vielleicht gerade zur Entscheidung
des eben genannten wichtigen Problems nicht ausreichen. In diesem Falle
hilft die Beobachtung des Gefügebildes häufig sehr viel weiter und auch
die Berücksichtigung der Abkühlungszeit gibt einen gewissen Anhalt.

Diese Beobachtung der Abkühlungszeit bei Verwendung gleicher
Gewichte der verschiedenen untersuchten Konzentrationen ist von
Tammann unter dem Namen der thermischen Analyse in die experimentelle Methodik der heterogenen Systeme eingeführt worden.
Ebenso wie die Menge des Eutektikums von der eutektischen Konzentration bis zu derjenigen Konzentration, bei der kein Eutektikum
mehr auftritt, proportional der Konzentration abnimmt, muß auch die
Zeit des nonvarianten Gleichgewichts unter der oben genannten Voraussetzung der Verwendung gleicher Mengen vom Eutektikum ab nach
beiden Seiten proportional der Konzentration abnehmen. Man hat dann
die Möglichkeit, auf diejenige Konzentration geradlinig zu extrapolieren,
bei der kein Eutektikum mehr auftritt. (Vgl. übrigens Abb. 138 und
139, wo die Haltezeiten unter den Horizontalen aufgetragen sind.) Man
findet allerdings sehr häufig, daß diese geradlinige Beziehung zwischen
Zeit eines nonvarianten Gleichgewichts und Konzentration nicht immer
zutrifft, weil ohne besondere Hilfsmittel der Wärmeabfluß bei den verschiedenen Versuchen sich leicht verschieden gestaltet; deshalb sind
Schlüsse nach diesem Verfahren mit Vorsicht zu ziehen.

Apparaturen zur Aufnahme von Abkühlungskurven. — Als
Temperaturmeßgeräte[2] für die Aufnahme von Abkühlungskurven kom-

men Thermometer und vor allen Dingen **Thermoelemente** (z. B. Pt-PtRh- oder Fe-Konstantan, Cu-Konstantan) in Frage. Die Verwendung optischer registrierender Pyrometer (S. 204) hat sich noch nicht eingebürgert.

Bei der Verwendung von Thermoelementen[3] ist auf einige Punkte aufmerksam zu machen. Die Thermokraft wird am genauesten mit einer **Kompensationsmeßmethode** bestimmt. Als solche ist die Lindeck-Schaltung (Abb. 180) zu nennen, bei der die Thermokraft eines Thermoelements T durch eine entgegengeschaltete EMK A kompensiert wird. Die erfolgte Kompensation wird durch das Nullwerden des Ausschlages des Galvanometers G konstatiert. Die beiden gleichen EMK haben dann den Wert $w \cdot i$, wenn i die Stromstärke des mit dem Milliamperemeter M gemessenen Stromes ist. Für die meisten Zwecke genügt jedoch die Messung der thermoelektrischen Spannung mit Hilfe eines **Millivoltmeters** mit genügend hohem inneren Widerstand, damit der Widerstand des Thermoelementes und seine Veränderung während der Messung möglichst wenig ins Gewicht fällt. Die Skalen der Millivoltmeter lassen gewöhnlich direkt Temperaturen ablesen. Eine einfache Anordnung zeigt die Abb. 181. Auf jeden Fall ist bei dieser Verwendung von Thermoelementen die **Eichung** derselben durch eine Anzahl von Vergleichsbestimmungen bekannter Schmelzpunkte geboten. (Vgl. S. 52.) Schon bei dieser Eichung und auch bei der späteren Verwendung eines Thermoelementes ist daran zu denken, daß die thermoelektrische Kraft abhängt von der Differenz der Temperaturen an den Enden des Thermoelementes und nicht etwa von der absoluten Temperatur an der heißen Lötstelle. Man muß

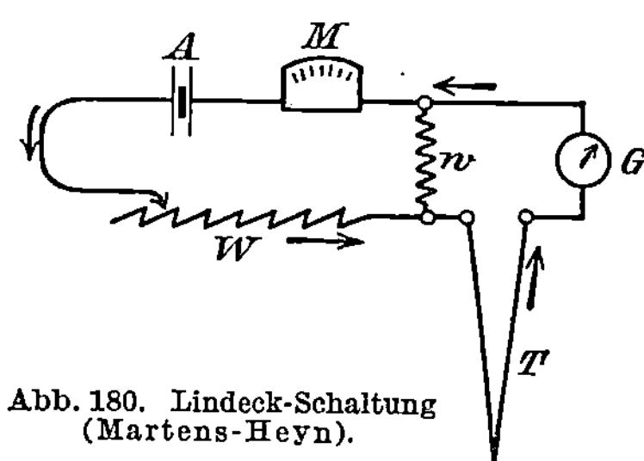

Abb. 180. Lindeck-Schaltung (Martens-Heyn).

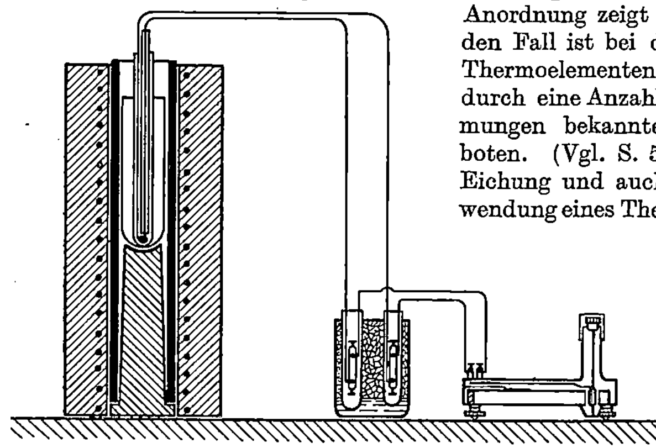

Abb. 181. Einfache Apparatur zur Aufnahme von Abkühlungs- bzw. Erhitzungskurven.

infolgedessen entweder die kalten Enden des Thermoelementes in einem Eisbad auf 0° halten oder die Temperatur dieser Lötstelle messen und diese gemessene Temperatur in geeigneter Weise in Anrechnung bringen.

Beim **Kupferkonstantanelement** ist die EMK im wesentlichen proportional der Temperatur. Hat man die Nadel des hier verwendeten Millivoltmeters vor der Messung auf 0° eingestellt und sind die kalten Enden des Thermoelementes z. B. auf 20°, so hat man zu der gemessenen Temperatur diesen Betrag zu addieren.

Beim **Platinplatinrhodiumelement** schreitet dagegen die Temperaturskala nicht proportional der thermoelektrischen Kraft vorwärts, sondern derselben Zu-

nahme der thermoelektrischen Kraft entspricht bei niedrigen Temperaturen etwa
das Doppelte an Temperaturgraden gegenüber derjenigen bei hohen Temperaturen. Infolgedessen wirkt sich die Differenz des kalten Endes des Thermoelementes gegenüber der Temperatur von 0^0 bei Temperaturen von etwa 600^0 an
nur zur Hälfte aus. Unter 600^0 sind größere Bruchteile der Raumtemperatur
zu addieren, den entsprechenden Fehler gibt Zahlentafel 15. Ist also z. B. bei einem
Platinplatinrhodiumelement die „kalte Lötstelle" auf 20^0 und stellt man am Millivoltmeter die Temperaturen von schmelzendem Antimon zu 611^0 und diejenige
von schmelzendem Kupfer zu 1054^0 fest, so hat man von den gefundenen Diffe-
renzen gegenüber den wahren Schmelztemperaturen zunächst 10^0 abzuziehen.
Die übrigbleibende Differenz von 10^0 und 19^0 für die beiden Schmelzpunkte
stellt die Korrektur des Thermoelementes gegenüber der wahren Temperaturskala dar. Diese Korrektur soll wesentlich linear von der Temperatur abhängen, sie ist bedingt durch den inneren Widerstand des Elementes
und evtl. vorhandene geringe Verunreinigung im Thermoelementmaterial. Bei
Thermoelementen aus noch anderem Metall ist daran zu denken, daß die Beziehungen zwischen thermoelektrischer Kraft und Temperatur jeweils andere sind
als die eben für das Kupferkonstantan- und Platinelement beschriebenen.

Zahlentafel 15.
Korrektur wegen der kalten Enden eines Pt-Pt-Rh-Elementes.

Temperatur ^{0}C	Korrektionsfaktor	Temperatur ^{0}C	Korrektionsfaktor
0	1,00	400	0,59
100	0,89	500	0,56
200	0,76	600	0,54
300	0,65	700	0,52

nach R. Vogel: Z. anorgan. Chem. Bd. 45, S. 13. 1903.

Die Thermoelemente müssen natürlich gegen den Angriff durch
die zu untersuchende Substanz geschützt werden. Sie werden zu
diesem Zwecke in Schutzröhren aus feuerfestem Material eingelegt.
Der eine Schenkel muß gegen den andern durch eine Kapillare aus
feuerfestem Material (vgl. S. 208) isoliert sein (vgl. Abb. 181).

Mit der oben gekennzeichneten Einrichtung sind zunächst einfache
Temperaturzeitkurven aufzunehmen. Die Aufnahme der gewöhnlichen Temperaturzeitkurve erfolgt in der Weise, daß in gleichen Zeit-
abschnitten — etwa alle 10 Sekunden — die Temperatur abgelesen
wird. Es kann jedoch auch in gleichen Temperaturabständen die zur
Zurücklegung dieser Abstände notwendige Zeit ermittelt werden. Der
Richardsche Chronograph ermöglicht dies in einfacher Weise, indem man mit seiner Hilfe auf einer umlaufenden Walze die Zeitmarken
aufzeichnet.

Mit der obigen Einrichtung kann man auch bereits, falls ein zweites
Millivoltmeter vorhanden ist, sogenannte Differentialkurven auf-
nehmen. Es wird dann (Abb. 182) die Temperaturmessung in der Weise
ausgebildet, daß zwei Thermoelemente gegeneinander geschaltet werden.
An den Enden dieses Differentialthermoelementes treten dann nur
Spannungen auf, welche der Temperaturdifferenz der beiden Lötstellen

entsprechen. Bringt man jetzt die eine Lötstelle in den zu untersuchenden Körper *1*, die andere Lötstelle in einen Vergleichskörper *2*, welcher keine Umwandlungen erleidet und der sich gleichzeitig mit dem Versuchskörper abkühlt, so treten nur dann an den Enden des Thermoelementes Spannungen auf, wenn der zu untersuchende Körper Umwandlungen erleidet. Die Temperatur dieser Umwandlung kann mit einem zweiten Thermoelement mit Galvanometer (Abb. oben) festgestellt werden oder es kann auch ein dritter Schenkel an die eine der vorhandenen Lötstellen angelötet werden und das so entstehende gewöhnliche Element zu einem zweiten Millivoltmeter geführt werden.

Registrierende Instrumente einfachster Art sind diejenigen, bei denen der Zeiger eines Galvanometers in gleichem Zeitabstande auf einem unter ihm vorbeilaufenden Papier die

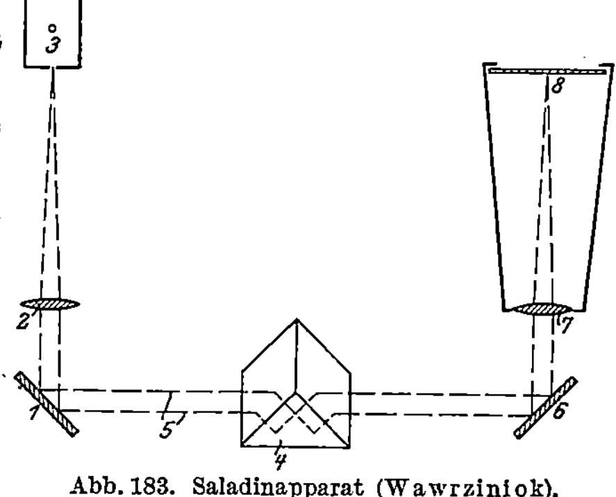

Abb. 183. Saladinapparat (Wawrziniok).

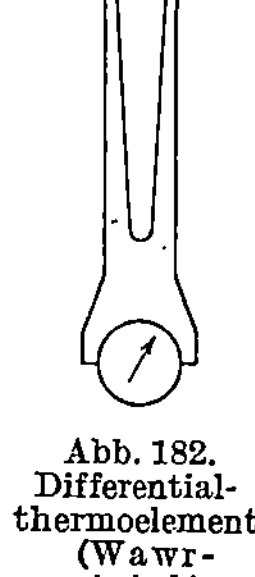

Abb. 182.
Differential-
thermoelement
(Wawr-
ziniok).

Temperatur aufzeichnet. Von der Trägheit der Zeigereinrichtung wird man frei, wenn man mit einem Lichtzeiger arbeitet, wie dies die Apparate von Kurnakow und Rengade tun. Hier zeichnet der auf den Spiegel eines Spiegelgalvanometers auffallende Lichtstrahl die Abkühlungskurve direkt auf eine umlaufende Walze, welche mit lichtempfindlichem Papier bespannt ist.

Ein registrierender Apparat für die Aufzeichnung der Differentialkurven ist der Saladinapparat. In der Abb. 183 ist schematisch die Einrichtung des dazu notwendigen Doppelspiegelgalvanometers angegeben. *1* und *6* sind die Spiegel der Galvanometer, welche den in Abb. 182 gezeichneten beiden Galvanometern entsprechen, von denen das eine die Wärmetönung und das andere die Temperatur derselben anzeigt. Auf den Spiegel *1* fällt der Lichtstrahl einer bei *3* aufgestellten Lampe, bei Drehung des Spiegels *1* dreht sich der Lichtstrahl in der Ebene *3 1 6*. Diese horizontale Drehung wird jedoch durch das totalreflektierende Prisma *4* in eine vertikale Drehung verwandelt. Der Spiegel *6* gibt dem schließlich in die Kammer *7 8* einfallenden Lichtstrahl eine horizontale Drehung, welche also z. B. die Temperatur mißt, während die vertikale Drehung des Lichtstrahls die Wärmetönung anzeigt. In Abb. 184 ist die mit einem Saladinapparat aufgenommene Abkühlungs- und Erhitzungskurve eines eutektoiden Stahles aufgezeichnet.

Von anderweitigen Apparaten, welche Phasenänderungen in dem eingangs gekennzeichneten Sinne durch Änderung physikalischer Eigenschaften festzustellen gestatten, haben noch die Dilatometer eine besondere Ausgestaltung erfahren. Die Registriervorrichtungen sind häufig komplizierter Natur; es gelingt jedoch auch schon mit ganz einfachen Anordnungen, recht genau die Volumenänderungen bei Phasenumwandlungen festzustellen. Um die Umwandlung im festen Zustand zu untersuchen, stellt man eine Probe in ein Quarzrohr und setzt dieses Rohr in einen Ofen. Auf die Probe wird ein Quarzstab gestellt und außerhalb des Ofens die

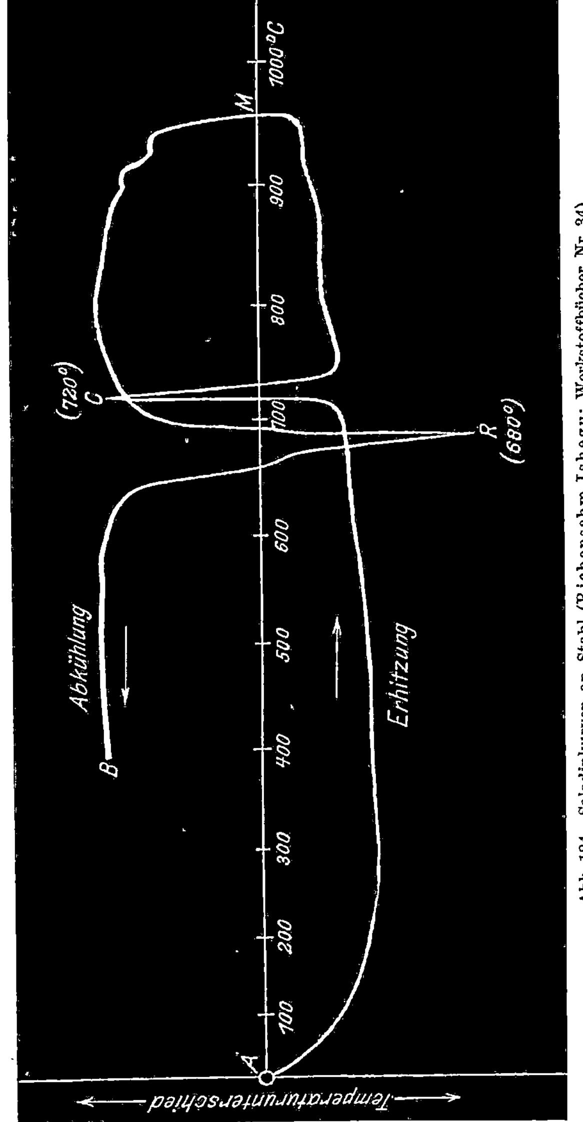

Abb. 184. Saladinkurven an Stahl (Richensahm-Ishegu: Werkstoffbücher Nr. 34).

relative Veränderung der Stellung des auf die Probe gesetzten Stabes im Vergleich zu dem äußeren Rohr beobachtet, sei es mit dem Mikroskop oder mit einer Spiegelablesung (vgl. die so gewonnene Kurve Abb. 286).

2. Spezielle Methoden zur Gewinnung von Zustandsdiagrammen.

Die eben geschilderten universellen Methoden, welche soweit wie möglich eine Eindeutigkeit der erhaltenen Resultate gewährleisten, sind nicht immer anwendbar, besonders nicht bei hohen Temperaturen. In diesen Fällen führen vor allem Näherungsmethoden zum Ziel.

α) Man läßt bei konstanter Temperatur, welche auch mit einem optischen Pyrometer gut festzustellen ist, einen bestimmten Gleichgewichtszustand des zu untersuchenden Systems sich einstellen. Dann wird das System abgeschreckt und die Struktur bei Raumtemperatur untersucht. Dieses Abschreckverfahren wendet man bei verschiedenen Temperaturen an, und man erhält dann Gefügebilder, die in mehr oder weniger starkem Maße von der Gleichgewichtseinstellung bei den verschiedenen Temperaturen abhängen, je nachdem es gelingt, durch die Abschreckung diesen Zustand zu erhalten. Es ist selbstverständlich, daß diese Methode nur eine Annäherung ermöglicht und nur mit sehr starker Kritik angewendet werden kann, insbesondere bei Metallsystemen, wo die Umwandlungsgeschwindigkeiten immerhin recht erheblich sind.

β) Im festen Zustand kann insbesondere bei hohen Temperaturen die Art der Phasengestaltung dadurch festgestellt werden, daß man die Komponenten in reinem Zustand als Pulver mischt, diese Mischung möglichst stark preßt und sie dann auf bestimmte Temperaturen bringt (synthetische Methode)[4]. Man ist dann in der Lage, Mischkristall oder Verbindungsbildung durch nachherige mikroskopische Beobachtung oder auch durch Untersuchung der physikalischen Eigenschaften festzustellen; indem man dieses Verfahren bei verschiedenen Temperaturen anwendet, ist es auch möglich, die Art der Phasengestaltung in Abhängigkeit von der Temperatur zu ermitteln.

Zur Bestimmung der Zusammensetzung bei den Methoden α und β können die Methoden δ und γ angewandt werden.

γ) Zur Ermittlung der Zusammensetzung bestimmter Kristallphasen, die in heterogenen Gemengen vorkommen, ist häufig die sogenannte chemische Rückstandsanalyse angewendet worden; man versucht dabei, die einzelnen Kristallarten auf chemischem Wege aus dem Kristallitenkonglomerat herauszulösen. Die Voraussetzung für die Anwendbarkeit dieser Methode ist, daß die herauszulösende Kristallart gar nicht durch das betreffende Reagens angegriffen wird, während die übrigen Kristallarten restlos gelöst werden. Diese Voraussetzung ist leider häufig nicht nachzuprüfen. Sie wird nach den auf S. 245ff. mitgeteilten Gesichtspunkten häufig nicht zutreffen, in der Tat sind auch besonders bei komplizierteren Systemen die Aussagen der chemischen Rückstandsanalyse außerordentlich widerspruchsvoll.

d) Neuerdings ist zur Ermittlung der Zusammensetzung von Kristallarten in heterogenen Gefügen eine Methode vorgeschlagen worden, die man etwa als die der **physikalischen Rückstandsanalyse**[5] bezeichnen könnte. Die betreffende Legierung wird zertrümmert, und aus dem Pulver werden nach den verschiedenen physikalischen Eigenschaften die verschiedenen Kristallarten ausgesondert. Besonders leicht gestaltet sich diese Aussonderung, wenn die Kristallarten sich durch ihren Magnetismus unterscheiden. Die ausgesonderten Kristallarten können dann einer gewöhnlichen chemischen Analyse unterworfen werden. Die Voraussetzung für die Anwendbarkeit dieser Methode ist, daß beim Zerkleinern des ganzen Gefüges schließlich Partikel übrig bleiben, die nur aus jeweils einer Kristallart bestehen.

Bei den vorstehend genannten Methoden spielt die **optische Temperaturmessung** eine besondere Rolle. Die optische Temperaturmessung[2] benutzt die starke Abhängigkeit der ausgesandten Strahlung von der Temperatur. Dabei wird entweder die **Gesamtstrahlung** gemessen oder einzelne enge **Spektralbereiche**. Immer ist zu beachten, daß die Strahlung nicht nur von der Temperatur abhängig ist, sondern vom Reflexionsvermögen des strahlenden Körpers. Die Intensität der ausgesandten Strahlen ist dann am größten, wenn ein sogenannter schwarzer Körper vorliegt, welcher gar nicht reflektiert. Alle natürlichen Körper nähern sich diesem Ideal nur bis zu einem gewissen Grade,

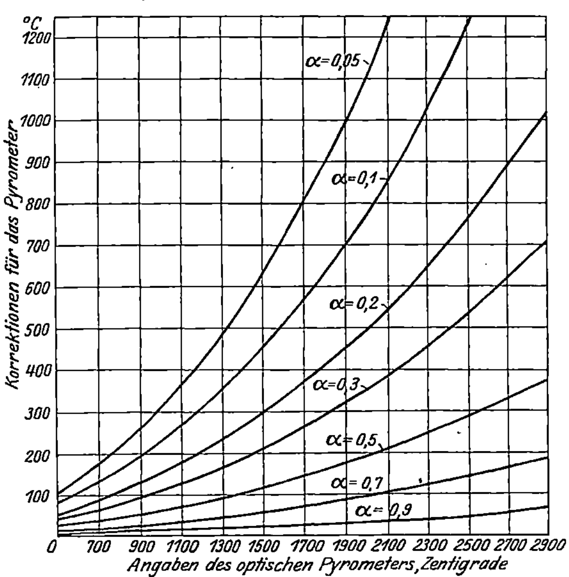

Abb. 185. Korrekturen für Teilstrahlungspyrometer bei verschiedenem Absorptionsvermögen α für $\lambda = 0,65\,\mu$ (nach **Burgess-Le Chatelier**).

immer liegt die ausgestrahlte Energie unterhalb derjenigen, welche bei einem Reflexionsvermögen von Null zu erwarten ist, d. h. wenn aus der Strahlung eines nichtschwarzen Körpers ein Schluß auf die Temperatur des strahlenden Körpers gezogen wird und keine andere Strahlung vorhanden ist, so wird diese Temperatur zu niedrig eingeschätzt. Die notwendigen Korrekturen für Teilstrahlung sind aus Abb. 185 zu entnehmen. Flüssige, blanke Metalle haben etwa ein Absorptionsvermögen von 0,4 bis 0,5, Oxyde und flüssige oxydierte Metalle ein solches von 0,6 bis 0,7, festes oxydiertes Metall ein solches bis 0,9 ($\lambda = 0,65\,\mu$). Wenn etwa auf den strahlenden Körper von außen eine Strahlung auffällt, so ist klar, daß bei den natürlichen Körpern, deren Reflexionsvermögen nicht Null ist, dadurch die von ihnen selbst ausgestrahlte Intensität scheinbar vermehrt wird und durch diesen Effekt ein dem oben genannten entgegengesetzter Fehler bei einer Temperaturschätzung entsteht.

Die Teilstrahlung wird in den Pyrometern von Wanner und Holborn-Kurlbaum gemessen, und zwar in der Weise, daß die Strahlung des zu messenden Körpers mit einer bekannten Strahlung verglichen wird (Abbild. 186). Die Vergleichsstrahlung geht im Holborn-Kurlbaum-Pyrometer von der Lampe L aus, deren Helligkeit mit dem Rheostaten variiert werden kann. Den Glühfaden der Lampe sieht man auf den Körper projiziert, dessen Helligkeit man messen will,

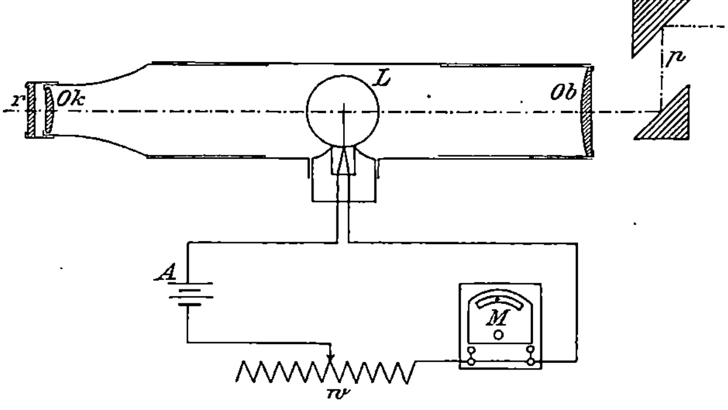

Abb. 186. Pyrometer nach Holborn-Kurlbaum (Martens-Heyn).

und man stellt die Helligkeit der Lampe so ein, daß sie gerade gleich der Helligkeit des zu untersuchenden Körpers ist. Nun ist das Pyrometer bzw. die Heizstromstärke der Lampe vorher mit schwarzer Strahlung bekannter Temperatur geeicht worden, und man kann somit aus der abgelesenen Heizstromstärke auf die schwarze Temperatur des Strahlers schließen. Die Prismen p können bei hohen Temperaturen vor das Objektiv vorgeschaltet werden. Das Meßinstrument M hat für den Fall dieser Vorschaltung eine besondere Skala. Beim Wannerpyrometer wird die Variation der Vergleichsstrahlung mit Nikolschen Prismen erreicht.

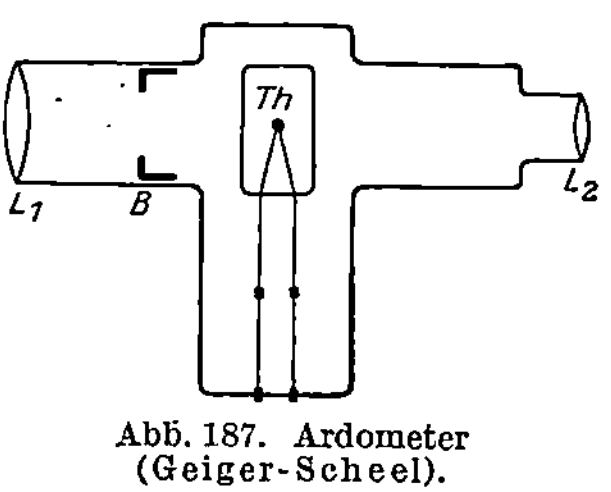

Abb. 187. Ardometer (Geiger-Scheel).

Ein Gesamtstrahlungspyrometer, welches auf eine Konstruktion von Féry zurückgeht, ist das Ardometer (Abb. 187). In dem Punkt, in welchem die Strahlen konvergieren, ist die Lötstelle eines Thermoelementes angebracht. Durch die auffallende Gesamtstrahlung wird die Lötstelle erwärmt, der entstehende Thermostrom wird mit einem Millivoltmeter abgelesen. Der Vorteil des Instrumentes ist die Möglichkeit der Registrierung und schnellere Ablesung als bei den obengenannten Pyrometern, ein vorläufig noch bestehender Nachteil ist, daß die Korrektionen für die Gesamtstrahlung nichtschwarzer Körper noch nicht mit derselben Genauigkeit bestimmt sind wie für die Teilstrahlung. Wenngleich die notwendigen Korrekturen für auffallendes Licht, welches bei nicht schwarzen Strahlen eine zu hohe Temperatur vortäuscht, kleiner sind, sind die Korrektionen für die Temperatur der eigenen Strahlung, soviel bis jetzt bekannt, meist größer als bei den Teilstrahlungspyrometern.

Da bei allen diesen Pyrometern eine Veränderung der Anzeige etwa infolge Veränderung der Vergleichslampen oder Unbrauchbarwerden der Lötstelle des Ardometers mit der Zeit nicht ausgeschlossen ist, so ist es nützlich, die Instrumente von Zeit zu Zeit durch Vergleich mit anderen Temperaturmeßinstrumenten, z. B. Thermoelementen, wenigstens im Bereich niedriger Temperatur zu eichen. Man stellt sich zu diesem Zwecke eine künstliche schwarze Strahlung her. Wenn man einen Hohlkörper hat, dessen Wände sich auf gleicher Temperatur befinden, und man läßt aus einem kleinen Loch Strahlung aus dem Innern dieses Körpers nach außen treten, so verhält sich diese Strahlung wie eine schwarze Strahlung, d. h. also, die Temperatur des Hohlkörpers entspricht der Temperatur, die ein die gleiche Strahlung aussendender schwarzer Körper hat. Es ist dies leicht plausibel, wenn man daran denkt, daß sich die Öffnung der Wand des Hohlkörpers tatsächlich optisch wie ein völlig schwarzer Körper verhält, insofern dort keine Reflexion eintreten kann, sondern alles auf die Öffnung auffallende Licht in den Hohlraum eintritt und die Wahrscheinlichkeit nur äußerst gering ist, daß etwas davon durch Reflexion wieder hinausgelangt. Wenn man die Temperatur des Hohlraumes mit einem Thermoelement feststellt und sie mit der Anzeige des optischen Pyrometers vergleicht, ergibt sich ohne weiteres, ob das Pyrometer die Temperatur eines schwarzen Strahlers richtig anzeigt.

3. Die Hilfsmittel zur Erzeugung hoher Temperaturen.

Die Hilfsmittel zur Erzeugung hoher Temperaturen, insbesondere soweit sie auch zur Gewinnung von Zustandsdiagrammen gebraucht werden, bedienen sich im allgemeinen einer elektrischen Energiequelle. Die Heizung mit Gasbrennern wird nur selten und bei niedrigen Temperaturen angewendet werden. Für Temperaturen bis etwa 1200 Grad kommen Öfen in Frage, die im wesentlichen aus einem mit einem geeigneten Drahtmaterial hohen Widerstandes bewickelten Heizrohr bestehen, welches in eine gut wärmeisolierende Masse eingepackt ist. Bis zu der genannten Temperatur können Drähte aus Chromnickel und verwandten Legierungen benutzt werden, welche mit einem hohen elektrischen Widerstand und einem nicht allzu großen Temperaturkoeffizienten desselben auch eine hohe Beständigkeit gegen den Angriff des Luftsauerstoffes, dem sie ja trotz der Einpackung ausgesetzt sind, aufweisen (S. 369). Bei Temperaturen bis 1500 Grad wird zur Herstellung einer Drahtwicklung entweder Platin benutzt oder es wird ein unedleres Material angewendet, welches aber in besonderer Weise gegen die Oxydation geschützt werden muß. Es kann dies dadurch geschehen, daß das Heizrohr in einen Raum mit reduzierender oder neutraler Gasatmosphäre, evtl. in ein Vakuum eingebaut wird. Der Verwendung von Molybdän- oder Wolframdraht[6] wird bei hohen Temperaturen eher ein Ziel gesetzt durch das Fehlen keramischer Massen für die Herstellung der Heizrohre als durch die Eigenschaften der Metalle selbst. Man muß sich bei sehr hohen Temperaturen deshalb möglichst von keramischen Massen frei machen. Infolge des vergleichsweise hohen Widerstands von Kohle kann man freitragende Kohlespiralen im Vakuum noch von genügender Kompaktheit verwenden, ohne zu anderen als Netzspannungen übergehen zu müssen (Abb. 188). Ohne Vakuum können Widerstände in Form der sog. Silitwiderstände mit Netzspannung betrieben werden, da sie eine vergleichsweise geringe Veränderung aufweisen. Sonst empfiehlt sich die Verwendung eines Kurzschlußofens, in welchem alle

Heizwiderstände so kompakt gebaut werden können, daß sie keinen besonderen Träger brauchen. Natürlich müssen, da dann Rohre aus dem betreffenden Material von immerhin erheblichem Querschnitt verwendet werden, sehr starke Ströme für den Betrieb zur Verfügung stehen. Diese können im allgemeinen aus der normalerweise vorhandenen elektrischen Energie nur durch einen Niederspannungstransformator erzeugt werden. Wenn nicht im Vakuum gearbeitet wird, und eine Kohlenstoffaufnahme durch die zu untersuchende Substanz nicht in Frage kommt, kann als Widerstandsmaterial ein Kohlerohr

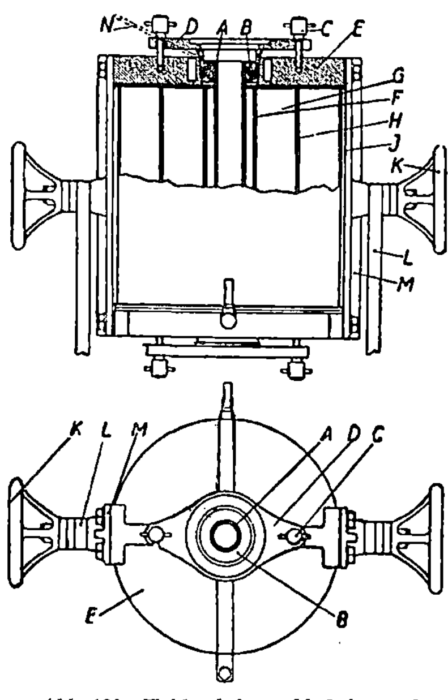

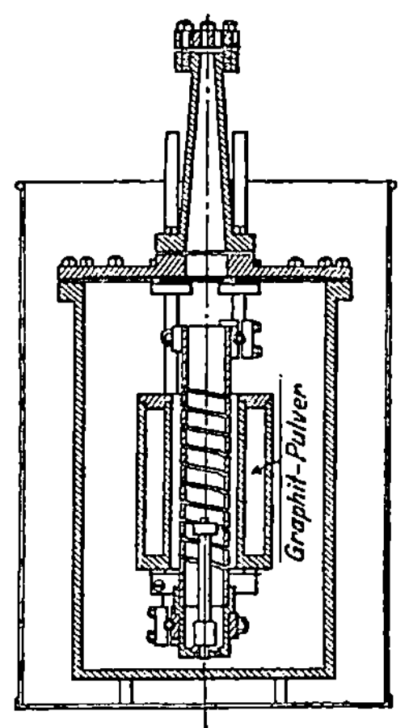

Abb. 188. Vakuumkohlespiralofen nach Arsem (Burgess-Le Chatelier).

Abb. 189. Kohlerohrkurzschlußofen nach Tammann (Vereinigte Göttinger Werke).

benutzt werden. Eine Abbildung des auf diese Weise entstehenden Tammannschen Kurzschlußofens zeigt die Abb. 189. Das Kohlerohr A ist eingespannt in zwei wassergekühlte Backen E, welche gleichzeitig als Stromzuführung dienen. Die Enden des Kohlerohres haben je nach der Größe des Ofens eine Spannung von etwa 7—20 Volt zu erhalten bei Stromstärken von einigen 100 bis 1000 Ampere. Der Kohlerohrofen von Ruff ist als Vakuumofen ausgebildet. Ein idealer Ofen ist ein solcher, welcher ein Iridiumrohr als Widerstand verwendet. Wenn Wolfram- oder Molybdänrohre als Widerstand gebraucht werden, muß entweder Wasserstoffatmosphäre oder Vakuum vorhanden sein.

Die Verwendung von gepulverter Kohle in der Form des sogenannten Kryptols als Widerstandsmaterial bringt den Vorteil mit sich, daß man leicht unter Verwendung geeigneter feuerfester Rohre Öfen der verschiedensten Dimensionen schnell zusammenbauen kann. Die Stromzuführung erfolgt durch in die Kryptolmasse gesteckte Kohlenstifte oder Metallelektroden (Abb. 190). Trotz des großen Querschnittes der Kryptolmasse ist der Widerstand infolge der schlechten Berührung der einzelnen Kohleteilchen so groß, daß die Öfen mit normaler Netzspannung betrieben .werden können. Sie haben nur den Nachteil, daß es unter Umständen schwer fällt, bestimmte Temperaturen konstant zu halten.

Bei sehr hohen Temperaturen fangen die hier zú untersuchenden metallischen Schmelzen auch mit den temperaturbeständigsten und chemisch am wenigsten reaktionsfähigen Tiegelmaterialien, z. B. Magnesiumoxyd und Aluminiumoxyd, an zu reagieren, indem sie z. B. Mg oder Al aufnehmen. Man kann den Verlauf dieser Reaktionen soweit wie überhaupt möglich zurückdämmen, indem man das Prinzip der Induktionsheizung anwendet, welcher damit eine

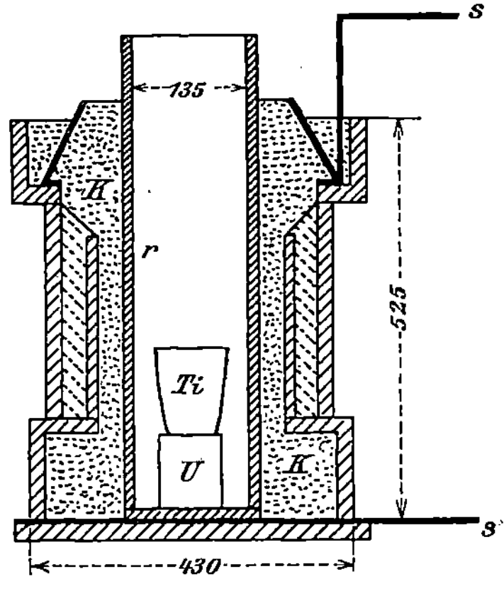

Abb. 190. Kryptolofen (nach Martens-Heyn).

prinzipiell bedeutungsvolle Rolle eingeräumt wird. Es werden dabei in einer wassergekühlten Spirale von wenigen Windungen Hochfrequenzströme erzeugt, welche Induktionsströme in dem Schmelzgut hervorrufen, das in einem Tiegel innerhalb der Spirale untergebracht ist. Bei diesem Prinzip bleibt der Tiegel gegenüber allen bisher gekennzeichneten Verfahren vergleichsweise kalt, da die Heizung zunächst nur das Schmelzgut infolge der in demselben hervorgerufenen Ströme betrifft. Infolgedessen reagiert das Tiegelmaterial weniger mit der Schmelze. Diese Art von Öfen ist auch verhältnismäßig sehr einfach zu bei sehr hohen Temperaturen brauchbaren Hochvakuumöfen auszugestalten. Die Hochfrequenzströme werden erzeugt durch eine Hochfrequenzmaschine[7] oder für kleinere Leistungen mit Hilfe einer Funkenstrecke und Kondensatoren [8].

Versagen bei ganz hohen Temperaturen die feuerfestesten Massen und kann Kohle nicht angewendet werden, beschränkt sich die Untersuchung auf den festen Zustand der höchstschmelzenden Metalle oder das Einschmelzen derselben etwa nach der synthetischen Methode (S. 202), so wendet man die direkte Heizung entweder mit Induktionsströmen oder einfacher die direkte Widerstandsheizung an. Man verwendet im letzteren Falle eine Kurzschlußeinrichtung, die das zu untersuchende Material selbst als Widerstand benutzt. Man spannt dasselbe z. B. in Stabform in wassergekühlte Backen und schickt einen starken, niedriggespannten Strom hindurch, während durch Vakuum oder inerte Gase eine Oxydation verhindert wird (Abb. 191 nach Sauerwald)[9].

Von Wichtigkeit insbesondere bei der Methode der Erhitzungskurven (S. 196), aber auch bei den speziellen Methoden (S. 202) ist häufig die Aufgabe der Konstanthaltung höherer Temperaturen.

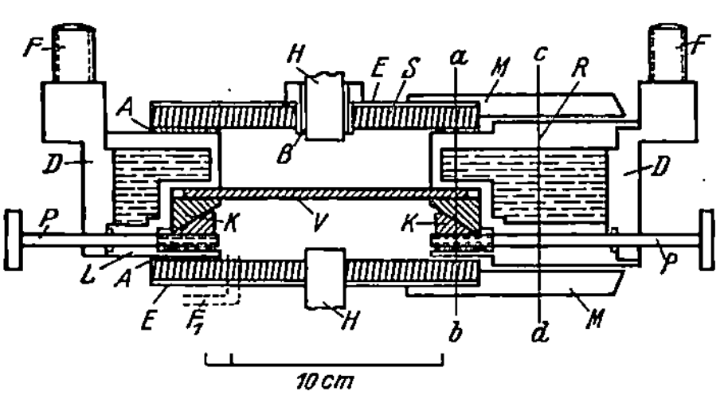

Abb. 191. Direkte Widerstandsheizung (nach Sauerwald).

Diese Aufgabe wird durch Temperaturreguliereinrichtungen besorgt. Die neueste derartige Einrichtung (z. B. Firma Siemens & Halske) arbeitet folgendermaßen: Die Temperatur des zu steuernden Ofens wird mit einem Thermoelement gemessen. Das dazugehörige Galvanometer ist besonders ausgebildet. Man kann auf der Temperaturskala mit zwei als Kontakten ausgebildeten Marken die beiden Grenztemperaturen, zwischen denen der Ofen höchstens pendeln soll, einstellen. Zwischen diesen spielt auch die Galvanometernadel. Berührt diese unter Vermittlung von Bimetallbügeln die Marke der höheren Temperatur, so wird durch Relais der Heizstrom ausgeschaltet usw.

An feuerfesten Materialien für Thermoelementschutzrohre, Tiegel und für den Ofenbau sind zu erwähnen Porzellan, Quarzglas und hochfeuerfeste Porzellane wie z. B. die Pythagorasmasse. Für Tiegelmaterial und den Ofenbau kommen noch in Frage Magnesia, Aluminiumoxyd und Kohle in den Fällen, wo der Kohlenstoff mit der zu untersuchenden Substanz keine Verbindungen eingeht. Aus den letztgenannten Materialien sind leider Schutzrohre und Kapillaren für Thermoelemente noch nicht hergestellt.

4. Metallmikroskopie.

Da wir es bei den Metallen mit undurchsichtigen Materialien zu tun haben, nimmt die Mikroskopie auf dem Gebiete der Metallkunde besondere Formen an. Die Beobachtung erfolgt in reflektiertem Licht an polierten Schliffflächen, welche im allgemeinen einen chemischen Ätzangriff erfahren müssen, damit auf ihnen die Strukturen zum Vorschein kommen. Die Mikroskopie in auffallendem Lichte erfordert besondere Vorrichtungen, damit die Bilder genügend lichtstark ausfallen. Die Metallmikroskope weisen daher ein besonderes Konstruktionselement, den Vertikalilluminator, auf (Abb. 192). Das Licht einer Bogenlampe oder Metallfadenlampe wird durch einen Tubus und ein total reflektierendes Prisma *4* oder eine ebenso wirkende planparallele Glasscheibe in den Strahlengang des Objektivs geworfen, beleuchtet den auf dem Tisch *2* gelagerten Schliff *1*, die von dem Schliff ausgehenden Strahlen gehen durch das Objektiv zum Okular für direkte

Beobachtung oder zum Projektionsokular *7* der photographischen Kamera. Meist stehen Okular und Projektionsokular senkrecht zueinander, und der Strahlengang kann durch ein Prisma wie bei *6* je nach Bedarf in die eine oder andere Richtung gelenkt werden. Die senkrechte Beleuchtung des Schliffes ist für nennenswerte Vergrößerung durchaus geboten, Mikroskope für schiefe Beleuchtung eines Schliffes haben nur für ganz schwache Vergrößerungen eine Bedeutung. Bei der Beobachtung von Schliffen ist die Vergegenwärtigung und Mitteilung der angewendeten Vergrößerung von wesentlicher Bedeutung. Die Ermittlung der Vergrößerung erfolgt am einfachsten durch Beobachtung eines Objektmikrometers.

Die Herstellung von Schliffen erfolgt in der Weise, daß entweder mit der Säge oder mit der Schmirgelscheibe eine Ebene an dem zu untersuchenden Stück angelegt wird. Diese Ebene wird dann mit Schmirgelpapier immer feinerer Körnung: 3, 2, 1 G, 1 M, 1 F, 0, 00, 000 behandelt und schließlich auf der rotierenden Tuchscheibe unter Zugabe einer Aufschlämmung von Tonerde auf Hochglanz poliert. Die Schwierigkeiten der Schliffherstellung sind bei verschieden harten Materialien sehr verschieden.

Es ist wichtig, daß nicht zur Verwendung eines feineren Schleif- oder Poliermittels übergegangen wird, ehe das gerade angewandte Mittel seine Wirksamkeit erschöpft hat. Eine schlechte Schliffherstellung, insbesondere vom Anfang derselben herrührende Schleifkratzer machen sich bei der Ätzung unangenehm bemerkbar, da der Ätzvorgang durch dieselben empfindlich gestört wird. Insbesondere bei zu starkem Andrücken des Schliffes beim Schleifen können Teilchen vom Schmirgelpapier losgerissen und in den Schliff eingedrückt werden. Es werden dadurch Schleifkratzer und Löcher hervorgerufen und es kann der falsche Eindruck entstehen, es seien im Material feine Einschlüsse vorhanden[10]. Von prinzipieller Bedeutung ist,

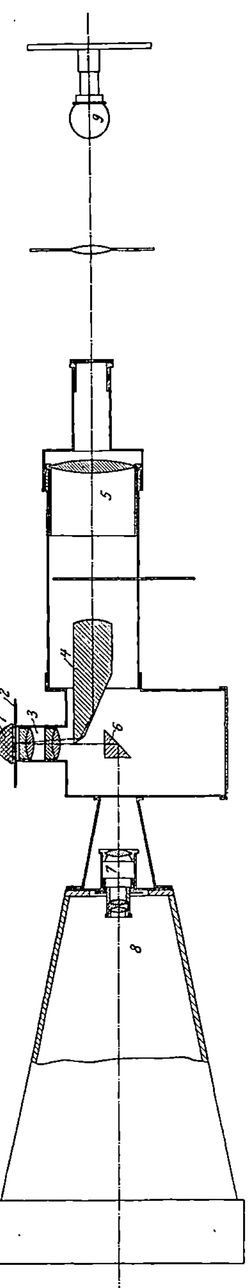

Abb. 192. Metallmikroskop (Wawrziniok).

Zahlentafel 16. Metallo-

Aluminium	**Alkoholische Salzsäure:** 1 ccm Salzsäure zu 100 ccm absolutem Alkohol; vorteilhaft ist, den Säuregehalt auf 5 bis 10% zu erhöhen. Nachspülen mit Alkohol. **Flußsäure / Salzsäure:** Die Schliffe werden in 10- bis 20%iger Flußsäurelösung in einer Bleischale geätzt, bis sie eine feine, matte Oberfläche zeigen; daraufhin in konzentrierter Salzsäure durch kurzes Eintauchen (einige Sekunden Dauer) nachgeätzt.
Blei	**Salzsäure:** Konzentrierte Salzsäure; erforderlichenfalls in der Wärme. Geringere Wirkung durch Verdünnen mit der 1- bis 10-fachen Menge dest. Wassers. **Alkoholische Salpetersäure:** 4 ccm Salpetersäure (1,14) zu 100 ccm absolutem Alkohol oder: 4 ccm Salpetersäure (1,14).
Zinn	**Salzsäure:** Konzentrierte Salzsäure; erforderlichenfalls in der Wärme. Geringere Wirkung durch Verdünnen mit der 1 bis 10-fachen Menge dest. Wassers. Ätzdauer 5 bis 10 Minuten.
Zink	**Salzsäure.**
Kupfer, **Messing** α **und** **Messing** β	**Ammoniak-Wattebausch:** Die Ätzflüssigkeit wird mit einem Wattebausch möglichst gleichmäßig auf der Schlifffläche verrieben. Die dunklen Stellen werden mit dem Wattebausch leicht nachpoliert. Zum Schluß benetzt man, ohne das Polieren zu unterbrechen, zunächst mit einigen Tropfen, dann mit mehr und mehr Wasser, bis alle Ätzflüssigkeit aus dem Wattebausch verdrängt ist. **Chromsäure:** 10 g Chromsäure kristall. zu 100 ccm dest. Wasser. **Persulfate:** 10 g Ammoniumpersulfat zu 100 ccm dest. Wasser. **Kupferammoniumchlorid** (ammoniakalisch): 10 g Kupferammoniumchlorid, 120 ccm dest. Wasser, 25 ccm Ammoniak (0,91). **Salpetersäure:** Am zweckmäßigsten ist, einen Tropfen Säure auf der schräggestellten Schlifffläche abfließen zu lassen und die Säure sofort unter ruhig laufendem Wasserstrahl gründlich abzuspülen. **Eisenchlorid:** Konzentrierte Eisenchloridlösung oder stark verdünnte salzsaure Eisenchloridlösung.
Bronce	wie bei Cu.

Besonders bei mangelhaftem Ergebnis der oben genannten Ätzverfahren empfiehlt sich ein Ver-

graphische Ätzmittel.

Stahl und Eisen	
1. Mikroskopische Ätzung	**Alkoholische Pikrinsäure:** 4 g Pikrinsäure kristall. zu 100 ccm Äthylalkohol; nach dem Ätzen sorgfältig in Alkohol abspülen, dann mit Wattebausch abwischen.
	Alkoholische Salzsäure: 1 ccm Salzsäure (1,19) zu 100 ccm absolutem Alkohol; vorteilhaft ist es, den Salzsäuregehalt auf 5 bis 10 % zu erhöhen.
	Alkoholische Salpetersäure: 4 ccm Salpetersäure (1,14) zu 100 ccm absolutem Alkohol oder: 4 ccm Salpetersäure zu 100 ccm eines gleichteiligen Gemisches von Amyl-, Äthyl- und Methylalkohol. Nachspülen mit Alkohol.
Zementit wird braun gefärbt.	**Natriumpikrat, alkal.:** 2 g Pikrinsäure mit 25 g Ätznatron in 75 ccm Wasser während ½ Std. auf dem Wasserbade digerieren. Überstehende Lösung abgießen, in luftdicht verschlossener dunkler Flasche aufbewahren. Beim Ätzen Natriumpikratlösung in Reagenzglas gießen, dieses in ein mit kochendem Wasser gefülltes Becherglas stellen. Sobald das Ganze die Temperatur des Bades angenommen hat, Schliffstück einführen. Abspülen des Schliffes mit Wasser.
Phosphid gefärbt, Zementit nicht.	**Natriumpikrat neutral:** Konz. Lösung kochend 1½ Std. Einwirkung.
Cr-, W-Stähle	**Ferricyanidlösung:** 10 g Kaliumferricyanid, 10 g Kaliumhydroxyd, 100 ccm Wasser.
2. Makroskopische Ätzung Seigerungen treten dunkel hervor.	**Kupferammoniumchlorid (Heyn):** 10 g + 120 ccm H_2O 1 bis 3 Min., Cu-Niederschlag unter Wasser abwaschen. Schliff nicht auf Hochglanz polieren!
Phosphorarme Stellen werden angegriffen, phosphorfreie nicht.	**Ätzung nach Oberhoffer:** 500 ccm Alkohol, 500 ccm Wasser, 500 ccm Salzsäure, 30 g Eisenchlorid, 1 g Kupferchlorid, 0,5 g Zinnchlorür, bis 2 Min.
Schwefel und auch Phosphor schwärzen das Papier.	**Baumann-Schwefeldruck:** Bromsilberpapier wird mit 5 %iger Schwefelsäure getränkt und 1 bis 2 Min. auf die Schlifffläche gedrückt. Dann wird das Papier gewässert.
Sulfide: Schwarzfärbung. Phosphide: Gelbfärbung.	**Schwefel-Phosphorprobe nach Heyn-Bauer:** Mit Lösung von 10 g Quecksilberchlorid in 20 ccm HCl und 100 ccm H_2O wird ein Seidenläppchen getränkt und auf den Schliff gelegt (4 bis 5 Min.). Modifiziert von van Royen und Ammermann, die Gelatinepapier (ausfixiertes Bromsilberpapier) verwenden.

such mit anodischer Ätzung, indem der Schliff als Anode in einen Elektrolyten gebracht wird.

14*

daß beim Polieren von Glas die Frage eines Schmelzens der ganz an der Oberfläche liegenden Materialschichten diskutiert wird[11].

Im allgemeinen ist zur Entwicklung des Gefüges eine chemische Einwirkung nötig. Nur nichtmetallische Einschlüsse, Oxyde, Sulfide, Graphit heben sich durch ihre matte Färbung schon im nichtbehandelten Schliff deutlich ab, man kann sie durch die Verschiedenartigkeit ihrer Färbung teilweise unterscheiden, teils ist man auch hier zwecks Identifizierung zu Ätzungen gezwungen[12]. Auch bei rein metallischen Gefügebestandteilen kann das Polieren zu einem reliefartigen Hervortreten einzelner Kristallarten führen. Die sonst notwendige chemische Einwirkung besteht in Oxydationen bei etwas erhöhten Temperaturen, besonders aber in Ätzwirkungen (S. 11)[13]. Die gebräuchlichsten Ätzmittel für Metalle sind in Zahlentafel 16 aufgeführt. Dabei sind bei Eisen insbesondere noch die für nachherige mikroskopische Betrachtung geeigneten Ätzmittel von den sogenannten makroskopischen Ätzmitteln getrennt, die in größeren Bereichen die Verteilung von Phosphor und Schwefel zu erkennen gestatten. Über die mannigfachen Schlüsse aus den Ergebnissen dieser Verfahren vgl. S. 344; die Frysche Ätzung zur Erkennung verformter Teile s. S. 115.

Unter Umständen bietet die Anwendung polarisierten[14] Lichtes bei der Schliffbeobachtung Vorteile. Prinzipiell ermöglicht die Verwendung ultravioletten Lichtes höhere Vergrößerungen[15].

Literatur.

Goerens: Einführung in die Metallographie, 3. und 4. Aufl. Halle: Knapp 1922

[1] Hauser: Z. Phys. Bd. 5, S. 220. 1921. — Oberhoffer: Mitt. Eisenhüttenm. Inst. T. H. Aachen Bd. 3, S. 152. 1909.

[2] Burgess-Le Chatelier: Die Messung hoher Temperaturen. Übs. G. Leithäuser. Berlin: Julius Springer 1913. — Henning, F.: Temperaturmessung. Vieweg & Sohn 1915.

[3] Über Thermoelemente für sehr hohe Temperaturen vgl. Pirani und Wangenheim: Z. techn. Phys. Bd. 6, S. 358. 1925. — Über die neueste Entwicklung der Thermoelemente Rohn, W.: Z. Metallkunde Bd. 19, S. 138. 1927. Über die „Alterung" von Thermoelementen vgl. Lent und Kofler: Arch. Eisenhüttenw. 1928, S. 173.

[4] Masing: Z. anorg. u. allg. Chem. Bd. 62, S. 265. 1909. — Geiß und van Liempt: Ebda. Bd. 128, S. 355. 1923.

[5] Sauerwald, Neudecker und Rudolph: Ebda. Bd. 161, S. 316. 1927.

[6] Fehse: Z. techn. Phys. 1927, S. 119.

[7] Wever und Fischer: Mitt. K.W. Inst. Eisenforsch. Bd. 6, S. 149. 1926.

[8] Vgl. zuletzt Kraemer: Stahleisen 1928, S. 1120.

[9] Z. Elchem. 1922, S. 182.

[10] Burgers und Villela: Stahleisen 1926, S. 111.

[11] Preston, Macaulay: Nature Bd. 119, S. 13. 1927.

[12] Vgl. den systematischen Untersuchungsgang für Stahl von Campbell und Comstock: Werkstoffhandbuch $V_{11,7}$. — Wohrmann: Trans. Am. Steel Treat. Bd. 14, S. 385.

[13] Die Methode der Heißätzung, bei der bei höheren Temperaturen mittels

geschmolzener Salze geätzt wird, ist mit sehr großer Vorsicht zu gebrauchen, da
hier während der Ätzung Kristallisationen erfolgen können. Vgl. Sauerwald,
Schultze und Jackwirth: Z. anorg. u. allg. Chem. Bd. 140, S. 384. 1924.
  [14] Glaser: Z. techn. Phys. 1924, S. 253.
  [15] Lucas: Stahleisen 1926, S. 1886.
  Über Beobachtung bei sehr starken Vergrößerungen vgl. Chem. Zentralblatt II, S. 273. 1928.

c) Die Untersuchung von Mehrstoffsystemen mit Röntgenstrahlen.

Wir unterscheiden bei der Anwendung der Röntgenmethoden zur
Untersuchung der Struktur von Legierungen mehrere Möglichkeiten.
Dabei ist zu bemerken, daß die durchgeführten Untersuchungen sich
bis jetzt in der ganz überwiegenden Mehrzahl auf Zweistoffsysteme beziehen, wobei jedoch alle überhaupt bei Mehrstoffsystemen zu erwartenden Fragen bereits diskutiert werden müssen.

I. Wenn ein Mehrstoffsystem auf die auftretenden Interferenzen
untersucht wird, so hat jede Phase ein ihr eigentümliches Interferenz-
bild. Das Auftreten neuer Phasen bei Änderung von Konzentration und
Temperatur bedingt dementsprechend das Auftreten der zugehörigen
Interferenz und insofern kann die Feststellung von Interferenzen bei
bestimmten Konzentrationen und Temperaturen (Drucken) wie jede
andere physikalische Eigenschaft zur Aufstellung eines Zustandsdiagrammes benutzt werden. Dabei ist die Genauigkeit der Fest-
stellbarkeit z. B. einer Kristallart, die nur in geringer Menge neben
einer anderen vorhanden ist, noch kaum systematisch untersucht
worden. Die Ergebnisse dieser Art der Strukturuntersuchung lassen
sich dahin zusammenfassen, daß im allgemeinen vorhandene Zustandsdiagramme bestätigt wurden. Ein Beispiel bildet die Untersuchung
der Kupferzinklegierungen, deren Resultat auf Seite 416 mitgeteilt wird.

II. Prinzipiell neue Möglichkeiten in der Untersuchung von Mehrstoffsystemen gegenüber denjenigen, welche wir bis jetzt kennengelernt haben, schafft die Röntgenanalyse hinsichtlich der Feststellung
des inneren Aufbaues der homogenen Phasen, welche mehrere
Komponenten enthalten. Sie führt dabei über das Zustandsdiagramm
hinaus. Das Zustandsdiagramm kennt nur den Begriff der Homogenität einer mehrere Komponenten enthaltenden Phase, ohne sich um
den strukturellen Aufbau derselben zu kümmern.

Die Möglichkeit des Aufbaues einer homogenen Phase, welche
mehrere Komponenten enthält, ist mannigfaltig. Wir beschränken uns
im folgenden auf die Diskussion des kristallinen Aggregatzustandes,
da die Untersuchung flüssiger metallischer Lösungen auf diesem Wege
noch kaum in Angriff genommen ist, alle bisherigen Aufschlüsse über die
Konstitution derselben vielmehr aus der Untersuchung ihrer physika-

lischen Eigenschaften stammen (vgl. S. 220ff.). Wenn zwei Atomarten sich zu einer festen kristallinen Phase zusammentun, so kann man sich die Möglichkeiten versinnbildlichen, wenn man von dem Raumgitter der einen Komponente ausgeht. Ich kann eine zweite Atomart zunächst in die Zwischenräume des vorhandenen Gitters einlagern, oder ich kann mir Gitterpunkte des vorhandenen Raumgitters mit der zweiten Atomart im Wege des Austausches besetzt denken. Dabei kann diese Besetzung wieder noch in zweifacher Weise vorgenommen werden, nämlich entweder so, daß die Auswechselung in regelmäßiger Reihenfolge geschieht oder indem die Auswechselung nach einem Wahrscheinlichkeitsgesetz erfolgt.

Zwischen dem ersten und den beiden letzten Fällen ist die Möglichkeit der Unterscheidung dadurch gegeben, daß die Dichten in beiden Fällen sehr verschieden ausfallen. Natürlich muß im ersten Fall die Dichte sehr viel größer werden als beim Austausch von Atomen, und in der Tat ist dieses Kriterium z. B. herangezogen worden, um die Einlagerung von Kohlenstoffatomen in das γ-Eisenraumgitter nachzuweisen (vgl. S. 306).

Die regellose und regelmäßige Verteilung beim Austausch kann auf Grund der Röntgeninterferenzen unterschieden werden, wobei allerdings die Frage der Genauigkeit noch nicht völlig geklärt worden ist. Im Falle der regelmäßigen Atomverteilung (vgl. Abb. 214) müssen gegenüber den Interferenzen der Raumgitter der beiden Komponenten noch neue Interferenzen auftreten[1], während im anderen Falle (Abb. 193) dies nicht eintrifft. Der Grund hierfür ist dadurch gegeben, daß sich mit dem verschiedenen Atomgewicht der beiden vorhandenen Atomarten Intensitätsunterschiede der interferierenden Strahlen ergeben. Wenn ich in regelmäßigen Abständen eine Atomart z. B. durch schwerere Atome ersetze, so ist die Intensität der von den schwereren Atomen ausgehenden Strahlen größer als diejenige, welche vorher etwa von den Atomen der leichteren ausgegangen ist. Infolgedessen muß bei der Interferenz dieser Strahlen ein Intensitätsrest übrigbleiben und alle diese übrigbleibenden Wellenzüge kommen dann, wenn ihre Ausgangsorte regelmäßig gelagert sind, aber auch nur dann, für sich zur Interferenz und können neue Linien ergeben. Diese Linien heißen Überstrukturlinien.

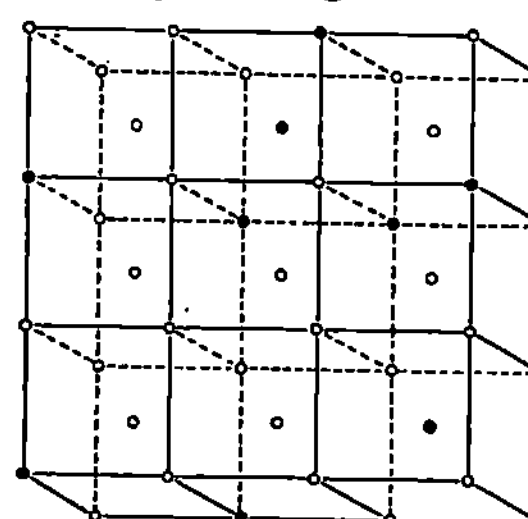

Abb. 193. Ungeordnete Verteilung zweier Atomarten im Raumgitter (nach Glocker).

Die tatsächlichen Feststellungen ergeben beide Arten der Atomverteilung. Wir hatten betont, daß das Zustandsdiagramm an sich nichts über das Verhältnis der Komponenten in einer gemeinsamen

homogenen Phase aussagt. Immerhin lag darin eine gewisse Andeutung auf Besonderheiten, daß die singulären Kristallarten gewöhnlich
bei multiplen Proportionen gefunden werden, wodurch diese homogenen Phasen in einen gewissen Gegensatz zu den festen Lösungen gerückt werden, insbesondere, wenn dieselben sich über den ganzen Konzentrationsbereich erstrecken. Wie schon früher bemerkt, und im nächsten Kapitel noch ausführlich zu behandeln ist, sind auch die Eigenschaften in beiden Fällen recht verschieden. Das bisherige Ergebnis
der Untersuchung läßt sich dahingehend zusammenfassen, daß die
singulären Kristallarten eine regelmäßige Atomverteilung
aufweisen. Hierdurch ist auch am ehesten die Möglichkeit gegeben,
dieselben als Molekülgitter anzusehen. Das Molekülgitter unterscheidet
sich von dem Atomgitter dadurch, daß bestimmte Atome einander
zugeordnet sind, während die Beziehung eines Atomes zu den benachbarten Atomen in einem Atomgitter nirgendwo eine Besonderheit aufweist. Im anderen Extrem des reinen Mischkristalls dürfte demgegenüber eine regelmäßige Atomverteilung meistens nicht
vorhanden sein. Es zeigt sich jedoch, daß zwischen diesen beiden Extremen offenbar Übergänge vorhanden sind. Es sind auch in
lückenlosen Mischkristallarten in einer ganzen Anzahl
von Fällen Überstrukturlinien aufgefunden worden[2] und
zwar hatten diese ihre Maximalintensität bei multiplen Proportionen,
so daß es hier nur auf die Definition ankommt, ob man diese homogene
Phase als Mischkristall oder als Verbindung ansehen will. In diesen
Fällen sind auch die physikalischen Eigenschaften ausgezeichnet. Es
scheint notwendig zu sein, sich über den Mechanismus des Überganges
der geordneten in die ungeordnete Verteilung bei Temperaturänderung
besondere Vorstellungen zu machen, da diese Vorgänge deutliche Temperaturhysteresen zeigen[3]. Die Frage der Struktur von homogenen
Phasen in Mehrstoffsystemen ist von besonderer Bedeutung geworden
durch ihren Zusammenhang mit den von Tammann aufgefundenen
chemischen Eigenschaften derselben, von denen unten (S. 246) noch
zu sprechen ist.

Für die Abhängigkeit der Gitterparameter von der Konzentration der reinen Mischkristalle gilt nach Vegard mit
erheblicher Annäherung ein Additivitätsgesetz.

Literatur.

[1] Vegard und Schjelderup: Phys. Z. Bd. 18, S. 93. 1917. — v. Laue: Ann.
Physik Bd. 56, S. 497. 1918.

[2] Au-Cu, Mo-W. Bain: Chem. Metallurg. Engg. Bd. 28, S. 65, 1923. — Johansson und Linde: Ann. Physik Bd. 78, S. 439. 1925. — Pd-Cu, Holgersson
und Sedström: Ebda. Bd. 75, S. 143. 1924.

[3] Borelius, Johansson und Linde: Ann. Physik Bd. 86, S. 291. 1928.

°d) Die Abhängigkeit der Phasen- und Raumgittergestaltung in Legierungen vom Kristallbau der Komponenten.

Die Art der Legierungsbildung, insbesondere auch die Art der in Legierungen auftretenden Raumgitter muß natürlich letzten Endes durch die Komponenten und schließlich durch den Atombau derselben bedingt sein, sowie durch die Art ihrer gegenseitigen Beeinflussung.

Die ersten systematischen Überlegungen über diese Frage, ausgehend im wesentlichen von der Art der vorliegenden Kristallsysteme und den chemischen Eigentümlichkeiten der reinen Metalle, stammen wohl von Tammann[1]. Diese Überlegungen beschränken sich auf den kristallinen Aggregatzustand und befassen sich mit der Bedingtheit der Bildungen homogener Phasen, wobei die vollständigen Mischkristallreihen und die singulären Kristallarten als intermetallische Verbindungen noch als gegensätzliche Pole homogener Phasengestaltung aufgefaßt werden. Folgende Gesetzmäßigkeiten wurden schließlich formuliert:

Ein beliebiges Element bildet i. d. R. entweder mit allen Elementen einer natürlichen Gruppe im engeren Sinne Verbindungen oder es geht mit keinem der Gruppenbildner eine Verbindung ein.

Intermetallische Verbindungen im oben definierten Sinne bilden gewöhnlich diejenigen Metalle miteinander, welche im periodischen System weit voneinander entfernt stehen.

Zwei Stoffe, die eine lückenlose Mischkristallreihe mit einander bilden sind isomorph. Ihre Kristallform und ihr Raumgitter sind von derselben Art, doch darf man diesen Satz nicht umkehren. Zu der letzteren Formulierung ist nach einer Zusammenstellung von van Liempt zu bemerken, daß diejenigen Metallpaare, welche in allen Temperaturbereichen lückenlose Mischkristallreihen[2] bilden, recht selten sind. Außerdem ist auf die Besonderheit der Raumgitterstruktur in kontinuierlichen Mischkristallreihen aufmerksam zu machen, welche im vorigen Kapitel besprochen wurden.

Weitergehende Aufschlüsse über die innere Bedingtheit der Art der Legierungsbildung hat die neuere Kristallchemie insbesondere auf Grund der Arbeiten von Westgren und Phragmen[3] und Goldschmidt[4] gegeben. Goldschmidt sieht zwei Eigenschaften der ein Mehrkomponentensystem bildenden Stoffe als in erster Linie maßgebend für die Art der Strukturgestaltung an. Erstens ist hier bestimmend das Verhältnis der Atom- bzw. Ionenradien, welche zu einer neuen homogenen Phase zusammentreten. Überschreitet dieses Verhältnis einen gewissen Wert, so wird die Art der Packung der Atome bzw. Ionen eine andere werden müssen. Natürlich hängt die Art der Packung auch noch von den Mengenverhältnissen der beiden Atom- bzw. Ionenarten ab. Diese Formulierung ist besonders einleuchtend, wenn man sich zunächst auf kugelförmige Atome beschränkt. Mit dieser Kugelförmigkeit ist natürlich nicht immer zu rechnen und der zweite der oben genannten Grundsätze besteht nun in der Einführung der Polarisationseigenschaften der Atome, welche grob aus- gedrückt eben den Abweichungen der Atomform von der Kugel Rech- nung tragen. Bei Salzen ist besonders die erste Formulierung mit großer Genauigkeit bewahrheitet gefunden und ist auch quantitativ begründet worden. Es ergibt sich z. B. sowohl bei den Fluoriden als auch bei den Oxyden einer Reihe von Metallen, daß bei einem Über- schreiten des Quotienten der Atomradien über den Wert 0,7 überall die sog. Rutilstruktur in die Fluoridstruktur überschlagen müßte, was auch tatsächlich erfolgt. Bei den Metallen liegt die Sache insofern schwieriger, als die Bausteine der Raumgitter, die wir in geladenen Atomrümpfen und Elektronen zu sehen haben, einander nicht in der leicht übersehbaren Weise gegenüberstehen wie die beiden Ionen eines Salzes und auch hier wieder die Schwierigkeiten der Elektronentheorie auftauchen. Goldschmidt sieht also für die Gestaltung homogener Phasen von Metallen im Mehrstoffsystem in erster Linie als maß- gebend oder doch wenigstens erfaßbar die Polarisationseigen- schaften der Atome an, danach ist dann vor allen Dingen auch ein Einfluß der Wertigkeit der Atome zu erwarten, denn eine solche Wertigkeit bedingt ja schon der Zahl nach den Symmetriecharakter eines Atomrumpfes. Diese Erwartungen findet man auch bestätigt, wenn man Legierungen mit Zustandsdiagrammen desselben Typs miteinander vergleicht.

Man hat schon früh nach Ermittlung der ersten Zustandsdiagramme die Tatsache erkannt, daß eine ganze Reihe komplizierterer Zustands- diagramme einen sehr weitgehend ähnlichen Typ aufweist, in- dem die Temperatur und Konzentrationsabhängigkeit der Phasen- gestaltung qualitativ sehr weitgehend übereinstimmt und nur quanti- tative Unterschiede aufweist. Am auffälligsten wird diese Erscheinung z. B. bei den CuSn-, CuAl-, CuZn-, CuCd-Legierungen. Wenn man von einer Wertigkeit der Atome im metallischen kristallisierten Zustande spricht, dann schreibt man damit den betreffenden Raumgittern eine verschiedene Elektronenkonzentration zu. Nach Goldschmidt ist eine gewisse Elektronenkonzentration nötig, um z. B. die Bildung eines körperzentrierten regulären Raumgitters mit Kupfer als einer Komponente zu erzielen. Hierzu genügt, eine atomprozentisch viel klei- nere Menge des vierwertigen Zinns, während eine erhebliche Menge des zweiwertigen Zinks notwendig ist, um denselben Effekt zu erzielen.

Inwieweit diese Valenzzahlen streng richtig gewertet sind, dürfte freilich noch dahingestellt sein.

Vergleiche auch die Überlegungen von Friedrich, S. 101.

Literatur.

[1] Lehrb. d. Metallogr., 3. Aufl., S. 244. Leipzig 1923.

[2] Ag-Au, Ag-Pd, Au-Pd, Co-Ni, Ni-Pd, W-Mo, Fe-V, K-Rb, Pd-Pt, (Cu-Ni), (Co-Mn). Recueil des travaux chimiques des Pays-Bas Bd. 45, Nr. 2. 1926.

[3] Zuletzt: Kolloid-Z., Erg.-Bd. zu Bd. 36, S. 86. 1925.

[4] Zuletzt: Z. techn. Phys. Bd. 8, S. 251. 1927.

°e) Die Möglichkeiten der Herstellung fester Metallkörper aus mehreren Komponenten.

Die festen Metallkörper, welche Legierungen sind, werden ebenso wie die entsprechenden aus reinem Metall bestehenden Körper in weitaus überwiegendem Maße durch den Schmelzprozeß und die daran anschließende Erstarrung hergestellt. Die Möglichkeiten dieser Legierungsbildung, der Zustandsweg, den das Material dabei beschreibt, sind durch das Zustandsdiagramm gegeben; der Ausfall der Gefüge ist, wie wir gesehen haben, im einzelnen noch von Geschwindigkeitsfaktoren abhängig. Dadurch ist bedingt, daß eine Herstellung solcher Legierungskörper nur dann durchführbar ist, wenn im flüssigen Zustande eine erhebliche Löslichkeit der beiden Komponenten ineinander vorliegt.

Die darin liegende Beschränkung für die Herstellung von Metallkörpern aus mehreren Komponenten kann auf folgende Weise überwunden werden, wenn man nämlich auch auf den Herstellungsprozeß fester Körper aus mehreren Komponenten die Methoden anwendet, welche wir außer der Schmelzmethode bereits bei den Einstoffsystemen kennengelernt hatten, nämlich die Methode der Synthese aus pulverförmigem Material und Elektrolyse.

Es hat sich gezeigt, daß die Herstellung synthetischer Körper auch aus solchen Komponenten möglich ist, welche im flüssigen Zustande gar keine Löslichkeit aufweisen. Das für die Herstellbarkeit nunmehr in Frage kommende Moment ist ja das Wirksamwerden der an der Gitteroberfläche der Kristallpartikelchen ungesättigten Gitterkräfte. Diese Gitterkräfte sind naturgemäß vom Material abhängig, aber diese Verschiedenheit der Abhängigkeit scheint nicht so groß zu sein, daß irgendwo die Kraftwirkung für die Herstellung synthetischer Körper überhaupt in Frage gestellt werden könnte. In dem Falle, daß im festen Zustande eine Diffusionsmöglichkeit der beiden Komponenten ineinander besteht, wird diese Diffusion natürlich auch bei der Herstellung synthetischer Körper zur Mischkristallbildung führen. Es ist jedoch keineswegs notwendig, daß diese Diffusionsvorgänge die Festigkeit der entstehenden synthetischen Körper etwa besonders günstig beeinflussen. Es scheint, solange dieser Prozeß nicht sehr weit gefördert ist, daß für die Festigkeit des synthetischen Körpers immer der Zustand an den Kristallitenoberflächen maßgebend ist. Natürlich wird auch bei der Herstellung legierter synthetischer Körper die Anwendung eines Preßdruckes bei hohen Temperaturen im allgemeinen günstig sein. Die Anwendung der synthetischen Methode empfiehlt sich nicht bloß in dem Falle, wenn im flüssigen Zustand überhaupt nicht lösliche Komponenten vorliegen, sondern z. B. auch dann, wenn die Schmelzpunkte an sich löslicher Komponenten sehr hoch liegen oder auch, wenn es sich um fein verteilte Einlagerung einer intermetallischen Verbindung in einer anderen Kristallart handelt, was vielleicht durch einen Schmelzprozeß nicht möglich ist, aber bei der oben behandelten Natur der intermetallischen Verbindungen empfehlenswert ist[1]. Beispiele für die Anwendung dieser Verfahren sind die Herstellung von Schneid- (S. 387) und Lagermetallen.

Die Erzeugung von Legierungskörpern durch Elektrolyse kann sowohl bei hohen Temperaturen aus dem Schmelzfluß als auch aus wäßrigen Elektrolyten erfolgen. Diese Methode ist wie die synthetische nicht auf Vorschriften des Zustandsdiagrammes angewiesen, wird aber bei Materialien tatsächlich im allgemeinen nur gebraucht, welche auch aus der Schmelze herstellbar sind, wobei bis jetzt wesentlich nur die wäßrige Elektrolyse eine Rolle spielt. Immerhin ist auch bei diesen Legierungen sicher der Weg der Herstellung auf ihre Struktur von wesentlichem Einfluß. Wenn die Legierungen, insbesondere Mischkristalle durch Schmelzflußelektrolyse in festem Zustand erzeugt werden, ist von vornherein damit zu rechnen, daß eine weitgehende Annäherung der Struktur an die durch das Zustandsdiagramm vorgeschriebenen Formen stattfindet, wobei natürlich die Diffusion eine wesentliche Rolle spielen wird. Bei der Elektrolyse bei tiefer Temperatur ist damit nicht zu rechnen. Auch wenn hier mischkristallähnliche Phasen entstehen, dürfte ihre Struktur vom Gleichgewichtszustand ziemlich weit entfernt sein, insbesondere dürfte die Entstehung homogener Phasen mit regelmäßiger Verteilung der Atome sehr unwahrscheinlich sein. Natürlich sind die Konzentrationsbereiche der so entstehenden Mischkristallphasen nicht an die durch das Zustandsdiagramm gegebenen gebunden. Die Eigenschaften dieser Phasen müssen von denen der Gleichgewichtsphasen erheblich verschieden sein[2]. Das bekannteste Beispiel für eine solche Legierungsbildung ist das der Vermessingung.

Literatur.

[1] Sauerwald und Jaenichen: Z. Elchem. 1925, S. 18.

[2] Tammann: Z. anorg. u. allg. Chem. Bd. 107. 1919. — Sauerwald: Ebda. Bd. 111, S. 243. 1920. — Creutzfeldt: Ebda. Bd. 121, S. 25. 1922. — Vgl. weiterhin: Kremann, A.: Elektrochemische Metallkunde. Berlin: Bornträger 1921; Ders.: Elektrolyt. Darstellg. v. Leg. Braunschweig: Vieweg 1914.

°f) Die physikalischen und mechanischen Eigenschaften der Legierungen und weitere Folgerungen daraus für ihre Konstitution.

1. Die Eigenschaften der flüssigen Legierungen.

Die Untersuchung der Eigenschaften der flüssigen Legierungen ist, abgesehen davon, daß sie uns zahlenmäßige Kenntnisse verschafft, deshalb von besonderer Bedeutung als sie allein es uns bisher ermöglicht, über ihre Konstitution gewisse Aussagen zu machen. Dabei interessieren uns nur die homogenen Lösungen, da die Eigenschaften flüssiger heterogener Systeme von Metallen im allgemeinen überhaupt nicht zum Gegenstand von Untersuchungen werden, insbesondere, wenn die flüssigen Schichten sich übereinander absetzen. Bisher sind nur binäre Systeme bearbeitet worden. Bezüglich der Temperatur-abhängigkeit der Eigenschaften ist prinzipiell neues gegenüber dem bei den reinen Metallen (S. 7) Gesagten nicht festzustellen. Unser Hauptinteresse wendet sich vielmehr der Abhängigkeit der Eigenschaften von der Konzentration zu. Diese Konzentrationsabhängigkeiten können je nach der Art der Eigenschaft in zwei große Hauptgruppen unterteilt werden, nämlich erstens in solche, wo die Ab-

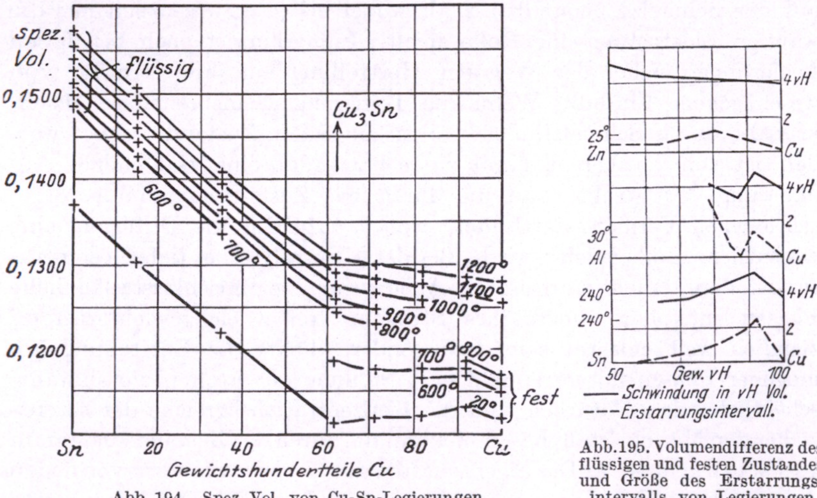

Abb. 194. Spez. Vol. von Cu-Sn-Legierungen (nach Bornemann und Sauerwald).

Abb. 195. Volumendifferenz des flüssigen und festen Zustandes und Größe des Erstarrungsintervalls von Legierungen (nach Sauerwald.)

hängigkeit im wesentlichen auf eine Additivität der Eigenschaften schließen läßt und zweitens in solche, wo größere Abweichungen davon vorliegen.

Beim spezifischen Volumen zeigt sich dies nach den Untersuchungen von Sauerwald und Mitarbeitern[1] am reinsten ausgeprägt.

Es gibt flüssige Legierungen, bei denen sich das spezifische Volumen mit einer nur von der Fehlergrenze der Bestimmungen abhängenden Genauigkeit linear nach der Mischungsregel aus den Volumina der reinen Komponenten bestimmen läßt. Bei anderen Legierungen liegen jedoch bei mittleren Konzentrationsbereichen entweder erhebliche Kontraktionen oder Dilatationen vor gegenüber den nach der Mischungsregel zu errechnenden Werten. Als Repräsentanten für diese letzte Möglichkeit sind in der Abb. 194 Volumenisothermen für Cu-Sn-

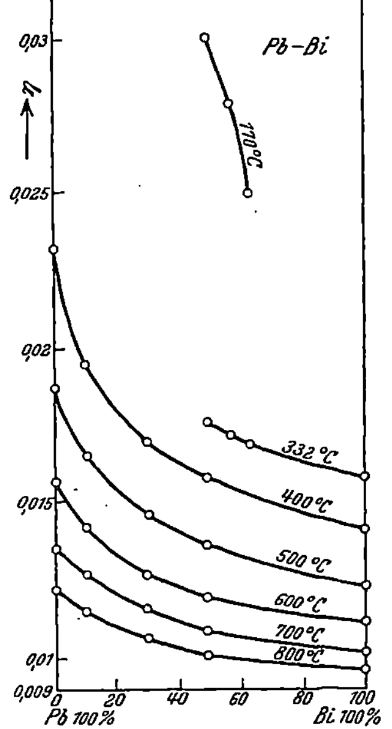

Abb. 196. Innere Reibung von Pb-Bi-Legierungen (nach Bienias und Sauerwald).

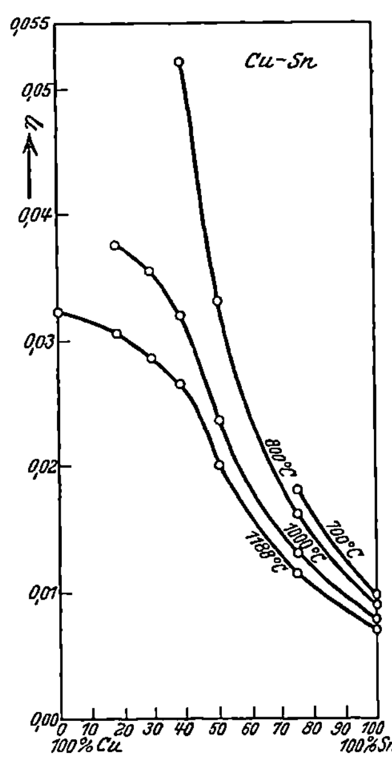

Abb. 197. Innere Reibung von Cu-Sn-Legierungen (nach Bienias und Sauerwald).

Legierungen wiedergegeben. Es ist ohne weiteres klar, daß im ersten Falle auch die Differentialquotienten $\dfrac{dv_s}{dT}$ additiv aus denen der reinen Komponenten berechenbar sind, im zweiten Falle nicht. Die Volumenänderung beim Erstarren der Legierungen hängt nach Sauerwald stark von der Größe des Erstarrungsintervalles ab (Abb. 195).

Bei der inneren Reibung ist die Additivität nach den Arbeiten von Sauerwald und Mitarbeitern[2], auch wenn keine starken Abweichungen von derselben vorliegen, doch immer nur mit einer gewissen Annäherung festzustellen. Diese Abweichung von der Additivität besteht darin, daß die innere Reibung der Legierungen kleiner zu sein pflegt als die nach der Mischungsregel berechneten Werte (Abb. 196).

Von diesen Legierungen unterscheiden sich deutlich andere, bei denen eine Kurve mit einem Wendepunkt für die Konzentrationsabhängigkeit der inneren Reibung festgestellt werden konnte (Abb. 197). In allen diesen Fällen ist die Temperaturabhängigkeit der Fluidität angenähert linear.

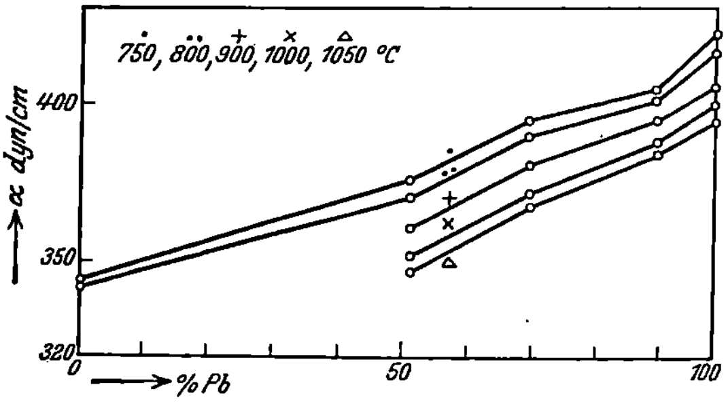

Abb. 198. Oberflächenspannung von Pb-Bi-Legierungen (nach Drath und Sauerwald).

Die Oberflächenspannung der flüssigen Legierungen weist am wenigsten ausgeprägte Unterschiede der beiden genannten Legierungsgruppen auf[3]. Strenge Additivität der Oberflächenspannung in den Legierungen ist nicht festgestellt worden, die Oberflächenspannung ist immer geringer als nach dem Mittelwertsatz zu erwarten wäre; die Legierungen, welche bei den obigen Eigenschaften in die zweite Gruppe verwiesen wurden, weisen auch hier die stärksten Abweichungen auf (Abb. 198 und 199). Die Temperaturabhängigkeit der Oberflächenspannung der Legierungen ist bei genügend über dem Punkte der beginnenden Erstarrung liegenden Temperaturen linear. Bei tieferen Temperaturen treten häufig positive Temperaturkoeffizienten auf.

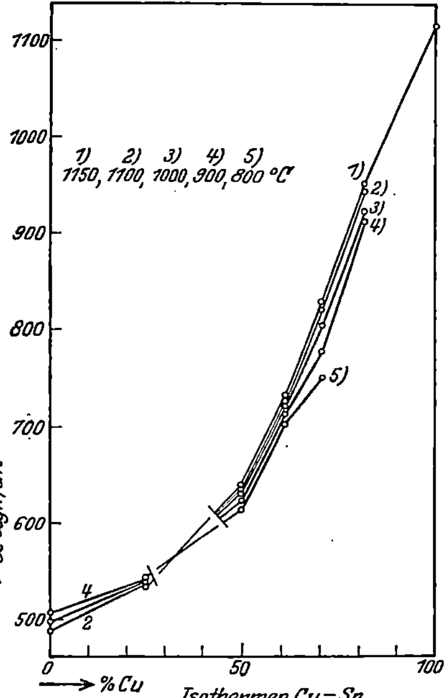

Abb. 199. Oberflächenspannung von Cu-Sn-Legierungen (nach Drath und Sauerwald).

Die elektrische Leitfähigkeit[4] flüssiger Legierungen hängt von der Konzentration nach der Funktion einer Kettenlinie ab. Bei einer Gruppe von Legierungen treten Abweichungen von der einfachen Form der Kettenlinie auf. Diese ist, soweit bis jetzt ersichtlich, identisch mit der oben zu zweit genannten Gruppe. In besonders ausgeprägten Fällen sind Maxima in diesen Kurven zu verzeichnen. — Es liegt natürlich sehr nahe, über die Konstitution der genannten

Gruppen von Legierungen eine Aussage zu machen[5]. Wenngleich wir schon bei den reinen Metallen sahen (S. 6 u. ff.), daß wir mit Komplexbildungen im flüssigen Zustand rechnen müssen, und obgleich der Einfluß der Legierungsbildung auf diese Komplexbildung von vornherein nicht zu übersehen ist, so ist doch bei der Stärke der Änderung der Eigenschaften mit sich ändernder Konzentration kaum anzunehmen, daß nur die Veränderung in den Komplexen der reinen Metalle etwa für diese Eigenschaftsänderung verantwortlich ist. Es ist demgegenüber vielmehr sehr naheliegend, anzunehmen, daß auch die fremden Atomarten Komplexe miteinander eingehen können, daß also mit anderen Worten eine Verbindungsbildung zwischen Metallen im flüssigen Zustand möglich ist, die dann für starke Eigenschaftsänderungen mit fortschreitender Konzentration verantwortlich zu machen ist. Natürlich sind diese Verbindungen im flüssigen Zustand als im Gleichgewicht befindlich mit den reinen Komponenten und deren Komplexbildung anzunehmen. Eine Berechnung ihres Dissoziationsgrades ist jetzt noch nicht möglich, eine ungefähre Schätzung der unteren Grenze desselben ist aus den Volumenisothermen vorgenommen worden[6].

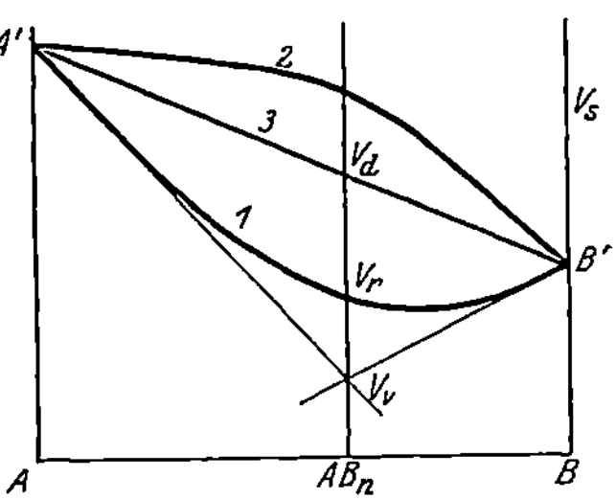

Abb. 200. Schätzung des Dissoziationsgrades intermetallischer Verbindungen (nach Sauerwald).

Für eine unter Kontraktion sich bildende Verbindung (Abb. 200, Kurve *1*) läßt sich diese folgendermaßen durchführen.

Man bestimmt das fiktive Volumen einer undissoziierten Verbindung V_v in der Weise, wie Abb. 200 zeigt, aus den Tangenten in den Endpunkten einer Volumenisotherme, und man nimmt weiterhin an, das tatsächlich festgestellte Volumen V_r ergebe sich als Mittelwert zwischen dem tatsächlich vorhandenen Anteil der undissoziierten Verbindung und dem Volumen der völlig dissoziierten Anteile; dieses Volumen V_d ergibt sich nach der Mischungsregel. Da das so bestimmte Volumen der undissoziierten Verbindung nur ein Grenzwert ist, ergibt sich aus der Gleichung

$$x = \frac{V_r - V_v}{V_d - V_v}$$

auch nur die untere Grenze des Dissoziationsgrades.

Die so ermittelten Zahlen für 900° sind folgende:

Verbindung	Mindestwert des Dissoziationsgrades
Cu₃ Sn	23 %
Cu₃ Sb	50 %

In besonderen Fällen ist es nicht nötig, die Isothermen für eine ganze Legierungsreihe zu ermitteln, um aus ihrer Form auf die Konstitution im flüssigen Zustand schließen zu können. So hat sich z. B. mit großer Wahrscheinlichkeit ergeben, daß in den geschmolzenen Eisenkohlenstofflegierungen Karbidmoleküle vorhanden sind. Die Abhängigkeit des spezifischen Volumens von der Temperatur unter Einbeziehung des Volumensprunges beim Übergang in den festen Zustand erlaubt diese Aussage, wie auf S. 307 näher ausgeführt wird.

Eine weitere Bestätigung für die Bildung intermetallischer Verbindungen im flüssigen Zustande ergeben folgende Feststellungen:

Die nur bei niedrigschmelzenden Legierungen, z. B. Amalgamen, ausgeführten Untersuchungen über Dampfdrucke[7] sind meist ausgeführt worden, um das Zutreffen oder Nichtzutreffen des Raoultschen Gesetzes der Dampfdruckerniedrigung nachzuprüfen. Beide Möglichkeiten wurden verwirklicht gefunden, das Nichtzutreffen des Raoultschen Gesetzes führt ebenfalls zur Annahme von Komplexbildungen.

Die Molekulargewichtsbestimmungen haben in verdünnten Lösungen meist Einatomigkeit, jedoch auch Ausnahmen hiervon ergeben[8]. Wegen der Konstitution verdünnter flüssiger Legierungen vgl. man auch S. 172.

Im Falle einer Verbindungsbildung ist gegenüber der reinen Lösung mit einer erheblichen Bildungswärme dieser Komplexe zu rechnen. Eine solche ist erstmalig tatsächlich bei Kupferantimonlegierungen von Sauerwald[6] festgestellt worden; systematische Untersuchungen von Magnus und Mannheimer[9] und Kawakami[10] haben es auch wieder erlaubt, die flüssigen Legierungen in zwei Gruppen, die mit den obengenannten, soweit die Untersuchungsergebnisse reichen, identisch sind, einzuteilen.

Auch die Analyse der magnetischen Eigenschaften ist in derselben Richtung verwendet worden[11].

Ferner hat sich herausgestellt, daß flüssige Legierungen elektrolysierbar sind. Es wurde dies zuerst an Ammonium- und Natriumlegierungen ermittelt[12] und später hat Kremann[13] mit seinen Mitarbeitern umfangreiche Untersuchungen über diesen Effekt angestellt.

Zur endgültigen Aufklärung der Konstitution der flüssigen Legierungen gehört schließlich eine Elektronentheorie derselben. Ein Ansatz hierzu ist von Skaupy[14] gemacht worden, welcher die elektrische Leitfähigkeit proportional der Elektronenkonzentration und umgekehrt proportional der inneren Reibung gesetzt hat.

Die Existenz intermetallischer Verbindungen im dampfförmigen Zustand ist umstritten[15].

Literatur.

[1] S. mit Bornemann, Allendorf, Landschütz, Wecker, Widawski: Z. Metallkunde Bd. 14, S. 154, 254, 457. 1922; Z. anorg. u. allg. Chem. Bd. 135, S. 327. 1924; Bd. 149, S. 273. 1925; Bd. 153, S. 319. 1926; Bd. 155, S. 1. 1926.

[2] S. mit Töpler, Bienias: Z. anorg. u. allg. Chem. Bd. 135, S. 255. 1924; Bd. 157, S. 117. 1926; Bd. 161, S. 51. 1927.

[3] Sauerwald und Drath: Z. anorg. u. allg. Chem. Bd. 154, S. 79. 1926; Bd. 162,

S. 301. 1927. S. u. Krause: Diss. Breslau T. H. 1929.—Matuyama: Sc. Rep. of the Tohoku Imp. Univ. S. I. Bd. 16, Nr. 5, S. 555. 1927.

[4] Bornemann, Müller, Rauschenplat und Wagenmann: Metallurgie Bd. 7, S. 730. 1910; Bd. 9, S. 473. 1912; Ferrum Bd. 11, S. 276. 1913/14. — Matuyama: Sc. Rep. of the Tohoku Imp. Univ. S. I, Bd. 16, Nr. 4. 1927.

[5] Vgl. die Zusammenfassung von F. Sauerwald: Z. Metallkunde Bd. 18, S. 137. 1926, und Gieß. Bd. 16, S. 49, 1928.

[6] Sauerwald: Z. Elchem. 1923, S. 85.

[7] Vgl. u. a.: Sieverts und Oehme: Ber. dtsch. chem. Ges. Bd. 46, S. 1238. — Ruff und Bormann: Z. anorg. u. allg. Chem. Bd. 88, S. 397. — Beckmann und Liessche: Ebda. Bd. 89, S. 171. 1914. — Hildebrand und Mitarb: J. Am. Chem. Soc. Bd. 37, S. 2452; Bd. 42, S. 545. — Egerton und Raleigh: Journ. chem. soc. Ld. Bd. 123, S. 3024. — Millar: J. Am. Chem. Soc. Bd. 49, S. 3003. 1927. — Bent und Hildebrand: Ebda. 3011.

[8] Vgl. Landoldt-Börnstein: Phys.-Chem. Tab.

[9] Z. phys. Chem. Bd. 121, S. 267. 1926.

[10] Sc. Rep. of the Tohoku Imp. Univ. S. I, Bd. 16, Nr. 8. 1927.

[11] Honda und Endo: Inst. met. Bd. 1, S. 29. 1927.

[12] Kraus, Ch. A.: Naturwissensch. 1922, S. 964.

[13] Mh. Chem. Bd. 47, S. 295. 1926.

[14] Phys. Z. 1920, S. 597.

[15] v. Wartenberg: Z. Elchem. Bd. 20, S. 443. 1914. — Eucken und Neumann: Z. Elchem. Bd. 28, S. 322. 1922. — Walter u. Barrat geben neuerdings 1—2% zweiatomige Alkaliverbindungen im Dampf an. Proc. Roy. Soc. Ld. S.A. Bd. 119, S. 257.

2. Die Eigenschaften der festen Metallegierungen.

Die prinzipiellen Gesetzmäßigkeiten der Abhängigkeit der mechanischen Eigenschaften fester Metallegierungen von ihrer Konzentration können bisher im großen und ganzen nur auf Grund der Erfahrungen an Zweistoffsystemen behandelt werden. Doch ist nicht zu erwarten, daß bei Mehrstoffsystemen wesentliche Änderungen gegenüber diesen Einsichten auftreten[1]. Wir unterscheiden danach ganz wesentlich die heterogenen und homogenen Legierungen von einander.

α) **Die heterogenen Legierungen.** In den heterogenen Legierungen finden wir die Eigenschaften, mit mehr oder weniger großer Genauigkeit, als Mittel der Eigenschaften der Kristallarten, aus denen das heterogene Gefüge besteht, sei es, daß dieselben die reinen Komponenten oder gesättigte Mischkristalle oder auch singuläre Kristallarten darstellen. Dabei hängt die Art der Mittelwertbildung von der Art der Eigenschaft ab. Besonderheiten sind nur zu erwarten, wenn die Unterteilung des heterogenen Gemenges besonders weit getrieben ist, da dann die Auswirkung der Oberflächenenergie der fein verteilten Kristallart zur Geltung kommen kann (vgl. weiter unten und S. 329).

Das spezifische Volumen[2] errechnet sich nach dem linearen Mittelwertsatz aus den Werten der Kristallarten, welche zu dem heterogenen Gefüge zusammentreten. Dies leuchtet zunächst ohne weiteres

für die Entstehungstemperatur des heterogenen Gefüges ein, vorausgesetzt, daß in dem betreffenden Metallkörper nicht grobe Poren u. dgl.
vorhanden sind. Mit absoluter Genauigkeit ist die Frage der Volumengestaltung in anderen Temperaturbereichen nicht von vornherein zu
entscheiden, da zu beachten ist, daß im allgemeinen die beiden Kristallarten einen verschiedenen Ausdehnungskoeffizienten haben werden.
Es werden also in einem derartigen Kristallitenkonglomerat, welches
Temperaturänderungen durchmacht, bei der Abkühlung Spannungen
im Gefüge auftreten. Diese Spannungen können zu plastischen Verformungen führen oder nicht. Auf jeden Fall ist mit einer gewissen
Beeinflussung des Volumens durch diesen Vorgang zu rechnen. Derselbe scheint sich jedoch nicht derartig auszuwirken, daß sehr erhebliche
Abweichungen von den auch bei beliebigen Temperaturen nach dem
Mittelwertsatz zu errechnenden Volumenwerten auftreten. Das spezifische Gewicht kann natürlich nicht additiv aus den Werten für
die isolierten Kristallarten berechenbar sein, wenn dies für das spezifische Volumen zutrifft. In Konsequenz des Gesagten sind auch die
Ausdehnungskoeffizienten $\dfrac{dV_s}{dt}$ nach der Mischungsregel berechenbar.

Streng additiv verhalten sich die spezifischen Wärmen heterogener Legierungen.

Bei der Eigenschaftsgruppe der elektrischen Leitfähigkeit,
der Wärmeleitung, der Dielektrizitätskonstante und der
optischen Eigenschaften ist von vornherein schwer zu übersehen,
wie die Mittelwertbildung bei der Eigenschaftsberechnung heterogener
Systeme zu erfolgen hat. Nach Guertler[3] zeigt dies schon die einfache Überlegung, daß die Anordnung der Teilchen von Einfluß auf
die Eigenschaften sein muß. So muß die elektrische Leitfähigkeit verschieden ausfallen, je nachdem ich mir ein heterogenes Aggregat aus
längs oder quer gestellten, durch das ganze Aggregat durchlaufenden verschiedenartigen Teilen aufgebaut denke. Untersuchungen von Lichten-
ecker[4], Esmarch[5], Dejmek[6] haben gezeigt, daß man die Versuchs-
resultate am besten wiedergeben kann, wenn man ansetzt, daß der Lo-
garithmus der oben genannten Eigenschaften linear von der räumlichen
Konzentration abhängig sei (Logarithmische Mischungsregel).

Die genaue Formulierung der Konzentrationsabhängigkeit der
Festigkeitseigenschaften heterogener Gefüge macht noch größere
Schwierigkeiten, wenn eine gewisse Additivität in den meisten
Fällen auch von vornherein festzustellen ist. Bezüglich der Härte hat
sich die logarithmische Mischungsregel auch hier bewährt. Im Gleichgewichtszustand scheinen Gefügeausbildungen wie die des Eutektikums keine Besonderheiten gegenüber dieser Formulierung mit sich
zu bringen[7]. Anders liegen die Dinge, wenn eine der beiden Kristall-

arten nur in submikroskopischen Dimensionen vorliegt. Dieser Fall kann dann eintreten, wenn aus einem Mischkristall dem Gleichgewichtsdiagramm nach sich bei tiefen Temperaturen ein anderer Mischkristall ausscheidet, eine solche Ausscheidung bei der Gleichgewichtstemperatur jedoch durch Abschrecken verhindert wird und die Segregation erst bei noch tieferen Temperaturen zugelassen wird, bei denen dieselbe nur zu submikroskopischen Kristalldimensionen führt. Dann zeigt ein solches hochdisperses System einen sehr hohen Formänderungswiderstand.

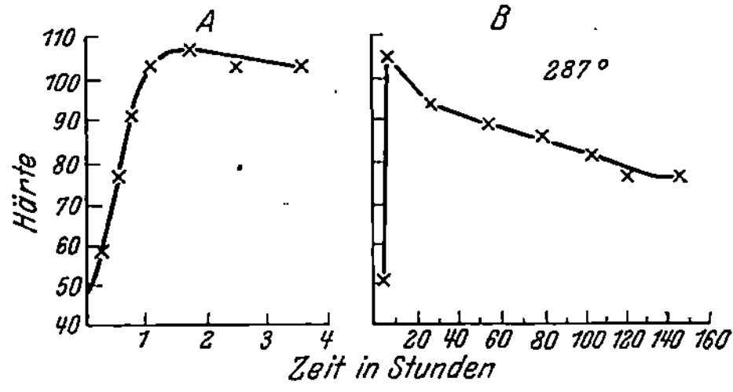

Abb. 201. Die Härte von Ag-Cu-Legierungen in Abhängigkeit von mit der Zeit abnehmendem Dispersitätsgrad (nach Fraenkel).

Dieser sinkt wieder, wenn die Segregation weitere Fortschritte macht, oder wenn, wie man sagt, der kritische Dispersitätsgrad überschritten wird. Den Verlauf der Härteänderung einer Ag-Cu-Legierung mit abnehmender Dispersion zeigt Abb. 201 nach Fraenkel[8] (vgl. S. 445ff.).

β) **Die homogenen Legierungen.** In den Zustandsgebieten der homogenen Phasen ist von vornherein eine bedeutend stärkere gegenseitige Beeinflussung der Komponenten zu erwarten als dies in den heterogenen Gebieten der Fall ist. In der Tat zeigt sich nun auch unter Umständen eine außerordentlich starke Abweichung der Eigenschaften von Mischkristallen oder auch intermetallischer Verbindungen von denen der reinen Komponenten. Die Beeinflussungen fallen verschieden aus, je nachdem welchen Charakter die homogenen Legierungen aufweisen. Wir hatten früher ja bereits die beiden Extreme der Mischkristallbildung und der Verbindungsbildung gekennzeichnet, wie sie sich in Verfolg der Röntgenuntersuchungen ergeben haben.

Das spezifische Volumen[2] reiner Mischkristalle zeigt gewöhnlich keine erheblichen Abweichungen von der Additivität, was dem Vegardschen Additivitätsgesetz über die Gitterparameter entspricht (Abb. 202).

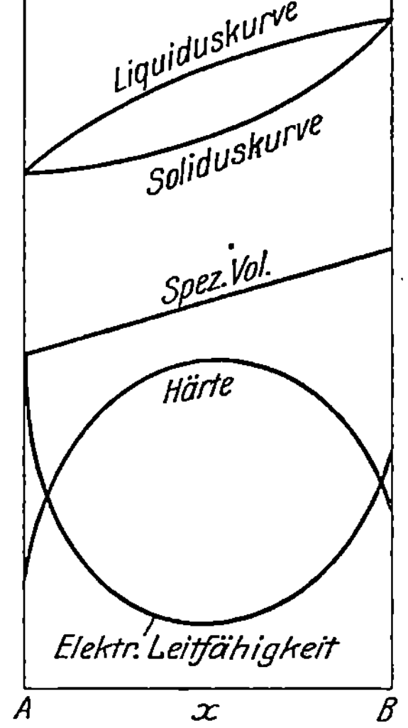

Abb. 202. Abhängigkeit der Eigenschaften von Mischkristallen von der Zusammensetzung (Geiger-Scheel).

Homogene Phasen von verbindungsartigem Charakter zeigen dagegen sehr erhebliche Kontraktionen oder Dilatationen beim Zusammen-

15*

treten der Komponenten. In vielen Fällen wurde nachgewiesen, daß diese Volumenänderung der auch im flüssigen Zustande feststellbaren Änderung entspricht (Abb. 194) (S. 220). Es können in homogenen Mehrstoffphasen ferner erhebliche Änderungen des Ausdehnungskoeffizienten gegenüber denen der reinen Komponenten auftreten, was technisch von wesentlicher Bedeutung werden kann (Invar S. 368).

Das elektrische Leitvermögen[9] ist von der Konzentration von Mischkristallen außerordentlich stark abhängig, und zwar hat die entsprechende Kurve bei einer vollständigen reinen Mischkristallsreihe die

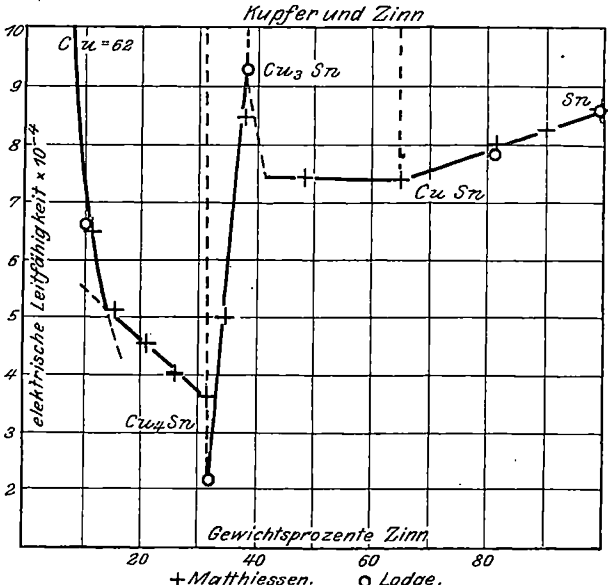

Abb. 203. Elektrische Leitfähigkeit von Cu-Sn-Legierungen in Abhängigkeit von der Zusammensetzung (Mittg. K.W.J. Metallforsch.).

Form einer Kettenlinie, wobei die anfängliche Herabsetzung der Leitfähigkeit durch geringe Mengen des zweiten Metalls besonders stark ist (Abb. 202). Die singulären oder ihnen nahestehende Kristallarten, welche z. B. in Zweistoffsystemen neben ausgesprochen reinen Mischkristallphasen vorkommen, pflegen demgegenüber meist eine verhältnismäßig hohe Leitfähigkeit zu haben, so daß ein entsprechendes Diagramm die Form hat, wie in Abb. 203 gekennzeichnet. Die Temperaturkoeffizienten verhalten sich ähnlich wie die Leitfähigkeiten. Von ganz besonderem Interesse ist es nun, daß in solchen vollständigen Mischkristallreihen, in denen mit der Röntgenuntersuchung eine regelmäßige Atomverteilung aufgefunden wurde, eine sehr komplizierte Abhängigkeit der elektrischen Leitfähigkeit von der Konzentration ge-

funden wurde. Wie die Abb. 204 zeigt, tritt nämlich gerade bei den eben
genannten Konzentrationen sehr schroffes Steigen der elektrischen Leitfähigkeit ein, d. h. diese Konzentrationen verhalten sich ähnlich wie
singuläre Kristallarten[10].

Farbe und Reflexionsver-
mögen homogener Mehrstoffphasen hängen von der Zusammensetzung in Funktionen ab,
die z. T. sehr weit von der Additivität entfernt sind[11]).

Das Wärmeleitvermögen
fällt gewöhnlich in Mischkristallen
nicht in demselben Maße wie das
elektrische Leitvermögen[12].

Die thermoelektrischen
Kräfte von Mischkristallreihen
können entweder linear von der
Konzentration abhängen, oder
auch stärkere Abweichungen von
einer solchen einfachen Funktion
zeigen[13].

Ein ziemlich bedeutender Unterschied zwischen der interme-

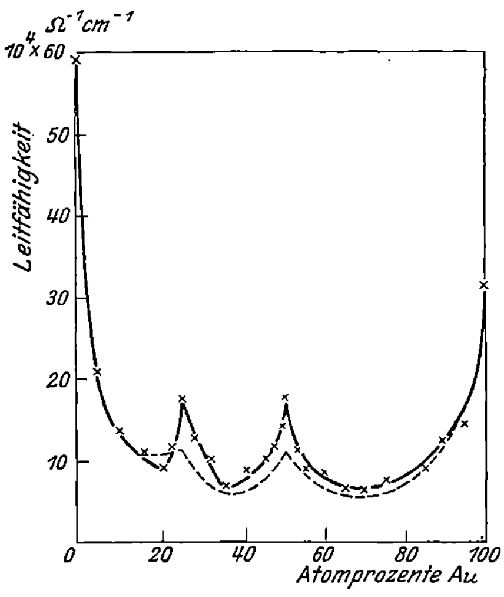

Abb. 204. Elektrische Leitfähigkeit von Au-Cu-
Legierungen nach[10] (Landolt-Börnstein).

tallischen Verbindung und dem reinen Mischkristall besteht insofern, als
die Bildungswärme der ersten recht beträchtlich ist[14] (vgl. S. 224).

Außerordentlich wichtig ist nun das Verhalten der homogenen
Mehrstoffphasen in mechanischer Beziehung. Ausnahmslos wird
durch diese Art der Legierungsbildung eine Erhöhung des Formänderungswiderstandes erzielt. Sowohl in reinen Mischkristallreihen als
auch besonders in singulären Kristallarten können diese Änderungen
hohe Beträge erreichen. In reinen Mischkristallreihen pflegt der Formänderungswiderstand etwa in einer Kurve wie die Abb. 202 wiedergibt, von der Konzentration abzuhängen[15]. Diese Kurvenform ist
nicht etwa auf niedrige Temperatur beschränkt, sondern wurde auch
bei höheren Temperaturen gefunden[16]. Es geht daraus hervor, daß
die Erhöhung des Formänderungswiderstandes der Mischkristallbildung an sich eigentümlich ist und nicht etwa durch Spannungen der
sich von der Schmelztemperatur abkühlenden Kristalle hervorgerufen
wird. Die Erhöhung des Formänderungswiderstandes durch Mischkristallbildung ist auch an Einkristallen studiert worden[17]. Von sehr großer
technischer Bedeutung ist es nun, daß die reinen Mischkristalle und die
Phasen verbindungsähnlichen Charakters sich hinsichtlich ihres Formänderungsvermögens recht beträchtlich unterscheiden[18]. Während

die Steigerung des Formänderungswiderstandes bei Mischkristallbildung gewöhnlich nicht von einer allzu starken Abnahme des Formänderungsvermögens begleitet ist, weisen die verbindungsähnlichen Kristallarten ein außergewöhnlich geringes Formänderungsvermögen auf. Dieses geringe Formänderungsvermögen der verbindungsähnlichen Kristallarten nimmt auch mit der Temperatur nur sehr langsam zu. Der langsam mit der Temperatur abnehmende Formänderungswiderstand verhilft diesen Kristallarten bei hohen Temperaturen zu wesentlicher Bedeutung (vgl. S. 384, 386).

— Als Konsequenz für das methodische Vorgehen bei der gewollten Erzielung bestimmter technischer Eigenschaften ergibt sich also, daß wir starke Veränderungen der Eigenschaften nur durch eine Legierungsbildung erzielen können, bei der die Komponenten zu neuen Kristallarten zusammentreten. Für die meisten Zwecke wird die Mischkristallegierung die geeignetste sein, die Bildung verbindungsähnlicher Kristallarten wird im allgemeinen nur dann als empfehlenswert erscheinen, wenn im Gefüge neben dieser Kristallart noch eine andere vorhanden ist, welche ein genügendes Formänderungsvermögen gewährleistet. Besondere Beachtung verdient immer der Fall teilweiser mit der Temperatur steigender Löslichkeit, da dann die Innehaltung des kritischen Dispersitätsgrades zweier Phasen besonders günstige Eigenschaften erwarten läßt. Für besondere Zwecke ist eine Bildung homogener Mehrstoffphasen sehr unerwünscht, z. B. wenn es sich um die Erzielung hoher elektrischer Leitfähigkeit handelt.

Über den Zusammenhang der Eigenschaften homogener Mehrstoffphasen, insbesondere von Mischkristallen, sind folgende Vorstellungen ausgebildet worden:

Die Erhöhung der Härte von Mischkristallen wurde von Norbury[19] als abhängig angesehen von der Differenz der Atomvolumina der beiden Komponenten. In vielen Fällen scheint dieser Einfluß in der Tat dominierend zu sein, er ist auch leicht verständlich, wenn man daran denkt, daß die Differenz der Atomvolumina maßgebend ist für die Abweichungen, die ein Raumgitter eines reinen Stoffes beim Einbau einer zweiten Atomart gegenüber seiner ursprünglichen Form erfahren muß. Diese Abweichungen aber müssen den Schubwiderstand auf den Gleitebenen erhöhen.

Ähnliche Vorstellungen über den Einfluß der Änderung der Periodizität bei Mischkristallbildung werden auch hinsichtlich des elektrischen Widerstandes ausgesprochen, nur daß hier die Schwierigkeiten der Elektronentheorie hinzutreten[20]. Speziell Höjendahl und Borelius[21] präzisieren neuerdings diese Anschauung durch die Annahme, daß die freie Weglänge der Elektronen durch fremde Atome verkleinert werde.

Eine Herabsetzung der Konzentration an freien Elektronen wurde von Friedrich[22] zur gleichzeitigen Deutung der erhöhten Härte und des erhöhten Widerstandes angenommen, wogegen jedoch Guertler früher wegen der thermoelektrischen Erscheinungen an Mischkristallen Bedenken erhoben hatte.

Literatur.

Tammann: Lehrb. d. Metallogr., 3. Aufl., S. 308.

[1] Über Dreistoffsysteme vgl. z. B. Fischbeck: Z. anorg. u. allg. Chem. Bd. 125, S. 1. 1922. — Sterner-Rainer: Z. Metallkunde 1926, S. 143.

[2] Vgl. insbes. Maey: Z. phys. Chem. Bd. 29, S. 119. 1899; Bd. 38, S. 292. 1901.

[3] Jahrb. d. Radioaktiv. u. Elektronik. Bd. 17, S. 276. Vgl. auch Benedicks: Ebda. Bd. 13, S. 351 ff.

[4] Phys. Z. Bd. 10, S. 1005. 1909 bis Bd. 28, S. 417. 1927.

[5] Jahrb. f. Radioaktivität u. Elektronik. Bd. 19, S. 141. 1922.

[6] Phys. Z. Bd. 28, S. 409. 1927.

[7] Kurnakow und Achnasarow: Z. anorg. u. allg. Chem. Bd. 125, S. 185. 1926.

[8] Ebda. Bd. 154, S. 386. 1926.

[9] Matthießen: Pogg. Ann. 1858, 1860; Le Chatelier 1895; Guertler: 1906; Kurnakow: 1907.

[10] Kurnakow, Zemeczuzny, Zasedatelew: Cu-Au J. Inst. of met. Bd. 15, S. 305. 1916. — Holgersson und Sedström: Cu-Pd.: Ann. Physik Bd. 75, S. 143. 1924. — Johansson und Linde: Ebda. Bd. 78, S. 439. 1925. — Borelius: Ebda. Bd. 77, S. 109. 1925.

[11] Z. Metallkunde Bd. 10, S. 56. 1919; Chikasige: Z. anorg. u. allg. Chem. 154, S. 333. 1926. — van Liempt: Rec. Trav. chim. Pays-Bas Bd. 46, S. 1. 1927.

[12] Schulze, F. A.: Phys. Z. Bd. 12, S. 1028. 1911. — Doch Eucken und Stäbler 1929.

[13] Borelius: Z. Metallkunde 1919, S. 169.

[14] Biltz und Mitarbeiter: Z. anorg. u. allg. Chem. Bd. 121, S. 1. 1922; Bd. 129, S. 141 ff. 1923.

[15] Kurnakow und Zemeczuzny: Z. anorg. u. allg. Chem. Bd. 60, S. 1. 1908.

[16] Sauerwald und Knehans: Z. anorg. u. allg. Chem. Bd. 131, S. 57. 1923.

[17] z. B. Elam: Proc. roy. Soc. Ldn. A. Bd. 109, S. 143. 1925.

[18] Kurnakow und Zemeczuzny: Z. anorg. u. allg. Chem. Bd. 60, S. 35. 1908.

[19] Vgl. Z. Metallkunde Bd. 16, S. 282. 1924.

[20] Vgl. hier die zus. Darst. A. Schulze: El. u. therm. Leitf. in Guertler: Metallographie Bd. II₂, Borntraeger 1924. Nordheim: Naturwissensch. 1928, S. 1042.

[21] Ann. Physik Bd. 77, S. 109. 1925.

[22] Fortschr. Chem. Bd. 18, S. 40. Vgl. S. 101.

II. Systeme mit Nichtmetallen*.

a) Darstellung der empirischen Feststellungen.

Um das Verhalten von Nichtmetallen gegenüber den Metallen darzustellen, kann man in vielen Fällen die graphischen Methoden anwenden, welche wir bei Beschreibung der reinmetallischen Systeme verwendet haben, gelegentlich vereinfachen sich die Darstellungen sogar. Eine unmittelbare Übertragung der früheren Darstellungen ist dann

---

* Der Inhalt dieses Abschnittes ist besonders hinsichtlich der Grundlagen vielfach identisch mit dem Inhalt der theoretischen Hüttenkunde. Unterschiede in der Behandlung können in beiden Gebieten nur dort eintreten, wo die Richtung der Reaktionen in den Vordergrund tritt. Es werden deshalb nur kursorisch die Hauptgesichtspunkte genannt, eine genauere Behandlung bleibe einem „Leitfaden der Theoretischen Hüttenkunde" vorbehalten.

möglich, wenn die Nichtmetalle mit den Metallen Verbindungen eingehen, welche als Komponenten aufgefaßt werden können. In dieser
Weise sind die Systeme von Metallen mit ihren Oxyden,
Sulfiden usw., als Mehrstoffsysteme in der früher beschriebenen Weise
darstellbar.

Über die Affinität zweier Metalle zu einem Nichtmetall kann man
aus dem betreffenden Dreistoffsystem leicht qualitative Schlüsse ziehen,
womit sich insbesondere Guertler und seine Mitarbeiter[1] beschäftigt
haben (vgl. a. S. 190). Betrachtet man z. B. das System Kupfer-Blei-
Schwefel in dem Bereich, in welchem in festem Zustande sicher keine
Mischkristalle auftreten, so kann man aus demselben schließen, daß
das Kupfer eine größere Affinität zum Schwefel hat als das Blei, denn es erweisen sich nur die in der Abbildung dargestellten Schnitte als binäre Diagramme, d. h. der Schwefel geht bei von Null an wachsenden Konzentrationen immer erst an das Kupfer, und erst, wenn alles Kupfer Cu₂S gebildet
hat, findet auch eine Schwefelung von Blei statt (Abb. 205). Die Entscheidung, welches der beiden Metalle mit

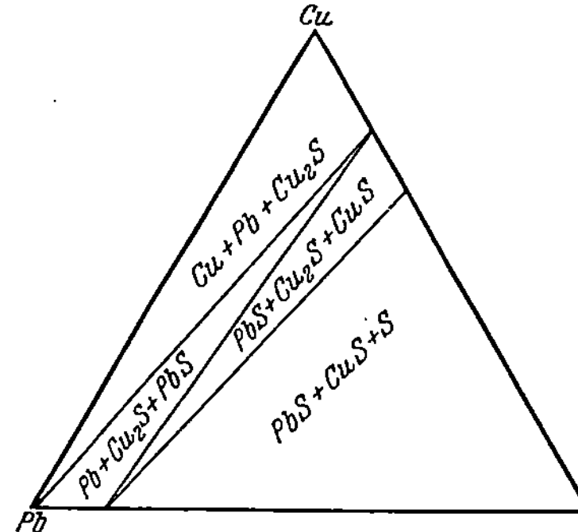

Abb. 205. System Pb-Cu-S (nach Guertler).

dem Nichtmetall zuerst Verbindungen bildet, ist sehr bald durch Untersuchung der zu erwartenden binären Schnitte festzustellen, die entsprechenden Punkte im Konzentrationsdiagramm werden Klärkreuze
genannt.

Sehr einfach wird die Darstellung solcher Systeme, bei denen es
sich um das Gleichgewicht von Gasen mit Metallen handelt, wenn,
wie das meist der Fall ist, der Dampfdruck der Metalle und der Verbindungen zwischen Metall und Gas zu vernachlässigen ist. Hierher
gehört zunächst die einfache Löslichkeit von Gasen in festen oder
flüssigen Metallen.

Die grundlegende Untersuchung über Gaslöslichkeit rührt von
Sieverts[2] her. Das Verfahren der Untersuchung ist derart, daß zunächst bei Raumtemperatur das Metall in einen abgeschlossenen Gasraum gebracht wird, dann wird das System auf eine Temperatur gebracht, bei der die Gaslöslichkeit bestimmt werden soll. Es kann das
absorbierte Gasvolumen direkt gemessen werden, oder es kann aus der
mit Gas gesättigten Lösung das Gas bei einer Temperatur, bei der die
Löslichkeit sehr gering ist, abgepumpt werden. Es zeigt sich, daß die
Löslichkeit der Gase mit der Temperatur im allgemeinen
zunimmt und im flüssigen Zustand bedeutend größer ist als im festen

Zustand (Cu, Ni, Fe Abb. 206). Bei dieser Formulierung ist zunächst vorausgesetzt, daß tatsächlich nur eine reine Lösung vorliegt. Dieser Fall ist gar nicht sehr häufig, z. B. führt auch die Lösung von Wasser-stoff in Palladium im festen Zu-stand zu Systemen, in welchen zumindestens in gewissen Berei-chen eine Verbindung zwischen dem Palladium und dem Wasser-stoff angenommen werden muß (Abb. 206). Mit dieser Tatsache ist die auffällige Erscheinung zu erklären, daß beim Palladium die Löslichkeit von Wasserstoff im festen Zustande größer ist als im flüssigen Zustande. Diese Bil-dung von Hydriden[3] ist be-sonders ausgeprägt bei Nickel, Palladium und Platin. In diesen mit Wasserstoff beladenen Me-tallen ist, worauf besonders Hüttig aufmerksam macht, ein Gleichgewicht zwischen dem che-misch gebundenen und dem ge-lösten Wasserstoff vorhanden, so daß auch bei Konzentrationen, welche multiplen Proportionen entsprechen, nicht etwa eine reine

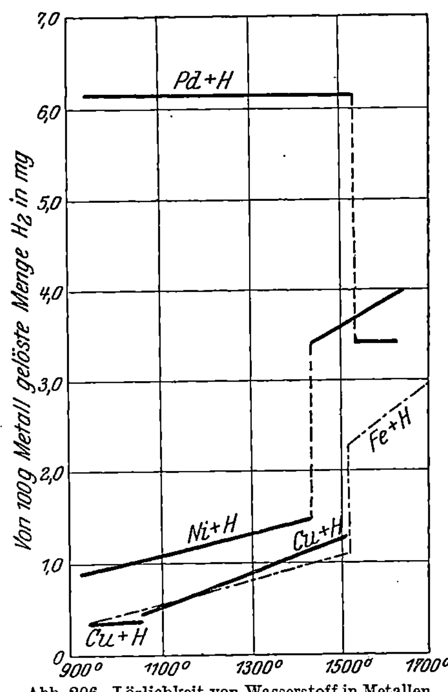

Abb. 206. Löslichkeit von Wasserstoff in Metallen nach Sieverts (Geiger-Scheel).

Metall-Wasserstoffverbindung anzunehmen ist. Auch bei Kupfer und Eisen liegen die Verhältnisse ähnlich.

Von anderen einfachen Gasen ist noch Stickstoff[4] untersucht worden, dessen Löslichkeit in den Metallen geringer ist als etwa die des Wasserstoffes, falls nicht Verbindungen eintreten.

Bezüglich des Verhaltens von Sauerstoff, Schwefel, usw. war bereits gesagt worden, daß in den Fällen, wo die Oxyde, Sulfide, usw. auf-treten, dieselben als Komponenten in die Mehrstoffsysteme eingehen können. In den Gebieten, in welchen die Oxyde usw., nicht beständig sind, ist dies natürlich nicht möglich. Es sind dann in die betreffenden Mehrstoffsysteme lediglich die Zersetzungsprodukte einzuführen. Das Verhältnis z. B. zwischen den Oxyden und ihren Zersetzungsprodukten ist in vielen Fällen, insbesondere, wenn es sich um den festen Aggregat-zustand handelt, sehr einfach, weil die Oxyde in diesen Fällen häufig in Sauerstoff und das Metall zerfallen, d. h. es gilt dann, bei konstantem Druck für das System Metall-Sauerstoff unser Diagramm Abb. 129.

Wenn man die Temperatur- und Druckabhängigkeit der Beständigkeit z. B. eines Oxydes in einem Diagramm angeben will, so entspricht die Darstellung der einer einfachen Dampfdruckkurve (Abb. 1). Es zeigt sich, daß bei jeder Temperatur der Partialdruck des Sauerstoffes, mit dem Oxyd bzw. Metall im Gleichgewicht ist, ein ganz bestimmter ist, was ja auch das Phasengesetz verlangt. Bedingung hierfür ist, wie schon angedeutet, daß keine Mischkristallbildung zwischen Oxyd und Metall oder anderweitige Löslichkeit des Gases im Metall statthat.

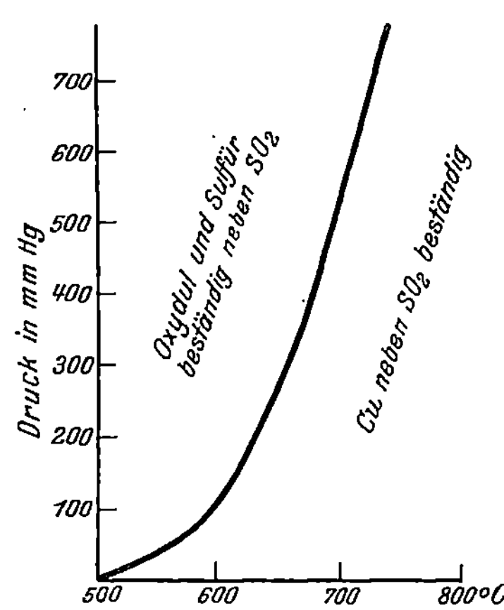

Abb. 207. Gleichgewicht von Cu, S, O nach Schenck (Müller-Pouillet).

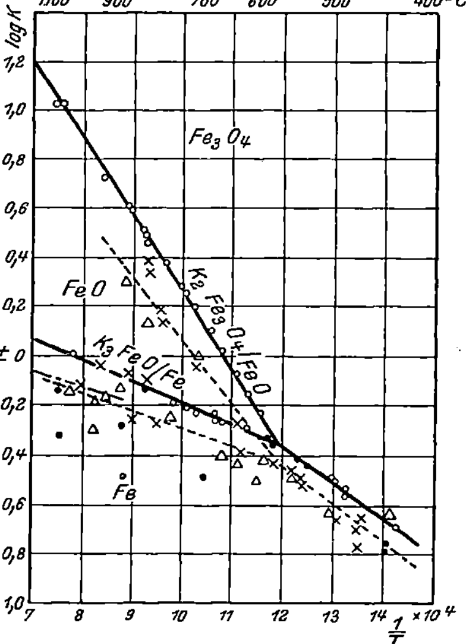

Abb. 208. Gleichgewichte Fe, O, H nach verschiedenen Autoren (Müller-Pouillet).

Unter derselben Bedingung kann auch das Verhalten zusammengesetzter Gase zu einem Metall sehr einfach darstellbar sein, z. B. wird das Verhalten von schwefliger Säure zu Kupfer durch Gleichungen wie

$$2\,Cu_2O + Cu_2S = 6\,Cu + SO_2$$

bestimmt, und da hier vier Phasen in einem Dreistoffsystem vorliegen, haben wir wieder ein univariantes System, welches sich ebenfalls einer einfachen Dampfdruckkurve entsprechend wie in der Zeichnung Abb. 207 darstellen läßt, in der die SO_2-Drucke aufgezeichnet sind, und zu dem man nur noch die Anmerkung zu machen braucht, daß die Bodenkörper Cu, Cu_2O, Cu_2S sind[5].

Ein völlig neues Moment kommt in die Betrachtung der Mehrstoffsysteme dann hinein, wenn zur Beschreibung der Gleichgewichte auch noch die Angabe homogener Gleichgewichte notwendig ist. Am wichtigsten sind für uns zunächst diejenigen Fälle, in denen die homogenen Gleichgewichte sich in Gasphasen einstellen. Es ist dies immer dann der Fall, wenn es sich um Reduktionen bzw. Oxydationen von Metallen durch Wasserstoff bzw. Wasserdampf oder Kohlenoxyd bzw. Kohlensäure handelt. Die Verhältnisse sind vergleichsweise einfach zu übersehen, wenn Metalle und Oxyde in diesen Fällen keine Mischkristalle miteinander bilden, denn dann genügt für eine zeichnerische Darstellung die Darstellung der homogenen Gleichgewichte und es brauchen ähnlich wie oben nur die Bodenkörper angegeben zu werden. In erster Näherung kann beim Eisen die Mischkristallbildung zwischen den verschiedenen Oxyden und Metall vernachlässigt werden (S. 313, vgl. jedoch Schenck[7]). Als Beispiel ist in Abb. 208 das Gleichgewicht bei der Einwirkung von Wasserstoff

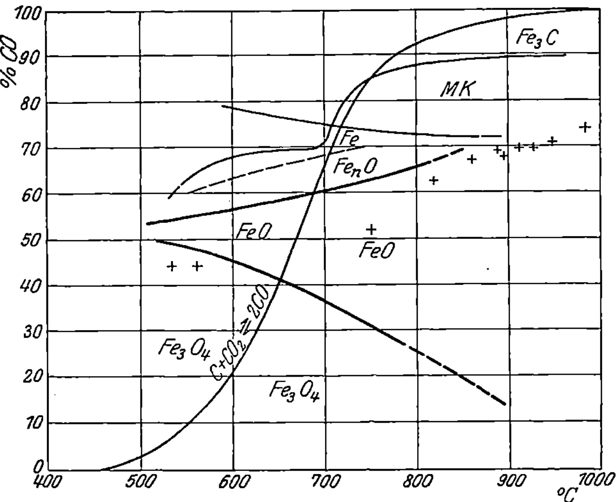

Abb. 209. Gleichgewichte Fe, C, O (Oberhoffer).

bzw. Wasserdampf auf Fe_3O_4, FeO, Fe^6 angegeben. Als Maß für die Gleichgewichte sind hier die Logarithmen der Gleichgewichtskonstanten der drei Gleichgewichte

$$FeO, Fe_3O_4, Gas; \quad F_3O_4, Fe, Gas; \quad FeO, Fe, Gas;$$

aufgetragen. Die Temperatur ist in $\frac{1}{T}$ eingetragen, um die nach der Reaktionsisochore (S. 238) lineare Beziehung zwischen $\log k$ und $\frac{1}{T}$ hervortreten zu lassen. Das Zusammentreffen der drei Geraden hat natürlich die Bedeutung, daß hier (const. p) drei Bodenkörper in einem nonvarianten Gleichgewicht nebeneinander beständig sind. Da bei der Reduktion durch Wasserstoff die gleiche Anzahl von Gasmolekülen verbraucht wird und neu entsteht, und außerdem die Dissoziation des Wasserdampfes keine wesentliche Rolle spielt, sind diese Gleichgewichte nach dem Prinzip von Le Chatelier vom Druck unabhängig und die

gegebene Darstellung ist bereits vollständig. Nicht so einfach liegen
die Verhältnisse bei den Gleichgewichten mit CO_2 und CO, da außer
den Reduktions- bzw. Oxydationsvorgängen noch das Gleichgewicht

$$2\,CO = CO_2 + C$$

zu beachten ist, durch welches eine starke Druckabhängigkeit für alle
wahren Gleichgewichte, bei denen Kohlenstoff auftritt, zu erwarten ist.
In der Abb. 209 sind die Verhältnisse für Eisen dargestellt. Es finden sich
die Gehalte der Gasphase an CO über C, welche zuerst von Boudouard
untersucht wurden, sowie u. a. die über Fe—FeO und FeO—Fe_3O_4 für

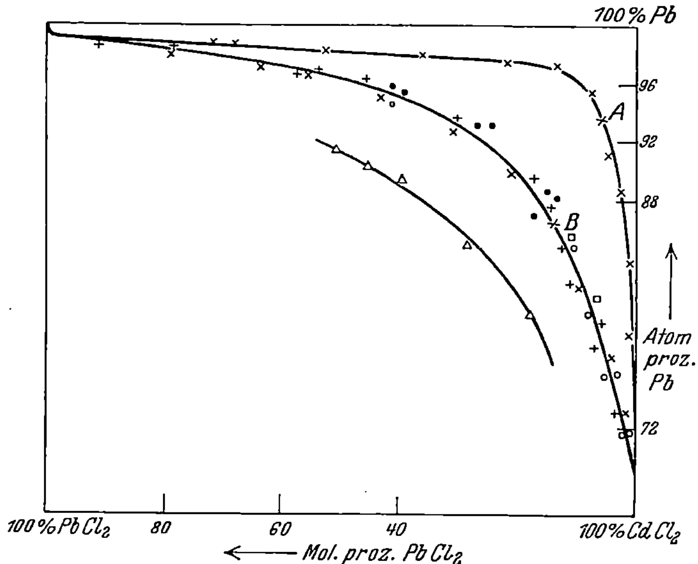

Abb. 210. Gleichgewichte von Pb-Cd-Legierungen mit $PbCl_2$—$CdCl_2$-Schmelzen nach Lorenz,
Fraenkel und Silberstein (Kurve B). Die Veränderung der Gleichgewichte durch Zusatz von
NaCl + KCl ist in der Kurve A wiedergegeben, △ kennzeichnet die Veränderung durch Zusatz
von Sb. Temperatur: 600—700°.

den Druck von 1 Atm. gezeichnet. Nach dem Phasengesetz können die
letzteren Kurven nur rechts der Boudouardschen Kurve wahre Gleichgewichte bezeichnen, da beim Erreichen derselben Kohlenstoff aus dem
CO ausgeschieden werden muß und die Gleichgewichte infolgedessen
nonvariant werden. Wenn trotzdem CO—CO_2 Gleichgewichte links von
der Boudouardschen Kurve festgestellt werden können, so beruht dies
nur auf Reaktionsverzögerungen. Diese Gleichgewichte sind in neuerer
Zeit eingehend von Schenck und seinen Mitarbeitern[7] hinsichtlich
des Einflusses von Mischkristallbildung untersucht worden.

Eine weitere besonders wichtige Art von Zuständen, in denen homogene Gleichgewichte eine Rolle spielen, sind die Gleichgewichte
flüssiger oder fester Metalle und Legierungen mit nicht metal-

lischen Schmelzflüssen, insbesondere mit Schlacken. Genau untersucht sind bis jetzt nur niedrigschmelzende Metalle im Gleichgewicht mit Salzschmelzen, insbesondere von Lorenz, Fraenkel und ihren Mitarbeitern[8]. Bedecke ich z. B. ein Metall mit einer Salzschmelze eines anderen Metalles, so wird, wenn nicht der seltene Fall einer Unlöslichkeit des vorhandenen Metalles in dem Metall, dessen Salz aufgegeben worden ist, vorliegt, prinzipiell immer ein gewisser Austausch zwischen den beiden Phasen vor sich gehen, derart, daß von dem ursprünglich vorhandenen Metall sich etwas mit dem Anion des Salzes verbindet und in die Salzschmelze übergeht, und daß eine gewisse Quantität des Kations des Salzes in die Metallschmelze hereingeht. Diese Gleichgewichte sind natürlich der Grund für eine der fundamentalsten Tatsachen der Metallurgie, daß nämlich wie bei jeder Darstellungsweise so auch bei der Gewinnung von Metallen über flüssige Phasen der völlige Ausschluß von Beimengungen nicht möglich ist. Um bei einer bestimmten Temperatur diese Gleichgewichte zu beschreiben, ist die Angabe der Konzentrationen in der metallischen und in der nichtmetallischen Phase in Abhängigkeit voneinander notwendig. Eine solche Darstellung für eines der genannten untersuchten Systeme findet sich in Abb. 210. Hier sind die Atomprozente Pb in einer Pb-Cd-Legierung, dargestellt, welche mit bestimmten $PbCl_2$-Gehalten einer $PbCl_2$—$CdCl_2$-Schmelze im Gleichgewicht sind.

Nichts Weiteres braucht hier ausgeführt zu werden über den Übergang der Metalle in den ionisierten Zustand z. B. wässeriger Lösungen.

Literatur.

[1] Metall Erz Bd. 8, S. 192. 1920.

[2] Zuletzt: Z. phys. Chem. Bd. 77, S. 591. 1911; Z. Metallkunde 1929, S. 37; vgl. ferner: Iwasé: Sc. Rep. of the Tohoku Imp. Univ. S. I, Bd. 15, Nr. 4. 1926. — Czochralski: Z. Metallkunde Bd. 14, S. 277. 1922. — Bircumshaw: Ref. Phys. Ber. 1926, S. 1779.

[3] Vgl. hier die zusammenfassende Darstellung von Hüttig: Z. angew. Chem. 1925, S. 803; 1926, S. 67.

[4] Vgl. bes. Sieverts: Z. Metallkunde 1929, S. 37.

[5] Schenck und Hempelmann: Metall Erz Bd. 10, S. 283. 1913.

[6] Wöhler und Günther: Z. Elchem. Bd. 29, S. 276. 1923.

[7] Zuletzt: Z. anorg. u. allg. Chem. Bd. 166, S. 144. 1927.

[8] Z. anorg. u. allg. Chem. Bd. 131, S. 247ff. 1923; vgl. weiter Jellinek: Z. phys. Chem. Bd. 111, S. 234. 1924. — Ruff und Busch: Z. anorg. u. allg. Chem. Bd. 144, S. 87. 1925.

b) Quantitative Behandlung der Gleichgewichte mit Nichtmetallen. Affinität.

Der quantitative Ausdruck für das chemische Gleichgewicht ist die Affinität. Jeder Versuch, die in den gekennzeichneten Gleichgewichtsdiagrammen niedergelegten Verhältnisse theoretisch zu erfassen, läuft deshalb auf eine Bestimmung der Affinität hinaus. Die Affinität ist gleich der maximalen Arbeit, die eine Reaktion leisten kann.

Bei Gleichgewichten, für die das einfache Massenwirkungsgesetz gilt, z. B. bei Gasen, ist die Affinität einfach durch die Konstante des Massenwirkungsgesetzes gegeben. Bei Gleichgewicht mit einem einfachen Gase, z. B. beim Verhalten von Sauerstoff einem Metall gegenüber, ist diese Gleichgewichtskonstante gleich dem reziproken Gleichgewichtsdruck des betreffenden Gases, und die Affinitäten werden dadurch gegeben. Die Temperaturabhängigkeit der Gleichgewichte ist bestimmt durch die Reaktionsisochore

$$\frac{d \ln k}{dT} = \frac{Q}{RT^2}.$$

In dieser Gleichung bedeutet k die Gleichgewichtskonstante, Q die Wärmetönung, R die Gaskonstante.

Bei Gleichgewichten mit Metallen in kondensierten Systemen, welche sich bei verdünnten Lösungen leicht elektrochemisch darstellen lassen, findet die Affinität ihren quantitativen Ausdruck in der elektromotorischen Kraft eines entsprechend dem Reaktionsschema aufgebauten, isotherm und reversibel arbeitenden Elementes. Handelt es sich z. B. um die Reaktion

$$Zn + CuSO_4 = Cu + ZnSO_4,$$

so wird ein Element aufgebaut, in welchem eine Zn-Elektrode in einer Zinksulfatlösung steht, während davon durch eine poröse Wand getrennt eine Cu-Elektrode in $CuSO_4$-Lösung gestellt wird (Daniell-Element). Die elektromotorische Kraft dieses Elementes ist proportional der maximalen Arbeit und der Affinität der aufgeschriebenen chemischen Reaktion. Die Reihenfolge der Affinitäten, die die verschiedenen Metalle zum Übergang in den ionisierten Zustand treiben, findet in der Spannungsreihe ihren Ausdruck (Zahlentafel 17). Natürlich können mit Änderung der Elektrolyten und der Temperatur Verschiebungen eintreten.

Zahlentafel 17. Normalpotentiale ε_0.

Li/Li^+	$-3{,}02$	Co/Co^{++}	$-0{,}29$
K/K^+	$-2{,}92$	Co/Co^{+++}	$+0{,}4$
Ba/Ba^{++}	$-2{,}8$	Ni/Ni^{++}	$-0{,}22$
Sr/Sr^{++}	$-2{,}7$	Pb/Pb^{++}	$-0{,}12$
Na/Na^+	$-2{,}71$	Sn/Sn^{++}	$-0{,}10$
Ca/Ca^{++}	$-2{,}5$	$H_2/2\,H^+$	$-0{,}00$
Mg/Mg^{++}	$-1{,}55$	Sb/Sb^{+++}	$+0{,}1$
Mn/Mn^{++}	$-1{,}0$	Bi/Bi^{+++}	$+0{,}2$
Zn/Zn^{++}	$-0{,}76$	As/As^{+++}	$+0{,}3$
Cr/Cr^{++}	$-0{,}6$	Cu/Cu^{++}	$+0{,}34$
Cr/Cr^{+++}	$-0{,}5$	Cu/Cu^+	$+0{,}52$
Fe/Fe^{++}	$-0{,}43$	Ag/Ag^+	$+0{,}80$
Fe/Fe^{+++}	$-0{,}04$	$2\,Hg/Hg_2^{++}$	$+0{,}80$
Cd/Cd^{++}	$-0{,}40$	Hg/Hg^{++}	$+0{,}86$
Tl/Tl^+	$-0{,}33$	Au/Au^{+++}	$+1{,}3$
Tl/Tl^{+++}	$+0{,}72$	Au/Au^+	$+1{,}5$

Über die Potentiale der Erdalkali- (Alkali-) metalle vgl. zuletzt Devoto, Z. Elchem. Bd. 34, S. 326. 1928.

Auch bei konzentrierten Systemen kann ein Massenwirkungsgesetz aufgeschrieben werden, wie dies Lorenz und van Laar entwickelt haben[1]. Dieses Gesetz hat die Form

$$\frac{x}{1-x} \cdot \frac{1-y}{y} = k\,e^{u},$$

worin

$$x\,,\ 1-x\,,\ y\,,\ 1-y$$

die Molenbrüche der im Gleichgewicht befindlichen Stoffe sind, k die Konstante des neuen Massenwirkungsgesetzes darstellt und u eine Funktion der Molenbrüche und hauptsächlich der Volumenverhältnisse der reagierenden Moleküle sind. Dies Gesetz ist zuerst verifiziert worden für die obengenannten Gleichgewichte von Schmelzflüssen, auf welche ja das gewöhnliche Massenwirkungsgesetz nicht anwendbar ist, da es nur für Systeme im idealen Gaszustande gilt.

Alle diese verschiedenen Fälle sind allgemein mit dem Nernstschen Wärmesatz zu behandeln. Dieser hat das Berthelotsche Prinzip, wonach in erster Annäherung in vielen Fällen statt der Affinität die Wärmetönung in Ansatz gebracht werden kann, auf eine allgemeine Grundlage gestellt. Er leistet die Integration der Helmholtzschen Gleichung, die die allgemeine, exakte Beziehung zwischen der Änderung der inneren Energie U und der Affinität (maximalen Arbeit) A darstellt:

$$A - U = T \cdot \frac{dA}{dT}$$

Die Integration wird durch den Nernstschen Satz möglich, daß bei tiefen Temperaturen in der unmittelbaren Nähe des abs. Nullpunktes $\frac{dA}{dT} = \frac{dU}{dT} = 0$ und $A = U$ wird. Bei kondensierten Systemen wird die Integrationskonstante Null, bei Systemen mit Gasen erscheint dieselbe als Summe der Integrationskonstanten der Dampfdruckformel von Clausius-Clapeyron. Besondere Bedeutung gewinnt für metallurgische Zwecke die Nernstsche Näherungsgleichung, da nur zur Verwendung der letzten genügend Daten vorzuliegen pflegen. Diese Gleichung lautet:

$$\log k = \frac{Q_r}{4{,}57\,T} + N \cdot 1{,}75 \log T + \sum i\,.$$

Hier ist Q_r die Wärmeentwicklung der Reaktion bei Raumtemperatur, N die Summe: Zahl der verschwindenden minus Zahl der entstehenden Gasmoleküle, und $\sum i$ die Summe (in demselben Sinne wie eben) der sog. chemischen Konstanten, welche sich aus den Dampfdruckformeln ergibt.

Literatur.

Hier vgl. z. B. A. Eucken: Grundriß der physikalischen Chemie, 2. Aufl. Leipzig 1924.

[1] Vgl. die Zusammenfassung von R. Lorenz: Z. angew. Chem. Bd. 39, S. 88. 1926.

c) Geschwindigkeitsfaktoren bei Systemen mit Nichtmetallen.

Von ganz besonderer Wichtigkeit bei der Beschreibung des Verhaltens von Nichtmetallen gegenüber den Metallen wird nun neben der Kennzeichnung der Gleichgewichte die Berücksichtigung der Geschwindigkeitsfaktoren, die den zeitlichen Verlauf chemischer Reaktionen bestimmen. Liegen dabei die Metalle im festen Zustande vor, so ist zu berücksichtigen, daß sich auch hier der vektorielle Aufbau der Metallkristalle geltend machen kann. Von ganz besonderer Wichtigkeit wird ferner hier die Tatsache, daß wir kaum jemals es mit Materialien ohne ungewollte Beimengungen zu tun haben.

°1. Einwirkung von Gasen.

Wir beginnen die Betrachtung der Geschwindigkeitsfaktoren mit dem einfachsten Prozeß, nämlich der Einwirkung von Gasen auf Metalle, welche zur Bildung fester Reaktionsprodukte führt. Solche Vorgänge sind z. B. die Einwirkung der Halogene oder auch des Sauerstoffs, welche insbesondere von Tammann[1] und seinen Mitarbeitern eingehend untersucht worden sind. Es hat sich herausgestellt, daß die Halogene durchaus anders einwirken als Sauerstoff. Die im folgenden mitzuteilenden Versuche behandeln die Entstehung dünner Schichten, deren Dickenzunahme durch die optische Beobachtung der an ihnen entstehenden Farben, also von Interferenzen festgestellt wurde. Auf diesem Wege ergab sich, daß die Verdickungsgeschwindigkeit von Schichten von Halogen- und Schwefelverbindungen, welche aus Halogen- und H_2S haltiger Luft entstehen, umgekehrt proportional der vorhandenen Schichtdicke y ist. Wenn

$$\frac{dy}{dt} = \frac{p}{y}$$

ist, ergibt sich

$$y^2 = 2\,pt,$$

worin p eine Konstante und t die Zeit ist; diese Beziehung wurde unmittelbar verifiziert. Dem gegenüber erwies sich für die Oxydationsgeschwindigkeit ein Gesetz

$$\frac{dy}{dt} = \frac{1}{ab}\,e^{-b\,y}$$

als gültig, woraus folgt,

$$t = a\,e^{b\,y} - a\,.$$

Die Kompliziertheit dieser Funktion, deren Konstanten a und b im Verlaufe des Oxydationsvorganges sich außerdem noch verändern, hat Jung[1] dazu geführt, die Dickenmeßmethode nach dem optischen Verfahren einer Kritik zu unterziehen, und er ist der Meinung, daß gewisse Besonderheiten des so beobachteten Vorganges nur auf den optischen Eigenschaften der Schichten beruhen.

Für den gesamten Verlauf der hier behandelten Reaktionen ist die Größe der reagierenden Oberfläche im Verhältnis zur Masse von Bedeutung. Ist dieselbe sehr groß, so führt die Reaktionswärme u. U. zu einer erheblichen Selbstbeschleunigung. Auf diese Weise kommt die Pyrophorität zustande[2].

2. Einwirkung flüssiger Agentien.

Schon bei vorstehend geschilderten Reaktionen wird mit der Vorstellung gearbeitet, daß die Reaktionsgeschwindigkeit an der Stelle, wo die Reaktion verläuft, sehr groß ist und daß der Verlauf der Reaktion im wesentlichen durch die Diffusionsgeschwindigkeit des Gases an die Reaktionsstelle hin bedingt wird. Diese Auffassung der heterogenen chemischen Reaktion, welche auf Nernst[3], Brunner und Noyes und Withney[4] zurückgeht, findet man auch angewendet auf den Auflösungsvorgang von Metallen.

Natürlich kann, abgesehen von anderen gleich zu besprechenden Umständen, sowohl in dem eben gekennzeichneten Falle (vgl. S. 240), als auch z. B. bei der Auflösung in Säure die eigentliche Reaktionsgeschwindigkeit keineswegs als unendlich gesetzt werden. Es zeigen dies mit besonderer Deutlichkeit die Untersuchungen des Auflösungsvorganges von metallischen Einkristallen, wie sie z. B. von Groß und B. Schmidt u. a.[5] ausgeführt wurden. Es ergibt sich, daß kugelförmige Einkristalle zu einem regelmäßigen Auflösungskörper mit anderer als Kugelform sich bei der Auflösung entwickeln, d. h. also nach verschiedenen Richtungen im Kristall ist die Auflösungsgeschwindigkeit verschieden.

Trotz dieser Feststellungen würde an sich ohne weitere Besonderheiten in vielen Fällen die Auflösung polykristalliner Materialien nach dem Gesetz von Noyes und Withney

$$\frac{dx}{dt} = k \cdot o \cdot (c_g - c_f) \, ,$$

wonach die Auflösungsgeschwindigkeit pro Einheit der Oberfläche o dem Konzentrationsunterschied zwischen Gleichgewichtskonzentration c_g und gerade im flüssigen Medium vorhandener Konzentration c_f proportional ist, darstellbar sein. Denn immerhin sind die unmittelbaren Reaktionsgeschwindigkeiten sicher sehr viel größer als die Diffusionsgeschwindigkeiten, so daß die letzten im großen und ganzen bestimmend bleiben müssen*. Aber eine Reihe anderer Faktoren ändert das Bild gegenüber

---

* Handelt es sich um den Angriff eines Agens auf ein Zweistoffsystem, so sind verschiedene Fälle denkbar. Ist in dem Zweistoffsystem Diffusion möglich

diesem Verlauf häufig sehr erheblich ab. Es zeigt sich nämlich vor allem, daß die Auflösungsgeschwindigkeit von Metallen im ersten Augenblick verhältnismäßig gering zu sein pflegt, und nach einer gewissen Zeit erst ansteigt. Man bezeichnet dies als Induktion[6]. In dieser Tatsache drückt sich offenbar nun das Vorhandensein von elektrochemischen Inhomogenitäten aus, insbesondere solcher, welche durch Beimengungen fremder Kristallarten im Gefüge des betreffenden Materials bedingt sind. Im Beginn der Einwirkung werden diese an der betreffenden Oberfläche zunächst freigelegt und wirken, wie man zu sagen pflegt, als Lokalelemente. Die Lokalelementwirkung besteht darin, daß in diesem Falle das in Rede stehende Metall, die fremde Kristallart, und die angreifende Säure ein kurzgeschlossenes galvanisches Element bilden, in welchem z. B. die Beimengung als Kathode und das Metall als Anode fungieren.

Damit sind die Vorgänge, welche die Geschwindigkeit der Auflösung von Metallen beeinflussen, noch keineswegs erschöpft. Wir nennen als nächste hierhergehörige Erscheinung die Überspannung, welche insbesondere bei Wasserstoff eine Rolle spielt. Es zeigt sich nämlich bei Wasserstoff mit besonderer Deutlichkeit, daß derselbe keineswegs sich immer dann entwickelt, wenn der Potentialwert zwischen dem wirkenden Agens, also z. B. einer Säure, und dem Metall eben den Wert übertrifft, welcher durch die elektrochemische Spannungsreihe gegeben ist, sondern es bedarf dazu meistens einer höheren Spannung, eben der Überspannung[7]. Diese Überspannung ist nun abhängig von den betreffenden Metallen, von dem Zustande ihrer Oberfläche und bei anodischer Auflösung z. B. noch von der Stromdichte. Worauf diese Erscheinung zurückzuführen ist, steht noch nicht völlig fest, entweder stößt die Vereinigung der Wasserstoffatome zu Molekülen auf Schwierigkeiten oder es handelt sich um die Überwindung des inneren Druckes der Flüssigkeit[8], ebenso wie z. B. bei dem Siedeverzug. Dabei kann die Erschwerung der Wasserstoffausscheidung mit der Bildung von Deckschichten auf den Elektroden zusammenhängen[9]. Diese Erscheinung tritt auch bei anderen Gasen und auch bei elektrochemischen Vorgängen auf, die nicht zu einer Gasentwicklung, sondern zu einer Ausscheidung von Metallen führen[10].

Ein Spezialfall der Korrosion, der ebenfalls erkennen läßt, wie bedeutend dieselbe von Nebenumständen abhängen kann, ist das Rosten des Eisens. Rostet das Eisen in einem gewöhnlichen Wasser oder an normaler feuchter Luft, so ist der Vorgang folgendermaßen vorzustellen: Das Eisen hat die Tendenz, zweiwertige Ionen auszusenden; wenn dies geschieht, entlädt sich gleichzeitig Wasserstoff.

---

und handelt es sich um den charakteristischen Fall, daß im wesentlichen nur der unedlere Bestandteil aus dem Zweistoffsystem herausgelöst wird, so sollte die Reaktionsgeschwindigkeit außer von den Diffusionsgeschwindigkeiten von der Konzentration im Zweistoffsystem in jedem Moment bestimmt sein. Dieser Ansatz wurde beim Angriff flüssiger Amalgame nur zum Teil bestätigt gefunden[5a].

Da das Löslichkeitsprodukt mit zweiwertigen Eisenionen- und Hydroxylionen verhältnismäßig groß ist, würde sich lange Zeit ein Gleichgewichtszustand halten können und die Korrosion könnte zum Stillstand kommen, wenn nicht durch den immer vorhandenen Sauerstoff das in Lösung gegangene Eisen oxydiert und als $Fe(OH)_3$ (Rost) ausgefällt würde. Es wird dadurch der Vorgang der Auflösung von Eisen erneut veranlaßt. Offenbar hängt die Rostgeschwindigkeit von der Geschwindigkeit des Eindiffundierens von Sauerstoff ab; sie kann weiterhin noch durch CO_2 u. a. m. beeinflußt werden.

Von besonderer Bedeutung in praktischer Hinsicht wird, wie wir noch sehen werden, die Erscheinung der Passivität der Metalle, welche ebenfalls eine besondere Erscheinung des zeitlichen Ablaufes chemischer Einwirkungen darstellt. Es zeigt sich, daß eine ganze Reihe von Metallen, an erster Stelle Eisen, Chrom und Nickel, aber auch z. B. Zinn[11] unter gewissen Umständen eine ganz erhebliche Widerstandsfähigkeit gegen chemische Einwirkungen besitzen, welche keineswegs mit ihrer Stellung in der Spannungsreihe unter den verhältnismäßig unedlen Metallen übereinstimmt. Am deutlichsten zeigt sich dies z. B. bei der Einwirkung von Salpetersäure auf Eisen, wo der chemische Angriff überhaupt praktisch zum Stillstand kommen kann. Das Chrom wird beim Liegen an der Luft passiv, die Erscheinung der Passivität ist jedoch nicht nur, wie man aus diesem bekanntesten Beispiel früher geschlossen hat, auf die Einwirkung notorischer Oxydationsmittel beschränkt, sondern auch in Salzsäure kann z. B. unter gewissen Bedingungen der chemische Angriff sehr stark vermindert werden. Am

leichtesten kann man diese Vorgänge quantitativ verfolgen, wenn man die betreffenden Materialien anodisch in einer elektrochemischen Zelle beansprucht. Man verfolgt dann die Änderung der Stromstärke mit dem elektrochemischen Potential und erhält Kurven, wie eine solche z. B. in der Abb. 211 dargestellt ist[12]. Mit Steigerung der angelegten Spannung nimmt die Stromstärke zu, pflegt sich dann auf einem gewissen Wert zu halten, und wenn die Stromdichte einen bestimmten kritischen Wert erreicht hat, nimmt die Ampèrezahl plötzlich sehr

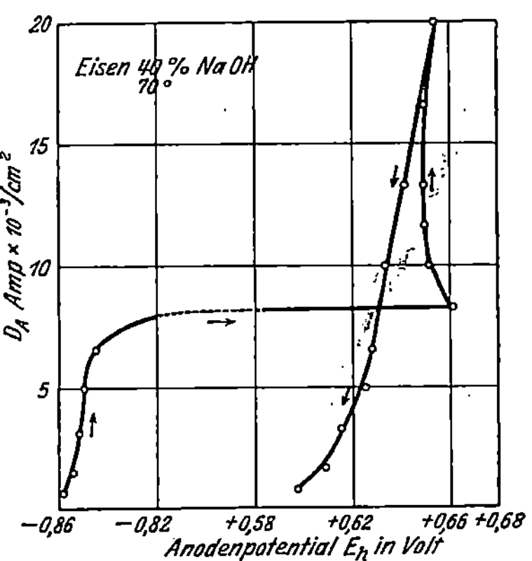

Abb. 211. Passivierung von Elektrolyteisen (nach Grube).

stark ab, und der chemische Angriff hört unter Umständen praktisch ganz auf. In den meisten Fällen läßt sich der Zustand der Passivität durch Behandlung mit reduzierenden Mitteln, z. B. durch Entwicklung von Wasserstoff, aufheben. Eine mechanische Reinigung der Oberfläche pflegt auch in diesem Sinne zu wirken.

Aus der kurzen Skizze dieser Vorgänge wird ihre Deutung[13] sehr nahegelegt, welche auch historisch an erster Stelle eine Rolle gespielt hat. Man hat schon früh angenommen, daß die Erscheinung der Passivität auf eine Oxydation der metallischen Oberfläche zurückzuführen sei. Man hat jedoch sehr bald bemerkt, daß es sich dabei keineswegs um eine reguläre Oxydbildung handeln könne. Das Reflexionsvermögen der Oberfläche ist nämlich nicht in merkbarer Weise von dem des reinen Metalls verschieden. Auch röntgenographische Untersuchung hat kein Oxyd an passiven Oberflächen feststellen können[14]. Man neigt infolgedessen jetzt zu der Ansicht, daß es sich um eine Beladung der Oberfläche mit einer atomaren Schicht von Sauerstoff handelt[15], eine solche braucht das Reflexionsvermögen durchaus nicht wesentlich abzuändern, wird aber das elektrochemische Verhalten des Materials ganz wesentlich beeinflussen. Auch die Tatsache, daß Passivitätserscheinungen, wenn auch nicht in so ausgeprägtem Maße, beim anodischen Angriff von Salzsäure zu konstatieren sind, kann zur Not mit dem Auftreten von Hydroxylionen gedeutet werden. Immerhin liegen gewisse Schwierigkeiten bei dieser einfachen Deutung der Passivitätserscheinungen vor, so daß man auch zu einer ganzen Reihe anderer Theorien gekommen ist.

Es mögen noch eine Reihe derselben zusammengefaßt skizziert werden, denen das gemeinsam ist, daß sie die Hemmnisse der chemischen Einwirkungen im wesentlichen auf Besonderheiten des metallischen Materials zurückführen. Es wird angenommen, daß verschiedene Wertigkeit ein und desselben Metalls schon im Raumgitter eine Rolle spielt, sei es, daß der Wertigkeitszustand überhaupt nur als verschieden[16] bezeichnet wird oder daß derselbe mit dem Ionisierungszustand im Raumgitter in Verbindung gebracht wird[17]. Diese verschiedene Wertigkeit soll auch bei chemischen Vorgängen eine Rolle spielen, insofern ein Metall unter bestimmten Umständen die Tendenz hat, mit der im Raumgitter vorherrschenden Wertigkeit in Lösung zu gehen. Wachsen nun die Stromdichten über ein bestimmtes Maß an, beginnt es an der Oberfläche an dem sich auflösenden Bestandteil zu fehlen und die Reaktionsgeschwindigkeit wird sehr stark herabgesetzt. Die Erhöhung der Stromdichten kann dadurch gefördert werden, daß nichtmetallische Deckschichten auf der Oberfläche entstehen und der Strom sich auf die Lücken dieser Schichten konzentriert. Es dürfte notwendig sein, die Voraussetzungen dieser Anschauungen, die ja die Passivitätserscheinungen recht gut beschreiben, die aber allerhand Konsequenzen für die Strukturtheorie der festen Metalle mit sich bringen, besonders hinsichtlich dieser Konsequenzen weiter zu prüfen.

Von erheblicher Wichtigkeit für die Chemie ist die Möglichkeit, Metalle als Katalysatoren zu benutzen. Diese Katalysewirkungen sind verhältnismäßig noch wenig erforscht, sie dürften am besten von den Gesichtspunkten der Adsorption aus zu behandeln sein[18].

Literatur.

Evans, U. R.: Die Korrosion der Metalle. Deutsch von E. Honegger. Leipzig: Füssli 1926. — Pollit A. A.: Ursachen und Bekämpfung der Korrosion, deutsch von W. H. Creutzfeldt. Braunschweig: Vieweg 1926.

[1] Tammann: Z. anorg. u. allg. Chem. Bd. 111, S. 78. 1920; mit Köster: Bd. 123, S. 196. 1922; mit Schröder : Bd. 128, S. 179. 1923; mit Bredemeyer: Bd. 136, S. 337. 1924; mit Bochow: Bd. 169, S. 42. 1928; ferner Fischbeck: Ebda. B. 154, S. 261; Dunn: Ref. Phys. Ber. 1927, S. 190. — Jung: Z. phys. Chem. Bd. 119, S. 122.

[2] Sauerwald: Metall Erz Bd. 21, S. 117. 1924.

[3] Z. phys. Chem. Bd. 47, S. 56. 1904.

[4] Ebda. Bd. 23, S. 689. 1897.

[5] Schmidt, B.: Diss. Greifswald 1924. — Groß, Koref und Moers: Z. Phys. Bd. 22, S. 317. 1924. — [5a] Fraenkel und Mitarbeiter: Korrosion und Metallschutz Bd. 1, S. 203. 1925.

[6] Ericson-Aurén: Z. anorg. u. allg. Chem. Bd. 27, S. 209. 1901.

[7] Zahlenmaterial vgl. besonders Thiel und Breuning: Z. anorg. u. allg. Chem. Bd. 83, S. 329. 1913.

[8] Möller, G.: Ann. Physik Bd. 27, S. 665. 1908.

[9] Liebreich und Wiederholt: zuletzt Z. Elchem. Bd. 34, S. 28. 1928.

[10] Le Blanc: Abh. dtsch. Bunsenges. Nr. 3.

[11] Steinherz: Z. Elchem. Bd. 30, S. 279. 1924.

[12] Grube: Z. Elchem. Bd. 33, S. 389. 1927.

[13] Gerding und Karssen geben eine Zusammenfassung: Z. Elchem. Bd. 31, S. 135. 1925.

[14] Krüger und Nähring: Ann. Physik Bd. 84, S. 939. 1927.

[15] Tammann: Z. anorg. u. allg. Chem. Bd. 107, S. 104. 1919.

[16] Finkelstein: Z. phys. Chem. Bd. 39, S. 91. 1902.

[17] Vgl. bes. W. J. Müller: Zuletzt Z. Elchem. Bd. 33, S. 401. 1927; Bd. 34, S. 571. 1928.

[18] Vgl. z. B. Eucken in Müller-Pouillets: Lehrb. d. Physik, 3. Aufl., Bd. 3_1, S. 839; ferner Sandonini: Chem. Zentralblatt Bd. 1, S. 1532. 1923. — Pease und Stewart: J. Am. Chem. Soc. Bd. 49, S. 2783. 1927. — Kistiakowsky: Metallwirtschaft Bd. 7, S. 676. 1928.

d) Das chemische Verhalten der Legierungen.

Das chemische Verhalten der Legierungen ist in prinzipiell verschiedener Weise von der Konzentration abhängig, je nachdem, ob homogene oder heterogene Legierungen vorliegen. In dem Fall der homogenen Legierungen spielt die Temperatur weiterhin noch eine ausschlaggebende Rolle, insofern der kinetische Zustand in der Legierung davon wesentlich abhängt. Diese Abhängigkeiten sind auch durchaus verschieden von denen der physikalischen Eigenschaften.

1. Heterogene Legierungen.

Das elektrochemische Potential und damit die meisten chemischen Vorgänge sind bei heterogenen Legierungen durch das Potential der unedelsten Kristallart bestimmt. Elektrochemisch müssen sich hier die heterogenen Gemenge zweier oder mehrerer Kristallarten so verhalten, wie zwei Platten aus den betreffenden beiden Kristallarten, die leitend miteinander verbunden sind. Es handelt sich um kurzgeschlossene Lokalelemente. Der chemische Angriff wird in erster Linie, wenn es sich nicht um sehr konzentrierte Agentien oder um sehr große Stromdichten bei anodischer Einwirkung handelt, hauptsächlich die unedlere Kristallart betreffen, den Zusammenhang des ganzen Stückes schließlich in Frage stellen, wenn die unedlere Kristallart in einigermaßen wesentlicher Menge vorhanden ist.

2. Homogene Legierungen.

Bei vergleichsweise tiefen Temperaturen ist nach Tammann das elektrochemische Potential einer vollkommenen Mischkristallreihe von der Konzentration folgendermaßen abhängig: Bis zu einer gewissen Konzentration sind die Potentiale gleich denen der reinen Komponenten und in einem dazwischenliegenden Konzentrationsbereich ist das Potential proportional der Konzentration. Diese ausgezeichneten Konzentrationen liegen bei einfachen multiplen Proportionen[1], sie werden Resistenzgrenzen genannt. Entsprechend diesen elektrochemischen Potentialen geht der chemische Angriff von Agentien vor sich, die etwa die eine Komponente angreifen, die andere nicht (Abbild. 212). Bis zu der Konzentration g_1 ist das Material unter Ausschluß von Nebenwirkungen völlig resistent, bis zu der Konzentration g_2 erfolgt der Angriff proportional der Konzentration, und von der Konzentration g_2 an verfällt die ganze Legierung der Auflösung.

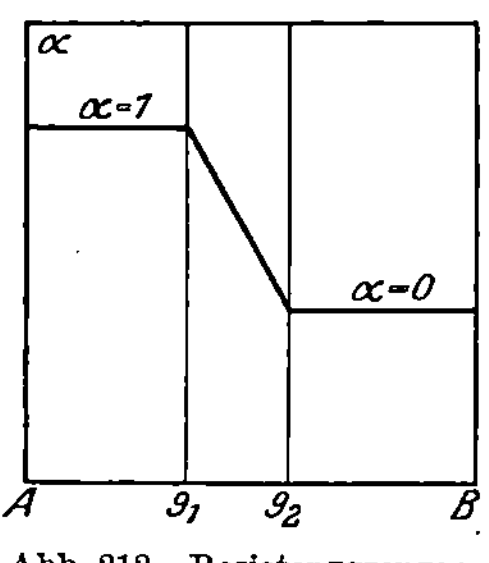

Abb. 212. Resistenzgrenzen (nach Tammann).

Bei vergleichsweise hohen Temperaturen ist das elektrochemische Potential und damit die chemische Angreifbarkeit völlig anders von der Konzentration abhängig. Hierfür haben Nernst und Reinders Formeln entwickelt; deren graphische Darstellung wurde z. B. experimentell bewahrheitet gefunden durch Messungen des Potentials der α-CuZn-Mischkristalle bei höheren Temperaturen (Abb. 213). Das Potential ist hier stetig von der Zusammensetzung der Legierung abhängig. Hierher gehört auch das chemische Verhalten von flüssigen binären Legierungen gegenüber Salzschmelzen, welches wir von anderen Gesichtspunkten aus bereits auf S. 236 gestreift haben.

Der grundlegende Einfluß der Temperatur wird nach Tammann dadurch gedeutet, daß bei hohen Temperaturen die Diffusion aus dem Inneren des Materials die unedle Komponente immer laufend an die Oberfläche befördert, aus der sie dauernd durch das angreifende Agens entfernt werden kann. In-folgedessen ist bei allen Konzentrationen, falls das Agens genügend lange wirkt, mit einer völligen Entziehung der unedleren Komponente aus der Lösung der beiden Metalle zu rechnen. Anders ist dies bei tieferen Temperaturen, bei welchen die Diffusionsfähigkeit gleich 0 wird. Bei einem geringen Gehalt des unedleren Bestandteiles wird diese Atomart aus der mit dem Agens in Berührung stehenden Oberfläche herausgelöst werden, es finden sich in der Oberfläche nur noch edle Atome, welche nicht angegriffen werden, und damit findet die chemische Einwirkung ihr Ende. Das Material ist praktisch resistent, da die geringe Anzahl der in der Oberfläche sitzenden Atome gar nicht ins Gewicht fällt. Bei einer Konzentration, welche mehr unedle Atome aufweist, hängt das Fortschreiten des chemischen Angriffes davon ab, ob das Agens an den Stellen, wo

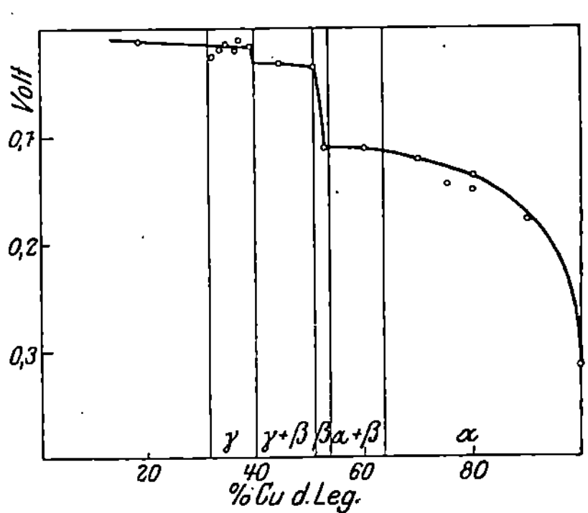

Abb. 213. Potentiale von Cu-Zn-Legierungen gegen eine Salzschmelze bei höherer Temperatur (nach Sauerwald).

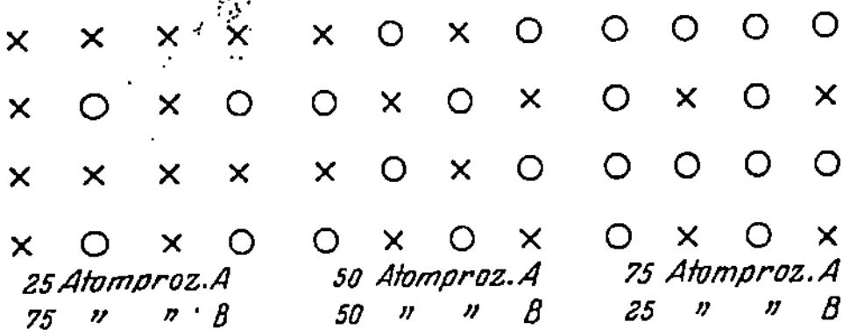

Abb. 214. Einige regelmäßige Atomverteilungen im zweidimensionalen Gitter.

die unedlen Atome herausgelöst sind, in das Innere des Materials eindringen kann oder nicht. Für die Annahme einer regelmäßigen Atomverteilung im Raumgitter läßt sich ohne weiteres leicht zeigen, daß der Punkt, von dem aus dies erfolgen kann, immer in bestimmter Weise von der Konzentration abhängen wird, und es läßt sich auch leicht zeigen, daß dies bei einfachen Atomverhältnissen eintreten wird. In der Abb. 214 sind flächenhafte Gitter mit 25, 50 und 75 Atomprozent der unedlen Komponente (o) bei regelmäßiger Atomverteilung gezeichnet. Man sieht leicht ein, daß bis zu 25 Atomprozent im allgemeinen nur ein Herauslösen der Atome aus der angenommenen Oberflächenschicht stattfinden wird. In dem Konzentrationsbereich von 25 bis 50 Atomprozent treten mit fortschreitender Konzentration in zunehmendem Maße „Fäden" von unedlen Atomen auf, und bei 50 Atomprozent ist der ganze Kristall von solchen Fäden durchsetzt. Macht man die Voraussetzung, daß das angreifende Agens beim Herauslösen der unedlen Atome diesen Fäden folgen kann, so ist ersichtlich, daß in unserem Falle von 50 Atomprozent an das Gitter der völligen Auflösung verfallen ist und daß in dem dazwischenliegenden Bereich der Angriff proportional der Konzentration fortschreiten muß. Wie man sieht, sind diese Vorstellungen durchaus an die Bedingung geknüpft, daß ein Platzwechsel, eine Diffusion der Atome im Raumgitter nicht statthat.

Nun kommt in homogenen Phasen nicht nur die regelmäßige, sondern auch die regellose Atomverteilung vor. (Vgl. S. 214.) Tammann[2] bestreitet, daß bei einer regellosen Atomverteilung Resistenzgrenzen auftreten können, während Masing[3] und insbesondere Borelius[4] der Meinung sind, daß auch in solchen homogenen Phasen bei bestimmten Konzentrationen Resistenzgrenzen auftreten werden, weil bei solchen auch hier Fäden auftreten. Es liegen jedoch hier noch Schwierigkeiten vor insofern, als bei solchen Phasen, bei denen mit großer Wahrscheinlichkeit regellose Verteilungen vorliegen, auch tatsächlich keine Resistenzgrenzen gefunden worden sind[5]. Man muß ferner jedenfalls bei der regellosen Atomverteilung noch diejenigen Fälle unterscheiden, bei denen infolge gegenseitiger Diffusion die Konzentrationen sich soweit wie möglich ausgeglichen haben, und diejenigen, wo das noch nicht der Fall ist. Beide werden sich sicher verschieden verhalten. Die Wahrscheinlichkeit eines völligen Ausgleichs bis schließlich zur normalen Verteilung hängt wohl sicher vom Mengenverhältnis der Atomarten ab und ist bei mittleren Werten desselben, insbesondere bei multiplen Proportionen, am größten.

Von den früher schon besprochenen chemischen Vorgängen, die durch Geschwindigkeitsfaktoren wesentlich beherrscht werden, sind einige auch an Legierungen studiert worden. Die Überspannung von Legierungen wird häufig bestimmt durch das Metall[6] mit dem kleineren Überspannungswert, eine Formulierung, die hinsichtlich ihrer Bedingtheit von der Art der Legierung noch nicht sicher genug sein dürfte. Die Eignung als Katalysator[7] hängt in Mischkristallreihen stetig, in verschiedenen Bereichen jedoch verschiedenartig, von der Konzentration ab. Die Anlaufgeschwindigkeit von Mischkristallreihen hängt ebenfalls in verschiedenen Konzentrationsbereichen verschiedenartig von der Zusammensetzung ab[8].

Literatur.

Tammann: Die chemischen und galvanischen Eigenschaften von Mischkristallreihen usw. Leipzig: L. Voß 1919; Kremann: Elektrochem. Metallkunde. Borntraeger 1921.

[1] Neuerdings wird von Le Blanc, Richter und Schiebold, allerdings nur auf Grund der Untersuchung von Cu-Au-Legierungen, das Vorhandensein von

scharfen, genau bei einfachen multiplen Proportionen auftretenden Resistenzgrenzen bestritten. Ann. Physik Bd. 86, S. 929. 1928.

[2] Vgl. noch Ann. Physik Bd. 75, S. 212. 1924.

[3] Z. anorg. u. allg. Chem. Bd. 118, S. 293. 1921; Veröff. d. Siemenskonzerns
Bd. 5, 2. H., S. 156. 1926/27.

[4] Ann. Physik Bd. 74, S. 216. 1924.

[5] Sauerwald: Z. anorg. u. allg. Chem. Bd. 111, S. 267. 1920.

[6] Fischer: Z. phys. Chem. Bd. 113, S. 326.

[7] Tammann: Z. anorg. u. allg. Chem. Bd. 111, S. 90. 1920. Die Arbeiten von
Remy (Z. anorg. u. allg. Chem. Bd. 148, S. 279. 1925) sind hinsichtlich der Natur
der vorliegenden Legierungen recht unbestimmt.

[8] Tammann und Rienäcker: Z. anorg. u. allg. Chem. Bd. 156, S. 261. 1926.

e) Die technische Korrosion und ihre Bekämpfung.

1. Übersicht über die technischen Korrosionserscheinungen.

Unter der technischen Korrosion wollen wir den Verfall metallischen Materials bei seinem technischen Gebrauch unter Einwirkung
chemischer Agentien verstehen.

Die Wichtigkeit der Korrosionsforschung überhaupt geht aus einer
Schätzung des z. B. durch den Rostvorgang verloren gehenden Materials hervor. Nach derselben beträgt der dadurch eintretende Eisen-
verlust ein Viertel bis ein Fünftel der gesamten Stahlproduktion. Außer
dieser hat die Korrosionsforschung noch eine andere positive Aufgabe
zu erfüllen. Zur Erweiterung der Reaktionsmöglichkeiten
chemischer Reaktionen trägt die Einbeziehung höherer Temperaturen und höherer Drucke wesentlich bei. Damit die entsprechenden
Aufgaben gelöst werden können, müssen Werkstoffe für Reaktions-
gefäße usw. durch die Korro-
sionsforschung erst aufgefunden werden.

Die technische Korro-
sionsforschung hat natürlich
unmittelbar an die in den
vorigen Abschnitten gegebenen Gesichtspunkte anzu-
knüpfen. Grundlegend für
die Betrachtung technischer
Korrosionsprozesse bleibt in
erster Linie die Affinität,
welche für viele Zwecke durch
das elektrochemische Potential gemessen werden kann.

Abb. 215. Korrosion in geseigertem und ungeseigertem
Eisenrohr (nach Woodvine und Roberts).

Diese Größe ist eine eindeutige Materialkonstante. Die einem bestimmten Material unter bestimmten Umständen zuzuschreibende

Korrosionsgeschwindigkeit ist dagegen von vielen äußeren Faktoren wie jede Geschwindigkeitsgröße abhängig.

Der Ablauf einer Korrosion ist vor allen Dingen davon abhängig, ob dieselbe sich gleichmäßig auf eine bestimmte Oberfläche bezieht oder nicht, ferner ist von wesentlicher Bedeutung, wie sich die Korrosionsprodukte verhalten, ob sie gelöst werden, ob unlösliche Salze auftreten und ob diese einen zusammenhängenden Überzug auf der Oberfläche bilden oder nicht. Wie bei vielen anderen metallkundlichen Fragen macht sich bei der näheren Diskussion der Umstand bemerkbar, daß wir niemals Einstoffsysteme vor uns haben, und daß außerdem Ungleichmäßigkeiten in der Struktur, die weitere Abweichungen von der Homogenität mit sich bringen, von großer Bedeutung werden. Die Wirkung von Verunreinigungen, soweit dieselben zur Bildung besonderer Kristallarten führen, und auch die gewollte Heterogenität der Legierungen führt zu der Bildung von Lokalelementen. Die elektrochemisch unedlere Kristallart verfällt der Auflösung, und z. B. beim Vorhandensein eines wässerigen Elektrolyten tritt an der edleren Kristallart die Ausscheidung von Metall oder Wasserstoff aus der Lösung ein. Das Vorhandensein eines solchen Lokalelementes erhöht

Abb. 216. Korrosion in Siederohren an Stellen mechanischer Beanspruchung (nach Körber und Pomp).

die Korrosionsgeschwindigkeit außerordentlich. In besonderer Weise gereinigtes Zink, welches technisch keine Verwendung finden kann, hat z. B. eine erhebliche Beständigkeit gegen Salzsäure.

Als Beimengungen, welche im Sinne einer Lokalelementbildung wirken, sind z. B. Seigerungen im Eisen (Abb. 215)[1] zu nennen. Inhomogenitäten auf Grund des mechanischen Verhaltens treten bei Kaltbearbeitung auf. Im allgemeinen wird die Lösungsgeschwindigkeit an Stellen, welche verformt worden sind, gesteigert werden (eine Ausnahme hiervon macht vielleicht nur das Kupfer). Die Möglichkeit der Fryschen Ätzung hängt sicher z. T. hiermit zusammen, die Abb. 216 zeigt den besonders starken chemischen Angriff in einem Siederohr[2] an solchen Stellen, wo eine stärkere Verformung vorgelegen hat. In Kondensatorrohren aus Messing sind gewöhnlich die Ziehriefen Stellen erhöhter Korrosionsgeschwindigkeit. Ausgezeichnet bezüglich des chemischen Angriffs sind weiterhin die Korngrenzen, sowohl Oxydationen bei höherer Temperatur als auch der Angriff von Lösungen pflegen entlang derselben fortzuschreiten, wie die Abb. 217 für Duralumin erkennen läßt[3]. Schließlich gehört hierher die Berücksichtigung der vektoriellen chemischen Eigenschaften der Einzelkristalle, besonders falls sie sich infolge Anordnung der Kristallite in Faserstrukturen auswirken kann[4].

Abb. 217. Korrosion an den Korngrenzen von Duralumin (nach Rawdon).

Wenn durch eine gewollte Legierungsbildung ein heterogenes Gefüge erzeugt wird, so macht sich die Bildung von Lokalelementen häufig naturgemäß in besonderer Weise bemerkbar. Ein Schulbeispiel hierfür sind Kupferzinklegierungen mit α- und β-Kristallen. Es tritt eine Entzinkung ein, die auf eine Auflösung der β-Kristalle zurückzuführen ist; an den Stellen der β-Kristalle findet sich, wie die Abb. 218 erkennen läßt, Kupfer in poröser Form ausgeschieden[5].

Die bis jetzt besprochene Einwirkung, welche auch bereits zu lokalisiertem Angriff der betreffenden Agentien führt, hat ihren Grund immer in der Zusammensetzung des vorliegenden metallischen Materials. Es sind nun weiterhin lokalisierte Angriffe, die man insbesondere als selektive Korrosion

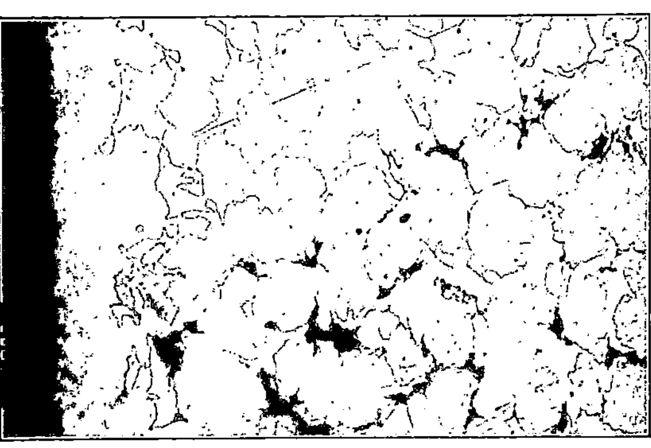

Abb. 218. Korrosion von α- + β-Messing (nach v. Wurstemberger).

kennzeichnet, möglich, welche durch das Verhalten der Korrosionsprodukte bedingt sind. Diese selektive Korrosion tritt auch bei Kondensatorrohren aus Messing und ferner bei Eisen ein. Die Abb. 219 gibt einen Begriff der Erscheinung[6].

Die Ansichten über das Zustandekommen dieser selektiven Korrosion sind noch geteilt. Von Mc Kay[7] wurde behauptet, daß nach einer Anlagerung von Korrosionsprodukten an der Oberfläche des Materials eine Konzentrationsveränderung des Elektrolyten zwischen der Wand und den angelagerten Teilchen gegenüber der Zusammensetzung im Außenraum stattfände, und daß auf diese Weise ein Konzentrationselement zustande käme, wodurch unmittelbar hinter dem Anlagerungsprodukt ein Hohlraum entstehen sollte.

Abb. 219. Selektive Korrosion in Messing (nach v. Wurstemberger).

Im Laufe der weiteren Korrosion würden dann die Konzentrationsunterschiede immer größer werden. Liebreich[8] wies demgegenüber darauf hin, daß die Konzentration in einem derartigen Hohlraum tatsächlich nicht den Verhältnissen entspräche, wie sie beim Vorliegen eines Lokalelements zu erwarten wären. Er sprach die Ansicht aus, daß vielmehr der an den Teilchen der Korrosionsprodukte okkludierte Wasserstoff der maßgebende Faktor sei, indem aus demselben und dem angegriffenen Metall sich ein Lokalelement bildete.

Ein weiterer, sehr starke Korrosion verursachender Faktor wird häufig durch vagabundierende Ströme gegeben. Da der Strom immer den kürzesten Weg sucht, der im allgemeinen an einer bestimmten Stelle des betreffenden Metallteils münden wird, so ist

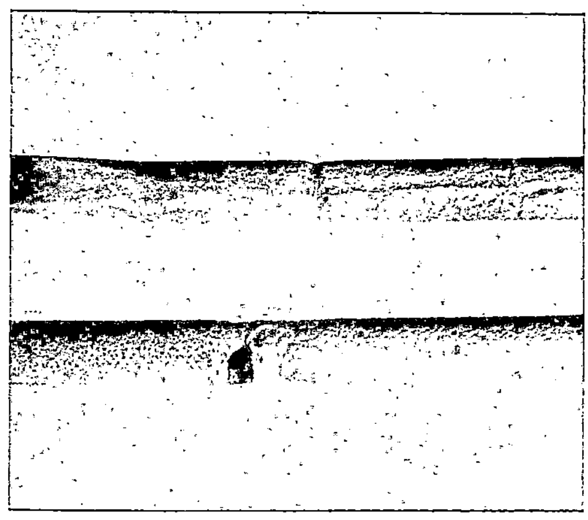

Abb. 220. Korrosion durch vagabundierende Ströme (nach Werner).

hier ebenfalls mit einer stark lokalisierten Korrosion zu rechnen. Ein Beispiel für das Aussehen eines derartig korrodierten Gegenstandes ist in der Abb. 220 gegeben[9].

Natürlich hat die örtlich beschränkte Korrosion gerade große Bedeutung, da sie besonders gefährlich wird, und da die Verminderung des Querschnittes an einer Stelle ja vor allen Dingen die Gesamtfestigkeit eines Konstruktionsteils in besonderer Weise beeinträchtigt. Diese starke Einwirkung lokalisierter Korrosion auf die Festigkeitseigenschaften hat dazu geführt, daß man die Einwirkung irgendeines Mediums auf ein Material direkt an der Änderung der Festigkeitseigenschaften studiert[10]. Natürlich wird nicht nur die

Festigkeit herabgesetzt, auch das Formänderungsvermögen leidet dann, wenn der chemische Angriff z. B. den Korngrenzen folgt und dadurch Kerbwirkungen von erheblichem Ausmaße bei mechanischer Beanspruchung ermöglicht. Des weiteren ist damit zu rechnen, daß die Korrosionsprodukte, insbesondere Gase, z. B. Wasserstoff, welche in das Material hineindiffundieren, die mechanischen Eigenschaften noch weiterhin beeinflussen. Wasserstoff z. B. setzt die Dehnung von Fe beträchtlich herab[11]. (Vgl. Beizbrüchigkeit S. 269.)

Die bis jetzt besprochenen Einwirkungen auf die Korrosionsgeschwindigkeit wirken alle im Sinne einer Erhöhung derselben. Im Sinne einer Herabsetzung der Korrosionsgeschwindigkeit wirkt naturgemäß die Bildung einer zusammenhängenden Schicht fester Korrosionsprodukte. In demselben Sinne, nur noch viel weiter reichend, wirkt die Passivität, welche nach den früher auseinandergesetzten Erörterungen ja auch als eine Bildung einer Art Deckschicht von sehr geringer Dicke betrachtet werden kann.

2. Die Wege zur Bekämpfung der Korrosion.

Die Bekämpfung der Korrosion hat auf Grund der oben mitgeteilten Erkenntnisse über das Wesen derselben zu erfolgen. Für die praktische Verwendbarkeit irgendeines dahinzielenden Verfahrens ist von vornherein auch in Erwägung zu ziehen, ob auch die mechanischen Eigenschaften des betreffenden Materials eine Verwendung gewährleisten. Gerade bei der Durchmusterung resistenter Stoffe fällt es auf, wie oft ein vom chemischen Standpunkt aus geeignet erscheinendes Material wegen seiner mechanischen Eigenschaften verworfen werden muß.

Die Korrosionsbekämpfung kann so vorgehen, daß ein an sich wenig beständiges Material mit einer schützenden Oberfläche versehen wird oder daß durch Legierung eines Stoffes seine Korrosionsbeständigkeit im ganzen erhöht wird. Im letzten Falle ist besonders die Ausnutzung der Passivitätserscheinungen dadurch von Bedeutung geworden, daß man zur einen Komponente ein passiv werdendes Material nimmt. Die Möglichkeiten, welche angewendet werden, müssen nach der Art des Angriffes gesondert werden. Wir unterscheiden zunächst zweckmäßig solche Korrosionsvorgänge, in denen das korrodierende Agens keiner sehr erheblichen chemischen Einwirkung fähig ist. Es handelt sich hier also um den Angriff der Atmosphärilien, natürlicher Wässer und verdünnter Lösungen. Die zweite Gruppe bilden solche Korrosionsvorgänge, bei denen die Korrosionsgeschwindigkeiten infolge des Vorliegens aggressiver Medien größer sind. Im dritten Falle betrachten wir Korrosionsgeschwindigkeiten, welche durch Erhöhung der Temperatur gesteigert werden. Es zeigt sich, daß nur bei den Gruppen I und III schützende Überzüge angewendet werden.

In der Gruppe I erweisen sich bereits Farbanstriche[12] als wirksam. Ferner gehören hierher die Verfahren der Bildung schützender, zusammenhängender Oxydschichten. Die Emaillierung ist ein Korrosionsschutz durch Aufbringen von mehr oder weniger komplizierten Silikaten. Diese Silikate werden bei höheren Temperaturen auf das metallische Material aufgebracht. Dadurch wird eine gute Adhäsion der unteren Schichten der Emaille ermöglicht und durch ein oberflächliches Schmelzen derselben eine dichte, temperaturbeständige Glasur erzeugt[13]. Die Wirkung metallischer Überzüge, die hier verwendet werden, ist nach zwei Richtungen zu unterscheiden. Es werden die Überzüge sowohl aus Materialien hergestellt, welche elektrochemisch unedler sind, als das zu schützende Material, als auch werden zu Überzügen Materialien verwendet, die elektrochemisch edler sind als das Grundmetall.

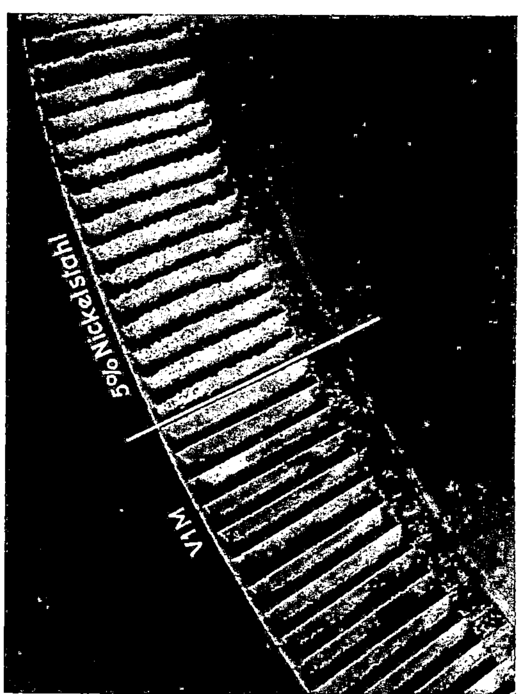

Abb. 221. Korrosionsbeständigkeit von V₁M-Stahl (nach F. Krupp A.-G.).

Ein Beispiel für das erste Verfahren ist die Verzinkung, für das letzte die Verzinnung und Verbleiung. Im ersten Falle wirkt der Überzug so, daß zunächst das aufgetragene Material angegriffen wird und durch Lokalelementbildung das Grundmaterial geschützt bleibt. Während man früher die Vollkommenheit des Überzuges für den Schutz als nicht absolut wesentlich betrachtete, wenn nur keine zu großen Lücken in ihm vorhanden sind, neigt man jetzt mehr zu der Meinung, daß auch bei einer Verzinkung der Korrosionsschutz sehr wesentlich durch einen möglichst lückenlosen Überzug verbessert wird. Im zweiten Falle wirkt der Überzug nur durch die Trennung zwischen den angreifenden Medien und dem zu schützenden Material, Unvollkommenheiten dürfen nicht vorhanden sein, da sonst gerade das unedlere, zu schützende Material stark angegriffen wird. Über die Herstellung und Natur metallischer Oberflächenüberzüge vgl. S. 284 und 392.

Ferner wird gegen die Korrosionsvorgänge der Gruppe I methodisches Legieren angewendet, sei es, daß überhaupt ein elektrochemisch edleres Material verwendet wird oder daß ein weniger widerstandsfähiges Material legiert wird. Im ersten Falle wird z. B. Bronze oder Messing zur Verwendung herangezogen, die zweite Möglichkeit repräsentiert z. B. der neuerdings mit erheblichem Erfolg angewandte Kupferzusatz zu Stahl bis zu 0,25%.

Im Fall der starken Korrosion der Gruppe II kommt nur eine geeignete Legierung in

Abb. 222.　Alitierter und nichtalitierter Topf
(nach F. Krupp A.-G.).

Frage, und zwar wird hier in erster Linie entweder das Zulegieren eines in hohem Grade zur Passivität neigenden Metalles vorgenommen (Strauß und Maurer)[14], oder es wird die geringe chemische Angreifbarkeit von Karbiden und Siliziden ausgenutzt. Ein Beispiel für die erste Möglichkeit bilden die hochprozentigen Chrom- (12 bis 14% Cr, 0,1 bis 0,5% C) und Chromnickelstähle, so der V_2A-Stahl mit 18 bis 25% Chrom und einer gewissen Menge Nickel, und der V_1M-Stahl mit 13 bis 15% Chrom und weniger Nickel. (Über deren Konstitution und Behandlung vgl. S. 378

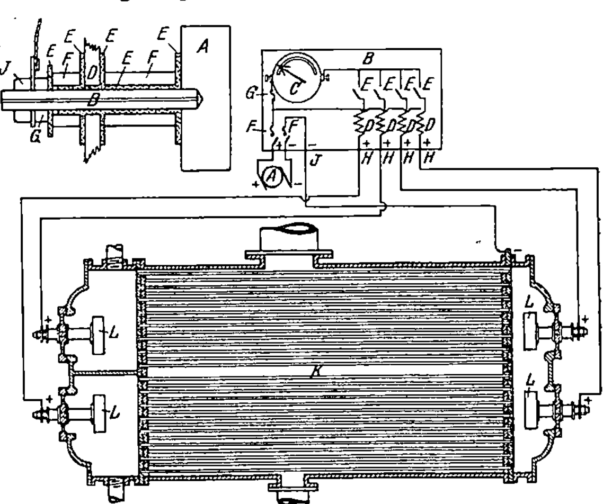

Abb. 223.　Cumberland-Verfahren (Evans).

und 381.) Die hohe Beständigkeit des letzten geht aus der Abb. 221 hervor. Die genannten Stähle sind naturgemäß nur beständig, wenn die chemische Wirkung derart ist, daß die Fähigkeit, sich zu passivieren, ausgenutzt werden kann, z. B. gegen Salzsäure, heiße Schwefelsäure, Halogene, flüssige Metalle ist keine Beständigkeit vorhanden.

Ein Beispiel für den Schutz gegen Salzsäure ist der säurebeständige Guß mit 12 bis 14% Si, speziell die Legierung. Thermisilid[15]. Gegen Schwefelsäure ist Blei beständig. Alkalibeständiges Gußeisen hat bei 1,2 bis 1,6% Si 1 bis 2% Ni.

Gegen Korrosionseinwirkungen von Gasen bei höheren Temperaturen, insbesondere Sauerstoff, wird sowohl **Oberflächenbehandlung** als auch **Legierung** wie in Gruppe II angewendet. Besonders bewährt unter den Oberflächenbehandlungen hat sich das Überziehen mit einer Aluminiumschicht, die sogenannte Alitierung (vgl. Abb. 222)[16], von günstiger Wirkung ist Legierung mit Chrom und Nickel[17].

Ein besonderes Verfahren, welches der **Einwirkung von Lokalelementen entgegenwirken** soll, ist das **Cumberland-Verfahren**[18]. Es werden dabei die der Korrosion ausgesetzten Teile kathodisch polarisiert, wie dies z. B. aus der Abb. 223 zu ersehen ist. Dadurch werden anodische Auflösungen an dem gefährdeten Teil vermieden.

Literatur.

Evans: l. c. S. 245, Pollit ebda. Z. Korrosion u. Metallschutz mit Aufsätzen insbesondere von Maß, Liebreich, Palmaer u. a. Verlag Chemie.

[1] Woodvine und Roberts: J. Iron Steel Inst. Bd. 1, S. 219. 1926.

[2] Körber und Pomp: Mitt. Eisenforsch. Bd. 8, S. 135. 1926.

[3] Rawdon, H.: Ind. a. Engg. chemistry Bd. 19, S. 613. 1927.

[4] Glauner u. Glocker: Z. Metallkunde Bd. 20, S. 244.

[5] v. Wurstemberger: Z. Metallkunde Bd. 14, S. 59. 1922.

[6] Ebda. S. 24.

[7] Ind. a. Engg. chemistry Bd. 17, S. 23. 1925.

[8] Z. Korrosion u. Metallschutz Bd. 1, S. 67. 1925.

[9] Werner, M.: Z. Korrosion u. Metallschutz Bd. 2, S. 63. 1926.

[10] Vgl. z. B. J. Czochralski u. E. Schmid: Z. Metallkunde Bd. 20, S. 1. 1928.

[11] Pfeil, L. B.: Proc. Roy. Soc. (A) Bd. 112, S. 182. 1926.

[12] Schuhmacher: Stahleisen 1928, S. 1288.

[13] Z. B. Bresser, Z. Korrosion u. Metallschutz Bd. 4, S. 157. 1928.

[14] Kruppsche Monatsh. Bd. 1, S. 129. 1920. Über Abhängigkeit der spontanen Passivität von der Zusammensetzung vgl. Tammann: Stahleisen 1922, S. 577. Weitere Potentialmessungen vgl. Benedicks und Sundberg: Stahleisen 1927, S. 278; vgl. ferner Waeser: Chem. Fabrik 1928, S. 17.

[15] Mttlg. d. Fr. Krupp A.-G.

[16] Prospekt der Fa. F. Krupp A.-G.

[17] Fry, A: Hochhitzebeständige Legierungen. Kruppsche Monatshefte 1926, S. 165.

[18] J. Inst. met. Bd. 15, S. 192. 1916.

C. Allgemeine Ergänzungen zu den technischen Verarbeitungsprozessen.

In den früheren Abschnitten wurde bereits ein sehr großer Teil der Faktoren im Verhalten der Metalle und Legierungen gekennzeichnet, welche den Ablauf der technischen Verarbeitungsprozesse bedingen. In diesem Abschnitt haben wir uns noch mit einer Reihe von Umständen zu befassen, durch welche ganz spezifisch diese Verarbeitungsprozesse bestimmt sind, wobei es sich in den meisten Fällen um eine sinngemäße Verknüpfung unserer früheren Erkenntnisse mit den Besonderheiten der technischen Verarbeitungsprozesse handelt.

I. Das Gießen*.

a) Allgemeine Verfahren.

Wir behandeln zunächst den Vorgang des Gießens in Sandformen und in gewöhnliche Kokillen, welchem in der Gießerei zahlenmäßig die überwiegende Bedeutung zukommt.

Die Sandform eines Topfes mit Flansch stellt die Abb. 224 dar, der Hohlraum wird durch Einbau des stärker schraffierten Kernes hergestellt. Kokillenguß von Blöcken aus einer großen Gießpfanne stellt die Abb. 225 dar. Die Gießverfahren unterscheiden sich nun metallurgisch

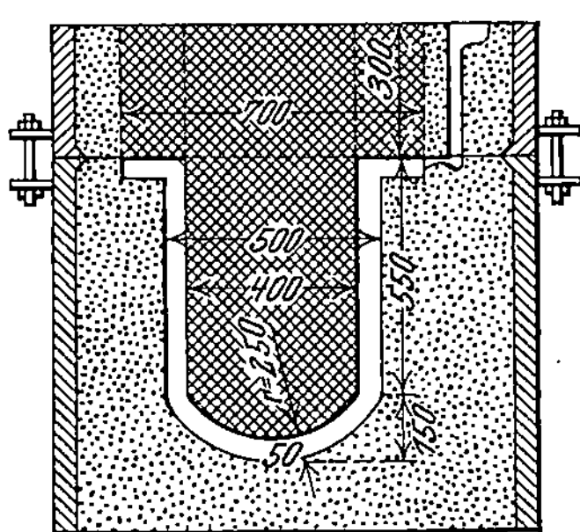

Abb. 224. Sandformguß (Geiger).

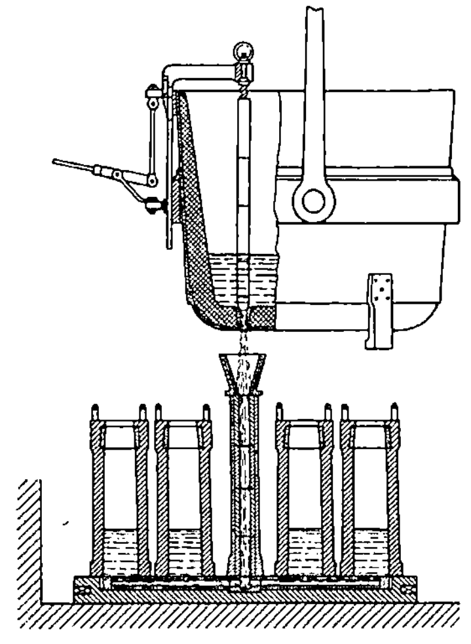

Abb. 225. Kokillenguß im Gespann
(Moser: Kesselbaustoffe).

nicht nur durch die Wahl des Formmaterials, sondern durch Einzelheiten ihrer Anordnung. Beim Kokillenguß werden z. B. häufig, wie dies die Abb. 225 zeigt, mehrere Kokillen gleichzeitig vollgegossen, dieselben werden, wie man sagt, im Gespann gegossen. Hierbei steigt das Metall in den Formen hoch, es liegt steigender Guß vor. Die Abb. 224 zeigt demgegenüber fallenden Guß, weil das Metall von oben in die Form einfließt.

---

* Geiger, G. und C. Irresberger: Handbuch der Eisen- und Stahlgießerei, 2. Aufl. Berlin: Julius Springer 1925 u. 1927. — Claus, W.: Über das Schmelzen der wichtigsten Nichteisenmetalle usw. Halle: W. Knapp 1927.

.Eine Untersuchung des Gußvorganges ist immer von Wichtigkeit, gleichgültig, ob sich an denselben noch eine Weiterverarbeitung anschließt oder nicht. Im ersten Falle kann zwar eine mechanische Behandlung unter Umständen Fehler des Gießprozesses bis zu einem gewissen Grade abschwächen, ebenso oft können solche Fehler aber auch zu einem Fehlergebnis der Weiterverarbeitung führen.

1. Chemismus des Gießvorganges. Metallschmelzen.

Falls das Gießen nicht unmittelbar einem Metallgewinnungsprozeß folgt, wobei der Ablauf desselben natürlich für die Qualität des Materials von Einfluß wird, wird für den Verlauf des Gießprozesses schon der Einschmelzvorgang bedeutungsvoll. Von vornherein ist darauf Wert zu legen, daß kein zu starker Metallverlust durch Oxydation und im Fall leicht verdampfbarer Metalle durch Verdampfung eintritt[1]. Ein Mittel, um die Oxydation von Anfang an möglichst gering zu halten, besteht in der Zugabe von Flußmitteln. Da sich eine Oxydation nicht völlig verhindern läßt, ist im allgemeinen nach Herstellung des Metallbades ein chemischer Prozeß einzuleiten[2], der die Entfernung des Sauerstoffs zum Ziele hat, die Desoxydation. Die Wirkung der Flußmittel und der Desoxydationsmittel ist von den Gesichtspunkten aus zu verstehen, welche auf S. 237 für die Einwirkung zweier flüssiger Phasen aufeinander entwickelt wurden. Es handelt sich um eine Gleichgewichtseinstellung zwischen den flüssigen Phasen, welche quantitativ von dem verallgemeinerten Lorenzschen Massenwirkungsgesetz beherrscht wird. Es folgt daraus u. a., daß eine Entfernung des Sauerstoffs aus dem Metallbade bestenfalls nur im Verhältnis der Gleichgewichtskonzentrationen, d. h. der Affinitäten erfolgen kann. Diese Sauerstoffaffinitäten sind noch kaum untersucht, ihre Ermittelung aus den entsprechenden Wärmetönungen bei Raumtemperatur bedeutet nur eine Annäherung. Für die Geschwindigkeit der Einstellung dieser Gleichgewichte werden maßgebend Diffusionsgeschwindigkeiten, die spezifischen Gewichte und die mechanischen Eigenschaften der flüssigen Phasen, als da sind ihre Oberflächenspannung und innere Reibung. Die drei letztgenannten Faktoren sind auch noch in anderer Hinsicht von großer Bedeutung, da durch sie die Geschwindigkeit der Segregation der flüssigen Phasen bestimmt wird. Auf dieses Absetzen der den Sauerstoff aufnehmenden Schlackendecke kommt es in der Praxis ebensosehr an wie auf die Reaktion zwischen Desoxydationsmittel und Sauerstoff.

Als Desoxydationsmittel kommen nach dem Gesagten in Frage: Magnesium, Aluminium, Silizium, Mangan, Phosphor, wobei es sich meist um Legierungen dieser Elemente mit edleren Elementen handelt. Als Flußmittel werden z. B. verwendet: Zinkchlorid, Ammonium-

chlorid und Natriumchlorid. Bei der Wirkung der Flußmittel ist zum
Teil von großer Bedeutung ihr Wassergehalt, da derselbe zur Bildung
freier Säure (Hydrolytische Spaltung derselben) Anlaß gibt, welche auf
vorhandene Oxyde lösend wirkt. Die Betrachtungen des Chemismus
des Gießvorganges wären unvollkommen, wenn man nicht, worauf
Claus hingewiesen hat, daran denken würde, daß nach der Desoxydation
der Strahl der vergossenen Metalle noch einer Wiederoxydation
ausgesetzt ist. Wieviel Sauerstoff in das Metall hierbei wieder hinein-
gelangt, hängt von der Oxydationsgeschwindigkeit des flüssigen Metalles ab, welche zwar mit der Affinität zusammenhängt, aber nicht eindeutig durch sie bestimmt wird. Ob der Dampfdruck des Desoxydations-
mittels, wie Claus will, den Oxydationsvorgang maßgeblich beeinflussen kann, muß noch dahingestellt bleiben und erscheint allgemein
nicht sehr wahrscheinlich. Ein Prozeß, der alle diese Mängel vermeidet,
ist der Vakuumguß, bei dem Einschmelzen und Gießen im Vakuum
erfolgt[3]. Der Metallverlust nach dem Einschmelzen hängt im wesentlichen davon ab, unter welchen Bedingungen nach demselben der Sauerstoff der Luft noch einwirken kann. In Sonderfällen, z. B. bei Kupfer-
Zinklegierungen werden auch hier Verdampfungsverluste wesentlich.

Die Zusammensetzung und damit die Qualität des Materials kann
ferner noch beeinflußt werden durch Reaktionen desselben mit dem
Tiegelmaterial. In dieser Hinsicht ist die Verwendung der Induktionsheizung von besonderer Bedeutung (vgl. S. 207).

2. Der Gießvorgang.

Der Ablauf des Gußvorganges selbst[4] hängt, abgesehen von der Art
der Form, im wesentlichen von der Dichte und von den mechanischen
Eigenschaften des Metalles, also von seiner inneren Reibung und
Oberflächenspannung ab. Die Dichte, insofern sie den hydraulischen Druck bestimmt, und die innere Reibung werden maßgebend
für die Geschwindigkeit, mit der bei einer bestimmten Gießtemperatur
eine Form gefüllt werden kann. Die innere Reibung, d. h. die physikalischen Viskositätswerte, dürfen jedoch keineswegs ohne weiteres in
Rechnung gestellt werden. Beim Einfließen des Metalls in eine Form
wird es sich nämlich immer um einen sogenannten turbulenten Strö-
mungsvorgang handeln, im Gegensatz zu der laminaren Strömung,
welche nur parallele Stromfäden aufweist. Nur die Letzte wird jedoch durch den Koeffizienten der inneren Reibung eindeutig bestimmt,
während die turbulente Strömung nur zum Teil durch diesen Faktor
beherrscht wird. Da die innere Reibung sehr stark mit steigender
Temperatur abnimmt, ist ohne weiteres der Einfluß der Gießtemperatur
auf den Gußvorgang zu verstehen. Der Einfluß der Temperatur ist
noch in anderer Weise wichtig; da das Metall beim Einguß in die Form

sich dauernd abkühlt, kann eine komplizierte Form nur dann vollgegossen werden, wenn es genügend über die Erstarrungstemperatur
erhitzt wurde, weil sonst ein frühzeitiges Erstarren eintritt, ehe die
Form vollgelaufen ist. Man erkennt hierbei, daß in dieser Hinsicht
ein Einfluß der spezifischen Wärmen der flüssigen Metalle besteht.
Alle diese Faktoren zusammen, welche die technische „Formfüllfähigkeit"[4] bedingen, werden in Versuchen ermittelt, bei denen man ein
Material von bestimmter Temperatur in eine sehr lange Form oder zu
einer Spirale gießt, und bei denen man feststellt, wie weit das Material
in der Form vordringt, ehe es erstarrt. Natürlich erlauben diese Versuche nur, die Summe der Einflüsse der Dichte, der inneren Reibung
und der spezifischen Wärme, aber keinen dieser Faktoren einzeln festzustellen.

Der Art des Einfließens in die Form ist übrigens besondere Aufmerksamkeit zu schenken. Sowohl bei fallendem als auch bei steigendem Guß
kann eine zu große Turbulenz, ein Verspritzen von Tropfen, insbesondere
an die Kokillenwandung, zu Gießfehlern führen. Beim fallenden Guß
ist deshalb möglichst nicht direkt in die Form zu gießen, sondern unter
Vermittelung eines Überlaufes (Wanne).

Die Ausfüllung der Form durch das zur Ruhe gekommene Metall
ist in erster Linie gegeben durch seine Dichte und die Oberflächenspannung des flüssigen Metalles, wenn auch zu berücksichtigen ist, daß das
Metall von einer dünnen Oxydschicht überzogen ist.

3. Der Erstarrungsvorgang.

Das schließliche Abbild der Oberfläche der Form kann weiterhin
durch die Kristallisationsvorgänge und die Volumengestaltung im
ferneren Ablauf des Prozesses bedingt sein. Die Kristallisationsvorgänge,
Kernzahl, Kristallisationsgeschwindigkeit, Abhängigkeit derselben von
der Abkühlungsgeschwindigkeit, die Seigerungserscheinungen, wurden
früher (Seite 10, 177, 180) schon eingehend besprochen.

Nur auf eine Frage möge hier nochmals eindringlicher hingewiesen
werden, obgleich dieselbe speziell im zweiten Teil des Buches (S. 322)
behandelt wird. Es ist dies die Frage, ob der Molekularzustand
der flüssigen Legierungen und seine Behandlung einen Einfluß auf
den Kristallisationsvorgang haben kann[4]. Wir haben gesehen, daß
sowohl bei reinen Metallen, als auch bei Legierungen Komplexbildungen vorhanden sein können, insbesondere kommen im flüssigen
Zustand von Legierungen intermetallische Verbindungsbildungen vor
(S. 223). Stellt sich das Gleichgewicht zwischen den Komplexen und
ihren Dissoziationsprodukten mit der Temperatur schnell ein, so ist
ein Einfluß der Abkühlungsgeschwindigkeit auf diese Einstellung und
auf den Kristallisationsprozeß nicht einzusehen. Sind die homogenen

Reaktionsgeschwindigkeiten jedoch nicht so groß, so könnte die Einstellung der Gleichgewichte hinter der Temperatur in einer von der Geschwindigkeit abhängigen Weise zurückbleiben, und die Kristallisation könnte von dem zufällig beim Erstarrungspunkt vorhandenen Zustand abhängen. Ein eindeutiger Beweis für eine derartig langsame Reaktionsgeschwindigkeit in der homogenen flüssigen Lösung, welche die Möglichkeit einer thermischen Behandlung der Schmelze gewährleisten würde, ist bis jetzt noch nicht aufgefunden worden.

Die Volumengestaltung während des Gußvorganges wäre ein relativ einfaches Problem, wenn der sich bildende Körper überall eine gleiche Temperatur hätte. Der Zustand wäre dann weitgehend bestimmt durch die spezifischen Volumina in den beiden Aggregatzuständen, welche wir bereits früher (Seite 7, 16, 220) kennengelernt haben. Die Tatsache der ungleichmäßigen Abkühlung ist nun für jeden Gieß- und Erstarrungsprozeß demgegenüber von einschneidender Bedeutung. Sie bestimmt, abgesehen von der Form des Körpers die Vorgänge der Schwindung[5] und Lunkerbildung[6], welche miteinander verknüpft sind. Im allgemeinen wird zunächst immer die äußere Schicht des flüssigen Metallkörpers erstarren. Der Erstarrungsvorgang pflanzt sich dann nach innen fort, während die äußeren Schichten bereits im allgemeinen eine thermische Kontraktion bei ihrer weiteren Abkühlung erfahren. Der weitere Verlauf der Volumengestaltung bei einem Material, welches im festen Zustand keine Umwandlungen durchmacht, und bei dem wie normal das spezifische Volumen im flüssigen Zustande größer ist als im festen Zustande, ist folgender: Die äußere erstarrte Haut schrumpft zwar zusammen und hat die Tendenz, die in ihr enthaltene Flüssigkeit herauszupressen. Da jedoch die Volumenänderung beim Übergang vom flüssigen in den festen Zustand gewöhnlich sehr viel größer ist, als die Volumenänderung des festen Metalles in der Temperaturspanne, die zwischen dem äußeren und dem inneren Teil des Stükkes herrscht, so muß tatsächlich unter den angegebenen Bedingungen an den Stellen, wo die Restschmelze erstarrt, ein Hohlraum übrig bleiben. Diesen bezeichnet man als Lunker (Abb. 226). Je nach der Stelle, an welcher der Lunker entsteht, kann er mit der äußeren Atmosphäre in Verbindung treten oder geschlossen sein. Der erste wird häufig als primärer, der zweite als sekundärer Lunker bezeichnet. Metalle und

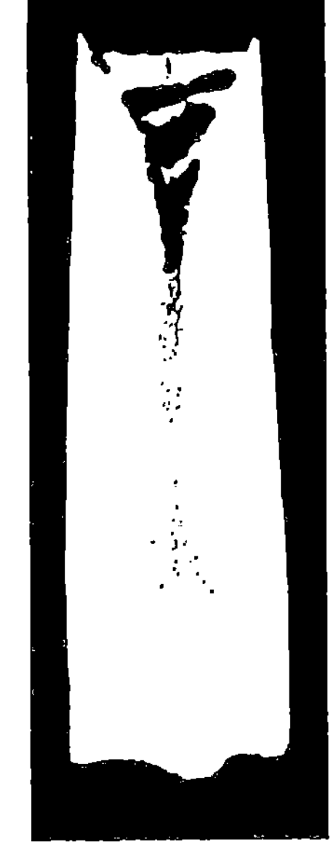

Abb. 226. Lunkerbildung (Schäfer).

Legierungen, welche bei der Erstarrung eine Ausdehnung zeigen, bilden ohne weiteres keine Lunker, ja es wird bei ihnen aus dem Innern des erstarrenden Blockes flüssige Schmelze herausgepreßt[7]. Ausdehnungen bei Phasenumwandlungen im festen Zustand können zur Erhöhung der Lunkerbildung beitragen und eventuell den Effekt einer Ausdehnung beim Übergang vom flüssigen in den festen Zustand überkompensieren.

Aus dem metallurgischen Vorgang der Lunkerbildung ergeben sich auch sofort die allgemeinen Maßregeln zur Vermeidung desselben. Man kann zunächst mit so viel überschüssigem Material gießen, daß am Kopf des Gußstückes ein später zu entfernender Teil entsteht, in dem der Lunker auftritt, der sog. verlorene Kopf. Will man mit Sicherheit den Lunker in den Kopf verlegen, hat man denselben vor schneller Abkühlung zu schützen oder direkt zu erwärmen. Schließlich kann man, um den Lunker zu vermeiden oder zu verkleinern, Metall nachgießen oder z. B. einen Block von unten nach oben zusammenpressen, solange im Innern noch flüssiges Material vorhanden ist (Harmet).

Der Unterschied in den linearen Dimensionen der Form gegenüber den Abmessungen des Gußstückes wird als Schwindung bezeichnet. Diese Schwindung sollte bei gleichmäßiger Abkühlung gleich der Summe der Längenänderungen vom Schmelzpunkt bis Raumtemperatur sein, wie sie aus den Ausdehnungskoeffizienten im festen Zustand zu berechnen ist. Hauptsächlich die Ungleichmäßigkeit der Abkühlung, weiterhin jedoch auch noch andere Faktoren wirken nach Sauerwald[5] dahin, daß die gefundene Schwindung und dieser berechnete Wert nicht übereinstimmen. Wenn ein Metall im flüssigen Zustand ein geringeres spezifisches Volumen hat als im festen Zustand, wirkt bei der Erstarrung der hydraulische Druck der Schwindung entgegen, falls die Restschmelze von einer allseitig geschlossenen Metallhaut umgeben ist. Wenn das Material zu einer mechanischen Deformation gelangt, wird der Gesamtschwindungswert verändert. In derselben Weise wirkt eine Gasabgabe bei der Erstarrung, falls eine völlig geschlossene Metallhaut um die gasabgebende Restschmelze entstanden ist. Schließlich können auch die rein thermischen Spannungen, welche infolge der ungleichmäßigen Abkühlung im Material entstehen, zu einer plastischen Deformation des gegossenen Stückes führen, welche die linearen Dimensionen in sehr mannigfaltiger Weise ändern können. Ein Teil dieser Faktoren kann sogar dazu führen, daß zeitweilig im Verlaufe des Abkühlungsprozesses entweder nach einer oder nach verschiedenen Richtungen eine Ausdehnung des gegossenen Stückes eintritt, trotzdem die Ausdehnungskoeffizienten eine solche Anomalie in keiner Weise erkennen lassen. Diese im wesentlichen durch die ungleichmäßige Temperaturverteilung oder durch andere Nebenumstände (Gasabgabe usw.) bedingten Effekte bei der Volumengestaltung gegossener Metalle sind unbedingt von den rein thermischen Effekten, wie sie durch den Ausdehnungskoeffizienten und eventuelle Phasenänderungen gegeben sind, zu unterscheiden. Es ist dies auch zu beachten bei der Kritik der Schwindungsmessungen, wie sie durch **technische Schwindungsmesser** vorgenommen werden.

Die Gesamtschwindung wird einfach bestimmt durch den Vergleich der Abmessungen eines eingeformten Stabes und des durch den Guß erhaltenen Stabes. Der gesamte Schwindungsvorgang, so wie er dem technischen Prozeß entspricht, wird in **Schwindungsmessern** gemessen, wie die Abb. 227 einen solchen von **Wüst**[5] zeigt. In den Raum des eingeformten Stabes ragen die Enden zweier Stangen hinein, welche die Bewegungen der Stabenden auf die Schieber der Widerstände R_1 und R_2 übertragen. Die Längenänderungen werden also auf elektrischem Wege durch das Galvanometer G_s registriert. Das Galvanometer

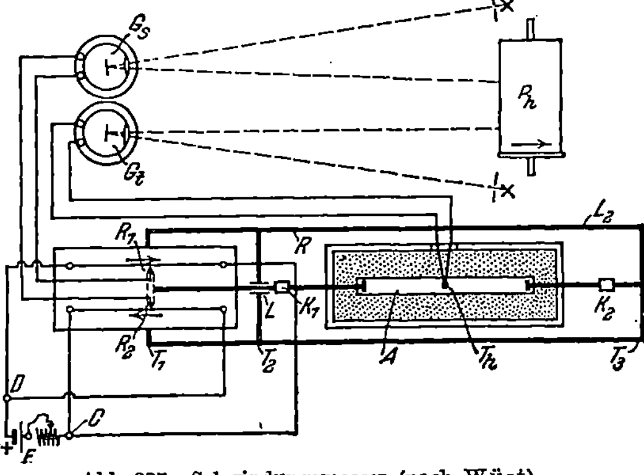

Abb. 227. Schwindungsmesser (nach Wüst).

G_t mißt die Temperatur der Stabmitte mittels Thermoelement T_h. Es ist darauf zu achten, daß unter Umständen eine Beeinflussung dieser Registrierung durch die Form stattfinden kann[4]. Die Messung der Schwindungen unter möglichster Ausschaltung der Temperaturungleichmäßigkeiten und sonstiger störender Nebenumstände erfolgt nach **Sauerwald**[6] in einer Anordnung, wie sie die Abb. 228 zeigt. Das Metall wird in eine Quarzrinne gegeben und kann sich hier völlig frei bewegen. Das eine Ende des Metalles ist durch den Zapfen a festgelegt, die Bewegung des anderen Endes wird unter Vermittlung eines Quarzstabes k

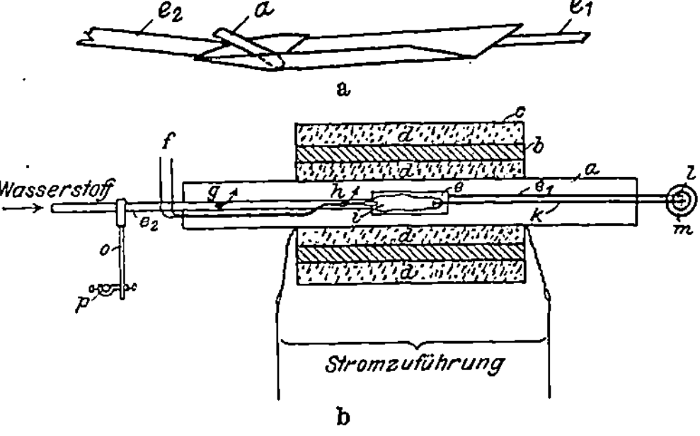

Abb. 228 a und b. Messung der Schwindung (nach Sauerwald).

gegenüber einer Marke, die auf einem fest mit der Rinne verbundenen Stab e_1 angebracht ist, mit einem Mikroskop verfolgt. Die Temperatur kann durch einen Einbau der Rinne in einen Ofen praktisch sehr weit ausgeglichen werden.

Die Spannungen, welche infolge ungleichmäßiger Abkühlung in gegossenen Körpern auftreten, wurden bereits als mitbestimmend für den Schwindungsvorgang genannt. Dieselben erreichen nach Berechnung und Experiment tatsächlich häufig Größenordnungen, die eine plastische Verformung des Materials mit sich bringen. Selbst, wenn das nicht der Fall sein sollte und die Spannungen insbesondere bei Raumtemperaturen die Streckgrenze nicht überschreiten, so bedeuten sie doch auch in diesem Falle eine dauernde Gefahr bei der Verwendung des betreffenden Körpers. Um diese Spannungen zu beseitigen, ist es nötig, ihnen zu einem Ausgleich zu verhelfen, was durch Anlassen auf für die verschiedenen Metalle verschiedene Temperaturen geschehen kann (s. nächsten Abschnitt). Natürlich ist es wichtig, durch die geeigneten Dimensionierungen der Gußstücke von vornherein die auftretenden Spannungen auf ein Mindestmaß zu beschränken, und zwar ist dies bei solchem Material von um so größerer Bedeutung, bei dem infolge geringen Formänderungsvermögens das Anwachsen der Spannungen bald zum Bruch führt, so daß eine Regeneration nicht stattfinden kann.

Von größerer allgemeiner Bedeutung für den Ausfall der Produkte des Gießverfahrens ist noch die Frage der Porosität, die trotz ihrer Wichtigkeit noch verhältnismäßig sehr wenig allgemein gültige Klärung gefunden hat. Poren in einem Gußstück können auf sehr viel verschiedene Umstände zurückzuführen sein. Die Porosität kann erstens bedingt sein durch Einwirkungen, welche von außen, insbesondere durch die Form, auf das Metall erfolgen. Der Gasgehalt der Form, sei es der Sandform oder Kokille, Feuchtigkeitsreste usw. kommen hier besonders in Frage. Auch diejenigen Faktoren, die die Porosität eines Gusses bedingen, und welche primär im Zustand des Metalles liegen, können durch die äußeren Umstände zu sehr verschiedener Auswirkung gelangen. Hier kommt die Gasdurchlässigkeit und Festigkeit der Form besonders in Frage. Unganzheiten, welche durch das Material selbst bedingt sind, können ihre Ursache haben: Erstens in der Volumengestaltung des Metalles und zweitens im Verhalten desselben zu Gasen. Wenn nämlich die Lunkerbildung sich gewissermaßen über einen größeren Raum verteilt, wird der Gesamtlunker zu einer Menge von Mikrolunkern auseinandergezogen, welche für die weitere Verwendung des Gußstückes natürlich verhängnisvoll sein werden. Eine Porosität kann weiterhin dadurch bedingt werden, daß physikalisch gelöste Gase beim Erstarrungsvorgang nicht aus dem Metallkörper entweichen können. Gasblasen können aber auch durch Reaktion von Legierungsbestandteilen, sei es Kohlenstoff oder auch Schwefel, z. B. mit Sauerstoff, entstehen. Sauerstoff kann in Form von Oxyden vorliegen oder durch rostiges Einsatzmaterial, rostige Kernstützen und dergleichen in den Gußkörper hereingelangen. Die Einwirkung aller dieser Faktoren ist natürlich außerordentlich stark von der Geschwindigkeit des Gießprozesses abhängig.

Die Feststellung der Porosität und ihres Ausmaßes kann auf verschiedene Weise erfolgen. Erstens gibt die Bestimmung des spezifischen Volumens und ein Vergleich desselben mit dem spezifischen Volumen im normalen Zustande den gesamten Porenraum. Um über die Verteilung von Hohlräumen etwas zu erfahren, kann das Stück in einer gefärbten Flüssigkeit unter Druck gesetzt werden; an den Stellen, wo Hohlräume nach außen offen sind, tritt die gefärbte Flüssigkeit später wieder hervor[9]. Schließlich kann eine Durchleuchtung mit Röntgenstrahlen angewendet werden, wenn das Absorptionsvermögen des Materials und die Stückgröße dies zulassen (vgl. S. 24 und 27). Wirtschaftlich ist die dauernde Untersuchung gegossener Materialien mit Röntgenstrahlen bei hohem Preis derselben; es wird z. B. die Fabrikation der Schneidmetalle auf diese Weise überwacht. Wenn es auf die Erhaltung des Stückes nicht ankommt, kann natürlich auch das Schliffbild Auskunft über Porosität geben.

Literatur.

[1] Schulz, E. H. und H. Winkler: Metall Erz Bd. 16, S. 215. 1919.

[2] Irresberger: Stahleisen 1921, S. 890; Claus, W.: Gieß.-Zg. 1925, S. 557.

[3] Rohn: Z. Metallkunde Bd. 20, S. 12. 1929.

[4] Sauerwald, F.: Z. Metallkunde Bd. 18, S. 137. 1926; Gieß.-Bd. 16, S. 49. 1929; „Formfüllfähigkeit" vgl. a. Z. Metallkunde. Bd. 15, S. 21. 1923; Gieß.-Zg. 1929, S. 49.

[5] Wüst, F.: Metallurgie Bd. 2, S. 775. 1909. — Wüst und Schitzkowski: Mitt. Eisenforsch. Bd. 4, S. 105. 1922. — Turner: z. B. J. Inst. of. Met. Bd. II. S. 192. 1911. — Sauerwald, F. und Mitarbeiter: Z. Physik Bd. 45, S. 650. 1927.

[6] Bauer, O.: Stahleisen 1923, S. 1239.

[7] Sauerwald, F.: Z. Metallkunde Bd. 14, S. 457. 1922.

[8] Sauerwald, F.: Gieß.-Zg. 1923, S. 391.

[9] Tammann und Bredemeier: Z. anorg. u. allg. Chem. Bd. 142, S. 54. 1925.

b) Spezielle Gießverfahren.

Es gibt eine Reihe spezieller Gießverfahren, bei welchen auch die Einwirkung der im vorigen Abschnitte behandelten Umstände eine besondere Note erhält. Diese Verfahren haben alle das Gemeinsame, daß sie die Geschwindigkeit des Gießprozesses gegenüber den gewöhnlichen Verfahren außerordentlich stark erhöhen. Der Kokillen-

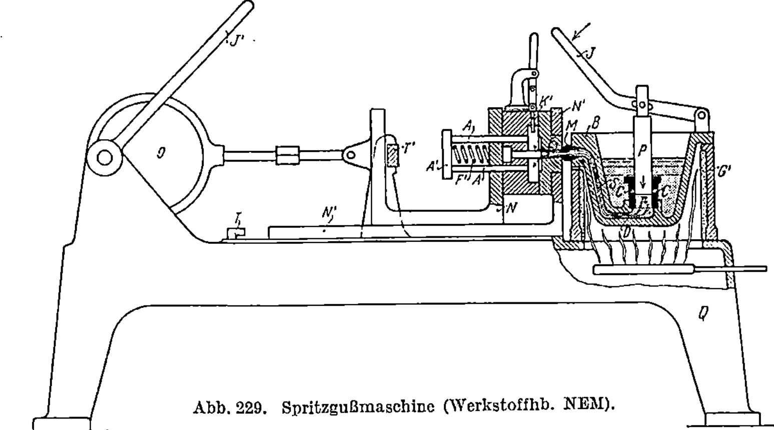

Abb. 229. Spritzgußmaschine (Werkstoffhb. NEM).

guß kann durch Wasserkühlung, schließlich hierbei noch durch besondere Auswahl des Kokillenmaterials[1] eine starke Beschleunigung erfahren. Diese Maßregel spielt dann eine Rolle, wenn man, wie beim Hartguß (s. Seite 326) durch Heraufsetzen der Erstarrungsgeschwindigkeit besondere Eigenschaften an der äußeren Zone des Gußstückes erzielen will. Der Spritzguß[2] beschleunigt die Geschwindigkeit des Gießverfahrens im Interesse einer Massenproduktion. In dem Falle, daß mittels Kolben P entsprechend der Abb. 229 das flüssige Metall in eine Kokille K' eingespritzt wird, redet man von Spritzguß, handelt es sich um hydraulischen Gasdruck, spricht man von Preßguß. Im Falle, daß die Form durch Evakuierung und Einsaugen des Metalles gefüllt wird, liegt das Vakuumspritzgußverfahren vor. Der Vorgang des Gießens ist hier natürlich sehr kompliziert, die Wege des strömenden Metalles sind von Frommer[3] untersucht worden. Weiteres wird bei der Behandlung der Spritzgußlegierungen zu

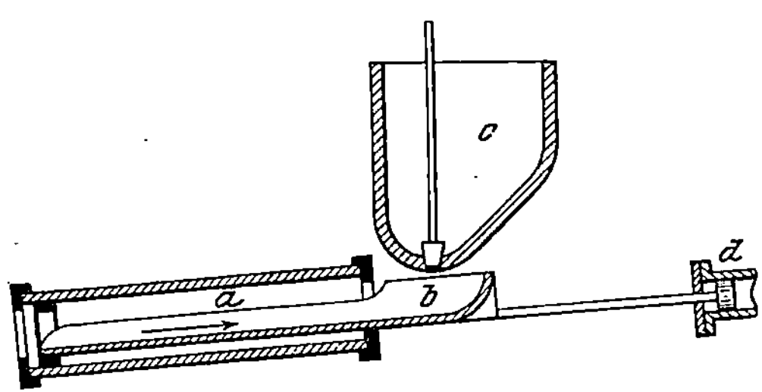

Abb. 230. Schleudergußverfahren für Rohre nach Bride (Geiger).

sagen sein. Das Schleudergußverfahren dient hauptsächlich zur Herstellung von Rohren[4] und ist infolge der hohen Fließgeschwindigkeit ebenfalls hier zu nennen. Es ist das einzige Verfahren, welches im Fall der Herstellung von Rohren nicht den gewünschten Körper durch Abgießen einer Form herstellt, sondern welches die Rohre durch Zentrifugalkraft und Ausnutzung der Oberflächenspannung gewinnt, indem das Material in ein rotierendes Rohr a eingegeben wird, s. Abb. 230, wobei sich die innere Oberfläche des neuen Rohres unter dem Einfluß der Oberflächenspannung und Zentrifugalkraft ausbildet (vgl. S. 325).

Literatur.

[1] Rohn, W.: Z. Metallkunde Bd. 19, S. 473. 1927.

[2] Frommer, L.: Der Spritzguß. Berlin 1928. — Eckert: Spritzgußfabrikation. Selbstverlag 1924. — Schimpke: Spritzguß. Stahleisen 1927, S. 1069.

[3] Frommer, L.: Untersuchung des Einströmungsvorganges usw. Diss. T. H. Berlin 1926.

[4] Vgl. z. B. C. Pardun: Stahleisen 1924, S. 905, 1044, 1200.

II. Die Wärmebehandlung im festen Zustand.

Wärmebehandlungen im festen Zustand können den Zweck haben, entweder nur innere Spannungen verschiedener Art, sei es, daß dieselben vom Gußvorgang oder von einer mechanischen Bearbeitung herrühren, aufzuheben oder es kann sich um die Einleitung von Kristallisationsvorgängen handeln, durch welche die Eigenschaften des Materials noch weitergehend beeinflußt werden sollen. Der erstere Vorgang ist immer ohne weiteres durchzuführen.

Die Auslösung von Kristallisationen ist in regulinischen Körpern dagegen an besondere Bedingungen geknüpft. Wir unterscheiden:

Bei Systemen ohne Umwandlungen: die Wärmebehandlung nach Verformungen und die Ausnutzung der Oberflächenspannung. (Letzteres nur, wenn sehr kleine Kristallite vorliegen, vgl. S. 23, 180 u. 349.)

Bei Systemen mit Umwandlungen außerdem: die Ausnutzung der Einwirkung verschiedener Abkühlungsgeschwindigkeit oder Erhitzungsgeschwindigkeit bei den Umwandlungen, die deshalb möglich wird, weil die Bildungsgeschwindigkeit neuer Phasen niemals größer ist als die Möglichkeit der Temperaturänderung.

Das letzte Verfahren kann erstens in der Weise ausgeführt werden, daß die Umwandlung im wesentlichen bei den Gleichgewichtstemperaturen erfolgt, oder es kann auch die Umwandlung durch sehr rasche Abkühlung zunächst mehr oder weniger ganz unterdrückt werden und durch einen anschließenden Glühvorgang bei Temperaturen, die sehr weit von der Gleichgewichtstemperatur entfernt liegen, die Annäherung an das Gleichgewichtsgefüge eingeleitet werden. Im letzten Falle ist die Beeinflußbarkeit der Eigenschaften naturgemäß besonders weitgehend. Beispiele für die erste Modifikation der Wärmebehandlung unter Ausnutzung von Umwandlungen finden wir im einfachen Glühen des Stahles (vgl. S. 341 u. 349). Beispiele für die zweite Ausführungsform dieser Wärmebehandlung bieten die Vergütung des Stahles, die Wärmebehandlung der vergütbaren Leichtmetallegierungen (vgl. S. 352ff. und 440ff.) und die Au-Cu-Legierungen (S. 430).

Um diese Wärmebehandlungen durchzuführen, können die verschiedenartigsten Hilfsmittel benutzt werden, deren Anwendung nicht ohne Einfluß auf den Verlauf des Vorganges ist. Man kann unterscheiden die Durchführung der Wärmebehandlung in Öfen derart, daß die Atmosphäre Zutritt zu dem Glühgut hat, es kann sich um Glühungen in neutraler oder reduzierender Atmosphäre oder im Vakuum handeln, und schließlich kann das Material in Salz- oder Metallbäder eingelagert werden.

Besonders bei größeren Stücken und empfindlichen Materialien mit geringer Wärmeleitfähigkeit ist Wert auf einen möglichst geeigneten Wärmefluß beim Anheizen und Abkühlen der Stücke zu legen. Wenn die Wärmespannungen infolge ungleichmäßiger Temperaturverteilung die Festigkeit bzw. Fließgrenze übersteigen, tritt ein Zubruchegehen bzw. eine Deformation der Stücke ein.

Die Temperaturverteilung[1] in einem sich erwärmenden oder abkühlenden Körper wird durch die Gleichungen der Wärmeleitung angegeben. Wenn Umwandlungen erfolgen, wird die Temperaturverteilung durch die Wärmetönungen beeinflußt. Abb. 231 gibt ein Bild

einer solchen bei Stahlkörpern von 50 mm Durchmesser für bestimmte
Bedingungen (Trinks). Die Spannungen bis zur Elastizitätsgrenze
lassen sich aus dem Elastizitätsmodul, dem Ausdehnungskoeffizienten und der Temperaturverteilung berechnen[2].

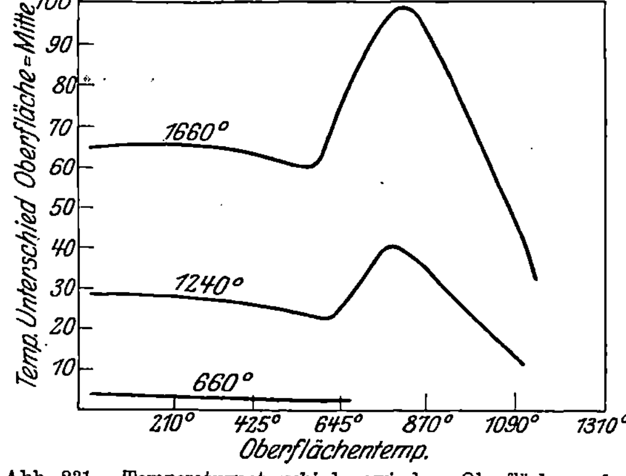

Abb. 231.   Temperaturunterschiede zwischen Oberfläche und
Mitte bei bestimmten Oberflächen und Ofentemperaturen. Die
Ofentemperaturen stehen an den Kurven (nach Rapatz).

Die Einwirkung der Medien, in denen das metallische Material lagert, vollzieht sich naturgemäß nach den Gesichtspunkten der heterogenen Reaktionen, wie wir sie kurz auf S. 240 skizziert haben. Bei der Einwirkung von Luft handelt es sich zunächst um eine Oxydbildung, die Einwirkung der anderen Medien kann in Diffusionswirkungen bestehen. Über einzelne über das rein empirische hinausgehende Feststellungen wird im speziellen Teil berichtet werden. Besonders zu beachten sind bei einem Teil der Legierungen Änderungen der Zusammensetzung derselben, welche bei der Wärmebehandlung eintreten können, bei Stahl handelt es sich insbesondere um Entkohlungen, bei Kupfer-Zinklegierungen um Zinkverluste an der Oberfläche.

Schon nach den Wärmebehandlungen, ebenso aber auch nach Verformung bei erhöhter Temperatur, tritt häufig die Aufgabe auf, die durch die Behandlung bei erhöhter Temperatur gebildeten Oberflächenschichten wieder zu entfernen, wenn nicht besondere Hilfsmittel zur Vermeidung derselben während des betreffenden Prozesses getroffen wurden, was ja aber im allgemeinen nur bei den reinen Wärmebehandlungen möglich ist. Die Entfernung z. B. von Oxydschichten wird durch Behandlung mit Säure usw. erreicht. Dieser Beizvorgang soll also darin bestehen, daß die auf der Oberfläche entstandenen Fremdkörper aufgelöst werden, ohne daß das Metall selbst angegriffen wird. Wieder handelt es sich um heterogene Reaktionen, über die auf S. 241 das Wesentlichste vermerkt wurde. Es hat sich herausgestellt, daß der Besonderheit der Aufgabe, nämlich einer Vermeidung der Auflösung von Metallen, besonders gut Rechnung getragen wird, wenn den Beizflüssigkeiten Kolloide zugesetzt werden. Es dürfte sich bei der Wirksamkeit dieser Zusätze um die Ausbildung am Metall adsorbierter Oberflächenschichten handeln, welche das Metall zu schützen vermögen[3].

Literatur.

[1] Saito: Science Reports of the Tohoku Imp. Univ. Bd. 10. Nr. 4, S. 305. 1921. — Janitzky: Stahleisen 1926, S. 336. — Schmick: Z. techn. Phys. Bd. 6, S. 365. 1925. — Schmekel: Ebda. Bd. 9, S. 49. 1928.

[2] Z. B. zuletzt E. Maurer: Stahleisen 1928, S. 225.

[3] Creutzfeldt, W. H.: Z. anorg. u. allg. Chem. Bd. 154, S. 213. 1926.

— Über Beizbrüchigkeit durch den entwickelten Wasserstoff vgl. K. W. J. Abh. 114.

III. Die Formgebung im festen Zustande.
a) Die spanlose Verformung.

Unter der spanlosen Verformung wird das Schmieden, Pressen, Stanzen, Walzen und Ziehen verstanden. Vom Standpunkt des Verhaltens und der schließlich erzielten Eigenschaften der Materialien unterscheiden wir die zwei großen Hauptgruppen der Warm- und Kaltverformung. Über die Definition derselben, daß nämlich unter Warmverformung eine ohne Verfestigung, eventuell unter spontaner Kristallisation verlaufende Verformung, unter Kaltverformung eine solche unter Verfestigung verlaufende, mit Ausbildung von Deformationsfaserstruktur verbundene zu verstehen sei, ist bereits auf S. 135ff. alles Wesentliche gesagt. Wenn auch mit der Warmverformung keine „Verfestigung" verbunden ist, so bewirkt sie doch eine sehr erhebliche Verbesserung der mechanischen Eigenschaften, insbesondere auch des Formänderungsvermögens. Es dürfte dies zurückzuführen sein auf die Unterteilung des meist relativ groben Gußgefüges und auf die Verbesserung des Korngrenzenverbandes durch Kristallisationen und Verschweißungen. (Zahlenmaterial s. S. 347.) Eine Übersicht über die verschiedenen Ausbildungen der spanlosen Verformung vermittelt Tafel 18. Bezüglich des Verhaltens der Materialien bei den hier in Rede stehenden komplizierteren Verformungsvorgängen sind noch einige Ergänzungen anzubringen.

1. Verhalten der Kristallindividuen bei den technischen Verformungen. (Spezielle Faserstrukturen.)

Wir hatten bereits früher (S. 118) gesehen, daß bei Verformungen eine Orientierung eintritt und hatten über die Methoden der Feststellung solcher Faserstrukturen ebenfalls (S. 43ff.) das Notwendigste gesagt. Das wesentliche Tatsachenmaterial über die einfachsten Faserstrukturen[1] nach Kaltbearbeitung ist in der Zahlentafel 11 mitgeteilt. Einfache Schmiedevorgänge sind dabei als Stauchungen zu betrachten, komplizierte Schmiede- und Preßvorgänge und Warmverformungen sind noch nicht untersucht.

Wie schon früher bemerkt, sind die mitgeteilten Orientierungen als Grenzlagen aufzufassen, von denen die tatsächliche Lagerung mehr oder

Tafel 18. Übersicht über die mechanischen

Bezeichnung	Prinzipskizze	Wirkungsweise
Stauchen Recken Breiten Formschmieden		freie Druckwirkung in verschiedenen Formen
Gesenkschmieden		Druckwirkung in mehrteiliger Hohlform
Stangenpressen		Druckwirkung im Presszylinder der Strangpresse
Lochen		Druckwirkung mittels Dorn
Drahtziehen, Stangenziehen		Ausziehen des Werkstückes durch Längszug und den Reaktionsdruck der Ziehdüse
Rohrziehen		a) Verkleinerung der Rohrwandstärke durch Längszug und mittelbare Druckwirkung zwischen Ziehdüse und Ziehdorn; b) Verkleinerung des Rohrdurchmessers durch Längszug und den Reaktionsdruck der Ziehdüse

* bearb. nach Werkstoffhb. V. D. E.

weniger abweicht. Das wesentliche Ergebnis ist, daß alle Materialien
mit gleicher Raumgitterstruktur prinzipiell dieselben Idealfaserungen
aufweisen. Über Walzstrukturen wird das Material in Zahlentafel 19 mitgeteilt. Die Frage der Faserstruktur gewalzter Metalle
der flächenzentrierten regulären Raumgitter erscheint noch nicht

spanlosen Formgebungen*.

Bezeichnung	Prinzipskizze	Wirkungsweise
Kümpeln		a) Wölben von Blechscheiben zwischen konvexem Stempel und konkavem Kümpel; b) Ausbildung der Endwölbung an Hohlkörpern im Hohlgesenk durch mittelbare oder unmittelbare Druckwirkung
Bördeln		Umbiegen des Randes von Blechscheiben · a) durch Walzwirkung b) durch Düsenwirkung
Tiefziehen		Umformung von Blechscheiben zu Hohlkörpern durch Zug- und Düsenwirkung
Walzen Blechwalzen Kaliberwalzen		Ausstrecken des Werkstückes und Formen des Querschnittes durch die Druck- und Reckwirkung rotierender Walzen
Schrägwalzen		Hohlraumbildung durch im gleichen Sinn umlaufende Walzen und Dorn

völlig geklärt, ebenso der Zusammenhang der Faserstruktur mit der Gleitebenenbildung beim Walzen überhaupt. Verschieden bei den Materialien desselben Raumgittertyps ist die Abweichung von der Idealfaserung (im Falle doppelter Faserung das Maß derselben nach beiden Richtungen). Bezüglich der systematischen Abweichungen

Zahlentafel 19. Walzstrukturen von Metallen.

Raumgitter-typ	Metall	Zur Kraftrichtung parallele Richtungen bzw. Ebenen		Häufigkeit beider Lagen
		I. Lage	II. Lage	
Kubisch flächen-zentriert	Cu, Ag	[112] ‖ WR (110) ‖ WE		Bei Al II stark streuend, I scharf, I : II = 1,4 : 1
	Al	[112] ‖ WR (110) ‖ WE	[111] ‖ WR (112) ‖ WE	II fraglich
	Pt	[112] ‖ WR (110) ‖ WE	[100] ‖ WR (001) ‖ WE	I überwiegend
	Au	[112] ‖ WR (110) ‖ WE	[100] ‖ WR (001) ‖ WE	
Kubisch raumzentr.	α-Messing	[112] ‖ WR (110) ‖ WE		
	α-Fe, Ta, W	[110] ‖ WR (100) ‖ WE		
Hexagonal	Zn, Cd	[0001] 50 bis 70° gegen Normale auf Walzebene	[100] ‖ WR	I nur undeutliche (70%) Faserung II schwach

WR Walzrichtung. WE Walzebene.

der realen von der idealen Ziehstruktur sind bereits einige Feststellungen gemacht, die durch Abb. 232 verdeutlicht werden. Es wurde durch nach und nach erfolgendes Abätzen eines Kupferdrahtes in den verschiedenen Schichten desselben die Richtung der Faserung festgestellt, wie sie das Bild zeigt; ihre Neigung gibt dem ganzen Drahte und seiner Achse eine Unsymmetrie.

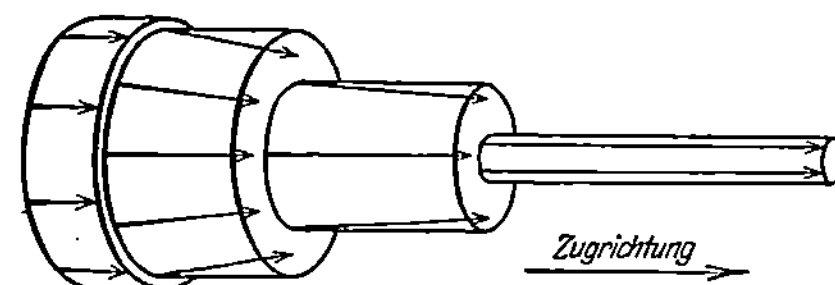

Abb. 232. Textur eines hartgezogenen Cu-Drahtes. Richtung und Länge der Pfeile geben die Richtung der Faserachsen und den Grad der Gleichrichtung an (nach Schmid und Wassermann).

2. Empirische Erfassung des Materialflusses.

Für die Durchführung der Verformungsprozesse und für die Eigenschaften der Produkte ist die Kenntnis des Materialflusses von wesentlicher Bedeutung. Es ist natürlich die gleichmäßige Verformung des Materials erwünscht, aber, wie gerade die einschlägigen Untersuchungen zeigen, nur sehr schwer durchzuführen. Zur Untersuchung des Materialflusses pflegt man so vorzugehen, daß in einem bestimmten, zu verformenden Stück andere Materialien in Bohrungen oder Schnitten untergebracht werden. Nach der Verformung findet man diese besonders bezeichneten Stellen in anderen räumlichen Verhältnissen wieder und hat darin unmittelbar das Bild des Fließvorganges. Wie kompliziert die Verformungen verlaufen, zeigt die Abb. 233, in der der Fließvorgang bei Messing in der Strangpresse[2] zu sehen ist. Hier waren senkrecht zum Kolbenweg Scheiben in den zu pressenden Block eingelegt und die mittleren Teile derselben sind den Randteilen bedeutend vorangeeilt.

Teilweise treten sogar Wirbelbildungen auf[3]. Die ältesten Versuche über den Fließvorgang beim Walzen stammen von Hollenberg, neuerdings hat Metz[4] den Walzvorgang sehr eingehend untersucht, indem er in die zu verwalzenden Profile Schrauben einzog. Besonders gut lassen sich Zugspannungen bei diesen Untersuchungsmethoden nachweisen, da an den Stellen der Einfügung fremder Materialien Hohlräume auftreten (vgl. Abb. 234). Für eine genauere Untersuchung darf natürlich nicht

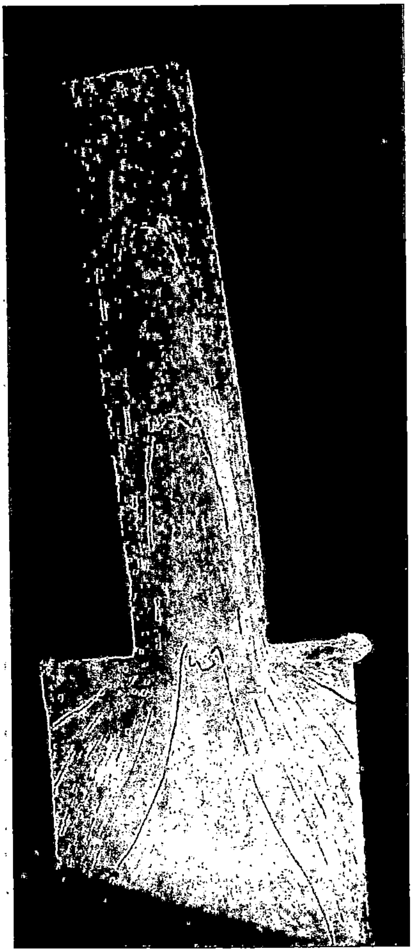

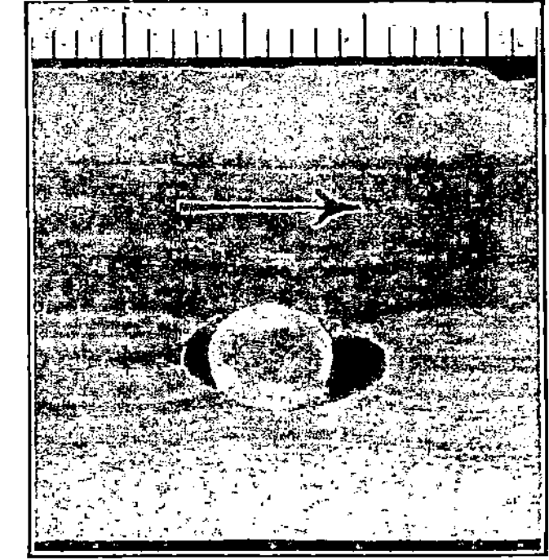

Abb. 234. Nachweis von Zugspannungen beim Walzen (nach Metz).

übersehen werden, daß durch das Einschieben fremder Materialien der Zusammenhang des zu verformenden Gutes unterbrochen wird und die Spannungen und der Fließvorgang gegenüber der normalen Ausführung des Verfahrens verändert werden. Bei der Untersuchung von Stahl läßt sich diese Unsicherheit beheben, indem man die Veränderung der Seigerungszonen studiert (siehe S. 344). Dies Verfahren dürfte auch auf andere Metalle zu übertragen sein. Aus den Ergebnissen dieser Versuche, die im einzelnen nicht besprochen werden können, ist besonders die jeweilige Feststellung wichtig, in welchen Abschnitten der betreffenden Verformungsvorgänge die Fließvorgänge besonders einfach und eventuell reinen Stauchungen oder Zugbeanspruchungen

Abb. 233. Messing in der Strangpresse. Öffnung 50 mm, Zylinder-$\varnothing$ 110 mm. 650° (nach Unckel).

angenähert sind. Aus den Ergebnissen der Walzversuche hat man z. B. geschlossen, daß der einfachste Walzvorgang mit einer gewissen groben

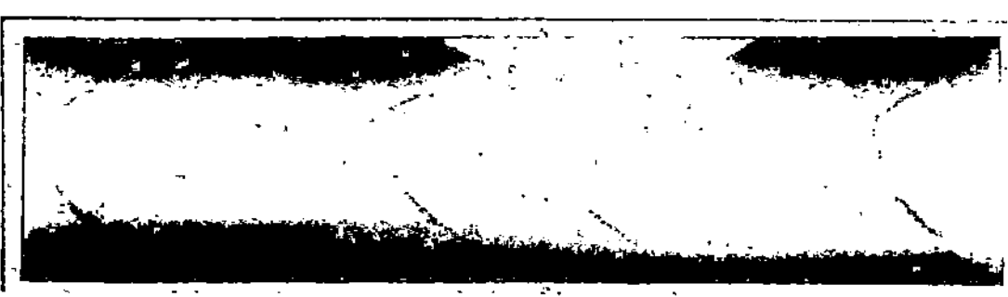

Annäherung in einem nach einer Richtung bevorzugten Stauchvorgang besteht.

Übersteigen Spannungen im Inneren des Materials die Reißfestigkeit, so treten

Abb. 235. Risse in überzogenem Draht mittels Röntgendurchleuchtung nachgewiesen (nach Glocker).

Materialtrennungen auf. Beim Ziehprozeß nennt man diesen Vorgang das Überziehen. Die typische Art der Materialtrennung läßt sich im Schliffbild erkennen, auch .die Durchstrahlung mittels Röntgenstrahlen zeigt die charakteristische Anordnung der Reißstellen innerhalb eines überzogenen Materials (Abb. 235). (Über Feststellungen von Unganzheiten vgl. ferner S. 264.)

°3. Die rechnungsmäßige Erfassung der Spannungsverteilung und des Materialflusses, der Arbeitsbedarf.

Die rechnungsmäßige Ermittelung der Spannungsverteilung und des Materialflusses muß natürlich das Ziel der Behandlung der Verformungs-

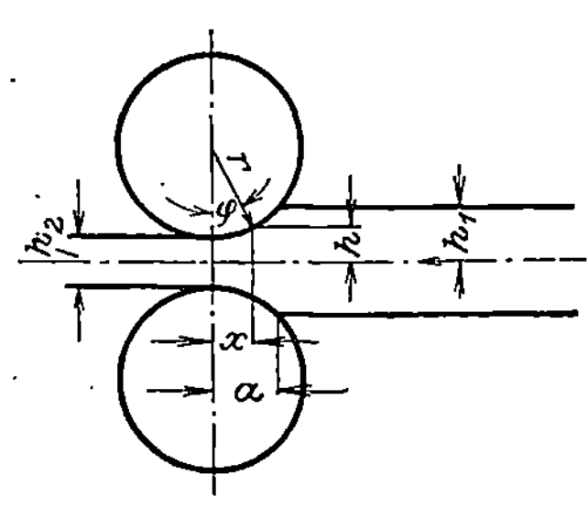

vorgänge sein, wozu die im vorigen Abschnitt genannten Versuche einiges Material zu liefern vermögen. Bezüglich einfacher Stauch- oder Zugbeanspruchungen sind hier keine weiteren Ergänzungen zu machen, sondern es ist auf S. 90 ff. zu verweisen. Ziemlich eingehend behandelt ist die Theorie des Walz- und Ziehvorganges. Es muß hier die historische Entwickelung dieser Theorie übergangen werden, und es möge an die neuesten, am aussichtsreich-

Abb. 236. Walzvorgang (nach v. Kármán).

sten erscheinenden Gesichtspunkte angeknüpft werden, welche sich aus einer Durchführung der modernen Plastizitätstheorie ergeben (S. 100).

v. Kármán[5] gibt über den Walzvorgang folgenden Ansatz:
Es bezeichnet entsprechend Abb. 236

r den Halbmesser der Walzen,

h die halbe Dicke an der betrachteten Stelle x,

x die Koordinate in der Walzrichtung positiv gemessen gegen die Vorschreitungsrichtung des Walzgutes,

φ die Winkelkoordinate, μ den Reibungskoeffizienten,

q den Stauchdruck senkrecht zur Walzenoberfläche,

p die Zugspannung in der Walzrichtung.

Das Problem kann zunächst nur als eben behandelt werden, d. h.
man muß von der sogenannten Breitung, dem Ausweichen des Materials
in der Richtung der Achse der Walze absehen. Es wird weiter damit
gerechnet, daß die Spannungen für einen bestimmten x-Wert im ganzen
Material gleich sind und daß der Formänderungswiderstand überall
konstant gesetzt werden kann, d. h. das Kaltwalzen kann nach dem hier
folgenden Ansatz nicht behandelt werden. Es wird nun der im Element
$h \cdot dx$ in der Walzrichtung auftretende Zug $d\,(p \cdot h)$ berechnet, der sich
als Differenz der in der Walzrichtung wirkenden Komponenten der
Stauch- und der Reibungskraft folgendermaßen ergibt (vgl. die analoge
Abb. 236):

$$d\,(p \cdot h) = q\,(\sin \varphi - \mu \cdot \cos \varphi)\,dx\,. \tag{1}$$

Für den Eintritt des Fließens wird die Schubspannungsbedingung eingeführt und außerdem angenommen, daß die beiden Hauptspannungen
wesentlich in die Richtung von q und p fallen. Unter der oben schon
genannten Voraussetzung eines ideal plastischen Stoffes ohne Verfestigung werden diese Voraussetzungen wiedergegeben durch die Gleichung

$$q - p = k\,. \tag{2}$$

Wenn man berücksichtigt, daß

$$\cos \varphi \sim 1, \quad \text{sowie} \quad \sin \varphi = \frac{x}{r}, \quad \frac{dh}{dx} \cong \frac{x}{r} \quad \text{ist,}$$

ergibt sich schließlich als Differentialgleichung für p die Gleichung

$$h \cdot \frac{dp}{dx} + \mu\,p = k\left(\frac{x}{r} - \mu\right). \tag{3}$$

Die beiden Grenzbedingungen, welche bei der Auswertung zu benutzen
sind, sind die, daß die Längsspannung an der Ein- und Austrittsstelle
des Walzgutes verschwindet. Diesen beiden Grenzbedingungen kann
man aus dem Grunde gerecht werden, weil in die Gleichung (3) für
den Reibungskoeffizienten einmal der Wert $+\mu$ und einmal der
Wert $-\mu$ eingesetzt werden muß. Dies ist gleichbedeutend damit, daß
von einer gewissen Stellung des fließenden Materials aus das Walzgut
nach vorn eine gegenüber der Walze voreilende Bewegung, nach hinten
eine nachbleibende Bewegung ausführt. Diese Möglichkeit ist bereits
durch die Hollenbergschen Versuche gegeben. Eigenspannungen werden
vernachlässigt. Die Druckverteilung im Bereich des unter dem Druck
der Walzen stehenden Materials, welche aus diesen Gleichungen schließlich folgt, zeigt die Abb. 237. In dieser Figur ist die Abhängigkeit von $\frac{q}{k}$, also wesentlich die Druckverteilung, in Abhängigkeit von
$\frac{x}{a}$, worin a die Länge des Walzgutes zwischen den Walzen ist, dargestellt. Dabei ist noch der Greifwinkel, mit dem die Walzen das Gut
erfassen, variiert und diese Variation durch die Zahl ε, das Verhältnis

des jeweiligen Greifwinkels zu dem maximalen Greifwinkel ausgedrückt. Zu einer ähnlichen Funktion ist schon vordem Siebel unter etwas weitergehenden Vernachlässigungen gekommen.

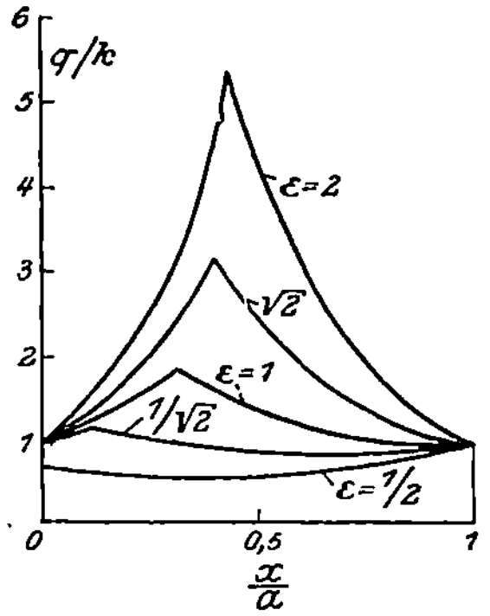

Abb. 237. Druckverteilung beim Walzen (nach v. Kármán).

In Anlehnung an diese Rechnung hat Sachs[6] eine rechnerische Behandlung des Ziehvorganges gegeben, nachdem Siebel und Becker das Problem auf energetischem Wege ebenfalls schon diskutiert haben. Der Ansatz von Sachs, unter entsprechenden Vereinfachungen wie oben, ergibt sich nach der Abb. 238 folgendermaßen:

$$d\,(\sigma f) + d\,P\,(\sin\alpha + \mu\cdot\cos\alpha) = 0\,.$$

Natürlich sind hier die Grenzbedingungen andere. Es existiert hier lediglich die Bedingung, daß der Querschnitt D_1 keine Spannung aufnimmt. Aus dieser Andersartigkeit der Grenzbedingungen folgt, daß die Spannungsverteilung eine andere ist wie die oben für den Walzvorgang wiedergegebene.

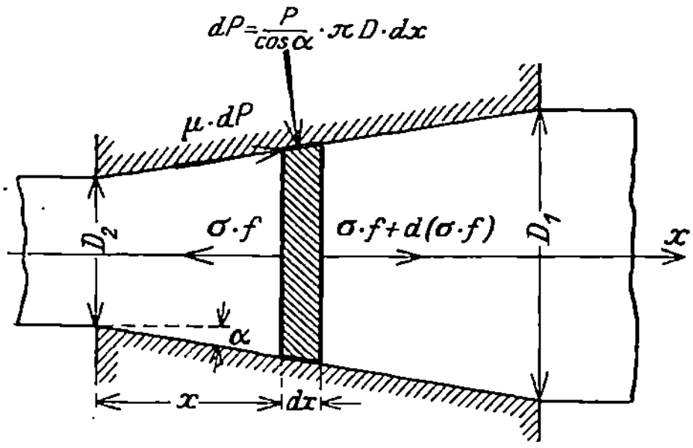

Abb. 238. Ziehvorgang (nach Sachs).

Diese Behandlungen müssen natürlich im weiteren Verfolg ihrer Vereinfachung entkleidet werden, da nur so eine weitgehende Annäherung an die wirklichen Verhältnisse möglich ist. Es muß insbesondere die stärkste Vereinfachung, nämlich die hinsichtlich eines konstanten Formänderungswiderstandes u. U. fallen gelassen werden, es muß in dem Sinne, wie früher geschildert, die einfache Plastizitätsbedingung erweitert und schließlich im Falle des Walzvorganges der Breitung[7] Rechnung getragen werden. Schließlich müßte berücksichtigt werden, daß eventuell Eigenspannungen im verformten Material verbleiben. Mit der ersten Forderung ist die Berücksichtigung der Walzgeschwindigkeit gleichbedeutend.

Eine Konsequenz dieser quantitativen Behandlung der Verformungsvorgänge wird weiterhin die Einsicht in den Arbeitsbedarf[8] für die Durchführung der Verformungsprozesse sein, soweit dieser Arbeitsbedarf von dem Material abhängt. Die bis jetzt ausgeführten Rechnungen, die allerdings leider noch mit dem idealplastischen Körper rechnen, können die dabei notwendige Verformungsarbeit und die Reibungsarbeit berücksichtigen[5]. Auch zur Erfassung des Geschwindig-

keitseinflusses sind bereits einige Versuche gemacht worden. Diese
energetischen Behandlungen der Verformungsvorgänge können erheblich
gefördert werden durch weitere empirische Feststellungen, nämlich diejenigen über den Arbeitsverbrauch, wie er bei den Verformungsvorgängen tatsächlich gemessen werden kann. Der Arbeitsverbrauch kann
einmal an den Maschinen, welche die Verformung besorgen, festgestellt
werden. Solche Versuche sind bei sämtlichen Verformungsvorgängen
bereits durchgeführt, auch an Walzwerken, wo insbesondere die umfangreichen Versuche von Puppe[9] zu nennen sind. Eine weitere Möglichkeit der energetischen Behandlung der Verformungsvorgänge auf experi-
mentellem Wege ist dadurch gegeben, daß man einen mittleren Formänderungswiderstand experimentell ermittelt. Es ist dies selbst bei so
komplizierten Vorgängen wie dem Walzvorgang auch bereits durchgeführt worden, Puppe hat mittels Meßdosen den auf die Walzen ausgeübten Druck festgestellt.

4. Bearbeitbarkeit.

Als Maß für die „Bearbeitbarkeit" durch spanlose Verformung
genügt im allgemeinen die Angabe von Formänderungswiderstand und
Formänderungsvermögen, wie
die verschiedenen Festigkeits-
untersuchungen diese Größen
liefern. Nur für besonders
weitgehende Verformungen
empfehlen sich Sonderverfah-
ren zur Bestimmung der Bearbeitbarkeit. So wird z. B. die
Tiefziehfähigkeit mit einem
Prüfapparat nach Erichsen
(Abb. 239) bestimmt, indem
der Tiefstanzvorgang durch
Drücken der zu untersuchenden Blechprobe über den Dorn
nachgeahmt wird; die Größe
der ohne Riß erzielbaren Tie-

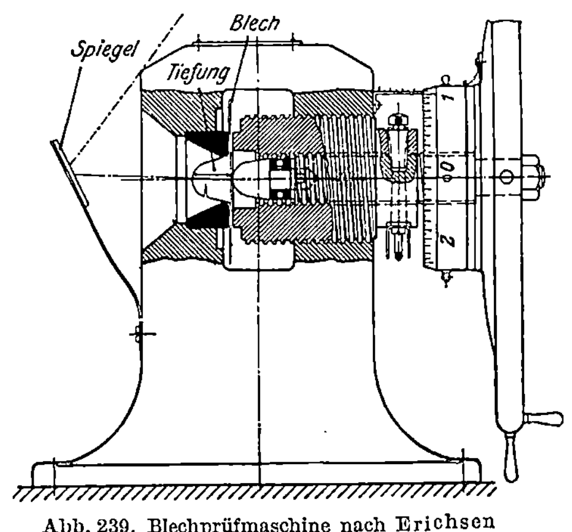

Abb. 239. Blechprüfmaschine nach Erichsen
(Schulze-Vollhardt).

fung dient als Maß für die Tiefziehfähigkeit; für die meisten Materialien
sind Normen der Ziehfähigkeit festgesetzt. Besonders verhängnisvoll für
die Tiefziehfähigkeit ist grobes Korn.

Insbesondere beim Pressen in Matrizen ist der Auswahl des Materials
für dieselben Aufmerksamkeit zuzuwenden. Die Erwärmung derselben
spielt natürlich eine besondere Rolle[10].

Literatur.

Puppe u. Stauber: Walzwerkswesen. Berlin. Julius Springer 1929.
Tafel, W.: Walzen und Walzenkalibrieren, 2. Aufl. Dortmund. — Litz, V.:

Spanlose Formung. Berlin: Julius Springer 1926. — Sauerwald: Metallwirtschaft Bd. 15, S. 1353. 1928. — Sauerwald und Seemann 1929.

[1] Stauchstrukturen: Sachs und Schiebold: Mitt. Materialpr.-Amt 1926, 2. Sonderh., S. 173. — Wever: Z. techn. Phys. 1927, S. 404.

Ziehstrukturen: Ettisch, Polanyi und Weißenberg: Z. Phys. Bd. 7, S. 181. 1921. — Ono: Mem. Colleg Engin. Fukuota Bd. 2, S. 241. 1922. — Sachs und Schiebold: Z. Metallkunde Bd. 17, S. 400. 1925. — Schmid und Wassermann: Z. Phys. Bd. 42, S. 779. 1927.

Walzstrukturen: Nishikawa und Asahara: Phys. Rev. Bd. 15, S. 38. 1920. — Uspenski und Konobiewski: Z. Phys. Bd. 16, S. 215. 1923. — Mark und Weißenberg: Z. Phys. Bd. 14, S. 328. 1923. — Wever: Mitt. Eisenforsch. Bd. 5, S. 69. 1923. — Mark: Z. Kristallogr. Bd. 61, S. 75. 1924/25. — Glöcker: Z. Phys. Bd. 41, S. 386. 1925. — Konobiewski: Z. Phys. Bd. 39, S. 415. 1926. — Tanaka: Chem. Zentralblatt 1926 I, S. 1921; 1927 VI, S. 668. — Göler und Sachs: Mitt. Metallforsch. 1927, Sonderh. 3, S. 150. — Wever und Schmidt: Mitt. Eisenforsch. 1927, Abhdlg. Nr. 90.

Weiteres: Körber: Z. Elchem. Bd. 29, S. 295. 1923. — Tammann: Z. techn. Phys. 1926, S. 531.

[2] Unckel: Über die Fließbewegung usw. Berlin: Julius Springer 1928. — W. Schmidt: Pressen von Elektronmetall, Z. Metallkunde Bd. 19, S. 378. 1927.

[3] Doerinkel und Trockels: Z. Metallkunde Bd. 13, S. 466. 1921.

[4] Zuletzt: Ber. Nr. 51 des Walzwerksausschusses V. D. Eisenhüttenl. 1927.

[5] Z. angew. Math. Mech. Bd. 5, S. 139. 1925. — Vgl. ferner: Dresden: Ebda. S. 78; Siebel, E.: Ebda. Bd. 6, S. 174. 1926 und Dresden: Ebda. S. 176. — Über das Schrägwalzen s. Kocks: Walzwerksausschußber. Nr. 47. — Siebel: Stahleisen 1927, S. 1685.

[6] Z. angew. Math. Mech. Bd. 7, S. 235. 1927; vgl. ferner R. Becker: Z. techn. Phys. Bd. 6, S. 298. 1925 und E. Siebel: Z. techn. Phys. Bd. 7, S. 325. 1926.

[7] Hier vgl. zuletzt Anke: Diss. Breslau 1927.

[8] Vgl. hier Liss: Stahleisen 1922, S. 689. — Weiß: Z. Metallkunde Bd. 14, S. 160. 1922. — Riedel: Walzwerksausschußber. Nr. 27. — Siebel: Ebenda 1922, Nr. 28. — Tafel, W.: Walzen u. Walzenkalibrieren, 2. Aufl. Dortmund.

[9] Versuche zur Ermittelung des Kraftbedarfs an Walzenstraßen. Düsseldorf 1909 u. ff.

[10] Geller: Einfluß der Drehzahl auf die Werkzeugtemperaturen in Kaltpressen. Hannover 1927.

b) Die stoffabhebende Bearbeitung von Metallen.

Mit stoffabhebender Bearbeitung kann man die Vorgänge der spanabhebenden Verformung, der Formgebung durch Drehen, Bohren, Fräsen, Schleifen und Polieren zusammenfassen. Das Schleifen und Polieren hat eine Ähnlichkeit mit den Vorgängen, die bei der Abnutzung von Materialien eintreten, außerdem ist einiges darüber bei der Herstellung von Metallschliffen zwecks metallographischer Untersuchung gesagt worden (S. 209). Deshalb mögen im folgenden nur einige Bemerkungen zu der spanabhebenden Formgebung gemacht werden, und zwar soweit sie auf den Drehvorgang sich beziehen, welcher bis jetzt am besten untersucht ist. Die Art der Beanspruchung bezüglich der von außen auftretenden Kräfte ersieht man aus der Abb. 240. Naturgemäß ist die Spannungsverteilung in dem bearbeiteten Werkstück außerordentlich kompliziert, sie hängt sehr wesentlich von der Art der Spanbildung ab. Bezüglich der Art der Spanbildung unterscheidet man zwei Haupttypen[1]. Schliffbilder davon geben die Abb. 241 bis 242. Die beiden Extreme sind die Abreißform und die Fließform, wie dies ohne weiteres aus den Bildern hervorgeht, die Abscherform stellt eine mittlere Ausbildungsform dar. Bei der Abreißform ist der dem Span voreilende Riß besonders charakteristisch. Für die Charakterisierung des Schneidvorganges ist noch von wesentlicher Bedeutung die Temperaturerhöhung, welche notwendigerweise dabei auftritt und welche sehr erheb-

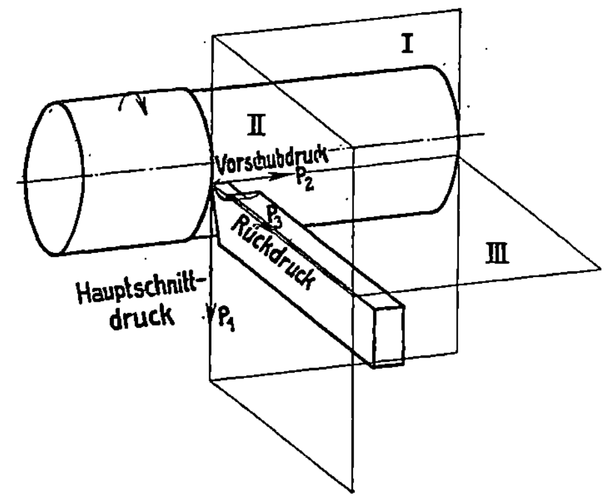

Abb. 240. Die Komponenten des Schnittdruckes (nach Kronenberg).

liche Dimensionen annehmen kann, und so z. B. bei hohen Schnittgeschwindigkeiten Temperaturen über 600 ° erreichen kann, in welchem Fall naturgemäß besondere Schneidmaterialien zu verwenden sind (vgl. S. 383

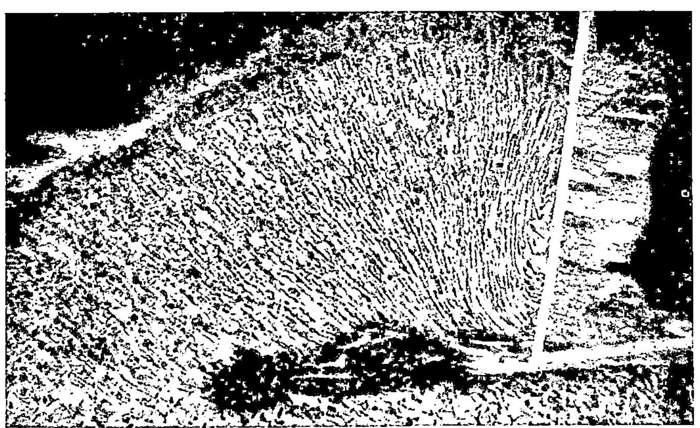

Abb. 241. Abreißspan (nach Rosenhain).

u. 386). — Die Messung der an der Schnittstelle herrschenden Temperatur erfolgt auf sehr elegante Weise nach einer insbesondere von Gottwein[2] ausgearbeiteten Methode. Es wird das Schneidmesser und das zu bearbeitende Material als Thermoelement benutzt und die auftretende Temperatur durch die EMK dieses Thermoelementes gemessen, nachdem vorher eine Eichung dieses Thermopaares stattgefunden hat.

Unter der Bearbeitbarkeit hinsichtlich der spanabhebenden Formgebung versteht man die bei einem Material in der Zeiteinheit zu erzielende Spanmenge. Für die Durchführung eines spanabhebenden Verarbeitungsprozesses ist nun allerdings nicht nur die Eigenschaft des Werkstoffes von Bedeutung, sondern vor allen Dingen auch noch die Lebensdauer des Werkzeuges, von der unten noch einiges zu sagen ist. Sieht man zunächst von dieser Größe ab, so haben wir uns zu fragen, wie die Bearbeitbarkeit, gemessen als erzielbares Spangewicht, zu ermitteln ist[3]. Von einigen nach dieser Richtung aus-

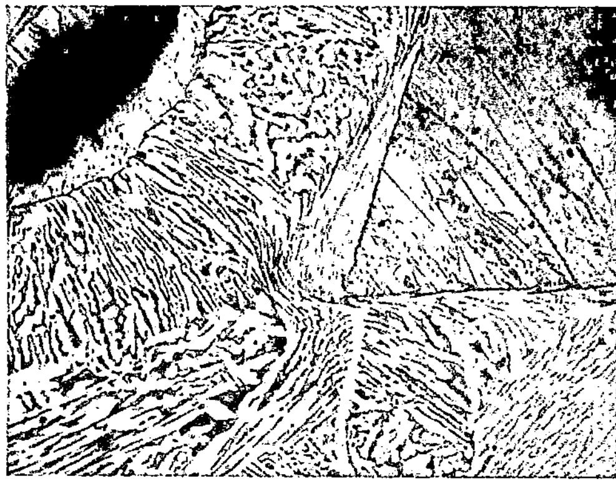

Abb. 242. Abfließspan (nach Kronenberg).

gebildeten Versuchsverfahren sei zunächst genannt der Härtebohrversuch nach Keep. Als Maßstab für die Bearbeitbarkeit dient hier die Lochtiefe, die bei gleichmäßigem Bohrdruck nach 100 Umdrehungen erzielt wird. Dies Verfahren leidet gegenüber dem gleich zu kennzeichnenden darunter, daß gegenüber dem Drehversuch der Bohrversuch stärkeren Störungen durch den erzeugten Span, durch eine ungleichmäßige Wärmeableitung u. a. m. ausgesetzt ist. Bei den Schnittdruckmessungen, die als Bohr- und Drehversuche ausgeführt werden können, werden die Kräfte gemessen, wobei beim Drehverfahren die Drücke, die in der Abb. 240 skizziert sind, ermittelt werden. Die erzielte Spanmenge kann in Abhängigkeit von diesen Faktoren festgestellt werden. Es fragt sich nun, wie die Bearbeitbarkeit mit den einfachen mechanischen Eigenschaften der Metalle zusammenhängt. Im jetzigen Stadium der Entwicklung ist ein solcher Zusammenhang noch nicht eindeutig festgestellt worden. Formänderungswiderstand und Formänderungsvermögen gehen beide in einer nicht übersehbaren Weise in diese Bearbeitbarkeit ein, und auch die Reißfestigkeit dürfte bei der Spanbildung eine Rolle spielen. Man ist also jetzt durchaus zur Ermittlung der Bearbeitbarkeit noch darauf angewiesen, dieselbe direkt zu untersuchen, wenn es sich um die Auswahl eines geeigneten Werkstoffes für spanabhebende Verformung handelt, und man tut sogar gut, die Untersuchungsmethode dem geplanten Bearbeitungsprozeß möglichst anzugleichen, da der Ausfall verschiedener Bearbeitungsversuche sich häufig auch nicht einmal widerspruchslos vereinigen läßt.

Wie schon oben angedeutet, ist für die Charakterisierung gerade der spanabhebenden Verformung das Verhalten des Werkzeuges von derselben Wichtigkeit wie das Verhalten des Werkstoffes. Man schreibt einem schneidenden Werkzeug eine bestimmte Schneidhaltigkeit zu und versteht darunter die Zeit, die es unter bestimmten Bedingungen der Abnutzung durch den Schneidvorgang standhält. Eine bestimmte Schneidhaltigkeit ist, abgesehen von den Schnittdrucken und Schnitt‑ geschwindigkeiten natürlich noch von dem zu bearbeitenden Werkstoff abhängig. Die Schneidhaltigkeit wird gleichzeitig bei den oben genannten Versuchen zur Feststellung der Bearbeitbarkeit ermittelt[4], die Kriterien, die dabei angewendet werden, sind verschiedenartig. Nach Taylor wird die Schnittgeschwindigkeit bestimmt, bei der der Drehmeißel in einem Zeitraum von etwa 20 Minuten abstumpft. Beim Zerstörungsversuch ermittelt man die Drehzeit, bzw. die Spanlänge bis zum Abstumpfen des Meißels. Wenn man insbesondere den Einfluß der Geschwindigkeit ermitteln will, so bearbeitet man eine gelochte Scheibe, welche mit gleichbleibender Winkelgeschwindigkeit rotiert, vom Umfang des zentralen Loches her und stellt die Geschwindigkeit fest, bei der der Meißel stumpf wird. Auch der Zusammenhang der Schneidhaltigkeit mit den einfachen Festigkeitseigenschaften von Werkzeug und Werkstoff ist sehr kompliziert, die Drehdauer nimmt mit der Zunahme der Festigkeit der zu bearbeitenden Materialien im allgemeinen sehr schnell ab.

An dieser Stelle sei noch darauf hingewiesen, daß die Schneidwirkung[5] von Messern überhaupt noch eine sehr ungeklärte Frage ist, einen Beitrag dazu liefern Honda und Takahasi.

Literatur.

Kronenberg: Zerspanungslehre. Berlin: Julius Springer 1927.
[1] Rosenhain und Sturnay: Ref. Stahleisen 1926, S. 303.
[2] Z. Masch.-Bau Bd. 4, S. 1129. 1925 bis Bd. 5, S. 505. 1926.
[3] Vgl. Rapatz und Krekeler: Stahleisen 1928, S. 257.
[4] Vgl. Rapatz: Stahleisen 1926, S. 1109.
[5] J. Iron Steel Inst. 1927 II, S. 357.

IV. Stoffverbindung und -trennung auf metallurgischer Basis.

Das einfachste Verfahren zur Verbindung von Konstruktionsteilen unter Ausnutzung spezifisch stofflicher Eigenschaften von Materialien ist der Schrumpfvorgang[1]. Man verfährt so, daß der aufzuschrumpfende Konstruktionsteil im warmen Zustande auf den mit ihm zu verbindenden Teil aufgebracht wird, bei der Abkühlung tritt infolge der thermischen Kontraktion und des dadurch bedingten Schrumpfdruckes eine feste Verbindung beider Teile ein. Genau zu berücksichtigen ist hier die Größe der thermischen Ausdehnung und eine eventuelle Volumenänderung, die durch eine etwa auftretende Umwandlung des festen Zustandes bedingt wird. Mit Hilfe dieser Größen und der Elastizitätskonstanten sind die Schrumpfdrucke zu berechnen, die natürlich so gewählt werden müssen, daß die Festigkeit der gesamten Konstruktion nicht gefährdet wird.

Eine weitere Methode zur Stoffverbindung ist das Schweißen. Unter Schweißen versteht man eine Zusammenfügung zweier sehr weitgehend ähnlich zusammengesetzter Stoffteile unter Zuführung von Wärme derart, daß die Gefüge beider Teile stetig ineinander übergehen. Dabei unterscheidet man zwei Arten des Schweißens.

1. Das Preßschweißen.

Hierunter versteht man die Vereinigung der Werkteile unter Anwendung von Druck·im festen Zustande, wobei die Abarten der Hammerschweißung im Koks- oder Gasfeuer, der elektrischen Widerstandsschweißung[2] und der Thermitpreßschweißung zu unterscheiden sind. Bei der letzten wird die notwendige Temperatur durch die Oxydation von Aluminiumpulver erreicht. Bei den meisten Werkstoffen ist diese Vereinigung nur bei erhöhten Temperaturen möglich. Die Herbeiführung der Vereinigung beruht auf der Ausnutzung derselben Kräfte[3], welche die Herstellung synthetischer Metallkörper ermöglichen, d. h., wir haben es mit dem Wirksamwerden der unabgesättigten Gitterkräfte zu tun, welche an den betreffenden zu vereinigenden Oberflächen vorhanden sind. Der Schweißvorgang stellt also im wesentlichen eine Adhäsionswirkung dar. Dieser können sich die Wirkungen von Kristallisationen an den Oberflächen hinzugesellen, wenn die Temperaturen genügend. hoch sind; die Anwendung eines mechanischen Druckes wird dieselbe noch beschleunigen. Die Ausführbarkeit einer Schweißung wird außerordentlich durch den Umstand beeinträchtigt, daß die Schweißung im allgemeinen an der freien Atmosphäre vorgenommen werden muß und Oxydationswirkungen eintreten. Man sucht diese Oxydationswirkung dadurch zu beheben, daß man die zu vereinigenden Oberflächen mit einer schützenden Schlacke bedeckt, welche die Oxyde in sich aufnimmt und die Berührung der festen Metalloberflächen in möglichst reinem Zustande ermöglicht. Da die Adhäsionskräfte an oxydischen Oberflächen nur gering sind, ist die Wichtigkeit dieses Prozesses der Schlackenbildung gleich einzusehen. Weiterhin hängt die Möglichkeit des Preßschweißverfahrens mit den mechanischen Eigenschaften des zu schweißenden Materials offenbar derart zusammen, daß ein einigermaßen erhebliches Formänderungsvermögen vorliegen muß, damit die Oberflächen unter Anwendung des Druckes in möglichst weiten Bereichen sich einander angleichen.

Wenn in den zu schweißenden Legierungen Kristallarten vorhanden sind, welche nicht rein metallischen Charakters sind, z. B. Karbide, wird im allgemeinen die Schweißbarkeit beeinträchtigt sein, da an einer solchen Kristallart, abgesehen von ihrem geringen Formänderungsvermögen, auch die Adhäsionskräfte geringer sind. Infolge dieser Umstände ist es verständlich, daß nur verhältnismäßig wenig Materialien auf dem Wege des Preßschweißens zu vereinigen sind, ihre Zahl dürfte allerdings im Laufe der Zeit größer werden, je mehr die genannten Faktoren berücksichtigt werden können.

2. Das Schmelzschweißen.

Bei diesem Verfahren wird in die Fugen der zu verbindenden Teile eine flüssige Schmelze aus weitgehend ähnlichem Material gebracht. Die Erzeugung der notwendigen hohen Temperaturen kann mittels Gas, mittels elektrischem Lichtbogen[4] und durch die Anwendung des Thermitverfahrens erfolgen. Das Schmelzschweißverfahren ist aus dem Grunde universaler als das Preßschweißverfahren, weil auch wenig formänderungsfähige Materialien auf diesem Wege miteinander vereinigt werden können. Natürlich hat aber die Durchführung der Schweißung gerade bei diesen Materialien besonders vorsichtig zu erfolgen. Die zu erzielenden Temperaturen sind ja sehr hoch, und in dem Falle, daß man nur die zu verbindenden Oberflächen und ihre engste Umgebung auf höhere Temperatur bringt, hat man mit dem Auftreten erheblicher Wärmespannungen zu rechnen. Will man diese Gefahr vermeiden, so wendet man die Warmschmelzschweißung an, bei der man z. B. Gußeisen auf die Temperatur beginnender Rotglut bringt, wodurch das Auftreten von Spannungen weitgehend ausgeschaltet wird.

Die Schmelzschweißung wird neuerdings in umfangreichem Maße nicht nur zur Bildung von Verbindungen bei Neukonstruktionen, sondern zur Reparatur gebrochener Teile[5] und zum Ersatz durch Abnutzung in Verlust gegangenen Werkstoffes benutzt. Im letzten Falle spricht man von Auftragschweißung[6].

3. Das Löten.

Das Löten von Metallen unterscheidet sich vom Schweißen im wesentlichen dadurch, daß die angewandten Verbindungsmittel im allgemeinen eine andere Zusammensetzung haben als die zu verbindenden Stoffteile[7]. Dadurch wird es möglich, die Lote zu schmelzen, ohne daß die zu verbindenden Oberflächen selbst weitgehend in den flüssigen Zustand übergehen. Es findet vielmehr — und dies scheint ein begünstigender Faktor zu sein — höchstens eine leichte Auflösung des Materials der Oberflächen in dem schmelzflüssigen Lot statt (vgl. S. 435). Gegebenenfalls diffundieren Lot und Grundmaterial im festen Zustand ineinander. Die verschiedenen Gruppen von Metalloten werden wir auf S. 434 kennenlernen, für die Durchführung des Lötprozesses ist ge-

nau so wie beim Schweißvorgang ein Schutz der zu verbindenden Oberflächen durch eine geeignete Schlacken- oder Salzschicht notwendig.

Als Materialtrennung auf metallurgischer Grundlage ist insbesondere das autogene Schneiden zu nennen. Es wird hier der Ver-
brennungsvorgang z. B. von Eisen in Sauerstoff und die dabei zum
Schmelzen führende Temperaturerhöhung zum Schneiden benutzt.

Bei all den in diesem Abschnitt genannten Verfahren ist der Umstand
von großer Bedeutung, daß bei ihnen eine sehr starke lokale Überhitzung stattfindet. Abgesehen von den schon geschilderten Spannungen
ist diese Überhitzung natürlich von großem Einfluß auf das Gefüge an
den lokal auf hohe Temperatur gebrachten Stellen. Man wird hier
immer mit den Folgen der Überhitzung für die mechanischen Eigenschaften rechnen müssen, insbesondere mit einem geringen Formänderungsvermögen. Bei der Prüfung der Festigkeit von Verbindungen[8]
ist gerade die Feststellung verminderter Formänderungsfähigkeit häufig
nicht ganz einfach. Natürlich müssen die Querschnitte bei der Prüfung
auf Formänderung und Festigkeit der Schweißstelle selbst zum mindesten gleich den Querschnitten der übrigen Konstruktion sein, zweckmäßigerweise wählt man sie kleiner. Streng zu unterscheiden sind
die Ermittelungen über die Festigkeiten der als Schweiß- und
Lötmaterial dienenden Stoffe und diejenigen der erzielten Verbindungen. Über die Eigenschaften von Schweiß- und Lötmaterial
erhält man die beste Auskunft, wenn man dasselbe ähnlich wie z. B. bei
der Schweißung zu einem Probestab herunterschmilzt.

Literatur.

Reihe 30 der Abhandlungen: Werkstofftagung Berlin 1927. Verlag Stahleisen. — Bardtke, P.: Gemeinfaßliche Darstellung der gesamten Schweißtech-
nik. V. d. I.-Verlag. — Wüst, F.: Legier- und Lötkunst. Leipzig: Verlag Voigt.

[1] Bergmann-Mitt. Bd. 2, S. 272. 1926.
[2] Wintermayer und Sauer: Stahleisen 1920, S. 1177.
[3] Sauerwald, F.: Stahleisen 1925, S. 1274.
[4] Neese: Stahleisen 1922, S. 1001.
[5] Schimpke: Stahleisen 1926, S. 1141.
[6] Hoffmann: Z. V. d. I. 1928, S. 215.
[7] Claus: Gieß.-Zg. 1926, S. 463.
[8] Rock: Maschinenbau Bd. 4, S. 979. 1925. — Mies: Z. V. d. I. 1925, S. 1346.

V. Die Oberflächenbehandlung der Metalle und Legierungen.

Die Oberflächenbehandlung wird einerseits zum Schutze gegen
Korrosion (s. a. dort S. 253), andererseits zur Heraufsetzung der
mechanischen Widerstandsfähigkeit von Oberflächen ausgeführt. Natürlich ist es erwünscht, wenn beide Absichten gleichzeitig
erfüllt sind.

Wir betrachten zunächst diejenigen Oberflächenbehandlungen, welche hauptsächlich als Korrosionsschutz gedacht sind. Es ist hier zunächst das Plattieren[1] zu nennen. Dabei werden auf das Grundmaterial Schichten von ziemlich erheblicher Stärke durch einen Schweißvorgang aufgebracht. Dem Preßschweißen entspricht dieses Aufbringen einer Oberflächenschicht, wenn eine Platte oder Folie bei erhöhter Temperatur durch Aufpressen auf das Grundmetall aufgeschweißt wird. Der Schmelzschweißung entsprechen diejenigen Plattierverfahren, welche das Grundmetall mit einer zunächst flüssigen Schicht des für die Oberfläche gewählten Metalls bedecken. Bei den in der Praxis ausgeübten Plattierverfahren würde es sich dem Wesen der Sache nach (dies folgt aus den entsprechenden Zustandsdiagrammen) meist außer dem Adhäsionsvorgang noch um eine Mischkristallbildung an der Grenzschicht der beiden Materialien handeln. Wenn die Diffusionsgeschwindigkeiten der beiden zwecks Plattierung zu vereinigenden Metalle zu gering sind, nimmt man die Vermittelung eines dritten Materials, in welchem die erstgenannten Metalle schnell diffundieren, in Anspruch. So kann z. B. Eisen mit Messing plattiert werden, indem das Eisen erst verzinnt und dann mit Messing belegt wird. Die Verbindung an dieser Grenzschicht muß so gut sein, daß eine Weiterverarbeitung, z. B. ein Tiefziehen des plattierten Materials, nach der Plattierung möglich ist, ohne daß eine Trennung beider Schichten eintritt. Zu den wichtigsten Plattierungen gehört das Aufbringen von Nickel oder Kupfer auf Eisen.

Wenn es sich um die Aufbringung verhältnismäßig dünner Oberflächenschichten handelt dadurch, daß man das Grundmaterial in Schmelzen taucht, spricht man gewöhnlich nicht mehr von Plattieren. Hierher gehören die Verfahren des Feuerverzinkens, -verzinnens und -verbleiens. Die Drähte oder Bleche werden bei diesen Verfahren nach einer guten Reinigung durch geeignete Beizbäder durch die entsprechenden Metallschmelzen hindurchgeführt. Auch hier erfolgt an der Oberfläche eine Einstellung des Gleichgewichtes der beiden Komponenten aufeinander mit einer gewissen Annäherung nach dem Zustandsdiagramm, d. h. also, wenn dasselbe homogene Phasen aus den Komponenten aufweist, so bilden sich dieselben je nach der Geschwindigkeit des Verfahrens in mehr oder weniger großem Umfange an der Berührungsstelle der beiden Metalle. Dem Wesen nach sind auch die Verfahren hierher zu zählen, welche eine Oberflächenschicht aus einem Gase bilden. Hier ist das Sherardisieren zu nennen, bei welchem die zu überziehenden Gegenstände gleichzeitig mit Zinkpulver bei erhöhten Temperaturen in Trommeln rotieren. Der Zinküberzug dürfte in erster Linie bei diesem Verfahren durch Zinkdestillation entstehen.

Von den eben genannten Verfahren unterscheiden sich diejenigen Verfahren, welche bei Raumtemperatur durch Galvanisation einen

Überzug erzielen, prinzipiell, da eine Strukturbildung entsprechend dem Zustandsdiagramm an der Grenzschicht beider Materialien hier nicht möglich ist, weil die Temperaturen nicht hoch genug und damit die Reaktionsgeschwindigkeiten in allen praktisch in Frage kommenden Fällen auch zur annähernden Gleichgewichtseinstellung nicht groß genug sind. Wir haben es hier mit einer reinen Adhäsionswirkung der beiden Schichten zu tun, welche wesentlich dadurch gefördert wird, daß das sich elektrolytisch niederschlagende Metall in die feinsten Poren der Oberflächen des Grundmaterials eindringt und so festhaftet. Außerdem sind Oxydationen bei normalem Verlauf der Verfahren ausgeschlossen, was die Adhäsionswirkung wesentlich unterstützt. Was die weiteren Besonderheiten der Struktur dieser Niederschläge, insbesondere die Kristallorientierung in ihnen anlangt, so sei auf das hierüber in dem Abschnitt „über die Entstehung elektrolytischer Metallkörper" (S. 19) Gesagte verwiesen[2].

Zu denjenigen Verfahren der Oberflächenbehandlung, bei denen eine reine Adhäsionswirkung der Oberflächenschicht vorliegt, dürften auch die Spritzverfahren im wesentlichen rechnen. Wenn bei dem Metallspritzverfahren nach Schoop[3] das Material der zu erzielenden Oberfläche auf das Grundmetall auch bei erhöhter Temperatur aufgespritzt wird, so ist die Abschreckwirkung des Grundkörpers und die Geschwindigkeit des ganzen Vorganges meist so erheblich, daß zu den notwendigen Diffusionen und Reaktionen an der Grenzschicht im allgemeinen keine Zeit bleiben dürfte. Einige Einzelheiten über die Behandlung von Eisen nach den vorgenannten Verfahren s. S. 391.

Die Oberflächenbehandlungen, welche die Heraufsetzung des Formänderungswiderstandes der Oberfläche zum Ziel haben, bedienen sich im allgemeinen der soeben genannten Verfahren nicht. Es handelt sich vielmehr ausnahmslos darum, daß in einem Metall oder einer Legierung, welche das Grundmaterial bildet, durch einen Diffusionsvorgang an der Oberfläche ein Gefügebestandteil hohen Formänderungswiderstandes angereichert wird. Dabei wird größter Wert darauf gelegt, daß die Konzentration dieses Legierungselementes nach dem Inneren stetig abnimmt, damit auch ein möglichst allmählicher Übergang der Eigenschaften von außen nach innen stattfindet. Für das mechanische Verhalten ist diese Art der Oberflächengestaltung aussschlaggebend, da nur so bei mechanischen Beanspruchungen ein Abplatzen der Oberflächenschichten, soweit überhaupt möglich, verhindert wird. Man sieht, daß dem Wesen der Sache nach diese Oberflächenbehandlung von dem der ersten Gruppe tatsächlich bis zu einem gewissen Grade prinzipiell verschieden ist. Das Wesen der hier in Frage kommenden Diffusionsvorgänge ist auf S. 181 allgemein behandelt, Anwendungen („Einsetzen" von Stahl in C) lernen wir auf S. 387, 390 kennen.

Zu der Aufgabe der Herstellung besonderer Oberflächenschichten gehört ferner das Färben der Metalle. Es wird hier eine sehr dünne Oberflächenschicht mit besonderen optischen Eigenschaften erzielt. Die Herstellung dieser Schichten erreicht man auf chemischem Wege durch Ätzwirkungen, wie sie denjenigen entsprechen, die man bei der Schliff-beobachtung in der Metallographie verwendet (vgl. S. 212).

Literatur.

Für die praktische Durchführung einiger der genannten Verfahren vgl. z. B. G. Büchner: Hilfsbuch für den Metalltechniker. Berlin 1916.

[1] S. ferner Werkstoffhandbuch d. Nichteisenmetalle. Blatt M 12 Nickelplat-tierung. Beuth-Verlag. — Lueger: Lexikon der gesamten Technik, 2. Aufl., Bd. 7, S. 156. Stuttgart und Leipzig.

[2] Vgl. ferner: Hughes: Elektrolytisches Überziehen. Deutsche Ausgabe. Leipzig 1917.

[3] Karg: Korr. Metallschutz Bd. 3, S. 110. 1927.

VI. Auswertung von Betriebsergebnissen — Großzahlforschung.

Am Ende des Fabrikationsvorganges pflegt eine Abnahme-prüfung über die Eigenschaften des hergestellten Materials zu ent-scheiden. In den Zahlen, die hier erhalten werden, sind die mannig-fachsten Beziehungen zwischen der Zusammensetzung des Materials, den einzelnen Phasen des Herstellungsprozesses und den schließlich erreich-ten Qualitätsziffern enthalten. Es muß als eine sehr dankenswerte An-regung bezeichnet werden, daß man versuchte, dieses außerordentlich um-fangreiche Material der wissenschaftlichen Erkenntnis nutzbar zu machen.

Um die aus den Betriebsergebnissen und den Zahlen der Abnahme-versuche möglicherweise erkennbaren Zusammenhänge herauszufinden, muß man sich der Grundsätze der Statistik bedienen, welche in diesem besonderen Falle mit dem Namen „Großzahlforschung" be-zeichnet wurde. Während z. B. beim wissenschaftlichen Laboratoriums-versuch jeder einzelne Faktor möglichst genau definiert wird, und ge-wöhnlich nur die gleichzeitige Variation zweier Größen durchgeführt wird, um ihre gegenseitige Abhängigkeit zu erkennen, liegen die Ver-hältnisse bei der Auswertung von Betriebsergebnissen ganz anders. Ganze Gruppen verschiedener Faktoren wirken auf die festgestellten Ergebnisse ein und führen zu einer Variation derselben. Das prinzipiell wichtige Ergebnis der Großzahlforschung ist nun dieses, daß aus der Art und Weise der Schwankung sehr vieler Daten, z. B. von irgend-welchen Qualitätszahlen hergestellter Materialien, darauf geschlossen werden kann, wieviel Gruppen von Umständen diese Variation der Quali-tätszahlen herbeigeführt haben, wobei in jeder Gruppe nur annähernd gleichberechtigte Umstände auftreten.

Das Wesen dieser Anwendung der Wahrscheinlichkeitstheorie ergibt sich am besten aus folgenden Beispielen. Handelt es sich um die

Feststellung einer Eigenschaft eines Materials, z. B. um die Dehnung, so kann diese Eigenschaft in hervorragendem Maße von einer Gruppe von Faktoren bei der Herstellung abhängen, während andere Einflüsse von wesentlich untergeordneterer Bedeutung sind. Es zeigt sich dann, daß die betreffende Eigenschaft in einer Weise mit der Zahl der Untersuchungen variiert, wie dies die Abb. 243 angibt. Ein bestimmter Wert tritt mit einer maximalen Häufigkeit auf, davon abweichende Werte mit geringerer Häufigkeit, und stark abweichende Werte werden schließlich ganz selten. Diese Kurve ist nichts anderes als der graphische Ausdruck für die Funktion der zufälligen Fehlerabweichungen eines einfach bestimmten Meßresultates, wie sie Gauß aufgestellt hat.

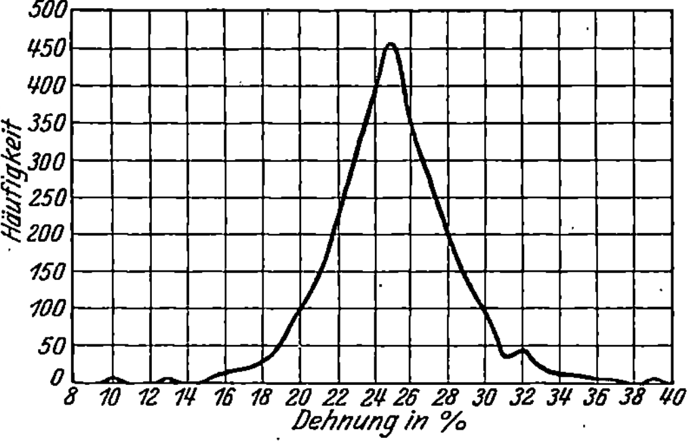

Abb. 243. Dehnungsverteilung in SM.-Stählen mit 0,2% C (nach Daeves).

Ist nun aber nicht eine Gruppe für das Zustandekommen der festgestellten Werte in erster Linie maßgebend, sondern zwei Gruppen kommen neben anderen weniger wichtigen in Frage, so weist die entsprechende Häufigkeitskurve im allgemeinen zwei Maxima auf oder einen unregelmäßigen Verlauf, der als Superposition zweier Kurven aufzufassen ist. Es ist nämlich allgemein unwahrscheinlich,

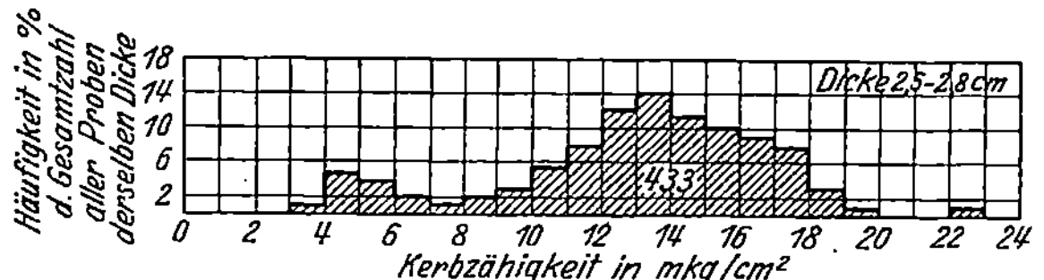

Abb. 244. Relative Häufigkeitsverteilung der Kerbzähigkeit an Blechen (nach Daeves).

daß zwei verschiedene Gruppen in derselben Weise auf den Ausfall der betreffenden Werte einwirken (was dann ein Zusammenfallen zweier Maxima bedingen würde). Diese Art der Einwirkung kommt besonders leicht dann zustande, wenn die untersuchte Eigenschaft selbst z. B. 2 Komponenten aufweist, die jeweils verschieden auf äußere Einflüsse reagieren. In der Abb. 244 ist z. B. die Häufigkeit bestimmter Kerbzähigkeitswerte bei einer bestimmten Blechdicke wiedergegeben. Man sieht, daß in dem Kurvenzug zwei Maxima auftreten. Diese sind nichts anderes als der Ausdruck dafür, daß die Kerbzähigkeit, wie wir auf S. 95 kennengelernt haben, von zwei Faktoren beherrscht wird.

Literatur.

[1] Daeves, K.: Großzahlforschung. Düsseldorf 1924.

Zweiter Teil

Spezielle Metallkunde.

Vorbemerkung über Qualitätszahlen und kleine Beimengungen.

Die wesentlichste Aufgabe des folgenden speziellen Teiles der Lehre
von den Metallen ist die, die einzelnen Materialien hinsichtlich der Eigenschaften, die vorher allgemein behandelt wurden, zu charakterisieren.
Eine Voraussetzung dazu ist, daß die einzelnen Metalle und Legierungen dabei in definierten Zuständen untersucht werden, eine
zweite die, daß der untersuchte Stoff als solcher eindeutig definiert ist. Während die erstgenannte Voraussetzung meist erfüllt
werden kann, schon deswegen, weil die Mannigfaltigkeit der möglichen
Zustände nicht allzugroß ist, ist dies bei der zu zweit genannten Voraussetzung durchaus nicht in demselben Maße der Fall. Dies hängt damit
zusammen, daß die Natur und Einwirkung der in den zu untersuchenden
Stoffen vorliegenden kleinen Beimengungen nur in geringem Maße
bekannt ist. Es wird weiterhin eine der wesentlichsten Aufgaben der
speziellen Metallkunde sein, erstens die Wirkung kleiner Beimengungen
festzustellen und zweitens Wege für die Qualitätsverbesserung durch
Vermeidung der schädlichen Beimengungen zu weisen.

Die Schwierigkeiten dieser Aufgabe bestehen in ihrer Mannigfaltigkeit und dem Fehlen einfacher Methoden. Man muß natürlich zunächst
daran festhalten, daß die Theorie der heterogenen Gleichgewichte verbunden mit der Strukturtheorie und den Erkenntnissen über Zusammenhang zwischen Konstitution und Eigenschaften, sowie diese im Abschnitt B der allgemeinen Metallkunde entwickelt wurden, hier richtung-
gebend wirken. Man darf aber die Augen nicht davor verschließen, daß
der Anwendung dieser Methoden sich recht erhebliche Schwierigkeiten
in den Weg stellen, die zum Teil prinzipieller Natur sind. Wir be-
tonen im folgenden die letzten und sehen davon ab, daß ein Metall
mit seinen Beimengungen ein Vielstoffsystem darstellt, welches schon
wegen seiner Mannigfaltigkeit sehr schwierig zu behandeln ist.

Die von uns entwickelte Theorie der heterogenen Gleichgewichte
basiert fundamental auf den Begriffen der Löslichkeit und Unlöslichkeit, welche die ganze Mannigfaltigkeit der Phasengestaltung bedingen.

Im Sinne unserer früheren Entwicklungen ist es deshalb weiterhin im einzelnen Falle sehr wichtig, zu wissen, ob eine Beimengung in fester Lösung vorhanden ist oder nicht, da wir gesehen haben, daß die Einwirkung auf die Eigenschaften in beiden Fällen sehr verschieden ist (S. 225). Während nun aber der Begriff der gesättigten Lösung bei einigermaßen erheblichen Prozentgehalten der Komponenten in Mehrstoffsystemen zweifellos seinen wohldefinierten Sinn hat, kann bezüglich des Begriffs der absoluten Unlöslichkeit nicht dasselbe mit Gewißheit behauptet werden. Man kann durchaus auch von der Auffassung ausgehen, daß jede Phase Fremdstoffe in einem ganz geringen Betrage immer aufzunehmen vermag. Man hat also durchaus damit zu rechnen, daß die Diskussion der Einwirkung kleiner Beimengungen nicht schematisch nach den bei beliebigen Konzentrationen gemachten Erfahrungen vorgenommen werden darf. Übrigens weist darauf auch schon die Auffindung eines kritischen Dispersitätsgrades hin (S. 227, 447). Insbesondere darf die Anwendung der Zustandsdiagramme im Konzentrationsbereich bei Löslichkeitsgrenzen, vor allem in demjenigen in der Nähe der reinen Komponenten nur unter genauer Prüfung der Fehlergrenzen des Zustandsdiagrammes (vgl. S. 197) erfolgen. Im Laufe der Entwicklung hat sich gezeigt, daß die Fälle völliger „Unlöslichkeit" wie die unbegrenzter Löslichkeit beim Wachsen der Genauigkeit der Untersuchung immer geringer an Zahl werden.

Selbst wenn man von dem Standpunkt ausgeht, daß auch bei kleinen Beimengungen die prinzipielle Unterscheidung von Löslichkeit und Unlöslichkeit und damit die Aufstellung von Gleichgewichtsdiagrammen auch für diese Konzentrationsbereiche möglich und von Nutzen ist, ist daran zu denken, daß die Einstellung der betreffenden Gleichgewichte auf große Schwierigkeiten stoßen muß. Sind z. B. bei einer Kristallisation, insbesondere bei schnellem Verlauf derselben, Beimengungen, die unlöslich im festen Zustande sind, fein verteilt in einem Stoff vorhanden, oder müssen sie sich infolge Verschiebung einer vorhandenen geringen Löslichkeit ausscheiden, so wird die Sammlung der betreffenden Atomart zu einer Phase nur sehr langsam vor sich gehen können, da die Wahrscheinlichkeit des Aufeinandertreffens der wenigen Atome nur sehr gering ist. D. h. aber, die betreffende Beimengung wird lange hochdispers im Grundmetall — oder wenigstens in den Korngrenzen — sitzen und in ihrem Zustand einem gelösten Bestandteil ähneln.

Weitere Schwierigkeiten des Problems der kleinen Beimengungen bestehen darin, daß nicht nur die Löslichkeit der Beimengungen eine Rolle spielt, sondern noch zweitens die Verteilung derselben. Eine gleichmäßige Verteilung wird naturgemäß auf die Eigenschaften anders wirken als ein der Block- oder Kristallseigerung entsprechendes Vorkommen. Von besonderer Wichtigkeit wird ein Vorkommen an den Korngrenzen sein (S. 15).

Drittens aber ist damit zu rechnen, daß die Beimengungen sich gegenseitig beeinflussen. Es können Verbindungen eintreten, insbesondere von Metallen und Nichtmetallen. Eine Beimengung von einem Metall kann natürlich ganz anders, z. B. bei einem gleichzeitigen Gehalt an Sauerstoff wirken, wenn es dann zu der Bildung des betreffenden Oxydes kommt als im freien Zustand. (Vgl. insbes. bei Kupfer, S. 403 ff.) Die Entscheidung darüber, in welcher Weise die Beimengungen sich beeinflussen, ist leider häufig noch kaum zu fällen, da die betreffenden Löslichkeits- und Affinitätsverhältnisse noch sehr wenig bekannt sind und vor allen Dingen deshalb, weil die Gleichgewichte sich auch hier häufig nicht einstellen werden.

Alle diese Fragen dürften unter anderem besonders durch die Entwicklung besonderer analytischer Methoden, z. B. S. 313, 405), insbesondere auch der Spektral- und Röntgenspektralanalyse[1], und die Großzahlforschung gefördert werden (S. 287). Wesentlich ist ferner, daß als Vergleichsmaterial möglichst reine Metalle hergestellt werden (S. 365)[2].

Literatur.

Goerens, P.: Über Stahlqualitäten und ihre Beziehungen zu Herstellungsverfahren. Z.V. d. I. Bd. 70, S. 1093. 1926. — Rosenhain, W.: Beimengungen. Metallurgist 1925, S. 136. — Czochralski, J.: Die Metallbetriebe usw. Z. Metallkunde 1926, S. 1. — Lobley: Rev. Met. Extr. 1925, S. 70.

[1] Glocker: Materialprüfung mit Röntgenstrahlen. Berlin: Julius Springer 1927; über Spektralanalyse vgl. Lit. bei Schiebold: Z. Metallkunde 1926, S. 30.

[2] Vgl. hier insbesondere die Arbeiten von Mylius, zuletzt: Z. Metallkunde 1927, S. 261.

A. Eisen und Stahl*.

I. Das reine Eisen.

Die technisch reinen Eisensorten sind in ihren Eigenschaften den stärker legierten Eisenqualitäten so ähnlich, daß ihre Technologie und die ihr zugrunde liegenden Eigenschaften bei den letzten, insbesondere bei den reinen Eisen-Kohlenstoff-Legierungen behandelt werden können. Wir haben hier nur noch einige Bemerkungen über die Eigenschaften des reinen Eisens, insbesondere über den Polymorphismus desselben zu machen.

Wie aus den Zahlentafeln 6a, b hervorgeht, hat das Eisen mehrere Umwandlungspunkte. Dieselben sind nicht gleichartig. Ver-

---

* Oberhoffer, P.: Das technische Eisen. 2. Aufl. Berlin: Julius Springer 1925. — Werkstoffhandbuch Stahl und Eisen. Verlag Stahleisen, Düsseldorf 1927.

schiedene Raumgitterstrukturen sind nur zwei bekannt[1], nämlich das α-β-δ-Eisen mit kubisch raumzentriertem Elementarkörper, das γ-Eisen mit kubisch flächenzentriertem Elementarkörper. Dabei hängen die Gitterparameter in sehr interessanter Weise, wie die Abb. 245 zeigt, von der Temperatur ab. Der Gitterparameter des δ-Eisens ergibt sich aus dem des α-β-Eisens und dem Ausdehnungskoeffizienten des letzteren

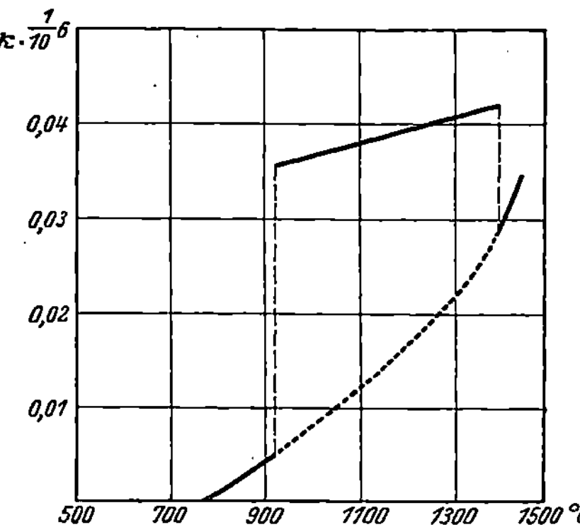

Abb. 245. Der Gitterparameter von Fe in Abhängigkeit von der Temperatur (nach Westgren und Phragmen).

durch einfache Extrapolation. Der Übergang des α-Eisens in das β-Eisen, welche beide in ihrem Gitteraufbau nicht verschieden sind, ist in erster Linie gekennzeichnet durch den Verlust des Ferromagnetismus des Eisens (Curie-Punkt) und dadurch, daß diese Änderung nicht bei einer bestimmten Temperatur, sondern in einem Temperaturintervall erfolgt (vgl. S. 395).

Die Umwandlungen des reinen Eisens werden mit den Bezeichnungen Ac_2 bis Ac_4 und Ar_4 bis Ar_2 bezeichnet, je nachdem sie bei steigenden oder fallenden Temperaturen durchlaufen werden. Diese Unterscheidung ist notwendig, weil beim Eisen insbesondere der Punkt A_3 sehr erheblich von der Geschwindigkeit der Temperaturänderungen beeinflußt wird. Die Punkte A_1 sind für den Perlitpunkt im Eisenkohlenstoffdiagramm vorbehalten.

Die eben genannte Abhängigkeit der Lage, insbesondere des Punktes A_3, von der Geschwindigkeit der Phasenänderung wird mit Hysterese bezeichnet. Die Art der Beeinflussung wird durch die nebenstehende Zahlentafel nach Ruer und Goerens[2] wiedergegeben.

Abkühlungsgeschwindigkeit °/Min	Ar_3 bei ° Cels.
12	892
6	895
4	896
3	897
2	899
1	900

Für mittlere Geschwindigkeiten der Phasenänderung ist die Lage der Umwandlungen aus dem Diagramm Abb. 248 oder aus der Zahlentafel 6a zu entnehmen.

Durch die Art der Umwandlungen ist auch die Änderung der physikalischen Eigenschaften bei denselben bedingt, bei kristallographischen Umwandlungen erfolgen sprungweise Änderungen der Eigenschaften, die natürlich ebenso wie die Umwandlungen selbst mit den Hystereseerscheinungen verknüpft sind. Die α-β-Umwandlung zeigt demgegenüber einen stetigen Übergang der physikalischen Eigenschaften,

wohl nur bezüglich der Änderung des Wärmeinhaltes sind hier die Mei-
nungen noch geteilt[3]. Als Beispiel für die Eigenschaftsänderungen ent-
nehme man der Abb. 286 die
Volumenänderungen.

Als Beispiel für die Abhängigkeit der mechanischen Eigenschaften des Elektrolyteisens von
der Temperatur ist in Abb. 246
die Fallhärte[5] aufgezeichnet. Man
sieht hier das sprungweise Steigen
des Formänderungswiderstandes
beim Übergang vom raumzentrierten zum flächenzentrierten Gitter deutlich, wegen der weiteren
Besonderheiten der Kurve wird
auf S. 331ff. verwiesen.

Nur die Änderung des elektrischen Widerstands ist
selbst beim A_3-Punkt so wenig
ausgeprägt[6], daß oft eine Dis-
kontinuität in der Kurve nicht
gefunden wird (vgl. Abb. 326),
der Temperaturkoeffizient jedoch
ändert sich stärker.

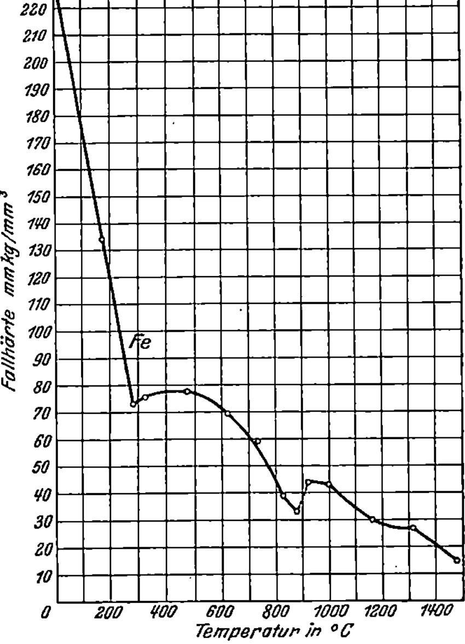

Abb. 246. Die Fallhärte von Elektrolyteisen in
Abhängigkeit von der Temperatur (nach
Sauerwald und Knehans).

In Abb. 357 sind die Änderungen der magnetischen Eigenschaften[4] in Abhängigkeit von der Temperatur wiedergegeben.

Von einigen Autoren werden auch noch Umwandlungen des Eisens
im Temperaturgebiet unterhalb A_2 vermutet, ohne daß ein bündiger
Beweis dafür vorläge[7].

Literatur.

[1] Westgren und Phragmen: Z. phys. Chem. Bd. 98, S. 181. 1921; Bd. 102,
S. 1. 1922. — Wever: Mitt. Eisenforsch. Bd. 3, S. 17. 1922.

[2] Ferrum 1915/16, S. 1.

[3] Ruer: Stahleisen 1925, S. 1184. — Wever: Mitt. Eisenforsch. 1927, Abh. 79;
vgl. weiterhin: Z. anorg. u. allg. Chem. Bd. 168, S. 327. Über die Thermodynamik
der Umwandlungen s. Bredemeier: Ebda. Bd. 151, S. 109.

[4] Curie: These. Paris: Gauthier-Villars 1895.

[5] Sauerwald und Knehans: Z. anorg. u. allg. Chem. Bd. 140, S. 227. 1924.

[6] Vgl. jedoch Burgess und Kellberg: Washington Academie of science 1914,
S. 436.

[7] Sirovich: Stahleisen 1924, S. 143. — Thompson und Whitehead: Proc.
Roy. soc. A. Bd. 102, S. 587. 1922/23. — Borelius: Ann. Physik Bd. 67, S. 236.

II. Die Eisen-Kohlenstoff-Legierungen und ihre Konstitution.

Wenn es auch zunächst notwendig ist, bei der Besprechung der Eisen-Kohlenstoff-Legierungen, ihres Zustandsdiagrammes, ihrer Eigenschaften und Technologie von dem Idealfall der reinen Eisen-Kohlenstoff-Legierung auszugehen, so darf bei der Anwendung dieser Überlegungen doch nie vergessen werden, daß in den technisch reinsten Eisen-Kohlenstoff-Legierungen anderweitige Beimengungen von nicht unerheblichem Einfluß sind, und daß in jedem Falle man sich über die Grenze der Möglichkeiten fremder Einwirkungen klar sein muß.

a) Das Zustandsdiagramm der Eisen-Kohlenstoff-Legierungen.

Das Zustandsdiagramm der reinen Eisen-Kohlenstoff-Legierungen ist nur als Teildiagramm bekannt. Die Grenze der technischen Verwendbarkeit derselben liegt bei allerhöchstens 5 bis 6% Kohlenstoff, die Untersuchungen des Zustandsdiagramms sind bis zu Konzentrationen von 12% C fortgeschritten[1].

Zum Verständnis des Zustandsdiagrammes der Eisen-Kohlenstoff-Legierungen haben wir uns auf unsere früheren Überlegungen über das Zustandekommen von Zustandsdiagrammen zu beziehen. Dies Diagramm stellt erstens eine Vereinigung mehrerer einfacher Diagrammtypen dar und es ist zweitens ein Beispiel für die von uns auf S. 175 besprochene Möglichkeit, daß in ein und demselben Konzentrationsbereich außer einer stabilen Kristallart noch eine metastabile Kristallart von einer derartig hohen relativen Stabilität besteht, daß es möglich ist, auch für metastabile Gleichgewichte dieser Kristallart Kurven in das Zustandsdiagramm einzuzeichnen, welche neben den Gleichgewichtskurven herlaufen. Die Einstellung dieser Gleichgewichte hängt von der Geschwindigkeit ab, in derselben Richtung liegt eine zweite Gruppe besonderer Erscheinungen, nämlich die der Hysterese, die zum Teil mit denen des reinen Eisens zusammenhängen. Dabei ist gleich hier darauf aufmerksam zu machen, daß bei den Eisenkohlenstofflegierungen weitere Gruppen instabiler Zustände existieren, die überhaupt durch ein Zustandsdiagramm nicht dargestellt werden können, und zwar sind dies gerade die wichtigen bei der Härtung der Stähle sich einstellenden Erscheinungen (vgl. darüber S. 352).

Wir sehen zunächst von den Erscheinungen verschiedener Stabilität ab und fragen uns, aus welchen einfachen Diagrammtypen das Eisen-Kohlenstoff-Diagramm sich zusammensetzt. Diese Zusammensetzung ergibt sich ohne weiteres aus der Abb. 247. Wir sehen, daß die Gleichgewichte der Schmelzen mit festen Phasen (*I* und *II*) den Zustandsdiagrammtypen der völligen Löslichkeit im flüssigen Zustande und der teilweisen Löslichkeit im festen Zustande entspricht, wobei die Mischkristallbildung nur das Gebiet vom reinen Eisen an bis etwa 1,7% Kohlenstoff betrifft, während die auf der anderen Seite des Eutektikums sich ausscheidenden Kristallarten singulärer Natur sind. In dem fraglichen Temperaturgebiet von etwa 1100 bis 1540 Grad treten infolge der Umwandlung des reinen Eisens zwei verschiedene Mischkristallarten auf, die durch ein heterogenes Gebiet voneinander getrennt sind. Der Mischkristall, dessen Zustandsfeld mit dem Beständigkeitsgebiet des γ-Eisens zusammen-

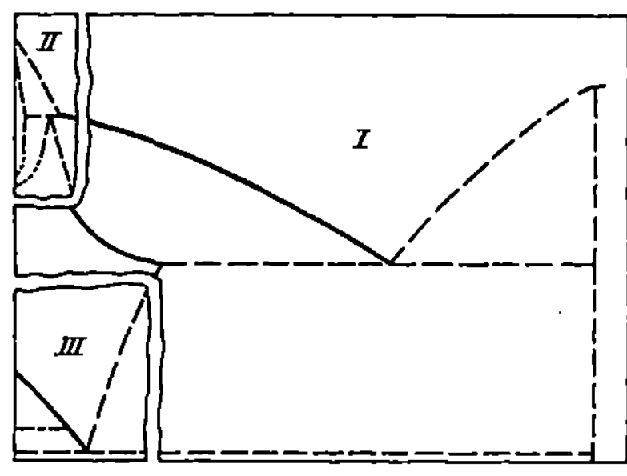

Abb. 247. Die Zusammensetzung des Fe-C-Diagrammes aus einfachen Zustandsdiagrammtypen.

hängt, heißt Austenit. Das Gleichgewicht der Schmelzen mit dem zum δ-Eisen gehörigen Mischkristall entspricht dem zweiten Diagrammtyp mit teilweiser Mischbarkeit im festen Zustande, wobei die Besonderheit besteht, daß die Mischungslücke im festen Zustand ihre untere Begrenzung im Umwandlungspunkt A_4 des Eisens findet. Der dritte allgemeine Diagrammtyp, den wir im Zustandsdiagramm der Eisen-Kohlenstoff-Legierungen wiederfinden, ist derjenige der Entmischung einer homogenen Phase in die reinen Komponenten, und zwar betrifft diese Entmischung den Austenit (III). Diese Entmischung des γ-Eisenkohlenstoff-Mischkristalls ist bedingt durch die Umwandlung des γ-Eisens in das α-β-Eisen. Dieser Fall entspricht somit völlig dem auf S. 165 behandelten. Aus der Vereinigung der genannten Diagrammtypen ergibt sich unter Berücksichtigung des Auftretens von elementarem Kohlenstoff und Fe$_3$C schließlich das Zustandsbild (Abb. 248).

Aus der Abb. 248 folgt bezüglich des Verhaltens des Kohlenstoffes zum α-Eisen, daß eine Löslichkeit nicht vorliegt. Man neigt jetzt jedoch im allgemeinen dazu[2], dem α-Eisen eine sehr geringe, mit der Temperatur zunehmende Löslichkeit für Kohlenstoff zuzuschreiben. Dieselbe ist freilich so gering — bei 720° 0,03%, daß sie in einem Diagramm mit dem hier verwendeten Maßstab nicht zum Ausdruck zu bringen ist. Über eine sich daraus ergebende Wärmebehandlung s. S. 446.

Die metastabile Kristallart, welche nun an Stelle des elementaren Kohlenstoffes in Eisenkohlenstofflegierungen vorkommen kann, ist der Zementit Fe$_3$C. Wir können zunächst deshalb überall da, wo die Gleichgewichtskonzentration von Phasen eingezeichnet ist, welche mit dem elementaren Kohlenstoff im Gleichgewicht sind, eine etwas veränderte Konzentration zeichnen, welche den Gleichgewichten mit dem Fe$_3$C entsprechen. Dabei kann gleich angemerkt werden, daß die praktische Bedeutung dieser beiden Kristallarten in den verschiedenen Zustandsfeldern eine ganz verschiedene · ist und daß die Kurven der Gleichgewichte mit Graphit praktisch nur von Bedeutung sind beim Gleichgewicht mit Schmelzen und etwa noch bei den Gleichgewichten mit den Mischkristallen bei höheren Temperaturen. In

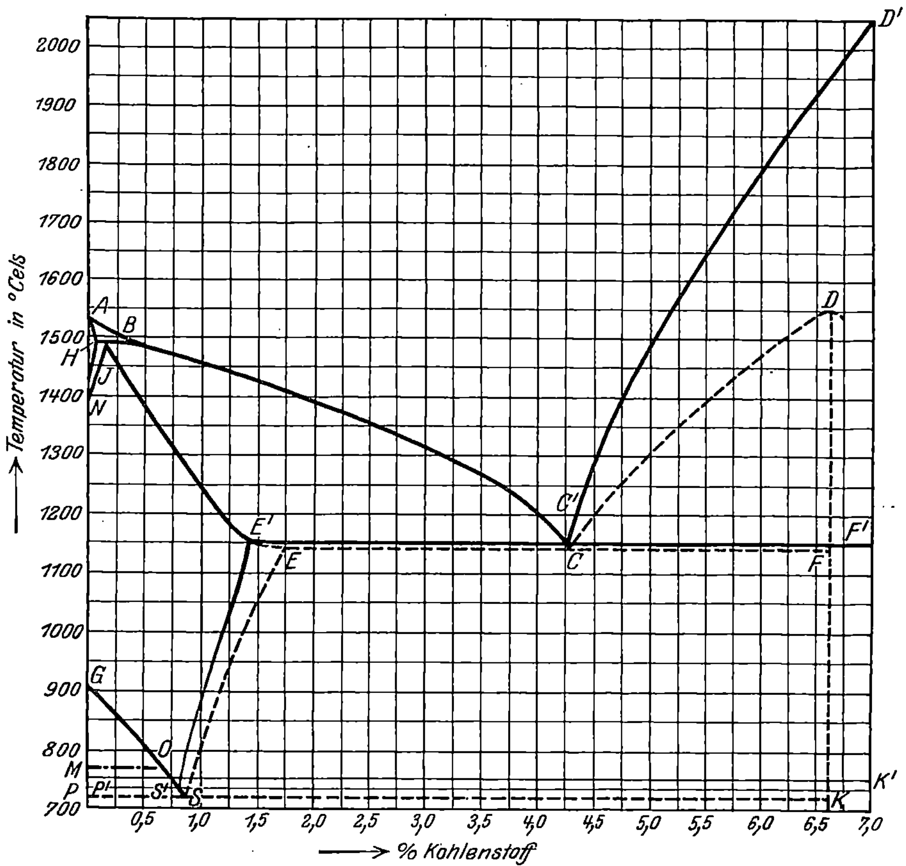

Abb. 248. Das Zustandsdiagramm der Fe-C-Legierungen.
——— absolut stabile Phasen (schwächere Zeichnung, wo von geringerer praktischer Bedeutung).
— — — metastabile Phasen.

Abb. 248 ist die geringere Bedeutung der entsprechenden Kurven mit Graphit durch schwächere Zeichnung angedeutet.

Da das Fe_3C die metastabile Kristallart ist, müssen die dazugehörigen Gleichgewichtskurven naturgemäß immer unter den absolut stabilen Kurven liegen (vgl. S. 174, 176).

Von einer Reihe von Forschern[3] wird die Möglichkeit, für die Gleichgewichte ein stabiles und ein metastabiles System zu zeichnen, bestritten. So wird bezweifelt, daß die Ausscheidung von Graphit aus der Schmelze möglich sei, es wird vielmehr angenommen, Kristallisationsvorgänge aus der Schmelze verliefen immer nur nach dem metastabilen System. Von Ruer und Goerens[4] wurde jedoch z. B. die Existenz des nonvarianten Gleichgewichtes zwischen Schmelze, Graphit und Mischkristallen, also das Gleichgewicht, das der Ausscheidung des Graphiteutektikums entspricht, durch mehrmaliges Erhitzen und Abkühlen einer zunächst nach dem Zementitsystem erstarrenden Legierung nachgewiesen. Während zuerst eine Wärmetönung bei 1146° (Ledeburit) auftrat, wurden bei dem dauernden Pendeln der Temperatur schließlich auch genügend Graphitkeime gebildet, so daß die Erstarrung schließlich nach dem Graphitsystem bei 1153° erfolgte.

Würde man übrigens für den Zementit im festen Zustand irgendwo einen Bereich absoluter Stabilität annehmen, so müßte man diesen durch die Horizontale eines nonvarianten Gleichgewichtes (entspr. Abb. 129) gegen das Gebiet der Stabilität des Graphits abzugrenzen haben.

Das Gleichgewicht $K'P'S'$ (Graphiteutektoid)[5] ist nur sehr schwer zu erhalten.

Wir charakterisieren im folgenden kurz die Kurven und Flächen hinsichtlich der Gleichgewichte, welche sie beschreiben.

1. Absolut stabile Gleichgewichte:

Zustandsfeld	$ABC'D'$	homogene Schmelzen,
,,	AHN	δ-Mischkristalle,
,,	$NJE'S'G$	γ-Mischkristalle,
,,	ABH	Schmelzen AB mit Mischkristallen AH,
,,	$BC'E'J$	Schmelzen BC' mit Mischkristallen JE',
,,	HJN	Mischkristalle JN mit Mischkristallen HN,
,,	$F'C'D'$	Graphit mit Schmelzen $C'D'$,
,,	$F'E'S'K'$	γ-Mischkristalle $E'S'$ mit Graphit,
,,	$GOS'P'$	γ-Mischkristalle GOS' mit β- bzw. α-Eisen,
,, unterhalb	$K'P'S'$	Graphit mit α-Eisen.

MOS begrenzt das ferromagnetische Verhalten nach oben.

2. Metastabile Gleichgewichte:

Zustandsfeld	$ABCD$	homogene Schmelzen,
,,	$NJESG$	γ-Mischkristalle,
,,	$BCEJ$	Schmelzen BC mit Mischkristallen EJ
,,	FCD	Zementit mit Schmelzen CD,
,,	$FESK$	γ-Mischkristalle ES mit Zementit,
,,	$GOSP$	γ-Mischkristalle GOS mit β- bzw. α-Eisen,
,, unterhalb	KPS	Zementit und α-Eisen.

Die zweite Gruppe von Erscheinungen, welche Abweichungen gegenüber einem idealisierten Diagramm absoluter Gleichgewichte bedingt, ist dadurch gegeben, daß sich die Hysterese-Erscheinungen, wie wir sie bei den Umwandlungen des reinen Eisens kennenlernten, auch bei den Eisenkohlenstofflegierungen zeigen. Diese Hysterese-erscheinungen werden, wie wir noch später sehen, außerordentlich stark durch Beimengungen beeinflußt. Die Art der Hysterese, ihr Auftreten bei den verschiedenartigen Gleichgewichten im festen Zustand und ihre Abhängigkeit vom Kohlenstoffgehalt werden am besten durch ein Diagramm nach Bardenheuer[6], Abb. 249, wiedergegeben. Bei Eisen-

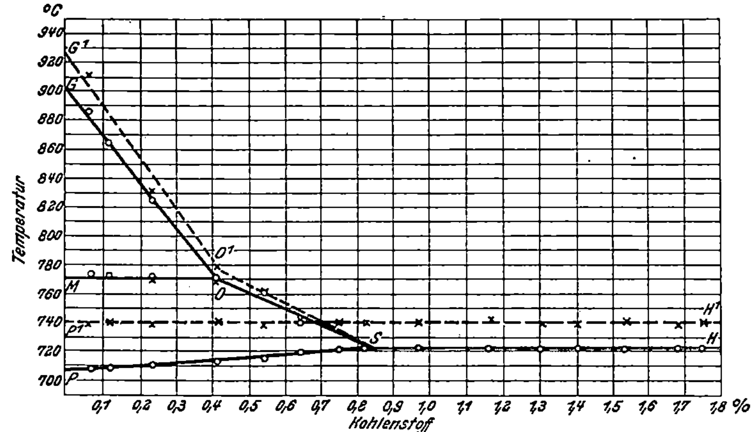

Abb. 249. Die Hystereseerscheinungen bei den Umwandlungen der Stähle nach Bardenheuer (Oberhoffer).
— — — Erhitzung.   ——— Abkühlung.

sorten mit sehr geringem Kohlenstoffgehalt sinkt übrigens nach Fest-stellungen von Maurer und Hetzler[7] der Perlitpunkt noch unter 700°. Die Bardenheuerschen Werte wurden gewonnen bei einer Ab-kühlungsgeschwindigkeit von 1 bis 1,5 Grad pro Minute.

Literatur.

[1] Hanemann: Stahleisen 1911, S. 333; Ruff und Goecke: Metallurg. Bd. 8, S. 417. 1911; v. Wittorff: Z. anorg. u. allg. Chem. Bd. 79, S. 1. 1913; Ruer u. Biren: Ebda. Bd. 113, S. 98. 1920.

[2] Yamada: Science Rep. Toh. Imp. Univ. I, Bd. 15, Nr. 6. 1926. — Tamura: J. Iron Steel Inst. 1927 I, S. 747. — Witheley: Ebda. II, S. 293.

[3] Vgl. insbes. Honda: Science Rep. Toh. Imp. Univ. Bd. 11, Nr. 2. 1922. — Hanson: J. Iron Steel Inst. 1927 II, S. 129. — Vgl. dazu Bardenheuer: Stahleisen 1928, S. 213.

[4] Ferrum 1916/17, S. 161.

[5] Hayes und Flanders: Stahleisen, zuletzt 1925, S. 2060. — Ruer: Z. anorg. u. allg. Chem. Bd. 117, S. 249. 1921.

[6] Ferrum 1916/17, S. 150.

[7] Mitt. Eisenforsch. 1920 I, S. 68.

b) Die Gleichgewichtsgefüge einschließlich Fe₃C.

Es folgt aus dem Zustandsdiagramm ohne weiteres, daß das Gefüge der Eisenkohlenstofflegierungen bis zu einer Konzentration mit etwa

1,75% Kohlenstoff entsprechend dem Punkte E wesentlich bedingt ist durch die Entmischung der bei hohen Temperaturen allein vorhandenen γ-Mischkristalle, wobei die Bedeutung des Graphitsystems völlig zurücktritt. Bei höherem Kohlenstoffgehalt bestimmt ferner die Ausscheidungsform des Graphits oder Zementits aus der Schmelze das Gefüge.

Wir betrachten zunächst die Gefüge, die durch den Zerfall der Mischkristalle allein entstehen. Legierungen mit Kohlenstoffgehalten bis etwa 0,3% scheiden zunächst δ-Mischkristalle aus, Legierungen von 0,3 bis 1,7% bilden sogleich γ-Mischkristalle. In der erstgenannten Legierungsreihe bilden sich die γ-Mischkristalle erst aus den δ-Mischkristallen. Für eine Legierung mit 0,2% Kohlenstoff verläuft dieser letzte Vorgang so, daß sich der δ-Mischkristall H mit der Schmelze B zu dem γ-Mischkristall J umsetzt. Die γ-Mischkristalle scheiden nun, je nachdem ihre Zusammensetzung rechts oder links von dem Punkt S mit 0,9% Kohlenstoff liegt, beim weiteren Sinken der Temperatur entweder längs der Linie GOS Eisen (Ferrit) oder längs der Linie ES Zementit aus. Ein Eisen mit 0,25% Kohlenstoff beginnt z. B. bei 860 Grad Eisen auszuscheiden, während die Konzentration des Mischkristalls unter weiterer Ausscheidung sich auf der Kurve GOS ändert. Ein Stahl mit 1,25% Kohlenstoff beginnt bei 940 Grad Zementit auszuscheiden, während der Mischkristall seine Konzentration von diesem Punkte an abwärts längs ES ändert. In allen Fällen erreicht

Abb. 250. Fe-C-Legierung mit 0,11% C (nach Oberhoffer). × 100. Ferrit + Perlit.

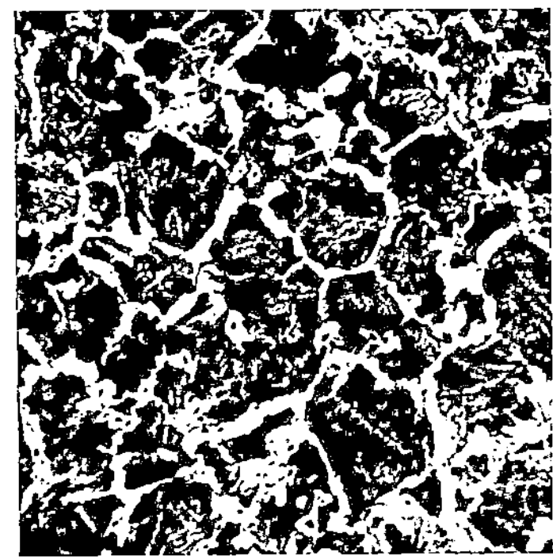

Abb. 251. Fe-C-Legierung mit 0,53% C (nach Oberhoffer). × 100. Ferrit + Perlit.

der Mischkristall schließlich den Zustandspunkt S mit 0,9% Kohlenstoff. Bei Wärmeentziehung scheidet sich hier gleichzeitig Ferrit und Zementit als Eutektoid aus. Dieses Eutektoid heißt Perlit. Die Menge des zunächst ausgeschiedenen Ferrits bzw. Zementits ergibt sich aus dem Zustandsdiagramm und der Gesamtkonzentration an Kohlenstoff natürlich aus dem Hebelgesetz. Von 0 bis 0,9% Kohlenstoff nimmt die Menge des primär ausgeschiedenen Ferrits von 100 bis auf 0% ab, von da ab bis 1,7% nimmt die Zementitmenge entsprechend dem Kohlenstoffgehalt zu. Ein Stahl mit 0,9% Kohlenstoff besteht nur aus Perlit.

Abb. 252. Fe-C-Legierung mit 0,9% C (nach Oberhoffer). × 100. Perlit.

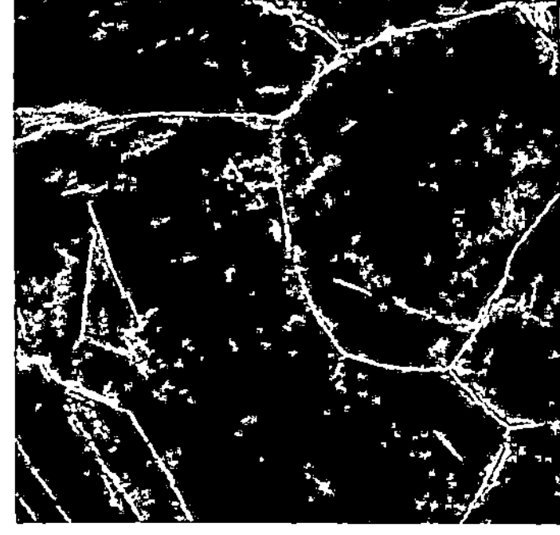

Abb. 253. Fe-C-Legierung mit 1,5% C. × 100. Zementit + Perlit.

Diese Verhältnisse und der Habitus der entstehenden Kristallarten sind aus den Schliffbildern Abb. 250 bis 253 zu ersehen. Bei geringen Vergrößerungen ist das heterogene Gefüge des Perlits gewöhnlich nicht als solches zu erkennen, sondern der Perlit erscheint als grauer bis brauner Gefügebestandteil. Erst bei starken Vergrößerungen, Abb. 254, tritt der Habitus des bei normaler Abkühlung entstehenden Perlits mit seinen beiden streifig angeordneten Kristallarten, Ferrit und Zementit, deutlich hervor. Bei sehr langsamer Abkühlung koaguliert der im Perlit enthaltene Zementit (Abb. 255). In dieselbe Gefügeanordnung kann streifiger Perlit durch Anlassen (vgl. S. 349) übergeführt werden. Diese

Abb. 254. Perlit. × 1650 (nach Heyn: Eisen-Kohlenstoff-Legierungen).

Vorgänge beruhen auf der höheren Oberflächenenergie des fein verteilten streifigen Zementits, der seine Oberfläche spontan zu verkleinern sucht. Der primäre Zementit erscheint bei geringem Gehalte im Schliffbild in

Form sehr feiner Nadeln an den Grenzen der Perlitbereiche, bei gewöhnlicher Ätzung treten sie häufig dann nur sehr wenig hervor, ihre Natur kann leichter erkannt werden, wenn man eine Ätzung mit heißer alkalischer Natriumpikratlösung vornimmt, wodurch der Perlit überhaupt nicht angegriffen wird, die feinen Zementitnadeln jedoch braun gefärbt werden (Abb. 256). Bei allen soeben hier mitgeteilten Bildern handelt es sich um warmverformtes Material, was wegen der Kristalliten-

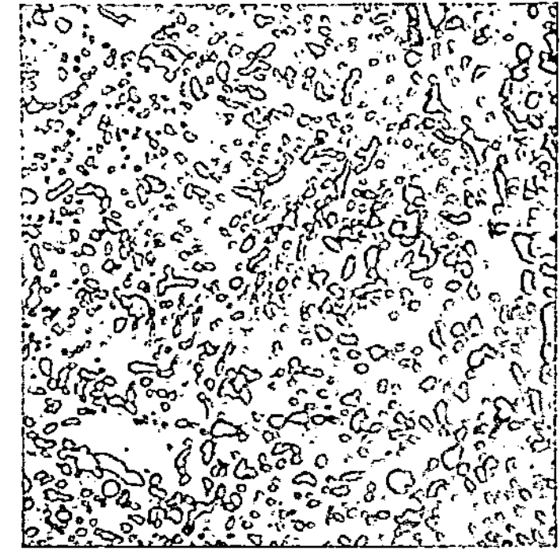

Abb. 255. Körniger Zementit (nach Oberhoffer).
× 400.

Abb. 256. Fe-C-Legierung mit 1,5 % C. Natriumpikratätzung (nach Oberhoffer). × 100.
Zementit + Perlit.

größe der aus dem Mischkristall abgeschiedenen Kristallarten wichtig ist zu bemerken. (Vgl. Abb. 250 bis 256).

Von den Gefügen der höhergekohlten Eisen-Kohlenstoff-Legierungen wollen wir zunächst die Gefüge des weißen Roheisens besprechen, in dem kein Graphit vorkommt. Diese Legierungen mit einem Kohlenstoffgehalt von 1,7 bis 4,2% scheiden auch zunächst wie die Stähle Mischkristalle aus. Da jedoch, wenn die Zusammensetzung der sich ausscheidenden Mischkristalle dem Punkt E entspricht, noch mehr oder weniger große Mengen an Schmelze vorhanden sind, so muß diese Schmelze mit der Konzentration 4,2% Kohlenstoff dem nonvarianten Gleichgewicht ECF entsprechend erstarren, d. h., es muß sich außer weiteren Mischkristallen E auch noch Zementit bilden. Dieses so entstehende Eutektikum aus Mischkristallen E und Zementit hat den Namen Ledeburit. Handelt es sich um Eisen-Kohlenstoff-Legierungen mit einem Kohlenstoffgehalt von über 4,2%, so scheidet sich primär Zementit aus und dann bildet sich ebenfalls Ledeburit. Sowohl die primär ausgeschiedenen Mischkristalle als auch diejenigen im Ledeburit scheiden bei weiterer Abkühlung natürlich längs der Linie ES Zementit und schließlich Perlit aus. Beispiele für die entstehenden Gefüge geben die Schliffbilder Abb. 257 und 258. Der Perlit, der sich aus den Mischkristallen bildet, ist ebenfalls bei schwacher Vergrößerung nicht leicht als heterogen zu erkennen, der Zementit zeigt auch hier typische Nadel-

form. Die primär ausgeschiedenen Mischkristalle sind meist tannenbaum-
artig angeordnet.

Die Gefüge, welche beim Auftreten von elementarem Kohlenstoff bei Eisen-Kohlenstoff-Legierungen erscheinen, zeichnen sich da-

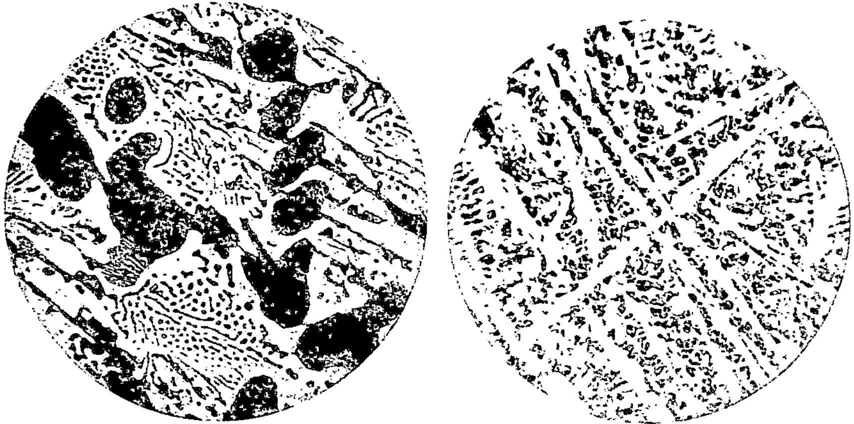

Abb. 257. Weißes Roheisen mit 3,91 % C (nach
Heyn). × 275.

Abb. 258. Übereutektisches weißes Roheisen
(nach Preuss: Prüfung des Eisens). × 350.

durch aus, daß sie kaum je etwa nur nach dem stabilen Zustandsdiagramm
entstehen, sondern neben dem Graphit tritt entsprechend den Zustands-

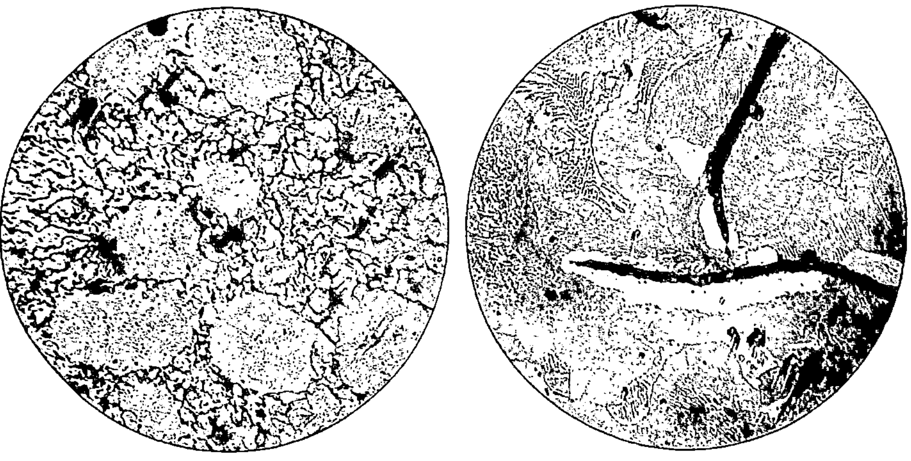

Abb. 259. Graues Roheisen (nach Geiger).
× 350. Graphiteutektikum.

Abb. 260. Graues Gußeisen mit 3,31 % ges. C,
2,81 % Graphit, 1,93 % Si, enthält Graphit
neben Ferrit (nach Geiger). × 350.

kurven des metastabilen Systems auch meist Zementit auf. Die Erscheinungen komplizieren sich ferner noch dadurch, daß einmal aus der
flüssigen Phase ausgeschiedener Zementit nachträglich — insbesondere
bis zu Temperaturen von etwa 1100° noch zerfällt. Die so entstehenden

Gefüge sind die der melierten bis grauen Roh- und Gußeisen. Bei den Konzentrationen, welche links von dem Punkt C liegen, scheiden sich zunächst Mischkristalle aus, und es entsteht bei der Temperatur der Horizontal $E'F'$ ein Eutektikum, bestehend aus Mischkristallen und Graphit, das sog. Graphiteutektikum. Dieses ist in seinem Habitus besonders gut in nicht geätzten Schliffen zu erkennen, die von (zerfallenen) Mischkristallen erfüllten Räume bleiben dabei hell metallglänzend (Abb. 259). Während der sich aus den Mischkristallen ausscheidende Zementit im Temperaturbereich von 1000 bis 1100° häufig infolge der hier noch großen Zerfallsgeschwindigkeit des Zementits Graphit abscheiden wird, zerfällt der Mischkristall bei tieferer Temperatur, wenn nicht ganz besondere Umstände vorliegen, zu Perlit. Ob sich das Graphiteutektikum völlig rein ausbildet, hängt von der durch die Beimengungen und Abkühlungsgeschwindigkeit abhängigen Bildungsgeschwindigkeit des Graphits ab. Der Vorgang der Erstarrung kann auch so verlaufen,

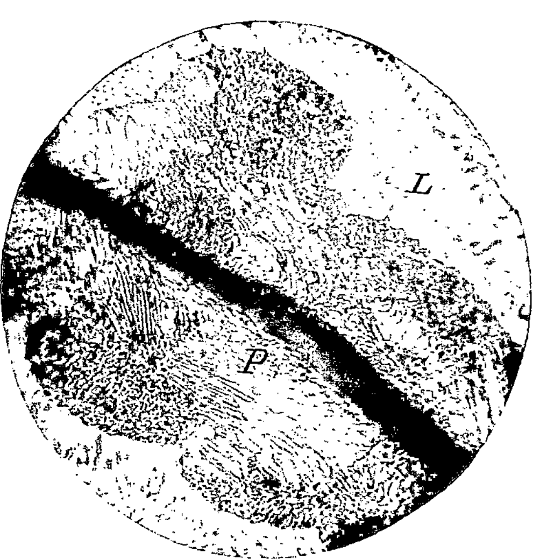

Abb. 261. Graphit von grauem Roheisen in Perlit P, Ledeburit L (nach Heyn). × 900.

daß überwiegend zunächst Ledeburit entsteht, daß aber der Zementit des Ledeburites dicht unterhalb der Temperatur der Ledeburitlinie Graphit abscheidet. Durch die Abkühlungsgeschwindigkeit ist es dann weiterhin bestimmt, ob das andere Zerfallsprodukt des Zementits, nämlich der Ferrit, als solcher bestehen bleibt (Abb. 260), oder ob aus Ferrit und Graphit sich der bei höheren Temperaturen gesättigte Mischkristall bildet, der schließlich zu Perlit zerfällt (Abb. 261 und 281). Die übereutektischen Eisen-Kohlenstoff-Legierungen, welche ihre Gefüge wenigstens bei höheren Temperaturen nach dem Graphitsystem ausbilden, lassen eine primäre Ausscheidung von Graphit erkennen (Abb. 262). Dieser Graphit wird als Garschaumgraphit bezeichnet und hat die Tendenz und die Möglichkeit, an die Oberfläche der Schmelze zu steigen. Im weiteren Verlaufe kann sich dann in mehr oder weniger reinem Maße das Graphiteutektikum ausbilden. Die darin enthaltenen Mischkristalle werden auch wieder zu Perlit zerfallen.

Wir fassen noch einmal kurz zusammen, auf welchem Wege die in grauen Gußeisensorten vorhandenen Kristallarten entstanden sein können. Aus der Schmelze scheidet sich aus der Garschaumgraphit und der Graphit des Graphiteutektikums. Ein großer Teil des in gewöhnlichen grauen Gußeisensorten vorhandenen blättchenförmigen Graphits entsteht durch Zerfall des zunächst abgeschiedenen Zementits, sei es, daß der letzte aus dem Ledeburit oder von der primären Ausscheidung aus den Mischkristallen stammt. Der grobe Zementit, der im grauen Guß-

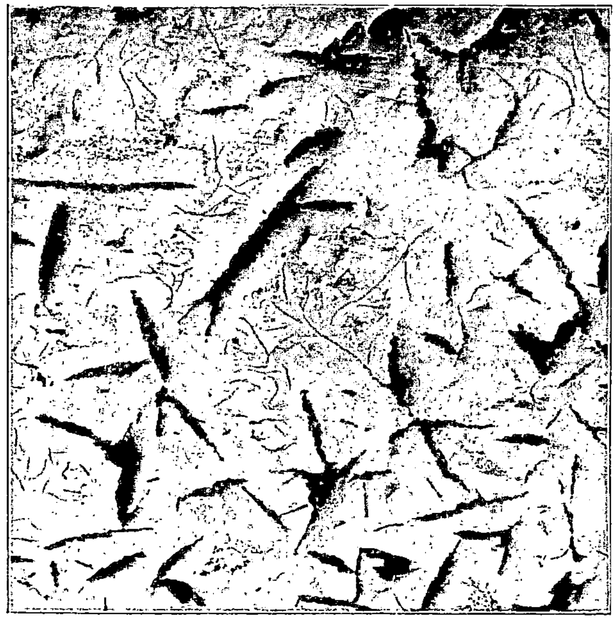

Abb. 262. Fe-C-Legierung mit 7% C (nach Oberhoffer). × 20. Garschaumgraphit und Graphiteutektikum.

eisen gefunden wird, stammt aus dem Ledeburit, Zementit kommt ferner als Bestandteil des Perlits und als Produkt der primären Ausscheidung der Mischkristalle vor. Ferrit ist immer vorhanden als Bestandteil des Perlits, er kann ferner auftreten bei verhältnismäßig rascher Abkühlungsgeschwindigkeit als Zerfallsprodukt des Zementits. Wenn der Ferrit infolge der Sättigung mit Kohlenstoff und nachheriger Perlitbildung nicht auftritt, und etwa vorhandener Zementit sich völlig zersetzt hat, so haben wir ein besonders einfaches Gefüge des grauen Gußeisens zu erwarten, nämlich lediglich Graphit und Perlit. Dieses Gefüge sowie das Graphiteutektikum spielt bei den modernen Verfahren zur Gußeisenveredelung, wie wir noch sehen werden, eine erhebliche Rolle (S. 321).

Eine besondere Ausbildungsform zeigt der Graphit dann, wenn er beim Ausglühen eines zunächst weiß erstarrten Eisens durch Karbidzerfall entsteht. Er findet sich dann in Nestern, wie die Abb. 263 zeigt. Um den dann Temperkohle genannten Graphit ist der beim Karbidzerfall entstandene Ferrit angeordnet.

Von den in dieses Kapitel gehörenden Reaktionsgeschwindigkeiten sind untersucht worden die Auflösungsgeschwindigkeit von Graphit in Schmelzen (Abb. 264; vgl. Näheres S. 322), die lineare Umwandlungsgeschwindigkeit des Perlits[1] und die Zerfallsgeschwindigkeit des Fe₃C[2]. Beim ersten Vorgang wurde eine teilweise Unabhängigkeit von der Abkühlungsgeschwindigkeit, beim letzten ein Einfluß von Kohlenoxyden als Katalysatoren beobachtet und die Abhängigkeit von der Diffusionsgeschwindigkeit des Kohlenstoffs formuliert. Über die Diffusionsgeschwindigkeit der Eisenbegleiter siehe bei A. Fry[3]. Hier wird der reinen Diffusion die Reaktionsdiffusion gegenübergestellt, bei der ausgesprochen chemische Vorgänge mitwirken. (Wanderung von P in Fe unter Fe₃P-Bildung.)

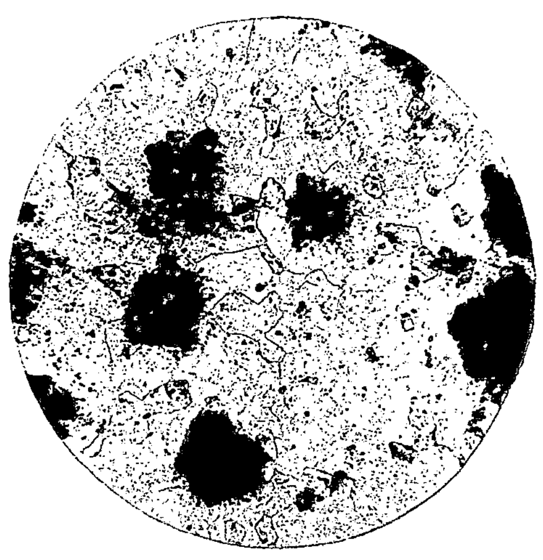

Abb. 263. Ferrit und Temperkohle (nach Geiger). × 100.

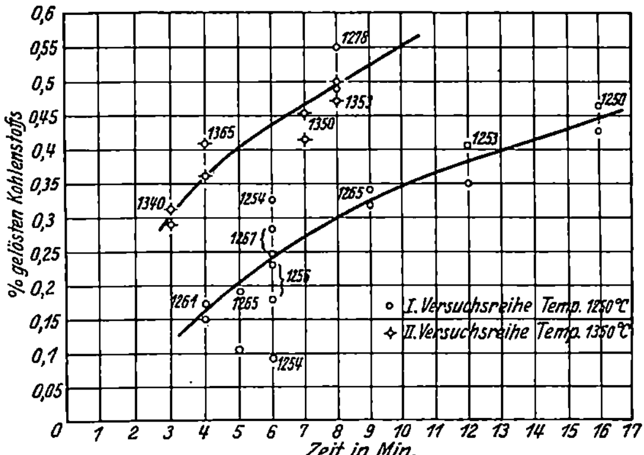

Abb. 264. Die Auflösungsgeschwindigkeit von Graphit in einer flüssigen Fe-C-Legierung mit 3,62% C, 0,78% Mn, 0,61% P (nach Sauerwald und Koreny).

Literatur.

[1] Tammann und Siebel: Stahleisen 1925, S. 1202.

[2] Evans und Hayes: Trans. Am. Soc. Steel Treat. Bd. 11, S. 691. 1927. — Schwartz, H. A.: Ebda. Bd. 9, S. 883. 1926.

[3] Forschungsarbeiten zur Metallkunde. Borntraeger 1922.

c) Die Konstitution und Eigenschaften der im Gleichgewicht auftretenden homogenen kohlenstoffhaltigen Phasen, einschließlich Fe₃C (insbesondere ihre Röntgenographie).

Über die Konstitution des Eisenkarbides und der Eisenkohlenstoffmischkristalle hat die röntgenographische Untersuchung bis jetzt folgende Ergebnisse zutage gefördert.

Der Eisenkohlenstoffmischkristall Austenit ist bis jetzt meist in legierter Form untersucht worden. Es hat sich dabei ergeben, daß die Kohlenstoffatome im Austenit in das γ-Eisenraumgitter eingelagert sind[1], wobei eine geringe Aufweitung des γ-Eisenraumgitters erfolgt. Diese Schlußfolgerung ist durch den Vergleich der nach den röntgenographischen Befunden zu erwartenden Dichte mit der wirklichen Dichte möglich gewesen; bei Einlagerung des Kohlenstoffs in die Zwischenräume des γ-Eisengitters ist natürlich eine größere Dichte zu erwarten als wenn Eisenatome im γ-Eisengitter durch Kohlenstoffatome ersetzt werden. Nur die nach der ersten Möglichkeit berechnete Dichte fällt mit der tatsächlich festgestellten zusammen. In welcher Beziehung die eingelagerten Kohlenstoffatome zu den Eisenatomen stehen, ist damit noch nicht festgelegt. Insbesondere ist noch keine Entscheidung darüber getroffen, ob man hier von Molekülkomplexen sprechen kann oder nicht.

Die Struktur des Eisenkarbides[2] ist soweit aufgeklärt, daß dasselbe als rhombisch mit $a = 4{,}48$ A°, $b = 5{,}04$ A°, $c = 6{,}71$ A° erkannt ist, wobei die Anordnung der Kohlenstoffatome im Elementarkörper noch offen bleibt. Insbesondere aus der Abhängigkeit der physikalischen Eigenschaften von der Konzentration des heterogenen Gemenges FerritZementit ist häufiger auf die Existenz zweier verschiedener Zementitvorkommen geschlossen worden (vgl. S. 329)[3]. Es dürfte sich jedoch hierbei nur um Unterschiede in der Verteilungsform und daher in der Oberflächenenergie des Zementits handeln. Der Zementit hat seine magnetischen Umwandlungen im Temperaturbereich von 180 bis 310°[4]. Eine Änderung der Kristallstruktur ist damit nicht verbunden[5], wohl aber ändert sich der Temperaturkoeffizient einiger Eigenschaften. Der Zementit ist in dem ganzen Bereich seiner Existenz metastabil, über seine Bildungswärme liegen Werte vor von Ruff[6] und Hayes[7] und ihren Mitarbeitern. Nach Ruff und Gersten beträgt die Bildungswärme des endothermen Fe₃C — 15,6 Kal. Die Dichte des Zementits ist neuerdings von Ishikagi[8] zu 7,662, seine Härte von Tamura[9] zu 640 Brinelleinheiten bestimmt worden.

Sämtlicher in Fe-C-Legierungen gefundener Graphit ist röntgenographisch identisch.

Über die Konstitution der flüssigen homogenen Eisenkohlenstofflegierungen ist bis jetzt nur ein Schluß auf Grund der

Volumengestaltung möglich gewesen [10]. Die Abb. 265 gibt das spezifische Volumen eines in festem Zustande grauen und eines in festem Zustande weißen Eisens von ungefähr eutektischem Kohlenstoffgehalt wieder. Abgesehen von den Besonderheiten im festen Zustande sieht man, daß beide Eisen zu einer flüssigen Legierung annähernd desselben spezifischen Volumens schmelzen. Die Unterschiede im spezifischen Volumen lassen sich zunächst ungezwungen durch die Unterschiede im Gehalt der Beimengungen, insbesondere des Siliziums deuten. Man sieht nun, daß das graue Eisen unter Volumenkontraktion schmilzt, wäh-

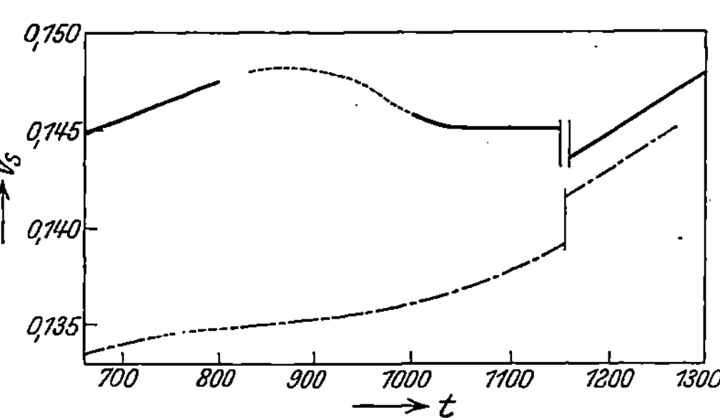

Abb. 265.   Das spez. Volumen von Fe-C-Legierungen bei hohen Temperaturen (nach Sauerwald).

———— Im festen Zustand graues Gußeisen 3,32% C, 2,72% Gr, 2,76% Si.

—·—· Im festen Zustand weißes Roheisen 4,15% C, 2,2% Mn.

rend das Volumen des weißen Eisens zu dem der Schmelze in einem normalen Verhältnis steht. Da nun auch im festen Zustand freies Karbid ein kleineres Volumen hat als die Mischungsregel für ein Gemenge von 6,6% Kohlenstoff mit Eisen angibt, so ist es plausibel, sich die beim Schmelzen von grauem Eisen erfolgende Kontraktion durch die Bildung von Zementit aus dem im grauen Eisen bei hoher Temperatur vorliegenden Mischkristall und Graphit verursacht zu denken. Es ist also sehr wahrscheinlich, daß in den flüssigen Eisenkohlenstofflegierungen Zementitmoleküle in erheblicher Menge im Gleichgewicht mit Eisen und Kohlenstoffatomen vorliegen. Die Messung der Oberflächenspannung flüssiger Eisenkohlenstofflegierungen [11] gibt sehr hohe Werte von über 900 dyn/cm und eine Temperaturabhängigkeit, die mit der Annahme von Verbindungskomplexen nicht im Widerspruch steht.

Literatur.

[1] Wever: Z. Elchem. 1924, S. 376.

[2] Westgren und Phragmen: Z. phys. Chem. Bd. 102, S. 1. 1922. — Wever: Mitt. Eisenforsch. Bd. 4, S. 67. 1922.

[3] Vgl. hier Tammann und Ewig: Z. anorg. u. allg. Chem. Bd. 167, S. 385. 1927.

[4] Wologdine: Comptes Rendus Bd. 148, S. 776. 1909. Vgl. weiterhin besonders Honda: Science Rep. Toh. Imp. Univ. 1913, S. 203; Tammann: l. c. und Stahleisen 1922, S. 772.

[5] Wever l. c.

[6] Ruff und Gersten: Ber. dtsch. chem. Ges. Bd. 45, S. 66. 1912.

[7] Ann. Chem. Soc. Bd. 48, S. 584. 1926. — Trans. Am. Soc. Steel Treat. Bd. 10, S. 615.

[8] Science Rep. Toh. Imp. Univ. S. I, Bd. 16, Nr. 2, S. 295. 1927.
[9] Ebda. Bd. 15, Nr. 6, S. 829. 1926.
[10] Sauerwald und Widawski: Z. anorg. u. allg. Chem. Bd. 155, S. 1. 1926.
[11] Sauerwald mit Drath: Ebda. Bd. 162, S. 301. 1927. — S. mit Krause und Michalke: T. H. Breslau 1929.

d) Die wichtigsten Beimengungen in technischen Eisen-Kohlenstoff-Legierungen.

Da, wie eingangs betont, in den technischen Eisen-Kohlenstoff-Legierungen Begleitelemente unvermeidbar sind, müssen wir den Einfluß derselben in bezug auf das Zustandsdiagramm und die Beeinflussung der Strukturen bereits hier erörtern (s. S. 212[12]); die Rolle, die dieselben als absichtlich zugesetzte Legierungselemente spielen, bleibt einer späteren Behandlung vorbehalten (S. 370ff.).

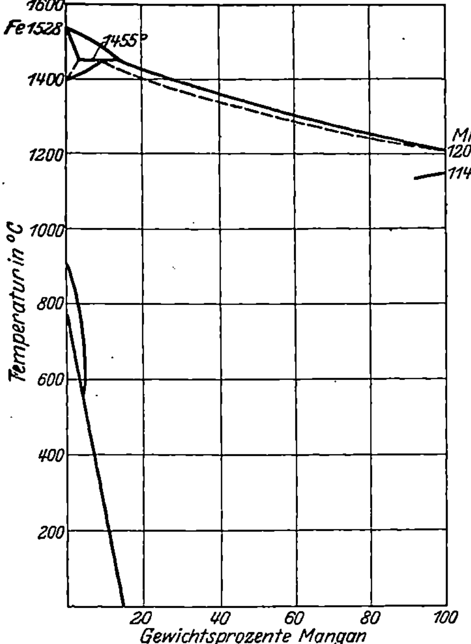

Abb. 266. Zustandsdiagramm Fe-Mn nach[1] (Landolt-Börnstein).

1. Eisen, Mangan und Kohlenstoff.

Das binäre Zustandsdiagramm[1] Eisen-Mangan ist in Abb. 266 wiedergegeben. Man ersieht, daß das Mangan mit Eisen Mischkristalle bildet. Welchen Einfluß die Umwandlungen auf diese Legierungsbildungen bei hohen Mn-Gehalten ausübten, ist noch keineswegs sichergestellt. Es sind jedenfalls auch heterogene Gebiete[2] vorhanden. Sehr wichtig ist es, daß bereits geringe Manganmengen die Umwandlungspunkte Ar des Eisens stark zu tiefen Temperaturen verschieben. Es zeigt sich z. B., daß der Ar_3-Punkt bei etwa 14% Mn bereits bei Raumtemperatur liegt. Auch bei den geringen, in technisch reinen Eisen-Kohlenstoff-Legierungen vorkommenden Gehalten wird diese Umwandlung und der Perlitpunkt so wesentlich verschoben, daß man bei Wärmebehandlungen, welche auf dieser Umwandlung beruhen, auf diese Verschiebungen genauestens Rücksicht zu nehmen hat (Abb. 328).

Das Zustandsdiagramm Mangan-Kohlenstoff[3], welches bis zu etwa 7% Mangan bekannt ist, zeigt ebenfalls eine völlige Mischbarkeit bis zu Temperaturen von etwa 800⁰, bei niedrigen Temperaturen tritt eine Mischungslücke auf (Abb. 267).

Die Projektion des ternären Diagrammes[4] auf das Konzentrationsdreieck gibt die Abb. 268 wieder. Als wichtigste Erkenntnis entnehmen wir aus demselben, daß die Kohlenstoffkonzentrationen des dem Lede-

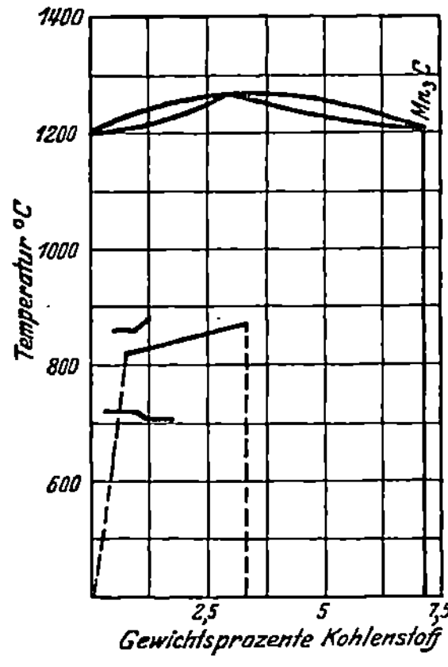

Abb. 267. Zustandsdiagramm Mn-C nach[3] (Landolt-Börnstein).

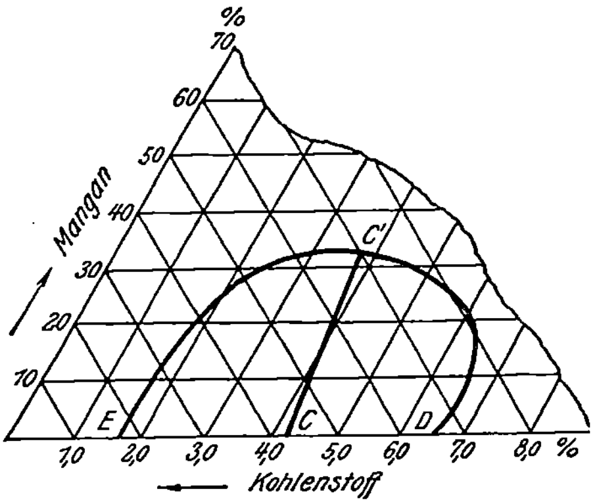

Abb. 268. Zustandsdiagramm Fe-Mn-C nach[4] (Oberhoffer).

burit entsprechenden binären Eutektikums durch Manganzusatz, wie die Lage der Kurve CC' zeigt, nur wenig geändert werden, und daß auch die Sättigungsgrenze der Mischkristalle, ausgehend von dem Punkte E, zunächst wenig beeinflußt wird.

Mn verringert die Zerfallsgeschwindigkeit von Zementit.

Literatur.

[1] Zuletzt: Levin und Tammann: Z. anorg. u. allg. Chem. Bd. 47, S. 136. 1905. Oberhoffer und Esser: Werkstoff-Ausschuß VDE 1925, Nr. 69.

[2] Wohrmann: J. Iron Steel Inst. 1927 II, S. 629.

[3] Zuletzt: Ruff und Bormann: Z. anorg. u. allg. Chem. Bd. 88, S. 365. 1914.

[4] Wüst und Goerens: Metallurgie Bd. 6, S. 3. 1909. Röntgenuntersuchung z. B. Westgren und Phragmen und Wever S. 293 und 307.

2. Eisen, Silizium und Kohlenstoff.

Das Zustandsdiagramm der Eisen-Silizium-Legierungen zeigt Abb. 269[1]. Es treten bei hohen Konzentrationen Eisensilizide auf, bei niedrigem Gehalte bis etwa 16% Silizium tritt nur Mischkristallbildung ein, von etwa 3 bis 4% Silizium an tritt im ganzen Temperaturbereich des festen Zustandes nur α-Eisen auf, weil bei diesem Zustandsdiagramm das γ-Feld völlig in sich abgeschlossen ist. Bei sehr geringen Siliziumgehalten, wie sie uns hier besonders interessieren, werden die Umwandlungspunkte nur verhältnismäßig wenig beeinflußt.

Das binäre Diagramm Silizium-Kohlenstoff ist nicht bekannt. Den Grundriß des ternären Diagramms gibt die Abb. 270[2]. Im Gegensatz zu Mangan beeinflußt ein Siliziumgehalt die Konzentrationen des dem Ledeburit entsprechenden binären Eutektikums außerordentlich stark und ebenso die Sättigungsgrenze der Mischkristalle, beide werden zu niedrigen Kohlenstoffgehalten hin verschoben.

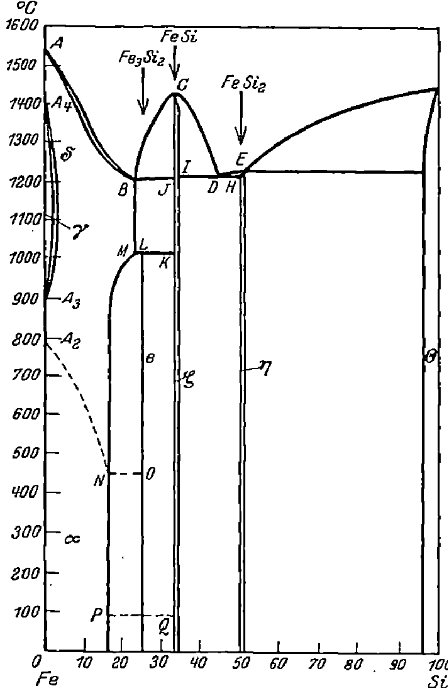

Abb. 269. Zustandsdiagramm Fe-Si (nach Murakami).

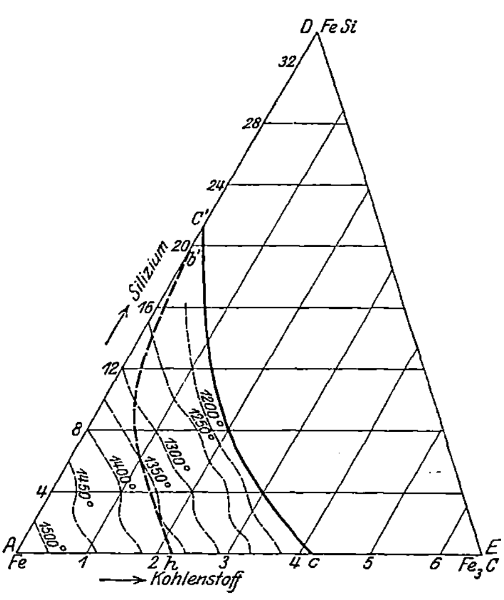

Abb. 270. Zustandsdiagramm Fe-C-Si nach Gontermann (Oberhoffer).

Das Silizium übt insofern einen sehr erheblichen Einfluß auf die sich ausbildenden Strukturen aus, als durch dasselbe die Stabilität des Zementites außerordentlich herabgesetzt wird. In siliziumhaltigen Legierungen wird der Zerfall des Zementites in Graphit und Eisen bzw. Mischkristall sehr erleichtert.

Literatur.

[1] Zuletzt: Murakami: Science Rep. Toh. Imp. Univ. I, Bd. 16, Nr. 4, S. 475. 1927 und Hanemann und Voß: Zentralbl. Hütten- u. Walzw. 1927, S. 259. — Becker: Stahleisen 1925, S. 1789. — Hanson: J. Iron Steel Inst. 1927, II, S. 129. — Röntgenuntersuchung: Phragmen: Stahleisen 1925, S. 51.

[2] Nach Gontermann: Z. anorg. u. allg. Chem. Bd. 59, S. 373. 1908; vgl. ferner Honda und Murakami: Science Rep. Toh. Imp. Univ. Bd. 12, Nr. 3, S. 1. 1924.

3. Eisen, Phosphor und Kohlenstoff.

Das Zustandsdiagramm der Eisen-Phosphor-Legierungen[1] gibt Abb. 271 wieder. Es zeigt sich, daß Phosphor und Eisen Mischkristalle bilden, ebenso wie beim Eisen-Silizium-Diagramm ist das γ-Zustandsfeld völlig in sich abgeschlossen. Die Gefahr, daß sich in Eisen-Phosphor-Legierungen mit Konzentrationen unterhalb 1,8% Phosphor das Eu-tektikum B mit der unerwünschten Kristallart Fe_3P ausscheidet, ist häufiger dadurch gegeben, daß der Phosphor außerordentlich stark zu Kristall- und Blockseigerungen neigt,

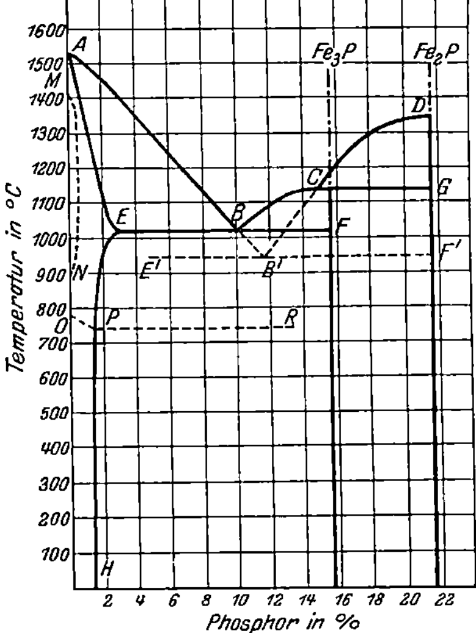

Abb. 271. Zustandsdiagramm Fe-P (nach Hanemann und Voß).

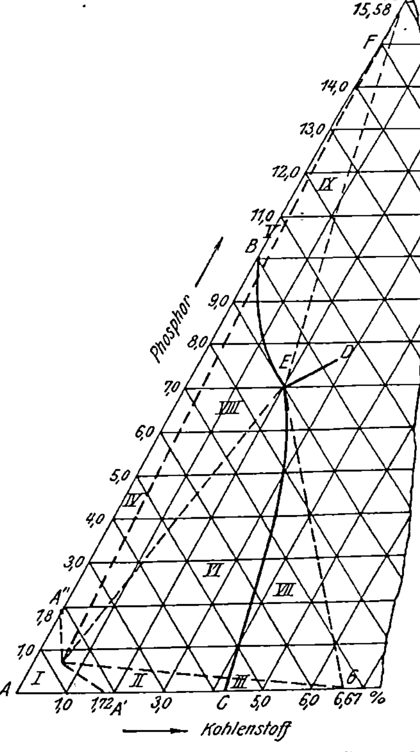

Abb. 272. Zustandsdiggramm Fe-C-P nach Wüst, Goerens und Dobbelstein (Oberhoffer).

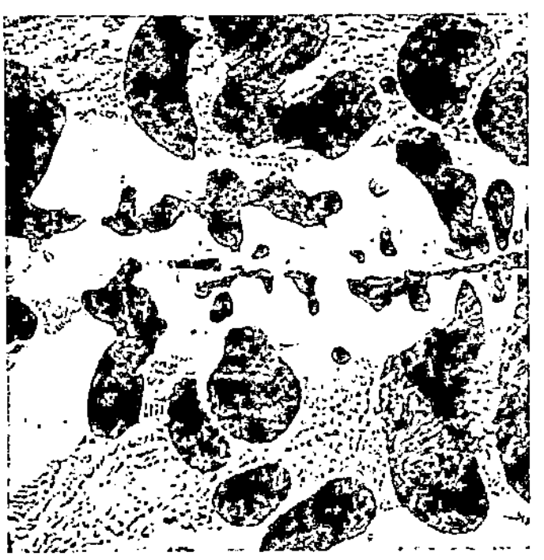

Abb. 273. Thomas-Roheisen (nach Oberhoffer). × 500.

wodurch die Restschmelzen auch in solchen Legierungen leicht hohe Phosphorgehalte annehmen können (vgl. S. 179, 314, 340, 345).

Einen Ausschnitt der Projektion des ternären Eisen-Phosphor-Kohlenstoff-Diagrammes [2] gibt Abb. 272. Die Verschiebung des binären Eutektikums seiner Konzentration nach ist, wie man sieht, nur gering. Wichtig ist, daß die Kurve CE im Raumdiagramm ziemlich stark nach tieferen Temperaturen absinkt. Der Punkt E, der die Ausscheidung eines ternären Eutektikums (Steadit) bedeutet, liegt bei 953°. Wichtig werden diese Teile des Zustandsdiagrammes insbesondere für die Struktur des hoch phosphorhaltigen Thomaseisens, in denen wir, wie die Abb. 273 zeigt, auch dem Diagramm entsprechend zwei Eutektika sehen können. Auch im grauen Gußeisen kann natürlich das Phosphideutektikum auftreten. Da es in seinem Habitus nicht allzusehr von dem Ledeburit unterschieden ist, muß man besondere Ätzmittel anwenden, um es sichtbar zu machen. Ein solches Ätzmittel[3] ist neutrale Natriumpikratlösung, welche nur das Phosphid dunkelt, nicht den Zementit.

Literatur.

[1] Zuletzt: Haughton: J. Iron Steel Inst. 1927 I, S. 417. — Hanemann und Voß: l. c. Vgl. ferner: Kurven instabiler Gleichgewichte nach Konstantinow: Z. anorg. u. allg. Chem. Bd. 66, S. 209. 1910.

[2] Wüst: Metallurgie 1908, S. 73; Goerens und Dobbelstein: Ebda. S. 561 und 1909, S. 537.

[3] Matweieff: Rév. Metallurgie Bd. 7, S. 848. 1910. — Jungbluth: Kruppsche Monatsh. 1924, S. 95.

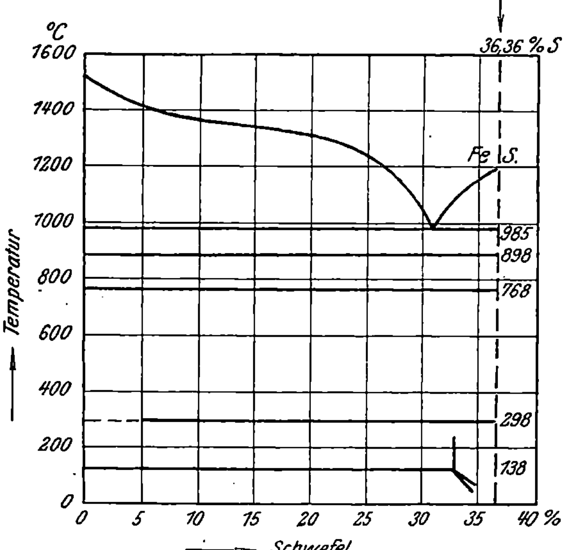

Abb. 274. Zustandsdiagramm Fe-S nach Becker (Oberhoffer).

4. Eisen und Schwefel (Mangan).

Das Zustandsdiagramm Eisen-Schwefel[1] stellt Abb. 274 dar. Es zeigt sich eine Unlöslichkeit im festen Zustande zwischen Eisensulfid und Eisen. Infolgedessen werden auch die Umwandlungspunkte gar nicht beeinflußt. Auch bei geringem Gehalt an Schwefel tritt das Eisensulfid in eutektischer Anordnung in heterogenem Gemenge mit Eisen auf. Über das ternäre System Eisen-Schwefel-Kohlenstoff ist wenig bekannt; Schwefel wirkt vor allen Dingen hindernd auf eine Graphitbildung[2]. Von Wichtigkeit ist noch, daß man beim Vorkommen von Schwefel in Eisenlegierungen damit rechnen muß, daß bei gleichzeitiger Gegenwart von Mangan sich die hohe Affinität des Mangans zum Schwefel dahingehend äußern wird, daß das Mangan den Schwefel bindet. Es gibt auch zwischen Schwefeleisen und Schwefelmangan nach dem entsprechenden Zustandsdiagramm ein Eutektikum.

Literatur.

[1] Becker: Stahleisen 1912, S. 1017.
[2] Wüst: Metallurgie 1906, S. 169 und 201.

5. Eisen und Sauerstoff (vgl. S. 233 ff.).

Der Sauerstoff kommt in den uns hier interessierenden Konzentrations- und Temperaturbereichen, soweit sichere Feststellungen reichen, als Eisenoxydul vor. Das Zustandsdiagramm[1] steht keineswegs fest, Schliffbilder des Systems Fe-FeO zeigen eine Verteilung der Eisenoxyduleinschlüsse, welche in der Mehrzahl der Fälle durchaus nicht für eine der früher erörterten Erstarrungsstrukturen einer flüssigen Lösung typisch sind. Insbesondere ist eine eutektische Anordnung, aus der man ja auf eine Lösung im flüssigen Zustande schließen könnte, nicht immer mit Sicherheit zu erkennen. Da bis zu unter etwa 0,03 % Sauerstoff die Einschlüsse noch deutlich erkennbar sein dürften[2], kann die Existenz einer festen Lösung zwischen Eisen und Sauerstoff sich ebenfalls nur auf sehr geringe Bereiche beschränken, positive Unterlagen für die Annahme einer Löslichkeit von Sauerstoff im Eisen liegen wenig vor.

Die Frage des Verhältnisses von Sauerstoff zum Eisen ist aufs engste verknüpft mit den Besonderheiten der analytischen Bestimmungen des Sauerstoffs im Eisen. Der Entwicklung dieses Gebietes wurden insbesondere von Oberhoffer und seinen Mitarbeitern die Wege gewiesen, nachdem schon Ledebur, Wüst und Goerens und ihre Mitarbeiter die Grundlage gelegt hatten. Es gibt drei verschiedene Verfahren:

1. die Reduktion des Eisenoxyduls mit Wasserstoff;

2. die Verbrennung mit Kohlenstoff;

3. die Rückstandsanalyse mit Brom, wobei das Oxydul ungelöst zurückbleibt.

Sowohl die Brauchbarkeit dieser verschiedenen Bestimmungsverfahren als auch die Beurteilung des Vorkommens des Sauerstoffes hängt auch hier wieder sehr wesentlich davon ab, welche Wirkung das Vorhandensein anderer Begleitelemente ausübt. Es ist ja vor allen Dingen infolge der Affinitätsverhältnisse damit zu rechnen, daß der Sauerstoff, der in einer technischen Legierung gefunden wird, an Mangan, Silizium und andere Beimengungen gebunden ist. Es ist von vornherein wahrscheinlich und hat sich auch experimentell beweisen lassen, daß z. B. an Silizium gebundener Sauerstoff sich nicht mit dem Wasserstoffverfahren[3] bestimmen läßt, daß andererseits auch das Vorhandensein von Kohlenstoff, Stickstoff, Phosphor und Schwefel das Wasserstoffverfahren beeinträchtigt. Auch bei der Reduktion mit Kohlenstoff[4] sind die Begleitelemente immerhin zu beachten, insbesondere ist auch gerade hier eine Reduktion der Gefäßmaterialien zu vermeiden, was bei Verwendung von Induktionsheizung erleichtert wird. Beim Verfahren der Rückstandsanalyse, bei dem auch Jod-Jodkalilösung verwendet wird, macht an Mangan gebundener Sauerstoff besondere Schwierigkeiten[5].

Literatur.

[1] Zuletzt Benedicks u. Löfquist: Z. anorgan. Chem. Bd. 171, S. 231. 1928. — Neue amerikanische Arbeiten: Stahleisen 1928, S. 831.

[2] Wimmer, A.: Werkstoffausschuß VDE, Nr. 50. — Esser: Stahleisen 1928, S. 1411.

[3] Zuletzt Bardenheuer u. Müller: Archiv d. Eisenhüttenw. I 1928, S. 707.

[4] Zuletzt Hessenbruch u. Oberhoffer: Arch. d. Eisenhüttenw. I 1928, S. 583.

[5] Zuletzt F. Willems: Ebenda S. 665.

Röntgenuntersuchungen der Eisenoxyde: FeO Wyckoff u. Crittenden: J. Am. Chem. Soc. Bd. 47, S. 2876. 1925; Fe_3O_4 Bragg: Phil. Mag. Bd. 30, S. 305. 1915; Fe_2O_3 Pauling u. Hendricks: J. Am. Chem. Soc. Bd. 47, S. 781. 1925.

III. Das Gußeisen.

a) Der Grauguß.

1. Klassifizierung, Gefüge, Eigenschaften und ihre Prüfung.

In der Zahlentafel 20 ist eine Übersicht über die wichtigsten Gußeisensorten und damit auch den Grauguß gegeben. Uns interessieren zunächst die vorkommenden chemischen Zusammensetzungen. Es handelt sich nach den Angaben um Eisenkohlenstofflegierungen von etwa 2,8 bis höchstens 4% Kohlenstoff. Es liegen also gewöhnlich untereutektische Eisen-Kohlenstoff-Legierungen vor. Bei den höchsten Kohlenstoffgehalten werden die Legierungen wenigstens, wenn der Siliziumgehalt einigermaßen hoch ist, entsprechend unseren Überlegungen auf S. 309 gerade der eutektischen Konzentration entsprechen.

Die aus der Zahlentafel zu entnehmenden Beimengungen sollten nach unseren Feststellungen über die Zustandsdiagramme nicht zur Ausbildung neuer Strukturbestandteile führen, wenn man vom Schwefel absieht, der als Sulfid vorkommt. Für Silizium und Mangan trifft dies auch zu, der Phosphor erscheint jedoch, wie schon früher bemerkt (S. 311) infolge der Seigerung häufig als Phosphid im sogenannten Phosphideutektikum. Wie auch aus der Tabelle zu ersehen ist, sollte dies Phosphideutektikum bei den höherwertigen Gußeisensorten, welche nur geringen Phosphorgehalt aufweisen, fehlen. Phosphideutektikum, welches infolge von Seigerung im Gußeisen auftritt, kann durch sehr langanhaltendes Glühen, bei dem der Phosphor in die Mischkristalle eindiffundiert, entfernt werden[1].

Da, wenn nicht besondere Vorsichtsmaßregeln getroffen werden, das graue Gußeisen zum Teil nach dem Graphit-, zum Teil nach dem Zementitsystem erstarrt, und da ferner Zementitzerfall im allgemeinen

zu erwarten ist, so haben wir in den technischen grauen Gußeisensorten abgesehen von Sulfiden und Phosphid nach unseren Überlegungen über die reinen Eisen-Kohlenstoff-Legierungen als Gefügebestandteile zu erwarten: Perlit, Graphit, Ferrit und Zementit.

Wir betrachten die Abhängigkeit der Festigkeitseigenschaften von der Zusammensetzung des Graugusses. Dabei
ist daran zu denken, daß die Einwirkung der verschiedenen Bestandteile nicht leicht unabhängig voneinander beurteilt werden kann.
Es trifft dies insbesondere zu bezüglich des Graphites und des
Siliziums. Das Silizium wirkt, wie wir gesehen haben, dergestalt
auf die Gefügeausbildung, daß der Zementitzerfall, bzw. die Bildung von
Graphit außerordentlich gefördert wird, und es ist z. B. sehr schwer,
den Einfluß des Siliziumgehaltes für sich zu erfassen, da eine Steigerung
desselben immer auf den Graphit mit einwirkt, so daß man sich sogar
häufig entschließt, den Einfluß des Siliziums und Kohlenstoffgehaltes
nur als Summe zu berücksichtigen. Unter den zahlreichen Untersuchungen über den Einfluß der verschiedenen Komponenten des Graugusses auf die Festigkeitseigenschaften sind besonders diejenigen von

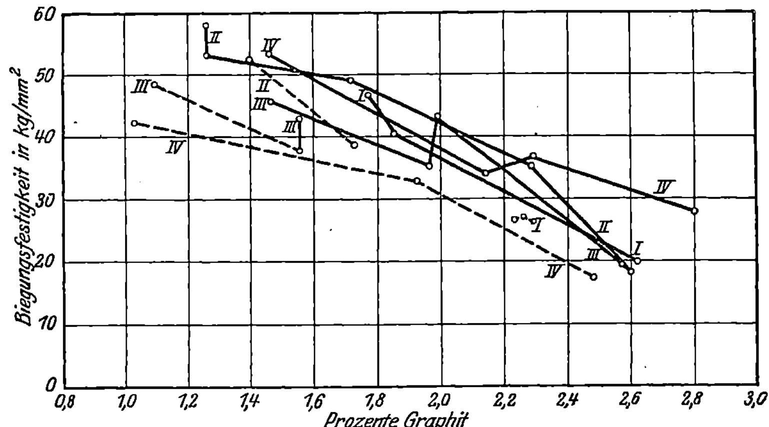

Abb. 275. Abhängigkeit der Biegefestigkeit von Grauguß vom Graphitgehalt bei gleichem Si-Gehalt
nach Wüst (Oberhoffer).
——— Versuchsreihe 1.　　　　——— Versuchsreihe 2.

Wüst und seinen Mitarbeitern[2] grundlegend gewesen. In der Abb. 275
ist zunächst der Einfluß des Graphitgehaltes bei gleichem Siliziumgehalt nach Ergebnissen von Wüst und Kettenbach dargestellt.
Dabei geben die römischen Zahlen den Siliziumgehalt folgendermaßen an:

$$\begin{array}{lll}
0{,}8\text{—}1{,}0\,\% \text{ Si} & \text{Gruppe} & \text{I} \\
1{,}1\text{—}1{,}4\,\% \text{ Si} & \text{,,} & \text{II} \\
1{,}5\text{—}1{,}9\,\% \text{ Si} & \text{,,} & \text{III} \\
2{,}1\text{—}2{,}4\,\% \text{ Si} & \text{,,} & \text{IV}
\end{array}$$

Zahlentafel 20. Übersicht über

Klasse	Verwendungsbeispiele.	Mindestzahlen für mechanische Eigenschaften			
		Zug-festigkeit kg/mm²	Biege-festigkeit kg/mm²	Durch-biegung mm	Brinell-härte
Bau- und Handelsguß	Säulen, Fenster, Öfen, Heiz-körper, Abflußrohre				
Fein- und Kunstguß					
Gewöhnlicher Maschinenguß Ge 12,91	Land-, Hausmaschinen, Gehäuse	12	24	6	140—160
Maschinenguß mit besonderen Güte-vorschriften	Ge 14,91 ⌈ Werkzeugmaschinen Ge 18,91 ⌋ Zylinder Ge 22,91 ⌉ Kolbenringe, Kolben Ge 26,91 ⌊ Eisenbahnoberbau	14 18 22 26	28 34 40 46	7 7 8 8	140—160 160—180 180—200 200—220
Maschinenguß mit besonderen magnet. Eigenschaften Ge 12,91 D	Gewährleistete Werte Amp.-Wind.　　　Magnet. cm　　　　Induktion 25　　　　7000 50　　　　8500	12	24	6	140—160
Hartguß, Vollhartg. Schalenguß Walzenguß	Hydraulische Kolben Stempel, Ziehringe				

Man sieht, daß die Festigkeit mit steigendem Graphitgehalt erheblich abnimmt. Die Summe des Kohlenstoff- und Siliziumgehaltes wirkt in derselben Weise. Das Zustandekommen dieses Einflusses ist nicht schwer einzusehen, der Graphit bildet einen in mechanischer Beziehung sehr ungünstigen Gefügebestandteil, er steuert zur Tragfähigkeit des ganzen Gefüges nichts bei, sondern unterbricht das eigentliche metallische Material in sehr ungünstiger, kerbähnlich wirkender Weise. Mangan wirkt bis zu Gehalten von etwa 1 % günstig auf die Festigkeitseigenschaften, mit darüber hinaussteigender Menge wird die Festigkeit ungünstig beeinflußt. Die Beeinträchtigung bei höherem Gehalt rührt daher, daß zu starke Karbidbildung eintritt. Phosphor wirkt schon bei Gehalten von 0,1 % auf die spezifische Schlagarbeit sehr ungünstig ein, die Festigkeit wird von 0,2 bis 0,3 % Phosphor ab ungünstig beeinflußt. Aus dem Gesagten geht der dominierende Einfluß der Graphitbildung auf die Festigkeitseigenschaften des Gußeisens hervor. Die modernen Bestrebungen zur Veredelung des Gußeisens, die wir in einem folgenden Abschnitt zu behandeln haben, gehen deshalb zum großen Teil zunächst von einer Beeinflussung des Graphitvorkommens aus. In zweiter Linie kommt natürlich, worauf auch schon

Gußeisenqualitäten*.

Zusammensetzung

Ges.-C %	Si %	Mn %	P %	S %
3,3—3,6	2,0—2,5	0,4—0,8	0,6—1,2	unter 0,12
über 3,6	2,0—3,0	0,6—0,8	0,8—1,2	unter 0,12
3,4—3,6	2,0—2,5	0,6	0,8	unter 0,12
3,4—3,6	2,0—2,2	über 0,8	unter 0,6	unter 0,12
3,2—3,4	1,8—2,0	„ 0,8	„ 0,5	„ 0,12
3,1—3,3	1,6—1,8	„ 0,8	„ 0,4	„ 0,12
2,8—3,2	1,2—1,8	0,8—1,2	„ 0,3	„ 0,12
2,8—3,3	0,6—1,2	0,4—1,2	0,5	0,12
3,0—3,4	0,5—1,0	0,4—1,2	0,1	0,05
2,8—3,2	0,5—1,5	0,6—0,8	0,03	0,05

hingedeutet wurde, der Einfluß des metallischen Gefüges selbst sehr stark in Frage, wobei in erster Linie eine starke Karbidbildung in Gestalt von Ledeburit auf die Festigkeitseigenschaften ungünstig wirken wird, weil der darin enthaltene grobe Zementit ein zu geringes Formänderungsvermögen besitzt. Andrerseits ist die Ausbildung großer Ferritkristalle wegen ihres geringen Formänderungswiderstandes offenbar schon in gewöhnlichen Gußeisensorten möglichst zu unterdrücken. Die Wege, auf denen dies systematisch erreicht wird, bilden eine zweite Gruppe von Veredelungsverfahren des Graugusses.

Die Abhängigkeit der Festigkeitseigenschaften des Graugusses von der Temperatur (vgl. hier die Abb. 384) zeigt eine recht hohe Beständigkeit des Formänderungswiderstandes bis in Temperaturgebiete von 400 bis 500 ⁰ ³.

Zur Feststellung der Festigkeitseigenschaften des Gußeisens bedient man sich meist des Biegeversuches (vgl. S. 74). Bei jeder Herstellung von Probestäben ist daran zu denken, daß die Gefügeausbildung des Gußeisens außerordentlich stark von der Erstarrungs-

---

* Bearbeitet nach Werkstoffhandb. V. dtsch. Eisenhüttenleute und DIN 1691.

geschwindigkeit und damit von der Stärke des Gußstückes abhängt.
Dieser außerordentliche Einfluß geht aus der Abb. 276[4] hervor. Ferner
ist daran zu denken, daß die Guß-
haut von Einfluß ist. Abgedrehte
Stäbe geben 5 bis 14% höhere
Werte. Die Biegeprobe wird
meist mit Probestäben von 30 mm
Durchmesser und 650 mm Länge
bei 600 mm Auflageentfernung
ausgeführt. Die für die hauptsächlichsten Gußeisensorten geltenden Mindestfestigkeiten sind
aus der Zahlentafel 20 zu entnehmen. Die Zahlen für hochwertigen Guß werden nach den
Verfahren, die im nächsten Abschnitt beschrieben werden,
meist erheblich übertroffen. Die
Zugfestigkeit liegt, vgl. Zahlentafel 20, beträchtlich unter der
Biegefestigkeit. Zur Feststellung
der Zugfestigkeit wird man sich
in Zukunft eines besonderen
Kurzstabes bedienen, dessen
Länge nur etwa 4 mal so groß
ist wie der Durchmesser, und
der in der Mitte schwächer gehalten wird.

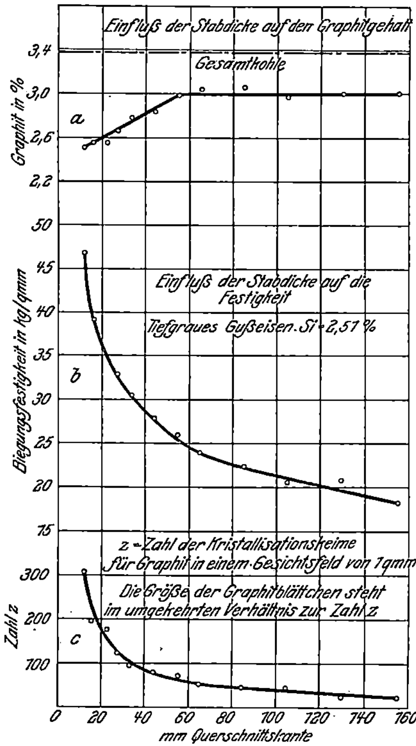

Abb. 276. Einfluß der Stabdicke auf Graphitausbildung und Biegefestigkeit beim Grauguß nach
Leyde-Heyn (Oberhoffer).

2. Der Gießvorgang, Schwindung, Wärmebehandlung, das Wachsen des Gußeisens.

Bezüglich der Faktoren, welche beim Guß eine Rolle spielen, sei
noch gesagt, daß der Schwindungsvorgang und auch die Lunkerbildung beim Grauguß infolge der komplizierten Kristallisationsvorgänge nicht einfach zu überblicken sind. Das graue Gußeisen erstarrt aus der Schmelze unter Volumenausdehnung (vgl. S. 307), d. h.
bereits der soeben entstandene feste Körper hat ein größeres Volumen
als die Schmelze. Es treten dann sogleich im festen Zustande Ausdehnungen auf. Diese können hervorgerufen sein entweder durch Karbidzerfall oder durch die Ausdehnung der letzten Reste stark phos-
phorhaltiger Mutterlaugen bei der Erstarrung. Bei der Perlitbildung
tritt nochmals eine Ausdehnung ein. Diese verschiedenen Volumen-
gestaltungen können mit dem Schwindungsmesser[5] festgestellt werden

(Abb. 277). Die Gesamtschwindungszahl beträgt gewöhnlich etwa 1 bis 1,2%. Die verschiedenen Nebenbestandteile haben keinen allzu erheblichen Einfluß auf die Schwindung. Dieselbe hängt übrigens auch hier noch von der Gestalt des ·Gußstückes ab.

Der Grauguß kann einer Wärmebehandlung unterzogen werden, um ihn leichter bearbeitbar zu machen. Dieses sogenannte Weichglühen des Graugusses wird bei Temperaturen oberhalb Ac_1 ausgeführt und hat im wesentlichen außer der Behebung von etwa vorhandenen Gußspannungen die Erzielung von Karbidzerfall zur Folge[6].

Eine Vergütung des Graugusses durch Abschrecken und Anlassen (vgl. S. 352ff.) kommt nicht in Frage.

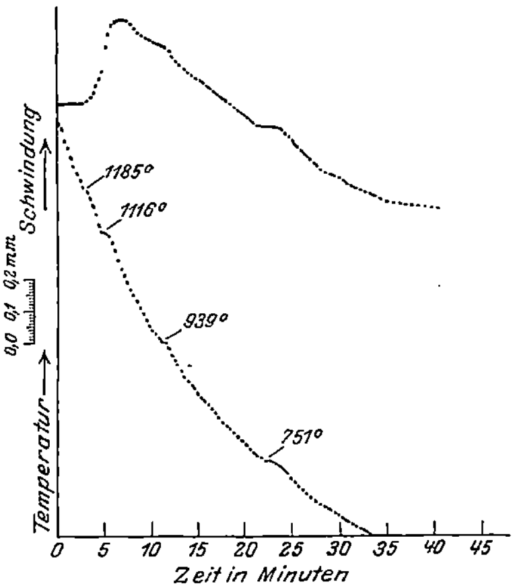

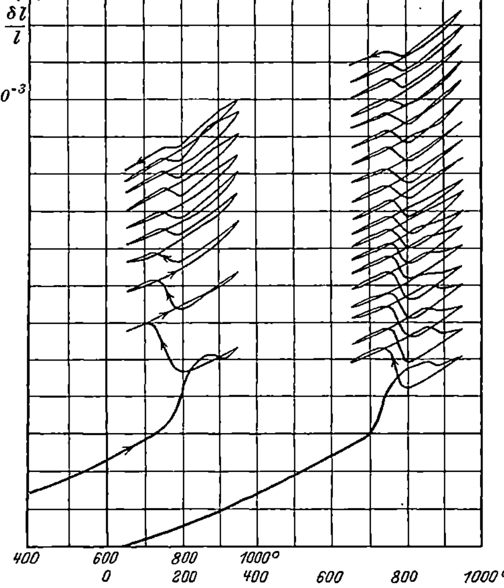

Abb. 277. Schwindungs- (oben) und Abkühlungskurve (unten) von Grauguß 3,32% C, 2,76% Si (nach Sauerwald und Mit.).

Abb. 278. Das Wachsen von Gußeisen bei Wechselerhitzung im Dilatometer (links im Vakuum, rechts in Luft) (nach Kikuta).

Für die Verwendung des Gußeisens bei höherer Temperatur ist die Erscheinung des Wachsens von sehr großer Wichtigkeit. Wenn man Gußeisen auf höhere Temperaturen bringt, und wieder abkühlt, so zeigt sich eine irreversible Ausdehnung, d. h. die Dichte hat nach der Abkühlung abgenommen. Das Wachsen tritt bereits von Temperaturen von 550° an auf[7]. Besonders ausgeprägt ist diese Erscheinung, wenn abwechselnde Erhitzungen und Abkühlungen im Gebiete der Perlitumwandlung vorgenommen werden. Die fortlaufende Verfolgung dieses Vorganges mit einem Dilatometer zeigt einen Verlauf wie Abb. 278. Auf Grund zahlreicher Untersuchungen kann man über die Bedingtheit dieses Vorganges etwa folgendes aussagen: In erster Linie wird derselbe durch einen Karbidzerfall veranlaßt; ein Karbidzerfall ist immer mit einer Volumenausdehnung verbunden. Der Karbidzerfall allein genügt jedoch kaum, um die außerordentliche Volumenvergrößerung insbesondere bei abwechselnder Erhitzung und Abkühlung zu erklären. Bei Schwankungen um den Perlitpunkt werden Kohlenstoffanteile wieder aufgelöst werden und auf diesem Umwege über dann sich wieder ausscheidenden Zementit, der wieder Gelegenheit zum Zerfall hat, werden immer neue Möglichkeiten der Volumenausdehnung geschaffen. Diese Volumenvergrößerungen verlaufen nun offenbar unter Bildung von Hohlräumen. Es gehen ja nicht immer dieselben Kohlenstoff- und Karbidanteile in die feste Lösung über, sondern an der Stelle, wo z. B. elementarer Kohlenstoff in den Mischkristall eingetreten ist, wird sich Zementit ausscheiden, der nun bei der nächsten Erhitzung zufällig nicht zerfällt, sondern es wird an anderer Stelle ein Zerfall eintreten, wo bis jetzt der Zementit sich erhalten hatte. Dieser neue Zerfall wird zur Ausdehnung beitragen, während an der ersten Stelle ein Hohlraum zurückbleibt. In oxydierender Atmosphäre kann dieser Verlauf durch Oxydationsvorgänge unterstützt werden, welche ihrerseits durch eine vorangegangene Zerklüftung gefördert werden. Von ausschlaggebender Bedeutung ist die Oxydation jedoch nicht, da ein Wachsen des Gußeisens auch im Vakuum erfolgt (Abb. 278)[8]. Nicht in Frage für die Volumenvermehrung kommt die Entwickelung von Gasen und die Auswirkung eines Gasdruckes. Aus den geschilderten Vorgängen ersieht man, auf welchem Wege das Wachsen des Gußeisens verhindert werden kann. Die Karbidbeständigkeit muß erhöht werden, was durch Zusatz von Chrom geschehen kann, oder das Karbid muß in einer dem Zerfall nicht stark ausgesetzten Form vorliegen, wie dies bei den im nächsten Abschnitt zu behandelnden veredelten Graugußarten der Fall zu sein pflegt.

Schwitzkugeln sind im Inneren von Hohlräumen oder an der Oberfläche auftretende Kügelchen, die stark an Phosphor angereichert sind und durch Auspressen von Mutterlauge durch inneren Überdruck entstehen dürften.

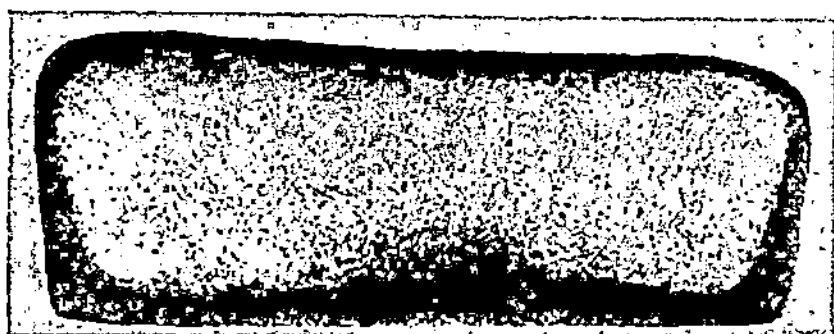

Abb. 279. Umgekehrter Hartguß (nach Geiger).

Unter umgekehrtem Hartguß versteht man eine bei eigentlich normal verlangtem Grauguß auftretende Erscheinung, bei der zwar die äußere Zone grau wird, das Innere des Gußstückes aber weiß bleibt. Nachdem lange Zeit die verschiedenartigsten Vermutungen über den Grund dieser Erscheinung geäußert worden sind, scheint es, als ob diese Vorgänge relativ einfach zu deuten wären. Nach Bardenheuer[9] tritt der umgekehrte Hartguß bei Material auf, welches an sich sehr labil ist und an der Grenze der melierten Eisensorten liegt, und zwar besonders dann, wenn dieses Material unterkühlt wird. Unter Umständen kann die Unterkühlung durch viel Rost im Einsatz verursacht sein[10]. Das Material hat gewöhnlich wenig Silizium und Mangan und einen verhältnismäßig hohen Schwefelgehalt. Das Eisen erstarrt nun infolge der Abkühlungsbedingungen unter Umständen weiß, nur macht sich an seiner Oberfläche die Keimwirkung der Form, insbesondere des dort in Form von Schwärze vorliegenden Graphits insofern bemerkbar, als sie hier zu einer Graphitbildung führt. Ein Bild der Erscheinung gibt die Abb. 279. Es mag sein, daß außerdem bei einem solchen Eisen die Schrumpfungsdrucke, welche in der Richtung der Stabilisierung des Zementites wirken, sich im Inneren des Stückes bemerkbar machen, wie dies Heike[11] annimmt.

Literatur.

Geiger: Handbuch d. Eisen- und Stahlgießerei. 2. Aufl. Berlin: Julius Springer 1925.

[1] Pinsl: Stahleisen 1927, S. 537.

[2] Ferrum 1913/14, S. 51, 97; 1914/15, S. 89; 1916/17 S. 97. Vgl. ferner z. B. Hamasumi: Sc. Rep. Toh. Imp.-Univ. I, Bd. 13, Nr. 2, S. 134. 1924.

[3] Bach: Z. V. d. I. 1901, S. 168.

[4] Leyde-Heyn: Stahleisen 1904, S. 94; 1906, S. 1295; vgl. ferner Oberhoffer u. Poensgen: Stahleisen 1922, S. 1189; vgl. ferner Wolff: Stahleisen 1926, S. 560. — Über den Kurzzerreißstab vgl. Gießerei Bd. 15, S. 675. 1918.

[5] Sauerwald, Nowak u. Juretzek: Z. Phys. Bd. 45, S. 650. 1927.

[6] Piwowarsky: Stahleisen 1922, S. 1481.

[7] Schwinning u. Flössner: Werkstoffausschuß VDE, Nr. 103.

[8] Kikuta: Sc. Rep. Toh. Imp. Univ. 11, Nr. 1. 1922. — Vgl. z. Wachsen zuletzt Benedicks u. Löfquist: J. Ir. Steel Inst. 1927 I S. 603. — Über magnet. u. el. Eigensch. v. Gußeisen vgl. Partridge; ref. Stahleisen 1926, S. 112.

[9] Stahleisen 1921, S. 569 ff., dort auch ältere Literatur.

[10] Osann: Stahleisen 1912, S. 143ff.

[11] Stahleisen 1922, S. 1907.

3. Die Veredelung des Graugusses.

Die Möglichkeit einer Veredelung des Graugusses muß nach drei verschiedenen Gesichtspunkten untersucht werden. Der erste Weg, der zu einer Verbesserung führen könnte, wäre der der Legierung, zweitens kommt die Beeinflussung des Graphitvorkommens und drittens diejenige der Gefügeausbildung des metallischen Grundmaterials in Betracht.

Insbesondere nach den Untersuchungen von Piwowarsky[1] kann gesagt werden, daß die Gußeisenveredelung durch Legierung keine bedeutenden Möglichkeiten der Erhöhung der Festigkeit eröffnet. Die beiden anderen Wege führen auf wirtschaftlichere Weise zu mindestens denselben Erfolgen wie die Legierung. Günstiger wird vielleicht die Abnutzung beeinflußt.

Die systematische Beeinflussung des Graphitvorkommens hat bereits zu wesentlichen Erfolgen geführt. Auf diesem Wege liegt zunächst eine möglichst weitgehende Herabsetzung des Gesamtkohlenstoffgehaltes und eine Ausbildung des Graphitvorkommens in möglichst fein verteilter Form; günstig erscheint auch eine Annäherung desselben an die Ausbildungsform der Temperkohle (S. 305).

Die Wege, welche zur Erreichung dieses Zieles eingeschlagen werden, sind verschiedener Natur. Nach einem nicht näher veröffentlichten Verfahren erreichen Thyssen-Emmel[2] einen niedrigen Kohlenstoffgehalt im Kupolofen. Wüst[3] hat in einem ölgefeuerten Ofen dasselbe Ergebnis erzielt. Ferner sind hier noch zu nennen das Kruppsche Sterngußverfahren[4] und das Corsalliverfahren[5]. Nach Thyssen-Emmel bleibt der Gesamtkohlenstoff unter 3% bei einem Siliziumgehalt von 2 bis 2,7%. Es wird eine Biegefestigkeit von 60 bis 70 kg/mm² erzielt. Nach Kleiber hat der Kruppsche Sternguß 2,4 bis 2,7% C, 1,66 bis 2,33% Si, 0,86 bis 1,48% Mangan, 0,1 bis 0,2% P und 0,08 bis 0,13% S, womit eine Biegefestigkeit von 61 kg/mm² erzielt wird.

Eine Verminderung des Graphites erreicht Piwowarsky gleichzeitig mit einer günstigen Graphitausbildung durch starkes Überhitzen der Schmelze. Nach Piwowarsky wird die Abhängigkeit des gebundenen Kohlenstoffes im Grauguß von der Erhitzungstemperatur im flüssigen Zustand durch eine Kurve, wie Abb. 280 zeigt, wiedergegeben[6]. Man sieht, daß die Neigung zur Graphitbildung mit steigender Erhitzungstemperatur zunächst ab- und dann wieder zunimmt. Es schien hier eine der prinzipiell so bedeutungsvollen Möglichkeiten der Beeinflussung eines erstarrenden Materials durch eine Behandlung der Schmelze vorzuliegen,

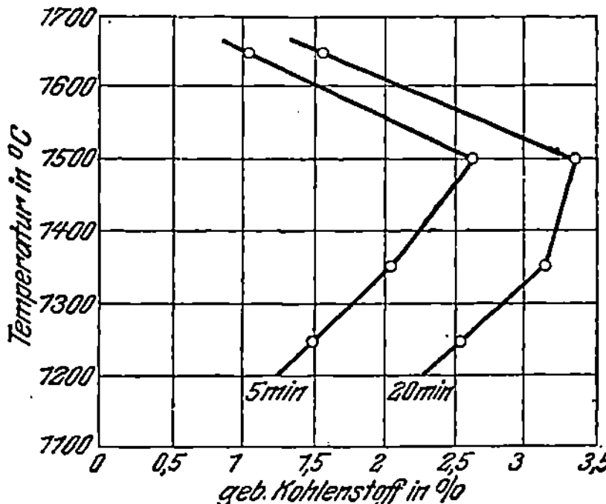

Abb. 280. Abhängigkeit des gebundenen Kohlenstoffes im Gußeisen von der Vorerhitzung nach Piwowarsky.

wie wir sie auf S. 260 bereits allgemein besprachen. Die Möglichkeit, eine solche in Betracht zu ziehen, ist dadurch gegeben, daß in der flüssigen Schmelze nach Dichtemessungen mit großer Wahrscheinlichkeit Zementitmoleküle neben ihren Dissoziationsprodukten vorhanden sind (vgl. S. 307). Es hat sich jedoch bis jetzt nicht nachweisen lassen, daß die Einstellung des Gleichgewichtes in der Schmelze nur langsam erfolgt, dieser Nachweis wäre aber für die Möglichkeit einer Beeinflussung der Kristallisationsvorgänge und der Behandlung der Schmelze notwendig, denn bei schneller Gleichgewichtseinstellung ist eine solche Beeinflussung nicht denkbar. Infolgedessen muß man die von Piwowarsky gefundene Abhängigkeit anders deuten und die Möglichkeit dazu ist auch gegeben, wie besonders Hanemann[7] ausgeführt hat. Wenn Grauguß eingeschmolzen wird, so erfordert offenbar die Auflösung des Graphites eine erhebliche Zeit. Die Auflösungsgeschwindigkeit des Graphites wurde von Sauerwald und Koreny[8] untersucht und gefunden, daß sie in erster Näherung dem Noyes-Whitneyschen Gesetz (S. 241) gehorcht, und daß bei der Auflösung von Graphit in flüssigen Eisen-Kohlenstoffschmelzen mit Zeiten zu rechnen ist, die bei der betriebsmäßig zur Verfügung stehenden Zeit durchaus eine Rolle spielen. Die Auflösungsgeschwindigkeit hängt nun stark von der Temperatur ab, und wenn höhere Einschmelztemperaturen angewendet werden, verschwinden die letzten Graphitreste schneller als bei niedrigeren Temperaturen. Bei der Erstarrung des in Form gegossenen Eisens wird es nun aber von großer Wichtigkeit sein, ob noch unaufgelöste Graphitreste vorhanden sind oder nicht, je mehr Graphitreste vorhanden sind, um so stärker wird die Wiederausscheidung des Graphites begünstigt. Auf diese Weise ist der erste rechtsläufige Teil der Piwowarskyschen Kurve für den gebundenen Kohlenstoff verständlich. Sind alle Graphitanteile aufgelöst, dann kann sich bei steigender Überhitzungstemperatur zunächst der Umstand bemerkbar machen, daß durch das stärker überhitzte Eisen die Form beim Einguß stärker vorgewärmt und infolgedessen die Abkühlungsgeschwindigkeit vermindert wird. Dies wirkt wieder im Sinne einer Abnahme des gebundenen Kohlenstoffes. Bei der Kristallisation des stark überhitzten Eisens fehlen nun weiterhin Kerne, welche zu einer groben Graphitausbildung führen. Die bei einer deshalb möglichen Unterkühlung neu entstehenden Kerne sind zahlreich, führen nicht zu großen Graphitkristallen, sondern vielmehr zu einer sehr feinen Ausbildung des Eutektikums und gerade dieses Graphiteutektikum ist die in mechanischer Beziehung erwünschte Form.

Das Graphiteutektikum wird auf einem anderen Wege nach Schüz[9] bei nicht zu langsamer Abkühlung (Kokille) bei einem Gehalt von über 3 % Silizium erhalten. Es ist eine Nachglühung bei 800 bis 850° notwendig, um die Folgen der raschen Abkühlung abzuwenden.

'Die Beeinflussung des metallischen Grundgefüges spielt neben der Beeinflussung des Graphites auch bei dem vorher genannten Verfahren schon eine wichtige Rolle. Es wird auch bei diesem Verfahren schon eine weitgehende Homogenisierung des Gefüges in Richtung auf die Ausbildung von reinem Perlit neben dem Graphit erreicht. Ganz im Vordergrunde steht diese Absicht der Herstellung eines perlitischen Grundgefüges bei dem Verfahren von Lanz nach Diefenthäler-Sipp[10]. Wie wir schon früher bemerkt hatten (S. 303), wird die Tendenz der Herstellung eines rein perlitischen Gefüges im Gußeisen durch eine genügend langsame Abkühlungsgeschwindigkeit gefördert werden. Aller Ferrit und Zementit muß Gelegenheit, unter Umständen unter Inanspruchnahme von Graphit zur Bildung von Mischkristallen haben, welche dann zu Perlit zerfallen (Abb. 281). Dies ist nur möglich, wenn die Abkühlungsgeschwindigkeit nicht zu schroff ist. Diefenthäler-Lanz erreichen die Bildung des perlitischen Gefüges im Gußeisen unter allen Bedingungen, insbesondere bei verschiedenen Wandstärken, dadurch, daß die Abkühlungsgeschwindigkeit durch Anwärmung der Form reguliert wird,

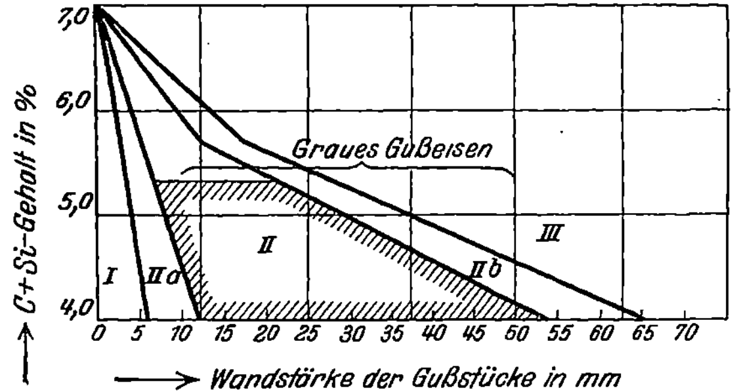

Abb. 282. Gefügediagramm für Gußeisen nach Greiner-Klingenstein.

I: weißes Gußeisen.   III: ferritisches Gußeisen.
IIa: meliertes Gußeisen.   IIb: Übergang II zu III.
II: perlitisches Gußeisen.

und zwar kommen Anwärmetemperaturen bis 500° in Frage, die im einzelnen Fall anzuwendende Temperatur ergibt sich aus Kurvenblättern, in welche die Gattierung und die Wandstärke eingehen. Die Zusammensetzung des Eisens ist so, daß Kohlenstoff-, Silizium und Phosphorgehalt niedrig gehalten werden, während der Schwefel sich nicht von besonderer Bedeutung erweist. Ein Eisen mit 3,36% Gesamt-C, 0,86% Si, 0,70% Mn, 0,24% P und 0,23% S gaben nach Hammermann[11] eine Biegefestigkeit von 60 kg/mm² (Stab 22 mm Durchmesser, 200 mm Auflage). Insbesondere hervorzuheben ist die verhältnismäßig hohe Dauerschlagzahl des Perlitgusses.

Eine Übersicht über die Möglichkeiten der Gattierung bei verschiedenen Wandstärken und der gleichzeitigen Möglichkeit, perlitisches Gußeisen zu erhalten, gibt das von Greiner und Klingenstein[12] in Verfolgung der Maurerschen[13] Angaben gezeichnete Diagramm (Abb. 282).

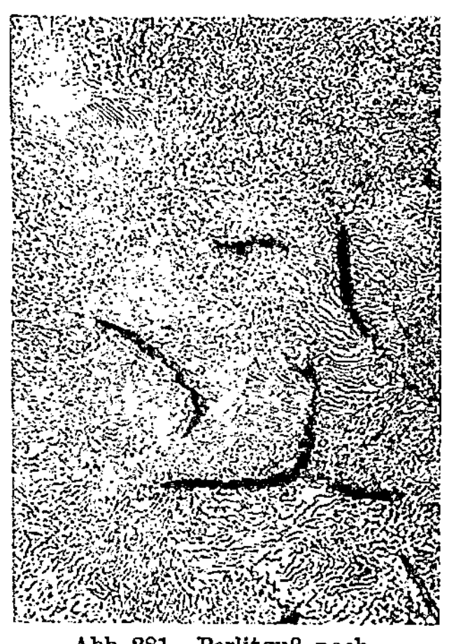

Abb. 281. Perlitguß nach Meyersberg.

Ein Verfahren zur Verbesserung des Gußeisens, über welches wohl noch kein abschließendes Urteil möglich ist, ist dasjenige nach Dechesne, bei dem das Eisen in einem Vorherd des Kupolofens gerüttelt[14] wird. Es ist denkbar, daß, da durch eine Segregation von Fremdbestandteilen auch eine Entgasung befördert wird, die Kristallisationsvorgänge im günstigen Sinne beeinflußt werden.

Literatur.

Zusammenfass. Bericht: Jungbluth: Gießerei 1928, S. 457; Bardenheuer u. Zeyen: Mitt. Eisenforsch. Abhdlg. 98. 1928.

[1] Stahleisen 1925. S. 289.
[2] Stahleisen 1925, S. 1466.
[3] Stahleisen 1925, S. 476.
[4] Kleiber: Kruppsche Monatsh. 1927, S. 110.
[5] Vgl. Gieß.-Zg. 1928, S. 561.
[6] Zuletzt: Gießerei 1927, S. 253ff.
[7] Stahleisen 1927, S. 693.
[8] Stahleisen 1928, S. 537.
[9] Stahleisen 1925, S. 144.
[10] Stahleisen 1920, S. 1141. — Perlitguß, hgb. v. G. Meyersberg. Berlin: Julius Springer 1927.
[11] Ebda.: S. 26.
[12] Klingenstein: Gußeisentaschenbuch 1927, S. 9.
[13] Zuletzt: Stahleisen 1927, S. 1805.
[14] Vgl. hierzu besonders Irresberger: Gießerei 1926, S. 452; Denecke u. Meierling: Ebda 569.

°4. Der Schleuderguß.

Eine besondere Art des Vergießens von Grauguß bringt einige Besonderheiten des Verhaltens des Gußeisens bei diesem Verfahren mit sich, und zwar handelt es sich dabei um einige Ausführungsformen des Schleudergußverfahrens (vgl. S. 266). Unter Schleuderguß versteht man ein Gießverfahren, bei welchem das erstarrende Eisen in geschleuderten Formen unter Einwirkung der Zentrifugalkraft steht. Die allgemeine Ausführung dieses Verfahrens bringt keine sehr wesentlichen Veränderungen in den Vorgängen bei der Erstarrung des Materials mit sich, es sei denn, daß unter Einwirkung der Zentrifugalkraft, wie dies leicht einzusehen ist, die Schwindungsvorgänge und die Lunkerbildung im günstigen Sinne beeinflußt werden. Anders ist dies, wenn es sich um die besondere Form des Schleudergusses zum Zwecke der Herstellung etwa von Röhren handelt. Die moderne Form der entsprechenden Anordnung ist in der Abb. 230 wiedergegeben, in die schnellrotierende Form wird mit der aus der Form herausziehbaren Rinne Eisen eingegossen und aus dem Eisenstrahl bildet sich in der rotierenden Form unter dem Einflusse der Zentrifugalkraft ein Rohr. Dieser Vorgang muß natürlich mit erheblicher Geschwindigkeit erfolgen. Die Form pflegt infolgedessen gekühlt zu sein, dies bedingt eine gewisse Abschreckwirkung, die sich sehr deutlich in der Struktur des erzeugten Rohres aufzeigen läßt. Es ist deshalb meist nötig, eine Wärmebehandlung anzuschließen, welche die Aufgabe hat, den infolge der Abschreckwirkung meist etwas hohen Gehalt an gebundenem Kohlenstoff herabzusetzen. Unter Umständen ist die sorbitische Ausbildung der metallischen Grundmasse erwünscht[1].

Bemerkenswert ist, daß die Drehgeschwindigkeiten der Form bei der Herstellung von Rohren keineswegs beliebig gesteigert werden können. An geschleuderten Rohren sieht man deutlich noch die Zusammensetzung des Rohres aus den einzelnen Schraubengängen, die sich beim Gießverfahren aneinandergelegt haben. Wird die Form zu schnell gedreht, so gelingt es nicht, die Gießrinne mit der geeigneten Geschwindigkeit dem Fortschreiten des Gießvorganges nachzuführen, sondern infolge der dann sehr hohen Zentrifugalkraft breitet sich das Material zu schnell über die Formoberfläche aus, so daß das Rohr dann nicht die gewünschte Stärke erhalten kann. Von physikalischen Größen, die hier mitspielen, sind offenbar ganz besonders zu nennen: die Dichte, die spezifischen Wärmen und die Oberflächenspannung des betreffenden flüssigen Eisens.

Literatur.

Pardun: Stahleisen 1924, S. 1200.
[1] Gieß.-Zg. 1928, S. 90.

b) Der Hartguß.

Wenn die Gefügebestandteile des weißen Gußeisens als solche in einem Gußstück eine Rolle spielen sollen, so ist dies häufig dann erwünscht, wenn es sich um die Erzielung einer möglichst harten Oberfläche handelt. In diesem Falle wünscht man, daß die Hauptmasse des Kernes des Gußstückes grau erstarrt. Einiges über die notwendigen Gattierungen solcher Gußeisensorten sowie einiges über die Gattierungen von Gußeisensorten, die durchweg weiß erstarren sollen, ist aus der Zahlentafel 20 zu entnehmen.

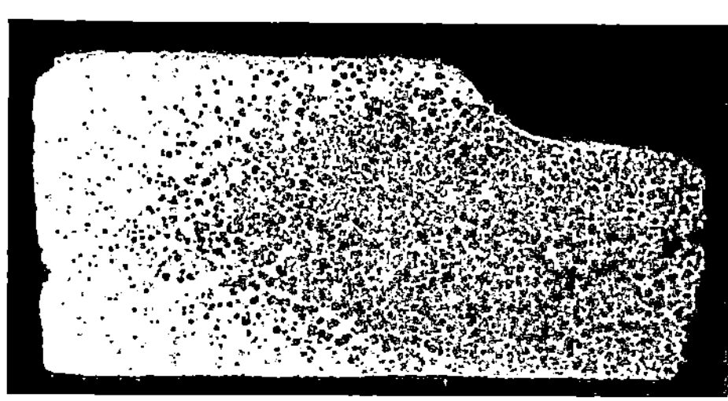

Abb. 283. Hartguß (Oberhoffer).

Bei dem besonders interessierenden Schalen- oder Kokillen-Hartguß[1], bei dem also nur die äußere Schicht des Gußstückes weiß und hart werden soll (Abb. 283), spielt natürlich in erster Linie, abgesehen von dem durch die Stückgröße und die äußeren Bedingungen des Gußvorganges gegebenen Faktoren die Zusammensetzung eine besondere Rolle. Dabei ist zwischen der Härte der zu erzielenden Schicht und der Tiefe derselben zu unterscheiden. Die Härte wird in erster Linie bestimmt durch den Kohlenstoffgehalt, da der Zementit der wesentlich härtende Bestandteil ist. Die sogenannte Einstrahltiefe, unter der man die Dicke der weißen und der melierten Zone versteht, hängt außer vom Kohlenstoffgehalt natürlich noch sehr wesentlich vom Siliziumgehalt ab. Von den physikalischen Faktoren des Gußvorganges sind vor allen Dingen die Art der Wärmeableitung und die Gießtemperatur zu nennen. Wenn man mit dem Verhältnis $W : D$ das Verhältnis der Wandstärke der Kokille zum Durchmesser des Gußstückes bezeichnet, so hängt die Einstrahltiefe mit dieser Funktion zusammen, und zwar steigt sie mit derselben. Je höher die Gießtemperatur ist, um so geringer ist natürlich die Einstrahltiefe, da durch heißes Eisen die Kokille vorgewärmt wird. Bei der Gattierung ist daran zu denken, daß die äußere weiße Schicht im allgemeinen einen anderen Ausdehnungskoeffizienten als der Kern hat und daß, um ein Abplatzen zu verhindern, dieser Unterschied nicht zu groß werden darf; insbesondere darf deshalb der Mangangehalt nicht zu sehr gesteigert werden, so daß man die Einstrahltiefe nicht etwa durch Zusatz von Mangan beliebig vergrößern kann.

Umgekehrter Hartguß s. S. 320.

Literatur.

[1] Goerens u. Jungbluth: Stahleisen 1925, S. 1110.

c) Der Temperguß und das Glühfrischen.

Man macht sich die leichtere Vergießbarkeit des Gußeisens gegenüber dem Stahl dann zunutze, wenn man nach dem Gusse den Kohlenstoff aus dem Gußeisen entweder durch Oxydation entfernen kann oder ihn in eine günstige Form überführen kann, so daß ein dem Stahl ähnliches Formänderungsvermögen des so behandelten Stückes gewährleistet wird. Wenn man dieses Verfahren des Glühfrischens oder Temperns anwenden will, so muß das betreffende Eisen so gattiert sein und unter solchen Bedingungen vergossen werden, daß es weiß erstarrt. Wie bei jedem weiß erstarrenden Eisen tritt auch beim Temperguß eine ziemlich hohe Schwindung von etwa 2% auf. Der Kohlenstoffgehalt des Rohgusses beträgt etwa 2,8 bis 3,5% Kohlenstoff. Der zulässige Siliziumgehalt richtet sich nach der Wandstärke der zu vergießenden Stücke, er muß immer so sein, daß das Eisen weiß bleibt. Man findet infolgedessen als Höchstsätze für Silizium angegeben für starke Stücke 0,45 bis 0,55% Si, für mittlere Stücke 0,60 bis 0,70% Si, für schwache Stücke 0,70 bis 1,20% Si. Bei dem sogenannten Temper- oder amerikanischen Verfahren wird nun durch eine geeignete Glühbehandlung der Zementit in Ferrit und Temperkohle (S. 305) zerlegt, bei dem europäischen Glühfrischprozeß wird der Kohlenstoff durch Oxydation aus dem Eisen entfernt. Es ist klar, daß der letzte Prozeß in bezug auf die Größe der Stücke erheblich begrenzt ist, da eine Entkohlung bei dickeren Stücken sehr lange Zeit erfordert. Dieser Prozeß findet daher im allgemeinen nur dann Anwendung, wenn es sich um Entkohlungen auf 6 bis 8 mm Tiefe handelt.

Das Tempern wird bei etwa 850 bis 950° vorgenommen. Bei dieser Temperatur ist bei den gewählten Eisensorten die Geschwindigkeit der Temperkohlebildung bereits ziemlich erheblich[1]. Hier ist natürlich der Siliziumgehalt sehr wesentlich, der die Geschwindigkeit der Temperkohlenausscheidung außerordentlich beschleunigt, bzw. die Temperaturen, bei denen annähernd quantitativer Zerfall des Zementits herbeigeführt werden kann, wesentlich herabsetzt. Der Mangangehalt wird meistens unter der Grenze von 0,3 % gehalten, Schwefel wird infolge des nachteiligen Einflusses auf die Graphitbildung (vgl. S. 312), ebenfalls in geringer Menge gehalten werden, oder er wird zum mindesten in der unschädlicheren Form des Mangansulfides vorliegen müssen. Das nach dem amerikanischen Verfahren angestrebte Gefüge besteht aus Temperkohle und Ferrit (Abb. 263). Die Erscheinungsform der Temperkohle ist, wie wir wissen, eine ganz andere als die des plättchenförmigen Graphites, der im gewöhnlichen Grauguß vorliegt. Die in mechanischer Beziehung günstige Form der Temperkohle führt zu hohen Werten des Formänderungsvermögens, ausgedrückt in der Dehnung und dem Verhalten bei der Kerbschlagprobe. Es werden Dehnungen von 10 bis 15 % erreicht, die Zugfestigkeiten sind, insbesondere wenn Perlit vollkommen fehlt, niedrig und haben dann Werte von etwa 35 kg/mm^2.

Bei dem durch Glühfrischen hergestellten weißen Temperguß wird ein weißes Eisen bei 850 bis 1000^0 in einer oxydierenden Atmosphäre geglüht. Die oxydierende Atmosphäre wird dadurch hergestellt, daß das weiße Eisen in Eisenerz eingepackt wird. Nach den Untersuchungen von Wüst[2] geht der Oxydationsprozeß in erster Linie über die Gasphase, insofern sich Kohlenoxyd bildet und dieses mit dem gebundenen Kohlenstoff des Eisens reagiert, nachdem es in das Innere des Stückes diffundiert ist. Dabei ist ein Zerfall des in dem weißen Eisen vorliegenden Karbides zu vermeiden, da der elementare Kohlenstoff bedeutend schwerer zu oxydieren ist als der in Form des Karbides vorliegende. Eine zu starke Oxydationswirkung des Tempermittels muß verhindert werden, weil sonst eine sogenannte Haut auf der Oberfläche des Gußstückes auftritt[3], es wird dann der Sauerstoff zur Oxydation des Eisens und nicht des Kohlenstoffes verbraucht.

Bei etwas stärkeren Gußstücken ist im allgemeinen der Kohlenstoffgehalt außen und innen bei weißem Temperguß nicht ganz gleichmäßig und infolgedessen sind die Festigkeitsangaben für weißen Temperguß schwankender. Die deutschen Tempergießereien haben sich auf einen Normalzerreißstab von 12 mm Durchmesser und 60 mm Meßlänge geeinigt, der unbearbeitet mit Gußhaut dem Zerreißversuch unterworfen wird. Die Festigkeitszahlen, die hier für hochwertigen weißen Temperguß verlangt werden, sind 40 kg/mm^2 Zugfestigkeit und mindestens 5 % Dehnung.

Warm- und Kaltformgebungen oder weitere Wärmebehandlung kommen im allgemeinen für Temperguß nicht in Frage. Schwarzen amerikanischen Temperguß kann man dadurch natürlich härter machen, daß man ihn über die Temperatur der beginnenden Auflösung des Graphits im γ-Eisen erhitzt. Es bildet sich dann nach der Abkühlung eine gewisse Menge Perlit, der den Formänderungswiderstand heraufsetzt.

Literatur.
[1] Vgl. hier S. 305.
[2] Metallurgie Bd. 5, S. 7. 1908.
[3] Stotz: Stahleisen 1920, S. 997. — Oberhoffer u. Zingg: Stahleisen 1924, S. 1197.

IV. Die schmiedbaren Eisen-Kohlenstoff-Legierungen.

a) Gefüge und Eigenschaften.

1. Abhängigkeit von der Zusammensetzung und den Umwandlungen.

Wir hatten schon bei Besprechung der Eigenschaften des reinen Zementits darauf hinweisen müssen (vgl. S. 306), daß in dem heterogenen Gemenge von Ferrit und Zementit auch solche Eigenschaften nicht linear mit der Konzentration sich ändern, von denen man dies nach unserm allgemeinen Gesetze (S. 225ff.) erwarten dürfte. Es ist dies immer dann der Fall, wenn die besonders feine Verteilung des

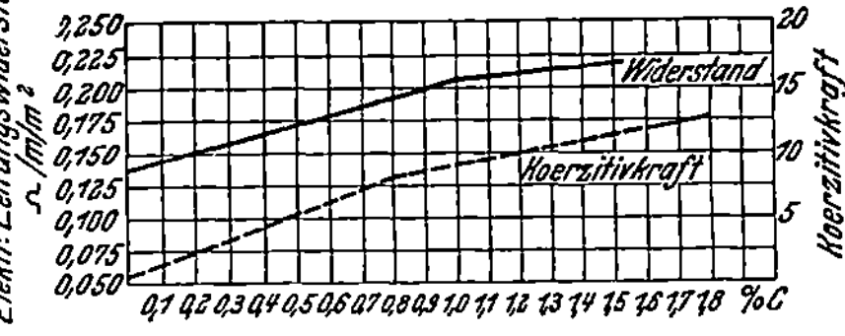

Abb. 284. Elektrischer Widerstand und Koerzitivkraft von Stählen nach Gumlich (Oberhoffer).

Zementits im streifigen Perlit in Frage kommt[1]. Die Angaben über die Abhängigkeit der spez. Wärmen von der Konzentration widersprechen sich, diese Isothermen wurden entweder als eine oder (in zwei anderen Untersuchungen) als zwei Gerade mit einem Schnittpunkt bei 0,9% C gefunden[2]. Für die elektrische Leitfähigkeit[3] und die Koerzitivkraft[4] wurde immer ein Knickpunkt bei 0,9% C gefunden (Abb. 284). Genauer linear verhält sich von physikalischen Eigenschaften nur die Dichte[4] (Abb. 285). —

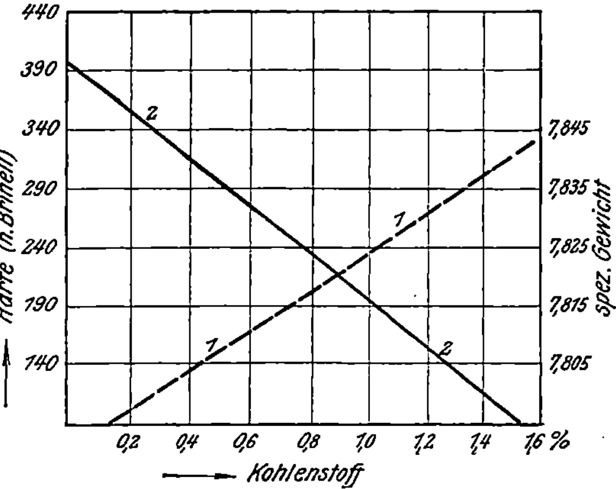

Abb. 285. 1 Härte und 2 spez. Gewicht von Stählen (Oberhoffer).

Die Temperaturabhängigkeit der physikalischen Eigenschaften ist wesentlich mitbestimmt durch die Umwandlungen, welche mit variabler Temperatur in den Eisen-Kohlenstoff-Legierungen eintreten. Diese Änderungen entsprechen durchaus dem

Zustandsdiagramm wie dies z. B. für die Änderungen des Volumens[5]
aus der Abb. 286 erkenntlich wird. Ebenso wie das γ-Eisen ein kleineres
Volumen als das α-Eisen
aufweist, kontrahieren sich
die Stähle beim Übergang

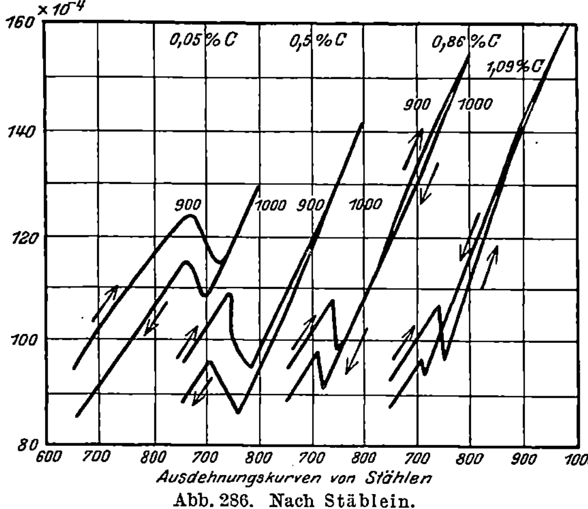

Abb. 286. Nach Stäblein.

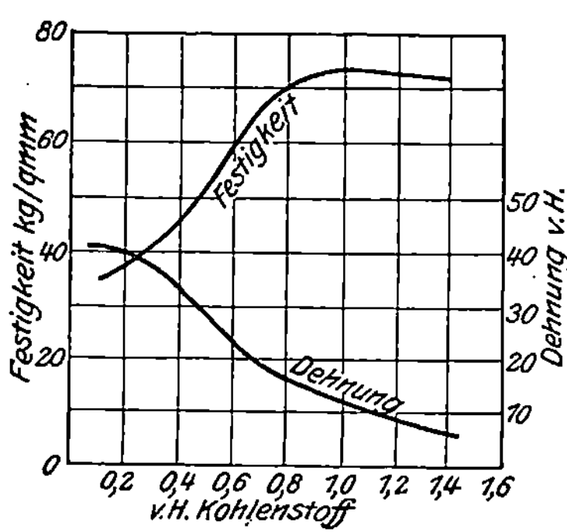

Abb. 287. Festigkeit und Dehnung von
Stählen (Schäfer).

aus der heterogenen Struktur in die γ-Mischkristalle. Der eutektoide
Stahl mit 0,9% Kohlenstoff zeigt die Kontraktion erfolgend bei einer

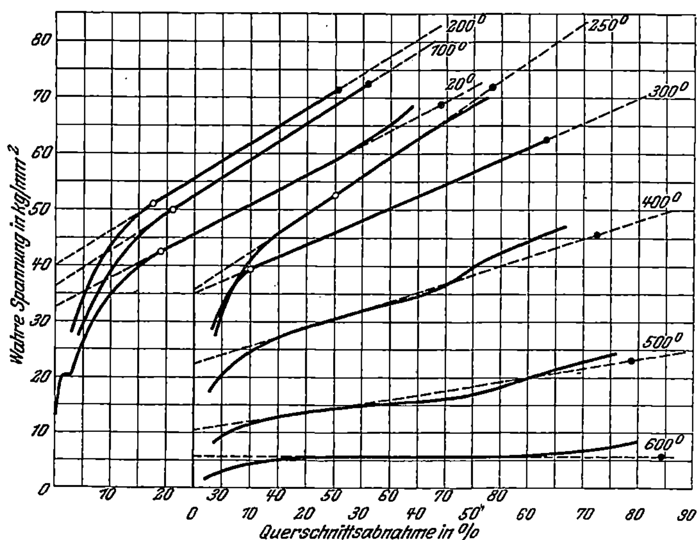

Abb. 288. Effektiv-Zerreißdiagramm von Weicheisen bei verschiedenen Temperaturen
(nach Körber und Rohland).

Temperatur, während die anderen Stähle, entsprechend dem Zustandsdiagramm, die Kontraktion in einem Temperaturintervall erfahren.

Der Formänderungswiderstand, gemessen an der Härte, die sich einwandfrei feststellen läßt, zeigt eine weitgehende Additivität (Abb. 285). Die Zerreißfestigkeiten der höher gekohlten Stähle sind vergleichsweise niedrig (Abb. 287). Vgl. hier die Fehlermöglichkeit S. 74.

Die Temperaturabhängigkeit der mechanischen Eigenschaften der Stähle ist in ihren Besonderheiten zunächst durch die kristallographischen Umwandlungen bestimmt. In den Konzentrationsbereichen, in denen relativ viel Ferrit vorkommt, macht sich bei der Umwandlung der höhere Formänderungswiderstand des γ-Eisens gegenüber dem α-β-Eisen bemerkbar (vgl. Abb. 246). Bei höheren Kohlenstoffgehalten[6] zeigt sich jedoch, daß beim Übergang aus dem heterogenen Kristallgemenge des Ferrits und Zementits in den γ-Mischkristall eine Abnahme des Formänderungswiderstandes eintritt, da die Härte des aus dem Gefüge verschwindenden Zementits in ihrem Einfluß auf den Formänderungswiderstand durch die normale Mischkristallhärte nicht erreicht wird.

Wenn man nach den Temperaturgrenzen zwischen Warm- und Kaltverformung fragt und dabei von den Besonderheiten im Blaubruchgebiet noch absieht, so zeigt sich, daß bei langsamen Verformungen die Verfestigungsfähigkeit bei 600° Null wird (Abb. 288)[7]. Bei schnellen Verformungen wird die Grenze

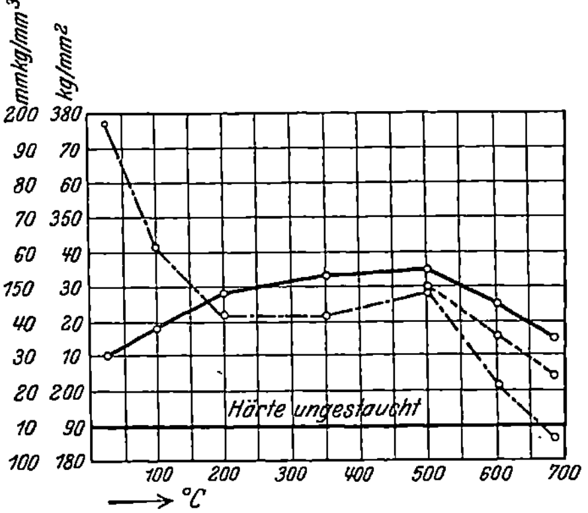

Abb. 289. ——— Härte und —·—·· spez. Verdrängungsarbeit eines Stahles mit 0,93% C nach Verformung bei verschiedenen Temperaturen nach Sauerwald und Mita.

höher und es hat sich gezeigt, daß die *GOS*-Linie mehr oder weniger zufällig für schnellere Verformungen annähernd die Grenze der Verfestigungsfähigkeit und damit der Warmverformung angibt[8]. Aus der Abb. 289 ist jedenfalls zu ersehen, daß bis zur Temperatur der Perlitlinie dann noch Verfestigungen auftreten.

2. Besondere mechanische Eigenschaften.

Bei den Stählen treten in mechanischer Beziehung einige Besonderheiten hervor, die zum Teil schon früher behandelt, im folgenden zunächst dem empirischen Befunde nach zusammengestellt seien, damit dann das zu ihrer Deutung Gehörige gesagt werden kann.

a) **Empirische Feststellungen.** Die Fließgrenze des Stahls[9]. Die Besonderheit in der Erscheinung der Fließgrenze des Eisens und Stahls besteht darin, daß in der Lastdehnungskurve eine Unstetigkeit

auftritt, dergestalt, daß bei einer bestimmten Last plötzlich ein sehr
starkes Fließen des Materials auftritt, ohne daß die Spannung in dem
sich unmittelbar an die Unstetigkeit anschließenden Verformungs-
bereich ansteigt (vgl. S. 70 und Abb. 54). Unter Umständen kann die
Last sogar während dieses Verformungsbereiches auch absinken. Die
Ausbildung der Unstetigkeit ist bei verschiedenen Stählen verschieden,
ohne daß der stoffliche Einfluß in seiner Natur klar erkannt wäre. Auch
Elektrolyteisen (doch wohlgemerkt solches, welches umgeschmolzen
und dann weiterverarbeitet wurde) zeigt die Erscheinung ebenfalls,
wenn auch in abgeschwächtem Maße. Wie wir schon früher (S. 142) gesehen haben, hängt die Ausbildung der Fließgrenze auch noch von dem
Zustand des Materials ab. Wenn ein Stahl kritisch gereckt und
geglüht wird, sinkt die Streckgrenze und verschwindet in ihrer ausgeprägten Ausbildung. Einkristalle zeigen keine ausgeprägte natürliche Fließgrenze [10].

Die Temperaturabhängigkeit der Fließgrenze gestaltet
sich derart, daß mit steigender Temperatur die Fließgrenze sinkt und
schließlich bei 300° in ihrer ausgeprägten Form zu verschwinden beginnt
(Abb. 290).

Das Altern des Stahles nach Kaltbearbeitung [9]. Wir haben
schon früher (vgl. S. 141ff.) gesehen, daß die Fließgrenze sich nach einer
Beanspruchung des Materials über die entsprechende Spannung hebt.
Diese Erhöhung der Streckgrenze macht nun, wenn ein so behandeltes
Material lagert, weitere Fortschritte. Der Stahl altert, wie man sagt.
Die Geschwindigkeit dieser Alterung nimmt sehr erheblich zu, wenn man
das Material auf höhere Temperaturen im Bereiche bis zu etwa 300°
anläßt. Dabei tritt nach der Alterung die ausgeprägte Fließgrenze
wieder hervor, während unmittelbar nach der Kaltverformung die ausgeprägte Fließgrenze mit dem Grade der Kaltverformung verschwindet.
Mit der Erhöhung der Fließgrenze beim Altern ist eine starke Abnahme des Formänderungsvermögens verknüpft, was besonders in dem
Verhalten der Kerbzähigkeit hervortritt. So sinkt dieselbe bei einem
normalen Kesselflußeisen von 25 mkg/cm² auf 2,8 mkg/cm².

Außer durch Legierung, z. B. mit Nickel, können die Alterungserscheinungen in Fortfall gebracht werden durch eine besondere Darstellung der reinen Eisenkohlenstoff-Legierungen [11]. Die Gewinnung alte-
rungsfreien Materials ist in all den Fällen von besonderer Bedeutung,
wo dasselbe bei der Bearbeitung kalt verformt wird und in diesem Zustande bei etwas erhöhten Temperaturen gebraucht werden muß,
ohne daß eine völlige Ausglühung stattfinden kann. Dies trifft besonders für Kesselbaustoffe (s. S. 363) zu.

Die Temperaturabhängigkeit der Festigkeitseigenschaften im α-Gebiet und die Blaubrüchigkeit des Stahles [9, 12]. Ab-

gesehen von der Fließgrenze zeigen alle anderen Größen des Formänderungswiderstandes von Stahl und ebenso diejenigen des Formänderungsvermögens eine abnorme Temperaturabhängigkeit insofern, als der

Formänderungswiderstand bei langsamer Belastung bei etwa 300° ein Maximun, das Formänderungsvermögen bei etwa 200° bis 250° ein Minimum aufweist (vgl. Abb. 290). Auch die effektiven Reißspannungen und die Verfestigungsfähigkeit haben hier bei langsamer Belastung ein Maximum (Abb. 288). Bei schneller

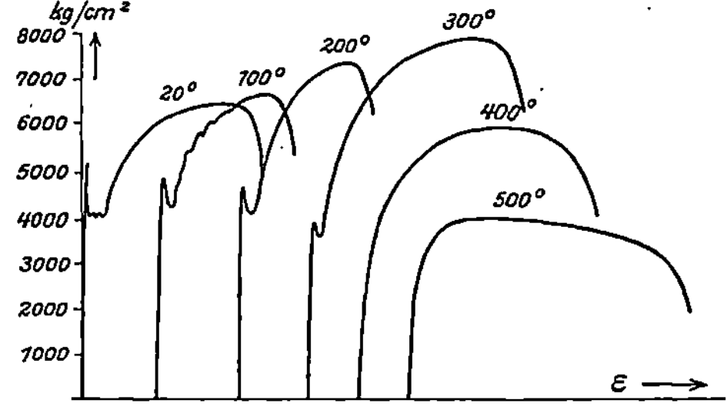

Abb. 290. Zerreißversuche bei höheren Temperaturen an einem Flußstahl nach Bach (Nadai).

Belastung verschiebt sich das Maximum des Formänderungswiderstandes und das der Verfestigungsfähigkeit zu höheren Temperaturen

bis etwa 500° (Abbild 289). Auch die Kerbzähigkeit hat bei dieser Temperatur ein Minimum (Abb. 291.)

Die Kaltsprödigkeit des Stahles[12]. Die Kerbzähigkeit von Flußeisen beginnt von Raumtemperaturen an zu tieferen Temperaturen außerordentlich stark zu sinken, was zuerst Charpy fest

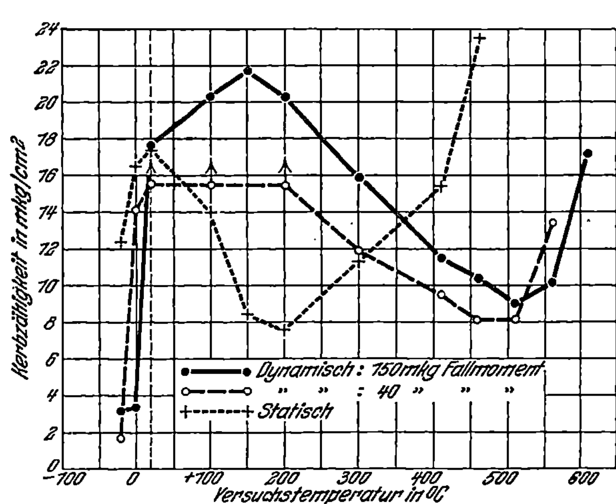

Abb. 291. Kerbzähigkeit eines Flußeisens bei verschiedenen Temperaturen nach Maurer und Mailänder.

stellte (Abb. 291). Die Temperatur, bei der der Abfall einsetzt, hängt erheblich von der Formänderungsgeschwindigkeit ab, während der Abfall beim Schlagversuch bei etwa 0° bis —20° eintritt, zeigt sich der Abfall bei statischer Belastung bei etwa —40°. Das Bruchaussehen der spröden Proben ist grob, und der Bruch wird in diesen Fällen als Trennungsbruch bezeichnet gegenüber dem sehnigen Bruch, dem eine erhebliche Verformung vorangegangen ist.

°β) Zur Deutung der Besonderheiten im mechanischen Verhalten des Stahles. Während der empirischen Befunde über die Besonderheit des mechanischen Verhaltens vom Stahl z. T. in früheren Kapiteln Erwähnung getan werden konnte und in Vorstehendem nur eine kurze Zusammenfassung aller Feststellungen gegeben wurde, mußte jede Besprechung der tieferen Gründe für dieselben bis hierher zurückgehalten werden, da eine solche ohne die Kenntnis der Struktur des Stahles nicht möglich erscheint. Es scheint, als ob ein großer Teil dieser Besonderheiten auf eine gemeinsame Ursache zurückzuführen ist und die entsprechenden Gedankengänge mögen in folgendem kurz skizziert werden. Bezüglich der Erscheinung der Fließgrenze hat man schon frühzeitig die Ansicht geäußert, daß es sich dabei um das Zerbrechen spröder Kristallarten innerhalb des Kristallgefüges des Stahles handeln könnte[13]; nach deren Zertrümmerung, zu der zunächst eine bestimmte Spannung erreicht sein muß, ist der Weg für eine erhebliche Formänderung der weichen Ferritkristalle freigegeben. Die Dehnung kann also nach Überschreiten einer bestimmten Last nach dieser Ansicht ohne Erhöhung der Last plötzlich ein ziemlich erhebliches Maß annehmen. Es liegt sehr nahe, die spröde Kristallart mit dem Zementit zu identifizieren. Mit dieser Auffassung stimmt die Feststellung recht gut überein, daß bei Elektrolyteisen der Effekt der natürlichen Fließgrenze in sehr viel geringerem Maße auftritt. Daß er überhaupt noch auftritt, ist nicht verwunderlich, denn auch im umgeschmolzenen oder überhaupt bei höheren Temperaturen behandelten Elektrolyteisen, welches allein bis jetzt untersucht ist, werden sich geringe Mengen von Kohlenstoff vorfinden. Auf Grund unserer jetzigen Kenntnis des Eisenkohlenstoff-Diagramms kann man nur noch im Zweifel sein, ob es sich bei der Einwirkung des Zementits um perlitischen Zementit handelt oder etwa um solchen, welcher sich aus dem heute angenommenen α-Mischkristall (S. 295) ausgeschieden hat oder um Mitwirkung beider Faktoren. Daß das Zerbrechen perlitischen Zementits zu einer Herabsetzung des Formänderungswiderstandes führt, wurde vom Verfasser dadurch nachgewiesen, daß die Härte eines über die Fließgrenze im Zugversuch beanspruchten perlitischen Materials mit der eines nicht beanspruchten verglichen wurde. Das beanspruchte Material zeigte eine geringere Härte. Die Temperaturabhängigkeit der natürlichen Fließgrenze des Stahles kann nach dieser Auffassung ganz gut damit gedeutet werden, daß eben schließlich der Formänderungswiderstand des Zementits soweit sinkt, daß er sich nicht mehr besonders bemerkbar machen kann. Für die Formulierung, daß es sich auch um die Mitwirkung aus dem α-Eisen ausgeschiedenen Zementits handeln kann, spricht der systematische Zusammenhang der Ausbildung der Fließgrenze mit der Wärmebehandlung unterhalb der Perlitlinie[14].

Über die mit dem Altern zusammenhängenden Erscheinungen ist zum Teil auch schon eingehender bei Behandlung der Hysterese-

Erscheinungen gehandelt worden (S. 141ff.). Es sind dort Erörterungen gepflogen worden, die sich unabhängig von den Besonderheiten bei Stahl und Eisen aus der Diskussion der inneren Spannungen verschiedener Art ergeben haben. Es ist jedoch nach den Überlegungen von Masing[12] nicht unwahrscheinlich, daß die Inanspruchnahme der inneren Spannungen zur Deutung der Alterungserscheinungen, insbesondere bei Stahl nicht ausreicht, sondern daß man hier ebenfalls die Besonderheiten im Gefüge des Stahles, insbesondere das Vorkommen des Zementits als spröder Kristallart in Betracht ziehen muß. Insbesondere könnte es sich bei den Alterungserscheinungen um den sich aus dem α-Mischkristall ausscheidenden Zementit handeln[14]. Es erscheint nicht ausgeschlossen, daß im Sinne unserer früheren Überlegungen durch Kaltbearbeitung (vgl. S. 133) die Geschwindigkeit der Ausscheidung des Zementits erhöht wird, was bei einer besonderen Verteilung desselben (bei einem kritischen Dispersitätsgrad ähnlich wie bei den später zu besprechenden Leichtmetall-Legierungen) zu einer Erhöhung des Formänderungswiderstandes führen könnte. Allerdings ist dabei zu beachten, daß bei Stahl während dieser Alterungsvorgänge nach der Kaltbearbeitung das Formänderungsvermögen sinkt. Um das Wiederhervortreten der natürlichen Fließgrenzen bei der Alterung nach Kaltbearbeitung verstehen zu können, müßte man annehmen, daß der sich während derselben ausscheidende Zementit für die neuausgebildete natürliche Fließgrenze maßgebend ist. Unmittelbar nach einer Kaltverformung über die Streckgrenze verschwindet die natürliche Fließgrenze deshalb, weil der vorhandene Zementit zerbrochen ist.

Von anderer Seite wird auf die Rolle des Sauerstoffgehaltes[11] des Eisens bei den Alterungserscheinungen hingewiesen, der ja aber sehr gut mit dem C-Gehalt bzw. dessen Zementitvorkommen zusammenhängen kann.

Die Blaubrüchigkeitserscheinung hat man versucht, mit den Alterungserscheinungen völlig zu identifizieren, man sagte, daß bei der Verformung bei höheren Temperaturen während der Verformung die Alterungserscheinungen mit solcher Geschwindigkeit einsetzen, daß unmittelbar der höhere Formänderungswiderstand und das geringere Formänderungsvermögen zutage treten (Fettweis[12]). Doch haben Koerber und Dreyer[12] nachgewiesen, daß die Sprödigkeit nach Alterung bei Raumtemperatur und diejenige im Blaubruchgebiet quantitativ so verschieden sind, daß sie nicht gut völlig zu identifizieren seien. Inwiefern bei Zugrundelegung der Annahme des Einflusses des Zementits die Alterungs- und Blaubrucherscheinungen als miteinander verknüpft angesehen werden können, kann mangels experimenteller Unterlagen noch nicht entschieden werden. Mit Korngrenzenbruch hängt die Blaubrüchigkeit des Eisens nicht zusammen (Sauerwald und Elsner[10]).

Der von Goerens, Maurer und Mailänder[12] gemachte Versuch,

die Kaltsprödigkeit des Eisens zu deuten, läuft auf allgemeine
Betrachtungen des Verhältnisses von Gleit- und Reißwiderstand
hinaus. Man ersieht daraus, daß diese Anschauungen hauptsächlich auf
der Beobachtung beruhen, daß der kaltspröde Bruch keine wesentlichen
Formänderungen zeigt, und daß der Bruch als Trennungsbruch aufgefaßt
wird. Es wird angenommen, daß ein kaltsprödes Material, wie z. B.
Stahl, eine stärkere Temperaturabhängigkeit des Gleitwiderstandes als
der Reißfestigkeit hat. Bei der Kerbschlagprobe, deren Ergebnisse
besonders herangezogen werden, wird durch den Kerb eine Verzerrung
des Probenquerschnittes gehemmt. Die Normalspannungen werden
durch den Kerb im Vergleich zu den Schubspannungen am gefährlichen

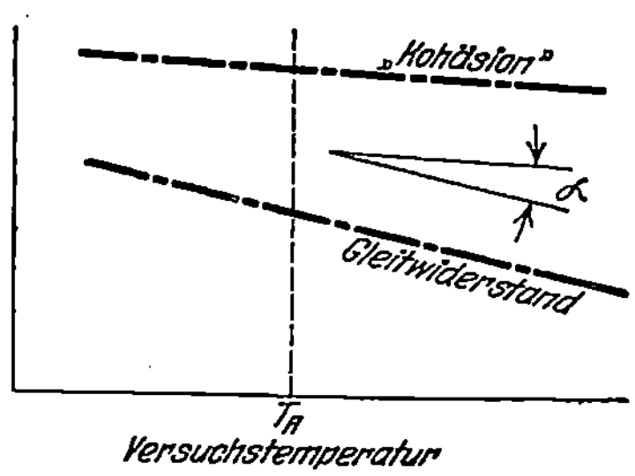

Abb. 292. Abhängigkeit von „Kohäsion"
und Gleitwiderstand von der Temperatur
(nach Maurer und Mailänder).

Querschnitt erhöht. Infolgedessen wird
bei einem bestimmten ziemlich kleinen
Verhältnis des Gleitwiderstandes zum
Reißwiderstand des Materials eine Materialtrennung eintreten, und wenn die
Temperaturabhängigkeit beider die in
der Abb. 292 gekennzeichnete ist, wird
bei fallender Temperatur bei einem
bestimmten Werte derselben T_A dieser
Wert erreicht werden, es tritt hier
zum ersten Male bei sinkender Temperatur der Trennungsbruch auf. Auf
Grund dieser Anschauung wäre auch ein Einfluß der Deformationsgeschwindigkeit auf die Lage der Grenztemperatur verständlich. Mit
Korngrenzenbruch dürfte auch die Kaltsprödigkeit des Eisens nicht
zusammenhängen [16].

Bei allen diesen Überlegungen muß man sich fragen, inwiefern durch sie die
Besonderheit des Verhaltens des Stahles gedeutet wird. Man müßte immerhin
erwarten, daß nach den geschilderten Anschauungen eine natürliche Streckgrenze,
Altern und Blausprödigkeit, insbesondere aber auch Kaltsprödigkeit doch auch bei
anderen Materialien zu finden sein müßten, die eben hinsichtlich ihrer Struktur
dem Stahl bis zu einem gewissen Grade ähnlich sind. Man findet nun in der Tat
eine natürliche Fließgrenze z. B. auch beim α-β-Messing [15], indem zwei verschiedene Kristallarten ungleichen Formänderungsvermögens vorhanden sind,
so daß hierin eine Bestätigung der oben geschilderten Grundsätze für das Zustandekommen einer natürlichen Fließgrenze zu sehen ist. Bezüglich des Alterns nach
Kaltbearbeitung sind analoge Erscheinungen bei anderen Metallen in demselben
Ausmaße nicht bekannt (Goerens u. Mailänder [12]). Das dem Eisen nahestehende
Nickel weist ähnliche Blaubrüchigkeitserscheinungen auf wie Stahl,
auch hier ist eine Verschiebung dieses Gebietes mit der Formänderungsgeschwindigkeit [17] zu konstatieren. Es fehlen jedoch hier noch alle Unterlagen über die Beurteilung von Beimengungen. Das geringe Formänderungsvermögen des Kupfers
bei langsamer Versuchsgeschwindigkeit ist mit den geschilderten Blaubrüchigkeitserscheinungen nicht zu identifizieren (siehe S. 406). Besonders die über die
Kaltsprödigkeit mitgeteilte Auffassung ist von solcher Allgemeinheit, daß man
erwarten dürfte, Kaltsprödigkeit auch bei anderen Metallen aufzufinden,

es sei denn, daß man in der Temperaturabhängigkeit von Reißfestigkeit und Gleitwiderstand, wie sie angenommen wurde, etwas ganz Besonderes sieht. Bis jetzt ist eine derartige Feststellung nur bei Zink gemacht worden (Maurer u. Mailänder[12]).

Literatur.

[1] Vgl. Tammann u. Ewig: Z. anorgan. Chem. Bd. 167, S. 385. 1927.

[2] Meuthen: Ferrum 1912/13, S. 1; Levin u. Schottky: Ferrum 1912, S. 193; Umino: Sc. Rep. Toh. Imp. Univ. Bd. 15, Nr. 3, S. 331. 1926.

[3] Gumlich: Wiss. Abh. phys. techn. Reichsanst. 1918, S. 267. — Maurer u. Stäblein: Z. anorg. u. allg. Chem. Bd. 137, S. 124. 1924.

Über Wärmeleitf. v. Stahl s. Masumoto: Sc. Rep. Toh. Imp. Univ. Bd. 16, Nr. 4, S. 417. 1927.

[4] Levin u. Dornhecker: Ferrum 1913/14, S. 321.

[5] Driesen: Ferrum Bd. 11, S. 129, 161. 1914. — Stäblein: Stahleisen 1926, S. 101.

[6] Honda: nach Chem. Zentralbl. 1927 I, S. 1211.

[7] Körber u. Rohland: Mitt. Eisenforsch. Bd. 5, S. 65.

[8] Sauerwald u. M.: Arch. Eisenhüttenw. Bd. 1, H. 11. 1928.

[9] Ludwik u. Scheu: Werkstoffausschußber. Nr. 70. 1925. — Moser: Ebda. Nr. 96. 1926. — Ludwik: Z. V. d. I. 1926, S. 379.

[10] Edwards u. Pfeil: J. Iron Steel Inst. 1925 II, S. 79. — Sauerwald u. Elsner: Z. Phys. Bd. 44, S. 36. 1927.

[11] Zuletzt Eilender u. Oertel: Mitt. Stahlwerk Becker A.-G. 1928, H. 12.

[12] Fettweis: Stahleisen 1919, S. 1. — Körber u. Dreyer: Mitt. Eisenforsch. Bd. 2, S. 59. 1921. — Körber u. Pomp: Mitt. Eisenforsch., Abhdlg. 46. 1925. — Maurer u. Mailänder: Stahleisen 1925, S. 409. — Goerens u. Mailänder: V. d. I. Forschungsh. Nr. 295, S. 18. — Masing: Wiss. Veröff. Siemens-Konz. Bd. 5, H. 3, S. 188. 1926/27. — Kuntze u. Sachs: Z. V. d. I. 1928, S. 1011.

[13] Für sich allein steht vorläufig die Auffassung von Arrowsmith, daß es sich bei der natürlichen Fließgrenze des Fe um eine Besonderheit handelt, die nur dann auftritt, wenn Gleitung an der Würfelfläche stattfindet. Stahleisen 1925, S. 555.

[14] Köster, W.: Arch. Eisenhüttenwes. Bd. 2, S. 503. 1929.

[15] Köster, W.: Z. Metallkunde Bd. 19, S. 304. 1927.

[16] Sauerwald u. Pohle, Breslau 1929.

[17] Sauerwald u. Fischnich: Festschrift T. H. Breslau 1928.

3. Abhängigkeit der mechanischen Eigenschaften von nichtmetallischen Beimengungen.

Phosphor bildet Mischkristalle bei den in Frage kommenden Konzentrationen und setzt den Formänderungswiderstand herauf, das Formänderungsvermögen herab. Ein Flußeisen von 0,11% C erhält bei 0,4% P eine Festigkeit von 50 kg/mm² bei etwa 25% Dehnung. Die Kerbzähigkeit fällt schon bei kleinen Gehalten stark ab (d'Amico[1]).

Die Einwirkung des Schwefels hängt nach Unger[2] besonders stark vom C-Gehalt ab. Etwa von 0,3% C ab wirkt Schwefel gleichmäßig auf alle Eigenschaften verschlechternd.

Sauerstoff wirkt nach Wimmer[3] in einem Eisen mit 0,06% C von 0,1% ab allgemein stark verschlechternd, die Festigkeit wird auch bei kleinen Gehalten schon verringert.

Zahlentafel 21.

<table>
<tr><td colspan="3" align="center">Geschmiedeter Stahl
unlegiert
Regelstahl</td><td>Werkstoffe</td><td align="center">DIN
1611</td></tr>
<tr><td colspan="5" align="center">Bezeichnung für geschmiedeten Stahl, Regelstahl, mit 50 bis 60 kg/mm² Zugfestigkeit:
Geschmiedeter Stahl St 50.11 DIN 1611</td></tr>
<tr><td colspan="5" align="center">Einheitsgewicht für die Gewichtsberechnung 7,85 kg/dm³</td></tr>
</table>

A

Reinheitsgrad: Zahlenmäßiger Schwefel- und Phosphorgehalt nicht gewährleistet.
Die mechanischen Eigenschaften gelten für den Anlieferungszustand des gut durchgeschmiedeten oder gut durchgewalzten Werkstoffes.

Marken-bezeichnung	Zugversuch nach DIN 1605			Eigenschaften
	Zug-festigkeit σ_B kg/mm²	Bruchdehnung mindestens[1] %		
		am kurzen Normalstab oder kurzen Proportionalstab $\delta 5$	am langen Normalstab oder langen Proportionalstab $\delta 10$	
St 00.11	—	—	—	Ohne Angabe von mechanischen Eigenschaften. Weder kalt- noch rotbrüchig
St 37.11	37 bis 45	25	20	Übliche Thomas- oder SM-Güte. Schweißt nicht immer gut und zuverlässig

B

Reinheitsgrad: Schwefel und Phosphor nicht mehr als je 0,06%, zusammen jedoch nicht mehr als 0,1%.
Die mechanischen Eigenschaften gelten für den ausgeglühten (normalisierten) Zustand, der meist der Anlieferungszustand ist. Annähernd gleiche Eigenschaften sollen bereits bei dem gut durchgewalzten oder durchgeschmiedeten Ausgangswerkstoff (auf den ausgeglühten—normalisierten—Zustand bezogen) vorhanden sein.

Marken-bezeichnung	Zugversuch nach DIN 1605			Kohlenstoffgehalt C (Für die Abnahme nicht bindend) $\approx$ %	Eigenschaften
	Zug-festigkeit σ_B kg/mm²	Bruchdehnung mindestens[1] %			
		am kurzen Normalstab oder kurzen Proportionalstab $\delta 5$	am langen Normalstab oder langen Proportionalstab $\delta 10$		
St 34.11	34 bis 42	30	25	0,12	Einsetzbar Feuerschweißbar
St 42.11	42 bis 50	24	20	0,25	Noch einsetzbar, wenn Kern bereits hart sein darf. Schwer feuerschweißbar
St 50.11	50 bis 60	22	18	0,35	Nicht für Einsatzhärtung bestimmt. Kaum feuerschweißbar. Wenig härtbar.
St 60.11	60 bis 70	17	14	0,45	Härtbar Vergütbar
St 70.11	70 bis 85	12	10	0,60	Hoch härtbar Vergütbar

[1] Bei dem im Auslande zum Teil üblichen kleineren Meßlängenverhältnis werden die Dehnungswerte entsprechend höher.

Durch Puddeln oder Paketieren hergestellter Werkstoff ist in vorstehenden Aufstellungen nicht enthalten.

Durch Ziehen, Pressen, Schlagen und dgl. kalt gereckter Werkstoff fällt nicht unter diese Normen.

Unter „Ausglühen" (Normalisieren) ist hier ein gleichmäßiges Erhitzen auf eine Temperatur kurz oberhalb des oberen Umwandlungspunktes mit folgendem Erkaltenlassen in ruhiger Luft zu verstehen.

Die mechanischen Eigenschaften gelten in der Faserrichtung.

Die Streckgrenze beträgt im allgemeinen 55% von σ_B.

Die Prüfung der mechanischen Eigenschaften erfolgt nach DIN 1602 usw.

Über die Ausführung der chemischen Prüfung sind besondere Vereinbarungen zwischen Besteller und Lieferer zu treffen. Es wird empfohlen, in strittigen Fällen sich an die vom Chemikerausschuß des Vereins deutscher Eisenhüttenleute ausgearbeiteten Analysenverfahren zu halten.

Für die Anwendung der Normen siehe auch Erläuterungsblatt DIN 1606.

Der Verwendungszweck ist in Sonderfällen—wie z. B. Einsatzstahl, Feuerschweißstahl, Stahl für eine größere Turbinenscheibe und dgl. — bei Bestellung anzugeben.

September 1924

Zahlentafel 22.

Geschmiedeter Stahl unlegiert Einsatz- und Vergütungsstahl	Werkstoffe	DIN 1661

Bezeichnung für ausgeglühten Vergütungsstahl mit 0,35 % mittlerem Kohlenstoffgehalt:

Vergütungsstahl St C 35.61 DIN 1661 ausgeglüht

Einheitsgewicht für die Gewichtsberechnung 7,85 kg/dm³

Einsatzstahl

Reinheitsgrad: Schwefel und Phosphor nicht mehr als je 0,04%, zusammen jedoch nicht mehr als 0,07%.

Die mechanischen Eigenschaften gelten für den ausgeglühten (normalisierten) Zustand.

Marken- bezeich- nung	Zugversuch nach DIN 1605			Kohlen- stoff- gehalt C %	Mangan- gehalt Mn höchstens %	Silizium- gehalt Si höchstens %
	Zug- festigkeit σ_B im Mittel kg/mm²	Bruchdehnung mindestens[1] %				
		am kurzen Nor- malstab oder kurzen Propor- tionalstab $\delta\,5$	am langen Nor- malstab oder langen Propor- tionalstab $\delta\,10$	Streck- grenze σ_S minde- stens kg/mm²		
St C 10.61	38	30	25	21	0,06 bis 0,13	0,5	0,35
St C 16.61	42	28	23	23	0,13 bis 0,20	0,4	0,35

Nach dem Einsetzen hat der Werkstoff höhere Festigkeit, auch im Kern.

Vergütungsstahl

Reinheitsgrad: Schwefel und Phosphor nicht mehr als je 0,04%, zusammen jedoch nicht mehr als 0,07%.

Marken- bezeich- nung	Zustand	Zugversuch nach DIN 1605				Kohlen- stoff- gehalt C $\approx$ %	Man- gan- gehalt Mn höch- stens %	Sili- zium- gehalt Si höch- stens %
		Zug- festig- keit σ_B kg/mm²	Bruchdehnung mindestens[1] %		Streck- grenze σ_S minde- stens kg/mm²			
			am kurzen Nor- malstab oder kurzen Propor- tionalstab $\delta\,5$	am langen Nor- malstab oder langen Propor- tionalstab $\delta\,10$				
St C 25.61	ausgeglüht vergütet	42 bis 50 47 bis 55	27 24	22 20	24 28	0,25		
St C 35.61	ausgeglüht vergütet	50 bis 60 55 bis 65	23 22	19 18	28 33	0,35	0,8	0,35
St C 45.61	ausgeglüht vergütet	60 bis 70 65 bis 75	19 18	16 15	34 39	0,45		
St C 60.61	ausgeglüht vergütet	70 bis 85 75 bis 90	15 14	13 12	40 45	0,60		

Die unter „vergütet" aufgeführten Werte der mechanischen Eigenschaften liefern einen Maßstab für die Vergütungsfähigkeit des Stahles. Sie werden durch Abschrecken aus 30° bis 50° C oberhalb des oberen Umwandlungspunktes mit darauffolgendem Anlassen bis auf etwa 600° C erreicht. Indessen wird gewöhnlich weniger hoch angelassen, und die erreichbaren Zahlenwerte sind andere, besonders liegen die Werte der Streckgrenze und Zugfestigkeit höher.

Da sich nur Stücke bis etwa 40 mm Dicke bis in den Kern durchhärten und dementsprechend auch solche nur gleichmäßig vergüten lassen, so ist bei dickeren Stücken die Probeentnahmestelle mit der Vergüterei zu vereinbaren.

[1] Bei dem im Auslande zum Teil üblichen kleineren Meßlängenverhältnis werden die Dehnungswerte entsprechend höher.

Durch Puddeln oder Paketieren hergestellter Werkstoff ist in vorstehenden Aufstellungen nicht enthalten.

Durch Ziehen, Pressen, Schlagen und dergl. kalt gereckter Werkstoff fällt nicht unter diese Normen.

Unter „Ausglühen" (Normalisieren) ist hier ein gleichmäßiges Erhitzen auf eine Temperatur kurz oberhalb des oberen Umwandlungspunktes mit folgendem Erkaltenlassen in ruhiger Luft zu verstehen.

Die mechanischen Eigenschaften gelten in der Faserrichtung.

Die Prüfung der mechanischen Eigenschaften erfolgt nach DIN 1602 usw.

Über die Ausführung der chemischen Prüfung sind besondere Vereinbarungen zwischen Besteller und Lieferer zu treffen. Es wird empfohlen, in strittigen Fällen sich an die vom Chemikerausschuß des Vereins deutscher Eisenhüttenleute ausgearbeiteten Analysenverfahren zu halten.

Die Prüfung der Werte der mechanischen Eigenschaften im vergüteten Zustand erfolgt an einem Zerreißstab, der aus dem bereits vergüteten Stück kalt herauszunehmen ist.

Für die Anwendung der Normen siehe auch Erläuterungsblatt DIN 1606.

Der Verwendungszweck ist in Sonderfällen anzugeben.

September 1924

Eine Übersicht über Stahlqualitäten für allgemeine Zwecke des Maschinenbaues vermitteln die Normblätter DIN 1611 und 1661 (Zahlentafel 21 und 22). Das erste Blatt enthält normale Gebrauchsqualitäten, das letzte die höherwertigen Qualitäten.

Literatur.

Zustandsdiagramme vgl. S. 308ff.
[1] Ferrum 1912/13, S. 289.
[2] Stahleisen 1917, S. 592.
[3] S. S. 314.

b) Die Verarbeitung der schmiedbaren Eisen-Kohlenstoff-Legierungen.

1. Das Gießen des Stahles.

α) **Seigerungen im gegossenen Stahl.** Sowohl für die Verwendung des gegossenen Stahles, der keine weitere Verarbeitung durchmacht, als auch für den Verarbeitungsprozeß des weiter zu verarbeitenden Stahles sind eine Reihe von Erscheinungen von besonderer Bedeutung, die allgemein früher schon besprochen wurden (S. 177), in ihren besonderen Auswirkungen beim Stahl jedoch hier noch behandelt werden müssen. Es handelt sich um die verschiedenen Arten der Seigerungen.

Blockseigerungen treten auf am stärksten beim Schwefel und Phosphor, ferner noch besonders beim Kohlenstoff. Ihr Ausmaß[1] hängt natürlich auch hier von der Größe des zu gießenden Körpers[2] und von den auf S. 179 genannten Umständen bei der Erstarrung ab (vgl. Abb. 293). (Über den Nachweis der Seigerungen vgl. S. 210ff.) Auch umgekehrte Blockseigerung[3] kommt bei Stählen vor. Das Maß der Blockseigerung hängt bei Stählen in ausgeprägtem Maße von der Desoxydation ab. Bei beruhigtem, siliziertem oder aluminiertem Material gehen Konzentrationsunterschiede viel stetiger ineinander über als bei nicht beruhigtem Material.

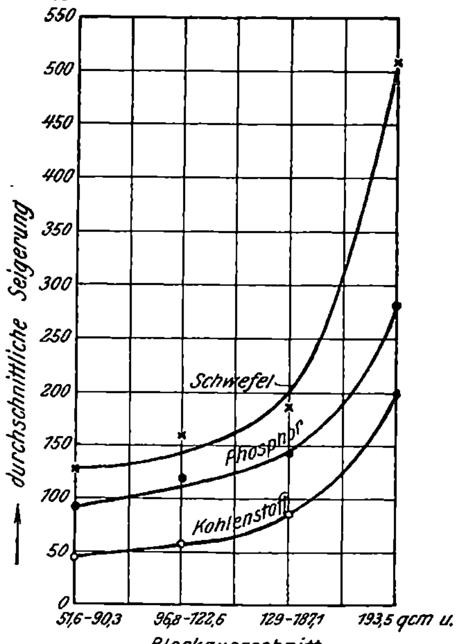

Abb. 293. Seigerungen in Abhängigkeit vom Blockquerschnitt nach Howe (Oberhoffer).

Eine besonders starke Kristallseigerung zeigt der Phosphor. Derselbe ist häufig auch der Grund für die Beobachtbarkeit dendritischen Kristallwachstums in Eisenlegierungen.

Von Wichtigkeit wird bei den Eisen-Kohlenstoff-Legierungen eine besondere Art der Seigerung, die sogenannte Gasblasenseigerung[5]. Wenn ein Stahl in einer Kokille erstarrt, so erfolgt das Kristallwachstum von außen nach innen. Die in der erstarrten Kruste befindliche Metallschmelze pflegt an einem bestimmten Punkte des Erstarrungsprozesses an Gasen übersättigt zu sein. Das sich ausscheidende Gas setzt sich an den erstarrten Krusten an, und im Schnitt des völlig erstarrten Blockes findet man diese Gasblasen dann in kranzförmiger Anordnung (Abb. 294). Mit Gasblasenseigerung bezeichnet man nun die besondere Erscheinung, daß unmittelbar neben jeder Gasblase eine Anreicherung an phosphor- und schwefelhaltigen Bestandteilen zu konstatieren ist. Die Entstehung dieser Art der Seigerung ist noch nicht völlig aufgeklärt, man begnügt sich vorläufig mit der Auffassung, daß das in den Gasblasen befindliche Gas bei der Abkühlung aus der angrenzenden restlichen Mutterlauge, die einen höheren Gehalt an Phosphor und Schwefel hat, eine gewisse Menge davon ansaugt und daher der Zusammenhang zwischen dem Auftreten der Gasblasen und der Anreicherung an phosphor- und schwefelhaltigen Bestandteilen herrühre.

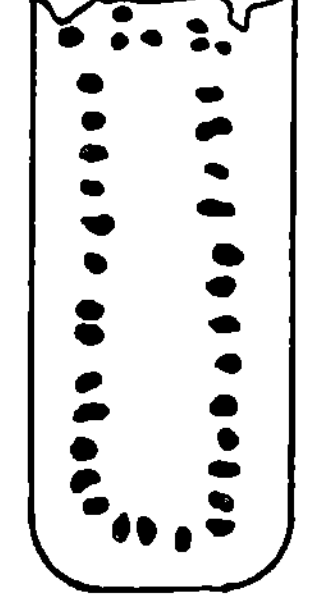

Abb. 294. Gasblasenausscheidung in einem Stahlblock nach Brinell (Oberhoffer).

Stahlguß zeigt eine Schwindung von 1,8 bis 2,2 %[6].

β) **Der Stahlformguß und seine Wärmebehandlung**[7]. Die ausgedehnte Verwendung des Stahles in gegossener Form, des sogenannten Stahlformgusses, wird erst dadurch ermöglicht, daß es gelingt, unter Ausnutzung der Umwandlungen im festen Zustand in einem geeigneten Glühverfahren die an sich nicht sehr hochstehenden Eigenschaften des Stahlrohgusses zu veredeln. Der Stahlrohguß zeigt einen sehr geringen Widerstand gegen plötzliche mechanische Beanspruchungen, und zwar hängt diese Eigenschaft mit dem Gefüge des Rohgusses eng zusammen. Das Gefüge eines Stahlrohgusses mit 0,4 % Kohlenstoff zeigt Abb. 295. Der Ferrit ist in einem sehr groben Netzwerk angeordnet und z. B. die Kerbzähigkeit des Materials in diesem Zustande ist nur gering. Es gelingt jedoch, dieses Gefüge durch ein nochmaliges Erhitzen des Gußstückes 30° über die Temperatur der Linie *GOS* des Zustandsdiagrammes und nachherige Wiederabkühlung zu einem Gefüge mit derartig feiner Verteilung von Ferrit und Perlit umzukristallisieren, daß der Formänderungswiderstand, insbesondere gegen schlagartige Beanspruchungen, außerordentlich stark steigt. Das Gefüge,

welches man durch Glühung bei 800° bei einem Stahlguß mit 0,4%
Kohlenstoff erhält, zeigt Abb. 296. Bei diesem Glühverfahren ist es
durchaus notwendig, die Glühtemperatur dicht oberhalb der Linie *GOS*
genau innezuhalten, wobei an die Beeinflussung derselben durch Beimen-

Abb. 295. Stahlrohguß mit 0,4% C nach
Oberhoffer.

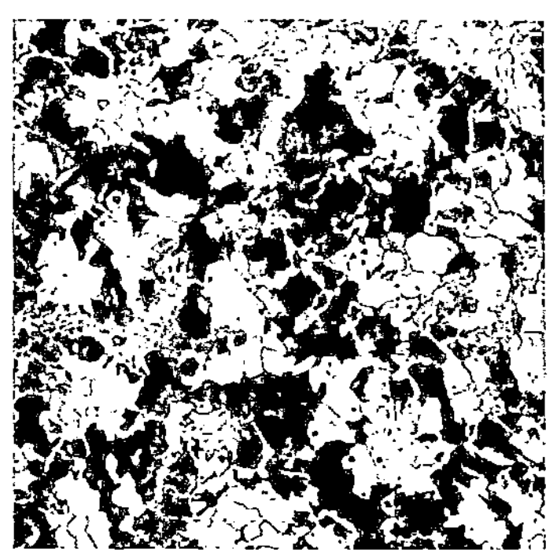

Abb. 296. Stahlguß mit 0,4% C bei 800°
geglüht nach Oberhoffer.

gungen (S. 370, 373) zu denken ist. Wenn nämlich die Glühung unterhalb
dieser Linie erfolgt, so löst sich zum mindesten nicht die ganze Menge
des in grober Form im Rohguß vorhandenen Ferrits auf, und es bleibt

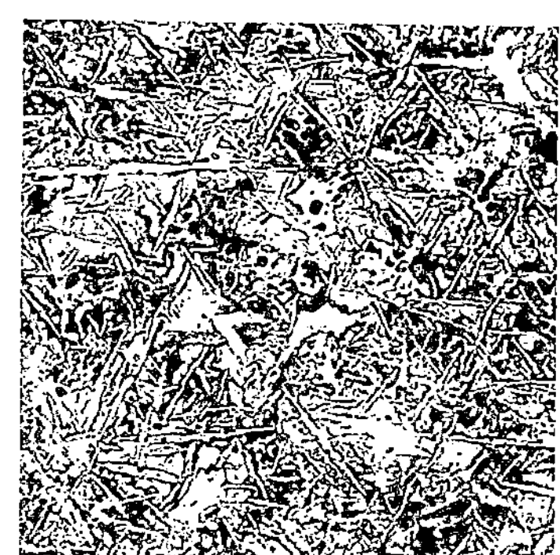

Abb. 297. Stahlguß mit 0,4% C bei 730°
geglüht nach Oberhoffer.

Abb. 298. Stahlguß mit 0,4% C bei 1000°
geglüht nach Oberhoffer.

nach der Abkühlung auf Raumtemperatur eine mehr oder weniger
große Menge grober Ferritnadeln im Gefüge zurück, wie die Abb. 297
erkennen läßt. Andererseits darf man mit der Temperatur der Glühung
auch nicht wesentlich über das Temperaturgebiet 30° oberhalb der
GOS-Linie hinweggehen, da sonst, wie z. B. Abb. 298 zeigt, das Gefüge wieder grob wird.

Der Mechanismus des Glühverfahrens ist auf Grund unserer
Erkenntnisse leicht zu übersehen. Der primär wirkende Faktor bei dem-

selben ist der, daß die γ-Mischkristalle beim Rohguß sich bei hohen Temperaturen bilden, während sie bei dem richtig geführten Glühprozeß bei tiefen Temperaturen entstehen. Bei der Kristallisation bei hoher Temperatur und noch dazu aus dem Schmelzfluß ist die Kristallisationsgeschwindigkeit sicher sehr viel größer als bei der Bildung der Mischkristalle bei tiefer Temperatur aus dem festen Ferrit-Perlit-Gemisch. Da unter sonst vergleichbaren Umständen bei großer Kristallisationsgeschwindigkeit ein grobes Gefüge entsteht, bei kleiner Kristallisationsgeschwindigkeit ein feines Gefüge, so müssen die γ-Mischkristalle im Rohguß sehr grob ausfallen, beim Glühprozeß fein sein. Die Ausscheidung von Ferrit und Perlit bei der Abkühlung hängt nun ganz wesentlich von der Korngröße der γ-Phase ab. Entweder wirken z. B. die an den Korngrenzen sitzenden Verunreinigungen und die Metastabilität der Gitterkräfte an den Korngrenzen dahin, daß der Ferrit sich an denselben ausscheidet und das Ferritmaschenwerk wie in dem Bilde einfach eine Abbildung des Korngrenzennetzwerkes der Mischkristalle bildet, oder Ferritnadeln kristallisieren in den Raum der zerfallenden Mischkristalle hinein, dann muß ihre Länge ebenfalls durch die Kristallitengröße der Mischkristalle

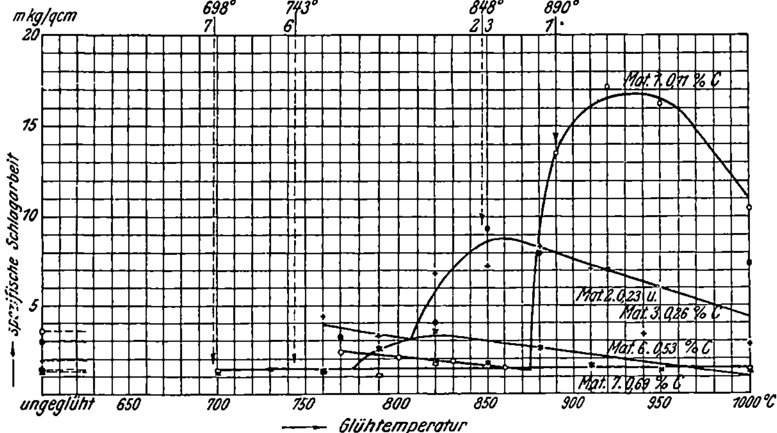

Abb. 299. Abhängigkeit der Kerbzähigkeit verschiedener Stahlgußsorten von der Glühtemperatur nach Oberhoffer.

gegeben sein (vgl. S. 22). Aus diesen Überlegungen heraus ergibt sich auch sofort die Schädlichkeit einer zu hohen Glühtemperatur, da dann infolge der größeren Kristallisationsgeschwindigkeit grobes Mischkristallkorn und infolgedessen bei der Abkühlung grobes Ferrit-Perlit-Gefüge entsteht.

Über die Glühzeit ist zu sagen, daß natürlich die Glühung nur so lange ausgedehnt werden soll, als zur Auflösung des Ferrits und Perlits zum Mischkristall notwendig ist, da im anderen Falle ebenfalls ein grobes

Mischkristallkorn hervorgerufen wird. Die Abkühlungsgeschwindigkeit nach dem Glühen soll nicht unnötig klein sein, da sonst die Ferrit-Perlit-Ausscheidung ebenfalls in grober Form erfolgt, eine obere Grenze für die Abkühlungsgeschwindigkeit ist dadurch gegeben, daß keine inneren Spannungen in den Gußstücken entstehen dürfen.

Der Einfluß des Glühprozesses in seiner quantitativen Einwirkung auf die Festigkeitseigenschaften ist aus der Abb. 299 zu ersehen. Man überblickt sofort, daß eine ganz erhebliche Abhängigkeit der Kerbzähigkeit von der Glühtemperatur besteht, und daß die Steigerung der Güte tatsächlich außerordentlich erheblich ist.

Literatur.

[1] Talbot: J. Iron Steel Inst. 1905 II, S. 204.

[2] Howe: Trans. Am. Min. 1909, S. 909.

[3] Rapatz: Werkstoffausschußber. VDE 1925, S. 64.

[4] Badenheuer: Stahleisen 1928, S. 713. — Meyer, H.: Stahl und Eisen als Werkstoff Bd. 1, S. 40. 1928.

[5] Wimmer: Werkstoffausschußber. VDE Nr. 88. 1926.

[6] Zuletzt Körber u. Schitzkowski: Mittlg. K. W. I. Eisenf. Abhandl. 92, 1927.

[7] Oberhoffer: Stahleisen 1915, S. 93.

2. Die Weiterverarbeitung des Stahles auf mechanischem Wege.

Aus dem, was wir über die Temperaturabhängigkeit der mechanischen Eigenschaften (S. 331) gesagt hatten, ergibt sich, daß das Temperaturgebiet[1] der Warmverformung bei Eisen-Kohlenstoff-Legierungen zufällig mit dem γ-Zustandsgebiet zusammenfällt, wenn es sich, wie in der Praxis, um einigermaßen schnelle Verformungen handelt, und daß unterhalb des γ-Gebietes im allgemeinen für technische Zwecke die Kaltverformung mit ihren Konsequenzen vorliegt. Diese Temperaturgrenze trennt die Gebiete, bei denen bei einigermaßen schneller Verformung Verfestigungen auftreten bzw. ausbleiben.

a) **Die Warmverformung des Stahles.** 1. Materialfluß, Zeilenstruktur, Rotbruch, Schwarzbruch. — Es wurde bereits darauf hingewiesen (S. 273), daß bei den Eisen-Kohlenstoff-Legierungen die Seigerungserscheinungen es ermöglichen, ohne besondere Hilfsmittel den Materialfluß zu verfolgen. Es wird dies besonders von Wichtigkeit für die Warmverformung, die sich gewöhnlich dem Gußvorgang sofort anschließt. Es zeigt sich, daß z. B. in einfachen Profilen in den weitaus meisten Fällen der Kern des Materials durch die Bearbeitung nicht sehr stark erfaßt wird, denn in Rundstangen zeigt sich selbst nach einer erheblichen Querschnittsabnahme des Walzgutes meist die Seigerungszone noch mit einem vierkantigen Querschnitt, welcher der ursprünglichen Form der Seigerungszone, z. B. in einem vierkantigen Block, entspricht. Man kann sogar sagen, daß eine starke Verzerrung der Seigerungszone unter Umständen ein Beweis für eine fehlerhafte Formgebung ist, durch die das Material übermäßigen Beanspruchungen und Formänderungen ausgesetzt war. Die Abb. 300 zeigt eine Form der Seigerungszone, welche mit Grat- und Rißbildungen verknüpft war[2].

Auch bei komplizierteren Formgebungsvorgängen ermöglicht ein Studium der Seigerungszone häufig eine Aussage über den Verlauf derselben, wenn über die Herkunft des Materials sonst nichts mehr bekannt ist. Z. B. sind naht-lose Rohre von geschweißten Rohren dadurch zu unterscheiden, daß die ersten die Seigerungszonen an der inneren Wand entsprechend dem Herstellungsverfahren aufweisen, während in geschweißten Rohren die Seige-

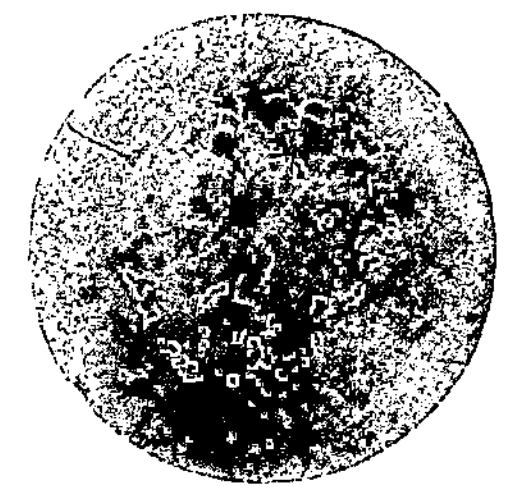

Abb. 300. Verzerrung der Seigerungszone und Rißbildung bei unzweckmäßiger Warmverformung nach Sauerwald und Linke.

rungszone in der Mitte der Wand verläuft und außerdem die Art der Schweißung aus der Überlappung oder dem stumpfen Aneinanderstoßen der entsprechenden Zonen zu erkennen ist.

Es bedarf nur eines Hinweises, daß selbstverständlich Puddeleisen, Paketiereisen und Flußeisen ebenfalls durch eine Ätzung auf Seigerung voneinander zu unterscheiden sind, da nur in dem letzten Phosphor und Schwefel im Kern des Materials sich angesammelt findet.

Während der Warmformgebung sinkt die Temperatur des Materials. Die obere Grenze der Temperatur, bei der die Warmformgebung einzusetzen hat, wird durch das Zustandsdiagramm gegeben. Bei diesen hohen Temperaturen ist zwar entsprechend den von uns früher mitgeteilten Grundsätzen mit einer spontanen Kristallisation zu rechnen, die unter Umständen zu unerwünscht hohen Korngrößen führen könnte. Da jedoch die Temperatur bei der Verformung sinkt und auch die Gebiete tieferer Temperatur ausgenutzt werden müssen, also die Schlußbearbeitungen normalerweise bei der unteren Grenze des Warmverformungsgebietes erfolgen, können die evtl. entstandenen groben Kristallstrukturen sich in einem normalen Walzprodukt schließlich nicht mehr geltend machen, da sie bei der Bearbeitung bei tieferen Temperaturen wieder zerstört werden und hier die spontane Kristallisation nicht mehr zu groben Kristallbildungen führen wird. Bei den Stählen setzt ja nun weiterhin nach beendigter Warmverformung noch die Umkristallisation ein. Genau so wie beim Glühprozeß des Stahlformgusses wird dieselbe natürlich von der Korngröße der Mischkristalle beeinflußt.

Wenn es nur auf die Beeinflussung der schließlich erzielten Struktur durch die γ-Mischkristalle ankäme, so hätten wir nach einer Warmverformung derselben, die ja nicht etwa zu einer Deformationsfaserstruktur führt, mit einem Ferrit/Perlit-, bzw. Zementit/Perlit-Gefüge von gleichmäßiger Ausbildung zu rechnen. Man findet dasselbe auch besonders bei nicht allzu weitgehend verformtem und relativ reinem Material. Bei Materialien mit erheblicheren Mengen an Fremdstoffen und insbesondere nach starken Verformungen findet man jedoch eine von dieser Anordnung durchaus verschiedene Struktur, nämlich die sogenannte Zeilenstruktur. Eine solche, z. B. in einem Blech, zeigt die Abb. 301. Diese Zeilenstruktur kommt zustande unter Vermittlung der heterogenen Fremdbestandteile, insbesondere von Schlackeneinschlüssen. Für diese Fremdbestandteile, die ja einen ganz anderen Charakter als die Mischkristalle selbst haben, ist das Temperaturgebiet, welches für Eisen als das der Warmformgebung, bei der keine Deformationsfaserstrukturen auftreten, charakterisiert werden muß,

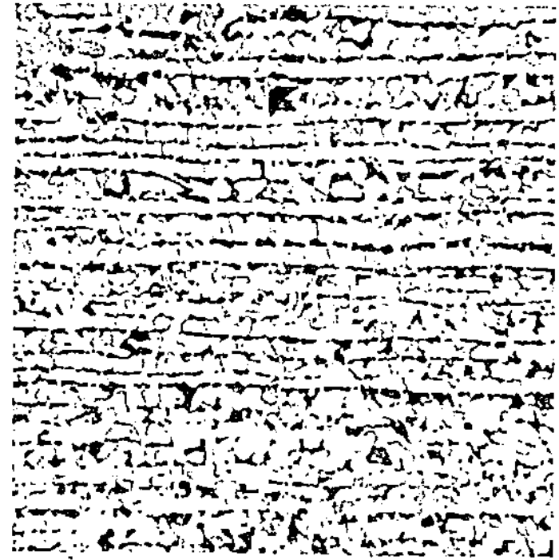

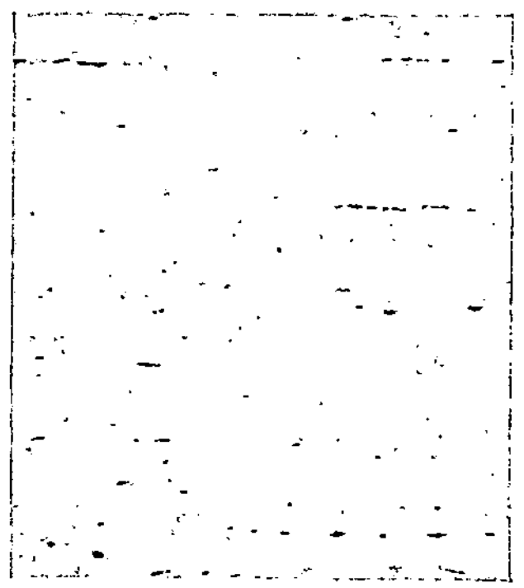

Abb. 301. Zeilenstruktur in Stahl (Oberhoffer).   Abb. 302. Streckung von Einschlüssen beim Warmwalzen (Oberhoffer).

natürlich in keiner Weise von dieser selben Bedeutung. Diese nicht metallischen Beimengungen werden vielmehr im Gegenteil durch den Deformationsvorgang in der Richtung des Materialflusses gestreckt und behalten auch diese Anordnung bei, wie die Abb. 302 für einen ungeätzten Schliff zeigt. Wenn nun nach beendigter Verformung die Umkristallisation einsetzt, so wirken diese gestreckten Einschlüsse auf die Kristallisation als Kerne. Der Ferrit setzt sich an sie an und es entstehen die Zeilen. Es ergibt sich also selbstverständlich, daß die Zeilenstruktur etwas ganz anderes ist, als die Deformationsfaserstruktur. Sind die gestreckten Einschlüsse in besonderer Menge vorhanden, so wirken sie auf das Formänderungsvermögen ungünstig ein. Es tritt bei mechanischer Beanspruchung ohne erhebliche Formänderung eine Materialtrennung ein, der Bruch führt nach seinem Aussehen den Namen „Schieferbruch" (auch Holzfaserbruch, Abb. 303).

Aus dem Entstehungsvorgang der Zeilenstruktur ergibt sich auch, daß dieselbe durch eine geeignete Glühbehandlung aufgehoben werden kann. Man braucht das betreffende Material nur kurze Zeit über der Temperatur der *GOS*-Linie zu glühen und dann verhältnismäßig schnell abzukühlen. Der Ferrit hat dann keine Zeit, an die natürlich auch hier gestreckt gebliebenen Einschlüsse anzukristallisieren und scheidet sich normal aus.

Mit einem anormalen Gehalt an Beimengungen hängt offenbar auch die Erscheinung des Rotbruches[3] zusammen, die bei der Warmformgebung sich darin äußert, daß dabei eine Rißbildung im Material auftritt. Als

Abb. 303. Schieferbruch nach Rapatz.

maßgeblich werden hier besonders Sauerstoff und Schwefel angesehen (S. 337). Doch kommt es sehr darauf an, wie diese Elemente gebunden sind. Wie die Bezeichnung angibt, handelt es sich allerdings um eine Erscheinung, die schon stark an der unteren Temperaturgrenze des Warmverformungsgebietes festzustellen ist.

Die richtig geführte Warmverformung ist wie überall so auch bei Stahl von einer erheblichen Verbesserung der mechanischen Eigenschaften gegenüber dem gegossenen Zustande gefolgt. Es ist dies zurückzuführen auf eine Festigung des Korngrenzenverbandes, Herstellung einer geeigneten Korngröße und Homogenisierung des ganzen Gefüges. Dieselbe ist aus der Zahlentafel 23 ersichtlich, in der nach einer Untersuchung von Oberhoffer, Lauber und Hammel[4] Werte für geschmiedetes und nur gegossenes und geglühtes Material nebeneinandergestellt sind.

Zahlentafel 23. Einfluß der Warmverarbeitung auf Stahl nach Oberhoffer, Lauber und Hammel.

		Fließgr. kg/mm²	Festigkeit kg/mm²	Dehnung %	Kontr. %
Stahl mit 0,40% C, 0,70% Mn, 0,09% Si	bei 1050 bis 950° geschmiedet	39—44	57—58	22	53—56
	ungeschmiedet, bei 850° geglüht	32	54	22	44
Stahlformguß ähnl. Zus., geglüht		33	56	19	33

Naturgemäß kommt bei der Warmformgebung eine Verfestigung nicht in Frage. Dieselbe tritt erst auf, wenn das Gebiet der Warmverformung nach unten hin überschritten wird. Da das Auftreten der

Verfestigung mit Abnahme des Formänderungsvermögens verknüpft ist, so bedeutet schon die fehlerhafte Unterschreitung der Temperaturgrenze der Warmverformung einen Mangel im Fabrikationsverfahren*.

Bei Stählen kann die Unterschreitung der genannten Temperaturgrenze noch einen weiteren Materialfehler zur Folge haben, nämlich den

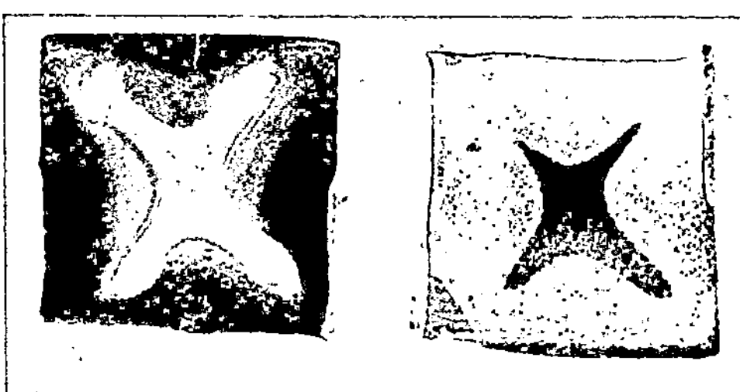

Abb. 304. Schwarzbruch in Stahl (Oberhoffer).

sogenannten Schwarzbruch, welcher seinen Namen nach der teilweisen Schwarzfärbung des Bruchgefüges hat.

Abb. 304 stellt das Bruchgefüge eines schwarzbrüchigen Stückes dar. Der Schwarzbruch hat seine Ursache darin[5], daß ein Stahl bei zu niedrigen Temperaturen unterhalb des Beständigkeitsgebietes der Mischkristalle verarbeitet wird, und daß gleichzeitig bei dieser Verarbeitung ein Zerfall des ja dann vorhandenen Zementits eintritt. Der entstehende Graphit

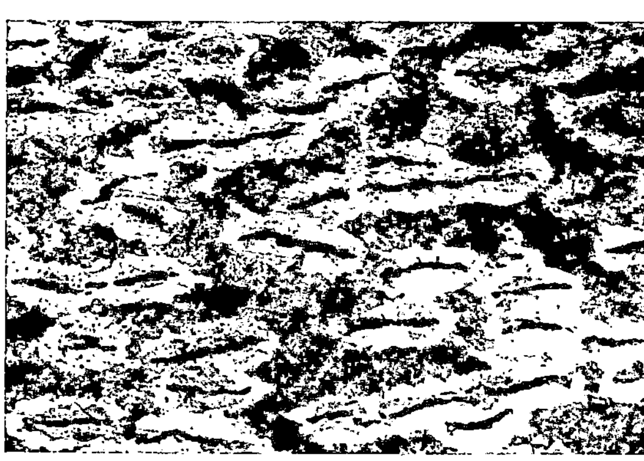

Abb. 305. Anordnung des Graphits in schwarzbrüchigem Stahl nach Rapatz.

wird zeilenförmig angeordnet (Abb. 305). Diese Zeilen bilden Orte eines schwachen Formänderungswiderstandes, und der Bruch tritt dann leicht gerade längs derselben ein und erscheint stark schwarz gefärbt. Die besondere Anordnung des Schwarzbruches in Kreuzform, und zwar entweder außerhalb oder innerhalb der Fläche des Kreuzes kommt daher: Wenn gerade an der Grenze des Beständigkeitsgebietes der γ-Mischkristall verformt wird, liegt entweder der innere oder der äußere Teil des Stückes oberhalb oder unterhalb der richtigen Temperatur. Denn das Stück kühlt sich entweder während dieses Prozesses noch von höheren Temperaturen her ab, oder es ist eben einer Zwischenglühung unterworfen gewesen, wobei dann im letzten Falle z. B. die äußeren Zonen die heißeren sind. Die kreuzförmige Anordnung gibt die Verteilung des Wärmeflusses in einem Vierkant wieder.

---

* Hierbei wird eine gewisse Streckung z. B. des Ferritnetzwerkes stattfinden.

Literatur.

[1] Sauerwald u. Giersberg: Zentralbl. d. Hütten- u. Walzwerke Bd. 30, S. 501 u. 525. 1926. — Sauerwald u. Michalsky, Kraiczek u. Neuendorff: Arch. Eisenhüttenw. Bd. 1, H. 11. Hier auch weitere Literatur über die Warmverformung von Stahl.

[2] Sauerwald, F. u. G. Linke: Metallbörse 1923, S. 2289.

[3] Oberhoffer u. d'Huart: Stahleisen 1919, S. 169. — Monden: Ebda. 1923, S. 746.

[4] Stahleisen 1916, S. 234.

[5] Rapatz u. Pollack: Stahleisen 1924, S. 1509.

2. Die Glühbehandlung des warmverformten Stahles. — Nach der Warmverformung von Stahl empfiehlt es sich unter Umständen eine Glühbehandlung zwecks Umkristallisation des Gefüges vorzunehmen. Von diesen Glühbehandlungen sind diejenigen zu unterscheiden, bei denen man eine besondere Form der Zementitausbildung beabsichtigt.

Die **Umkristallisation** ist besonders bei großen Schmiedestücken von Wert, bei denen die Verformung nicht überall so weit geht, daß das γ-Gefüge und damit schließlich auch das Ferrit-Perlit-Gefüge sehr verfeinert wird. Man hat in diesem Falle also genau dieselbe Aufgabe zu lösen wie bei der Glühung des Stahlgusses. Man glüht über der unteren Grenze des Mischkristallgebiets und läßt das Material einfach wieder erkalten. Das Ferrit-Perlit-Gefüge wird dann, auch an den Stellen wo die Schmiedung nicht gewirkt hat, fein werden. Natürlich sind auch hier alle Vorsichtsmaßregeln zwecks Vermeidung von Überhitzung und Auftreten von Wärmespannungen zu beachten.

Die **Beeinflussung der Ausbildung des Zementits** ist[1] von recht wesentlicher Bedeutung erstens für den Formänderungswiderstand und zweitens für die Gestaltung folgender Wärmebehandlungen. Der Formänderungswiderstand des streifigen Perlits ist nicht unerheblich höher als der des koagulierten Zementits. Dies macht sich insbesondere auch bei der spanabhebenden Formgebung bemerkbar. Die Anordnung des Zementits im streifigen Perlit ist, wie gesagt, dann weiterhin von besonderer Bedeutung, wenn es sich bei Wärmebehandlungen darum handelt, den γ-Mischkristall möglichst schnell herzustellen. Bei der heterogenen Reaktion der Zementitauflösung ist natürlich die streifige Anordnung des Zementits infolge der großen Oberfläche günstiger als die des koagulierten Zementits.

Alle Verfahren, welche eine Herstellung von koaguliertem Zementit (Abb. 255) bezwecken, beruhen auf der höheren Oberflächenenergie des streifig angeordneten Perlits, der die Tendenz hat, von selbst in die koagulierte Form überzugehen. Einige Autoren nehmen dabei an, daß die Möglichkeit dieses Vorganges noch wesentlich (sofern er unterhalb der Temperatur der Perlit-Linie verläuft) bedingt sei durch die, wenn auch geringe Löslichkeit des Kohlenstoffes im α-Eisen, ohne diese sei die Kristallisation, zu der doch Materialtransporte und Diffusionen gehörten, nicht verständlich. In der praktischen Ausführung sind die Verfahren zur Herbeiführung des koagulierten Zementits etwas verschieden. Insbesondere beschränkt man sich nicht darauf, die Koagulation unterhalb der Perlit-Linie verlaufen zu lassen, sondern man läßt z. B. das Material, nachdem man eine mehr oder weniger große Menge von Austenit sich hat bilden lassen, bei der Abkühlung das heterogene Gebiet oberhalb der Perlit-Linie möglichst langsam durchschreiten. Besonders intensiv gestaltet sich dieses Verfahren, wenn man das Material langsam zwischen dem Ac_1- und dem Ar_1-Punkt pendeln läßt. In allen diesen Fällen führt man die Austenitbildung nicht völlig zu Ende, sondern man behält einige Reste des Zementits, an die sich nun der neu sich ausscheidende Zementit ankristallisiert, so daß ziemlich große Partikel desselben entstehen müssen. Die Beimengungen haben insofern einen Einfluß auf diese Koagulationsvorgänge, als sie die Diffusionsgeschwindigkeit beeinflussen. Die Behinderung der Diffusion nimmt in der Reihenfolge P, Ni, W, Si, Mn, Cr zu. Folgende Gegenüberstellung gibt die Werte eines Kohlenstoffstahles mit 0,39% Kohlenstoff im Ausgangszustand und nach der Kjerrmanschen[2] Perlitglühung nach Körber und Köster wieder.

	Fließgrenze kg/mm²	Zugfestigkeit kg/mm²	Dehnung %
Ausgangszustand	32,1	43,7	29,8
Perlit-Glühung	24,0	39,6	29,8

Die Herstellung streifigen Perlites aus körnigem Perlit erfolgt natürlich sehr einfach durch Umkristallisation aus der festen Lösung bei verhältnismäßig schneller Abkühlung.

Literatur.

[1] Vgl. insbesondere Körber u. Köster: Mitt. Eisenforsch. Bd. 5, S. 145, wo auch weitere Literatur.

[2] Stahleisen 1922, S. 697.

Meyer u. Wesseling: Stahleisen 1925, S. 1169.

β) **Die Kaltverformung und Rekristallisation des Stahles.** Die Kaltverformung des Stahles ist von Verfestigung und Abnahme des Formänderungsvermögens begleitet (Abb. 102). Die Temperaturabhängigkeit dieser Größen zeigt beim Eisen Besonderheiten infolge des Auftretens der Blaubruchzone (vgl. S. 331). Für die Zwecke der Durchführung der Kaltverformung zu hohen Formänderungsgraden oder auch zur Erhöhung des Formänderungsvermögens des Endproduktes sind Glühungen unter Ausnutzung der Rekristallisationserscheinungen notwendig (vgl. hier Abb. 107). Die unteren Rekristallisationstemperaturen für Eisen liegen zwischen 400 bis 500⁰.

Von besonderer Bedeutung für die Durchführung dieser technologischen Prozesse bei Eisen ist die Beachtung des sogenannten „Kritischen Formgebungsgrades". Bei technischem Eisen hat nämlich das Kornwachstum nach geringen Deformationen von etwa 11% Querschnittsverminderung ein Maximum beim Anlassen auf 650 bis

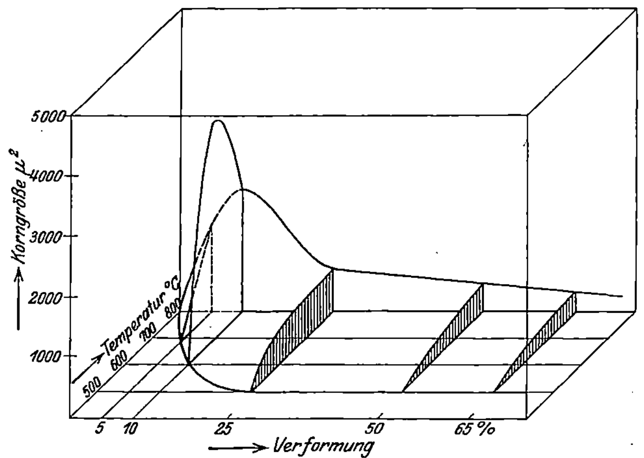

Abb. 306. Rekristallisationsdiagramm eines Flußeisens mit 0,18% C, 0,52% Mn, 0,18% Si, 0,023% S nach Oberhoffer und Jungbluth.

850⁰ (Rekrist.-Diagr. Abb. 306) und die Festigkeitseigenschaften des kritisch gereckten, und sei es absichtlich oder unabsichtlich, auf höhere Temperaturen gebrachten, dann stark rekristallisierten Materials sind besonders ungünstig[1]. Bei Stählen über 0,2% C wird mit steigendem Perlitgehalt die Kornvergröberung mehr und mehr verhindert.

Ferner muß hier nochmals auf die Erscheinungen der Blaubrüchigkeit und des Alterns hingewiesen werden. Verformungen im Blaubruchgebiet oder Verformungen bei Raumtemperatur und nachheriges Anlassen auf die Temperaturen desselben bringt eine außerordentliche Sprödigkeit des Materials hervor, die zu den schwersten Schädigungen von Konstruktionen führen kann. (Über das Wesen dieser Erscheinung wurde bereits auf S. 335ff. gehandelt.)

In der Kälte verformt werden Stähle mit Gehalten bis zu 1,6% C. Die hochgekohlten Stähle werden gewöhnlich im vergüteten Zustand verarbeitet (vgl. S. 363).

Literatur.

Goerens: Ferrum Bd. 10, S. 65ff. 1912.
[1] Pomp: Stahleisen Bd. 40, S. 1261ff. 1920.
Rekristallis.-Diagr. Oberhoffer und Jungbluth: Stahleisen 1922, S. 1513.

γ) Das Härten und Anlassen des Stahles.

Grundlegende empirische Feststellungen und Theorie.

Beim Härten und Anlassen der Stähle spielt eine weitere (vgl. S. 294) Gruppe instabiler Erscheinungen innerhalb des Systems Eisen-Kohlenstoff eine Rolle, die wir bis jetzt noch nicht behandelt haben, weil sie sich einer Darstellung mit Hilfe von Zustandsdiagrammen weitgehend entzieht. Wenn ein Stahl von Temperaturen oberhalb der Perlitlinie rasch abgekühlt, am besten durch Eintauchen in Wasser abgeschreckt wird, so findet sich nach einer solchen Behandlung der Formänderungswiderstand gegenüber dem normalen Zustand sehr erheblich erhöht, während das Formänderungsvermögen stark nachgelassen hat. Bei vollkommener Härtung steigt die Brinell-härte auf etwa 600 Einheiten, ein plastisches Formänderungsvermögen ist praktisch nicht mehr vorhanden. Beim Anlassen auf höhere Temperaturen verschwinden diese Eigenschaftsänderungen wieder, schließlich werden die Eigenschaften zu den normalen Größen zurückgeführt. Um diesen Prozeß technisch vollkommen zu beherrschen, ist es natürlich notwendig, sein Wesen und seine Abhängigkeit von den äußeren Umständen zu erkennen. Diese Erkenntnis kann, wie wir sehen werden, durch die Metallmikroskopie nur wenig gefördert werden. Das Studium der gleichzeitig erfolgenden Änderungen physikalischer Eigenschaften in Verbindung mit der Röntgenographie kann in weit höherem Maße dazu dienen, diese Vorgänge aufzuklären und wir stellen deshalb die Diskussion derselben auch an die Spitze unserer Erörterungen.

1. **Der Abschreckvorgang.** Es gelingt nachzuweisen, daß die Wärmetönung, welche bei langsamer Abkühlungsgeschwindigkeit die normale Perlitausscheidung begleitet, bei schnellen Abkühlungen zu tieferen Temperaturen verschoben wird. Dabei verliert die Wärmetönung den Charakter einer solchen, die mit einem nonvarianten Gleichgewicht verbunden ist; bei schneller Abkühlung ist bei etwa 300° eine sich über einen größeren Bereich erstreckende Verlangsamung der Abkühlungsgeschwindigkeit zu konstatieren[1]. Auch dilatometrisch läßt sich der Vorgang der Abschreckung verfolgen, man findet, wie die Abb. 307 zeigt, daß die Dilatation, die sonst beim Perlitpunkt eintritt, unterdrückt wird, daß erst bei etwa 200 bis 300° eine solche eintritt, die dann schließlich bei Raumtemperatur zu einem größeren Volumen führt, als das Material im Gleichgewichtszustande aufweist[2]. Der abgeschreckte Stahl ist ferromagnetisch. Sein elektrischer Widerstand ist gegenüber dem Widerstand des Gleichgewichtsgefüges erheblich erhöht[3].

Die Schlüsse, die sich aus diesen Eigenschaftsänderungen ziehen lassen, sind folgende: Offenbar wird die Entmischung des γ-Misch-kristalls durch die schnelle Abschreckung zu tiefen Temperaturen hin verschoben. Es ist wahrscheinlich, daß bis in den Temperaturbereich von etwa 300° der Zustand des γ-Mischkristalls weitgehend erhalten bleibt, da die Eigenschafts-Temperaturkurven sich direkt an die im stabilen γ-Feld gültigen anschließen. In dem Temperaturbereich von etwa 300° geht in dem sich rasch abschreckenden Stahl ein Vorgang vor sich. Aus der Änderung der magnetischen Eigenschaften ist mit großer Wahrscheinlichkeit zu folgern, daß ein Umschlagen des γ-Eisengitters in das Gitter des magnetischen α-Eisens stattfindet. Wenig wahrscheinlich ist, daß eine der Perlitbildung entsprechende Segregation in diesem Temperaturbereich stattfinden kann, in dem die Platzwechselmöglichkeiten schon so außerordentlich beschränkt sind. Daß die Auskristallisation des heterogenen Gefüges unterdrückt wird, wird sehr wahrscheinlich gemacht durch die Feststellung des hohen elektrischen Widerstandes, der ja immer für eine Mischkristallbildung cha-

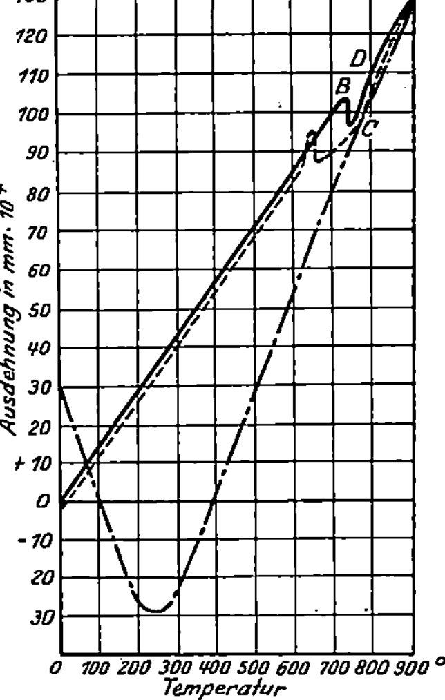

Abb. 307. Längenänderungen bei der Erhitzung ———; bei Abkühlung ———; bei Abschreckung —·—· nach Maurer (Goerens).

rakteristisch ist. Der Kohlenstoff bleibt also in einer homogenen Lösung mit dem entstandenen α-Eisen. Diese zwangsweise Lösung des Kohlenstoffes im α-Eisen kann, was von vornherein sehr wahrscheinlich ist, nicht ohne Einfluß auf das α-Eisengitter bleiben. Diese Vermutung wird bestätigt durch die Volumenkurven; zu demselben Zeitpunkt, wo das Umschlagen des γ-Eisens in das α-Eisengitter erfolgt, tritt eine über das Gleichgewichtsvolumen hinausführende Aufweitung des α-Eisengitters auf. Diese Aufweitung ist in gewisser Weise einer Kaltdeformation des α-Eisengitters parallel zu setzen. Diese liefert wiederum von vornherein einen plausiblen Grund für die gänzlich veränderten mechanischen Eigenschaften des Gitters. Man ist auch in der Lage, aus der normalerweise bei Kalthärtung auftretenden Erhöhung des Formänderungswiderstandes und der hier festgestellten Weitung des Gitters die Größenordnung der hier zu erwartenden Erhöhung des Formänderungswiderstandes abzuschätzen, und man findet die geschätzte Größe mit der wirklich festgestellten Erhöhung des Formänderungswiderstandes größenordnungsmäßig in Übereinstimmung. Im Vorherstehenden haben wir die Härtungstheorie wiedergegeben, so wie sie Maurer[2] vertritt und wie sie der Gesamtheit unserer Erkenntnisse im gegenwärtigen Augenblick auch am angemessensten zu sein scheint.

Eine schöne Bestätigung und Weiterführung haben diese Anschauungen durch die Ergebnisse der Röntgenanalyse erfahren[4]. Es hat sich gezeigt, daß in einem Stahl mit nicht zu hohem C-Gehalt in abgeschrecktem Zustande tatsächlich überwiegend α-Eisen vorliegt. Über die Anordnung des Kohlenstoffes im α-Eisengitter ist folgendes zu sagen: Wie wir gesehen haben, hatte sich gezeigt, daß im austenitischen Stahl ein Beispiel der von uns früher behandelten dritten Möglichkeit der Atomverteilung in einer homogenen Mehrstoffphase vorliegt, nämlich einer Einsprengung von C-Atomen in das Eisenraumgitter (S. 306). Es ist sehr wahrscheinlich, daß bei der Härtung dieses Verhältnis bestehen bleibt. Die Umwandlung des γ-Eisens in das α-Eisengitter verläuft nämlich wahrscheinlich sehr einfach und, wie dies von vornherein bei der Geschwindigkeit des Vorgangs plausibel ist, ohne Materialtransport durch Kristallisation. Aus der Abb. 308 ist zu ersehen, daß man das γ-Gitter als ein tetragonales körperzentriertes Gitter, mit dem Achsenverhältnis $\sqrt{2}$ auffassen kann. Aus diesem kann man sich das kubische, körperzentrierte Gitter durch Dilatation und Schrumpfung nach den verschiedenen Richtungen entstanden denken. Übrigens wird in abgeschreckten Stählen auch nicht immer das rein kubische Gitter gefunden, sondern ein tetragonales Gitter mit dem Achsenverhältnis 1,04[5].

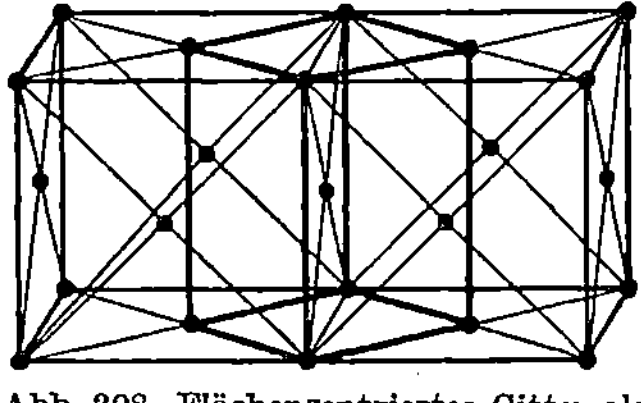

Abb. 308. Flächenzentriertes Gitter als tetragonales Gitter aufgefaßt nach Honda.

Die diffuse Ausbildung der Röntgeninterferenzen muß entweder auf die Kleinheit der in sich homogenen Raumgitterbereiche[6] zurückgeführt werden oder auf Spannungen im Raumgitter[7]. In höher gekohlten Stählen zeigt sich, daß neben α-Eisen auch γ-Eisen vorhanden ist.

2. Die Anlaßvorgänge. Die Anlaßvorgänge führen die Eigenschaften des gehärteten Stahles zu

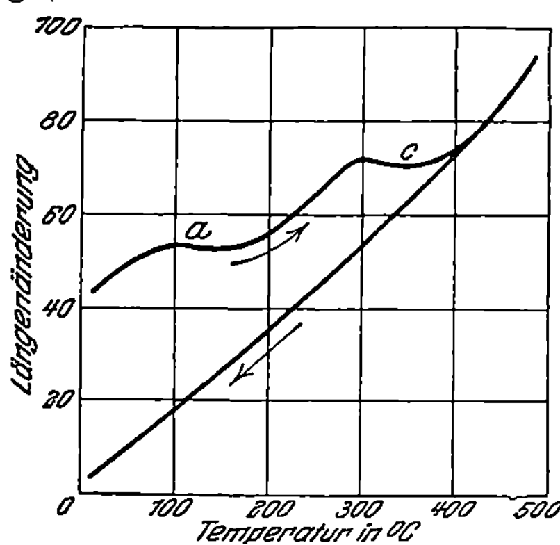

Abb. 309. Die Längenänderungen beim Anlassen gehärteten Stahles mit 1,02% C (nach Matsushita).

den Gleichgewichtswerten zurück, doch verlaufen diese Vorgänge keineswegs einfach. In den Kurvenblättern 309 bis 312 ist die Änderung der linearen Dimension, die Änderung der elektrischen Leitfähigkeit und die Kurve der Wärmetönungen beim Anlassen bei steigender Temperatur und zum Teil bei fallender Temperatur aufgezeigt. Man sieht, daß auf den Kurven eine Reihe von Effekten auftreten, die nicht alle in denselben Temperaturbereichen liegen.

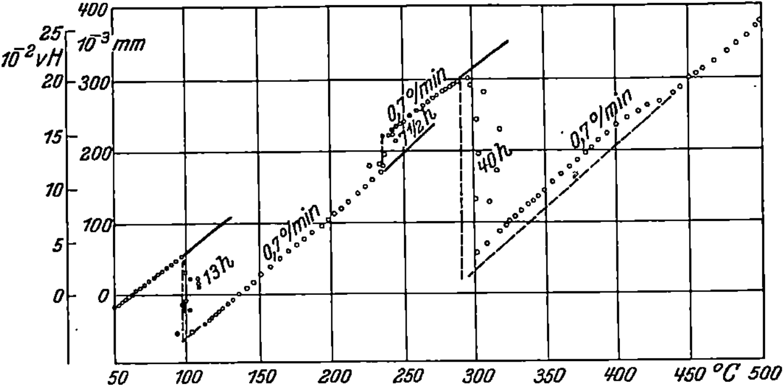

Abb. 310. Längenänderungen eines gehärteten Stahles mit 0,97% bei sehr langsamem Anlassen (nach Traeger).

Die einfachere Kurve der Längenänderungen zeigt nach Matsushita[8] den Beginn einer Veränderung bei 100° und 300° (C = 1,02%). Der sehr langsam ausgeführte Versuch von Traeger[9] gab Kontraktionen bei 95°, 290°, 400° und eine Ausdehnung bei 230° (0,97% C), bei untereutektischen Stählen fehlt

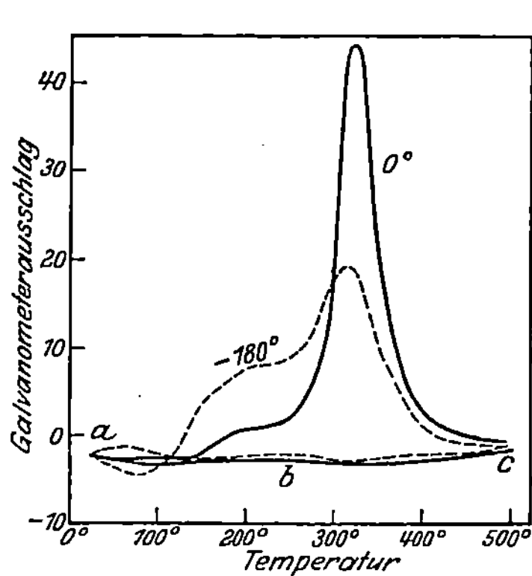

Abb. 311. Saladinkurven beim Anlassen eines auf 0° und eines auf − 180° abgeschreckten Stahles mit 1,7% C beim Anlassen (nach Tammann und Scheil).

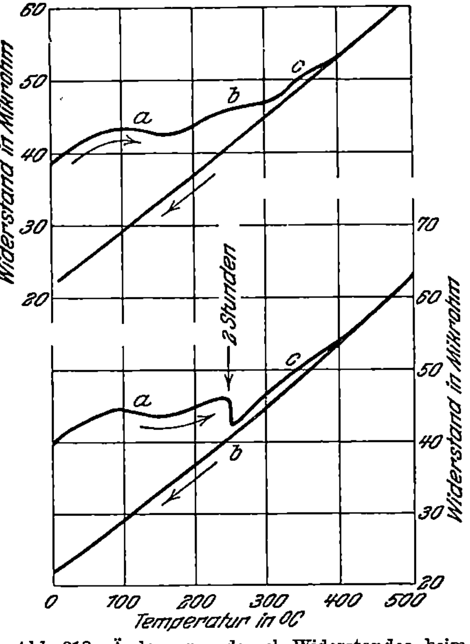

Abb. 312. Änderungen des el. Widerstandes beim Anlassen gehärteten Stahles mit 1,02% C (nach Matsushita).

die Ausdehnung. Tammann und Scheil[10] finden ebenfalls bei etwa 400° eine Kontraktion. Die Kurve der Wärmetönungen nach Tammann und Scheil gibt Effekte, beginnend bei 125° und 250° (1,7% C).

Hat man den Stahl vor dem Anlassen auf −180° abgekühlt, wobei, wie im nächsten Abschnitt gezeigt, Austenit in Martensit umgewandelt wird, so nimmt der erste Effekt an Stärke zu, der zweite ab. Die Widerstandstemperaturkurven nach Matsushita geben drei Effekte bei 100°, 250°, 360° (1,02% C), von denen der letzte schwach ist und von Enlund[11] nicht besonders aufgeführt wird.

Die Natur dieser Vorgänge ist noch keineswegs geklärt. Viele Autoren nehmen an, daß es sich beim Anlassen, abgesehen von Nebenwirkungen, bei den Vorgängen im Raumgitter um mindestens zwei nebeneinander verlaufende Vorgänge handelt, die sich bei verschiedenen Temperaturen verschieden schnell durchsetzen. Dabei wird der Standpunkt vertreten, daß auch in den kohlenstoffärmeren Legierungen nach dem Abschrecken außer der zwangsweisen Lösung von Kohlenstoff im α-Eisen eine solche von Kohlenstoff im γ-Eisen vorhanden sei, die beide bei verschiedenen Temperaturen zerfallen[11], von anderen Autoren wird angenommen, daß die zwangsweise Lösung von α-Eisen und Kohlenstoff in zwei verschiedenen Modifikationen vorkomme und daß diese beiden ebenfalls bei verschiedenen Temperaturen Umwandlungen durchmachen[9, 12]. Ferner wird als möglicher Vorgang noch die Bildung von Fe_3C aus Eisenatomen und atomarem Kohlenstoff[12] angenommen. Daneben ist noch an die Auslösung innerer Spannungen (Maurer) und an die Schließung von Hohlräumen zu denken, die bei Raumgitterschrumpfungen entstanden sein könnten[10]. Es scheint jedoch nicht ausgeschlossen, daß abgesehen von solchen Nebenumständen, Kurven mit zwei Wendepunkten, wie die mitgeteilten, auch bei einem einzigen Vorgang auftreten, wenn derselbe außer von der Temperatur auch noch stark von der Zeit abhängig ist. Eine völlige Aufklärung dürfte nur zu erwarten sein, wenn bei konstanter Temperatur die Abhängigkeit der Umwandlungen von der Zeit in größerem Ausmaße untersucht wird. Die Änderung des elektrischen Leitvermögens in Abhängigkeit von der Zeit ist von Fraenkel und Heymann[13] eingehend studiert worden, welche Kurven, wie die in Abb. 313 mitgeteilten, fanden.

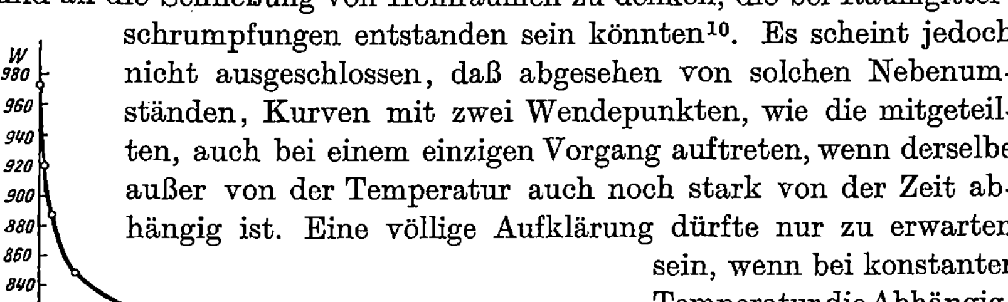

Abb. 313. Abnahme des el. Widerstandes mit der Zeit in einem auf 99° angelassenen Stahl mit 1,07% C und 0,21% Mn (nach Fraenkel und Heymann).

Den obigen Kurven analoge Funktionen erhält man, wenn man z. B. die Volumenänderung nicht dilatometrisch bei steigender Temperatur verfolgt, sondern, wenn man einen gehärteten Stahl auf verschiedene Temperaturen anläßt und jeweils nach der Abkühlung das spezifische Volumen bestimmt (Maurer).

Läßt man gehärteten Stahl liegen, so beginnen die oben genannten Vorgänge auch bei Raumtemperatur äußerst langsam zu verlaufen, man bezeichnet dieselben dann als „Alterung" des gehärteten Stahles[14].

Bei der Untersuchung der Abhängigkeit der mechanischen Eigenschaften gehärteter Stähle von der Anlaßtemperatur sind einige Vorsichtsmaßregeln zu beachten. Wie bereits auf S. 74 ausgeführt wurde, ist es beim Zugversuch schwierig, die wahren Zugfestigkeiten zu bestimmen, wenn es sich um außerordentlich spröde Materialien handelt. Kleine Biegebeanspruchungen können bei solchen, wie z. B. der gehärtete Stahl eines ist, leicht zu vorzeitigem Bruch führen. Ferner ist bei gehärteten Stählen damit zu rechnen, daß innere Spannungen vorhanden sind, welche den Gesamtformänderungswiderstand herabsetzen. Beide Faktoren führen dahin, daß die Zugfestigkeit gehärteter Stähle leicht zu niedrig gefunden wird, während dies bei solchen Stählen, die nach dem Anlassen auf höhere Temperaturen untersucht werden, nicht der Fall zu sein braucht, weshalb dann die Resultate nicht vergleichbar sind. Wenn man die Festigkeit, sowohl die Zerreiß- als auch die Biegefestigkeit bei verschiedenen Temperaturen angelassener Stähle in Abhängigkeit von den Anlaßtemperaturen aufträgt, so findet man bei Temperaturen von etwa 300 ⁰ ein Maximum[15, 16]. Dieses Maximum kommt jedoch offenbar nur dadurch zustande, daß der Gesamtformänderungswiderstand niedrig angelassener Stähle, wie auseinandergesetzt, nicht seinem eigentlichen Wert entsprechend mit Zerreiß- oder Biegeversuchen festgestellt werden kann. Mit Stählen, die bei 300 ⁰ und oberhalb angelassen sind, ist der Zerreißversuch einwandfrei durchführbar. Bei der Bestimmung der Härte, bei der diese Schwierigkeiten nicht bestehen, fällt die Härte mit steigender Anlaßtemperatur meist ganz einsinnig[16]. Nur gelegentlich tritt bei 100 bis 150 ⁰ ein ganz flacher Höchstwert auf, welcher im allgemeinen durch Auslösung innerer Spannungen gedeutet zu werden pflegt.

3. Die Gefügebilder gehärteter und angelassener Stähle. Das Gefügebild des gehärteten, insbesondere des niedrig gekohlten gehärteten Stahles entspricht keineswegs den Erwartungen, welche wir nach unseren bisherigen Überlegungen haben sollten. Wir sind gewöhnt, in einer festen Lösung Polyeder zu sehen, das Härtungsgefüge des niedriggekohlten Stahles, welches wir als Martensit bezeichnen, hat jedoch, wie Abb. 314 zeigt, ein davon sehr verschiedenes Aussehen. Diese typische Nadelanordnung findet sich besonders ausgeprägt beim Abschrecken von hohen Temperaturen. Ein Stahl mit höherem Kohlenstoffgehalt zeigt ein Härtungsgefüge wie in Abb. 315 wiedergegeben. Nadelförmige Gebilde sind hier ziemlich scharf abgesetzt von einem gewöhnlich stärker angegriffenen dunklen Feld. Dabei sind die Schwierigkeiten der Deutung hier nicht so sehr groß. Wir hatten gesehen,

daß in hochkohlenstoffhaltigem Stahl die Röntgenanalyse neben dem α-Eisen auch γ-Eisen nachweist, es ist infolgedessen wahrscheinlich, wenn auch nicht sicher, daß die Nadeln dem martensitischem α-Eisen entsprechen und daß der übrige Gefügeanteil aus γ-Eisen besteht. Bei

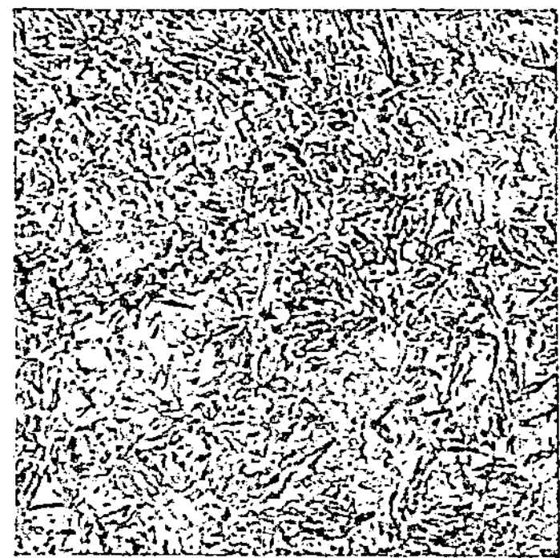

Abb. 314. Martensit (Oberhoffer).

Abb. 315. Austenit und Martensit (Oberhoffer).

sehr schroffer Abschreckung zeigt nach der Ätzung ein gehärteter Stahl überhaupt kaum eine Struktur. Man bezeichnet das Gefüge dann als Hardenit.

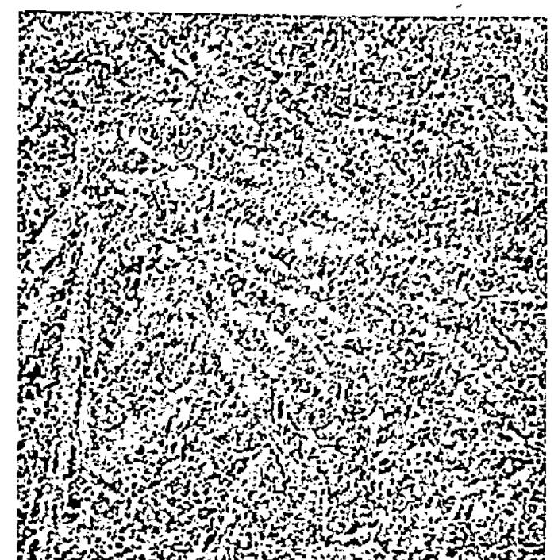

Abb. 316. Anlaßgefüge eines Stahles mit 1,5% C nach Anlassen auf 650° nach Hanemann (Abschreckung von 1220°) (Oberhoffer).

Abb. 317. Martensitähnliche Gefügeerscheinung auf einer polierten und abgeschreckten Stahlfläche (nach Sauerwald und Jackwirth).

Wodurch die typische Ausbildung des martensitischen Gefüges bedingt ist, ist noch keineswegs bekannt. Von Hanemann[17] wird die Anschauung vertreten, daß im Martensit Bereiche verschiedenen Kohlenstoffgehaltes vorkommen, doch ist zum mindesten für die nicht stärker gekohlten Stähle diese Feststellung noch nicht genügend gesichert. Bei hochkohlenstoffhaltigem Gefüge hat Hanemann einen entsprechenden Hinweis durch die Demonstration von Anlaßgefügen gegeben. Es zeigt sich nämlich, daß in einem hochgekohlten, gehärteten und angelassenen Stahl die Zementitausscheidung und Koagulation zu einer Verteilung des Zementits führt, die der ursprünglichen Nadelanordnung, wie die Abb. 316 zeigt, sehr weitgehend entspricht. Diese Anordnung braucht naturgemäß nicht durch eine von vornherein verschiedene Verteilung des Kohlenstoffs gegeben zu sein, sie kann auch dann auftreten, wenn die Kristallisationsgeschwindigkeit an verschiedenen Stellen eine verschiedene ist, was durchaus nicht ausgeschlossen ist. Man kann gegenüber den Deutungsversuchen des Martensitbildes durch Konzentrationsverschiedenheiten versuchen, wie

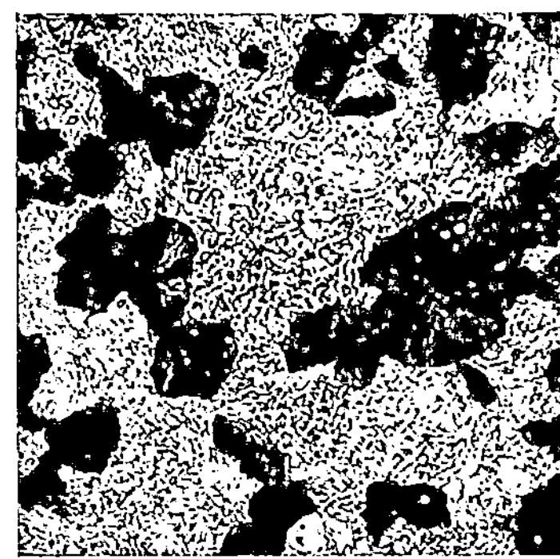

Abb. 318. Martensit und Troostit
(Oberhoffer).

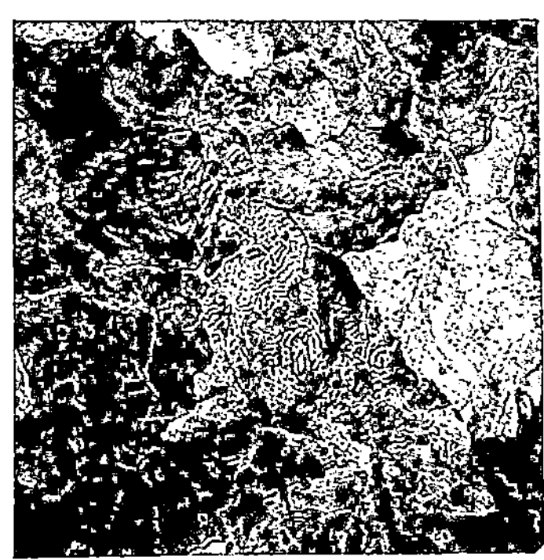

Abb. 319. Sorbit mit feinlamellarem Perlit
(Oberhoffer).

weit eine Erklärung desselben durch die mechanischen Verhältnisse des abgeschreckten Stahles möglich ist. Man würde dabei also die nadelförmigen Gebilde wenigstens des niedriggekohlten Stahles als zusammenhängend mit Deformationserscheinungen anzusehen haben, und in der Tat gelingt es auch, ohne Ätzung auf polierten und abgeschreckten Stahlflächen Verwerfungserscheinungen ähnlicher Anordnung hervorzurufen, wie sie die Martensitnadeln zeigen[18]. (Abb. 317).

Wenn ein Stahl nicht so schroff abgeschreckt wird, wie dies bei der Wasserhärtung der Fall ist, so entsteht nicht ein rein martensitisches Gefüge, sondern der Martensit ist durchsetzt von dunklen Flecken, die man als Troostit bezeichnet (Abb. 318). Bei noch langsamerer Abkühlungsgeschwindigkeit gelangt man zu Strukturen, die zum Teil bei sehr starken Vergrößerungen Ansätze zur Perlitbildung erkennen lassen. Die dann noch nicht perlitischen Teile nennt man Sorbit (Abb. 319). Die Gefüge, die der Abschreckung nach zwischen Troostit und Sorbit liegen, heißen Osmondit. Dieselben Namen benutzt man auch, um die beim Anlassen gehärteter, in Wasser abgeschreckter Stähle auftretenden Gefügebilder zu kennzeichnen. Dabei ist noch anzumerken, daß der

Troostit beim Anlassen von Martensit nicht in Fleckenform auftritt, sondern daß das Gefüge sich beim Anlassen in allen Teilen gleichmäßig erweist. Osmondit ist dann das dunkelste überhaupt auftretende Gefüge. Sämtliche in diesem Abschnitt mitgeteilten Bezeichnungen sind keine Phasenbezeichnungen, wie etwa „Ferrit", sondern nur Bezeichnungen von Gefügebildern, die mehr oder weniger stetig ineinander übergehen. Das Endprodukt des Anlassens ist koagulierter Zementit.

Stähle mit osmonditischem Gefüge zeichnen sich durch eine besonders hohe Auflösungsgeschwindigkeit in Säure[19] aus, was ja nur ein anderer Ausdruck für die besonders starke Dunkelfärbung des entsprechenden Gefügebildes ist.

Literatur.

Maurer: Mitt. Eisenforsch. Bd. 1, S. 39. 1920.

[1] Portevin u. Garvin: J. Iron Steel Inst. Bd. 99, S. 469. 1919.

[2] Maurer: l. c.

[3] Cance, Mc.: J. Iron Steel Inst. 1914 I, S. 192.

[4] Westgren u. Phragmen: Z. phys. Chem. Bd. 102, S. 1. 1922. — Wever: Z. Elchem. Bd. 30, S. 376. 1924.

[5] Honda: Arch. Eisenhüttenwes. Bd. 1, S. 527. 1928.

[6] Westgren, Wever: l. c.

[7] Sekito: Z. Kristallogr. Bd. 67, S. 285.

[8] Sc. Rep. Toh. Imp. Univ. Bd. 7, S. 43. 1918.

[9] Forschungsarb. V. d. I. Nr. 294. 1927.

[10] Z. anorg. u. allg. Chem. Bd. 157, S. 1. 1926. Vgl. Heyn u. Bauer: J. Iron Steel 1909 I, S. 109.

[11] Enlund: J. Iron Steel Inst. Bd. 111, S. 305. 1925.

[12] Honda: Arch. Eisenhüttenw. Bd. 1, S. 527. 1928.

[13] Z. anorg. u. allg. Chem. Bd. 134, S. 137.

[14] Weber, A. Berlin: Julius Springer 1926.

[15] Hanemann u. Jung: Diss. Berlin 1914. — Hanemann u. Kühnel: Diss. Berlin 1913.

[16] Sauerwald u. v. Nießen: Zentralbl. d. Hütten- u. Walzwerke Bd. 31, S. 207. 1927.

[17] Hanemann u. Schrader: Über den Martensit, Düsseldorf 1926.

[18] Sauerwald u. Jackwirth: Z. anorg. u. allg. Chem. Bd. 140, S. 391. 1924.

[19] Heyn u. Bauer: Mitt. Materialpr.-Amt 1906, S. 34.

Technologie des Härtens und Anlassens reiner Kohlenstoffstähle.

1. **Baustähle und Werkzeugstähle.** Das Härten und Anlassen reiner Kohlenstoffstähle wird bei den verschiedenen Verwendungsgruppen der Stähle zu ganz verschiedenem Zweck und in verschiedener Weise ausgeführt. Wir teilen die Stähle ein in Konstruktions- oder Baustähle und Werkzeugstähle. Infolge ihrer verschiedenen Verwendung sind die an beide Gruppen zu stellenden Anforderungen verschieden. Bei den **Baustählen darf der Formänderungswiderstand nicht auf Kosten des Formänderungsvermögens allzusehr erhöht**

werden, bei den Werkzeugstählen ist der Formänderungswiderstand in erster Linie maßgebend. Infolgedessen werden die Werkzeugstähle schroff gehärtet und nur wenig angelassen, während die Konstruktionsstähle entweder nicht allzu stark abgeschreckt oder nach der Abschreckung jedenfalls ziemlich hoch angelassen werden. Diese Behandlung der Baustähle wird im besonderen mit „Vergütung" bezeichnet.

Die Temperatur, von der aus ein zu härtender Stahl abgeschreckt werden muß, ist durch die chemische Zusammensetzung gegeben. Die unterperlitischen Stähle werden von Temperaturen 40° oberhalb der GOS-Linie abgeschreckt, wobei an die Beeinflussung derselben insbesondere durch Mangan zu denken ist. Die überperlitischen Stähle, also insbesondere Werkzeugstähle, werden nicht etwa von Temperaturen oberhalb der Linie ES abgeschreckt, sondern von Temperaturen oberhalb der Perlitlinie. Die Abschreckung von Temperaturen oberhalb der steil ansteigenden ES-Linie würde zur Bildung groben Martensits und Austenits führen, welcher unerwünschte mechanische Eigenschaften aufweist. Man kann bei den überperlitischen Stählen diesen Temperaturbereich vermeiden, weil bei denselben im Gebiet unterhalb ES außer dem Mischkristall, welcher ja gehärtet wird, nur noch der an sich schon sehr harte primäre Zementit im Gefüge vorhanden ist, dessen Härte nicht gesteigert zu werden braucht. Die Vermeidung grober Mischkristalle und damit groben Martensits bedingt auch eine möglichst geringe Erhitzungsdauer zum Zwecke der Härtung.

Wenn nicht, wie zu empfehlen, die Härtetemperaturen durch Ermittelung der Umwandlungspunkte festgestellt werden, so ist die Härtungsprobe nach Metcalf anzuwenden. Eine Stange aus dem betreffenden Stahl wird in Abständen eingekerbt, dann die Stange so erhitzt, daß das eine Ende auf hohe Temperatur kommt, das andere Ende kalt bleibt. Dann wird die ganze Stange abgeschreckt und an den Kerben gebrochen. An der Kerbe, an der das feinste Bruchgefüge auftritt, hat die richtige Härtetemperatur geherrscht. Da man vorher auf die Glühfarbe an den einzelnen Kerben geachtet hat, ist damit die Härtetemperatur roh bestimmt.

Die für verschiedene Zwecke notwendige Variation der Abkühlungsgeschwindigkeit bei der Härtung wird durch Verwendung verschiedener Medien erzielt, und zwar kommt außer Wasser für reine Kohlenstoffstähle Öl in Frage. Die Wirksamkeit eines abschreckenden Mediums ist in erster Linie gegeben durch die Verdampfungswärme, dann durch die Wärmeleitfähigkeit, spezifische Wärme und die Viskosität. Diese Reihenfolge der Wichtigkeit der Faktoren wird z. B. dadurch bewiesen, daß Quecksilber ein schlechtes Abschreckmittel ist. Zum Wasser zugesetztes Salz pflegt die Abschreckwirkung zu beeinflussen, sei es, daß die Verdampfungswärme beeinflußt wird, sei es, daß sich

bildende Salzschichten den Wärmefluß verändern. Für die Kohlenstoffstähle ist sehr bemerkenswert, daß sie nicht, wie man sagt,
durchhärten, d. h. es wird bei ihnen, wenn einigermaßen kompakte
Stücke vorliegen, nur die äußere Zone martensitisch, während der Kern
troostitisch bleibt (vgl. Abb. 327).

Die Anlaßtemperatur wird häufig noch nach den Anlauffarben
angegeben. Dabei ist zu beachten, daß die Anlauffarbe nicht bloß von
der Temperatur, sondern auch von der Dauer der Erhitzung bei dieser
Temperatur abhängt. Das Anlassen der Werkzeugstähle erfolgt bei
Temperaturen von etwa 200° bis 300°, während die Baustähle auf Temperaturen von 500° bis 700° angelassen werden. Bei der Vergütung der
Baustähle handelt es sich, wie gesagt, um einen Ausgleich des Wertes
des Formänderungswiderstandes gegenüber dem des Formänderungsvermögens nach Diagramm Abb. 349 und Zahlen, wie sie im Normblatt
1661 aufgeführt sind.

Infolge der ungleichen Temperaturverteilung in einem abgeschreckten Stahl und bei Kohlenstoffstählen infolge der mangelnden Durchhärtung treten sehr erhebliche Spannungen auf. Überschreiten diese Spannungen die Reißfestigkeit des Materials, so tritt Rißbildung (Abbild. 320) im abgeschreckten Stahl auf[1]. Zur Beurteilung der Neigung zur Rißbildung zieht man neuerdings vielfach die sogenannte Viel

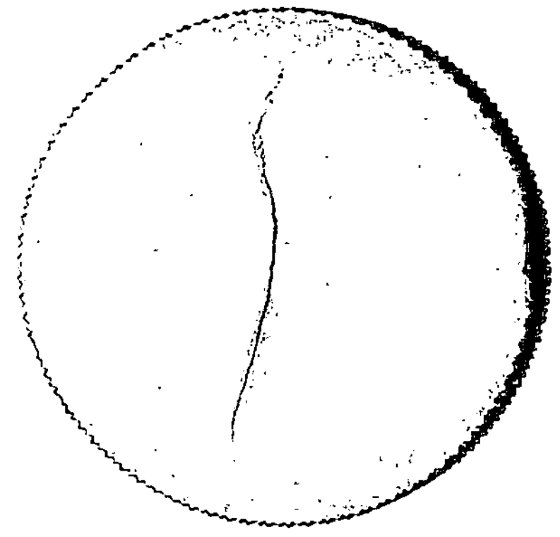

Abb. 320. Härteriß (Brearley-
Schäfer).

härtezahl heran. Man härtet und glüht das betreffende Material
so oft hintereinander aus, bis ein Härteriß auftritt, und sieht die Zahl
der Härtungen als Maß für die Neigung zur Härterißbildung an[2].

Über den Einfluß der Beimengungen auf den Ausfall der Härtung sind
von Maurer und Haufe[2] an einem Werkzeugstahl folgende Feststellungen gemacht. Durch Verminderung des C-Gehaltes steigt die Neigung zu Härterissen.
Durch Verminderung des Si- und Mn-Gehaltes wird der Stahl unempfindlicher,
P und Sn wirkt nachteilig, S wirkt nur mittelbar durch Auftreten von Sulfideinschlüssen. Cu ist nicht auf jeden Fall schädlich.

Die Härtung und Wärmebehandlung ganz weicher Stähle zeigt insofern Besonderheiten, als die Härtung auch bei schroffer Abschreckung nicht vollständig
ist[3]. Die Vergütung weichen Materials spielt bei der Kettenfabrikation eine Rolle.

Literatur.

Brearley-Schäfer: Wärmebehandlung d. Werkzeugstähle. Berlin: Julius
Springer 1913. — Schäfer: Die Konstruktionsstähle und ihre Wärmebehandlung.
Berlin: Julius Springer 1923.

[1] Honda u. Matsushita: Sc. Rep. Toh. Imp. Univ. Bd. 8, Nr. 1. 1919. — Kasé: Ebda Bd. 15, S. 371. 1926.
[2] Stahleisen 1924, S. 1720.
[3] Sauvageot: Stahleisen 1927, S. 1267.

2. Die Wärmebehandlung von Stahldraht. Seine Vergütung während des Ziehprozesses zeigt gegenüber der gewöhnlichen Vergütung ein etwas anderes Bild. Bei den härteren Stahlqualitäten von etwa 0,85 bis 0,95% C ist die Ziehbarkeit im gewöhnlichen perlitischen Zustand infolge des verhältnismäßig geringeren Formänderungsvermögens stark in Frage gestellt. Bringt man dieses Material jedoch in den sorbitischen Zustand, so verhält sich das Formänderungsvermögen günstiger. Man erzielt nun dieses Gefüge, indem man das Material je nach dem Kohlenstoffgehalt bis in das Gebiet der festen Lösung erhitzt und dann auf Temperaturen von 430 bis 500° abschreckt. Dieses Abschrecken wird durch Eintauchen in ein Bad von flüssigem Blei erreicht. Man kann entweder Drahtbunde in die Bleibäder eintauchen, und nennt das Verfahren dann Zementieren. Man kann ferner den Draht auch durch einen Ofen laufen lassen und ihn dann durch ein Bleibad führen, welches Verfahren Patentieren genannt wird. Die höchsten Festigkeiten, welche bei Stahldraht durch die Wärmebehandlung und den Ziehvorgang erreicht werden können, belaufen sich bei Klaviersaiten und festem Federdraht auf 360 kg/mm².

Literatur.

Altpeter: Herstellung der Flußeisen- und Stahldrähte. Stahleisen 1925, S. 569. — Pomp: Praxis der Stahldrahtherstellung. Ebda. S. 778. — Houdremont, Kallen u. Thomsen: Verfestig. u. Rekrist. vergüteter Stähle. Ebda. 1926, S. 973. — Schulz u. Püngel: Einfluß des Alterns und Anlassens auf die Festigkeitseigenschaften von gezogenen Stahldrähten. Werkstoffausschußber. VDE Nr. 100. 1927.

°c) Beispiele für Kohlenstoffstähle als Sondermaterial.

Als Beispiele für die mannigfachen Gruppen von Sondermaterialien sollen aus der Gruppe der Kohlenstoff-Stähle die für den Kesselbau und den Eisenbahn-Oberbau verwendeten kurz gekennzeichnet werden.

Als Kesselbaustoff[1] wird auch heute noch im wesentlichen unlegiertes Material verwendet mit einer Zusammensetzung von etwa 0,1 bis 0,3% Kohlenstoff, höchstens 0,5% Mangan, höchstens 0,05% P und S und bis 0,25% Si. Daneben kommt dann mit Ni legiertes Material in Frage. Nach den Beschlüssen des Deutschen Dampfkesselausschusses dürfen Kesselbleche aus Flußstahl für Landdampfkessel keine geringere Zugfestigkeit als 35 kg/mm² und in der Regel keine höhere Zugfestigkeit als 56 kg/mm² haben. Die Verwendung der verschiedenen Sorten richtet sich danach, wie ihre Beanspruchung in den verschiedenen Kesselteilen ist. Die Dehnung muß bei einer Festigkeit von 35 kg/mm² bei 200 mm Meßlänge mindestens 27% betragen. Bei Festigkeiten über 46 kg/mm² muß die Dehnung noch mindestens 20% betragen. Über die in den verschiedenen Teilen des Kessels auftretenden Beanspruchungen unterrichten Untersuchungen von Koerber und Siebel[2]. Von besonderer Bedeutung für die Kesselbaustoffe sind die

Alterungserscheinungen des Eisens, welche auf S. 332 behandelt worden sind. Ferner wird von Kesselbaumaterial eine gute Schweißbarkeit verlangt.

Von den für den Eisenbahnoberbau bestimmten Materialien sind in erster Linie die Schienen zu nennen. Nach dem Normblatt DIN 1631 hat das Material der normalen Reichsbahnschienen von mindestens 60 kg/mm² Festigkeit 0,35 bis 0,45% C, höchstens 0,15% Si, 0,60 bis 0,90 Mangan, höchstens 0,08% P, höchstens 0,06% S (Thomasmaterial). Bei Siemens-Martin-Material kann der Kohlenstoffgehalt zwischen 0,40 und 0,50 liegen. Außer den Festigkeitszahlen dienen zur Beurteilung nach der Reichsbahnvorschrift Schlagversuche im Regelschlagwerk. Es wird ein erster Schlag mit einem Schlagmoment von 3000 mkg auf den Schienenkopf ausgeführt, denen weitere Schläge von 1500 mkg Schlagmoment folgen, bis die vorgeschriebene Mindestdurchbiegung von 100 mm bei Normalschienen erreicht ist. Die bei dem modernen Eisenbahnbetrieb sich als notwendig ergebende Steigerung der Festigkeit der Schienen gegenüber dem mitgeteilten unteren Grenzwerte scheint auf zwei Wegen möglich. Erstens kommt die Verwendung legierten Materials in Frage und zweitens die Härtesteigerung, insbesondere auch zur Vermeidung erhöhten Verschleißes, durch Wärmebehandlung des nicht legierten Materials. Man behandelt bereits jetzt die Schienen unmittelbar im Anschluß an die Warmwalzung durch Aufblasen von Luft, Berieseln oder Eintauchen, insbesondere der Laufflächen, wodurch eine Vergütung (vgl. S. 361) und Herstellung eines sorbitischen Gefüges, insbesondere im Schienenkopf erzielt wird[3].

Besonders beanspruchte Stücke an den Gleiskreuzungen sind die sogenannten Herzstücke. Für diese wird eine Mindestfestigkeit von 70 kg/mm² bei 12% Dehnung vorgeschrieben.

Literatur.

[1] Goerens: Z. V. d. I. 1924, S. 3. — Fry: Kruppsche Monatsh. 1926, S. 185. — Fischer u. Schleip: Ebda. 1925, S. 185.

[2] Mitt. Eisenforsch. Bd. 5ff.

[3] Pilz: Stahleisen 1927, S. 1645, 1928, S. 940.

V. Die legierten Stähle*.

a) Übersicht über die Zusammensetzung und Verwendung der legierten Stähle.

Die Bezeichnung „Legierte Stähle" deckt sich nicht mit der Bezeichnung Edelstahl (Spezialstahl). Zu den Edelstählen rechnet man zweckmäßigerweise nicht nur die legierten Stähle, sondern auch Kohlenstoffstähle und besonders kohlenstoffarmes Eisen, sofern sich diese Materialien durch ihre besondere Herstellungsweise und ihre Freiheit von unerwünschten Beimengungen von den gewöhnlichen Kohlenstoffstählen unterscheiden.

Die Legierungselemente für Stahl scheiden sich hinsichtlich ihrer Wirkung auf die Konstitution in zwei Hauptgruppen. In der einen stehen Ni und Mn, dieselben bewirken in den ternären Legierungen eine außerordentliche Herabsetzung der A_r-Punkte gegenüber ihrer Lage in den reinen Eisen-Kohlenstoff-Legierungen. Für die zweite

---

* Rapatz, F.: Die Edelstähle, Springer 1925. — G. Mars, Spezialstähle, 2. Aufl., Stuttgart: Enke 1922.

Gruppe Cr, W, Mo, V ist besonders charakteristisch die Verringerung der Löslichkeitsgrenze für C des ternären Mischkristalls an der Eisenecke des ternären Diagramms, so daß schon bei geringen Gehalten an Kohlenstoff ein Eutektikum auftritt; ganz besonders wichtig ist, daß bei diesen Legierungen trotzdem die Verarbeitungsmöglichkeit durch Schmieden bestehen bleibt. Bei quaternären Stählen mit Legierungsbestandteilen aus den beiden Hauptgruppen überlagern sich beide Arten der Beeinflussung. Etwas für sich stehen die Silizium- und die Kupferstähle.

Die Grundlage für die erfolgreiche Weiterentwicklung des Gebietes der legierten Stähle wird immer die genaue Erfassung der entsprechenden Zustandsdiagramme sein. Die systematische Untersuchung, die allein eine genügende Klärung herbeiführen wird, dürfte sehr gefördert werden durch Erkenntnisse über die Natur der reinen Legierungselemente. Die Reinherstellung[1] hat neuerdings bemerkenswerte Fortschritte gemacht. Die neuesten Ermittelungen über ihre Umwandlungspunkte sind in die Zahlentafel 6a und b mit aufgenommen. Das Problem des Ausschlusses unerwünschter Beimengungen wird auch für die Herstellung von legiertem Qualitätsmaterial im Vordergrunde stehen.

Nicht zu den legierten Stählen gehören hochlegierte Legierungen aus Metallen der Eisengruppe, welche zwar in ihrem Verwendungszweck als Schneidmetall in Wettbewerb mit Spezialstählen treten, und deshalb im folgenden im Anschluß an diese behandelt werden, ihrer Struktur und ihrer Behandlungsweise nach sich jedoch von den typischen Stählen prinzipiell unterscheiden.

Wir gruppieren ihrem Verwendungszweck nach die legierten Stähle ähnlich wie die gewöhnlichen Kohlenstoffstähle in Bau- (Konstruktions-) Stähle, Werkzeugstähle und Stähle für besondere Verwendung. Diese Gruppierung trennt nicht immer die Stähle bezüglich ihrer Zusammensetzung, sondern gewisse Stähle, die z. B. ihrem Charakter nach mehr als Werkzeugstähle anzusprechen sind, finden auch in der Gruppe der Baustähle Verwendung z. B. als Kugel- und Kugellagerstähle.

Baustähle. — Für die Baustähle lassen sich als Gütemaßstab im allgemeinen ihre physikalischen, insbesondere mechanischen Eigenschaften verwenden. Bei den eigentlichen Baustählen handelt es sich um Stähle, die außer Kohlenstoff insbesondere Nickel sowie Nickel und Chrom enthalten; um ihre Eigenschaften weitgehendst ausnützen zu können, werden sie in erster Linie in vergütetem Zustand verwendet. Die Verbesserungen, welche durch die Legierung in den mechanischen Eigenschaften erzielt werden können, stellt die Abb. 321 dar, in der die vergüteten legierten Stähle den allerdings nur geglühten C-Stählen gegenübergestellt sind. Neben den Vergütungsstählen sind besonders die Einsatzstähle zu erwähnen (vgl. S. 387). Diese enthalten bis zu 0,2 % Kohlenstoff, außerdem Nickel oder Nickel und Chrom

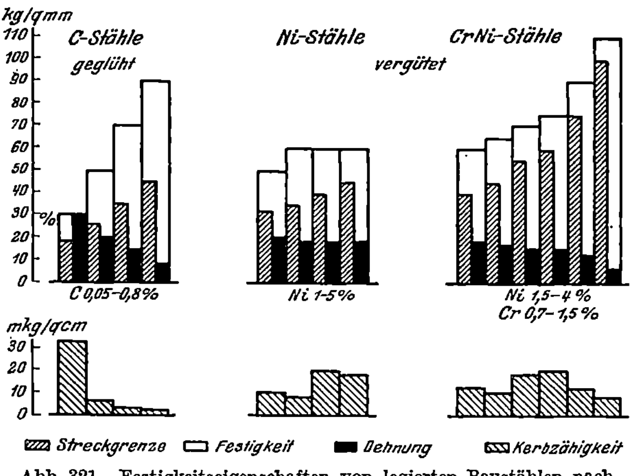

Abb. 321. Festigkeitseigenschaften von legierten Baustählen nach verschiedenen Wärmebehandlungen.

(unter Umständen auch Chrom und Mangan). Die Glashärte der äußeren Schicht ist von derjenigen des unlegierten Materials nicht wesentlich verschieden. Die Legierung beeinflußt vor allen Dingen den Kern. Das Kornwachstum, welches wir bei dem Einsatzvorgang der reinen

Kohlenstoffstähle (vgl. S. 387) kennenlernen, nimmt infolge der Legierung gewöhnlich hier nicht ein solches Ausmaß an, doch empfiehlt sich

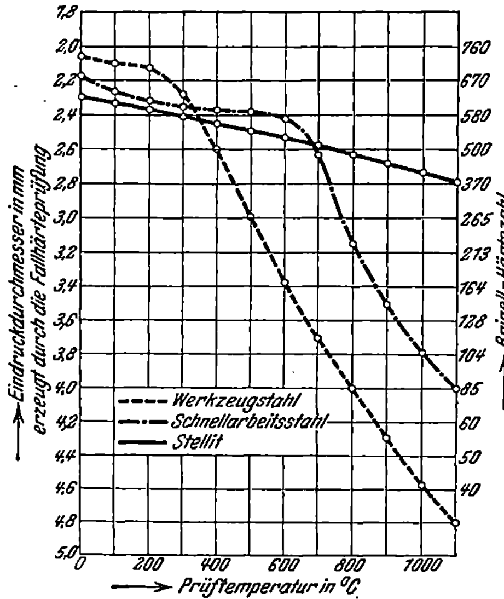

Abb. 322. Fallhärte von Schneidmaterialien nach Oertel und Pölzguter.

auch hier die doppelte Wärmebehandlung.

Eine Sondergruppe bilden die austenitischen Baustähle. Es sind da zu nennen die Stähle mit 10 bis 15% Mangan, mit über 20% Nickel, der hochprozentige Chromnickelstahl und Mangannickelstahl, welche beiden wir auch in der Gruppe der rostfreien Stähle (S. 255) wiederfinden. Die austenitischen Baustähle zeichnen sich durch eine niedrige Streckgrenze aus. Sie haben hohe Dehnung bei hoher Festigkeit und werden auch bei tiefen Temperaturen nicht spröde, sie sind unmagnetisch.

Die Federstähle enthalten Mangan, Silizium, Chrom, entweder für sich oder diese Legierungselemente zusammen. Der Kohlenstoff pflegt in den legierten Federstählen nicht in größerer Menge als 0,8% vorhanden zu sein. Die

Legierungselemente übersteigen gewöhnlich nicht die Menge von 2,5%. Die Federstähle müssen eine hohe Elastizitätsgrenze haben.   Infolgedessen liegt auch ihre Streckgrenze hoch bei etwa 100, 150 kg/mm², während ihre Festig-

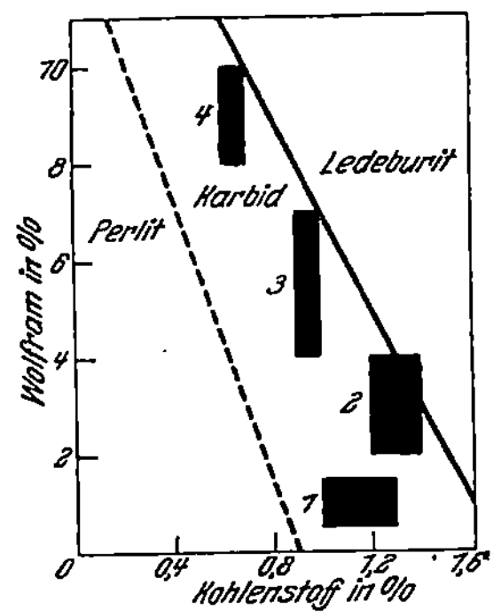

Abb. 324.   Hauptanwendungsgebiete der wolframlegierten Werkzeugstähle nach Goerens.

1. Schneidwerkzeuge, Bohrer, Fräser, Sägeblätter. — 2. Schneidhaltige Formstähle, Meißel, Stempel. — 3. Schneidstähle für sehr harte Arbeitsstücke. — 4. Warmpreß- und Ziehmatrizen.

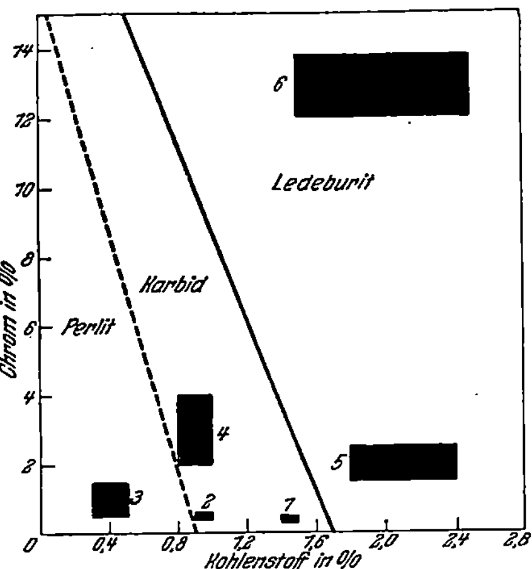

Abb. 323.   Hauptanwendungsgebiete der chromlegierten Werkzeugstähle nach Goerens.

1. Fräser, Rasiermesser, Sägefeilen, Steinbearbeitungswerkzeuge usw. — 2. Spiralbohrer, Sägeblätter. — 3. Hand- und Preßluftmeißel, Ziehstempel usw. — 4. Lochdorne, Kaltwalzen. — 5. Zieheisen für geringere Beanspruchung. — 6. Zieheisen für höhere Beanspruchung.

keit bis 200 kg/mm² beträgt. — Von Baustählen, die bei hoher Temperatur Verwendung finden sollen, kommen mit Chrom oder Nickel legierte Stähle in Frage. Bei ihrer Beurteilung auf Grund von Festigkeitsversuchen ist besonderer Wert auf die Feststellung der Dauerstandfestigkeit zu legen,

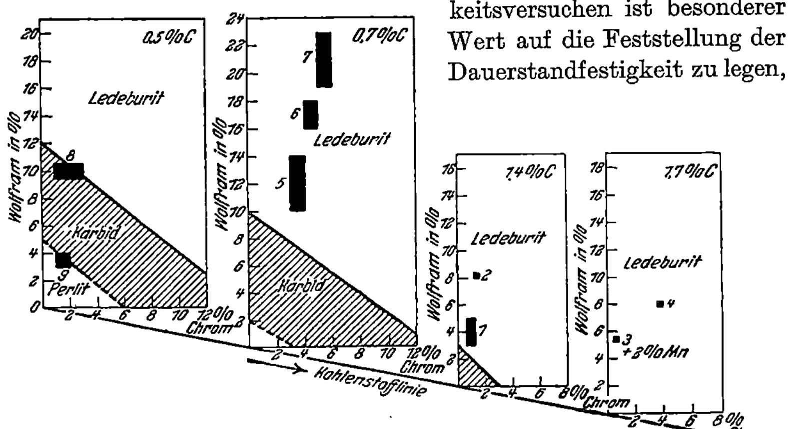

Abb. 325.   Hauptanwendungsgebiete der chrom-wolframlegierten Werkzeugstähle nach Goerens.
1. Riffelstähle. — 2. Midvale-Stahl. — 3. Mushet-Stahl. — 4. Taylor White St. — 5. bis 7. Schnelldrehstähle. — 8. Warmpreßwerkzeuge für sehr hohe Beanspruchungen. — 9. Schrottmeißel, Kaltlochstempel, Warmpreßmatrizen.

während der gewöhnliche Zerreißversuch nur geringe Bedeutung hat (vgl. S. 151).

Werkzeugstähle. — Die Beurteilung der Werkzeugstähle auf Grund einfacher Festigkeitsversuche ist außerordentlich schwierig, da, wie wir auf S. 280 gesehen haben, z. B. der Zusammenhang zwischen Schneidhaltigkeit und den einfachen mechanischen Eigenschaften durchaus noch nicht geklärt ist. Immerhin kann man sagen, daß eine hohe Härte mit einem gewissen Maß von Zähigkeit bei dem für Werkzeuge zu verwendenden Material vorhanden sein muß. Für die Schneidhaltigkeit kommt es wahrscheinlich auf die Natur und Art der Einlagerung, der in diesen Stählen vorkommenden hochkohlenstoffhaltigen Kristallarten sehr an. Die Unterschiede im Formänderungswiderstand der gehärteten reinen Kohlenstoffstähle und der mehrfach legierten Schnelldrehstähle kommt in der in Abbild. 322 mitgeteilten Kurve der Fallhärten gut zum Ausdruck.

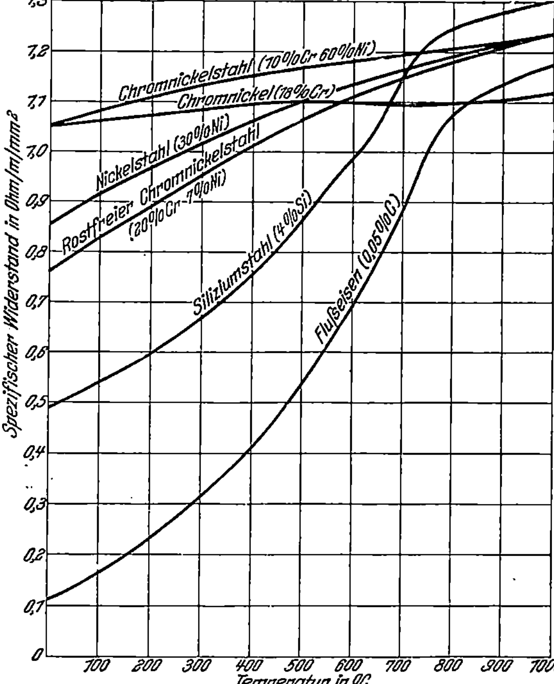

Abb. 326. Abhängigkeit des elektrischen Widerstandes verschiedener Stähle von der Temperatur (nach Goerens).

Eine Übersicht über die Zusammensetzung und Verwendung der hierher gehörigen Stähle geben die Abb. 323 bis 325 nach einer Zusammenstellung von Goerens.

Stähle zur besonderen Verwendung. — Über die Stähle mit besonderen magnetischen Eigenschaften gibt ein besonderes Kapitel (S. 400) Auskunft, über die rostfreien und feuerbeständigen Stähle ebenfalls (vgl. S. 255). Unter Umständen wird ein besonderer Wert des Wärmeausdehnungskoeffizienten verlangt. Die Nickelstähle bieten hier die Möglichkeit, diese Größen in gewünschter Weise zu variieren. Der Invarstahl mit 36% Nickel hat ein Minimum der Ausdehnung. Der Nickelstahl mit 44 bis 47% Nickel hat einen Ausdehnungskoeffizienten, der dem des Glases entspricht, so daß dieses

Material im Glas eingeschmolzen werden kann. Eine besonders starke Ausdehnung zeigt der Nickelstahl mit 25% Nickel und der austenitische, nicht rostende Stahl. Für gewisse Zwecke insbesondere für die Herstellung von Widerstandsmaterial werden besondere Werte des elektrischen Widerstandes verlangt. Es muß hierfür der Widerstand groß und möglichst unabhängig von der Temperatur sein. Die Werte, die sich erreichen lassen, gibt die Abb. 326 wieder. Neben den Widerstandswerten sind hier für die Auswahl geeigneter Materialien natürlich noch ihre Formänderungsfähigkeit (Drahtherstellung) und ihre Oxydationsbeständigkeit maßgebend. Die legierten Materialien zeigen meist auch ein geringes Wärmeleitvermögen.

Technologische Eigenschaften. — Von allgemeinen Bemerkungen über die technologischen Eigenschaften der legierten Stähle[2] seien die folgenden der speziellen Besprechung vorangeschickt. Bei allen Behandlungen legierten Materials in der Wärme ist mit besonderer Vorsicht zu verfahren, da das geringe Wärmeleitvermögen dieser Materialien die Entstehung von Wärmespannungen besonders begünstigt. Der Formänderungswiderstand beim Warmwalzen ist natürlich ganz allgemein höher wie bei den nichtlegierten Materialien. Die in den festen Mehrstofflegierungen möglichen Vorgänge, seien es Umkristallisationen oder Entfesti-

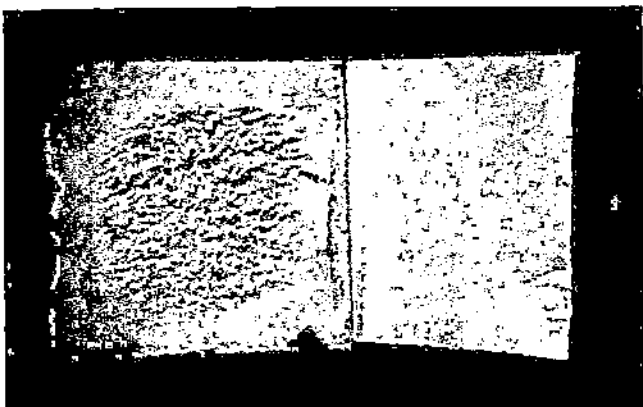

Abb. 327.   Nichtdurchhärtender und durchhärtender Stahl im Bruchgefüge (nach Rapatz).

gungen, dürften ganz allgemein in ihrem Ablauf durch die Legierungselemente gehemmt werden (vgl. Perlitglühung S. 350). Infolgedessen nehmen die Hystereseerscheinungen einen unter Umständen ganz enorm viel größeren Temperaturbereich ein, als bei den reinen Kohlenstoffstählen. In den Zustandsdiagrammen kommt dies nicht genügend zum Ausdruck, man hat bei Wärmebehandlungen sich deshalb zweckmäßig im einzelnen über die Lage der A_r und A_c-Punkte zu unterrichten. Weiterhin sind die Rekristallisationstemperaturen gegenüber denjenigen bei reinem Eisen nach oben verschoben[3]. Da die Entfestigungsgeschwindigkeiten herabgesetzt werden, liegen auch die Grenzen zwischen Warm- und Kaltverformung höher als bei reinen Kohlenstoffstählen[4]. Die Schweißbarkeit ist im allgemeinen beeinträchtigt. Bei den Härtungen der Schnelldrehstähle ist schon hier auf die notwendige Innehaltung einer viel höheren Temperatur gegenüber der Härtung wenig legierten Materials hinzuweisen. Die legierten Stähle härten im allgemeinen durch, d. h. das entsprechende Härtungsgefüge bildet sich, wie Abb. 327 erkennen läßt, bei den legierten Stählen im Gegensatz zu den reinen Kohlenstoffstählen gleichmäßig aus. Bei der Abkühlung der legierten Stähle nach irgendeiner Wärmebehandlung ist darauf zu achten, daß die Abkühlung nicht allzu langsam erfolgt, da sonst die Anlaßsprödigkeit (vgl. S. 382) auftritt. Die legierten Stähle haben eine verschiedene Feuerempfindlichkeit, da sie verschiedenartig gegen kleine Überschreitungen der richtigen Härtebedingungen reagieren; Wolfram und Chrom machen den Stahl unempfindlicher, Mangan macht ihn empfindlicher.

Literatur.

Goerens: Die Eigenschaften der Edelstähle. Werkstoffausschußber. VDE Nr. 66. 1925. — Müller-Hauff u. K. Stein: Autostähle des Welthandels. Düsseldorf: Verl. Stahl und Eisen 1927. — Oertel, W.: Neue Ergebnisse der Edelstahlforschung. Z. V. d. I. Bd. 71, Nr. 43. 1927.

[1] Si, Tucker: J. Iron Steel Inst. 1927 I, S. 412. — Cr, Rosenhain: Ebda. II, S. 370. — Mn, Gayler: Ebda. S. 393. — Si, Hölbling: Chem. Zentralbl. 1927 II, S. 551.

[2] Vgl. hier besonders Edelstahlheft Stahleisen 1924, S. 1637; ferner Bardenheuer: Flocken in Ni-Cr-Stahl. Mitt. Eisenforsch., Abhdlg. 50. — Duesing: Wärmebehandlung von Sonderstählen. Ebda. Nr. 49. — Rosenhain: Einfluß der Masse bei Wärmebehandlung. Engg. 1926 I. S. 705. — Houdremont u. Kallen: Formänderungsfähigkeit legierter Stähle. Stahleisen 1927, S. 826.

[3] Z. B. Schottky u. Jungbluth: Kruppsche Monatsh. 1923, S. 197.

[4] Sauerwald: Metallwirtschaft Bd. VII, S. 1353. 1928.

b) Die Manganstähle.

Die für die Strukturen und das Verhalten der Manganstähle wichtigsten Zustandsdiagramme sind bereits früher (S. 308) bei Behandlung der wichtigsten Begleitelemente in technisch reinen Eisenkohlenstofflegierungen mitgeteilt worden. Es geht daraus hervor, daß das Mangan mit Eisen und Kohlenstoff Mischkristalle zu bilden vermag, wobei die Frage des Bestehens von Mischungslücken noch nicht völlig geklärt ist. Prinzipiell neue Kristallarten treten in den technisch verwendeten Manganstählen gegenüber den bei den Eisenkohlenstoffstählen festgestellten Phasen nicht auf. Aber die Temperatur der Umwandlung der manganhaltigen γ-Mischkristalle in die mangan- und kohlenstoffhaltigen α-Kristalle werden durch den Manganzusatz außerordentlich stark verschoben, die Abb. 328

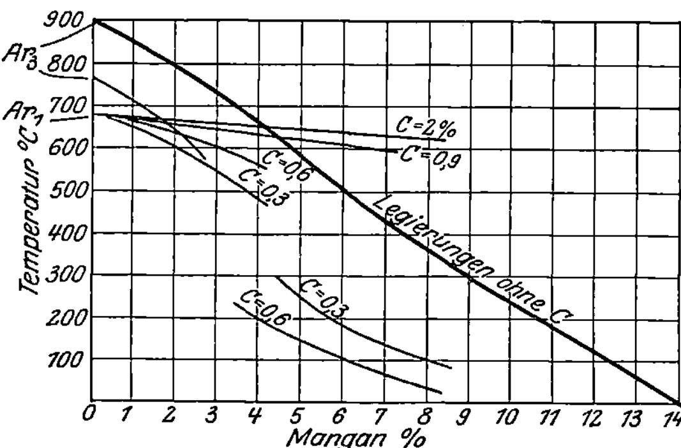

Abb. 328. Die Umwandlungspunkte von Manganstählen in Abhängigkeit vom C- und Mn-Gehalt nach Dejean (Oberhoffer).

gibt für normale Abkühlungsgeschwindigkeiten die Lage der A_r-Umwandlungen an. Die Folge dieser Beeinflussung ist, daß von einem Gehalt an Mangan von etwa 14% an z. B. C-armer Stahl bei Raumtemperatur aus Austenit besteht. Weiterhin ergeben die Stähle, bei denen durch den Mangangehalt der Umwandlungspunkt in das Gebiet von etwa 300° gerückt wird, bei Luftabkühlung ein martensitisches Gefüge. Auch schon die verhältnismäßig geringe Abkühlungsgeschwindigkeit bei Luftabkühlung genügt, um die Umwandlung soweit nach tiefen Temperaturen zu verschleppen, daß Perlit oder auch Sorbitbildung nicht mehr eintreten kann, also wohl das α-Raumgitter entsteht, aber die Ausscheidung des Zementits nicht mehr erfolgt. Bei Stählen, welche bei Raumtemperatur austenitisch sind, kann die Martensitbildung durch Eintauchen in flüssige

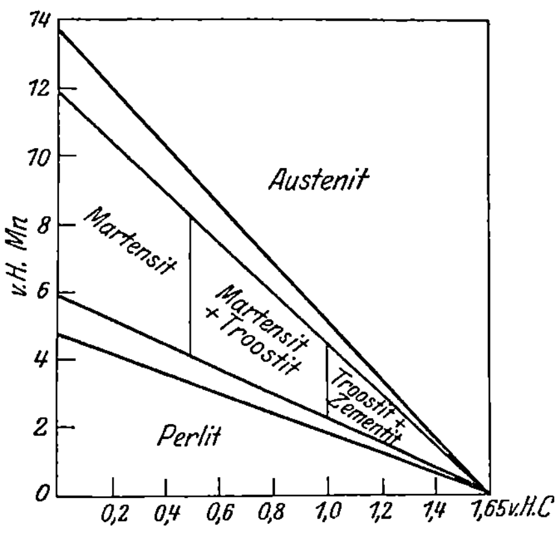

Abb. 329. Einteilung der Manganstähle nach Guillet (Rapatz).

Luft hervorgerufen werden. Die Abhängigkeit der Gefüge der Manganstähle vom Mangan- und Kohlenstoffgehalt läßt sich für die Verhältnisse der Luftabkühlung nach Guillet in einem Diagramm Abb. 329 wiedergeben. Die verschiedenen Gefügefelder werden durch schmale Streifen voneinander getrennt, welche andeuten sollen, daß hier bei Luftabkühlung in den Grenzen, wie dabei die Abkühlungsgeschwindigkeit normalerweise variieren kann, sich die in beiden benachbarten Feldern angegebenen Gefüge ausbilden können. Natürlich hat die Zeichnung der Trennlinien als Gerade keine besondere Bedeutung, sondern stellt nur eine Annäherung dar. Die perlitische und martensitische Gefügebildung

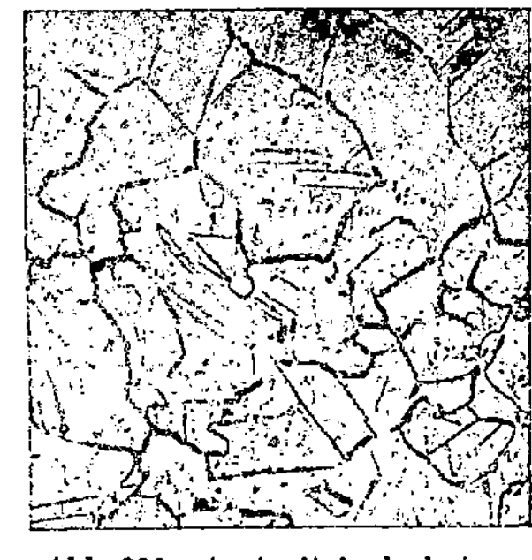

Abb. 330. Austenit in legiertem Stahl (Oberhoffer).

unterscheiden sich kaum von denen der reinen Kohlenstoffstähle, ein Beispiel für einen austenitischen Stahl gibt die Abb. 330 wieder. Hier sind besonders die vielen Zwillingsbildungen charakteristisch.

Die Abhängigkeit der mechanischen Eigenschaften der Manganstähle vom Kohlenstoff- und Mangangehalt gibt die Abb. 331 nach Guillet wieder. Die perlitischen Stähle erfahren eine Erhöhung des Formänderungswiderstandes und eine Verringerung des Formänderungsvermögens durch den Manganzusatz. Bei den martensitischen

24*

Stählen nimmt dieselbe Beeinflussung ein solches Maß an, daß die technische Verwertbarkeit der martensitischen Stähle überhaupt nicht in Frage kommt, und zwar schon aus dem Grunde, daß sie überhaupt nicht bearbeitbar sind. Für die austenitischen Stähle ist charakteristisch ihre hohe Festigkeit bei gleichzeitig hohem Formänderungsvermögen, wobei noch besonders zu beachten ist, daß die austenitischen Stähle beim Zerreißversuch keine örtliche Einschnürung aufweisen. Nachteilig für die Verwendung der austenitischen Stähle ist unter Umständen ihre vergleichsweise niedrige Streckgrenze.

Die Verarbeitungsvorgänge der Manganstähle sind im allgemeinen von denen der reinen Kohlenstoffstähle nicht wesentlich verschieden. Eine besondere Behandlung verlangt lediglich der austenitische Stahl, mit etwa 10 bis 14% Mn und 0,8 bis 1,4% C, wenn man ihm ein Höchstmaß von Formänderungsfähigkeit erteilen will. Man muß ihn dann von Temperaturen von 950 bis 1050° abschrecken, um auch die Bildung von Spuren von Martensit zu verhindern. Bei den so abgeschreckten Austenitstählen stößt die spanabhebende Verarbeitung auf Schwierigkeiten, weshalb die Formgebung hier häufig nicht durch Drehen, sondern durch Schleifen erfolgt. Beim Glühen oder langsamen Abkühlen büßen die austenitischen Manganstähle ihre besonderen Eigenschaften ein, da martensitähnliche Gefüge, anscheinend mit Karbidausscheidungen, entstehen, was auf ein heterogenes Zustandsfeld schließen läßt (Abb. 266, 267).

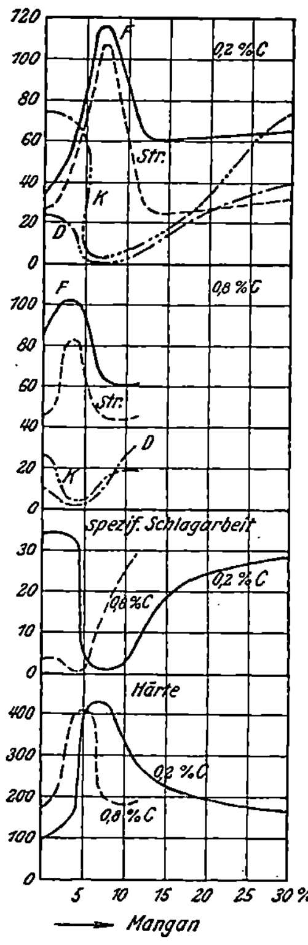

Abb. 331. Die Festigkeitseigenschaften von Mn-Stählen in Abhängigkeit vom Mn- und C-Gehalt, nach Guillet (Oberhoffer).

Eine Übersicht über die Verwendung von Manganstählen gibt die Zahlentafel 24 nach Mars.

Zahlentafel 24.

Verwendungszweck	% C	% Mn	% Si
Spezialbandagen	0,3—0,4	1,3—1,4	0,1—0,2
Spezialhohlkörper, Flaschen	0,25—0,35	1,3—1,4	0,1—0,2
Dorne	0,45	1,3	0,1
Schienen, Brechbacken, Baggerbolzen, Schienenherzstücke Spezialnieten .	0,9—1,1	10,0—13,0	0,2—0,4

c) Die Nickelstähle.

Das Zustandsdiagramm[1] der Eisennickellegierungen gibt Abb. 332. Die Natur des heterogenen Gebietes ist noch keineswegs erkannt, auch die Angaben der Röntgenuntersuchung über die Struktur der Mischkristalle widersprechen einander noch stark[2]. Z. B. gibt Jung an, die Mischkristalle mit 6 und 16% Ni seien kubisch flächenzentriert, während Andrews sie als raumzentriert bestimmt hatte. Im System Nickel-kohlenstoff[3,4] macht sich die geringe Beständigkeit der Nickelkarbide durch leichte Graphitbildung bemerkbar, und auch im Dreistoffsystem Eisen, Nickel, Kohlenstoff[4] (Abb. 333) tritt bei hohem Gehalt an Kohlenstoff leicht Temperkohleausscheidung ein. Im Gebiet der Nickelstähle, welche technisch verwendet werden, treten jedoch nur ternäre Mischkristalle auf, wobei auch hier über das heterogene Gebiet und den Ein-

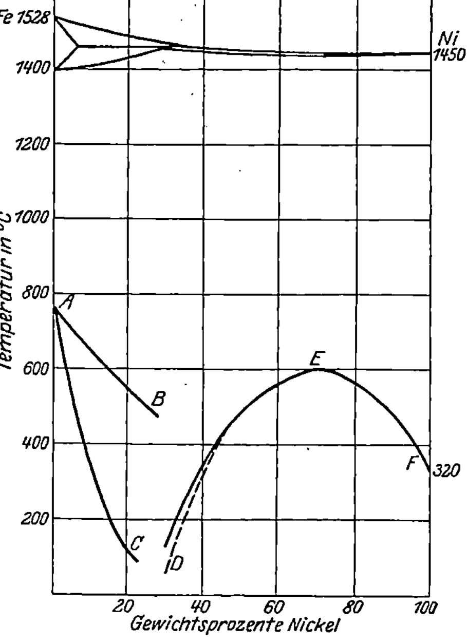

Abb. 332. Zustandsdiagramm Fe-Ni nach[1] (Landolt-Börnstein).

fluß der Umwandlung des Nickels noch keineswegs völlige Klarheit besteht. Prinzipiell ist der Einfluß des Nickels in den Nickelstählen gleich dem des Mangans, nur daß ein Nickelzusatz auf die Verschiebung der Umwandlungspunkte etwa halb so stark wirkt wie ein gleicher Manganzusatz. Die Bildung von Austenit bei Raumtemperatur wird in C-armen Stählen erst bei etwa 25% Nickel erreicht. Das Strukturdia-

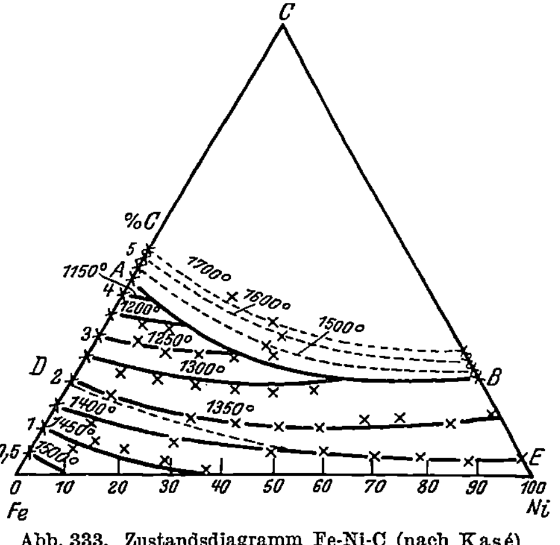

Abb. 333. Zustandsdiagramm Fe-Ni-C (nach Kasé)

gramm nach Guillet zeigt die Abb. 334, der Habitus der Strukturen der perlitischen, martensitischen und austenitischen Nickelstähle ist gleich dem der Manganstähle.

Die mechanischen Eigenschaften der Nickelstähle läßt die Abb. 335 erkennen. Das Verhalten entspricht ganz dem der Manganstähle, insbesondere ist auch bei den martensitischen Nickelstählen das mechanische Verhalten so ungünstig, daß eine Verwendung nicht in Frage kommt. Die Vergütungsmöglichkeiten für einen

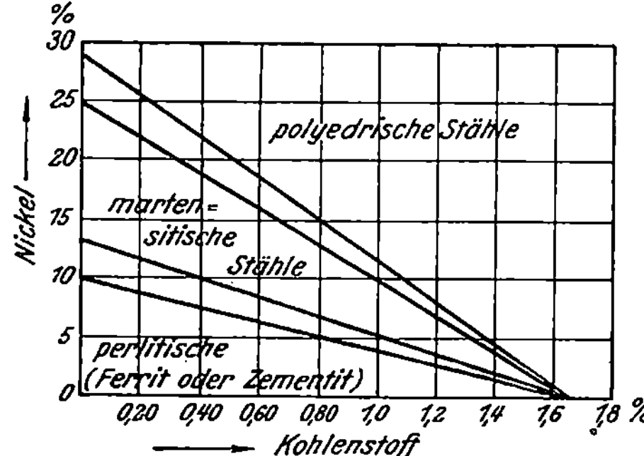

Abb. 334. Einteilung der Nickelstähle nach Guillet (Oberhoffer).

Ni-Stahl sind aus der Abb. 349 zu entnehmen. Die austenitischen Nickelstähle mit 20 bis 27% Ni und 0,2 bis 0,5% C werden von 850 bis 900° in Öl abgelöscht, um sie rein austenitisch zu erhalten.

Über die Besonderheit des Ausdehnungskoeffizienten der Nickelstähle wurden bereits auf S. 369 Mitteilungen gemacht. Eine Übersicht[5] über die allgemeine Verwendung der Nickelstähle gibt Zahlentafel 25.

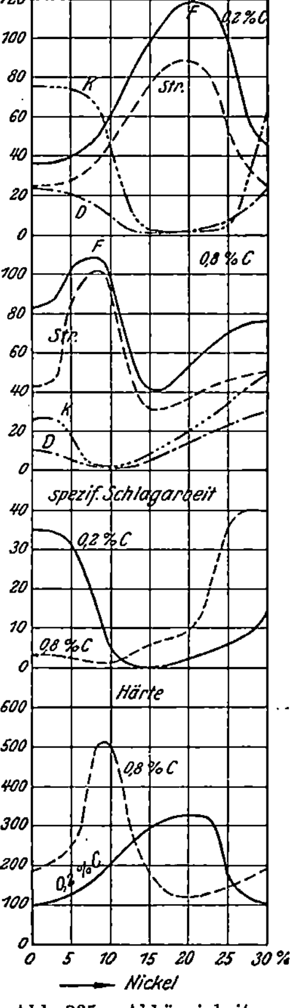

Abb. 335. Abhängigkeit der Festigkeitseigenschaften der Ni-Stähle vom Ni- und C-Gehalt nach Guillet (Oberhoffer).

Literatur.

[1] Vgl. zuletzt R. Vogel: Z. anorg. u. allg. Chem. Bd. 142, S. 193. 1925, der auch besonders die Konstitution der Meteoreisen zur Deutung des Zustandsdiagrammes heranzieht (Arch. Eisenhüttenw. 1928, S. 605). — Hanson: Engg. Bd. 110, S. 413ff.

[2] Andrews: Phys. Ber. 1922, S. 178. — Keehan: Ebda. 1924, S. 287. — Jung: Z. Kristallographie Bd. 65, S. 309. — Honda u. Miura: Sc. Rep. Toh. Imp. Univ. Bd. 16, 7, S. 745. 1927.

[3] Ruff u. Bormann: Z. anorg. Chem. Bd. 88, S. 386. 1914.

[4] Kasé: Sc. Rep. Toh. Imp. Univ. S. I, Bd. 14, Nr. 2, S. 173. 1925. — Andrew u. Dickie: Stahleisen 1927, S. 1585.

[5] Maschinenbau 1922, S. 150.

Zahlentafel 25. Verwendungszweck, Zusammensetzung und Festigkeitseigenschaften
einiger Nickelstähle nach Schüller.

Verwendung	% C	% Ni	Vorbe-handlung	Streckgr. kg/cm²	Festigk. kg/cm²	Dehnung %	Kon-traktion %
Rohre, Bleche . .	0,05—0,15	1—2	geglüht	25—30	40—45	30—25	70—60
Einsatzmaterial. .			gehärtet	50—60	70—80	15—10	45—40
		7—8	geglüht	40—45	60—70	25—18	50—40
Kesselblech, Brük-kenbaumaterial,	0,2—0,45	1,5—3,5	geglüht	35—40	60—70	18—14	60—50
Kanonenrohre .			zäh ver-gütet }	35—50	60—75	16—12	60—50
Ventile für Explo-sionsmotoren, el. Widerstände, Kompaßgehäuse	0,3—0,5	25—28	naturhart	25—35	60—65	35—30	60—50

Material für Kurbel-, Transmissionsrollen, Pleuelstangen enthält 0,2 bis 0,45 % C und
3 bis 4 % Ni, solches für Zahnräder, Zapfen, Bolzen 0,25 bis 0,45 % C und 4 bis 6 % Ni.

d) Die Chromstähle.

Das Zustandsdiagramm der Eisenchromlegierungen[1] gibt
Abb. 336 nach Oberhoffer, Pakulla und Esser wieder. Im System

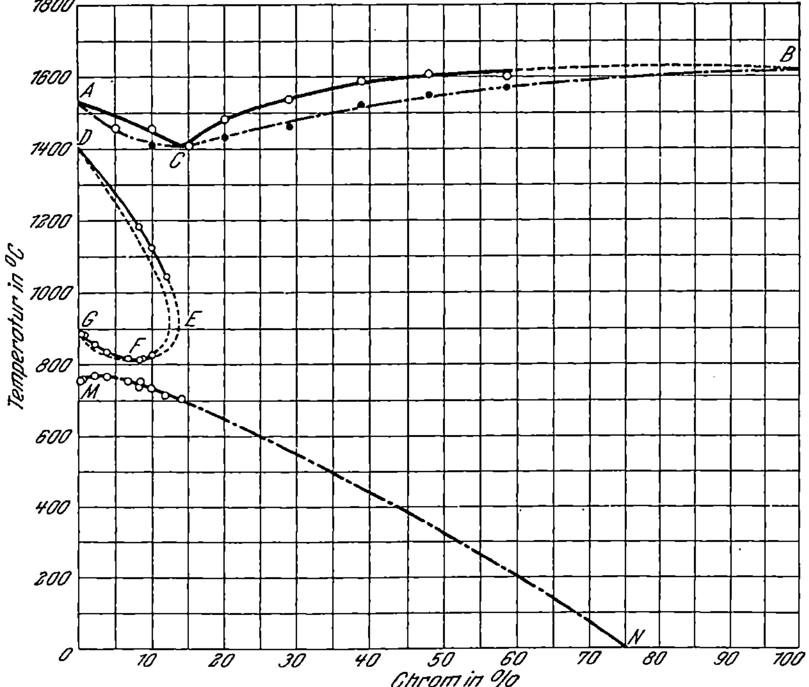

Abb. 336. Zustandsdiagramm Fe-Cr (nach Oberhoffer, Pakulla, Esser).

Chrom-Kohlenstoff[2] treten eine Reihe von stabilen Chromkarbiden (Abb. 337) auf. Das Dreistoffsystem Chrom, Eisen, Kohlenstoff ist nur unsicher bekannt[3]. Das Chrom beeinflußt die Umwandlung des Eisens nur in sehr viel schwächerem Maße als Mangan und Nickel. Ac_1 wird durch Chromzusatz ein wenig erhöht, Ar_1 wird erniedrigt, jedoch bei den technisch in Frage kommenden Gehalten nur so weit, daß es bei Luftabkühlung niemals zur Austenitbildung, sondern höchstens zur Martensitbildung kommen kann. Gewöhnlich unterbleibt aber auch diese, was aus den weiter unten mitgeteilten neuen Strukturdiagrammen von Oberhoffer und Daeves hervorgeht. Der charakteristische Einfluß des Chroms als Legierungselement besteht nun darin, daß in Konzentrationsbereichen, in denen neben den ternären Mischkristallen der Eisenecke hochkohlenstoffhaltige ternäre Phasen auftreten, die man auch als Doppelkarbide bezeichnet, die Schmiedbarkeit erhalten bleibt. Nach dem Gußvorgang sind die Doppelkarbide in Form eines Eutektikums vorhanden, welches in seinem Habitus dem Ledeburit entspricht und dessen Ausscheidungslinie auch vom Ledeburit des Eisenkohlenstoffsystems ausgeht (Abb. 338). Man nennt deshalb die hochchrom- und kohlenstoffhaltigen Stähle, die diese Kristallarten aufweisen, ledeburitische Stähle. Die Konzentrationen, bei denen chromhaltiger Ledeburit in den Chromstählen auftritt,

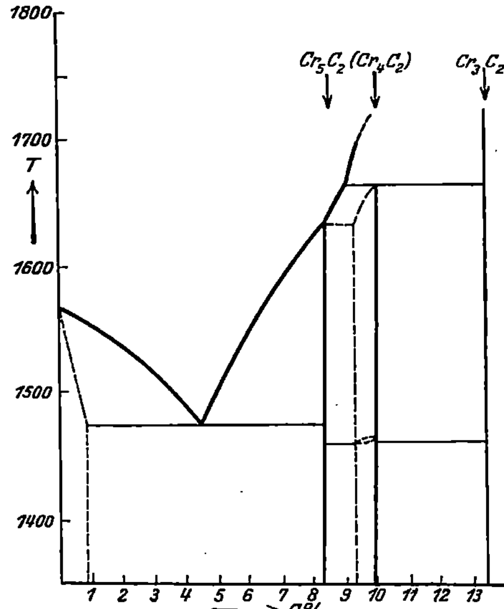

Abb. 337. Zustandsdiagramm Cr-C (nach Sauerwald und Kraiczek).

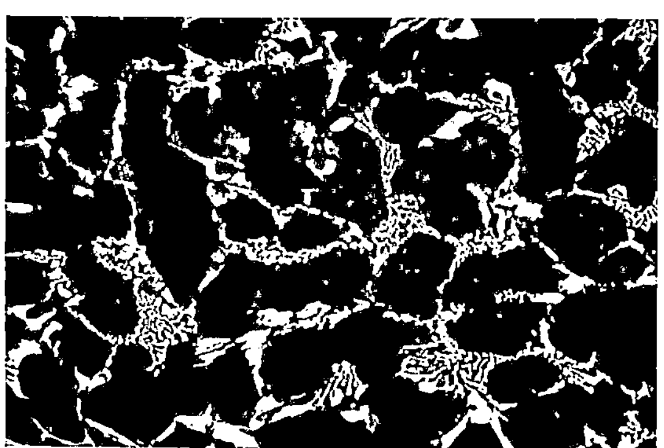

Abb. 338. Ledeburitähnliches Gefüge in Chromstahl (12% Cr, 2% C) nach dem Guß (nach Rapatz).

gibt das Gefügediagramm von Oberhoffer und Daeves an (Abb. 339)[4].
Die Natur und Zusammensetzung der hochchrom- und kohlenstoffhaltigen Phasen ist trotz vieler Untersuchungen darüber noch nicht sehr

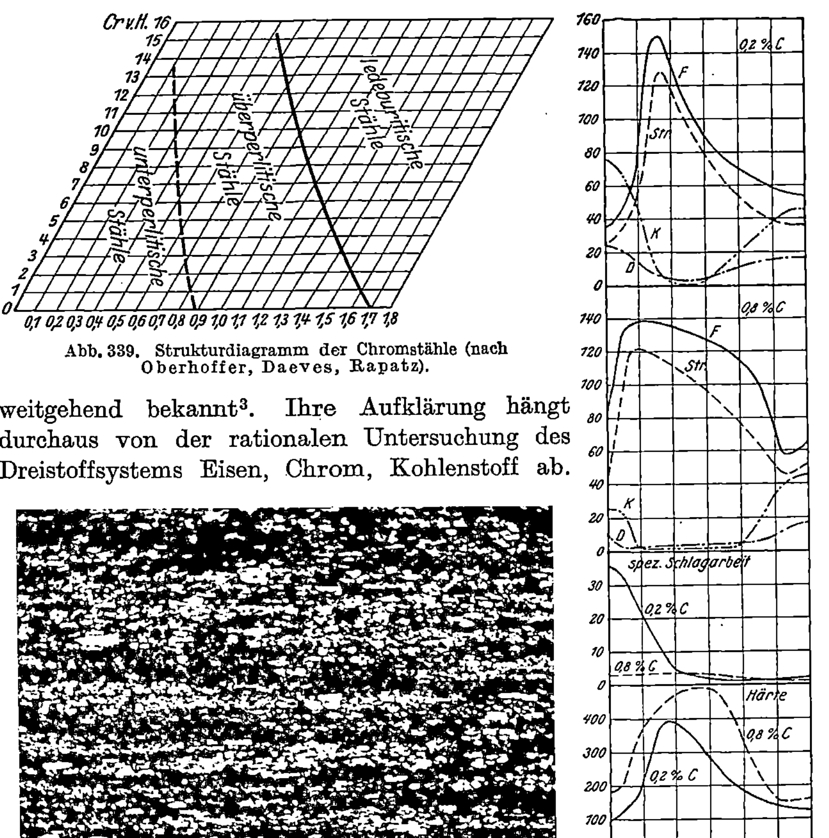

Abb. 339. Strukturdiagramm der Chromstähle (nach
Oberhoffer, Daeves, Rapatz).

weitgehend bekannt[3]. Ihre Aufklärung hängt
durchaus von der rationalen Untersuchung des
Dreistoffsystems Eisen, Chrom, Kohlenstoff ab.

Abb. 340. Anordnung der hochchrom- und kohlenstoffhaltigen
Kristallarten in Cr-Stahl (12% Cr, 2% C) nach dem Walzen
(nach Rapatz). × 200.

Abb. 341. Abhängigkeit der
Festigkeitseigenschaften
von Cr-Stählen vom Cr-
und C-Gehalt nach Guillet
(Oberhoffer).

Die perlitischen Chromstähle unterscheiden sich
in ihrer Struktur nicht wesentlich von anderen
perlitischen Stählen. Das Gefüge, welches die ledeburitischen Stähle
zeigen, ist naturgemäß außerordentlich stark von ihrem Verarbeitungs-
grade abhängig. Das Ledeburitnetzwerk, welches im gegossenen Stahl
vorgelegen hat, wird durch eine Verformung natürlich in mehr oder
weniger starkem Maße zerstört. Das Gefüge eines solchen Stahles nach
der Verschmiedung zeigt die Abb. 340.

Die mechanischen Eigenschaften der Chromstähle zeigt die

Abb. 341. Als normale Baustähle kommen hauptsächlich die perlitischen Stähle in Frage, welche einen erhöhten Formänderungswiderstand und eine geringe Abnahme des Formänderungsvermögens gegenüber den unlegierten Stählen aufweisen.

Zahlentafel 26.
Verwendungszweck von chromlegierten Baustählen nach Mars.

Verwendungszweck	% C	% Cr	% Mn
Bleche für Preßteile . . .	0,4—0,45	1,0	0,5—0,6
Wagen- und Arbeitsfedern.	0,2—0,4	1,5	0,3
Kugellager	0,85—0,95	1,0—1,3	0,3
Kugeln	0,95—1,05	1,3—1,5	0,2
Dauermagnete	1,0—1,10	1,6—1,8	0,24

Der Si-Gehalt beträgt etwa 0,2%.

Über die Verwendung der niedrig legierten Chromstähle gibt die Zahlentafel 26 neben Abb. 323 Auskunft, soweit es sich um allgemeine Verwendungszwecke handelt. Besondere Verwendung erfahren die Chromstähle als rost- und säurebeständiges Material. (Vgl. S. 255.) Sie enthalten dann 12 bis 14% Cr und entweder 0,1 oder 0,2 bis 0,5% C. Höchste Widerstandsfähigkeit gegen chemischen Angriff besitzen die Stähle gehärtet und poliert, Kaltbearbeitung setzt die Widerstandsfähigkeit herab. Zur Härtung müssen diese Stähle auf etwa 920 bis 1000° erhitzt werden. Erst bei Anlaßtemperaturen von 500 bis 600° geht bei diesen Stählen der Formänderungswiderstand stärker zurück.

Literatur.

[1] Werkstoffausschußber. VDE Nr. 68, 1925; Stahleisen 1927, S. 2021.

[2] Ruff u. Foehr: Z. anorg. u. allg. Chem. Bd. 104, S. 27. 1928. — Sauerwald u. Kraiczek: Diss. Breslau T. H. 1929. — Westgren u. Phragmen: Röntgenuntersuchung. Kgl. schwed. wiss. Akad. Bd. 2, Nr. 5. Hier Bedenken gegen Analysenresultate!

[3] Murakami: Sc. Rep. Toh. Imp. Univ. Bd. 7, S. 217. 1918. — Austin: J. Iron Steel Inst. 1923 II, S. 235. — Fischbeck: Stahleisen 1924, S. 715. — Meierling u. Denecke: Z. anorg. u. allg. Chem. Bd. 151, S. 113. — Vegesack: Ebda. Bd. 154, S. 30. — Sauerwald, Neudecker u. Rudolph: Ebda. Bd. 161, S. 316. 1927. — Großmann: Stahleisen 1927, S. 1463. — Westgren, Phragmen u. Negresco: Jernk. Ann. Bd. 111, S. 513. 1927; Stahleisen 1928, S. 1102. — Maurer u. Nienhaus: Stahleisen 1928, S. 996.

[4] Zuletzt: Stahleisen 1925, S. 583.

e) Die Wolframstähle.

Das Zustandsschaubild Wolfram-Eisen[1] gibt die Abb. 342 wieder. Den Grundriß der Eisenecke des ternären Diagramms Eisen-Wolfram-Kohlenstoff[1] stellt die Abb. 343 dar. Bei niedrigen Eisengehalten erfolgt ternäre Mischkristallbildung. Bei höheren Eisengehalten ist ein heterogenes Zustandsfeld zu bemerken, in dem wie bei Fe-Cr-C hochwolfram- und -kohlenstoffhaltige Phasen auftreten und auch hier ist der für die Verwendung dieser Legierungen ausschlaggebende Umstand der, daß diese Legierungen schmiedbar sind. Im Rohguß

tritt auch hier ein wolframhaltiger Ledeburit auf. Wir unterscheiden von den ledeburitischen Stählen die perlitischen des Bereiches *GEH*. Da die Wirkung des Wolframs auf die Umwandlung des Eisens nicht sehr stark ist, haben wir außer diesen Strukturen bei normaler Abkühlung keine Besonderheit zu erwarten.

Wolfram erhöht die **Streckgrenze** und **Festigkeit**, verringert das **Formänderungsvermögen** noch weniger als Chrom.

Die mechanischen Eigenschaften schon der reinen Fe-W-Legierungen sind jedoch nach

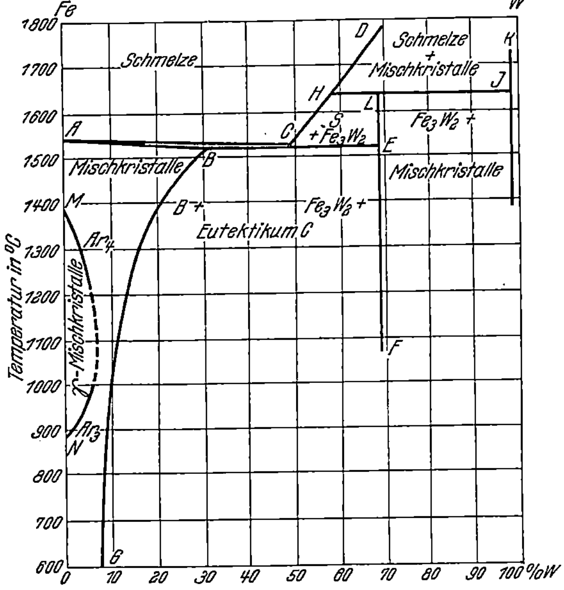

Abb. 342. Zustandsdiagramm Fe-W (nach Sykes).

Sykes außerordentlich von der besonderen Art der Behandlung im festen Zustande abhängig: Erstens wird beim Durchlaufen des Zustandsfeldes der γ-Mischkristalle im Bereich von 0 bis 6 % W die Korngröße beeinflußt, die ihrerseits von Einfluß auf die Festigkeitseigenschaften ist. Zweitens führt die besondere Form der Löslichkeitslinie *BG* dazu, daß bei schneller Abkühlung sich die Verbindung Fe_3W_2 nicht ausscheidet, vielmehr dazu erst Gelegenheit findet, wenn das Material auf Temperaturen von 700 bis 800° angelassen

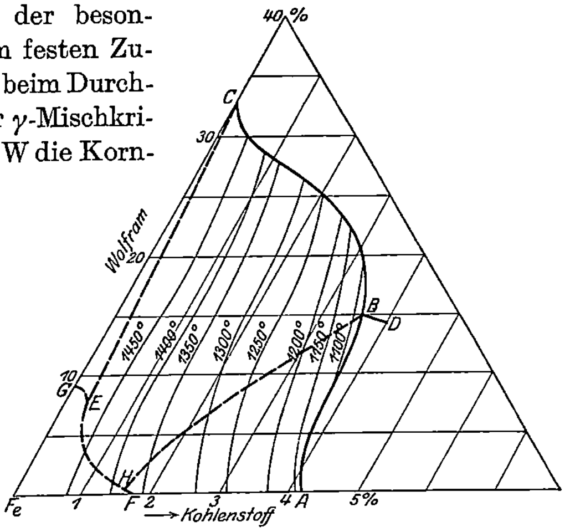

Abb. 343. Zustandsdiagramm Fe-W-C (nach Ozawa).

wird. Die Ausscheidung erfolgt dann jedoch auch zunächst noch in sehr feiner Verteilung, und dies bewirkt — wie wir später bei den vergütbaren Leichtmetallegierungen (S. 440ff.) genauer sehen werden — eine Erhöhung des Formänderungswiderstandes, der erst dann wieder

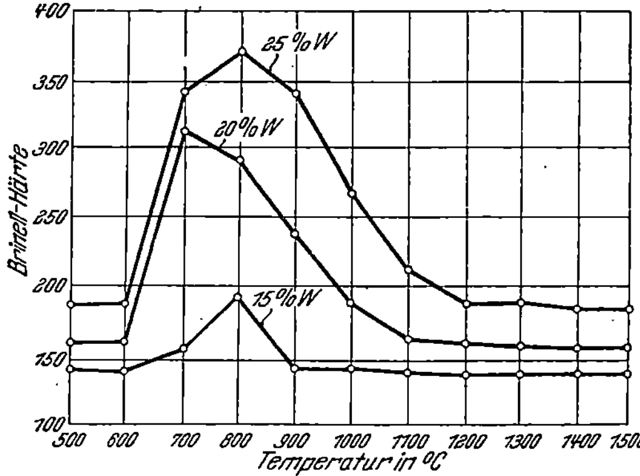

Abb. 344. Die Härte abgeschreckter Fe-W-Legierungen nach Anlassen auf verschiedene Temperaturen (nach Sykes).

abnimmt, wenn die Ausscheidungen gröber werden. Diese sehr wichtige Erscheinung findet in Abb. 344 und in den Schliffbildern 345 und 346 einen Ausdruck. Im Schliffbild, welches zum höchsten Formänderungswiderstand gehört, deutet sich die äußerst feine Dispersion in einer gleichmäßigen Dunkelfärbung an, ohne daß die Teilchen sichtbar würden.

Bezüglich der mechanischen Verarbeitung der Wolframstähle ist nichts Besonderes zu bemerken, natürlich tritt auch hier bei den lede-

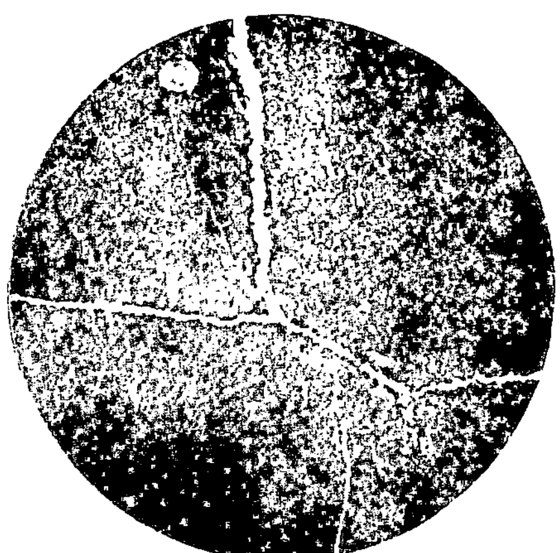

Abb. 345. W-Fe-Legierung mit 80% Fe von 1500° abgeschreckt und 20 Std. bei 700° gealtert. Brinellhärte 312 (nach Sykes). × 1000.

Abb. 346. W-Fe-Legierung mit 80% Fe von 1500° abgeschreckt, 20 Std. bei 800° gealtert. Brinellhärte 260 (nach Sykes). × 1000.

buritischen Stählen durch Verformung eine Aufteilung des Ledeburitnetzwerkes ein. Die hauptsächliche Verwendung der Wolframstähle als Werkzeugstahl ist durch Abb. 324 angegeben. Über magnetische Eigenschaften vgl. S. 401.

Literatur.

[1] Ozawa: Sc. Rep. Toh. Imp. Univ. Bd. 11, Nr. 5, S. 333. 1922. — Sykes: Am. Inst. Min. Met. Eng. Bd. 73, S. 968. 1926. — Röntgenuntersuchg. u. ander-

weitige Untersuchg. des Systems W—C: Ruff u. Wunsch: Z. anorg. u. allg. Chem. Bd. 85, S. 292. — Phragmen u. Westgren: Z. anorg. u. allg. Chem. Bd. 156, S. 27. 1926. — Becker u. Hölbling: Z. angew. Chem. 1927, S. 512. — Skaupy: Z. Elchem 1927, S. 487. — Westgren u. Phragmen: Jernk. Ann. Bd. 111, S. 535. 1927.

f) Die Siliziumstähle.

Die für die Beurteilung der Siliziumstähle notwendigen Zustandsdiagramme sind bereits auf S. 309 mitgeteilt worden. Wir haben mit zunehmendem Siliziumgehalt eine Abschwächung der Eisenumwandlung festzustellen, und schließlich tritt kein Perlit in den ternären Legierungen mehr auf. Durch das Silizium wird der Formänderungswiderstand, insbesondere die Streckgrenze erhöht und das Formänderungsvermögen herabgesetzt (Abb. 347). Verwendet wird Siliziumstahl als normaler Baustahl und als Federstahl. Über die besonderen magnetischen Eigenschaften kohlenstoffarmer Siliziumlegierungen, die dieselben als Dynamo- und Transformatorenbleche geeignet machen, vgl. S. 400.

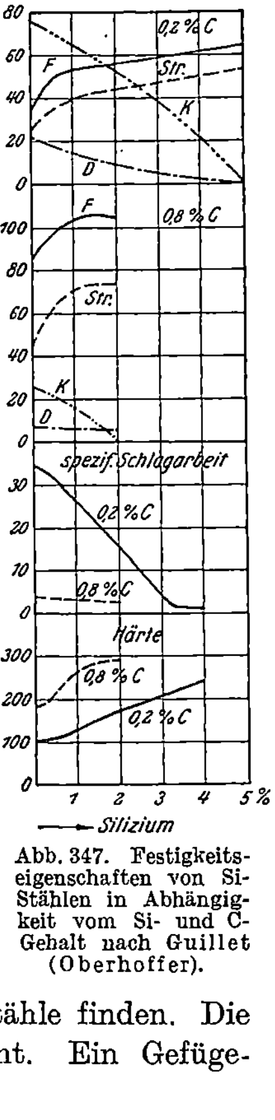

Literatur.

Stahleisen 1926, S. 493. — Meiser, J.: Ebda. 1927, S. 446. — Schulz u. Buchholz: Gieß.-Zg. 1926, S. 615, 687.

Abb. 347. Festigkeitseigenschaften von Si-Stählen in Abhängigkeit vom Si- und C-Gehalt nach Guillet (Oberhoffer).

g) Die Chromnickelstähle.

Von den quaternären Stählen sind zunächst die Chromnickelstähle hier zu erwähnen, welche eine umfangreiche Anwendung als hoch beanspruchte Baustähle finden. Die quaternären Zustandsdiagramme sind nicht bekannt. Ein Gefügediagramm[1] der Chromnickelstähle für Luftabkühlung zeigt Abb. 348. Als Baustahl kommt im wesentlichen nur die perlitische Gruppe in Frage. Die Stähle mit höherem Chromgehalt gehören zu den rost- und säurewiderstandsfähigen Legierungen, welche hinsichtlich dieser Eigenschaft auf S. 255 behandelt werden.

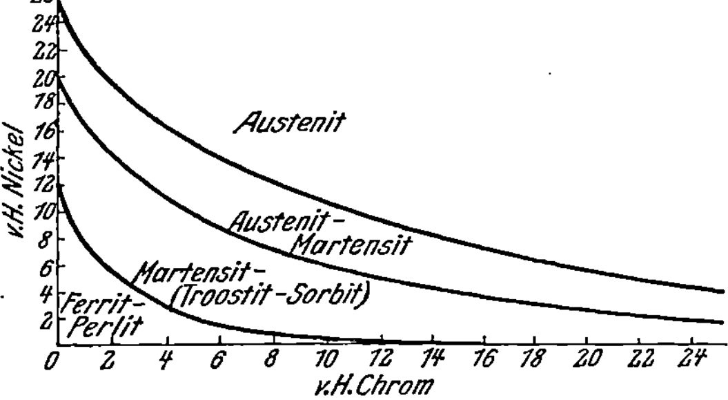

Abb. 348. Gefügediagramm von Chrom-Nickel-Stählen mit 0,1—0,5% C nach Strauß und Maurer (Schaefer).

Eine Übersicht über die Verwendung der Chromnickelstähle gibt Zahlentafel 27.

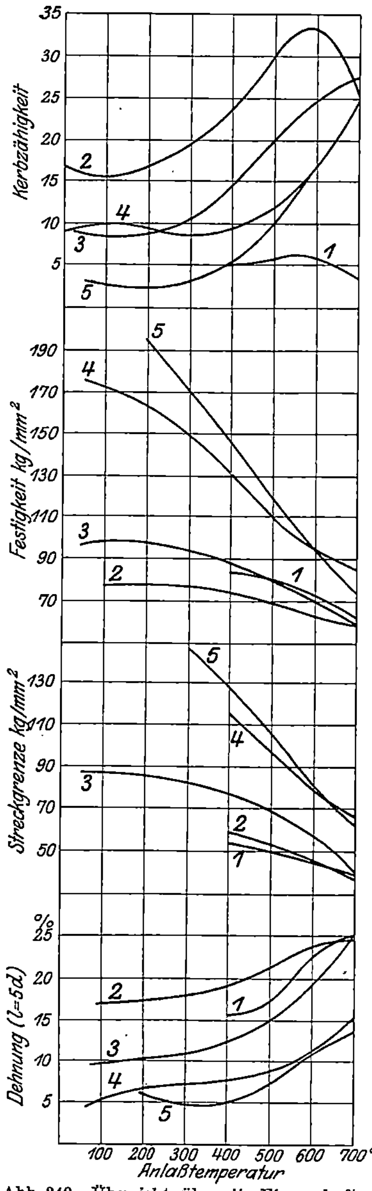

Abb. 349. Übersicht über die Eigenschaften
quaternärer Baustähle in Abhängigkeit von
der Anlaßtemperatur nach Wendt: Kruppsche
Monatsh. 1922, S. 121 (Oberhoffer).
1 Kohlenstoffstahl 0,45% C, 0,65% Mn.
2 Nickelstahl 0,2% C, 5% Ni.
3 Chromnickelstahl 0,2% C, 3% Ni, 0,5% Cr.
4 Chromnickelstahl 0,3% C, 4% Ni, 1,5% Cr.
5 Chromnickelstahl 0,4% C, 1% Ni, 1,6% Cr.

Bezüglich der Verarbeitungsprozesse ist zu erwähnen, daß die
für die Wärmebehandlung maßgebenden Temperaturen natürlich nach
der Zusammensetzung recht verschieden sind. Die Umwandlungspunkte
werden zweckmäßigerweise in jedem
Einzelfall bestimmt. Als Beispiel für
die bei der Vergütung in Abhängigkeit von der Anlaßtemperatur bei
einigen Stählen zu erzielenden Eigenschaftsänderungen geben die Abb. 349
und Zahlentafel 27 Werte in Abhängigkeit von der Anlaßtemperatur[5] wieder.

Der nichtrostende Chromnickelstahl mit 18 bis 20% Cr, 7 bis 12% Ni,
0,1 bis 0,4% C wird zur Erzielung
höchster Rostsicherheit von Temperaturen zwischen 1000° und 1200°
(je nach C-Gehalt) in Wasser oder
Öl abgeschreckt. Auch er zeigt seine
höchste Korrosionsbeständigkeit im
polierten Zustand.

Eine besonders bei den Chrom-
nickelstählen wichtige Erscheinung
für die Wärmebehandlung ist die sogenannte Anlaßsprödigkeit. Es
zeigt sich nämlich, daß diese Stähle
wie auch reine Chromstähle nach dem
Anlassen bei langsamer Abkühlung
von der Anlaßtemperatur kerbspröde
werden. Diese Kerbsprödigkeit tritt
nicht auf, wenn die Stähle von der
Anlaßtemperatur rasch abgekühlt
werden. Der Einfluß der verschiedenen Legierungselemente bezüglich
dieser Erscheinung ist verschieden.
Wichtig ist besonders, daß Molybdän
die Neigung zur Anlaßsprödigkeit
verringert. Die Sprödigkeit ist ferner
abhängig von der Höhe der Anlaßtemperatur. Dieser Einfluß ist im einzelnen aber nicht leicht zu erfassen,

Zahlentafel 27. Die genormten Chrom-Nickel-Vergütungsstähle.

Be-zeichnung	% C	% Cr	% Ni	Festigkeit		Dehnung	
				zäh	hart	zäh	hart
				vergütet		vergütet	
VCN_{15}	0,25—0,40	0,3—0,7	1,25—1,75	65—80	75—90	16—12	14—10
VCN_{25}	0,25—0,40	0,55—0,95	2,25—2,75	70—85	85—100	14—10	12—8
VCN_{45}	0,25—0,40	0,55—0,95	3,25—3,75	75—90	90—105	14—10	12—8
VCN_{35}	0,30	$\geqq 0{,}80$	4,5	95—105	110—130	12—10	10—7

Für die Beimengungen werden verlangt: Mn 0,4 bis 0,8%,
$$P \leqq 0{,}035\%,$$
$$S \leqq 0{,}035\%,$$
$$Si \leqq 0{,}35\%.$$

weil ja an sich durch verschiedene Anlaßtemperatur die mechanischen Eigenschaften beeinflußt werden. Dasselbe ist auch über den Einfluß der Anlaßdauer zu sagen. Wichtig für die Aufklärung der Ursache der Anlaßsprödigkeit sind die neuerdings festgestellten Beobachtungen über die gleichzeitige Veränderung einiger weiterer Eigenschaften. So ist z. B. die Härte und das spezifische Volumen, ebenso der elektrische Widerstand des Materials im spröden Zustande größer als in formänderungsfähigem Zustand.

Von den neuerdings über die Ursache der Anlaßsprödigkeit geäußerten Ansichten sei die von Andrew[2] und Honda[3] vertretene mitgeteilt. Danach besteht in den legierten Stählen eine Löslichkeit von Kohlenstoff seitens des mit Legierungsbestandteilen durchsetzten α-Eisenraumgitters. Die Löslichkeit für Kohlenstoff wird bei Temperaturen dicht unterhalb der Perlitlinie größer angenommen als bei Raumtemperatur. Es hängt nun von der Abkühlungsgeschwindigkeit ab, ob in dem Stahl nach dem Anlassen der Kohlenstoff entsprechend der Löslichkeit mehr oder weniger ausgeschieden wird oder nicht. Im Fall, daß bei langsamer Abkühlung eine Auskristallisation von Karbid stattfindet, soll dieses bezüglich des Formänderungsvermögens von Nachteil sein. Ein Urteil über das Zutreffen dieser Auffassung ist noch nicht möglich[4].

Literatur.

[1] Strauß u. Maurer: Kruppsche Monatshefte 1920, S. 143.
[2] Andrew u. Dickie: J. Iron Steel Inst. 1926 II, S. 359.
[3] Sc. Rep. Toh. Imp. Univ. S. I, Bd. 16, Nr. 3, S. 307. 1927.
[4] Vgl. ferner Maurer: Mitt. Eisenforsch. Bd. 2, S. 105. 1921. — Guillet u. Ballay: Rev. Mét. 1926, Mem. S. 507 u. Ebda. 1927, S. 36.

h) Die Schnelldrehstähle.

Die Schnelldrehstähle sind solche Werkzeugstähle, welche ihre Schneidhaltigkeit bei sehr hohen Temperaturen behalten, so daß ein Material mit großer Schnittgeschwindigkeit, welche ja eine starke Erwärmung des arbeitenden Stahls verursacht, bearbeitet werden kann.

Da die Härte eine der Komponenten der Schneidhaltigkeit ist (vgl. S. 281), so kommt die Eigenschaft der Schnelldrehstähle in der Temperaturabhängigkeit der Härte z. B. im Vergleich mit anderen Stählen zum Ausdruck (Abb. 322). Die Gruppe der Schnelldrehstähle umfaßt in erster Linie mit Chrom und Wolfram legierte Stähle. Die Zusammensetzung ist: 0,5 bis 0,9 % C, 12 bis 20 % W, 3 bis 5 % Cr. Außerdem können Schnelldrehstähle noch Legierungszusätze von V, Mo und Co enthalten.

Schnellarbeitsstähle enthalten in gegossenem Zustand ein Eutektikum mit hochkohlenstoffhaltigen Phasen. Im geschmiedeten Stahl ist natürlich diese Anordnung mehr oder weniger gestreckt. Die Abb. 350

Abb. 350. Schneidkante eines Schnellstahls (nach Rapatz).

läßt die Schneidkante eines Schnellstahles erkennen. Die helleren Gefügebestandteile sind die hochkohlenstoffhaltigen Phasen. Beim Gießen der Blöcke in Kokillen pflegt sich bei Schnellstahl ein ziemlich erheblicher Unterschied in den Dimensionen der Ledeburitanteile einzustellen. Der besonders hohe Formänderungswiderstand der Schnelldrehstähle bei hohen Temperaturen erschwert naturgemäß ihre Warmformgebung. Die Warmformgebungstemperatur liegt bei etwa 1250 bis 1000°. Kaltverformung ist für die Herstellung feiner Werkzeuge notwendig. Die Glühtemperaturen nach Kaltverformung liegen bei etwa 750°.

Das Härten der Schnelldrehstähle ist von der Wärmebehandlung bei anderen Stählen durch die Notwendigkeit sehr wesentlich unterschieden, die Abschrecktemperaturen sehr hoch zu wählen. Dieselben liegen bei 1200 bis 1350°. Diese Temperatur darf jedoch nur gerade erreicht werden. Es hat bei 850 bis 900° im allgemeinen eine langsame Vorwärmung zu erfolgen. Die Notwendigkeit, diese hohe Härtetemperatur innezuhalten, hat sich aus dem rein empirischen Befunde ergeben, daß die so gehärteten Stähle beständiger bezüglich ihres Formänderungswiderstandes bei höheren Temperaturen sind, als die bei niedrigeren Temperaturen abgeschreckten Stähle. Außerdem liegt der Formänderungswiderstand an sich auch etwas höher. Der tiefere Grund für das Verfahren liegt wahrscheinlich darin, daß bei der höheren Abschrecktemperatur mehr Kohlenstoff in Lösung gebracht wird als bei niedrigeren Temperaturen. Das Anlassen der abgeschreckten Stähle erfolgt bei 550 bis 600°. Bei diesen Temperaturen pflegt beim Anlassen noch eine Zunahme der Härte einzutreten, wenn die Stähle von genügend hoher Temperatur abgeschreckt sind. Es geht dies aus der Abb. 351 hervor. Wahrscheinlich handelt es sich bei diesem weiteren Ansteigen der Härte, welche auch als Sekundärhärte bezeichnet wird, um die Martensitbildung aus Austenit, welcher vorher beim Abschrecken von hohen Temperaturen erzeugt wird.

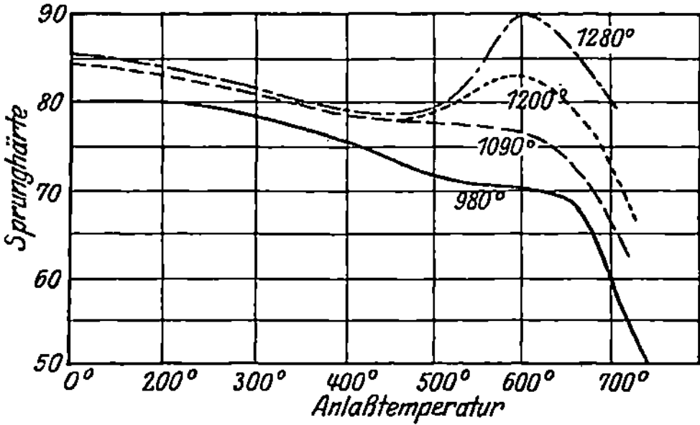

Abb. 351. Die Härte abgeschreckter Schnelldrehstähle nach Anlassen auf verschiedene Temperaturen (nach Rapatz).

— Die hohe Anlaßbeständigkeit des Schnellarbeitsstahles zeigt sich nur bei der Gruppe von legierten Stählen, deren Zusammensetzung oben angegeben war. Die Frage nach dem Wesen der Schnellarbeitsstähle ist in erster Linie eine solche nach dem Grunde der hohen Anlaßbeständigkeit. Man könnte zunächst daran denken, daß diese Höhe des Formänderungswiderstands bei erhöhten Temperaturen wesentlich durch das Vorhandensein der hochkohlenstoffhaltigen Phasen, die hier gewöhnlich auch als Karbide bezeichnet werden, bedingt seien, und daß der Martensit des gehärteten Stahls gar nicht so wesentlich in Frage kommt. Eine solche Auffassung wenigstens in dieser einfachen Form läßt sich jedoch aus dem Grunde nur schwer vertreten, weil andere Stahlarten mit etwa dem gleichen Gehalt an Karbiden nicht den gleichen hohen Formänderungswiderstand bei hohen Temperaturen zeigen. Es könnten ja allerdings die in den Schnelldrehstählen vorliegenden Karbide besonders günstige Eigenschaften haben, sie selbst sind ja noch kaum untersucht, und ferner könnten die zwischenkristallinen Bindungen mit der übrigen Metallmasse in besonderer Weise bevorzugt sein. Vorläufig ist jedoch vor allem noch mit der besonderen Beständigkeit des Härtungsgefüges dieser Stähle zu rechnen.

Man kann versuchen, aus dem Studium der beim Anlassen sich ebenfalls ändernden anderen physikalischen Eigenschaften auf den Grund für die besondere Anlaßbeständigkeit der Schnellarbeitsstähle zu schließen, wie dies besonders Maurer und Schilling[1] getan haben. Es wurde von ihnen das Gefüge, die magnetischen Eigenschaften, die elektrische Leitfähigkeit, Dilatationen und Wärmetönungen während des Anlassens untersucht. Es ergaben sich aus diesen Versuchen einige Resultate über das Wesen der einzelnen Legierungszusätze, insbesondere wurde aus der vergleichenden Betrachtung der elektrischen Leitfähigkeit

und der Dilatation der Schnelldrehstähle und der einfach legierten
Stähle geschlossen, daß insbesondere das Chrom in die Mischkristallphasen eingeht und die Martensitmenge vermehrt, und daß die höheren
Abschrecktemperaturen wie schon oben mitgeteilt, die schließlich er-
zielbare Martensitmenge vergrößern. Über den Anlaßvorgang ließ sich
jedoch aus diesen Untersuchungen verhältnismäßig nur wenig entnehmen,
da im allgemeinen die Änderungen der physikalischen Eigenschaften
nicht bei denselben Temperaturen wie der Verlust des hohen Formänderungswiderstandes erfolgen, sondern schon früher. Wenigstens
verhalten sich die elektrische Leitfähigkeit und die magnetischen
Eigenschaften so, während die Wärmetönungen und Volumänderungen
zum Teil bei den Temperaturen des Verlustes des hohen Formänderungswiderstandes eintreten.

Literatur.

[1] Stahleisen 1925, S. 1152. — Weiterhin vgl. Fehler beim Härten von Schnellstahl. Z. V. d. I. 1927, S. 269.

i) Weitere legierte Stähle.

Über die Verwendung von Molybdän, Vanadin, Titan, Kobalt, Bor zur
Herstellung von Stählen seien nur einige Notizen und Literaturangaben mitgeteilt, da die systematische Bearbeitung derselben noch ganz in den Anfängen
steht.

Molybdänstähle[1] finden in reiner Form bisher noch keine Anwendung,
dagegen dient Mo als Zusatz zu Chromstählen.

Vanadinstähle[2] ebenfalls in reiner Form nur wenig verwendet, V dient
häufiger als Zusatz zu Chromstählen.

Kobaltstähle sind in reiner Form nicht im Gebrauch, quaternäre Stähle
haben hervorragende magnetische Eigenschaften (vgl. S. 401).

Literatur.

[1] Sykes: Fe-Mo. Stahleisen 1927, S. 1341. — Guillet: Alliages métalliques,
im Strukturdiagramm perlitische und ledeburitische Gefüge.

[2] Vogel u. Tammann: Fe-V. Z. anorg. u. allg. Chem. Bd. 58, S. 73. 1908. —
Maurer: Stahleisen 1925, S. 1629.

Tamaru: Titanstähle Fe-C-Ti. Sc. Rep. Toh. Univ. Ser. I, Bd. 14, Nr. 1,
S. 25. 1925. — Oertel u. Pölzguter: Werkstoffausschußber. VDE Nr. 47. 1924.

Borstähle vgl. das Zustandsdiagramm von Vogel u. Tammann: Z. anorg.
u. allg. Chem. Bd. 123, S. 225. 1922.

VI. Schneidmetalle.

Die Gruppe der Hochleistungsschneidmetalle leitet von den Stahl-
legierungen zu den Legierungen der Nichtmetalle über. Es handelt sich
um Legierungen z. T. aus Metallen der Eisengruppe, die nun aber in
keiner Weise mehr den Charakter von Stählen haben, wenn sie auch an
Stelle von Werkzeugstählen verwendet werden. Sie haben nämlich von
Natur aus eine hohe Härte, die nicht etwa durch eine Wärmebehandlung

erst erzeugt werden muß. Die hohe Naturhärte bleibt bis zu hohen Temperaturen erhalten (s. Abb. 322), und das macht diese Legierungen geeignet zu Werkzeugen hoher Leistungsfähigkeit. Allerdings ist die Zähigkeit dieser Materialien zum Teil nicht sehr groß. Dieser Umstand und ihr vorläufig noch hoher Preis führen dazu, daß sie häufig in Form kleiner Plättchen auf gewöhnlichen Stahl aufgeschweißt verwendet werden.

Wir unterscheiden zwei Hauptgruppen solcher Legierungen:

1. Legierungen auf der Basis Kobalt—Chrom—Kohlenstoff—Wolfram (Stellit, Caedit, Celsit, Percit, Lithinit, Tizit, Akrit mit Ni und Mo). Eine derartige Zusammensetzung ist etwa: 50% Co, 27% Cr, 12% W, 2,5% C, 5% Fe, Si-Mn Rest. (Die letzten drei als Verunreinigung.) Die Formgebung erfolgt nur durch Gießen und eventuelles Schleifen.

2. Wolframkarbidlegierungen (Arboga, Lohmannit, Miramant, Thoran, Volomit, Widia). Diese Legierungen sind zum Teil synthetische Körper, die durch Frittung von Wolframkarbiden unter Zusatz von Ni, Fe oder Co erhalten werden. Die Zusätze gewährleisten hier eine vergleichsweise hohe Zähigkeit. Auf diesem Gebiete dürfte die Anwendung einer Frittung bei hoher Temperatur unter gleichzeitiger Anwendung von hohem Druck in neutraler oder reduzierender Atmosphäre weitere Möglichkeiten eröffnen[1].

Literatur.

An neuerer Literatur vgl. Drescher: Stahl und Eisen als Werkstoff, Bd. 4, S. 81. Düsseldorf 1928. — Schröter, K.: Z. Metallkunde 1928, S. 31. — Skaupy, F.: Wolframkarbide, Z. Elchem. 1927, S. 487; Aufschmelzen v. Stellit, Stahleisen 1926, S. 897.

[1] Sauerwald, F.: Z. Metallkunde Bd. 21, S. 22. 1929.

VII. Die Oberflächenbehandlung von Stahl.

Von den Oberflächenbehandlungen von Stahl wollen wir in folgendem die Zementation, die Nitrierung und die zum Korrosionsschutz angewendeten Verfahren behandeln. Zementation und Nitrierung dienen in erster Linie dazu, die mechanische Widerstandsfähigkeit der Oberfläche von Werkstücken heraufzusetzen. Wegen der allgemeinen Zusammenhänge bei der Oberflächenbehandlung vergleiche man S. 284.

a) Das Zementieren von Stahl[1]

besteht in einer Einführung von Kohlenstoff in denselben. Das Zementieren oder Einsatzhärten wird heute im Wesentlichen nur zwecks einer Anreicherung des Kohlenstoffs in der Oberfläche ausgeführt, die Aufkohlung eines weichen Materials im ganzen Querschnitt auf diesem Wege kommt wenig in Frage. Die Zementationsverfahren unterscheiden sich nun, wenn es sich nur um Behandlung der Oberfläche handelt,

noch erheblich, in bezug auf die Eindringungstiefe. Will man den
Formänderungswiderstand der Oberflächen von Maschinenteilen
heraufsetzen, so genügt dabei im allgemeinen eine Eindringungstiefe
von 1 bis 2 mm. Nur im Fall der Panzerplattenzementation
sind die Eindringungstiefen wesentlich größer. Unter Umständen
wird eine Zementation vorgenommen, um die Entkohlung der
Randschicht, z. B. eines Werkzeuges wieder rückgängig zu machen.
In diesem Falle ist die notwendige Eindringungstiefe nur etwa 0,1 bis
0,2 mm. Da es sich in den zu zementierenden Maschinenteilen meist um
bewegte Konstruktionsteile handelt, ist es wichtig, daß der Kern dieser
Teile aus einem zähen Material besteht. Infolgedessen ist die Zusammensetzung des nicht legierten Materials 0,1 bis 0,15% C, 0,4% Mn,
höchstens 0,3% Si, 0,035% S, 0,035% P. Das legierte Einsatzmaterial
hat 0,09 bis 0,18% C, 3 bis 5% Ni oder bei einem Ni-Gehalt von 1,2
bis 3,7% etwa 0,5 bis 0,9% Cr.

Um den Zementationsprozeß durchzuführen, kann man in sehr
verschiedener Weise verfahren. Der Zementationsvorgang ist in seinem
regelmäßigen Ablauf an die Möglichkeit der Diffusion im festen
Zustande geknüpft. Er muß also im Beständigkeitsgebiet der festen
Lösung von Fe und C erfolgen. Man setzt ein bei Temperaturen von
etwa 800 bis 900°. Als Zementationsmittel kommen die sogenannten
festen Zementiermittel in erster Linie in Frage. Diese Mittel wirken nun
aber nicht etwa dadurch, daß elementarer Kohlenstoff aus ihnen in
das Eisen hereindiffundiert, sondern die tatsächlich wirksame Zementation erfolgt über die Gasphase. Als sogenannte „feste" Zementiermittel sind zu nennen ein Gemisch von Holzkohle und Bariumkarbonat im Verhältnis 60:40, ferner Gemische von Holzkohle und Kochsalz, Gemische von Holzkohle, Kochsalz und Sägemehl, Ferrozyankalium
oder anderen Kohlenstoff abgebenden Mitteln. Das in erster Linie
genannte Gemisch von Holzkohle und Bariumkarbonat hat in vieler
Beziehung Vorteile, es regeneriert sich dauernd, und es liefert ein Gas
von der günstigsten Zusammensetzung. Die eigentlichen Zementationsmittel sind, wie man aus den möglichen Reaktionen in den betreffenden
Gemischen ableiten kann, Kohlenoxyde oder Kohlenwasserstoffe.
Dasselbe ist der Fall bei den sogenannten flüssigen Zementations-
mitteln, welche, auf den erhitzten Gegenstand aufgestreut, schmelzen.
Es handelt sich z. B. um Gemische von Ferrozyankalium und Kalium-
bichromat oder von Kaliumnitrat und Kohle. Natürlich kann man auch
von vornherein gasförmige Zementationsmittel einführen, hierher ist die Verwendung von Leuchtgas zu zählen. Die Verwendung
flüssiger Zementationsmittel unter Aufstreuen derselben beschränkt sich
hauptsächlich auf die obengenannte Aufkohlung sehr dünner Schichten
von oberflächlich entkohlten Werkzeugstählen.

Der Zementationsprozeß darf bloß so weit geführt werden, daß die äußerste Schicht gerade einen Kohlenstoffgehalt von etwa 0,85 % erhält. Die Bildung primären Zementits, wie sie in der Abb. 352 noch zu bemerken ist, bei der Abkühlung des zementierten Stückes in der äußeren Randschicht muß nämlich vermieden werden; die Spannungen zwischen der äußeren Schicht und dem Kern, welche bei der Abkühlung infolge des ungleichen Ausdehnungskoeffizienten der verschieden hoch gekohlten Schichten auftreten, würden zu einem Abblättern der äußersten Schichten führen, wenn dieselben den wenig formänderungsfähigen primären Zementit enthielten. Außer dieser Bedingung ist darauf zu achten, daß der Kohlenstoffgehalt von außen nach innen möglichst gleichmäßig abnimmt. Es hängt dies sowohl von der Art des Zementationsmittels als auch von der Zusammensetzung des Ausgangsmaterials ab. Die oben gekennzeichneten festen Zementationsmittel wirken im allgemeinen in dieser Beziehung günstig. Nur der Gebrauch. von Ferrozyankalium und die Verwendung tierischer Abfälle wirkt auf die Erzielung dünner Schichten mit sehr hohem Kohlenstoffgehalt. Durch im Einsatzmaterial vorhandenes Nickel wird ein allmählicher Übergang der Einsatzschicht zum Kern erzielt. Chrom wirkt dem entgegen. Die Zeit wirkt auf den Zementationsverlauf in der Weise ein, daß die Zementationstiefe im weiteren Verlaufe des Vorganges verhältnismäßig immer weniger wächst.

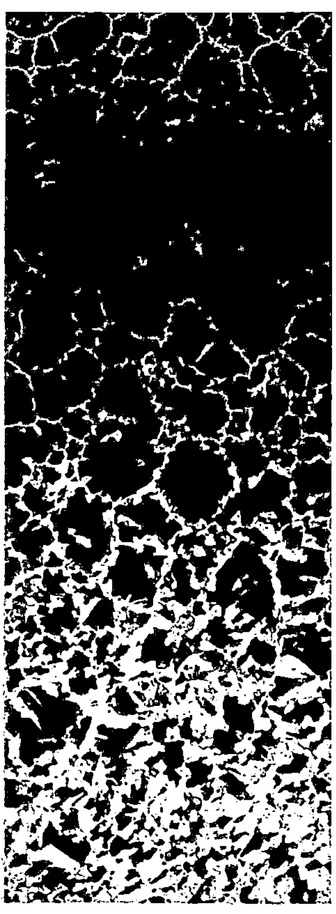

Abb. 352. Gefüge eines zementierten Stahles von außen (oben) nach innen (unten) (Brearlay-Schäfer).

Sollen Teile der Oberfläche nicht gekohlt werden, so überzieht man sie mit Lehm, Asbest oder dergleichen oder verkupfert sie[2].

Die Wärmebehandlung des zementierten Materials ist besonders im Fall der Verwendung unlegierten Stahles kompliziert. Man kann die Möglichkeiten der Zementation natürlich nur dann voll ausnützen, wenn die äußere gekohlte Schicht gehärtet wird. Besonders im Falle des unlegierten Materials hat man außerdem meist noch die Aufgabe, die Zähigkeit des Kernes zu regenerieren. Bei dem langdauernden

Zementationsprozeß wird im allgemeinen im Kern des Stückes ein sehr erhebliches Kornwachstum auftreten, welches die Zähigkeit des Kernes herabsetzt. Nur bei legiertem Material wird die Kristallisationsgeschwindigkeit durch die zugesetzten Legierungsbestandteile gewöhnlich so herabgesetzt, daß ein wesentliches Kristallwachstum nicht eintritt. Wenn man nun sowohl die äußere Schicht härten als auch den Kern vergüten will, verfährt man in folgender Weise: Man schreckt das zementierte Stück zunächst von einer Temperatur von 900 bis 920° ab und läßt es dann auf eine Temperatur von 750 bis 800° an. Dadurch wird der Kern regeneriert. Dann schreckt man wieder ab, wodurch nur die äußere Schicht gehärtet wird, weil bei diesen Temperaturen von 750 bis 800° nur der außen angereicherte Perlit sich auflösen wird; dann pflegt man meist die äußere Schicht in ihrem Formänderungsvermögen noch etwas zu verbessern, indem man etwa auf 200° anläßt. Natürlich muß man sehr darauf achten, daß man bei der ersten hohen Erhitzung die zementierte Schicht nicht wieder entkohlt. Bei legierten Stählen kommt man, wie gesagt, häufig mit der zu zweit genannten Härtung aus. Für die Regenerierung des Kerns werden auch Zwischenglühungen bei 600 bis 650° vorgeschlagen, bei denen das Wesentliche die Bildung von körnigem Zementit sein soll[3].

b) Die Nitrierhärtung[4].

Bei der Nitrierhärtung werden gewisse Nachteile, die mit dem eben geschilderten Zementationsverfahren verknüpft sind, vermieden. Bei der Oberflächenbehandlung, wie sie uns hier interessiert, handelt es sich ja meist um schon weitgehend fertig verarbeitetes Material. Durch die Behandlungen des Materials bei verschiedenen Temperaturen bei der Zementation ist nun die Maßbeständigkeit nicht unerheblich in Frage gestellt. Es ist der größte Vorteil des Nitrierverfahrens, daß die schon weitgehend fertiggestellten Konstruktionsteile bei demselben nicht entsprechend beansprucht werden. Bei der Nitrierhärtung werden die Werkstücke bei 580° der Einwirkung von Ammoniak ausgesetzt. Es tritt dabei eine Nitrierung der Oberfläche ein. Die nitrierte Oberflächenschicht hat eine hohe Naturhärte, infolgedessen brauchen die nitrierten Stücke bloß nach der Stickstoffaufnahme dem Ofen entnommen zu werden und langsam abzukühlen. Natürlich hat die nitrierte Schicht mit ihrem hohen Formänderungswiderstand ein geringes Formänderungsvermögen, es müssen deshalb, da die Nitrierungstemperatur verhältnismäßig gering ist, etwa von der vorherigen Bearbeitung im Werkstoff noch vorhandene Spannungen vor der Nitrierung durch eine Vorglühung bei etwa 600° entfernt werden, damit nicht beim späteren langsamen Ausgleich der Spannungen die nitrierte Schicht in die Gefahr des Abplatzens gebracht wird. Die nitrierten Schichten von größerer Härte gehen bis etwa 0,2 mm Tiefe. Das Wesen der Nitrierung besteht in der Erzeugung von Eisennitriden in der äußersten Schicht des Materials.

Die für die Nitrierung verwendeten Materialien haben eine besondere Zusammensetzung und werden meist in vergütetem Zustand behandelt. Es handelt sich um Materialien mit einer Festigkeit bis 115 kg/mm^2, die eine Dehnung von 12 bis 18% besitzen. Für leichtere Beanspruchungen werden Materialien von 65 bis 80 kg/mm^2 Festigkeit und 14 bis 20% Dehnung verwendet. Die Ausführbarkeit der Nitrierung ist an die Verwendung dieser bestimmten Sonderstähle geknüpft.

Die Prüfung der mechanischen Eigenschaften der durch Zementation oder Nitrierung[5] erzeugten Oberflächenschicht geschieht am besten mit dem Rockwellhärteprüfer. Für die Ausführung der Brinellprobe ist gewöhnlich die erzeugte Schicht zu dünn. Bei der Zementation werden natürlich die Härten des Martensits in der äußeren Schicht von etwa 600 Brinelleinheiten erzeugt. Durch das Nitrierverfahren werden Härten von über 900 Brinelleinheiten erzielt.

Literatur.

[1] Giolitti: La cémentation de l'acier. Paris: Herrmann et fils 1914. — Brearlay-Schäfer: Einsatzhärtung von Eisen und Stahl. Berlin: Julius Springer 1926. — Merten: Stahleisen 1927, S. 1336.

[2] Vanick u. Herschmann: Stahleisen 1926, S. 1054.

[3] Oertel: Stahleisen 1923, S. 494.

[4] Fry: Kruppsche Monatsh. 1923, S. 137; 1924, S. 266; 1926, S. 17; 1927, S. 208; 1928, S. 23.

[5] Oertel: Werkstoffausschußber. VDE Nr. 97. 1926.

c) Der Korrosionsschutz des Eisens durch Oberflächenbehandlung mit Metallüberzügen.

Verzinkung[1]. Unter den Verzinkungsverfahren unterscheidet man die Feuerverzinkung, die galvanische Verzinkung, das Schoopsche Spritzverfahren und das Sherardisieren. Die Feuerverzinkung wird ausgeführt, indem die Eisenteile in ein Bad aus geschmolzenem Zink bei einer Temperatur von etwa 450 bis 480° getaucht werden. Wenn eine genügend große Fläche vorhanden ist, kann man auf derselben die charakteristischen Figuren der Zinkblumen sehen, deren Größe übrigens mit der Unreinheit des verwendeten Zinks zunimmt. Die Zinkauflage ist trotz des gewöhnlich vorgenommenen Abstreifens des anhaftenden Zinks und einer Glättung ziemlich ungleichmäßig, und die Schicht ist ziemlich dick. An der Grenzschicht von Eisen und Zink erfolgt eine Legierungsbildung, die dem Zustandsdiagramm entsprechend zur Bildung der Verbindungen $FeZn_7$ und $FeZn_3$ führt. Al-Zusatz zum Zink macht die Überzüge dünner. Ein Schliffbild (Abb. 353) läßt die verschiedenen Schichten gut erkennen; zur Anfertigung dieses und der folgenden Bilder erhielten die Bleche Cu-Überzüge und wurden dann in Woodsches Metall eingegossen[2]. Die galvanische Verzinkung führt zu außerordentlich gut anhaftenden dünnen Zinkschichten, die als solche auf dem Eisen haften. Der Unterschied in der Ausbildung dieser Schichten ist aus der Abb. 354 zu erkennen. Während die Feuerverzinkung auch gut bei Stücken mit komplizierten Oberflächen angewendet werden kann, ist dies wegen der schlechten Beherrschung der

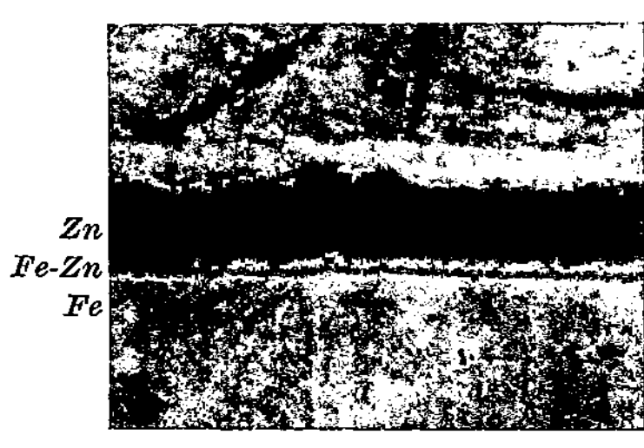

Abb. 353. Feuerverzinkung nach Heidenhain-Bauer ca. × 100.

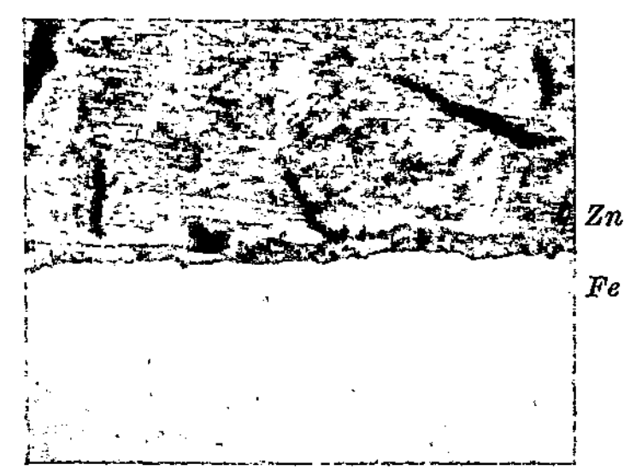

Abb. 354. El. Verzinkung nach Heidenhain-Bauer ca. × 100.

Stromdichte in diesen Fällen bei der galvanischen Verzinkung nicht möglich. Bei der galvanischen Verzinkung ist sehr darauf zu achten,

Abb. 355. Spritzverzinkung nach Heidenhain-Bauer ca. × 100.

daß keine Hohlräume mit Resten des Elektrolyten unter der hergestellten Schicht zurückbleiben. Bei der Spritzverzinkung tritt ebenfalls keine Legierungsbildung zwischen Eisen und Zink ein. Wie die Abb. 355 erkennen läßt, pflegen die aufgespritzten Zinkschichten relativ stark auszufallen. Das Sherardisierverfahren besteht darin, daß man die gut gereinigten Eisengegenstände in einer Trommel rotieren läßt, welche Zinkstaub und Sand enthält und welche auf Temperaturen von 250 bis 400° gehalten wird. Die Angabe, daß sich bei diesem Verfahren eine Eisenzinklegierung entsprechend dem Zustandsdiagramm bildet, dürfte zu Recht bestehen.

Verbleiung. Von den Methoden der Verbleiung sind zu nennen: die Feuerverbleiung, die galvanische Verbleiung und das Spritzverfahren. Die Feuerverbleiung erfolgt bei etwa 350°. Man wendet zur Feuerverbleiung nicht nur reines Blei, sondern auch Legierungen aus Blei und Zinn mit geringen Zusätzen von Quecksilber, Antimon oder Arsen an. Die galvanische Verbleiung unterscheidet sich von der Feuerverbleiung ähnlich wie die entsprechenden Verzinkungen durch den geringen Materialverbrauch. Das sich bei der galvanischen Verbleiung ausscheidende, sehr reine Blei ist sehr weich, was unter Umständen von Nachteil ist. Der Formänderungswiderstand des Elektrolytbleies geht in die Höhe, wenn es aus kieselfluorwasserstoffsauren oder phenolsulfosauren Bädern unter Zusatz von Kolloidsubstanzen ausgeschieden wird (vgl. S. 20).

Verzinnung. Bei der Verzinnung wie bei der Verbleiung ist von außerordentlicher Wichtigkeit die peinliche Reinigung der zu überziehenden Flächen. Diese Reinigung erfolgt auf chemischem Wege oder auf mechanischem Wege mittels Stahlbürsten oder Sandstrahlgebläsen. Die Feuerverzinnung wird bei ungefähr 260° vorgenommen. Das Bad ist dabei mit einer Schmelze aus Zinkchlorid und Natriumchlorid bedeckt. Weiterhin kommen die galvanische Verzinnung und das Spritzverfahren noch in Frage.

Alitierung[3] (Kalorisierung). Die Alitierung bezweckt eine Erhöhung des Korrosionswiderstandes bei höheren Temperaturen durch Überziehen mit einer Aluminiumschicht, welche ihrerseits durch eine Aluminiumoxydschicht geschützt wird. Zu diesem Zwecke werden die eisernen Gegenstände bei höherer Temperatur in Aluminiumpulver geglüht, es diffundiert Al in Fe ein unter Bildung der bei hohen Temperaturen beständigen Kristallarten des Systems Fe-Al. Außer legiertem und unlegiertem Stahl lassen sich auch Nichteisenmetalle alitieren, nur Gußeisen ist ungeeignet. Eine Verformung alitierter Stücke ist wegen möglichen Abplatzens der Schicht zu vermeiden. Die Erhöhung der Lebensdauer ist aus der Abb. 222 ohne weiteres zu entnehmen.

Literatur.

Maß, E.: in Hütte, Taschenbuch der Stoffkunde, Berlin 1926. S. 555.
[1] Bablik: Zuletzt Stahleisen 1927, S. 2182.
[2] Heidenhain: Dipl.-Arb. Breslau 1921.
[3] Fry: Werkstattechnik Bd. 18, H. 21.

VIII. Der Ferromagnetismus.

a) Definitionen.

Aus der Lehre vom Ferromagnetismus geben wir im folgenden die grundlegendsten Definitionen wieder. Ein Pol habe die Stärke m. Dann ist in dem ihn umgebenden Raum die magnetische Kraft in der Entfernung r vom Pol $\frac{m}{r^2}$. Die magnetischen Kräfte pflegt man nun durch Kraftlinien darzustellen. Diese Kraftlinien geben die Richtung der Kräfte an. Die Stärke des Kraftfeldes pflegt man außerdem quantitativ durch die Zahl der durch die Flächeneinheit hindurchgehenden Kraftlinien zu definieren. Wir denken uns nun den Pol mit einer Kugel vom Radius r umschrieben. Dieselbe hat die Oberfläche $4\pi r^2$. Infolgedessen gehen durch diese Kugeloberfläche $4\pi r^2 \cdot \frac{m}{r^2} = 4\pi m$ Kraftlinien hindurch. Die Intensität der Magnetisierung ist das magnetische Moment eines Kubikzentimeters. Wenn ein Magnet m

die Länge l und den Querschnitt f hat, so ist das Moment $M = m \cdot l$ und die Intensität $J = \dfrac{M}{fl} = \dfrac{m}{f}$. Betrachten wir jetzt, um von einem homogenen Felde sprechen zu können, das Feld zwischen den Polen eines Ringmagneten. In dem Schlitz zwischen den Polen ist die Zahl der Magnetisierungslinien, welche den Schlitz durchsetzen,

$$4\,\pi\,m = 4\,\pi\,J \cdot f\,.$$

Die Anzahl der Linien für 1 cm^2 $= 4\,\pi\,J$.

Die **Intensität** der Magnetisierung bringt man nun in Beziehung zu der **Feldstärke** $\mathfrak{H}$ des die Magnetisierung hervorrufenden Feldes. Man definiert

$$J = k \cdot \mathfrak{H}$$

worin k die **Suszeptibilität** ist, welche ihrerseits von $\mathfrak{H}$ abhängt.

Mit magnetischer **Induktion** $\mathfrak{B}$ bezeichnet man die Summe der Feldstärke und der Anzahl der Magnetisierungslinien für die Flächeneinheit

$$\mathfrak{B} = \mathfrak{H} + 4\,\pi\,J\,.$$

Wenn man $\mathfrak{B}$ als Funktion von $\mathfrak{H}$ ansieht, definiert man

$$\mathfrak{B} = \mu \cdot \mathfrak{H}\,,$$

worin μ als **Permeabilität** bezeichnet wird. Aus obigen Gleichungen ergibt sich die Beziehung

$$\mu = 1 + 4\,\pi\,k\,.$$

Das magnetische Verhalten eines ferromagnetischen Körpers wird nun zum größten Teile durch die **Magnetisierungs-** oder **Induktionskurven** beschrieben, welche die Abhängigkeit der Magnetisierungsintensität oder der Induktion von der aufgewandten Feldstärke beschreiben. In der Abb. 356 gibt die strichpunktierte Kurve die Induktion von weichem Eisen im normalen Zustand wieder.

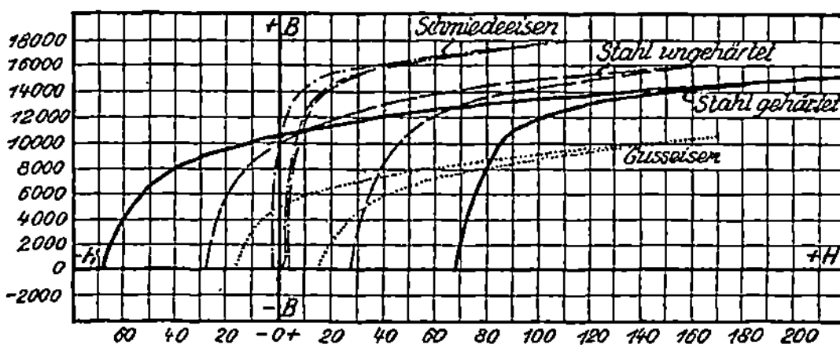

Abb. 356. Magnetisierungskurven verschiedener Eisenlegierungen (Schäfer).

Wenn ein unmagnetisches Eisen wachsenden Feldstärken ausgesetzt wird, so wachsen die hervorgerufenen Induktionen entsprechend der sogenannten jungfräulichen Kurve, die vom Nullpunkt des Koordinatensystems ausgeht. Die Induktion nimmt zunächst in einem kleinen Bereiche etwa proportional der Feldstärke zu, wächst dann schneller und schließlich immer langsamer mit der Feldstärke, bis praktisch die sogenannte Sättigung erreicht wird. Läßt man das äußere Feld an Stärke wieder abnehmen, so folgt die Induktion keineswegs der ersten Kurve, sondern die Induktion bleibt verhältnismäßig in ihrer Abnahme hinter der Abnahme der Feldstärke zurück und wenn die Feldstärke Null geworden ist, zeigt sich eine beträchtliche remanente Induktion. Um die Induktion auf den Wert Null zu bringen, muß eine der erst wirkenden Feldstärke entgegengerichtete Feldstärke aufgewendet werden, die sog. Koerzitivkraft. Im weiteren Verfolge läßt sich bei negativen Werten von $\mathfrak{B}$ eine vollständig in sich zurücklaufende Schleife der Induktionskurven aufnehmen. Von den verschiedenen Werten der Permeabilität sind für ein Material noch besonders die Anfangspermeabilität und die Maximalpermeabilität charakteristisch.

Die Tatsache, daß die Induktionskurve auf Grund der Hystereseerscheinung eine Fläche umschreibt, ist gleichbedeutend damit, daß entsprechend der von der Induktionskurve umschriebenen Fläche ein Energieverlust bei der Magnetisierung auftritt, der sich in Wärme umsetzt. Der Hystereseverlust A folgt nach Steinmetz der Beziehung

$$A = \eta \cdot \mathfrak{B}^{1,6},$$

worin $\mathfrak{B}$ die Maximalinduktion und η, die sogenannte Steinmetzsche Konstante, eine kennzeichnende Werkstoffeigenschaft ist. Insbesondere bei schnellen Ummagnetisierungen treten außer den Hystereseverlusten noch Energieverluste durch induzierte Wirbelströme auf, die Summe beider bezeichnet man als magnetische Verlustziffer.

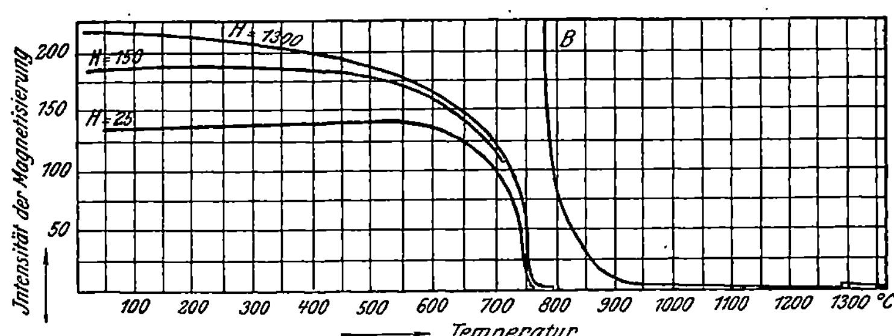

Abb. 357. Abhängigkeit der Magnetisierungsintensität von weichem Flußeisen von der Temperatur bei verschiedenen Feldstärken. Für $H = 1000$ ist die Kurve B in 100fachem Maßstab gezeichnet nach Curie (Oberhoffer).

Die ferromagnetischen Eigenschaften gehen bei einer gewissen kritischen Temperatur, dem Curiepunkt verloren. Dieser Verlust erfolgt nicht völlig unstetig, sondern, nachdem mit steigender Temperatur die Magnetisierung zunächst langsam abgenommen hat, sinkt sie dann innerhalb eines allerdings beschränkten Temperaturintervalls sehr stark ab (Abb. 357). Die Curiepunkte der reinen Metalle sind in Zahlentafel 6a S. 52 mit aufgenommen, weiteres siehe bei Fe-, Ni-, Fe-Ni-Legierungen (Temperaturhysterese) und im folgenden.

°b) Grundgedanken zur Theorie des Magnetismus[1].

Bei der Frage, wie denn die Erscheinung des Magnetismus mit der Konstitution der festen Körper zusammenhängt, ist zunächst daran zu erinnern, daß die oben behandelten Erscheinungen des Ferromagnetismus nur eine Sondergruppe des Paramagnetismus darstellen, und daß diesen beiden der Diamagnetismus gegenübersteht. Der Ferromagnetismus ist ein ganz außerordentlich verstärkter Paramagnetismus, der Diamagnetismus ist in seinen Äußerungen dem Paramagnetismus entgegengesetzt.

Sämtliche Deutungen der magnetischen Erscheinungen gehen zunächst auf die von Ampère aufgezeigte Identität eines Kreisstromes mit einem in der Achse desselben liegenden Magneten zurück. Solche Kreisströme sind nach den heutigen Auffassungen verifiziert in den im Atom umlaufenden elektrischen Elementarquanten. Im Inneren der Moleküle diamagnetischer Stoffe heben sich nun die verschiedenen Elementarströme völlig gegeneinander auf. Durch das magnetische Feld wird eine Induktionswirkung auf die umlaufenden Elektronen ausgeübt. Diese Induktionswirkung bringt nach der Regel von Lenz über die abstoßende Wirkung zwischen erregenden Magneten und induziertem Strom die diamagnetischen Erscheinungen mit sich. Eine solche Induktionswirkung muß auch bei Stoffen nicht diamagnetischen Charakters vorhanden sein. Kompensieren sich nun die Wirkungen der umlaufenden Elementarquanten nicht völlig, so resultiert daraus ein magnetisches Moment, welches paramagnetische Eigenschaften, also z. B. Anziehung durch einen Pol bedingt. Vom Verhältnis dieses Momentes zu der Induktionswirkung hängt der schließliche magnetische Charakter des Stoffes ab.

Der Ferromagnetismus ist ein besonders stark ausgeprägter Paramagnetismus, und zwar kommt derselbe z. T. auch dadurch zustande, daß die Temperaturabhängigkeit der Kinetik eine andere ist, als in den normalen paramagnetischen Stoffen. Bei den ferromagnetischen Stoffen sind in dem Bereich, in dem sie ferromagnetisch sind, die magnetischen Momente der umlaufenden Elementarquanten so verschieden, daß ein erhebliches magnetisches Moment übrigbleibt, und außerdem ist die Wärmebewegung hier von so geringem Einfluß, daß ein Richten der Elementarmagnete leicht möglich ist. Erst bei der Überschreitung des Curie-Punktes gehen diese ferromagnetischen Stoffe in den gewöhnlichen paramagnetischen Zustand über.

Die diamagnetische und paramagnetische Magnetisierung erfolgt immer proportional der Feldstärke, nicht dagegen, wie wir gesehen haben, die Magnetisierung der ferromagnetischen Stoffe. Aus welchen Überlegungen heraus ergibt sich nun die Form der Hystereseschleife? Nach Ewing kommt die komplizierte Form der Magnetisierungskurve

der ferromagnetischen Körper dadurch zustande, daß die Einstellung
der Elementarmagnete nicht nur von dem äußeren Felde abhängt,
sondern daß die Elementarmagnete sich gegenseitig beeinflussen. Nehmen wir an, wir hätten zunächst die ungeordnete Verteilung einer Reihe
von Elementarmagneten, so daß nach außen kein Moment auftritt

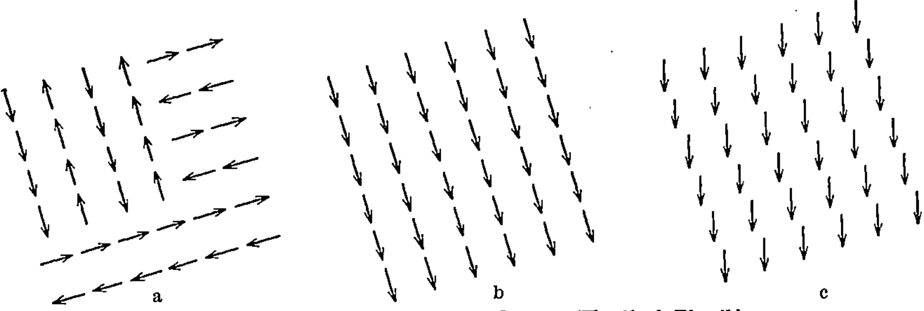

Abb. 358. Elementarmagnete nach Ewing (Handb. d. Physik).

(Abb. 358a). Wirkt zunächst ein schwaches Feld (Feldrichtung von oben
nach unten), wird eine kleine Beeinflussung der Magnete stattfinden.
Bei anwachsendem $\mathfrak{H}$ werden die Elementarmagnete aber ziemlich plötzlich in die Stellung b umklappen, wodurch eine starke Magnetisierung
nach außen hervortritt. Diese ist bei weiterer Steigerung von $\mathfrak{H}$ entsprechend Stellung c nur noch wenig zu ändern. Man erkennt, wie
so in großen Zügen infolge der gegenseitigen Beeinflussung der Elementarmagnete das Bild der Induktionskurve entsteht.

c) Magnetische Messungen.

Die magnetischen Meßmethoden gehen in der Hauptsache darauf
aus, die Magnetisierungskurve der verschiedenen Materialien aufzunehmen. Nur die Bestimmung der Gesamtverlustziffer erfordert
eine weitere besondere Einrichtung. Die Aufnahme der Magnetisierungskurven, insofern sie kennzeichnende Materialkonstanten sind, stoßen
nun deswegen auf Schwierigkeiten, weil die einem bestimmten Material
mitzuteilende Magnetisierungsintensität auch noch von der Form des
betreffenden Körpers abhängt. Jeder Körper, in dem die Kraftlinien
nicht geschlossen in sich verlaufen, weist eine sogenannte entmagneti-
sierende Kraft seiner Enden auf, d. h. die Kraftliniendichte nimmt,
wenn die Kraftlinien aus dem ferromagnetischen Körper austreten,
ab, und zwar in einer eben von der Körperform abhängigen Weise.
Ein Körper, in dem diese Erscheinung nicht auftritt, ist ein in sich ge-
schlossener Ring. Deshalb muß man, wenn man die absoluten magnetischen Konstanten eines Körpers bestimmen will, denselben in ring-
förmiger Form untersuchen. Eine gewisse Annäherung an den Idealfall stellen genügend lange Stäbe dar, bei denen man von ihren Enden

absehen kann. Das Ellipsoid stellt den Sonderfall eines völlig homogenen Kraftlinienverlaufs in seinem Inneren dar. Die Differenz der nach einer Ringmethode erhaltenen Induktionen gegenüber denjenigen, die mit anderen Körperformen erhalten werden, gibt man in Abhängigkeit von $\mathfrak{H}$ in den sogenannten Scherungskurven wieder, die als Grundlage für die Korrektur weiterer Messungen mit denselben Materialien dienen können. Von den magnetischen Meßmethoden seien die wichtigsten in folgendem skizziert.

Die Untersuchung der magnetischen Eigenschaften von Materialien in Ringform erfolgt gewöhnlich unter Verwendung eines ballistischen Galvanometers. Der betreffende Ring wird mit einer primären und einer sekundären Wicklung bewickelt (Abb. 359). Durch die Primärwicklung kann ein Strom geschickt werden, der in der Sekundärwicklung induzierte Stromstoß wird mit dem ballistischen Galvanometer gemes-

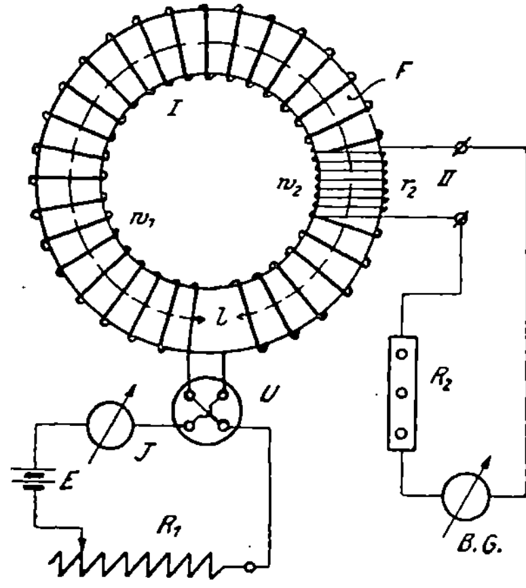

Abb. 359. Schaltschema für die ballistische Methode (Linker: El. Meßkunde).

sen. Die an den Enden einer Spule mit n Windungen vom Querschnitt q beim Verschwinden eines Feldes $\mathfrak{H}$ entstehende elektromotorische Kraft E ist in CGS-Einheiten ein unmittelbares Maß für die entstehende Feldstärke.

$$E = f \cdot \mathfrak{H} \,.$$

Die elektromotorische Kraft erzeugt im Meßkreis vom Widerstand W eine Elektrizitätsmenge Q

$$Q = \frac{f \cdot \mathfrak{H}}{W} \,,$$

die durch das ballistische Galvanometer gemessen wird. Auch Ellipsoide werden mit dem ballistischen Galvanometer untersucht.

Bei allen anderen Apparaturen wird der Einfluß der freien Enden nur annähernd ausgeschaltet, indem man die zu untersuchende Probe in Stabform in ein eisernes Joch einlegt und dadurch einen möglichst guten magnetischen Schluß zu erreichen sucht. Einer der verbreitetsten Apparate ist derjenige nach Koepsel und Kath (Abb. 360). Die Probe P wird in das Joch J eingelagert. Sie wird durch die Spule S magnetisiert. Die Spulen, welche auf das Joch J aufgewickelt sind, haben den Einfluß der leeren Magnetisierungsspule zu kompensieren. Durch die Drehspule s wird ein zweiter Strom geschickt und die Ablenkung derselben ist ein Maß für den induzierten Magnetismus. Der

Strom in der Drehspule s wird nach empirischer Ermittlung so bemessen, daß an der Skala, über welcher der Zeiger von s spielt, direkt die Induktion abgelesen werden kann. Ein ähnlicher Apparat ist von Hartmann & Braun angegeben. Für die Bestimmung der magnetischen Sättigung sind besondere Anordnungen notwendig, da besonders hohe Feldstärken aufgewandt werden müssen. Dies wird bei der Isthmusmethode von Ewing dadurch erreicht, daß die Probe in Form eines Doppelkegels, dessen Spitzen durch ein dünnes Stäbchen verbunden sind, zwischen die Pole eines starken Magneten gesetzt wird. Die Induktion wird in einer Spule, die um diesen Isthmus herumgelegt wird, ballistisch gemessen. Die isthmusförmige Anordnung hat den Zweck, die Kraftlinien besonders stark zusammendrängen zu können.

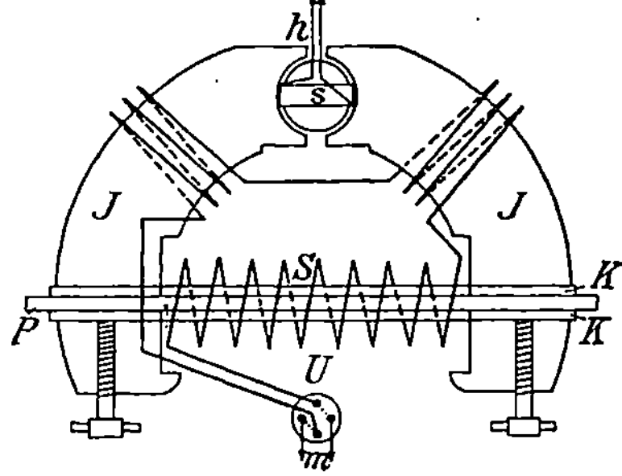

Abb. 360. Koepsel-Apparat (Linker).

Die Messung der Verlustleistung[2] bei Wechselstrommagnetisierung wird durch den Epsteinschen Apparat ermöglicht, der übrigens bei Gleichstrommagnetisierung auch die Aufnahme von Hysteresekurven zuläßt. In der Abb. 361 ist die ursprüngliche einfache Epsteinsche Anordnung, die von Siemens & Halske weiter entwickelt ist, angegeben. Es handelt sich ausschließlich um die Untersuchung von Blechmaterialien. Nach den Normalien des Verbandes Deutscher Elektrotechniker werden aus 10 kg Blechstreifen von 3×5 cm Breite und Länge vier Bündel gebildet. Diese werden in quadratisch angeordnete Spulen eingeschoben. Mit Hilfe einer Wechselstromquelle wird der ganze

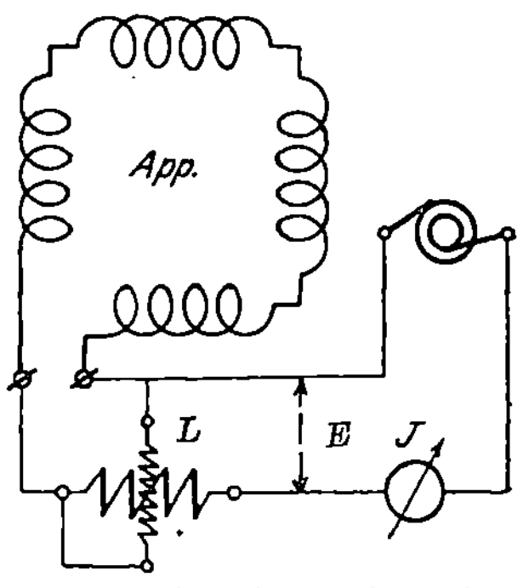

Abb. 361. Epsteinscher Apparat (Linker).

Stromkreis gespeist, mittels E und J Spannung und Stromstärke und mittels Wattmeters L die gesamte aufgewendete Energie gemessen. Ist J die Stromstärke, w der Widerstand der magnetischen Spulen, E die Spannung, W die Gesamtenergie, W_v die Gesamtverlustziffer im Eisen und ist W_E und W_L der Widerstand des Volt- und Wattmeters, so gilt folgende Gleichung, in der mit Ausnahme von W_v alle Größen experimentell gemessen werden und aus der die Gesamtverlustziffer bestimmt werden kann.

$$W_v = W - \frac{E^2}{W_E} - \frac{E^2}{W_L} - J_w^2 \, .$$

d) Die magnetischen Materialien.

Die Anforderungen, welche man an Materialien in Hinsicht auf ihre magnetischen Eigenschaften zu stellen hat, sind sehr verschieden. Soll der magnetische Zustand nicht von Bestand sein, so ist bei Magnetisierung durch Gleichstrom entweder hohe Anfangspermeabilität oder besonders hohe Sättigung erwünscht. Bei Magnetisierung durch Wechselstrom ist weiterhin eine kleine Verlustziffer anzustreben. Sollen Materialien als Dauermagnete Verwendung finden, müssen sie eine hohe Remanenz und Koerzitivkraft aufweisen. Schließlich sind unter Umständen Materialien wertvoll, die bei hohem Formänderungswiderstand nicht magnetisch sind. Um es gleich vorweg zu nehmen, kommen für die letzte Gruppe die austenitischen Stähle mit 25% Nickel in Frage.

Es ist nun in der Tat möglich, diesen verschiedenen Anforderungen sehr weitgehend gerecht zu werden.

Die allgemeinen Regeln[3] über die Abhängigkeit der magnetischen Eigenschaften von der Legierungsbildung sind etwa nach Tammann folgende: Legierungen ferromagnetischer Metalle untereinander sind auch stets ferromagnetisch. Es gibt ferromagnetische Legierungen aus nicht ferromagnetischen Komponenten (Heuslersche Legierung s. dort). In den Legierungen ferromagnetischer Stoffe mit nicht ferromagnetischen ist die sich an das ferromagnetische Metall eventuell anschließende Mischkristallreihe ferromagnetisch und es sind alle Legierungen, welche diese Kristallart enthalten, immer ferromagnetisch. Die Verbindungen ferromagnetischer Kristalle mit andern Metallen sind in der Regel nicht ferromagnetisch. Dagegen sind Verbindungen nichtmetallischen Charakters (Oxyde) häufig ferromagnetisch.

In der Abb. 356 sind die Eigenschaften einer Anzahl unlegierter Fe-C-Legierungen wiedergegeben, welche insbesondere den Anforderungen der ersten Gruppe genügen. Sehr wichtig ist schon hier die Feststellung, daß mechanische Härtung, auch die durch Kaltbearbeitung das Material magnetisch härter machen kann. Die Herabdrückung der Verlustziffer gelingt durch Legierung möglichst kohlenstoffarmen Eisens mit Silizium. Die Rolle des Siliziums in solchem besonders als Transformatorenblech[4] verwendeten Material ist noch nicht mit Sicherheit erkannt. Für die Herabsetzung der Wirbelstromverluste ist jedenfalls die Erhöhung des elektrischen Widerstandes maßgebend. Bemerkenswert ist, daß der Hysterese-Verlust von der Korngröße sehr wesentlich abzuhängen scheint, wenn auch gerade bei siliziertem Material dieser Einfluß als für die technischen Materialien nicht sehr wesentlich bezeichnet wird. In dieser Richtung liegt jedoch die sehr interessante Beobachtung von Gerlach[5], daß Einkristalle nur noch sehr geringe Hysteresen aufweisen.

Dauermagnetstähle[6] werden in gehärtetem Zustand verwendet,

da mechanische Härte auch die magnetische Härte, d. h. insbesondere
die Koerzitivkraft heraufzusetzen pflegt. Eine außerordentliche Verbesserung wird durch Legierung mit Wolfram, Chrom oder insbesonders

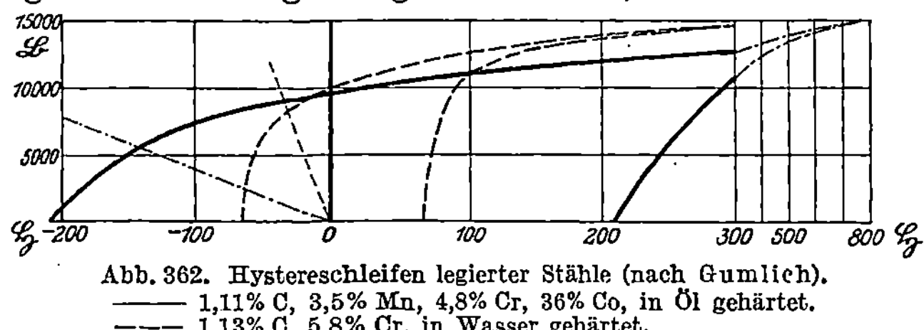

Abb. 362. Hystereschleifen legierter Stähle (nach Gumlich).
——— 1,11% C, 3,5% Mn, 4,8% Cr, 36% Co, in Öl gehärtet.
— — — 1,13% C, 5,8% Cr, in Wasser gehärtet.

Kobalt erzielt, worüber die Abb. 362 Auskunft gibt. Als Güteziffer
für Dauermagnete wird das Produkt von Koerzitivkraft und Remanenz
verwendet.

Außerhalb der Gruppe der Eisenmetalle geben nach Heusler[7] Mn, Cu und
Sn, Al, Bi ferromagnetische Legierungen. Den Höchstwert liefert eine Legierung
mit 30% Mn, 15% Al, 55% Cu. Sehr wichtig ist die Beobachtung, daß der Ferromagnetismus dieser Legierungen stark von ihrem Zustand abhängt. Eine Mangan-
Aluminium-Kupferlegierung ist in Wasser abgeschreckt beinahe unmagnetisierbar,
wird aber durch eine Glühung magnetisierbar, was mit dem sonst anderweitig
gebrauchten Ausdruck „altern" bezeichnet wird.

Literatur.

Handbuch der Physik Bd. 15, red. v. Westphal, Berlin: Julius Springer
1927. — Honda: Magnetic Propertics of matter Syokwabo & Comp. Tokio. —
I. A. Ewing: Magnet. Induktion. Berlin: Julius Springer 1892. — Gumlich, E.:
Leitfaden d. magnet. Messungen. Vieweg 1918. — Würschmidt, J.: Magnet.
Prüfmethoden, Werkstoffausschußber. VDE Nr. 65, 1924.

[1] Hierzu vgl. zuletzt Honda: Z. Phys. Bd. 47, S. 691. 1928.

[2] Kraemer: Meßtechnik Bd. 3, S. 325. 1927. Elektrotechn. Z. 1914, S. 512.

[3] Tammann: Lehrb. d. Metallogr. 3. Aufl. S. 320.

[4] Auwers: Veröff. Siemens Konz. 1925, S. 266. — Daeves, K.: Z. Elchem.
1926, S. 479. — Eichenberg u. Oertel: Stahleisen 1927, S. 262.

[5] Z. Phys. Bd. 38, S. 828. 1926; Bd. 39, S. 327. 1926.

[6] Z. techn. Phys. 1925, S. 582.

[7] Z. anorg. u. allg. Chem. Bd. 171, S. 126. — Kussmann u. Scharnow:
Z. Phys. Bd. 47, S. 770.

Über Magnet. Eigensch. v. Gußeisen vgl. Partridge: J. Iron Steel Inst.
1925 II, S. 191 u. Zahlentafel 14.

B. Die Nichteisenmetalle*.

I. Technisch reine Metalle.

a) Das Kupfer.

Wir unterscheiden nach der Herstellungsart zwei Hauptqualitäts-
gruppen von Kupfer. Nämlich Hütten- oder Raffinadkupfer und
Elektrolytkupfer. Eine Übersicht über die verschiedenen Kupfer-

---

* Werkstoffhandb. d. Nichteisenmetalle. Beuth-Verlag.

Zahlentafel 28.

Kupfer Rohstoff			Werkstoffe	DIN 1708 Bl. 1

Bezeichnung von Hüttenkupfer A:
A—Cu DIN 1708

Benennung	Kurzzeichen	Cu mindestens %	Verwendungsbeispiele
Hüttenkupfer A (arsen- und nickelhaltig)	A—Cu	99,0	Feuerbüchsen und Stehbolzen
Hüttenkupfer B (arsenarm)	B—Cu	99,0	Legierungen für Gußerzeugnisse sowie Legierungen mit weniger als 60% Kupfergehalt für Walz-, Preß-, Schmiedeerzeugnisse
Hüttenkupfer C	C—Cu	99,4	Kupferrohre und Kupferbleche
Hüttenkupfer D	D—Cu	99,6	Legierungen mit mehr als 60% Kupfergehalt für Walz-, Preß-, Schmiedeerzeugnisse
Elektrolytkupfer E	E—Cu	—[1]	Elektrische Leitungen, hochwertige Legierungen

[1] Für die Beurteilung des Elektrolytkupfers für elektrische Leitungen ist lediglich die elektrische Leitfähigkeit maßgebend. Eine sachgemäß entnommene, bei etwa 600° C geglühte Elektrolytkupfer-Drahtprobe darf für 1 km Länge und 1 mm² Querschnitt bei 20° C keinen höheren Widerstand haben als 17,84 Ω. Im übrigen gelten die Kupfernormen in dem Vorschriftenbuch des VDE 12. Auflage 1925, Abschnitt 12.

Güte und Leistungen siehe DIN 1708 Bl. 2 und Halbzeugblätter DIN . . .

Lieferart: in Blöcken, Barren, Kathoden usw.

April 1925   Fachnormenausschuß für Nichteisen-Metalle

arten gibt das Normblatt DIN 1708$_1$. Während auch schon das um-
geschmolzene Elektrolytkupfer tatsächlich als Zweistoffsystem nämlich
aus Cu und O aufgefaßt werden kann, stellt das Hüttenkupfer eigentlich
eine Mehrstofflegierung mit weiteren Nebenbestandteilen dar. Der
Kupferoxydulgehalt bestimmt in erster Linie das Verhalten des Hütten-
kupfers neben anderen Beimengungen. Wir müssen deshalb zunächst
die Rolle des Sauerstoffs und die der anderen Beimengungen von Kupfer besprechen, ehe wir zur Diskussion der Eigenschaften und der Technologie übergehen können.

1. Die Hauptbeimengungen[1].

a) **Kupfer und Sauerstoff.** Das Zustandsdiagramm Kupfer-Sauerstoff ist von Heyn
und Bauer[2] (Abb. 363) aufgestellt und von
Slade und Farrow[3] ergänzt worden. Es geht
aus demselben hervor, daß Kupfer im flüssigen
Zustand eine erhebliche Menge Sauerstoff aufzulösen vermag. Bei der Erstarrung tritt ein
Eutektikum mit 0,39% Sauerstoff (3,4% Cu$_2$O)

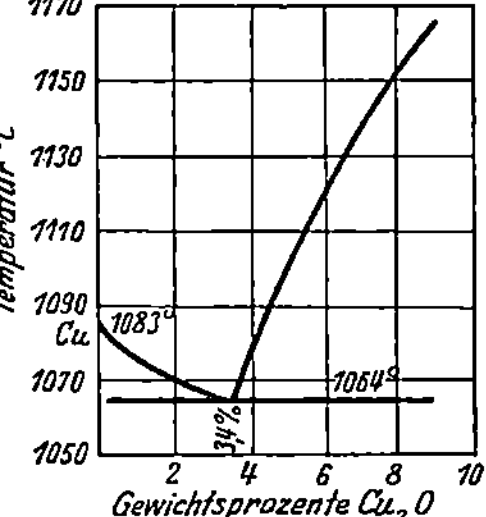

Abb. 363. Zustandsdiagramm
Cu-Cu$_2$O nach Heyn (Landolt-
Börnstein).

und bei höheren Sauerstoffgehalten primäre Ausscheidung von Kupferoxydul auf (vgl. Abb. 364 und 365). Kupferoxydulkristallite sind
im ungeätzten Schliff durch ihre himmelblaue Färbung kenntlich.

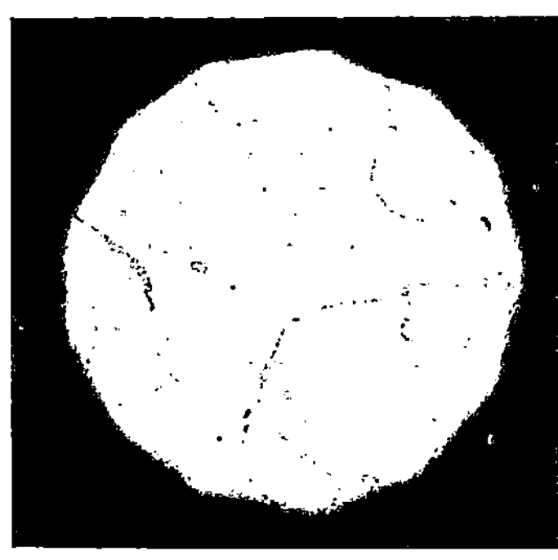

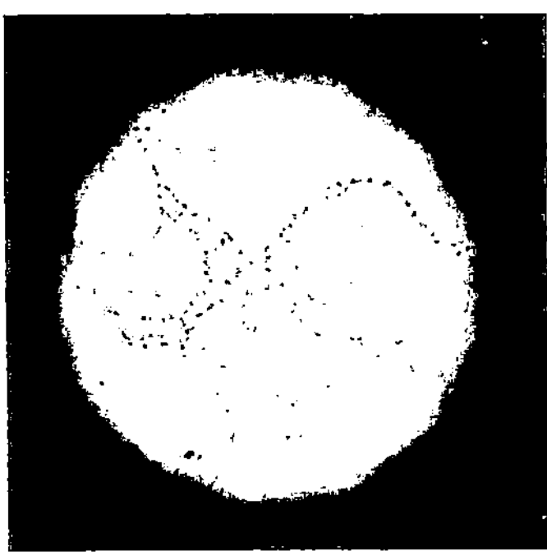

Abb. 364. Cu mit 0,08% Cu$_2$O nach Heyn.   Abb. 365. Cu mit 0,32% Cu$_2$O nach Heyn.

In einem nicht mit erheblichen anderen Beimengungen durchsetzten
Kupfer kann man aus dem Schliffbild und aus den Angaben des Zustandsdiagrammes nach dem Hebelgesetz die Sauerstoffmenge im Kupfer erkennen, indem man die Flächenanteile des Eutektikums plani-
metriert. Natürlich ist dies nur möglich, wenn das Kupfer in gegossenem
Zustand vorliegt, da im gewalzten Zustand das Eutektikum zerrissen
ist. Ein Gehalt von etwa 0,06% Sauerstoff ist normal, und für die

spanabhebende Bearbeitung sogar erwünscht, da bei geringerem Gehalt an Sauerstoff das Kupfer zu schmieren pflegt. Natürlich enthält
auch umgeschmolzenes Elektrolytkupfer Sauerstoff. Als Grenze, von
wo ab der Sauerstoffgehalt schädigend, insbesondere auf die mechanischen Eigenschaften, wirkt, werden verschiedene Zahlen angegeben.
Die neueren Angaben setzen die Begrenzung etwa auf 0,9% Kupferoxydul oder etwa 0,1% Sauerstoff fest.

Der Gehalt an Sauerstoff ist der Grund für einen der verbreitetsten
Materialfehler des Kupfers, nämlich für die sogenannte Wasserstoffkrankheit[4]. Gelangt ein sauerstoffhaltiges Kupfer bei höherer Temperatur in eine reduzierende Atmosphäre, z. B. H_2, wird Kupferoxydul
reduziert. Es bilden sich Risse, sowohl infolge der Volumenverminderung

beim Übergang des Kupfer-
oxyduls in Kupfer an den
Stellen, wo das Kupfer-
oxydul gesessen hat, als
auch weil der sich bildende
Wasserdampf infolge seiner
Druckwirkung das Material
aufreißt (Abb. 366). Ent-
weder platzt das Kupfer
bereits bei der Einwirkung
der reduzierenden Gase,
insbesondere des Wasser-

Abb. 366. Risse in Kupfer, Wasserstoffkrankheit nach Heyn.

stoffes sofort auf, oder die feinen Haarrisse geben Veranlassung zu
Brüchen, falls das betreffende Material mechanisch beansprucht wird.
Man muß sich deshalb hüten bei Wärmebehandlungen von Kupfer Ofen-
räume mit reduzierender Atmosphäre zu verwenden. Es besteht die
Möglichkeit auf diese Weise verdorbenes Kupfer durch Ausglühen bei
sehr hoher Temperatur zu regenerieren[5], doch kann das hier einsetzende
Kristallwachstum auch wieder unerwünschte Nebenwirkungen mit sich
bringen. Nur ein gleichzeitiges Walzen kann auch diesen Nachteil verhindern.

β) **Kupfer-Phosphor.** Der Phosphor ist im Kupfer im flüssigen
Zustand völlig, im festen Zustand teilweise löslich[6]. Seine Erwähnung
ist deshalb nötig, weil Phosphor in der Form von Kupferphosphor-
legierungen zur Desoxydation von Kupfer und Kupferlegierungen verwendet wird. Infolge der Mischkristallbildung geht mit steigendem
Phosphorgehalt der Formänderungswiderstand in die Höhe, das Formänderungsvermögen sinkt.

γ) **Kupfer-Schwefel.** Der Schwefel ist im festen Zustande im Kupfer
nicht löslich, sondern nur im flüssigen Zustand und auch hier nur unter
Bildung einer Mischungslücke[7]. In Gußlegierungen kann ein typisches

Eutektikum auftreten. Schwefelgehalte sind immer unter Berücksichtigung des gleichzeitig vorhandenen Sauerstoffes zu beurteilen (vgl.
S. 234). Hinrichsen u. Bauer[8] haben Unterscheidungsmittel für
Sulfid gegenüber Oxydul und auch gegenüber einem Selen- und
Tellurgehalt angegeben. HF greift Cu_2S nicht an, wohl aber Cu_2O. Die
zu untersuchenden Kupferspäne werden ferner mit einer 10proz. Zyan-
kalilösung übergossen, erwärmt, und das ganze mit einigen ccm Alkohol
versetzt. Eine Kadmiumazetatlösung (25 g Kadmiumazetat, 200 ccm
Essigsäure, 1000 ccm H_2O) gibt bei Berührung mit schwefelhaltigen
Kupferspänen einen gelben Niederschlag, ist Selen vorhanden, wird die
Färbung orangerot, ist Tellur vorhanden, rot. Schwefel wirkt auf die
mechanischen Eigenschaften sehr schädlich und schon unter 0,1% tritt
Rotbruch ein[9].

δ) **Kupfer-Wismut.** Eine Mischkristallbildung zwischen Kupfer
und Wismut scheint praktisch nicht in Frage zu kommen. Nach John-
son ist die Einwirkung des Wismuts im Kupfer ganz verschieden je
nach dem darin vorhandenen Sauerstoff. Das Wismut soll besonders
gefährlich in metallischer Form sein, was wegen seines dann sich bemerkbar machenden niedrigen Schmelzpunktes auch von vornherein plausibel ist. Vor allen Dingen wird dann ein sehr starker Rotbruch herbeigeführt, und zwar bei Gehalten von 0,1% an.

ε) **Arsen-Kupfer.** Die Sättigungsgrenze der Kupferarsenmisch-
kristalle liegt wahrscheinlich bei 3% Arsen[10]. Durch den Arsenzusatz
wird Zugfestigkeit und Streckgrenze gehoben, die Dehnung und Einschnürung wird nicht ungünstig beeinflußt, und zwar soll nach den
neueren Untersuchungen ein Zusatz bis zu 1,9% weder Warm- noch
Kaltbruch hervorrufen. Auch hier scheint jedoch die Gegenwart von
Sauerstoff maßgeblich zu sein, denn in sauerstofffreiem Zustand
soll andererseits 1% Arsen z. B. Rotbruch herbeiführen. Bei Kupfer,
welches eine hohe Widerstandsfähigkeit bei hohen Temperaturen zeigen
soll, wird ein Gehalt von 0,1 bis 0,4% Arsen als erwünscht angesehen.

ζ) **Kupfer-Blei.** Nach den bisherigen Feststellungen scheint der
Einfluß des Bleies auf die Eigenschaften des Kupfers sehr von der Art
der anderen Beimengungen abzuhängen. Da die Löslichkeit im festen
Zustand praktisch Null ist, ist es nicht unwahrscheinlich, daß ein metallischer Bleigehalt sich besonders bei höheren Temperaturen infolge
des Schmelzens des Bleies auf jeden Fall schädlich auswirken muß. —
Da Eisen mit Kupfer Mischkristalle bildet, so wirkt es auf den
Formänderungswiderstand erhöhend. Der Einfluß der Metalle Zink
und Zinn ist bei den betreffenden Legierungen zu ersehen.

Von ganz besonderer Bedeutung wird der Einfluß der Beimengungen,
wenn es sich um die Verwendung des Kupfers zu Zwecken der elektrischen
Leitung handelt. Einen Überblick über die Änderung der elektrischen

.Leitfähigkeit durch Beimengungen gibt eine Kurventafel von
Addicks[11]. Besonders ins Gewicht fallen natürlich die mischkristall-
bildenden Elemente. Zu den im Normblatt verzeichneten deutschen
Normalien für die Leitfähigkeit ist zu bemerken, daß die internationalen
Vorschriften strenger sind und den höchsten zulässigen Widerstand
auf nur 17,24 Ohm festsetzen. Durch Kaltbearbeitung mit einer
Querschnittsabnahme von 36,6 % nimmt der Widerstand um 1,7 %
zu, bei 67 % Querschnittsabnahme beträgt die Widerstandszunahme
2,5 %.

2. Die Eigenschaften und die Verarbeitung.

Von mechanischen Eigenschaften des Kupfers ist zu erwähnen,
daß die Festigkeit gewalzten und ausgeglühten Materials 21 bis 24 kg/mm²
beträgt, die Dehnung 38 bis 60%, die Kontraktion 55 bis 65%. Die
Abhängigkeit der Festigkeitseigenschaften von der Temperatur ist bei einigermaßen schneller Verformung normal
(vgl. Abb. 114 bis 116). Auch der mit dem Kerbschlaghammer gemessene Formänderungswiderstand nimmt normal mit der Temperatur
ab[12]. Bei sehr langsamer Verformung tritt bei etwa 300° eine Abnahme des Formänderungswiderstandes ein und bei höheren Temperaturen Anzeichen eines zwischenkristallinen Bruches[13, 14]. Die
Gründe für dieses besondere Verhalten sind noch nicht aufgeklärt.
Bei einigermaßen schneller Verformung (vgl. Abb. 114, 115) wird die

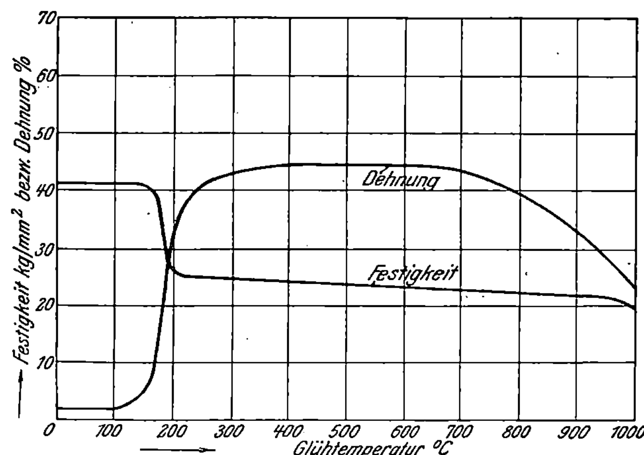

Abb. 367. Festigkeit und Dehnung von kaltgezogenem Cu-Draht in Abhängigkeit
von der Glühtemperatur nach Grard (Czochralski).

Verfestigungsfähigkeit bei etwa 800 bis 900° Null, so daß für technische
Formgebungsprozesse 700° die untere Grenze der Warmverformung ist. Oberhalb dieser Temperatur treten spontane Kristalli-

sationen auf. Durch Kaltverformung wird die Bruchfestigkeit bis auf 40 kg/mm² gesteigert, wobei die Dehnung auf etwa 3% sinkt. Rekristallisation beginnt je nach der Reinheit des Kupfers bei 200 bis 300° (Abb. 109). Die entsprechenden Eigenschaftsänderungen sind aus Diagramm Abb. 367 zu ersehen. Bei zu hohen Glühtemperaturen tritt Verbrennung des Materials ein.

Als Gußmaterial wird das Kupfer im allgemeinen nur für Konstruktionsteile hoher Leitfähigkeit verwendet. Gerade dabei ist der zur Erzielung eines dichten Gusses notwendige Zusatz an Desoxydationsmitteln besonders vorsichtig vorzunehmen. Die Schwindung ist normal und beträgt etwa 1,8%. Die Unterlagen für die technische Ausführung der mechanischen Formgebungs- und Wärmebehandlungsprozesse wurden im vorstehenden schon gegeben. Die Feststellungen von Oberhoffer[15] über das Walzen von Kupfer stimmen mit diesen Unterlagen überein. Außer dem Walzen spielt für Kupfer wie bei allen Nichteisenmetallen die Strangpresse eine besondere Rolle, in welche das Kupfer mit einer Temperatur von etwa 950° eingeführt wird. Von erheblicher Bedeutung für den Formgebungsvorgang ist die Art der Kristallisation beim vorhergehenden Guß[16]. Orthotropie gibt beim Walzen hier besonders Veranlassung zu Rissen[17]. Außer der Wärmebehandlung auf Grund der Rekristallisationserscheinungen sind andere Wärmebehandlungen bei Kupfer nicht möglich, da das Kupfer keine Umwandlungen aufweist.

An Schweißverfahren sind bei Kupfer die Hammerschweißung und Schmelzschweißung anwendbar.

Literatur.

Kupfer: Circular Nr. 73 des Bureau of Standards, übersetzt 1926 von P. Siebe V. D. I. Verlag.

Melchior: Z. V. d. I. 1927, S. 373.

[1] Die erste umfangreichere Arbeit über die Beimengungen des Cu, die noch viel zitiert wird, ist die von Hampe: Z. Berg-, Hütten-, Sal.-Wes. 1874, S. 94. — Hanson u. Mitarbeiter: J. Inst. Met. 1927 I, ref. Chem. Zentralblatt Bd. 27 I. S. 2603.

[2] Z. anorg. u. allg. Chem. Bd. 39, S. 1. 1904.

[3] Chem. Zentralblatt 1913 I, S. 784.

[4] Heyn, E.: Z. V. d. I. Bd. 46. 1902. — Vgl. ferner Siebe: Z. anorg. u. allg. Chem. Bd. 154, S. 126.

[5] Smitt u. Hayward.

[6] Heyn u. Bauer: Z. anorg. u. allg. Chem. Bd. 52, S. 131. 1907.

[7] Dieselben: Metallurgie Bd. 3, S. 76. 1906. — Ferner vgl. zuletzt: Bornemann u. Wagenmann: Ferrum 1913/14, S. 330.

[8] Metallurgie 1907, S. 315.

[9] Vgl. weiterhin P. Siebe: Z. Metallkunde Bd. 19, S. 311. 1927.

[10] Zuletzt Bengough u. Hill: J. Inst. Met. Bd. 3, S. 34. 1910.

[11] Trans. Am. Inst. Min. Met. Eng. Bd. 36, S. 18. — Vgl. hiermit jedoch das in einigen Einzelheiten abweichende Ergebnis von Hanson u. Mitarbeiter: l. c.

[12] Sauerwald u. Wieland: Z. Metallkunde Bd. 17, S. 358. 1925.
[13] Stribeck: Z. V. d. I. Bd. 47 (1), S. 559. 1903.
[14] Vgl. zuletzt Sauerwald u. Elsner: Z. Physik Bd. 44, S. 51. 1927.
[15] Metall Erz 1918. S. 47.
[16] Siebe u. Katterbach: Z. Metallkunde Bd. 19,, S. 177. 1927.
[17] Wunder, W.: Z. Metallkunde Bd. 19, S. 275. 1927. — Bauer u. Sachs: Metall Erz 1927, S. 154.

b) Das Aluminium.

Eine Übersicht über die technischen Aluminiumqualitäten gibt das Normblatt DIN 1712, woraus auch die Rolle der wichtigsten Verunreinigungen[1] zu entnehmen ist. Das Silizium bildet mit dem Aluminium bis zum geringen Maße Mischkristalle. Zwischen Eisen und Aluminium bildet sich eine Eisenaluminiumverbindung Al_3Fe[2]. Für Zwecke der elektrischen Leitung kann natürlich nur das reinste Aluminium verwendet werden. Trotzdem der erforderliche Querschnitt 1,7 mal so groß sein muß, als beim Kupfer, um denselben Widerstand zu erzielen, kommt die Verwendung des Aluminiums als Leitfähigkeitsmaterial auch stark in Frage, da das entsprechende Gewicht nur etwa die Hälfte desjenigen von Kupfer beträgt. Für Kabel, welche eine hohe Reißfestigkeit haben müssen, empfiehlt sich die Verwendung kombinierter Stahl- und Aluminiumkabel[3].

Das Aluminium hat in gegossenem Zustand nur geringwertige mechanische Eigenschaften. Im geschmiedeten Zustande beträgt die Festigkeit eines Aluminiums mit 98,7% Aluminium etwa 10 kg/mm² bei 27% Dehnung, ein Aluminium mit 99,9% Aluminium weist etwa 7 kg/mm² bei 16,5% Dehnung auf. Die Abhängigkeit der Festigkeitseigenschaften von der Temperatur ist normal[4]. Die Verfestigungsfähigkeit ist bis an den Schmelzpunkt bei schnellen Verformungen festzustellen (vgl. S. 137). Durch Kaltverformung bei Raumtemperaturen kann die Festigkeit bis auf etwa 25 kg/mm² gesteigert werden, wobei die Dehnung stark sinkt. Die Entfestigung setzt langsam bei relativ tiefen Temperaturen ein und wird vollständig bei etwa 300° bis 400°[5].

Die gelegentlich bei reinem Aluminium angenommenen Umwandlungen haben sich bei genauerer Nachforschung als nicht vorhanden herausgestellt[6]. Im technischen Aluminium treten jedoch Phasenänderungen in Abhängigkeit von der Temperatur auf, die auf den Beimengungen beruhen. Insbesondere ändert sich die Löslichkeit des Siliziums im Aluminium mit der Temperatur und man kann durch Abschrecken eines geeignet zusammengesetzten Aluminiums von Temperaturen von etwa 300° an die Festigkeit heraufsetzen, weil durch das Abschrecken Silizium in Lösung gehalten wird.

Beim Gießen des Aluminiums ist eine Überhitzung zu vermeiden, da sonst eine Gasaufnahme stattfindet[7]. Die Schwindung des Aluminiums ist sehr stark und beträgt etwa 1,8%. Die Wirkung der Hauptverun-

Zahlentafel 29.

<table>
<tr><td colspan="2" align="center">Reinaluminium

Werkstoffe</td><td align="center">DIN
1712</td></tr>
<tr><td colspan="3">

Bezeichnung von Reinaluminium mit 99% Aluminium:
Al 99 DIN 1712

Kurzzeichen einschlagen oder eingießen

Benennung	Kurzzeichen	Zulässige Verunreinigungen
Reinaluminium 99,5	Al 99,5	$Fe + Si + Cu + Zn \leqq 0,5\%$, davon $Cu + Zn < 0,05\%$, sonstige Verunreinigungen nur in handelsüblichen Grenzen
Reinaluminium 99	Al 99	Gesamtverunreinigung $\leqq 1\%$, $Cu + Zn < 0,10\%$, sonstige Verunreinigungen außer Fe und Si nur in handelsüblichen Grenzen
Reinaluminium 98/99	Al 98/99	Gesamtverunreinigung $\leqq 2\%$, davon $Fe < 1\%$ und $Cu + Zn \leqq 0,10\%$, weitere Verunreinigungen außer Si nur in handelsüblichen Grenzen

Als Reinaluminium gilt das den oben angegebenen Reinheitsbedingungen entsprechende Original-Hüttenaluminium, d. h. ein aus den Rohstoffen hüttenmännisch erzeugtes Aluminium, das nur auf der erzeugenden Hütte in handelsübliche Formen gegossen wurde und den Stempel der Hütte trägt, sowie jedes andere Reinaluminium, das den oben angegebenen Bedingungen entspricht.

</td></tr>
<tr><td>Juli 1925</td><td colspan="2">Fachnormenausschuß für Nichteisen-Metalle</td></tr>
</table>

reinigungen Si und Fe auf die Durchführung des Walzprozesses ist normalerweise nicht sehr beträchtlich[8]. Bezüglich der weiteren Verarbeitungsverfahren ist nur noch zu erwähnen, daß die Lötung des Aluminiums lange Zeit Schwierigkeiten gemacht hat. Die Lötung mit aluminiumreichen Loten hat den Vorteil, daß infolge der dem Aluminium ähnlichen elektrochemischen Potentiale die Lötstelle korrosionsbeständig bleibt, doch ist dieses Löten infolge der relativ hohen Schmelzpunkte der Lote nicht ganz einfach. Die aluminiumfreien oder -armen Lote auf Zn- oder Sn-Basis sind zwar leichter zu löten, aber nicht korrosionsbeständig[9]. Sowohl Hammer- als auch Schmelzschweißung ist bei Aluminium möglich.

Literatur.

[1] Über sehr reines Aluminium berichten Edwards Chem. Zentralblatt 1925 II, S. 495. — Guillet: Ebda. 1927 II, S. 2007. — Karnop u. Sachs: Z. Metallkunde 1927, S. 90.

[2] Gwyer: Z. anorg. u. allg. Chem. Bd. 57, S. 129. 1908.

[3] Vgl. Z. Metallkunde 1921, S. 179; ETZ zuletzt 1927, H. 11.

[4] Vgl. zuletzt M. v. Schwarz: Z. Metallkunde 1927, S. 170.

[5] Rassow u. Velde: Z. Metallkunde 1921, S. 557. — Röhrig, H.: Ebda. 1924, S. 265.

[6] Z. B. Honda u. Igarasi: Sc. Rep. Toh. Imp. Univ. Bd. 12, Nr. 3. 1924. Haas: Z. Metallkunde 1927, S. 404. Müller: Ebda. 414. Schulze: Z. Physik Bd. 49, S. 146. Guertler u. Anastasiadis: Z. phys. Chem. Bd. 132, S. 149. 1928.

[7] Czochralski, J.: Z. Metallkunde 1922, S. 277.

[8] Derselbe: Z. Metallkunde 1924, S. 162.

[9] Rostosky: Z. Metallkunde 1924, S. 359.

c) Das Nickel.

Das Nickel, welches der Verarbeitung zugeführt werden kann, hat einen Nickelgehalt von 98,5 bis 99,5% Nickel. Unreineres Material wird nach dem Normblatt DIN 1701 nur für Legierungszwecke verwendet. Die hauptsächlichste Verunreinigung ist Eisen und Kupfer. Für erstes beträgt der höchstzulässige Prozentsatz 0,5, für letztes 0,15% im Hüttennickel, während das Elektrolytnickel reiner sein muß. Die Festigkeit im Gleichgewichtszustand beträgt 40 bis 50 kg/mm², bei 40 bis 50% Dehnung, die Brinellhärte (5/250/30) 80 bis 90 kg/mm².

Die Abhängigkeit der Festigkeitseigenschaften des Nickels von der Temperatur ist nicht normal. Bei der Kurve für die Zugfestigkeit ist das starke Abfallen von etwa 300° an auffällig[1]. Die Kurve für die Fallhärte zeigt Abb. 368[2]. Es tritt außer dem starken Abfall bei 300° noch ein Maximum bei 450° auf und außerdem noch eine Besonderheit bei 800°. Es kann zunächst angenommen werden, daß dies durch die magnetische Umwandlung des Nickels, die bei 360° erfolgt, die jedoch mit keiner Änderung der röntgenographisch feststellbaren

Raumgitteranordnung verbunden ist[3], verursacht wird. Es wirken wahrscheinlich Vorgänge mit, die der Blaubrucherscheinung beim Eisen analog sind und die ebenso wie beim Eisen in ihrer Temperaturabhängigkeit von der Deformationsgeschwindigkeit bedingt sind (vgl. S. 336) Bei relativ langsamen Deformationen scheint zufällig der Einfluß der Blaubrucherscheinung in dasselbe Temperaturgebiet wie das der Umwandlung zu fallen, während bei hohen Deformationsgeschwindigkeiten die Blaubrucherscheinung wie beim Eisen zu höheren Temperaturen verschoben wird und hier in Form eines zweiten Maximums

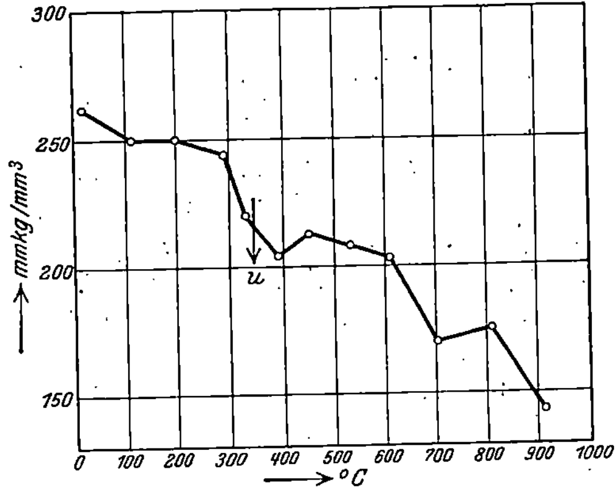

Abb. 368. Abhängigkeit der Fallhärte des Ni von der Temperatur (nach Sauerwald und Fischnich).

sich bemerkbar macht. Die Erscheinung bei 800° ist noch völlig ungeklärt. Auch der Temperaturkoeffizient der meisten physikalischen Eigenschaften ändert sich bei der magnetischen Umwandlung[4].

Die günstigste Warmverarbeitungstemperatur ist etwa 1100°. Die Schwierigkeiten beim Warmwalzen nicht genügend desoxydierten Nickels sind in erster Linie nicht auf den im flüssigen Zustande gelösten Sauerstoff, sondern auf Schwefel zurückzuführen[5].

Durch Kaltbearbeitung wird der Formänderungswiderstand stark heraufgesetzt, und zwar kann die Zugfestigkeit bis auf 80 bis 90 kg/mm², bei 2% Dehnung steigen und die Brinellhärte (5/250/30) bis auf etwa 220 kg/mm² erhöht werden. Die tiefste Rekristallisationstemperatur des Nickels liegt bei etwa 550°[6].

Die autogene und elektrische Schweißung von Ni unter Verwendung geeigneter Pasten ist möglich.

Literatur.

Nickel and its alloys, circular of the Bureau of standards Nr. 100. Washington 1924.

Rev. Mét. Mem 1927.

[1] Vgl. zuletzt Goerens u. Mailänder: Forsch.-Arb. V. d. I. Nr. 295, Bachheft S. 18 1927.

[2] Sauerwald, Fischnich u. Neuendorff: Z. Metallkunde Bd. 20, S. 408. 1928.

[3] Wever: Mitt. Eisenforsch. Bd. 3, S. 17. 1922.

[4] Z. anorg. u. allg. Chem. Bd. 83, S. 275. 1913.

[5] Masing, G. u. L. Koch: Z. Metallkunde Bd. 19, S. 278. 1927.

[6] Rekr.-Diagr. s. Schottky u. Jungbluth: Kruppsche Monatsh. Bd. 4, S. 197. 1923.

d) Das Zink.

Durch Destillation gewonnenes Feinzink hat einen Reinheitsgrad von 99,7 bis 99,9%. Elektrolytzink hat 99,9% Reinheitsgrad. Feinzink hat 0,1 bis 0,3% Blei und Spuren von Eisen und Kadmium als Verunreinigung. Da Eisen eine Eisenzinkverbindung bildet, welche sehr spröde ist, so ist Eisen in größeren Mengen als etwa 0,1% sehr schädlich. Kadmium wird nur in Mengen von 0,25% als schädlich angesehen. Ein größerer Gehalt an Blei ist im Zink sehr schädlich.

Das gegossene Zink hat eine sehr geringe Festigkeit von 2 bis 3 kg/mm². Das gewalzte oder gepreßte Zink weist eine Festigkeit von 18 kg/mm² bei 18% Dehnung auf. Die Rekristallisation des Zinks setzt bereits bei Raumtemperatur ein.

Die Abhängigkeit der mechanischen Eigenschaften des Zinks von der Temperatur zeigt hinsichtlich der Auswertung von Festigkeitsversuchen keine größeren Besonderheiten (nur bei unter Raumtemperatur liegenden Temperaturen wird Zink wie Eisen sehr spröde, vgl. S. 337), wohl aber ist die Verformungsmöglichkeit des Zinks bei den technischen Verarbeitungsvorgängen auf engere Temperaturbereiche beschränkt. Zink ist besonders bei 100 bis 150° gut preßbar. Es mag sein, daß dies das Gebiet der Warmverformung für Zink ist, indem noch keine besonders starke spontane Kristallisation auftritt, wodurch sich die Beschränkung auf dasselbe empfiehlt. Vielleicht handelt es sich aber auch um die Einwirkung von Beimengungen.

Umwandlungen weist das Zink nach den neueren Untersuchungen nicht auf[1]. Es können also auch die Besonderheiten in der Temperaturabhängigkeit der Verformbarkeit nicht auf solche zurückgeführt werden.

Literatur.

Schulz, E. H.: Preß- und Walzzink, Forsch.-Arb. V. d. I. Reihe M, H. 1, S. 23; Derselbe: Metall Erz 1916, S. 279.

Ingall: Beziehg. zw. mech. Eigensch. u. Mikrostruktur. Engineering 1921, S. 489.

[1] Zuletzt Drucker: Z. phys. Chem. Bd. 113, S. 79; Bd. 130, S. 673. — Freemann u. Mita.: Z. Metallkunde 1926, S. 290. — Peirce u. Mita.: Chem. Zentralblatt 1926 I, S. 10. Doch vgl. Petrenko: Z. anorg. u. allg. Chem. Bd. 162, S. 251; Bd. 167, S. 411. — Stockdale: Phys. Ber. 1926, S. 939.

e) Das Wolfram.

Das Wolfram spielt, wie wir bei den Spezialstählen gesehen haben, eine wichtige Rolle als Legierungsmetall; aber auch in reiner Form ist es zu einem unentbehrlichen Material vor allen Dingen infolge seines hohen Schmelzpunktes geworden. Wir betrachten hier seine Technologie vor allem deshalb, weil es das wichtigste Beispiel für die Herstellung und Verarbeitung synthetischer Körper ist. Das Ausgangsmaterial zur Herstellung derselben ist Wolfram-Pulver. Dasselbe muß einen erheblichen Reinheitsgehalt haben, und zwar über 99%. Das Wolfram-pulver wird in Matrizen gepreßt, dann bei etwa 1300 bis 1400⁰ in reduzierender Atmosphäre vorgefrittet und schließlich bei etwa 2400⁰ einem weiteren Frittprozeß unterworfen, wobei die Festigkeit und Dichte sehr weitgehend gesteigert werden. Das Formänderungsvermögen dieser Körper ist aber außerordentlich gering, so daß für die anschließende Bearbeitung eine besondere Methode angewendet werden muß, bei der dem Material nur allmählich sehr kleine Mengen mechanischer Energie zugeführt werden. Es geschieht dies in den sogenannten Hämmermaschinen. In der Achse dieser Maschinen liegt der zu bearbeitende Stab, auf welchem dauernd eine Anzahl kleiner Hämmer aufschlagen. Diese Hämmer werden durch einen rotierenden Maschinenteil immer wieder auf den zu verformenden Stab geschleudert. Diese Verformung wird von etwa 1300⁰ bis 900⁰ durchgeführt und dabei werden Stäbe, welche vor der Einführung 10 bis 15 mm² maßen, auf 1 mm² Durchmesser heruntergehämmert. Bei diesem Vorgang wird eine Faserstruktur (s. S. 116) hergestellt und insbesondere werden auch die zwischenkristallinen Bindungen so weit gefestigt, daß sich ein gewöhnlicher Ziehprozeß anschließen kann. Derselbe wird mit Ziehsteinen vorgenommen und dabei der Draht durch Gasflammen vor Eintritt in die Ziehsteine auf Rotglut erhitzt.

Andere Verfahren zur Herstellung von Draht gehen so vor, daß Wolfram-Pulver in Form einer mit wenig Bindemitteln gebildeten Paste durch eine Düse gespritzt und die entstehenden Fäden ebenfalls gefrittet werden.

Der wichtigste Unterschied der so hergestellten synthetischen Körper gegenüber regulinischen Körpern besteht, wie wir gesehen haben, (S. 18) darin, daß in ihnen ohne eine Deformation das spontane Kristallwachstum bei geeigneten Temperaturen eintreten kann. Dies hat technische Bedeutung insofern, als ohne weiteres beim Überschreiten der Temperatur von etwa 2400⁰ einerseits ein unerwünschtes Kristallwachstum eintreten kann, andererseits Einkristalle für technische Zwecke bei höher liegenden Temperaturen ohne weiteres hergestellt werden können. Soll Kristallwachstum in synthetischen Wolframkörpern unterdrückt werden, so fügt man dem Pulver vor der Herstellung Fremdkörper, z. B. Toroxyd hinzu.

Die Festigkeit von Wolfram-Drähten kann durch Kaltverformung außerordentlich gesteigert werden und zwar bis auf 460 kg/mm², wobei die Dehnung allerdings auf 1% heruntergeht. Der Beginn der Rekristallisation liegt bei etwa 1100⁰.

Literatur.

Alterthum, H.: Wolfram. Braunschweig 1925.
Smithells, C. J.: Tungsten. London 1926.
Jeffries: Engg. Bd. 106, S. 239.
Ruff, O.: Z. V. d. I. 1913, S. 1615.
Sauerwald: Z. anorg. u. allg. Chem. Bd. 122, S, 277. 1922.

II. Die Legierungen der Nichteisenmetalle*.

a) Die Kupferzinklegierungen.

1. Zustandsdiagramm, Kristallstruktur, Eigenschaften in Abhängigkeit von Zusammensetzung und Temperatur.

Das Zustandsdiagramm[1] der Kupferzinklegierungen stellt Abbild. 369 dar. Es existieren danach eine ganze Reihe verschiedener Mischkristallphasen, welche durch heterogene Gebiete voneinander getrennt

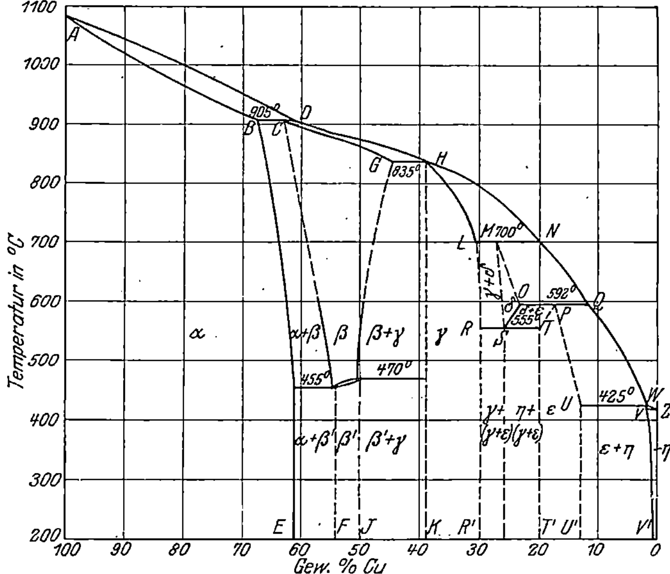

Abb. 369. Zustandsdiagramm Cu-Zn (nach Bauer und Hansen).

sind. Hervorzuheben ist, daß die δ-Mischkristalle ein Eutektoid bilden. Die β-Mischkristalle erfahren bei Temperaturen von etwa 450° eine Umwandlung, die in ihrer Natur noch nicht völlig erkannt ist. Die früher in diesem Konzentrationsbereich angenommene Entmischung des Mischkristalls nach einem eutektoiden Schema hat sich als unbegründet erwiesen[2]. Wesentlich ist, daß die Löslichkeitsgrenzen aller technisch wichtigen Mischkristalle mehr oder weniger sich mit der Temperatur verschieben.

Von Strukturen der Kupferzinklegierungen seien nur die technisch wichtigen mitgeteilt. Die α-Mischkristalle sind in Abb. 370 wieder-

---

* Ledebur-Bauer: Die Legierungen, 6. Aufl. Berlin: M. Krayn 1924. — P. Reinglaß: Chem. Technologie der Legierungen, 2. Aufl. Leipzig: O. Spamer. — Werkstoffhandb. d. Nichteisenmetalle. Beuth-Verlag.

gegeben. Die Abb. 371 gibt ein Gefügebild aus dem heterogenen Gebiet $\alpha + \beta$. Darin sind die helleren Kristalle die α-Kristalle, die dunkleren β-Kristalle. Kristallseigerungen treten bei den Kupferzinklegierungen nicht leicht auf.

Die Röntgenanalyse (Abb. 372) der Kupferzinklegierungen[3] ist bereits ziemlich weit durch-

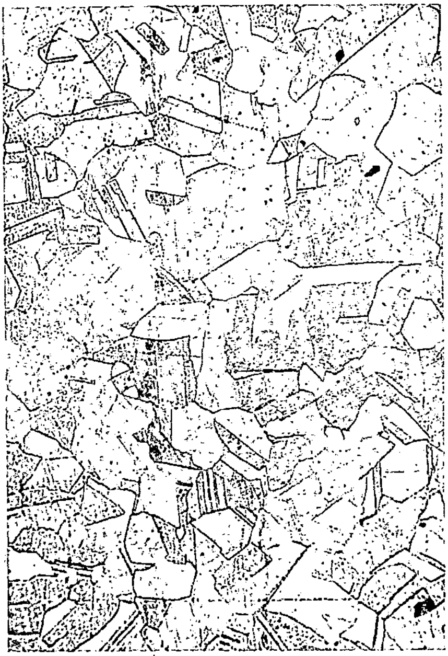

Abb. 370. Cu-Zn-Legierung, α-Mischkristalle (Bauer und Hansen). × 100.

Abb. 371. Cu-Zn-Legierung, $\alpha+\beta$-Kristalle (Bach-Baumann). × 50.

geführt. In dem α-Mischkristall sind je nach der Konzentration eine Anzahl von Gitterpunkten des Kupfergitters durch Zinkatome besetzt. Die Gitterkonstante eines α-Mischkristalls mit 32 % Zink beträgt 3,69 Å gegenüber 3,61 Å des reinen Kupfers. Im β-Mischkristall sind zwei einfache kubische Gitter ineinander gestellt und bei 50 Atom-Prozent Zink ist je eins dieser Gitter mit Zink-, eins mit Kupferatomen besetzt. Im γ-Mischkristall liegt ebenfalls ein kubisches Gitter vor, in dem jedoch die Anordnung der Atome noch nicht mit Sicherheit bekannt ist. Die aus anderen Gründen (s. u.) früher angenommene Verbindung Cu_2Zn_3 hat sich röntgenographisch bis jetzt noch nicht ermitteln lassen. Die ε- und η-Mischkristalle sind hexagonal.

Von den Abhängigkeiten der physikalischen Eigenschaften von der Konzentration der Legierungen sei die Kurve des elektrischen Widerstands[4] (Abb. 373) und die Kurve des elektrochemischen Verhaltens[5] (Abb. 374) mitgeteilt. Aus der Kurve des elektrischen Widerstandes ist zunächst zu ersehen, daß der Widerstand im α-Mischkristall, wie zu erwarten, stark ansteigt, bei höheren Zinkgehalten lassen die Minima auf einen verbindungsähnlichen Charakter der Kristallarten schließen, was ja hinsichtlich der Zusammensetzung CuZn, wie oben erwähnt, durch die Röntgenanalyse auch bereits bestätigt worden ist. In der Kurve der elektrochemischen Potentiale ist die mit der Tammann-

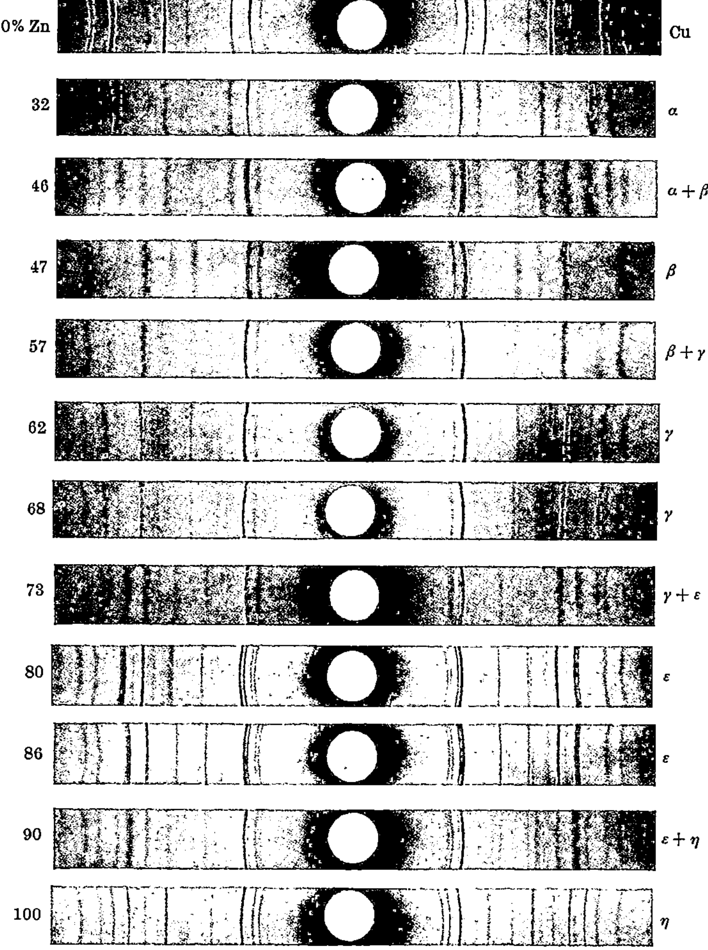

Abb. 372. Debye-Aufnahmen von Cu-Zn-Legierungen nach Westgren und Phragmen (Glocker).

schen Resistenzgrenzentheorie übereinstimmende Beobachtung wichtig, daß das Potential innerhalb der α-Reihe von der Konzentration unabhängig ist. Der größte Potentialsprung tritt innerhalb der γ-Misch-Kristallreihe auf und ist mit der Besonderheit der molekularen Konstitution von Cu_2Zn_3 in Verbindung gebracht worden.

Von den Eigenschaften der flüssigen Kupferzinklegierungen
sind bis jetzt eingehender untersucht worden die Dichte[6] und die elek-

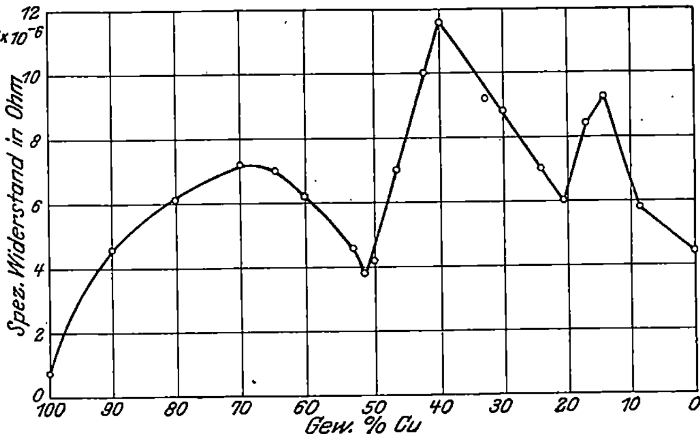

Abb. 373. Spez. el. Widerstand der Cu-Zn-Legierungen nach Imai (Bauer und Hansen).

trische Leitfähigkeit[7]. In den Dichteisothermen zeigt sich genau wie in
der Dichteisotherme im festen Zustand eine geringe Kontraktion gegen

über den nach der
Mischungsregel zu er-
rechnenden Werten,
so daß eventuell mo-
lekulare Komplexe
hier vorliegen.

Die mechani-
schen Eigenschaf-
ten in Abhängigkeit
von der Konzen-
tration[8] bei Raum-
temperatur gibt die
Abb. 375 wieder. Die
Härtesteigerung mit
zunehmendem Zink-
gehalt im α-Misch-
kristall ist nicht all-
zu erheblich. Sehr
bemerkenswert ist
die gleichzeitige Zu-
nahme der Dehnung.
Der β-Mischkristall
hat einen erheb-
lichen Formände-

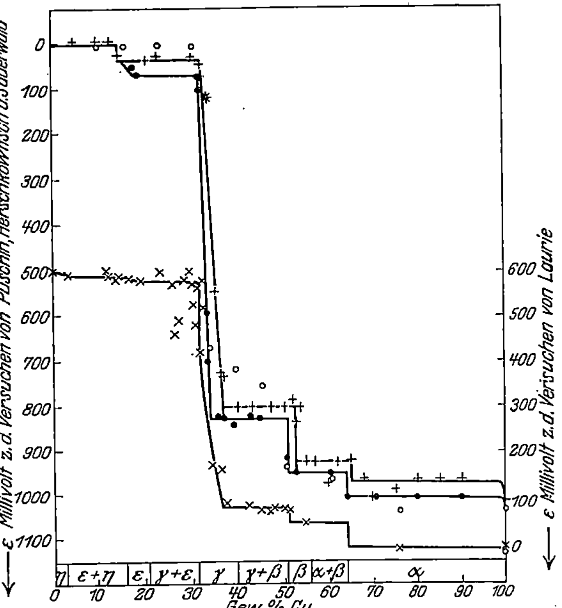

Abb. 374. Elektrochemisches Potential von Cu-Zn-Legierungen
(Bauer-Hansen).

× Laurie Cu/CuJ/ZnJ₂J/ZnₓCuᵧ.
○ Herschkowitsch⎱
+ Puschin   ⎰ Zn/lnZnSO₄/ZnₓCuᵧ.
• Sauerwald

rungswiderstand und ein geringes Formänderungsvermögen. Bei den $\alpha + \beta$-Legierungen tritt eine natürliche Fließgrenze auf (vgl. S. 336).

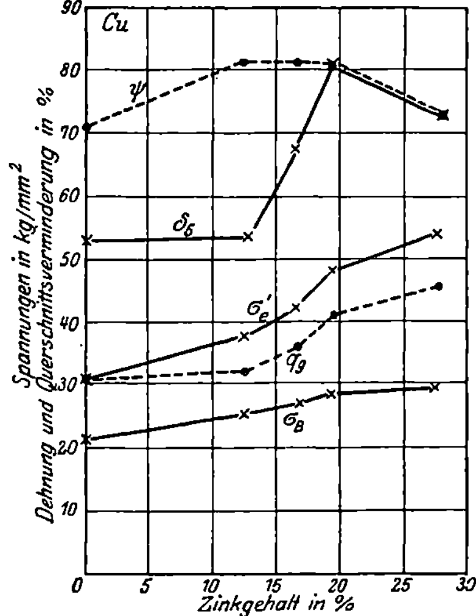

Abb. 375. Mechanische Eigenschaften von Cu-Zn-Legierungen nach Körber und Rohland (Sachs).
σ_B Festigkeit σ_e' wahre Einschnürspannung
q_g gleichmäßige Querschnittsverminderung
δ_s Bruchdehnung
ψ Bruchquerschnittsverminderung.

Der γ-Mischkristall schließlich hat rein verbindungsartigen Charakter und eine solche Sprödigkeit, daß eine technische Verwendung nicht in Frage kommt.

Die Abhängigkeit der mechanischen Eigenschaften der Kupferzinklegierungen von der Temperatur[9—12] ist außerordentlich kompliziert. Am besten geht dies aus der Temperaturabhängigkeit der Kerbzähigkeit hervor, welche im Temperaturgebiet von 250° sehr stark absinkt (Abb. 376). Bei höheren Temperaturen unterscheiden sich die β-Mischkristalle von den α-Mischkristallen dadurch ziemlich bedeutend, daß sich ihre Kerbzähigkeit im Temperaturgebiet von 550° ab wieder recht erheblich verbessert[9], während dies bei den α-Messingen bei diesen Temperaturen nur in geringem Maße der Fall ist. Bei Schlagzerreißversuchen ist ein ähnliches Resultat zu konstatieren. Dabei wurde das geringe Formänderungsvermögen des α-Messings von 300° an als verursacht durch hier eintretenden Korngrenzenbruch nachgewiesen (Abb. 377). Bei langsamer Formänderung tritt dieselbe Erscheinung im α-Messing erst bei 600° auf. Das Formänderungsvermögen nimmt dann bei 900° im α-Messing schließlich wieder nicht unerheblich zu und auch der Korngrenzenbruch verliert sich bei dieser Temperatur wieder. Bei dieser selben Temperatur treten spontane Kristallisationen

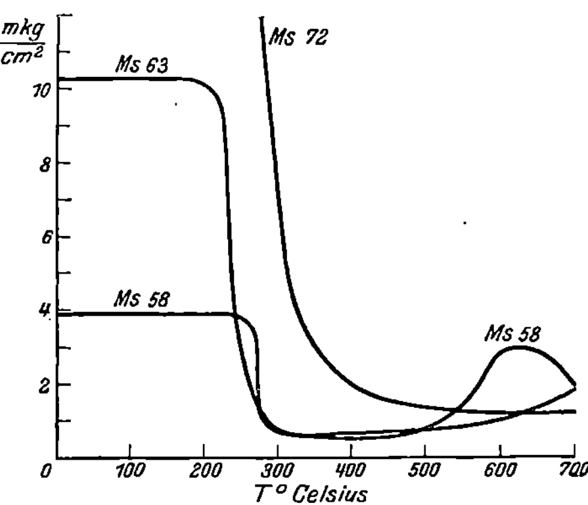

Abb. 376. Kerbzähigkeit dreier Messinge in Abhängigkeit von der Temperatur. Kleine Probe (nach Sauerwald und Wieland).

in den sich deformierenden Kristallen ein. Ein Teil des Korngrenzenbruches im Messing bei mittleren Temperaturen kann wohl auf einen

Zahlentafel 30.

Messing						**DIN**
Rohstoff					Werkstoffe	1709 Bl. 1

Bezeichnung von Gußmessing mit 67% Kupfer

GMs 67 DIN 1709

Die Bezeichnung ist einzugießen oder aufzuschlagen

I. Gußmessing

Benennung	Kurz-zeichen	Ungefähre Zusammensetzung in %			Behandlung	Verwendungs-beispiele
		Cu	Zusätze	Zn		
Gußmessing 63	GMs 63	63	< 3 Pb	Rest	Bearbeiten mit spanabhebenden Werkzeugen	Gehäuse, Armaturen usw.
Gußmessing 67	GMs 67	67	< 3 Pb	Rest	Bearbeiten mit spanabhebenden Werkzeugen, Hartlöten	Gehäuse, Armaturen usw.
Sondermessing gegossen	So—GMs	55 bis 60	Mn + Al + Fe + Sn bis zu 7,5 % nach Wahl, bezüglich Ni vergl. DIN 1709 Bl. 2	Rest	Bearbeiten mit spanabhebenden Werkzeugen	Schiffsschrauben, kleine Lager, Überwurfmuttern, Grundringe, Beschlagteile, Schiffsfenster, Gußstücke von hoher Festigkeit

II. Walz- und Schmiedemessing

Benennung	Kurz-zeichen	Cu	Zusätze	Zn	Behandlung	Verwendungs-beispiele
Hartmessing (Schraubenmessing)	Ms 58	58	2 Pb	Rest	Warmpressen, Schmieden, Bearbeiten mit spanabhebenden Werkzeugen	Stangen für Schrauben, Drehteile, Profile für Elektrotechnik, Instrumente, Schaufenster und sonstige Bauteile, Warmpreßstücke (Armaturen, Beschläge, Ersatz für Guß) zu den mannigfaltigsten Arbeiten, Bleche für Uhren, Harmonikas, Taschenmesser, Schloßteile.
Schmiedemessing (Muntz-Metall)	Ms 60	60	—	Rest	Warmpressen, Schmieden, Bearbeiten mit spanabhebenden Werkzeugen, mäßiges Biegen und Prägen	Stangen, Drähte, Bleche und Rohre für mannigfaltige Zwecke, besonders für den Schiffbau zu Kondensatorrohrplatten, Beschläge, Vorwärmer- und Kühlerrohre
Druckmessing	Ms 63	63	—	Rest	Ziehen, Drücken, Prägen, Hartlöten mit leichtflüssigem Schlaglot oder Silberlot	Bleche, Bänder, Drähte, Stangen, Profile für Metallwarenherstellung und Apparatebau, Rohre im Schiffbau
Halbtombak (Lötmessing)	Ms 67	67	—	Rest	Ziehen, Drücken (Kaltbearbeiten), Hartlöten bei hohen Anforderungen	Bleche (u. a. für Musikinstrumente). Rohre Stangen, Profile, Drähte, Holzschrauben, Federn, Patronenhülsen
Gelbtombak (Schaufelmessing)	Ms 72	72	—	Rest	Ziehen, Drücken, Prägen (Kaltbearbeiten) bei höchsten Anforderungen an Dehn- und Haltbarkeit	Drähte, Bleche, Profile für Turbinenschaufeln
Hellrottombak	Ms 80	80	—	Rest	Kaltbearbeiten (Kunstgewerbe)	Bleche, Metalltücher, Metallwaren
Mittelrottombak (Goldtombak)	Ms 85	85	—	Rest		
Rottombak	Ms 90	90	—	Rest		
Sondermessing gewalzt	So—Ms	55 bis 60	Mn + Al + Fe + Sn bis zu 7,5 % nach Wahl, bezüglich Ni vergl. Halbzeugblatt	Rest	Warmpressen, Schmieden	Kolbenstangen, Verschraubungen, Stangen zu Ventilspindeln, Profile, Dampfturbinenschaufeln für ND-Stufen, Bleche, Rohre, Warmpreßteile von hoher Festigkeit

Güte und Leistungen siehe DIN 1709 Bl. 2 und Halbzeugblätter DIN . . .
Die erweiterten Kurzzeichen mit Zusätzen, die den Anlieferungszustand (Härtegrad) für die Bestellung von Halbzeug kennzeichnen, bringen die Halbzeugblätter DIN . . .

April 1925   Normenausschuß für Nichteisen-Metalle

Bleigehalt zurückgeführt werden, da das Blei nicht in eine feste Lösung
einzugehen scheint, und infolge seines niedrigen Schmelzpunktes den
Materialzusammenhang unterbrechen kann. Da es jedoch unwahrscheinlich ist, daß im gewalzten Material das Blei sich an den Korngrenzen
findet, außerdem die geschilderte Verschiebung mit der Deformationsgeschwindigkeit und die Wiederzunahme des Formänderungsvermögens

Abb. 377. Bruchvorgänge und Kristallisationen bei statischen Zerreißversuchen an grobkristallinem
α-Messing in Abhängigkeit von der Temperatur, ca. 0,5 nat. (nach Sauerwald und Elsner).

bei höheren Temperaturen damit nicht leicht gedeutet werden kann,
so dürften die besonderen Verhältnisse in der Temperaturabhängigkeit
der mechanischen Eigenschaften des Messings noch mit anderen noch
nicht erkannten Faktoren im Aufbau derselben zusammenhängen[12].

2. Technische Verwendung und Verarbeitung (Gießen, Warm- und Kaltverformung, Glühbehandlung, innere Spannungen).

Abgesehen von sehr zinkreichen Legierungen werden Kupferzinklegierungen nur aus dem Konzentrationsbereich der α- und β-Mischkristalle
verwendet. Eine Übersicht über die verschiedenen Qualitäten und
Bezeichnungen gibt das Normblatt DIN 1709. Die hauptsächlichsten
Verunreinigungen gelangen in das Messing durch das Zink. Es handelt
sich dabei insbesondere um Blei.

Das Einschmelzen und Gießen des Messings verlangt infolge
der Flüchtigkeit des Zinks besondere Vorsichtsmaßregeln[13]. Die Abb. 378

gibt nach Gillet die Kurve starker Verdampfung des Zinks aus den Messinglegierungen wieder und man sieht, welcher geringe Temperaturbereich für den Schmelzprozeß zur Verfügung steht. Als Desoxydations-mittel dient u. a. Phosphorkupfer. Ein Überschuß von Phosphor darf nicht im Messing verbleiben. . .

Die Warmverformung muß bei Messing-sorten angewendet werden, welche β-Kristalle enthalten, da diese nur bei erhöhter Temperatur eine genügende Formänderungsfähigkeit haben. Das α-Messing wird kalt verarbeitet. Es kann jedoch unter genügenden Vorsichtsmaßregeln auch warm verformt werden. Die Möglichkeit dazu geht aus unseren oben mitgeteilten Ergebnissen über die mechanischen Eigenschaften bei hohen Temperaturen hervor. Auch das α-Messing hat ja im Gebiete von 900 ° wieder eine Zunahme des Formänderungsvermögens aufzuweisen. Bei diesen Warmverformungsprozessen . des α-Messings muß vor allen Dingen schnell verformt werden, damit eine Abkühlung des Materials in das Temperaturgebiet der Sprödigkeit herein vermieden

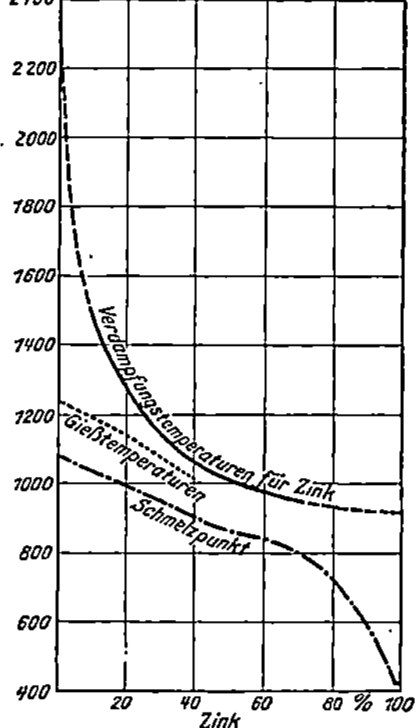

Abb. 378. Temperaturen starker Verdampfung des Zn aus flüssigen Cu-Zn-Legierungen (Werkstoffhdb. N. E. M.).

wird. Außerdem hat die schnelle Verformung hier wahrscheinlich den Effekt, daß die spontane Kristallisation befördert wird, was für die Vermeidung von Korngrenzenbruch günstig sein dürfte.

Bei der Warmverformung von Messing, welches z. B. bei Raumtemperatur ein heterogenes Gemenge von α- und β-Kristallen aufweist, bei höheren Temperaturen aus β-Kristallen besteht, ist sehr wesentlich darauf zu achten, daß die Verformung entsprechend der Löslichkeitslinie im homogenen β-Gebiet erfolgt[14]. Es hat sich gezeigt, daß die nadelförmige Kristallform der α-Kristalle Abb. 371 die günstigsten mechanischen

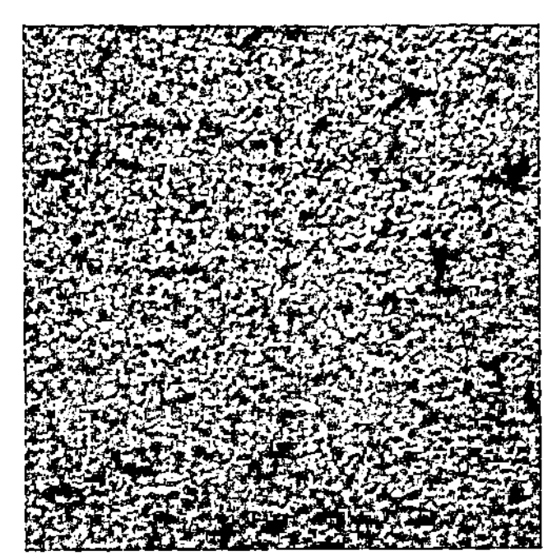

Abb. 379. Zu kalt gezogenes $\alpha + \beta$-Messing nach Hinzmann.

Eigenschaften für das Messing mit sich bringt. Erfolgt die Verformung bei einer Temperatur, bei der sich bereits α-Kristalle aus den β-Misch-kristallen ausgeschieden haben, so werden die Nadeln unterteilt und es bildet sich ein Gefüge wie Abb. 379 zeigt. Dies ist für die Verwendung des Materials ungeeignet. Die Gefahren für eine zu starke Ab-

kühlung warm zu verarbeitender Messinge liegt besonders in der Strangpresse vor, in der häufig am Anfang und Ende der Stangen infolge der
verschiedenen dort auftretenden Verarbeitungstemperaturen diese

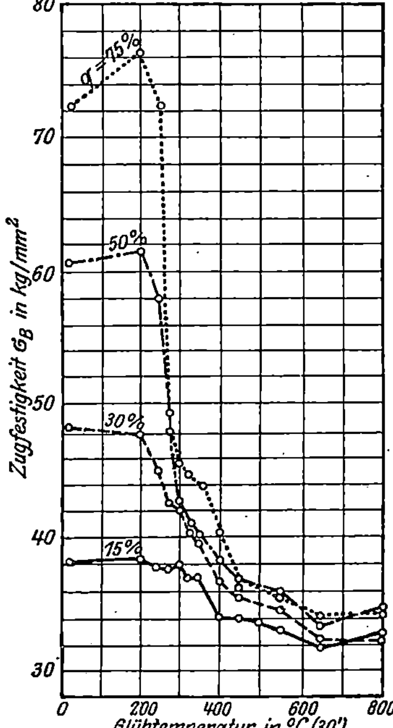

Abb. 380. Festigkeit kaltgewalzter und
geglühter Messingbleche in Abhängigkeit von der Glühtemperatur nach
Körber und Wieland (Sachs).

verschiedenen Strukturen zu sehen sind.
Die niedrigste Temperatur, bei der die
Warmverformungen z. B. v. Ms 60 vorgenommen werden können, ergibt sich
aus dem Zustandsdiagramm zu 750°.

Die durch Kaltverformung von Messing
zu erzielenden Änderungen in den mechanischen Eigenschaften und die weiteren
Veränderungen durch Rekristallisations-
vorgänge kann man aus der Abb. 380
entnehmen[15]. Bei Anwendung zu hoher
Glühtemperaturen tritt sehr leicht eine
erhebliche Verschlechterung des Materials
ein, da Festigkeit und Dehnung sehr stark
sinken. In dem rekristallisierten Gefüge
von α-Messing treten charakteristische
Zwillingsbildungen auf.

Bei der Kaltverformung von Messing
z. B. beim Ziehen von Stangen nehmen
die inneren Spannungen leicht sehr
erhebliche Dimensionen an und es kann
sehr leicht zu einem Aufreißen des Materials kommen. Will man diese inneren
Spannungen beseitigen, ohne die durch
die Kaltverformung hervorgerufene Ver-
festigung aufzuheben, so hat man das betreffende Material unterhalb
der Rekristallisationstemperatur auszuglühen. Es genügt bei 70proz.
Messing eine Glühung bei 300°, bei 60proz. eine solche von 250° [16].

3. Sondermessinge[17].

Unter Sondermessingen versteht man die Messingsorten, welche man
mit weiteren Legierungselementen legiert hat. Es lassen sich zunächst
diejenigen Legierungsmetalle zu einer Gruppe zusammenfassen, deren
Wirkung in einer Desoxydation und in einer Heraufsetzung des Formänderungswiderstandes besteht, die durch Eintritt in die Mischkristalle
bedingt ist. In dieser Weise wirken Mangan und Aluminium. Eisen bewirkt eine Verfeinerung des Gefüges und tritt in einer besonderen Kristallart auf. Es verursacht eine Erhöhung der Streckgrenze. Blei ist unter
Umständen erwünscht, da durch einen geringen Bleigehalt die Bearbeitbarkeit durch Spanabhebung erleichtert wird. Häufig werden mehrere

Legierungsbestandteile nebeneinander zugesetzt. Die höchsten Werte für die Zugfestigkeit, welche so erreicht werden, betragen etwa 85 kg/mm^2 bei verformbaren Legierungen. Meistens wird durch die Legierung auch eine Erhöhung der Korrosionsbeständigkeit erreicht. Es ist dies bei Eisen, Mangan und Nickel der Fall. Hierher gehören die Neusilberlegierungen[18] mit etwa 60 bis 65% Cu, 18 bis 23 % Zn und Rest Nickel (Alpakka, Argentan, Chinasilber).

Literatur.

[1] Bauer, O. u. M. Hansen: Der Aufbau der Cu-Zn-Legierungen. Mitt. Materialpr.-Amt. Sonderheft 4. Berlin: Julius Springer 1927.

[2] Methodik hierzu vgl. S. 167; ferner Nr. [5].

[3] Westgren u. Phragmen: Z. Metallkunde Bd. 18, S. 279. 1926.

[4] Zuletzt Imai: Sc. Rep. Tok. Imp. Univ. Bd. 11, Nr. 5, S. 313. 1922 und Haughton-Griffiths: J. Inst. Metals Bd. 34, S. 245. 1925.

[5] Zuletzt Sauerwald, F.: Z. anorg. u. allg. Chem. Bd. 111, S. 243. 1920.

[6] Bornemann u. Sauerwald: Z. Metallkunde Bd. 14, S. 254. 1922.

[7] Bornemann u. Wagenmann: Ferrum 11 1913/14, S. 334. — Matuyama: Sc. Rep. Tok. Imp. Univ. S. I Bd. 16, Nr. 4, S. 447. 1927.

[8] Körber u. Rohland: Mitt. Eisenforsch. Bd. 5, S. 55. 1924.

[9] Sauerwald u. Wieland: Z. Metallkunde Bd. 17, S. 395. 1925.

[10] Hanser: Z. Metallkunde 1926, S. 247.

[11] Mailänder: Ebda. 1927, S. 44.

[12] Sauerwald u. Elsner: Z. Physik Bd. 44, S. 36. 1927.

[13] Vgl. noch Müller: Metall Erz 1924, S. 552. — Clarke: Chem. Zentralblatt Bd. 27 I, S. 2241. — Über Verdampfung von Zn aus Cu-Zn-Legierungen im festen Zustand: Dunn: J. chem. soc. 1926, S. 2973 und Sauerwald u. Patalong S. 134.

[14] Hinzmann: Z. Metallkunde 1927, S. 297.

[15] Körber u. Wieland: Mitt. Eisenforsch. Bd. 3, 1, S. 57. 1921. — Baß u. Glocker: Z. Metallkunde 1928, S. 179.

[16] Masing: Z. f. Metallkunde Bd. 16, S. 252. 1924.

[17] Wieland: Qualitätsmessing. Z. Metallkunde 1927, S. 417. Über elektrolytische Messingüberzüge vgl. zuletzt Carl: Z. Elchem. Bd. 31, S. 70 u. 258. 1925.

[18] Rothert u. Dorn: Z. f. Metallkunde 1927, S. 158.

b) Die Kupferzinnlegierungen.

1. Zustandsdiagramm, Kristallstruktur, Eigenschaften.

Das Zustandsschaubild[1] der Kupferzinnlegierungen gibt Abb. 381 wieder. Es sind hier ebenfalls eine Reihe homogener Mischkristallreihen neben heterogenen Gebieten zu nennen, ferner eine singuläre Kristallart Cu$_3$Sn von besonders ausgeprägtem Verbindungscharakter.

Es ist interessant, daß sich diese singuläre Kristallart als solche nicht sofort aus der Schmelze ausscheidet, sondern erst in ein homogenes Zustandsfeld mit eingeht. Es treten zwei Eutektoide auf. Ferner ist bemerkenswert die Möglichkeit der teilweisen Rückverflüssigung einer bereits vollständig erstarrten Legierung bei sinkender Temperatur. Eine

Legierung mit 39% Zinn ist z. B. von 730 bis etwa 600° völlig fest. Dann tritt wieder ein wenig flüssige Phase in der Legierung auf.

Bezüglich der Struktur der α-Mischkristalle ist zu erwähnen, daß sie außerordentlich stark zur Kristallseigerung neigen (Abb. 158). Von den weiteren technisch wichtigen Kupferzinnlegierungen aus dem nächsten heterogenen Gebiete sei eine Struktur einer Legierung mit 15% Zinn mitgeteilt, in der die primäre Ausscheidung von α-Mischkristallen und das Eutektoid von α-Kristallen und Cu_4Sn (Abb. 382) zu sehen ist.

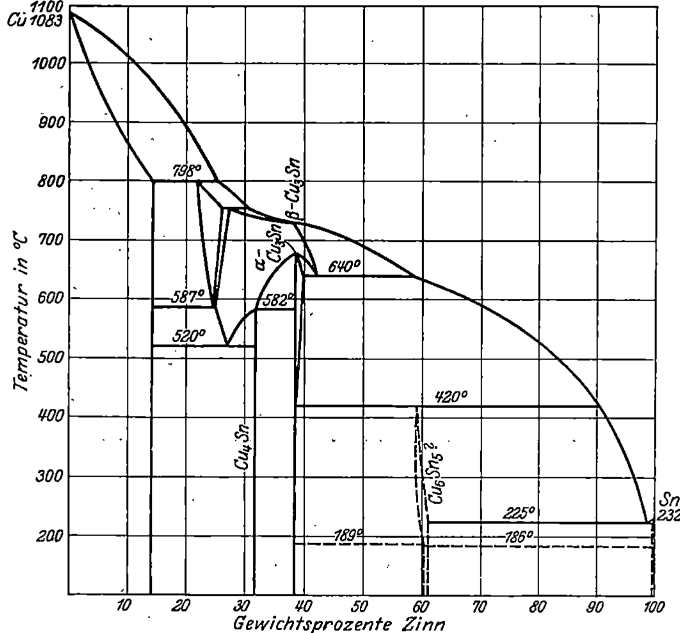

Abb. 381. Zustandsdiagramm Cu-Sn nach Bauer und Vollenbruck (Landolt-Börnstein).

Die Röntgenographische Untersuchung[2] hat ermittelt, daß von 0 bis 15 Prozent Sn das Kupfergitter vorhanden ist, in welchem Zinnatome die Kupferatome zum Teil ersetzt haben. Der Gitterparameter ändert sich dabei von 3,61 Å bis 3,69 Å. Der Cu_4Sn-Kristall weist ein flächenzentriertes kubisches Gitter auf mit einer außerordentlich umfangreichen Elementarzelle. Die Phase Cu_3Sn hat hexagonal dichteste Kugelpackung mit $a = 2,75$ Å.

Von den Eigenschaften der Kupferzinnlegierungen im flüssigen Zustand sind untersucht die Dichte, die innere Reibung, die Oberflächenspannung und die elektrische Leitfähigkeit, von denen die wichtigsten Kurven bereits früher in Abb. 194, 197, 199 mitgeteilt wurden. Es ergibt sich aus ihnen der Schluß auf das Vorhandensein molekularer Komplexe in den flüssigen Kupferzinnlegierungen, und zwar wird es sich jedenfalls um die Verbindung Cu_3Sn handeln.

Im festen Zustand hängt die Dichte in gro-ßen Zügen in ähnlicher Weise von der Konzen-tration ab wie im flüssi-gen Zustand, d. h. die Kristallarten mittlerer Zusammensetzung ha-ben ein kleineres spezi-fisches Volumen als der Mischungsregel ent-spricht (Abb. 194). Die Kurve der elektrischen Leitfähigkeit ist aus dem Diagramm Abb. 203 zu entnehmen, diejenige der Härte aus dem Dia-gramm Abb. 383. Es zeigt sich hier der Ein-fluß der Mischkristall-bildung in der α-Reihe sehr deutlich und ebenso tritt der Verbindungs-charakter der Kristallart Cu_3Sn gut hervor. Weitere Festigkeitseigen-schaften sind aus der Zahlentafel 31 zu entnehmen.

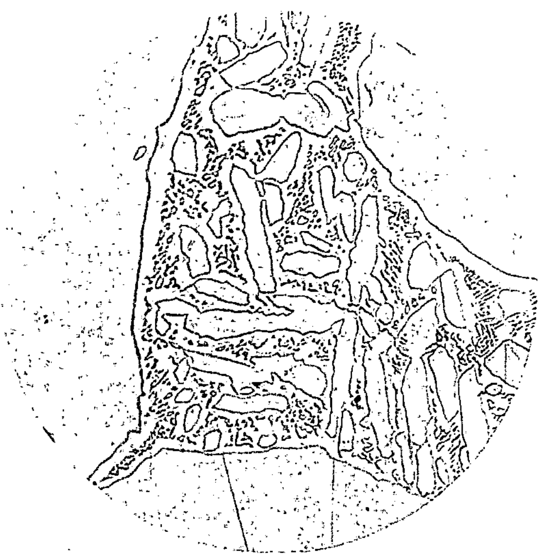

Abb. 382. Cu-Sn-Legierung mit 15% Sn (Bauer und Vollenbruck). × 200.

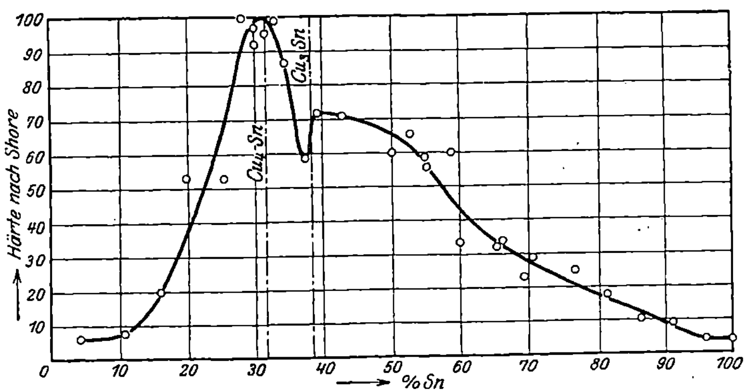

Abb. 383. Härte der Cu-Sn-Legierung nach Haughton und Turner (Bauer und Vollenbruck).

Um die Temperaturabhängigkeit der Festigkeitseigenschaften der α-Mischkristalle zu kennzeichnen (Sn = 5,5%, Zn = 2,8%, P = 0,3%), seien bei allerdings noch zinkhaltigem Material gemachte Feststellungen

Zahlentafel 31. Bronzen (nach den AEG-Normen).

Werkstoff	Analyse		Spez. Gewicht γ g/cm³	Festigkeitseigenschaften			Elektr. Leitfähigkeit $\frac{1}{\varrho}$ bei 20° m/Ωmm²	Farbe	Verwendungsbeispiele	Bemerkungen
Benennung	Element	Gehalt %		Zustand	Zug-festig-keit Kz kg/mm²	Bruch-deh-nung δ^{10} %				
Walzbronze (Phosphor-walzbronze)	Cu Sn P	93,6 6 0,4	8,8	weich, geglüht hart federhart doppelfederhart	40 60 80 90	60 10 5 2	7	rötlich-golden	Drähte für Gewebe	Widerstandsfähig gegen Säuren (außer Salpeter-säure HNO₃)
				weich, geglüht halbhart federhart	40 50 70	50 15 5			Bänder und Bleche	
Federbronze	Cu Zn Sn	87,5 7,0 5,5	8,7	weich, geglüht halbhart doppelfederhart	40 50 90	50 5 1	7	rötlich-golden	Drähte für Federn	
				weich, geglüht federhart doppelfederhart	40 70 90	30 5 2			Bänder für Federn	
Phosphor-bronze	Cu Sn P	83,8 16 0,2		gegossen	20	3		rötlich-gelb	Buchsen für Steuerungs-teile, Ventilstange zur Dampfstrahlpumpe	Hart und spröde, verschleißfest
Rotguß	Cu Sn Zn	85 9 6	8,5	gegossen	20	5	8,3	rötlich-gelb	Lager, Schieber, Armaturen, Büchsen, Schilder, Gleitplatten	Verschleißfest
Rotguß	Cu Sn Zn Pb	84 6 7 3	8,4	gegossen	20		11	rötlich-gelb	Armaturteile	

mitgeteilt (Abb. 384). Festigkeit als auch besonders Dehnung fallen hier wie beim Messing im Gebiet von 200 bis 300° außerordentlich stark ab. Die β-Mischkristalle, deren Zustandsfeld zwischen 22 und 26% Sn oberhalb 587° liegt, zeigen eine große Duktilität, während die in dem entsprechenden Konzentrationsbereich bei tiefer Temperatur vorhandenen Cu$_4$Sn-Kristalle als verbindungsartige Phase spröde sind.

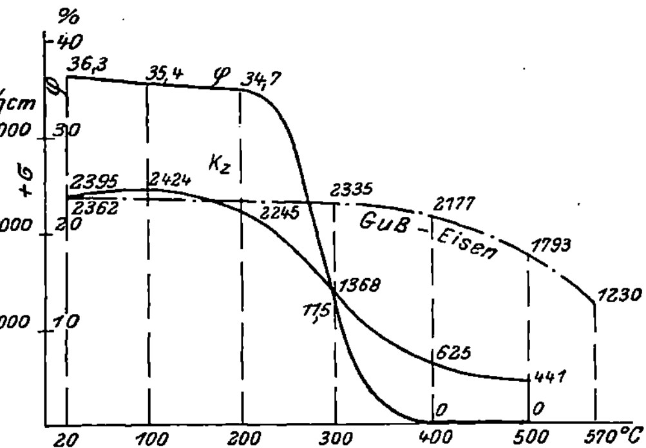

Abb. 384. Zugfestigkeit Kz und Dehnung φ einer Bronze (5,5% Sn, 2,8% Zn) und Zugfestigkeit von Gußeisen in Abhängigkeit von der Temperatur nach Bach-Baumann.

Wie die Angaben der Zahlentafel 31 zeigen, läßt sich der α-Mischkristall durch Kaltverformung sehr stark härten, und diese als federhart bezeichneten Materialien finden eine häufige Anwendung. Die untere Rekristallisationstemperatur der Kupferzinnlegierungen liegt bei etwa 300 bis 400°.

2. Technische Verwendung und Verarbeitung.

Einen Überblick über die technisch verwendeten Kupferzinnlegierungen und ihre Benennung vermittelt die Zahlentafel 31. Diese Legierungen enthalten vielfach noch Zink. Z. B. bezieht sich die Bezeichnung Rotguß auf solche Gußmaterialien, welche neben Zinn auch noch Zink enthalten. Durch weitere Legierung wird eine große Mannigfaltigkeit von Sonderbronzen erhalten.

Abb. 385. Rotguß mit SnO$_2$-Einschlüssen (Czochralski und Welter). ×50.

Von den Besonderheiten der technischen Bearbeitungsvorgänge ist zu bemerken, daß das Einschmelzen der Kupferzinnlegierung insofern mit besonderer Vorsicht zu geschehen hat, als eine Oxydation hauptsächlich das Zinn betrifft und die entstehende Zinnsäure das Material sehr ungünstig beeinflussen kann. Die Zinnsäure[3] bildet feine Häutchen, geht schwer in die Schlacke und unterbricht im erstarrten Material dann den Zusammenhang des metallischen Gefüges (Abb. 385). Die Kupferzinnlegierung neigt außer zur Schichtkristallbildung sehr zur umgekehrten Blockseigerung (s. S. 180). Die α-Bronzen werden meist in der Kälte bearbeitet. Schmieden und Pressen bei höherer Temperatur kann bei 650 bis 700° vorgenommen werden[4]. Es ist zweckmäßig, die Seigerungen in den α-Mischkristallen mit mehr als 5% Sn vor einer Verformung durch Ausglühen bei 700 bis 800° sich ausgleichen zu lassen. Infolge der Seigerung treten hier schon Cu_4Sn-Kristalle auf, die entfernt werden müssen. Legierungen mit mehr als 10% Sn werden meist nur als Gußlegierungen verwendet. Dieselben können überhaupt nicht im Beständigkeitsgebiet der Cu_4Sn-Kristalle bearbeitet werden, sondern müssen bei höheren Temperaturen im $\alpha + \beta$-Gebiet verformt werden[5].

Literatur.

[1] **Bauer** u. **Vollenbruck:** Mitt. Matprüfsamt 1922, H. 5, S. 182. — **Matsuda** (vorher Isihara): Sc. Rep. Tok. Ing. Univ. 1928, S. 1. Bd. 17, S. 141.

[2] **Weiß:** Proc. Roy. Soc. Bd. 108, S. 643. 1925. — **Westgren** u. **Phragmén:** Z. anorgan. allg. Chem. Bd. 175, S. 80. 1928. — **Jones** u. **Evans:** Phil. Mag. (7) Bd. 4, S. 1302. 1927.

[3] **Heyn** u. **Bauer:** Mittlg. Matprüfgsamt Bd. 22, S. 137. 1904.

[4] Vgl. hier ferner **Schleicher,** A.: Z. Metallkunde Bd. 18, S. 322. 1926.

[5] **Bauer** u. **Vollenbruck:** Ebenda Bd. 17, S. 60. 1925.

c) Die Kupferaluminiumlegierungen.

Von diesen Legierungen mit größerem Cu-Gehalt finden technisch nur diejenigen mit 90 bis 95% Kupfer Verwendung. Charakteristisch für dieselben ist die große Schwindung und die Oxydationsgefahr.

d) Kupfernickellegierungen.

Das Zustandsdiagramm der Kupfernickellegierungen zeigt die Abb. 147. Bei höheren Temperaturen ist eine vollkommene Mischbarkeit vorhanden. Bei tiefen Temperaturen erfährt dieselbe nur insofern eine gewisse Modifikation, als sich die magnetische Umwandlung des Nickels auch in den Legierungen bemerkbar macht. Ein Beispiel für die Struktur der homogenen Mischkristalle gibt Abb. 148. Die Röntgenanalyse hat das Vegardsche Additivitätsgesetz bestätigt[1].

Die Abhängigkeit der Eigenschaften von der Konzentration entspricht ganz unserem Diagramm Abb. 202. Die Temperaturabhängigkeit der Eigenschaften der Kupfernickellegierungen ist bis jetzt wenig untersucht worden[2]. Sie zeigt im allgemeinen keine Besonderheiten, doch ist in den nickelreicheren Legierungen mit dem Einfluß der magnetischen Umwandlung zu rechnen. Die Warm- und Kaltverformung ist naturgemäß ohne weiteres möglich. Die Warmverformung erfolgt gewöhnlich bei etwa 800°. Die Rekristallisationstemperatur liegt zwischen 500 und 700°.

Von den technisch verwendeten Legierungen ist besonders das Konstantan mit etwa 42% Nickel als Widerstandsmaterial zu erwähnen. Ferner ist die Legierung mit 67% Nickel, die gewöhnlich noch Eisen und Mangan zu enthalten pflegt und die mit dem Namen Monelmetall bezeichnet wird, hervorzuheben, da sie häufig direkt aus Kupfer-Nickel-Erzen gewonnen wird. Die Legierungen mit 10% Nickel haben etwa eine Festigkeit von 28 kg/mm² bei 40% Dehnung, diejenigen mit 66% Nickel 65 kg/mm² bei 20% Dehnung.

Literatur.

Circular of the Bureau of Standards Nr. 100.

[1] Vegard u. Dale: Chem. Zentralblatt 1928 I, S. 2573.

Über Cu-Ni-Si-Leg. Corson: Z. Metallkunde 1927, S. 370.

[2] Sauerwald u. Knehans: Z. anorg. u. allg. Chem. Bd. 131, S. 57. 1923. — Tapsel u. Bradley: Eng. Bd. 121, S. 512. 1926; 1925 II, S. 614.

e) Die Edelmetalle und Edelmetallegierungen.

Von den Edelmetallen wird nur das Platin vorwiegend in reiner Form verwendet, da nur in dieser Form die ausgezeichneten Eigenschaften des Platins[1], Korrosionsbeständigkeit, hohe Schmelztemperatur, Thermokraft voll ausgenutzt werden können. Durch seinen hochliegenden Schmelzpunkt übertrifft das Iridium das Platin. Silber[2] und Gold werden ganz überwiegend in legierter Form verwendet, da ihr Formänderungswiderstand in reiner Form zu gering ist. Nur die Eigentümlichkeit des Goldes, in sehr feiner Verteilung bei Raumtemperatur zu schweißen, läßt es in der Zahntechnik Verwendung finden und sein außerordentliches Formänderungsvermögen in reiner Form macht es für die Herstellung sehr dünner Blättchen (Goldschlägerei, vgl. S. 18 und 21) geeignet.

Die Gehalte der Edelmetallegierungen werden nach Tausendteilen bezeichnet. Das Silber bildet mit Gold eine vollkommene Mischkristallreihe, in dem System Silber-Kupfer sind nur zwei verhältnismäßig arme Mischkristalle vorhanden, die sich jedoch dadurch auszeichnen, daß ihre Löslichkeit sich mit der Temperatur ändert, woraus sich die Möglichkeit der Vergütung gewisser Silber-Kupfer-Legierungen ergibt, worüber das nötigste auf S. 445 mitgeteilt wird. Die Gold-Kupfer-Legierungen bilden bei hohen Temperaturen eine gewöhnliche kontinuierliche Mischkristallreihe, während bei tiefen Temperaturen intermetallische Verbindungen in homogener Phase auftreten, wie bereits auf S. 215—229 näher ausgeführt wurde (Abb. 386). Ähnliches ist auch bei den entsprechenden Palladium-Legierungen zu konstatieren.

Aus der eigentümlichen Form des Zustandsdiagrammes der Gold-

Kupfer-Legierungen hat sich eine bemerkenswerte Wärmebehandlung ergeben, welche für die Zahntechnik von Wichtigkeit geworden ist[3]. Wenn man nämlich Legierungen, in denen die aus dem Zustandsdiagramm ersichtlichen Verbindungen auftreten, von Temperaturen oberhalb des Beständigkeitsgebietes der Verbindungen abschreckt, so bleibt die verhältnismäßig hohe Duktilität der sich metastabil erhaltenden Mischkristalle bestehen. Läßt man solchen Draht auf die höchsten Temperaturen des Beständigkeitsgebietes der Verbindung an, so bildet sich die Verbindung hier mit ziemlicher Geschwindigkeit, z. B. innerhalb 10 Minuten, und gleichzeitig mit dieser Verbindungsbildung geht eine sehr erhebliche Härtesteigerung bei diesem Anlaßvorgang vonstatten. Auch im Schliffbild stellen sich charakteristische Unterschiede nach den verschiedenen Behandlungsarten heraus.

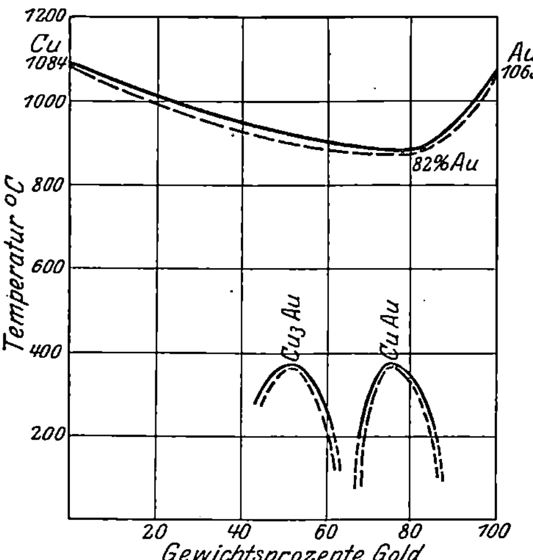

Abb. 386. Zustandsdiagramm Au-Cu nach Kurakow und Mita. (Landolt-Börnstein.)

Die Edelmetallegierungen werden entweder im gegossenem Zustande verwendet oder sie erfahren eine Kaltbearbeitung mit evtl. anschließender Wärmebehandlung, die eine Rekristallisation zum Ziele hat. Für die Kaltbearbeitung des Goldes sind geringe Bleigehalte von 0,06% an sehr verhängnisvoll; es bildet sich an den Korngrenzen die Verbindung Au_2Pb, welche sehr spröde ist[4]. Eine Warmschmiedung kommt nur in geringem Umfang nach dem Guß zur Anwendung. Die wichtigsten Daten über die Rekristallisation des Silbers[5] wurden bereits auf S. 129 mitgeteilt, sowohl Beimengungen als auch die Art der Verformung sind auf die Temperatur des Rekristallisationsbeginnes von wesentlichem Einfluß. Die Untersuchung der Rekristallisation der technisch wichtigsten Silberlegierung mit 800 Silber hat ergeben, daß bei Temperaturen von über 700° die Erweichung nach 10 Minuten Glühzeit beendet ist[6], bei höheren Temperaturen wird die Dehnung auch hier wieder geringer. Das Gebiet der unteren Rekristallisationstemperatur liegt für Pt etwa bei 650°[3].

Von besonderer Bedeutung für die Erzielung bestimmter Eigenschaften, insbesondere auch bestimmter Färbungen von Edelmetalllegierungen ist die Verwendung von Mehrstofflegierungen[7].

Literatur,
Laatsch: Edelmetalle, Berlin 1925.
[1] Über Platinersatz s. Arndt: ETZ Bd. 42, S. 345; — Roth: Verh. dtsch. Phys. Ges. 1922 III$_3$, S. 20.
[2] Über die Anlaufbeständigkeit der Ag vgl. Jordan u. Mitarb.: Z. Metallkunde 1928, S. 193.
[3] Nowack, L.: in G. Korkhaus: Mod. orthodontische Therapie. Berlin: Meußer 1928.
[4] Nowack, L.: Z. anorg. u. allg. Chem. Bd. 154, S. 395. 1926; Z. Metallkunde Bd. 19, S. 238. 1927.
[5] Vgl. hier noch Feussner: Z. Metallkunde Bd. 19, S. 342. 1927.
[6] Sterner-Rainer, L.: Z. Metallkunde Bd. 19, S. 149, 245. 1927.
[7] Au-Ag-Cu Jaenecke: Metallurgie Bd. 8, S. 597. 1911. — Sterner-Rainer: Z. Metallkunde Bd. 18, S. 143. 1926. — Tammann u. Wilson: Z. anorg. u. allg. Chem. Bd. 173, S. 156.
Über Krankheitserscheinungen bei Ag vgl. Streicher, S.: Z. Metallkunde Bd. 19, S. 205. 1927.

f) Die Spritzgußlegierungen.

Die erste Gruppe der für den Spritzguß geeigneten Legierungen umfaßt Legierungen geringer Festigkeit von etwa 6 bis 9 kg/mm^2 auf Blei- und Zinnbasis mit Antimonzusatz. Die nächste Gruppe höherer Festigkeit bilden Legierungen mit 70 bis 87% Zn[1], mit 0,2 bis 0,5% Al, 3 bis 4% Cu und Rest Sn. Hier werden Festigkeiten von 9 bis 15 kg/mm^2 erhalten. Die Aluminium-Zinklegierungen[1] mit 91 bis 94% Zn müssen noch einen Kupferzusatz von 2 bis 4% erhalten, damit eine genügende Form- und Volumenbeständigkeit nach dem Guß gewährleistet ist. (Zerfall von Al$_2$Zn$_3$! S. 175). Sie geben Festigkeiten von 19 bis 26 kg/mm^2.

Diesen ersten drei Gruppen stehen die höherschmelzenden Gruppen der Leichtmetallegierungen gegenüber. Al-Cu-Legierungen mit 88 bis 92% Al erreichen Festigkeiten bis 25 kg/mm^2. Ferner wird Silumin und Elektron im Spritzguß vergossen.

Messing in Form von Ms 58 wird auch bereits für Spritzguß verwendet, doch hängt die Anwendbarkeit des Verfahrens stark von der Form des herzustellenden Stückes ab.

Die Maßgenauigkeit und damit die notwendigerweise frei zu lassende Toleranz hängt abgesehen von Umwandlungserscheinungen und vom Ausdehnungskoeffizienten vom Schmelzpunkt ab. Als Toleranzen werden infolgedessen in der ersten Gruppe $\pm$ 0,05 bis 0,1%, in der zweiten Gruppe $\pm$ 0,1%, bei den Leichtmetallegierungen $\pm$ 0,15 bis 0,25% und bei Messing $\pm$ 0,4% der Sollmaße zugelassen.

Literatur.
Kaufmann, A.: Z. Metallkunde 1922, S. 8.
Frommer, L.: Der Spritzguß. Berlin 1928.
[1] Über die Beständigkeit der Zn-Legierungen vgl. Z. Metallkunde 1926, S. 359.

g) Die Lagermetalle.

An die Lagermetalle werden Anforderungen gestellt, die von den sonst an Konstruktionsteile gestellten Forderungen so weit abweichen, daß die verlangten Strukturen auch gänzlich anders als in allen sonstigen Fällen ausfallen müssen. Während sonst im allgemeinen die homogene oder jedenfalls doch mechanisch möglichst gleichmäßige Ausbildung der Struktur erwünscht ist, wird von den Lagermetallen gerade eine möglichst heterogene Struktur gefordert. Es hängt dies damit zusammen, daß das Lagermetall, welches den Druck einer Welle aufzunehmen hat, diesen Druck keineswegs mit seiner ganzen Fläche aufnehmen soll. Würde die ganze Fläche aufliegen, so würde der wichtige Prozeß des Einlaufens des Lagers nicht in einer günstigen Weise vor sich gehen. Das Einlaufen von Welle und Lager ist jedoch sehr wichtig, da beide Teile auf anderem Wege kaum in der richtigen Weise einander angepaßt werden können. Das Einlaufen ist nur dann möglich, wenn eine nachgiebige

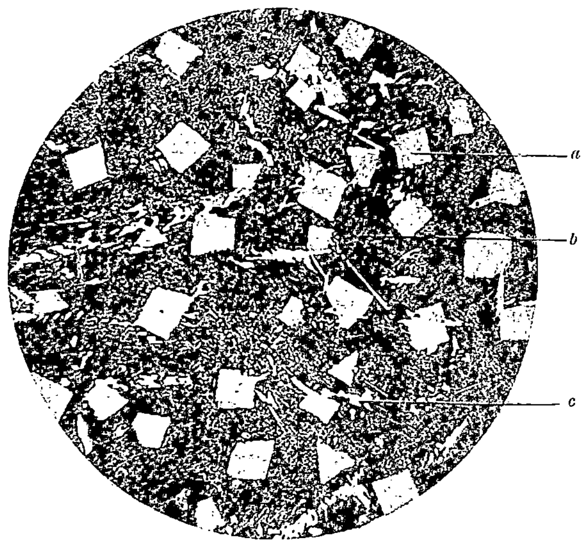

Abb. 387. Normales Zinnweißmetall (Czochralski-Welter). × 150.

Grundmasse im Lagermetall vorhanden ist, in der eine Anzahl härterer Kristalle eingelagert sind, welche den Druck aufnehmen, die in ihrer Lage aber ein wenig veränderlich sind. Wäre ein mechanisch vollkommen homogenes Gefüge im Lager vorhanden, so könnte das Einlaufen der Welle nur durch ein Abschleifen unter Entstehung einer großen Reibungswärme und wahrscheinlich mit dem Endeffekt eines Festfressens und Festlaufens des Lagers erfolgen. Je nach der Beanspruchung werden eine Reihe verschiedener Legierungen als Lagermetall verwendet.

Zu den hochwertigsten Lagermetallen gehört der Rotguß. Daß der Rotguß, bestehend aus α-Mischkristallen, überhaupt als Lagermetall verwendet wird, bedeutet keinen Widerspruch gegen unsere oben ausgesprochene Forderung der Heterogenität eines Lagermetalles. Die

Kristallseigerungen (Abb. 158) gewährleisten eine solche Heterogenität in ausreichendem Maße und tatsächlich ist ein Rotguß auch nur mit diesen Kristallseigerungen als Lagermetall verwendbar. Ist ein Rotgußlagermetall etwa durch Erhitzung auf zu hohe Temperatur homogen geworden, so kann es nicht mehr im Lager verwendet werden. Beim Einschmelzen des Rotgusses ist auch hier auf die Vermeidung starker Oxydation wegen der Gefährlichkeit der Zinnsäureeinflüsse zu achten.

Die Zinnlagermetalle enthalten außer Zinn etwa 15% Sb und 5% Cu. Markenbezeichnungen für solche Metalle sind Regel-Antifriktion-Weißlagermetalle. Ein Bild von ihrer Struktur gibt die Abb. 387. *a* sind harte primäre Ausscheidungen SnSb; *b* eutektisches Gefüge, *c* sind geringe Beimengungen einer Cu-haltigen Kristallart.

Von dem Bleilagermetall enthält die erste Gruppe etwa 15% Sb und 5% Sn. Es sind dies das Einheitsmetall und das Hartbleilagermetall. Weiter ist hier das Thermitmetall zu nennen, welches noch Nickel und Kupfer enthält. Eine andere Gruppe

Abb. 388. Geseigertes Einheitsmetall (Czochralski-Welter). ×50.

der Bleilagermetalle sind die alkali- und erdalkalihaltigen Lagermetalle. Die Zusätze von Alkalien oder Erdalkalien betragen etwa 3%. Das Lurgilagermetall enthält nur Barium. Das Kalziumlagermetall enthält Kalzium, Strontium und etwas Kupfer.

Beim Gießen der Lager ist jede Überhitzung und Verbrennung zu vermeiden. Bei der Verwendung sind außer den mechanischen Eigenschaften auch insbesondere die Schmelzpunktintervalle zu beachten. Unter den genannten Lagermetallen beginnen die niedrig schmelzenden mit der Verflüssigung des ternären Eutektikums bereits bei 170°. Blockseigerungen, wie sie etwa die Abb. 388 zeigt, sind zu vermeiden, da in einzelnen Bereichen dadurch die Heterogenität gefährdet wird und ein Anfressen erleichtert ist.

Für die Beurteilung eines Lagermetalles unmittelbar bei der Verwendung oder auch bei besonderen Versuchen ist es außerordentlich wesentlich, daß die Schmierungen der entsprechenden Lager in Ordnung sind. Nur unter dieser Voraussetzung sind Vergleichsversuche möglich. Für die Beurteilung der Lagermetalle sind besondere Versuchsanordnungen nötig. Bei diesen kommt es in erster Linie darauf an, den Zapfendruck des Versuchslagers f in bestimmter Weise variieren

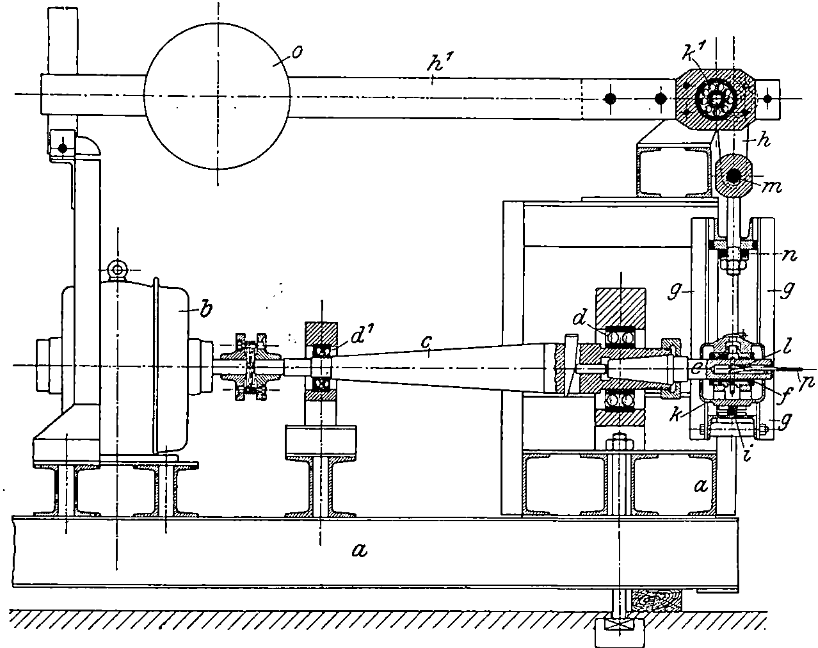

Abb. 389. Maschine zur Prüfung von Lagermetallen (Czochralski-Welter).

zu können, was z. B. durch Hebelwirkung (s. Abb. 389) geschehen kann. Außer der Beachtung der Abnützung eines Lagers unter bestimmten Belastungen und Rotationsgeschwindigkeiten kommt für die Bewertung vor allem noch die Messung der Temperaturverhältnisse in Frage. Diese erfolgt so, daß in die Achse ein Thermometer p eingeführt wird, dessen Temperatur verfolgt wird.

Literatur.

Czochralski-Welter: Lagermetalle und ihre technologische Bewertung. Berlin: Julius Springer 1920.

Müller: Technologie d. Lagermetalle. Z. V. d. I. 1928, S. 879.

h) Die Lote.

In der allgemeinen Besprechung der stoffverbindenden Metallbearbeitung (S. 283) ist bereits das Grundsätzliche über den Lötvorgang gesagt worden. Es bleibt noch übrig, die als Lote zu verwendenden Legierungen zu besprechen. Man unterscheidet Weichlote, Hartlote und Speziallote. Die Unterscheidung der Weichlote und Hartlote bezieht sich auf die mechanische Widerstandsfähigkeit. Dieselbe geht im großen und ganzen parallel mit der Unterscheidung nach den Schmelzpunkten der Lote, da die Lote mit den niedrigeren Schmelzpunkten diejenigen mit geringerer mechanischer Widerstandsfähigkeit sind. Hat das Lot günstige mechanische Eigenschaften und ist es infolgedessen gegen schlagartige Beanspruchung widerstandsfähig, so bezeichnet man es als Schlaglot.

1. Die Weichlote.

Als Weichlot dienen in erster Linie Blei-Zinn-Legierungen. Ihre Zusammensetzung ist nach dem Normenblatt DIN 1707 genormt, sie wechselt von 25 bis 90% Zinn. Die zulässigen Abweichungen vom Zinngehalt betragen $\pm$ 0,05%.

2. Die Hartlote.

Als Hartlote werden in erster Linie Kupfer-Zink-Legierungen verwendet, deren genormte Zusammensetzungen sich im Normblatt DIN 1711 verzeichnet finden. Der Kupfergehalt wechselt danach von 54 bis 42% Kupfer. Aus dem, was über die Kupfer-Zink-Legierungen gesagt wurde, geht hervor, daß nur die kupferreicheren dieser Legierungen eine Bearbeitung mit dem Hammer vertragen. Die sogenannte Strengflüssigkeit der Lote ist im Wesentlichen bedingt durch den Schmelzpunkt, sie nimmt mit zunehmendem Zinkgehalt ab. Die Verwendung verschieden streng-

Abb. 390. Lötung von Messingblech nach Sterner-Rainer. ×70.

flüssiger Lote ermöglicht es, mehrere dicht aneinanderliegende Lötungen an einem Stück vorzunehmen. Man beginnt dann mit dem strengflüssigsten Lot zu löten und vermindert dadurch die Gefahr, daß bei einer zweiten Lötung die erste wieder aufgeht. In der Abb. 390 ist die Lötung eines Messingbleches mit 60% Cu mit einem Lot von 47% Cu + 14% Sn abgebildet. Hier ist deutlich zu sehen, daß entweder durch Auflösung der Oberfläche im flüssigen Lot oder durch Diffusion im festen Zustande eine innige Durchdringung der Gefüge von Lot und Oberfläche eingetreten ist. Bei Lötungen von Stahl mit Messing ist eine derartige direkte Beobachtung nicht zu machen. Unter Silberschlagloten versteht man ternäre Legierungen aus Kupfer, Zink und Silber, deren Zusammensetzung nach DIN 1710 genormt ist. Diese Silberlote werden mit Zahlen, die dem Silbergehalt entsprechen, bezeichnet. Der Silbergehalt wechselt von 4 bis 45%. Durch das Silber werden die Festigkeitseigenschaften der Lötungen in günstiger Weise beeinflußt.

3. Speziallote.

Zu den Spezialloten sind bereits die silberreichen Silberlote, die zur Lötung von Silberwaren dienen, ferner die Goldlote zu rechnen. Ferner nehmen eine besondere Stellung ein die Lote zur Lötung unedler Metalle, insbesondere die Aluminiumlote (vgl. S. 410).

Literatur.

Wüst: Legier- und Lötkunst. 7. Aufl. Aachen 1908.
Sterner-Rainer, L.: Z. Metallkunde Bd. 13, S. 368. 1921.

i) Die Amalgame.

Die besondere Bedeutung der Amalgame besteht darin, daß wir uns bei Raumtemperatur zum mindesten mit einem Teil der Zusammensetzung der einzelnen Legierungen im Zustandsgebiet der flüssigen Phasen befinden. Die Zustandsdiagramme der Amalgame sind meist ziemlich kompliziert, weil in ihnen vielfach intermediäre Kristallarten auftreten. Die langsame Bildungsgeschwindigkeit dieser Kristallarten oder auch von Mischkristallen ist nun gerade in Verbindung mit dem erstgenannten Gesichtspunkt von wesentlicher Bedeutung. Man kann nämlich die Amalgame bei gewöhnlicher Temperatur als heterogenes Gemenge von flüssigen und festen Phasen an den Ort ihrer Verwendung bringen, was immer dann von Vorteil sein wird, wenn es sich z. B. um die Ausfüllung von Hohlräumen und um die Anschmiegung an Oberflächen handelt. Dann bilden sich die entsprechenden Kristallarten und das ganze Gebilde, sei es, daß es sich um spiegelnde Überzüge, um Zahnplomben oder um Material zum Ausspritzen anatomischer Präparate handelt, wird fest. Das zur Fabrikation von Spiegeln benutzte Amalgam enthält etwa 23% Zinn. Für Zahnplomben werden Edelmetall-Amalgame, auch Kadmiumamalgam und Zinnsilberamalgam verwendet. Von besonderer Bedeutung ist hier die Gefahr der Quecksilberabgabe aus dem fertigen Amalgam, worauf Stock[1] besonders aufmerksam macht. Die Gefährlichkeit des Kupferamalgams in dieser Hinsicht dürfte außer Frage stehen.

Bei jeder Verwendung von Amalgam in der gekennzeichneten Weise ist darauf zu achten, daß die langsame Einstellung der Gefügegleichgewichte mit Volumenänderungen[2], die in mannigfacher Weise aufeinander folgen können, verknüpft ist.

Literatur.

Fenchel: Sammlung Meusser, H. 9. Berlin 1920. — Von den neueren Arbeiten über Amalgame seien genannt: Tammann u. Stassfurth: Z. anorg. u. allg. Chem. Bd. 143, S. 357.

Tammann u. Dahl: Ebda. Bd. 144, S. 16.

Tammann u. Kollmann: Ebda. Bd. 160, S. 242.

Tammann u. Hinnüber: Ebda. S. 249.

Britton u. Mc. Bain: J. Am. Chem. Soc. Bd. 48, S. 593. 1926.

Röntgenographie vgl. v. Simson: Z. phys. Chem. Bd. 109, S. 183. 1924.

[1] Z. angew. Chemie. A. 1928, S. 663.

[2] Hier seien u. a. noch genannt Köller, K.: Z. Metallkunde 1921, S. 1. — Würschmidt, I.: Verh. dtsch. phys. Ges. 1912, S. 13.

k) Ergänzungen über Legierungen zu besonderer Verwendung.

Von den Materialien mit besonderen Eigenschaften der elektrischen Leitfähigkeit, nämlich mit hohem Widerstand und geringem Temperaturkoeffizienten, sind noch die Mn-Cu-Legierungen zu erwähnen, insbesondere Manganin mit etwa 84% Cu, 12% Mn, 4% Ni.

Als Lettern- oder Buchdruckmetalle dienen Legierungen von Sn, Sb, Pb (Z. Metallkunde Bd. 16, S. 67. 1924).

Als leichtschmelzbare Legierungen[1] werden Drei- und Mehrstoffsysteme eutektischer Zusammensetzung verwendet. Das Woodmetall mit einem Schmelzpunkt von etwa 60,5° enthält 50% Bi, 25% Pb, 12,5% Sn, 12,5% Cd. Das Rosemetall enthält 50% Bi, 25% Pb, 25% Sn und schmilzt bei 94°.

Über die Verwendung von Alkali- und Erdalkalimetallen vgl. Foundry: Bd. 49. S. 855.

Literatur.

[1] Wählert, M.: Das Metall. S. 231. 1920.

l) Aluminiumgußlegierungen.

Von den Aluminiumlegierungen, welche nur in gegossenem Zustand verwendet werden, haben die folgenden eine besondere Bedeutung erlangt. Dieselben können in gewisser Weise vergütet werden, doch ist bei diesem Ausdruck daran zu erinnern, daß er keineswegs dasselbe wie Stahlvergütung oder auch nur immer dasselbe wie den Vergütungsvorgang der verformbaren Leichtmetallegierungen bezeichnen soll.

Die deutsche Legierung enthält 2 bis 5% Cu, 8 bis 12% Zn. Die Herstellung erfolgt meist über eine Vorlegierung mit 50% Cu. Sowohl die Festigkeitseigenschaften als auch das Schwindmaß der bei etwa 680 bis 700° zu vergießenden Legierungen hängt von der Art des Gusses ab. In Sandguß werden Zugfestigkeiten von 12 bis 18 kg/mm² bei 1 bis 3% Dehnung erzielt. Das Schwindmaß beträgt dabei 1,36%. Der Kokillenguß liefert Zugfestigkeiten von 12 bis 20 kg/mm² bei 2 bis

5% Dehnung. Die Schwindung beträgt hier 1,50%. Außerdem hängen die Festigkeitseigenschaften noch von der Abkühlungsgeschwindigkeit in festem Zustande ab, worauf sich eine Wärmebehandlung aufbaut. Man kann durch ½- bis 1stündiges Glühen bei etwa 500°, Abschrecken in Wasser und Anlassen bei 130° die Festigkeit um 50 bis 80% steigern.

Die amerikanische Legierung enthält 7 bis 9% Cu, der Rest ist Aluminium. Das Kupfer wird ebenfalls in einer Vorlegierung eingeführt. Bei Sandguß beträgt die erzielte Zugfestigkeit 12 bis 16 kg/mm², bei Kokillenguß 12 bis 18 kg/mm². Die Dehnungen sind 2 bis 5%, das Schwindmaß beträgt 1,25 und 1,40%. Derselbe Vergütungsprozeß wie bei der deutschen Legierung ist auch hier durchführbar.

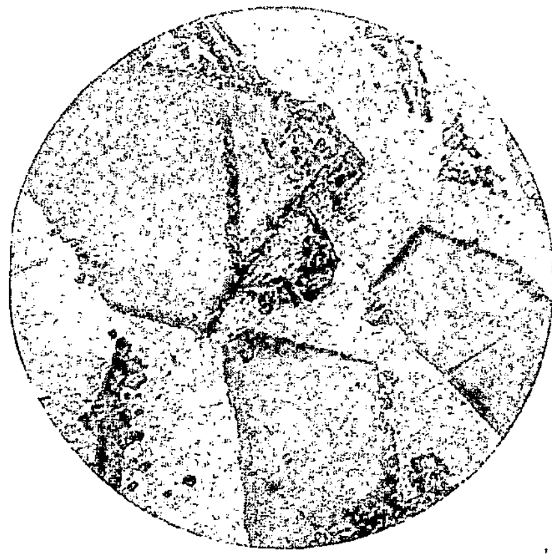

Abb. 391. Al-Si-Legierung ohne Na-Zusatz nach Czochralski. ×175.

Durch gewisse Legierungszusätze in der Größenordnung von 0,5 bis 1% können die Vergütungserscheinungen an den beiden genannten Legierungen nicht unerheblich verstärkt werden. Diese Nachhärtung findet von selbst ohne Abschreckung statt. Die veredelte deutsche Legierung, früher Strasserlegierung, jetzt Alneon genannt, erreicht Zugfestigkeiten von 34 kg/mm² bei einer Dehnung von 0,1%[1]. Die veredelte amerikanische Legierung (Neonalium) erreicht Festigkeiten von 24 kg/mm². Diese Veredelungen entsprechen insofern den bei der Duraluminvergütung auftretenden Prozessen, als es sich auch hier um langsam verlaufende

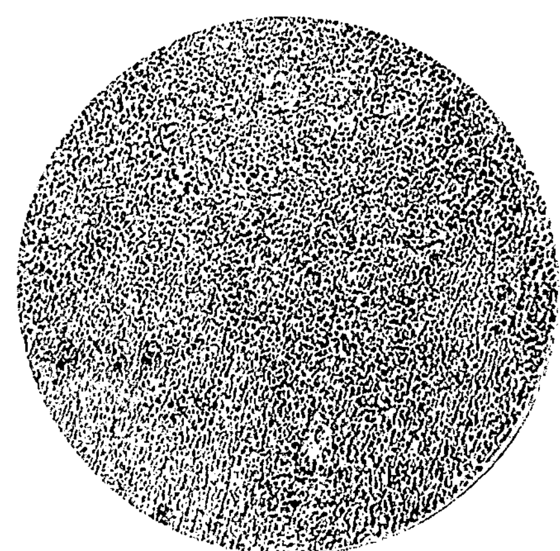

Abb. 392. Al-Si-Legierung, vollkommen „veredelt" nach Czochralski. ×100.

Prozesse handelt, die ihre Auswirkung z. T. erst in 4 Wochen finden.

Die Legierung K. S. Seewasser[2] enthält etwa 3% Mangan, 2,5% Magnesium und 0,5% Antimon und zeichnet sich durch eine hohe Korrosionsbeständigkeit aus.

Silumin[3] ist eine Aluminium-Silizium-Legierung, welche etwa

12,8 bis 13,2 % Silizium enthält, neben den für normales Aluminium gewöhnlichen Verunreinigungen. Diese Legierung erhält kurz vor dem „Vergüten", welches bei 750 bis 770⁰ erfolgt, einen Alkalizusatz. Dieser wird z. B. durch Zugabe eines Alkalisalzes erzielt, aus dem nach den auf S. 237 mitgeteilten Grundsätzen Alkalimetall jedenfalls in die Schmelze übertritt. Der Effekt dieses Zusatzes ist eine außerordentlich feine Ausbildung des Eutektikums der beiden an Aluminium und Silizium armen Mischkristalle, welches gerade der Konzentration der Legierung entspricht. In den Abb. 391 und 392 ist die Struktur von Silumin vor und nach Alkalizusatz wiedergegeben. Wie im einzelnen der Mechanismus dieser Gefügebeeinflussung wirkt, ist noch nicht geklärt. Das spezifische Gewicht beträgt 2,6, das Schwindmaß 1,0 bis 1,14%, die Zugfestigkeiten sind 18 bis 23 kg/mm² bei einer Dehnung von 5 bis 10 %.

Literatur.

Als letzte Übersicht vgl. Steudel: Z. Metallkunde Bd. 20, S. 165. 1918.

[1] v. Schwarz, M.: Z. Metallkunde Bd. 19, S. 390. 1927.

[2] Sterner-Rainer, R.: Ebda. S. 282.

[3] Zuletzt J. Czochralski: Ebda. S. 14. — Mehrere Arbeiten Inst. of met. 1926 II., Ref. Z. Metallkunde 1927, 119, 166.

m) Die Magnesiumlegierungen.

Das Magnalium ist eine Magnesium-Aluminium-Legierung mit 3 bis 25% Magnesium. Von größerer Bedeutung als dieses ist das Elektronmetall geworden. Diese Magnesium-Aluminium-Legierungen, die bis 10% Aluminium, außerdem aber auch noch Zink und Mangan enthalten können, werden sowohl als Gußlegierungen als auch in gepreßtem oder geschmiedetem Zustande verwendet. Die besondere Bedeutung dieser Legierung liegt in dem die Aluminiumleichtmetalllegierungen noch unterschreitenden spez. Gewicht von etwa 1,8. Beim Gießen muß der Schutz gegen Oxydation des Metalles durch besonders sorgfältiges Aufbringen einer Salzdecke aus Erdalkalichloriden und -fluoriden und Magnesiumoxyd gewährleistet sein. Das Vergießen erfolgt zwischen 720 und 770⁰, nachdem zunächst eine Überhitzung auf 850⁰ erfolgt ist. Das Schwindmaß beträgt 1,2 bis 1,6%. Die Zugfestigkeiten sind wieder recht erheblich davon abhängig, ob Sand- oder Kokillenguß vorliegt. Im ersten Falle sind die Zugfestigkeiten etwa 17 bis 20 kg/mm², bei 3 bis 6% Dehnung, während durch den Kokillenguß Festigkeiten bis 23 kg/mm² und bis 10% Dehnung erhalten werden.

Das Pressen von Elektron findet zwischen 320 und 400⁰, das Walzen zwischen 270 und 350⁰ statt. Eine Kaltbearbeitung kann höchstens beim Walzen dünner Bleche vorgenommen werden. Infolgedessen müssen beim Tiefziehen alle Werkzeuge und Gesenke auf diese Bearbeitungstemperatur angeheizt werden. Elektronbleche lassen sich schwei-

ßen. Durch die mechanische Verarbeitung können Zugfestigkeiten bis
zu 37 kg/mm² bei Dehnungen von 12% und Kontraktionen von 18%
erreicht werden. Bei einer anderen Legierung beträgt die maximale
Zugfestigkeit 42 kg/mm² bei 5 bzw. 6% Dehnung und Kontraktion.
Elektronlegierungen können auch in ähnlicher Weise wie Duralumin
vergütet werden, doch scheint diese Entwickelung noch nicht zum Abschluß gekommen zu sein.

Literatur.

Druckschriften der I. G. Farbenindustrie. — Meißner, K. L.: Metallwirtschaft 1928, S. 128, 252.

n) Die verformbaren und durch Altern vergütbaren Legierungen, insbesondere Leichtmetallegierungen.

1. Die bei Raumtemperatur durch Altern vergütbaren
Leichtmetallegierungen (das Duraluminium, Skleron).

Die Duraluminiumlegierungen bestehen aus etwa 0,5% Magnesium,
3 bis 4% Kupfer, 0,25 bis 1% Mangan, der Rest ist handelsübliches
Aluminium, welches also auch Silizium enthält. Das Zustandsdiagramm
dieser kompliziert zusammengesetzten Legierungen ist im einzelnen
nicht so weit bekannt, daß etwa daraus Schlüsse über die Verarbeitung
und Verwendung gezogen werden könnten. Auch die Schliffbilder
haben noch keine in dieser Hinsicht sehr bemerkenswerte Möglichkeit
gegeben, wie auch die Röntgenanalyse in ihren Auswertungen noch nicht
zu einem Abschluß gekommen ist. Wir haben dementsprechend zunächst
die Aufgabe, das technologische Bild über die Verarbeitung und Verwendung des Duraluminiums[1] zu ent-
werfen, wie es sich auf Grund rein
empirischer Kenntnisse ergibt.

Wird eine Duraluminiumlegierung
aus einem Temperaturbereich, welches unten noch näher gekennzeichnet wird, in Wasser abgeschreckt,
so zeigt sie unmittelbar nach der
Abschreckung keine ins Gewicht fallende Veränderung ihrer Eigenschaften. Eine solche tritt im weiteren

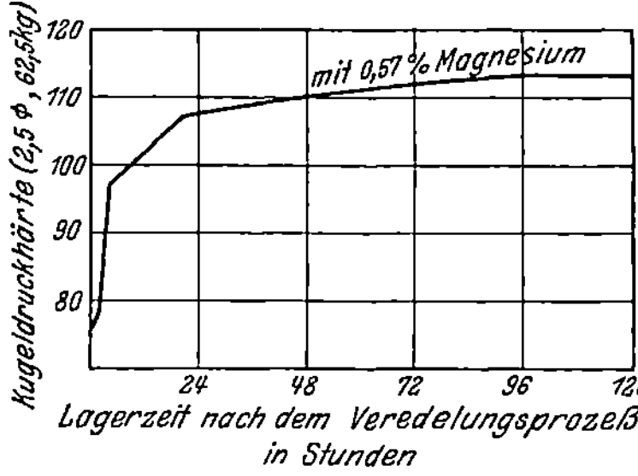

Abb. 393. Härtesteigerung abgeschreckten
Duralumins mit der Zeit (nach Wilm).

Verfolg spontan beim Lagern ein. Abb. 393 gibt die Veränderung der
Härte beim Lagern wieder. Die Temperaturbeständigkeit der erzielten
Härtesteigerung ist nicht allzu erheblich. In Abb. 394 ist die Temperaturabhängigkeit der durch Alterung erzielten Festigkeitseigen-
schaft aufgetragen und man sieht, daß bereits bei 150° ein stärkerer
Abfall der Festigkeit eintritt. Beim Wiederabkühlen bleibt auch nur
die geringe Festigkeit erhalten. Über die Temperaturen, die bei der

Abschreckung zwecks Erzielung einer nachherigen Alterung eingehalten werden müssen, gibt die Abb. 395 Auskunft. Es sind in ihr aufgetragen die Härten einer Legierung in Abhängigkeit von der Abschrecktemperatur. Bis etwa 350 ⁰ ist gar kein Einfluß der Abschrekkung festzustellen. Es drückt sich bis dahin in der Kurve lediglich der mit steigender Temperatur abfallende Wert der Festigkeit einer kalt gewalzten Legierung aus. Erst bei Temperaturen von 350⁰ an steigt die Härte wieder bereits unmittelbar nach der Abschreckung, und es tritt auch eine Alterung auf, deren Endeffekt durch die zweite gestrichelte Kurve angedeutet wird. Um eine Alterung zu erzielen, muß die Abschreckung also durchaus vom Temperaturbereich dieses Gebietes aus erfolgen.

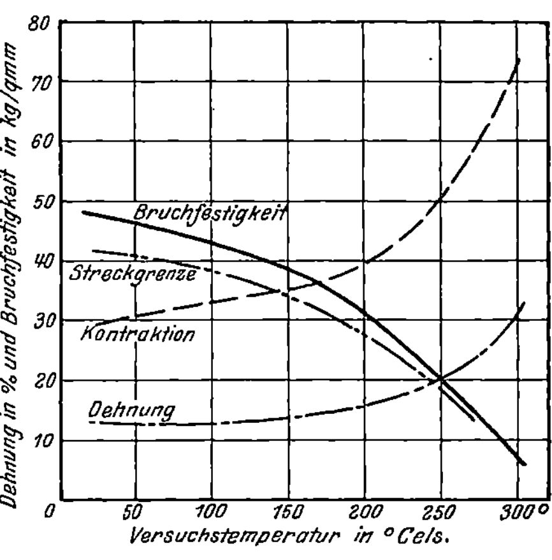

Abb. 394. Abhängigkeit der Festigkeitseigenschaften veredelten Duralumins von der Temperatur (nach Wilm).

Die höchsten Werte der Härtesteigerung werden nur in Legierungen erzielt, welche vor der Wärmebehandlung verformt worden sind. Doch ist eine Veredelung, wenn auch in bedeutend geringerem Maße, bei Gußlegierungen, insbesondere bei Kokillenguß[2] zu erzielen.

Zu den bemerkenswertesten Eigentümlichkeiten der Duraluminiumalterung gehört es, daß, während der Formänderungswiderstand steigt,

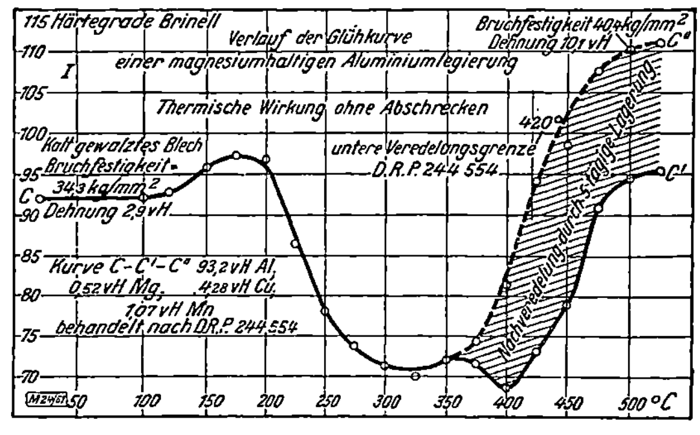

Abb. 395.   Wirkung verschiedener Abschrecktemperaturen auf die Veredelung von Duralumin nach Beck.

das Formänderungsvermögen keineswegs ungünstig beeinflußt wird, unter Umständen sogar auch noch ein wenig zunimmt. Man kann also das veredelte Duralumin noch kalt verformen. Es ist so eine weitere Erhöhung des Formänderungswiderstandes möglich, allerdings diese nur wie bei jeder Kaltverformung auf Kosten des Formänderungsvermögens. Eine Übersicht über die insgesamt möglichen Veränderungen der Festigkeitseigenschaften des Duraluminiums gibt die Abb. 396, wobei die durch reine Wärmebehandlung erzielbaren Festigkeitseigenschaften bzw. die des Ausgangsmaterials aufgetragen sind, und auf der Abzisse die Kaltverformungsgrade und auf den Kurven die dadurch erzielbaren weiteren Festigkeitsänderungen aufgezeichnet sind. Wichtig für die Verwendung der angegebenen Daten ist die Bemerkung, daß zur Erzielung der Höchstwerte die Kaltverformung erst nach beendigter Alterung ausgeführt werden darf, während die Kaltverformung einer noch im Alterungsprozeß befindlichen Legierung den Alterungsprozeß stört und die Ausbildung der Maximalwerte der Härtesteigerung verhindert.

Von den physikalischen Eigenschaften sei hier noch kurz erwähnt, daß das spezifische Gewicht 2,6 bis 2,8 beträgt. Die Leitfähigkeit ist etwa 35% des reinen Kupfers. Die Leitfähigkeit wird während der Alterung herabgesetzt. Über das Verhalten dieser Eigenschaften wird bei der Theorie der Leichtmetalllegierungen noch eingehend zu sprechen sein (S. 447).

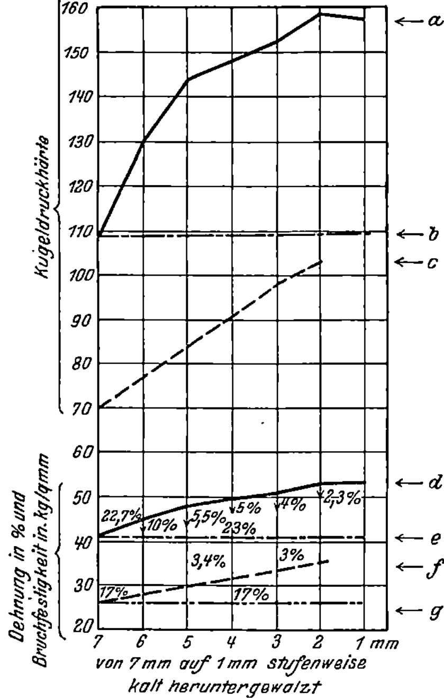

Abb. 396. Änderung der Festigkeitseigenschaften von Duralumin durch Veredelung und Kaltbearbeitung nach Wilm (Ledebur-Bauer).
– – – Festigkeitsänderungen des unvergüteten Materials durch Kaltwalzen
——— Festigkeitsänderungen des vergüteten Materials durch Kaltwalzen.

Die Ausführung der Wärmebehandlung erfolgt am besten in Salzbädern. Und zwar erfordern dünnere Teile etwa 15 bis 20 Minuten Durchwärmzeit, schwerere Stücke 45 Minuten bei 500°. Die Temperaturen müssen genau beobachtet werden, und es muß darauf geachtet werden, daß die Stücke im Salzbad hängen und nicht mit den heißeren Wänden des Bades in Berührung kommen.

Bezüglich der für die Verarbeitung, abgesehen von der Vergütung, maßgebenden Eigenschaften ist zu sagen, daß die Warmverformungstemperatur 470 bis 480° beträgt[3]. Wichtig ist eine Überlegung über die stoffverbindende Behandlung des Duralumins: Eine Schmelzschweißung muß insofern den Festigkeitseigenschaften des vergüteten Konstruktionsteils nachstehen, als die Gußstruktur nicht in demselben Maße veredelbar ist, wenn auch durch intensive Kühlung z. B. mit einem Luftstrom diese Veredelung der Schweißstelle günstiger gestaltet werden kann. Außerdem wird jedoch die Umgebung jeder Schweiß

stelle auf höhere Temperatur gebracht, wobei auch hier der Vergütungs-
effekt wieder z. T. aufgehoben wird. Aus demselben Grunde ist, wie
meist auf Schweißung, auf Lötung zu verzichten und die Stoffverbindung am besten durch Nietung vorzunehmen.

Außer dem Duraluminium gehört noch das Skleron[4] zur Gruppe
der kaltvergütbaren Al-Legierungen. Es enthält 12% Zink, 3% Cu,
0,6% Mn, 0,5% Si, 0,4% Fe, 0,1% Li. Zur Vergütung wird von 475°
abgeschreckt und bei Raumtemperatur gelagert. Das normal vergütete
Material hat eine Zugfestigkeit von 40 bis 50 kg/mm^2 und eine Dehnung
von 10 bis 15%. Diese Eigenschaften gehen etwa im Bereiche von 150°
wieder verloren, so daß der Gebrauch des Materials im vergüteten Zustand bei diesen Temperaturen nicht in Frage kommt.

Literatur.

[1] Wilm: Metallurgie 1911, S. 225.
Beck: Z. Metallkunde Bd. 16, S. 122. 1924; Bd. 19, S. 12, 484. 1927.
[2] Guillet: Rev. Mét. Bd. 21, S. 734. 1924.
[3] Über die bei Leichtmetallegierungen auftretende Zeilenstruktur und weitere
Materialfehler vgl. Steudel: Z. Metallkunde Bd. 19, S. 129. 1927.
[4] Reulaux: Z. Metallkunde Bd. 16, S. 436. 1924; vgl. ferner Aßmann:
Ebda. Bd. 18, S. 51. 1926; Scheuer: Ebda. Bd. 19, S. 16. 1927.

2. Die warmvergütbaren* Leichtmetall-Legierungen.

Die Wärmebehandlung der warmvergütbaren Leichtmetall-Legierungen unterscheidet sich von derjenigen der kaltvergütbaren dadurch,
daß nach der Abschreckung die Vergütung bei etwas erhöhten
Temperaturen, und zwar in den Bereichen von 50 bis 160° vorgenommen werden muß. Es gehören hierher: das Lautal, das Aludur, das Aeron,
das Konstruktal. Sonst sind in technologischer Beziehung diese Legierungen der erstbehandelten Gruppe recht ähnlich.

Das Lautal[1] ist eine Aluminiumlegierung aus handelsüblichem
Aluminium mit 4% Cu und 2% Si. Zur Vergütung wird das Material
auf 490 bis 510° erhitzt und dann abgeschreckt, wobei seine Eigenschaften
sich nicht wesentlich ändern. Die Anlaßtemperatur beträgt 120
bis 130°. Nach 16 bis 24 Stunden sind weitgehend vorher verarbeitete
Materialien auf ihre Höchstwerte der Festigkeit gekommen, während
weniger weitgehend verformtes Material auf etwas höhere Temperaturen
angelassen werden muß, nämlich auf 135 bis 145° und auch 48 Stunden
dabei verbleiben muß. Wird bei der Vergütung bei den höheren Temperaturen das Lautal zu lange geglüht, so sinkt nach Erreichung

---

* Mit „Kochvergütung" im Gegensatz zur Warmvergütung wird eine Vergütung bezeichnet, bei der im Gegensatz zu dieser das Material statt in kaltem in
kochendem Wasser abgeschreckt wird. Prinzipiell neue Erscheinungen treten hierbei nicht auf.

eines Höchstwertes der Formänderungswiderstand wieder ab (Abb. 397)[2]. Diese Erscheinung ist natürlich nichts anderes als die sich beim Lautal ebenso wie beim Duralumin findende relativ geringe Temperaturbeständigkeit des Vergütungseffektes (Abb. 394). Auch Lautal kann wie alle vergütbaren Leichtmetall-Legierungen nach der Vergütung kalt verformt werden. Während die Festigkeiten des vergüteten Materials bei etwa 40 kg/mm[2] liegen, wobei seine Dehnungen etwa 25% betragen, wird die Zugfestigkeit durch nachherige Kaltverformung auf 45 bis 60 kg/mm[2] gesteigert, während die Dehnung, je nach dem Grade der Kaltverformung, auf 15 bis 3% sinkt. Die Vergütung kann, wenn auch in geringerem Maße, auch bei Gußmaterial durchgeführt werden, der Kokillenguß erhält dann

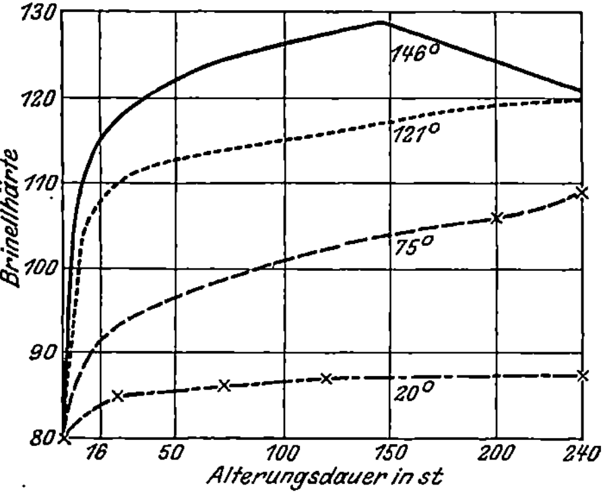

Abb. 397. Veredelungsvorgang von Lautal bei verschiedenen Temperaturen nach Meißner.

20 bis 30 kg/mm[2] Zugfestigkeit bei etwa 10% Dehnung. Die Schmiedetemperaturen des Lautal liegen bei etwa 440 bis 480°. Die stoffverbindende Behandlung erfolgt auch hier wie beim Duraluminium zweckmäßigerweise in erster Linie durch Nietung.

Das Aludur[3] hat je nach der besonderen Marke recht verschiedene Zusammensetzungen. Z. B. enthält das Aludur 533: 0,7 bis 2,0% Si, 0,4 bis 1,0% Mg, 0,3 bis 0,5% Fe; das Aludur 570: 2,5 bis 5,5% Cu, 0,7 bis 1,0% Si, 0,2 bis 0,7% Mg, 0,3 bis 0,5% Fe. Es wird als Kennzeichen für diese Legierungen allgemein angegeben, daß Al-Legierungen mit solchen Legierungsbestandteilen darunter verstanden werden sollen, welche in Al mit bei fallenden Temperaturen geringer werdender Löslichkeit löslich sind. Die Wärmebehandlung besteht in einem Ausglühen bei 480 bis 520°, Abschreckung in Wasser von 20 bis 100° und Anlassen bei 130 bis 160°. Die Anlaßdauer schwankt zwischen 10 bis 30 Stunden. Es wird eine Festigkeit beim Aludur 570 von 38 bis 46 kg/mm[2] erreicht, bei einer Dehnung von 22 bis 10%. Diese Eigenschaften können durch nachträgliche Kaltbearbeitung auf 60 kg/mm[2], bzw. 2 bis 3% variiert werden. Die Warmformgebung erfolgt bei 400 bis 450°, die Entfestigung kalt verarbeiteten Aludurs kann bei 350 bis 400° vorgenommen werden.

Das Aldrey[4] besteht aus Al mit 0,4 bis 0,7% Si, 0,3 bis 0,5% Mg, 0,2 bis 0,3% Fe. Die Vergütung erfolgt je nach der Zusammensetzung bei 120 bis 200°, während die Abschrecktemperaturen 350 bis 500° betragen.

Literatur.
[1] Fuß, W.: Z. Metallkunde Bd. 16, S. 343. 1924; Bd. 17, S. 22. 1925.
[2] Nach Meißner: Ebda. Bd. 17, S. 81. 1925.
[3] Hallmann: Ebda. Bd. 16, S. 433. 1924.
[4] Fuchs, A.: Ebda. Bd. 19, S. 361. 1927.
Weiteres insbesondere über Aeron und Konstruktal vgl. Z. Metallkunde Bd. 19, H. 1. 1927; ferner Guertler: Ebda. S. 488.

3. Weitere durch Altern vergütbare Legierungen.

Wie wir bei der Besprechung der Theorie der Vergütung durch Alterung noch sehen werden, sind die Vergütungserscheinungen an die Bedingungen geknüpft, daß in den alterungsfähigen Legierungen eine mit sinkender Temperatur abnehmende Löslichkeit eines Bestandteiles der Legierung vorliegt. Diese schon ziemlich früh erkannte Bedingung hat dazu geführt, daß man schon bei der Entwickelung der Leichtmetallegierungen die Legierungselemente nach diesem Prinzip auswählte. Darüber hinaus sind nun auch bei anderen Metallegierungen auf Grund der genannten Bedingungen Alterungserscheinungen und Vergütungseffekte gesucht und gefunden worden.

Von besonderer Bedeutung ist die Auffindung von Vergütungserscheinungen bei Silber-Kupfer-Legierungen durch Fraenkel[1], insbesondere deshalb, weil das Zustandsdiagramm hier sehr einfach ist und dieser Umstand, wie wir sehen werden, für die Deutung des Vergütungseffektes von Wichtigkeit ist. Es handelt sich um Legierungen mit 92% Silber, die Abschreckung wird von Temperaturen von 700 bis 750° vorgenommen, die Vergütung erfolgt zwischen 205 und 350°. Wird die Alterung bei hohen Temperaturen lange durchgeführt, nimmt der Formänderungswiderstand nach seinem Anstieg schließlich wieder ab (vgl. Abb. 201).

Vergütungserscheinungen, bei denen eine Steigerung des Formänderungswiderstandes bis 100% statthat, sind ferner bei CuMg-, CuMn-, CuSi-Legierungen gefunden worden, eine besonders starke Vergütung ist bei CuBe-Legierungen[2] möglich, über welche letzte einige Daten mitgeteilt seien. Legierungen mit über 0,77% Be sind vergütbar, und diese Vergütbarkeit wurde bis zu Gehalten von 5% Be untersucht. Die Abschreckung wurde von 800° vorgenommen und dann auf 350° angelassen. Die Härten, die hier erhalten wurden, sind außerordentlich hoch und übertreffen die bei Leichtmetallegierungen erhaltenen Werte ganz außerordentlich. Außer diesem quantitativen Unterschied gegenüber der Vergütung der Leichtmetallegierungen ist zu bemerken, daß schon unmittelbar nach dem Abschrecken sehr erhebliche Härtesteigerungen erzielt werden können. Die Erhöhung des Formänderungswiderstandes sowohl unmittelbar nach dem Abschrecken als auch nach der Vergütung nimmt mit dem Be-Gehalt zu. Bei einem solchen von 1,83% beträgt die maximale nach 17 Stunden erreichbare Härte 410 Brinelleinheiten (Vergütungstemperatur 300⁰), während unmittelbar nach dem Abschrekken 80 Einheiten erhalten werden. Bei 5% Be werden unmittelbar nach der Abschreckung bereits 412 Brinelleinheiten erhalten, ein Höchstwert der Härte tritt nach 3 Stunden Vergütung bei 350⁰ Vergütungstemperatur mit 510 Brinelleinheiten auf. Wie schon angedeutet, treten (und zwar ist dies von Gehalten von etwa 82% Be an der Fall) Höchstwerte des Formänderungswiderstandes im Verlaufe des Vergütungsprozesses auf. Auch Ni-Be-, Co-Be- und Fe-Be-Legierungen sind vergütbar. Es werden bei einer Legierung mit 97% Ni nach der Vergütung sogar Brinellhärten von 600 Einheiten erhalten.

Bei Behandlung der Eisenkohlenstoff-Legierungen[3] wurde erwähnt, daß infolge der hier neuerdings festgestellten Löslichkeit des Kohlenstoffs im α-Eisen und ihrer Temperaturabhängigkeit (S. 295) ebenfalls eine Vergütung durch Alterung möglich ist. Es werden Härtesteigerungen um 100% erzielt, die Abschreckung wird von Temperaturen von 660 bis 700⁰ vorgenommen. Die Alterung verläuft schon bei Raumtemperatur. Es scheint schon unmittelbar nach dem Abschrecken nach Feststellungen des Verfassers im Gegensatz zu den Leichtmetalllegierungen immer eindeutig eine geringe Erhöhung des Formänderungswiderstandes vorzuliegen.

Auf S. 380 wurden analoge Vergütungserscheinungen bei Fe-W-Legierungen gekennzeichnet.

Literatur.

[1] Z. anorg. u. allg. Chem. Bd. 154, S. 386. 1926.

[2] Masing u. Dahl: Z. Metallkunde Bd. 20, S. 19, 22. 1928.

[3] Masing u. Koch: Veröff. Siem.-Konzern VI. H. 1, S. 202. 1927; vgl. hier übrigens auch Welter: Stahleisen 1923, S. 1347. — Köster, W.: Arch. d. Eisenhüttw. Bd. 2, S. 503. 1929.

Über Alterungserscheinungen bei anderen Löslichkeitsänderungen (eutektoide Entmischung, Verbindungszerfall) in Messing und Al-Zn-Legierungen; vgl. bes. Fraenkel: Z. Metallkunde Bd. 15, S. 103. 1923; Bd. 19, S. 58. 1927; vgl. ferner die Alterung gehärteten Stahls S. 357.

4. Die Theorie der Vergütung durch Alterung.

Für die Weiterentwicklung der durch Alterung vergütbaren Legierungen ist die Gewinnung einer Theorie der Vorgänge von größter Bedeutung. Bis jetzt ist die theoretische Entwicklung auf diesem Gebiete noch nicht allzu weit über den Zustand von Arbeitshypothesen hinausgewachsen.

Die Grundlage für eine rationelle Betrachtung müßten die entsprechenden Zustandsdiagramme bilden. Die Kenntnis der dazu notwendigen Mehrstoffsysteme[1] beschränkt sich aber im allgemeinen nur auf einige Daten, besser bekannt sind eigentlich nur die dazugehörigen

Zweistoffsysteme und auf Grund insbesondere der vorliegenden Zweistoffsysteme ist nun auch die bereits für das Auftreten von Alterungsvergütung erwähnte notwendige Bedingung formuliert worden. Nach unseren bisherigen Erkenntnissen ist eine Alterungsvergütung vom Charakter der in den vorstehenden Kapiteln beschriebenen nur dann möglich, wenn in den betreffenden Legierungen feste Lösungen auftreten, deren Sättigungsgrenze von der Temperatur derartig abhängt, daß nach sinkender Temperatur die Löslichkeit der in geringer Menge vorhandenen Komponente geringer wird. Wenn diese Verhältnisse vorliegen, kann ein Mischkristall, der bei hoher Temperatur etwa gerade gesättigt war, falls die Abkühlungsgeschwindigkeit genügend gesteigert wird, diesen Sättigungsgrad in metastabilem Zustande unter Umständen zunächst noch beibehalten, es erscheint jedoch weiterhin von vornherein nicht ausgeschlossen, daß dieser metastabile Zustand in Richtung auf das Gleichgewichtsgefüge sich ändert, d. h. also die Übersättigung schließlich durch Ausscheidung einer zweiten Kristallart aufgehoben wird. Diese Art der Segregation führt sicherlich zunächst zu einer sehr feinen Verteilung der bei niederer Temperatur sich ausscheidenden zweiten Kristallart. Ihr kann man offenbar nicht ohne Grund Besonderheiten im mechanischen Verhalten, insbesondere einen hohen mechanischen Formänderungswiderstand zuschreiben (vgl. S. 227). Es ist von vornherein durchaus plausibel, daß die Gleitebenenbildung in diesem Kristallgebilde, in dem also innerhalb einer Kristallart sehr viele kleine, zunächst submikroskopische Kristalle einer zweiten Phase eingelagert sind, sehr stark erschwert ist. Dies wird besonders noch dann der Fall sein, wenn die entstehende zweite Kristallart, wie dies häufig der Fall ist, den Charakter einer intermetallischen Verbindung hat.

Diese Auffassung über das Wesen der Alterungsvorgänge ist auch sehr bald nach den ersten Untersuchungen über diese Vergütungseffekte ausgesprochen worden, und zwar zuerst von Merica, Waltenberg und Scott[2]. Wir werden jedoch sehen, daß diese einfache Auffassung keineswegs zur Deutung des gesamten Tatsachenmaterials über die Alterungserscheinungen ausreicht. Von vornherein sind übrigens, eben weil die entsprechenden Mehrstoffsysteme nur schlecht bekannt sind, die Ansichten darüber, welche Kristallart sich aus der zunächst vorliegenden homogenen Phase ausscheidet, sehr geteilt gewesen. Bei Duraluminium z. B. ist sowohl die Verbindung $CuAl_2$ als auch Mg_2Si für den Alterungseffekt verantwortlich gemacht worden[3].

Die Erwartung, daß etwa in Zusammenhang mit der Betrachtung von Zustandsdiagrammen die mikroskopische Beobachtung Aufschlüsse über das Wesen der vergütbaren Legierungen geben könnte, findet sich leider nicht erfüllt. Erst ganz neuerdings hat Lennartz[4] einige diesbezügliche Untersuchungen mitgeteilt, deren Fortschritt vor allen Dingen in der Auffindung geeigneter Ätzmittel zu sehen ist. Im Gleichgewichtszustand nach einer Glühung bei 500^0 und langsamer Abkühlung trat bei einer Duraluminiumlegierung ein heterogenes Gemenge auf, nach einer Abschreckung von 500^0 und 6 Tage langer Lagerzeit sieht das Gefüge mikroskopisch bei 250facher Vergrößerung homogen aus, soweit dies eben die mikroskopische Beobachtung zu ermitteln gestattet (vgl. S. 380 Fe-W).

Die Röntgenanalyse hat zunächst sehr widersprechende Ergebnisse gehabt. Neuerdings haben Schmidt und Wassermann[5] eindeutig gezeigt, daß im ausgeglühten Duralumin neben den Linien des Aluminiums deutlich die beiden stärksten $CuAl_2$-Linien auftreten. Dieselben Linien lassen abgeschrecktes und bei erhöhter Temperatur gealtertes Duraluminium erkennen. In bei gewöhnlicher Temperatur gealtertem Duraluminium konnten die $CuAl_2$-Linien nicht aufgefunden werden, Linien, die etwa dem Mg_2Si zugehören, konnten unter keinen Bedingungen mit Sicherheit nachgewiesen werden. Ebenso sind Veränderungen der Gitterkonstante des Aluminiums bei den Veredelungsvorgängen noch nicht mit Sicherheit erfaßt worden. Eine weitere Röntgenuntersuchung liegt von Masing[6] und seinen Mitarbeitern vor bezüglich der Be-Cu-Legierungen. Hier ist bereits nach 10 Minuten nach einer Vergütung von 350^0 das Gitter einer zweiten sich ausscheidenden Kristallart festzustellen. Verläuft die Vergütung bei 150^0, so ist diese Feststellung auch nach sehr langen Zeiten nicht möglich. Bei dieser und dazwischenliegenden Vergütungstemperaturen tritt eine Verbreiterung der Linien des α-Gitters auf, bei 250^0 treten die Linien des γ-Gitters auf, auch zunächst verbreitert, und schließlich werden die Linien beider Kristallarten wieder scharf. Es ist bei diesen Feststellungen über die Cu-Be-Legierungen jedoch immerhin daran zu erinnern, daß die Vergütungseffekte von denen der Leichtmetallegierungen zum mindesten quantitativ recht erheblich abweichen und sich, wie schon hier bemerkt, den Vorgängen bei der Härtung des Stahles zu nähern scheinen.

Die wesentlichste Entwicklung der Theorie der Alterungsvorgänge ist nun eingetreten durch die Untersuchung der Änderung der physikalischen Eigenschaften bei den Alterungsprozessen und den Vergleich dieser Änderungen mit denen der mechanischen Eigenschaften. Durch diese Untersuchung ist nun gerade insbesondere aufgezeigt worden, daß die einfache Auffassung nicht hinreichend ist, der Alterungsprozeß bestehe in einer einfachen Ausscheidung einer feinverteilten zweiten Substanz. Insbesondere die Untersuchung der Leitfähigkeit und des Volumens, weiterhin diejenige des chemischen Verhaltens ist hier maßgeblich geworden.

Zunächst wurde von Fraenkel[7] und Mitarbeitern gezeigt, daß die Erwartungen, welche man entsprechend den allgemeinen Gesetzmäßigkeiten über die elektrische Leitfähigkeit über die Änderung derselben bei einer Löslichkeitsänderung haben konnte, in der Tat nicht erfüllt werden. Wenn sich bei dem Alterungsprozeß aus einem Mischkristall eine zweite Kristallart, insbesondere eine intermetallische Verbindung ausscheidet, so sollte man erwarten, daß, da der Mischkristall seine Konzentration verringert, der Widerstand abnimmt (vgl. S. 225ff).

Es zeigte sich jedoch, daß bei der Vergütung des Duraluminiums bei Raumtemperatur, wie bei einer ganzen Reihe von Vergütungen, welche bei relativ tiefer Temperatur verlaufen, der Widerstand während

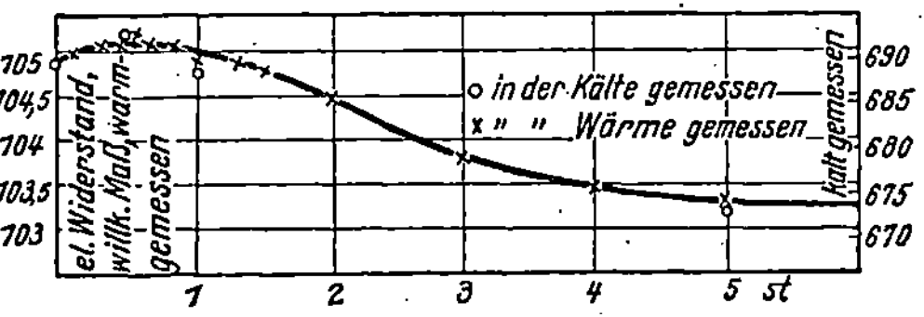

Abb. 398.   Elektrischer Widerstand eines bei 530° abgeschreckten Aludurdrahtes, kalt und warm gemessen nach Fraenkel.

dieser Vergütungsprozesse zunimmt. Bei einer Reihe von Vergütungsprozessen, welche bei höherer Temperatur verlaufen, wird zwar schließlich meist eine Abnahme des Widerstandes festgestellt, derselben pflegt jedoch immer im Beginn des Alterungsprozesses[8] eine Zunahme des Widerstandes voranzugehen (Abb. 398).

Weiterhin zeigt sich, daß auch das Verhalten des Volumens, wie dies nach

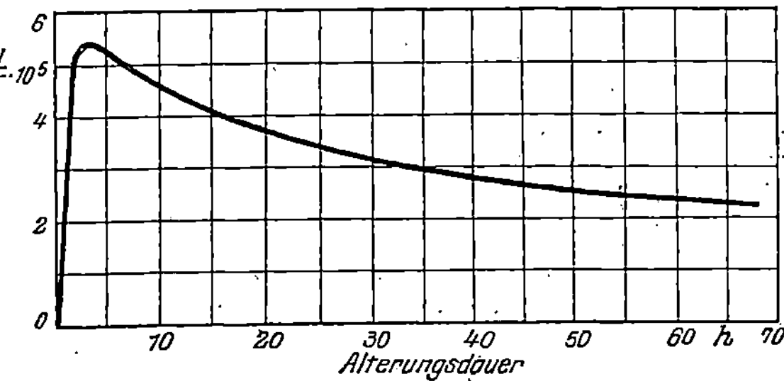

Abb. 399.   Längenänderungen beim Duralumin nach Igarasi.

Konno[9] und Igarasi[10] an dilatometrischen Kurven erkannt werden kann, nicht einfach ist. Es hat sich sowohl bei Duralumin als auch bei anderen Legierungen bei vielen Konzentrationen zunächst eine Längenzunahme und dann eine Verkürzung der Proben eingestellt (Abb. 399).

Um insbesondere den durch die Besonderheiten der Leitfähigkeit geschaffenen Schwierigkeiten unter Beibehaltung der einfachen Ausscheidungshypothesen entgehen zu können, muß natürlich zunächst überlegt werden, ob in dem hier auftretenden großen Bereich verschiedener Dispersion heterogener Gemenge die erwähnte allgemeine Gesetzmäßigkeit über die Abhängigkeit der Leitfähigkeit von der Konzentration und Legierungsbildung von Mischkristallen überall noch zutrifft. Diesbezügliche anderweitige Hinweise liegen nicht vor. Die in den Ausdehnungskurven zutage tretenden Besonderheiten schaffen übrigens nicht so sehr starke Schwierigkeiten wie die der Leitfähigkeit, da man

die erst erfolgende Ausdehnung und dann eintretende Verkürzung z. B.
mit der Ausscheidung zweier verschiedener Kristallarten, z. B. zunächst
derjenigen von Mg_2Si, der dann diejenige von $CuAl_2$ folgt, zu deuten
versucht hat. Da das Maximum in den Dilatometer-Kurven nicht identisch mit dem bei Leitfähigkeitskurven auftretenden ist, ist es an
sich durchaus möglich, daß der Kurvenverlauf der Dilatometerkurven
anders zu deuten ist als der der Widerstandskurven.

Insbesondere von Fraenkel ist eindringlich folgendes betont
worden. Unter der Annahme, Ausscheidung aus Mischkristallen sei
immer mit Widerstandsabnahme verbunden, hat man auf Grund des
Verhaltens der Leitfähigkeit außer mit der Ausscheidung einer zweiten
Phase aus einem übersättigten Mischkristall mit einem zweiten bei der
Alterung eintretenden Vorgang zu rechnen. Auch dieser bestimmt
den Charakter der Alterungsvorgänge. Fraenkel hat schon frühzeitig die Vermutung geäußert, daß es sich dabei um eine Reaktion
in der zunächst vorhandenen homogenen Phase handelt.
Und in der Tat hat es auch nach den neuesten Erfahrungen große Wahrscheinlichkeit, daß vor der eigentlichen Ausscheidung in der zunächst
nach den gewöhnlichen Definitionen als homogen aufzufassenden
Phase ein molekularer Vorgang verläuft, der die physikalischen Eigenschaften in dem genannten Sinne beeinflußt. Dieser molekulare Vorgang
besteht mit größter Wahrscheinlichkeit darin, daß sich in der homogenen
Phase die Verbindung, welche später als singuläre Kristallart in den meisten der genannten Legierungen auftritt, vorzubilden hat. Dieser Vorgang wäre es dann, der mit einer Widerstandserhöhung verbunden ist.
Je nachdem, wie lange ·dieser Vorgang gegenüber der Ausscheidung
einer zweiten Kristallart dominierend bleibt, überwiegt sein Einfluß
auf den Widerstand. Es ist wahrscheinlich, daß bei tiefen Temperaturen,
wo die Reaktionsgeschwindigkeiten und noch mehr die Segregations-
geschwindigkeiten gering sind, der erste Vorgang lange dominiert, so-
daß wir mit einer Widerstandserhöhung zu rechnen haben. Bei höheren
Temperaturen verläuft der erste Vorgang sicher schneller zu Ende und
außerdem erreicht, worauf auch die bisherigen Ergebnisse der Röntgenanalyse hindeuten, die Kristallisationsgeschwindigkeit der neuen Phase
größere Werte, so daß wir hier sehr bald mit einem Überwiegen des
Ausscheidungsvorganges und einem Absinken des Widerstandes zu rechnen haben. Die Längenänderungen könnten unter Umständen auch mit
diesen Vorgängen gedeutet werden. Bezüglich der mechanischen
Eigenschaften liegen keine Schwierigkeiten vor, die Wirkung der reinen
Segregation, wie eingangs gekennzeichnet, aufzufassen. Die eben
genannten Überlegungen werden durch die zum Teil im vorigen Kapitel
bereits genannten Ergebnisse Fraenkels an Silber-Cu-Legierungen
sehr stark gestützt. Bei den Silber-Kupfer-Legierungen handelt es sich

bei der Ausscheidung der zweiten Kristallart nämlich nicht wie bei den meisten sonstigen vergütbaren Legierungen um eine Ausscheidung von Verbindungscharakter, sondern es scheidet sich hier eine durchaus als normaler Mischkristall aufzufassende Phase aus. Nach den eben mitgeteilten Überlegungen sollte hier die Leitfähigkeit auf jeden Fall bei dem ganzen Vergütungsprozeß, von Beginn desselben an, sogleich steigen. Diese Erwartung zeigt sich auch durchaus erfüllt, während der Formänderungswiderstand, wie dies bei der reinen Ausscheidungshypothese möglich ist, zuerst steigt und dann fällt, sinkt der elektrische Widerstand eindeutig ab.

Neuerdings sind auch Duralumineinzelkristalle untersucht, die sich ebenfalls als vergütbar erwiesen haben[11]. Bei Versuchen über die Rekristallisation dieser Kristalle in ihren verschiedenen Zuständen zeigte sich, daß die Zahl der Rekristallisationszentren in dem ausgeglühten Material größer war als im gealterten Material.

Literatur.

Über die historische Entwicklung vgl. z. B. K. L. Meißner: Z. V. d. I. Bd. 70, S. 391. 1926.

[1] Vgl. über Dreistoffsysteme mit Al V. Fuß: Z. Metallkunde Bd. 16, S. 24. 1924.

[2] Sc. Pap. Bureau of Standards 1919, Nr. 347.

[3] Lit. hierüber vgl. Meißner: l. c.; über die Rolle von $MgZn_2$ vgl. W. Sander: Z. anorg. u. allg. Chem. Bd. 154, S. 144. 1926.

[4] Z. Metallkunde Bd. 18, S. 213. 1926.

[5] Naturwissensch. Bd. 14, H. 44. 1926.

[6] Z. Metallkunde Bd. 20, S. 431. 1928.

[7] Fraenkel u. Seng: Z. Metallkunde Bd. 12, S. 225. 1920; Fraenkel u. Scheuer: Ebda. S. 427.

[8] Fraenkel: Ebda. Bd. 18, S. 189. 1926.

[9] Sc. Rep. Toh. Univ. Bd. 11, S. 269. 1922.

[10] Ebda. Bd. 12, S. 333. 1924.

[11] Karnop u. Sachs: Z. Phys. Bd. 49, S. 480. 1928.

Sachverzeichnis.

      Sachverzeichnis.

Das Elektrostahlverfahren. Ofenbau, Elektrotechnik, Metallurgie und Wirtschaftliches. Nach F. T. Sisco, „The Manufacture of Electric Steel" umgearbeitet und erweitert von Dr.-Ing. St. Kriz, Stahlwerksleiter im Stahlwerk Düsseldorf, Gebr. Böhler & Co. A.-G. Mit 123 Textabbildungen. IX, 291 Seiten. 1929. Gebunden RM 22.50

Rostfreie Stähle. Berechtigte deutsche Bearbeitung der Schrift „Stainless Iron and Steel" von J. H. G. Monypenny, Sheffield. Von Dr.-Ing. Rudolf Schäfer. Mit 122 Textabbildungen. VIII, 342 Seiten. 1928.
Gebunden RM 27.—

Brearley-Schäfer, Die Einsatzhärtung von Eisen und Stahl. Berechtigte deutsche Bearbeitung der Schrift „The Case Hardening of Steel" von Harry Brearley, Sheffield. Von Dr.-Ing. Rudolf Schäfer. Mit 124 Textabbildungen. VIII, 250 Seiten. 1926. Gebunden RM 19.50

Probenahme und Analyse von Eisen und Stahl. Hand- und Hilfsbuch für Eisenhütten-Laboratorien. Von Prof. Dipl.-Ing. O. Bauer, Berlin-Dahlem, und Prof. Dipl.-Ing. H. Deiß, Berlin-Dahlem. Zweite, vermehrte und verbesserte Auflage. Mit 176 Abbildungen und 140 Tabellen im Text. VIII, 304 Seiten. 1922. Gebunden RM 12.—

Die natürliche und künstliche Alterung des gehärteten Stahles. Physikalische und metallographische Untersuchungen von Dr.-Ing. Andreas Weber, München. Mit 105 Abbildungen im Text und auf 12 Tafeln. IV, 78 Seiten. 1926. RM 7.50; gebunden RM 9.—

Die Edelstähle. Ihre metallurgischen Grundlagen. Von Dr.-Ing. F. Rapatz, Düsseldorf. Mit 93 Abbildungen. VI, 219 Seiten. 1925.
Gebunden RM 12.—

Die Edelmetalle. Eine Übersicht über ihre Gewinnung, Rückgewinnung und Scheidung. Von Wilhelm Laatsch, Hütteningenieur. Mit 53 Textabbildungen und 10 Tafeln. VI, 91 Seiten. 1925.
RM 6.—; gebunden RM 7.50

Das technische Eisen. Konstitution und Eigenschaften. Von Prof. Dr.-Ing. Paul Oberhoffer, Aachen. Zweite, verbesserte und vermehrte Auflage. Mit 610 Abbildungen im Text und 20 Tabellen. X, 598 Seiten. 1925. Gebunden RM 31.50